FARMÁCIA CLÍNICA

E CUIDADO FARMACÊUTICO

5ª EDIÇÃO

REVISADA E ATUALIZADA

Marcelo Polacow Bisson

FARMÁCIA CLÍNICA

E CUIDADO FARMACÊUTICO

5ª EDIÇÃO

REVISADA E ATUALIZADA

Produção editorial: Rosana Arruda da Silva
Projeto gráfico: Departamento de arte da Editora Manole
Editoração eletrônica e ilustrações: Estúdio Castellani
Capa e imagem de capa: Iuri Guião

CIP-BRASIL. CATALOGAÇÃO NA PUBLICAÇÃO
SINDICATO NACIONAL DOS EDITORES DE LIVROS, RJ

B533f

Bisson, Marcelo Polacow
Farmácia clínica e cuidado farmacêutico / Marcelo Polacow Bisson. - 5. ed., rev. e atual. - Barueri [SP] : , 2025.
632 p. ; 23 cm.

Inclui bibliografia
ISBN 978-85-204-6834-0

1. Farmácia clínica. I. Título.

CDD: 615.1
25-96239 CDU: 615

Meri Gleice Rodrigues de Souza - Bibliotecária - CRB-7/6439

Editora Manole Ltda.
Alameda Rio Negro, 967, cj. 717
06454-000 – Barueri – SP – Brasil
Tel.: (11) 4196-6000
www.manole.com.br
https://atendimento.manole.com.br

Impresso no Brasil
Printed in Brazil

Dedicatória

A Deus, inspirador e condutor de todos os meus passos. À minha família, por me dar o incentivo para aproveitar todas as oportunidades e a fortaleza necessária para superar todos os desafios enfrentados durante minha carreira. Aos meus professores e mestres queridos, que me possibilitaram chegar até aqui. Aos meus alunos, ex-alunos e futuros alunos, que são e sempre serão motor do meu trabalho e inspiração constante.

Agradecimentos

A Deus, pelas infinitas possibilidades de crescimento pessoal e espiritual.

Aos meus pais, Annita e Rubens, pela vida, pelos ensinamentos e por me proporcionar todas as condições para que chegasse até aqui.

Às minhas filhas, Bianca, Beatriz e Alicia, por serem a minha melhor parte e a inspiração de tudo que faço.

À minha esposa, Adryella, pelo apoio, incentivo e pela paciência ao longo de minhas horas infindáveis de trabalho e ausências no lar.

Aos meus irmãos, Denise e Mauro, pela partilha dessa existência tão feliz.

Aos meus professores e mestres que, além dos conhecimentos, serviram e servem de exemplo constante na minha carreira acadêmica e profissional.

Aos meus amigos, voluntários e colaboradores do Sistema CFF/CRFs, pelo aprendizado constante e pela amizade sincera em todas as horas.

Às universidades que me acolheram como aluno e como professor e me deram a possibilidade de ser um profissional melhor e, acima de tudo, um ser humano melhor.

Aos meus alunos e ex-alunos, por me ensinarem que estou no caminho correto.

Aos meus amigos, por tornarem essa jornada mais suave e agradável, e pelo apoio nos momentos não tão bons.

Sobre o autor

Marcelo Polacow Bisson
Farmacêutico pela Faculdade de Ciências Farmacêuticas de Ribeirão Preto da Universidade de São Paulo (FCFRP-USP). Mestre e doutor em Farmacologia pela Faculdade de Odontologia de Piracicaba da Universidade Estadual de Campinas (FOP-Unicamp). Especialista em Farmácia Hospitalar e Farmácia Clínica pela Sociedade Brasileira de Farmácia Hospitalar (SBRAFH). Tenente coronel farmacêutico da Polícia Militar do Estado de São Paulo (PMESP). Professor universitário e coordenador de cursos de pós-graduação.

Sumário

Seção III
FARMÁCIA CLÍNICA E CUIDADO FARMACÊUTICO EM GRUPOS ESPECÍFICOS DE PACIENTES

Seção IV
NOVAS FRONTEIRAS DA FARMÁCIA CLÍNICA

Prefácio

É com grande satisfação que apresento esta nova edição do livro *Farmácia clínica e cuidado farmacêutico*. Este trabalho, que já se consolidou como uma referência essencial no campo da farmácia clínica, chega agora à sua quinta edição, trazendo atualizações e inovações que refletem os avanços mais recentes na área.

Esta edição é organizada em quatro partes principais, cada uma delas cuidadosamente estruturada para oferecer uma compreensão abrangente dos princípios e das práticas de farmácia clínica. A primeira parte aborda os fundamentos teóricos, essenciais para qualquer profissional que deseje aprofundar seu conhecimento na área. A segunda parte se concentra nas ferramentas práticas, oferecendo um guia detalhado para o trabalho diário dos farmacêuticos clínicos. A terceira parte explora as atividades práticas clínicas, proporcionando exemplos concretos e estudos de caso que ilustram a aplicação dos conceitos discutidos. Por fim, a quarta parte discute as tendências e os desafios que a farmácia clínica enfrenta, preparando os leitores para um cenário em constante evolução.

O livro não apenas revisita conceitos fundamentais, mas também incorpora pesquisas mais recentes e práticas inovadoras. Isso é fundamental em um campo que está em rápida transformação, impulsionado por avanços tecnológicos e mudanças nas políticas de saúde. O cuidado farmacêutico, como parte integrante dos cuidados de saúde, tem um papel cada vez mais importante na promoção do uso racional de medicamentos, na prevenção de erros de medicação e na melhoria dos resultados clínicos dos pacientes.

Além disso, destaca-se a importância da colaboração interdisciplinar. O papel do farmacêutico clínico é cada vez mais reconhecido como vital dentro das equipes de saúde, e este livro oferece *insights* valiosos sobre como os farmacêuticos podem trabalhar com outros profissionais de saúde para otimizar o cuidado ao paciente.

Outro aspecto notável é o foco na personalização do cuidado farmacêutico. Com o avanço da medicina personalizada, os farmacêuticos clínicos estão em uma posição única para adaptar as terapias às necessidades individuais dos pacientes, levando em consideração fatores genéticos, ambientais e de estilo de vida. Assim, este livro fornece as ferramentas necessárias para que os profissionais possam desempenhar esse papel de maneira eficaz.

A nova edição também aborda questões éticas e legais cada vez mais relevantes no contexto atual, além da inclusão de tópicos atuais como saúde digital, inteligência artificial, telefarmácia, gerenciamento de anticoagulantes e testes laboratoriais em farmácias e consultórios. A prática da farmácia clínica é uma questão não só de conhecimento técnico, mas também de responsabilidade ética e legal. O livro oferece uma discussão aprofundada sobre esses temas, preparando os farmacêuticos para enfrentar os dilemas que podem surgir em sua prática diária.

Em suma, esta nova edição de *Farmácia clínica e cuidado farmacêutico* é um recurso indispensável para estudantes, profissionais e pesquisadores da área. O livro oferece, por meio de minha *expertise* e visão como doutor e especialista, um guia completo e atualizado que certamente contribuirá para o avanço da prática farmacêutica no Brasil e no mundo.

Convido todos os leitores a mergulharem neste livro com a certeza de que encontrarão conhecimento e inspiração para continuar aprimorando suas práticas e contribuindo para a saúde e o bem-estar de seus pacientes. Que esta obra continue a ser uma fonte de aprendizado e inovação para todos aqueles que se dedicam à nobre missão de cuidar da saúde humana.

O Autor

SEÇÃO I

Princípios de farmácia clínica e cuidado farmacêutico

1

Histórico e conceituação da farmácia clínica e do cuidado farmacêutico

INTRODUÇÃO

Para o farmacêutico exercer as ações de cuidado farmacêutico, é necessário ter bem definidos os conceitos e as responsabilidades do profissional, assim como as habilidades clínicas necessárias para praticar uma abordagem focada no paciente. O farmacêutico pode, com esse direcionamento clínico, melhorar os resultados farmacoterapêuticos, seja por meio de aconselhamento, seja por programas educativos e motivacionais, ou até pela elaboração de protocolos clínicos, baseados em evidências comprovadas, com estabelecimento dos melhores regimes terapêuticos e monitoração desses procedimentos.

A farmácia clínica é uma disciplina profissional relativamente nova, relativamente comparada a outras ciências, com poucos anos de idade. Essa nova geração de farmacêuticos é orientada para o paciente e não para o produto farmacêutico. A disciplina surgiu da insatisfação com as antigas normas de prática e da necessidade urgente de um profissional de saúde com um conhecimento abrangente do uso terapêutico de medicamentos. O movimento da farmácia clínica começou na Universidade de Michigan no início dos anos 1960, mas muito do trabalho pioneiro foi feito por David Burkholder, Paul Parker e Charles Walton, na Universidade de Kentucky, na última parte dos anos 1960.

O papel dos farmacêuticos no atendimento direto ao paciente está aumentando, especialmente à medida que a população envelhece. O papel dos farmacêuticos clínicos passou por mudanças importantes entre as décadas de 1960 e 1990, à medida que sua participação no atendimento direto ao paciente aumentou. Entender o desenvolvimento da farmácia clínica ajuda a estabelecer novos modelos de atendimento em equipe, particularmente para populações mais velhas, que sofrem de muitas comorbidades e recebem vários medicamentos.

Líderes de farmácias hospitalares, como Paul Parker na Universidade de Kentucky e pioneiros em outros centros acadêmicos, estavam promovendo a descentralização dos farmacêuticos. O atendimento de farmacêuticos com serviços hospitalares de internação foi rastreado até a Universidade de Kentucky em 1957. A terapia medicamentosa estava se tornando muito mais complexa. Os hospitais começaram a desenvolver centros de informações sobre medicamentos específicos para auxiliar médicos e outros provedores a avaliar a literatura médica. O primeiro centro de informações sobre medicamentos administrado por farmacêuticos foi estabelecido por Paul Parker e David Burkholder na Universidade de Kentucky em 1962. Esses centros começaram a se expandir em outros grandes hospitais dos Estados Unidos. Tornou-se evidente que o volume de literatura era um desafio para a recuperação rápida para responder a perguntas. O Iowa Drug Information Service foi desenvolvido por William Tester na Universidade de Iowa em 1965. Esse serviço coletou informações de artigos originais e os colocou em microfichas, rapidamente se tornando uma das principais fontes de informações sobre medicamentos para farmacêuticos. O serviço permitiu que outros farmacêuticos clínicos pesquisassem a literatura muito mais rapidamente em comparação com outras estratégias. Esses serviços ajudaram ainda mais a solidificar os farmacêuticos como membros da equipe de saúde que forneciam informações sobre medicamentos. No entanto, o Iowa Drug Information Service fechou em dezembro de 2014 e o Drug Information Center da University of Kentucky fechou antes. Os centros de informações sobre medicamentos em outras instituições também fecharam. Essas mudanças não ocorreram porque as informações sobre medicamentos não são importantes. As informações sobre medicamentos costumavam ser fornecidas de uma sala com muitos arquivos de artigos onde os médicos faziam ligações telefônicas e esperavam por respostas às suas perguntas. No entanto, os provedores agora obtêm suas informações sobre medicamentos gratuitamente em seus *smartphones* ou *desktops*. Agora temos especialistas em farmácia clínica no consultório médico ou hospital, que são os especialistas em informações sobre medicamentos, mas agora eles têm respostas importantes na ponta dos dedos, sem a necessidade de um centro físico de informações sobre medicamentos.

O ano de 1979 foi crucial para a farmácia clínica internacional. Naquele ano, tanto o American College of Clinical Pharmacy (ACCP) quanto a

European Society of Clinical Pharmacy (ESCP) foram formados. Essas organizações foram criadas por farmacêuticos clínicos pioneiros que estavam decepcionados com o ritmo do desenvolvimento e suporte da farmácia clínica em nível nacional.

O início da década de 1980 anunciou eventos importantes adicionais. A American Society of Hospital Pharmacists (ASHP), que posteriormente mudou seu nome para American Society of Health-System Pharmacists, lançou padrões de acreditação de residência em 1980. Esses padrões foram divididos em acreditação para a prática de farmácia clínica e de farmácia especializada, o que deu início à primeira acreditação formal de áreas de prática exclusivas em farmácia. Essas áreas de especialidade incluíam medicina interna, cuidados intensivos, doenças infecciosas, cuidados primários e muitas outras.

Em fevereiro de 1985, a ASHP convocou uma conferência em Hilton Head, na Carolina do Sul. Os participantes forneceram uma ampla representação em farmácia e articularam que a farmácia era uma profissão clínica. Essa e outras conferências importantes de liderança em farmácia estimularam ainda mais o crescimento da farmácia clínica nos Estados Unidos.

Durante a década de 1980, foram publicadas centenas de artigos sobre estudos que documentavam o valor dos serviços de farmácia clínica em hospitais e ambientes ambulatoriais. Muitos farmacêuticos clínicos estavam começando a focar suas práticas e se especializar em áreas únicas, como cardiologia, medicina de emergência, oncologia, doenças infecciosas, cuidados intensivos, cuidados primários e muitos outros. Esses desenvolvimentos necessitaram de treinamento especializado, e muitos artigos estavam descrevendo as novas áreas de formação da especialidade em farmácia.

Alguns criticaram a farmácia clínica por ser um serviço que era fornecido, na maior parte do tempo, diretamente aos médicos, com menos foco nos pacientes. Essas críticas levaram a conceitos importantes quando, em 1988, Douglas Hepler cristalizou ainda mais o conceito de assistência farmacêutica, cunhado anteriormente por Donald Brodie. Hepler e Linda Strand expandiram ainda mais esse conceito ao descrever um relacionamento de aliança entre o farmacêutico e o paciente, no qual a principal responsabilidade do farmacêutico era identificar, prevenir e resolver problemas relacionados a medicamentos. Esse conceito articulou a responsabilidade do farmacêutico de trabalhar diretamente com o paciente para otimizar a terapia medicamentosa. A assistência farmacêutica acabou sendo adotada em todo o mundo.

Os programas de residência em farmácia comunitária demoraram para se desenvolver nos Estados Unidos, mas se expandiram no início dos anos 1990. A ASHP e a American Pharmacists Association fizeram uma parceria para conduzir o credenciamento de residências em farmácia comunitária em 1999. O programa da University of Iowa foi o primeiro a receber o credenciamento que oferecia residências em farmácia comunitária em várias farmácias exclusivas. As residências em farmácia comunitária estão agora bem estabelecidas no país e têm treinado líderes que estão desenvolvendo serviços exclusivos de atendimento ao paciente em farmácias comunitárias.

O farmacêutico pode trabalhar com pacientes individualmente, em grupos ou com famílias, mas, independentemente de qual seja o grupo, o profissional sempre deve incentivar o paciente a desenvolver hábitos saudáveis de vida a fim de melhorar os resultados terapêuticos, trabalhando sempre que possível junto com os demais membros da equipe multidisciplinar de saúde.

Está comprovado que o trabalho do farmacêutico aumenta a adesão do paciente aos regimes farmacoterapêuticos, diminui custos nos sistemas de saúde ao monitorar reações adversas e interações medicamentosas e melhora a qualidade de vida dos pacientes.

Pode-se definir a farmácia clínica como toda atividade executada pelo farmacêutico voltada diretamente ao paciente por meio do contato direto com ele ou por meio da orientação a outros profissionais clínicos, como o médico e o dentista. Ela engloba as ações de cuidado farmacêutico (*pharmaceutical care*) e tem como conceito internacionalmente aceito aquele estabelecido por Hepler e Strand em 1990, com a seguinte definição: "A missão principal do farmacêutico é prover a atenção farmacêutica, que é a provisão responsável de cuidados relacionados a medicamentos com o propósito de conseguir resultados definidos que melhorem a qualidade de vida dos pacientes".

Para entender esses conceitos, pode-se utilizar as definições da ASHP, que elucidam melhor o assunto.

CUIDADOS RELACIONADOS AO MEDICAMENTO

A atenção farmacêutica não envolve somente a terapia medicamentosa, mas também decisões sobre o uso de medicamentos para cada paciente. Apropriadamente, pode-se incluir nesta área a seleção de drogas, doses, vias e métodos de administração; a monitoração terapêutica; as informações ao paciente e aos membros da equipe multidisciplinar de saúde; e o aconselhamento de pacientes.

Cuidado

O conceito central de atenção ou cuidado (*care*) é propiciar bem-estar aos pacientes. No contexto amplo de saúde, pode-se ter o cuidado médico, o de enfermagem e o cuidado farmacêutico ou atenção farmacêutica, como será padronizado daqui em diante.

Os profissionais de saúde em cada uma de suas especialidades devem cooperar para o pronto restabelecimento da saúde dos seus pacientes, bem como melhorar seu cuidado global. No caso específico do farmacêutico, este deve utilizar seus conhecimentos e habilidades para propiciar ao paciente um resultado otimizado na utilização de medicamentos.

Deve-se partir do princípio de que a saúde e o bem-estar dos pacientes são supremos para que essa atenção seja diretamente voltada a eles, com o contato direto ou por meio dos outros profissionais de saúde, aconselhando, sugerindo e definindo terapias que melhor se adaptem à situação clínica do paciente.

Resultados

O objetivo do cuidado farmacêutico é melhorar a qualidade de vida dos pacientes mediante resultados definidos, que podem ser traduzidos de maneira genérica como:

- Cura da doença do paciente.
- Eliminação ou redução de uma sintomatologia do paciente.
- Controle ou diminuição do progresso de uma doença.
- Prevenção de uma doença ou de uma sintomatologia.

Esses resultados implicam três funções principais:

- Identificar problemas potenciais e atuais relacionados a medicamentos.
- Resolver problemas atuais com medicamentos.
- Prevenir problemas potenciais relacionados a medicamentos.

Os problemas relacionados a medicamentos se apresentam mais comumente da seguinte maneira:

- **Indicações sem tratamento**: o paciente tem um problema médico que requer terapia medicamentosa, mas não está recebendo um medicamento para essa indicação.

- **Seleção inadequada do medicamento**: o paciente faz uso de um medicamento errado para a indicação de certa patologia.
- **Dosagem subterapêutica**: o paciente está recebendo o medicamento correto, porém em uma dosagem menor do que seria necessário para seu estado clínico.
- **Fracasso no recebimento da medicação**: o paciente tem um problema médico, porém não recebe a medicação de que precisa (por questões financeiras, sociais, psicológicas ou farmacêuticas).
- **Sobredosagem**: o paciente tem um problema médico, mas recebe uma dosagem que lhe está sendo tóxica.
- **Reações adversas a medicamentos (RAM)**: o paciente apresenta um problema médico resultante de uma reação adversa ou efeito adverso.
- **Interações medicamentosas**: o paciente tem um problema médico resultante de uma interação droga-droga, droga-alimento ou droga-exame laboratorial.
- **Medicamento sem indicação**: ocorre quando o paciente faz uso de um medicamento que não tem indicação médica válida para aquele quadro clínico apresentado por ele.

Os pacientes podem apresentar características que interferem no alcance dos objetivos terapêuticos. Eles podem não aderir ao tratamento com medicamentos prescritos ou apresentar respostas imprevisíveis por variações biológicas de seu organismo.

Esses mesmos pacientes também são responsáveis pelo sucesso da terapêutica medicamentosa, uma vez que o não cumprimento das recomendações e mudanças de hábitos de vida pode comprometer um plano terapêutico. Por isso, farmacêuticos e outros profissionais de saúde devem educar seus pacientes sobre comportamentos que podem auxiliar na melhora dos resultados de saúde.

Qualidade de vida

Atualmente existem algumas ferramentas para medir a qualidade de vida dos pacientes. Essas ferramentas estão em contínuo desenvolvimento, porém o farmacêutico deve estar familiarizado com a literatura a esse respeito. Uma completa avaliação da qualidade de vida do paciente inclui avaliações objetivas e subjetivas (do próprio paciente), e este deve estar envolvido e passar informações aos profissionais de saúde para estabelecer objetivos de qualidade de vida em suas terapias.

Responsabilidade

A relação paciente-farmacêutico é fundamental para atingir os objetivos propostos, porém é necessário haver pleno consentimento por parte do primeiro para a realização do processo de acompanhamento farmacoterapêutico e educação. Por isso, é necessário o estabelecimento de uma relação de confiança mútua, além de uma autorização formal para o exercício das atividades clínicas do farmacêutico.

Ética e legalmente, o farmacêutico deve garantir o sigilo de todas as informações obtidas durante todas as ações de farmácia clínica e propiciar ao paciente relativa tranquilidade para passar dados que possam ser importantes durante o tratamento.

CUIDADO FARMACÊUTICO NO BRASIL

Em 2002, foi publicado um relatório intitulado *Atenção farmacêutica no Brasil: trilhando caminhos*, que representa o registro do caminho trilhado até aquele momento para a promoção da atenção farmacêutica no Brasil, proposto pelo grupo coordenado pela Organização Pan-Americana da Saúde (OPAS)/Organização Mundial da Saúde (OMS) e com a participação de profissionais de várias partes do país, que teve como finalidade divulgar os trabalhos realizados até aquela data, como um instrumento para a ampliação da participação de entidades e profissionais interessados.

O grupo de trabalho que elaborou o relatório teve o objetivo geral de promover a atenção farmacêutica no Brasil e os objetivos específicos de elaborar uma proposta de pré-consenso para a promoção da atenção farmacêutica no país, de propor a harmonização de conceitos inerentes à prática farmacêutica relacionados à promoção da atenção farmacêutica, de elaborar e implementar recomendações e estratégias de ação e de incentivar a criação de mecanismos de cooperação e fórum permanente.

É importante contextualizar que o termo originalmente usado foi atenção farmacêutica, até porque a maior parte da literatura disponível sobre o assunto foi traduzida da língua espanhola, que utilizava o termo *atención farmacéutica* e, por proximidade linguística, foi originalmente traduzido como atenção farmacêutica. Com o passar do tempo e com a análise semântica do conceito original ditado por Hepler e Strand de *pharmaceutical care*, optou-se pelo entendimento de que o termo que melhor identifica essa prática profissional seria cuidado farmacêutico.

Nas discussões foram utilizados documentos produzidos pela OMS e pela OPAS. Um dos conceitos utilizados na discussão trata da missão da prática farmacêutica, definida como "prover medicamentos e outros produtos e serviços para a saúde e ajudar as pessoas e a sociedade a utilizá-los da melhor forma possível".

Existe uma série de recomendações internacionais com o propósito de promover a qualidade, o acesso, a efetividade e o uso racional de medicamentos. No encerramento da Conferência sobre Uso Racional de Medicamentos, realizada em 1985, o diretor-geral da OMS chamou a atenção para as responsabilidades dos governos, da indústria farmacêutica, dos prescritores e farmacêuticos, das universidades e de outras instituições de ensino, das organizações profissionais não governamentais, do público, dos usuários e das associações de consumidores, dos meios de comunicação e da própria OMS para a promoção do uso racional de medicamentos.

Entre as estratégias e recomendações propostas estão aquelas voltadas para a formulação de políticas nacionais de medicamentos e o repensar do papel do farmacêutico no sistema de atenção à saúde, ilustrado pelos informes das reuniões promovidas pela OMS em Nova Délhi, Tóquio, Vancouver e Haia, além do Fórum Farmacêutico das Américas.

Em 2009 foi editada a Resolução de Diretoria Colegiada (RDC) da Agência Nacional de Vigilância Sanitária (Anvisa) de número 44, que trouxe a possibilidade de prestação de serviços farmacêuticos em farmácias comunitárias, entre eles o de atenção farmacêutica, possibilitando inclusive a cobrança deles. Essa RDC possibilitou que o Conselho Federal de Farmácia (CFF) iniciasse os trabalhos para a elaboração de resoluções que normatizassem a prática clínica dos farmacêuticos, e isso aconteceu em 2013, sob a presidência de Walter da Silva Jorge João e com ajuda dos conselheiros federais e da assessoria técnica, culminando com a publicação das resoluções CFF n. 585 e 586/2013, que tratam respectivamente das atividades clínicas do farmacêutico e da prescrição farmacêutica, temas abordados nos capítulos posteriores deste livro. Além desses marcos históricos importantes já mencionados, há a aprovação da Lei Federal n. 13.021/2014, que torna as farmácias definitivamente estabelecimentos de saúde, torna obrigatórias as práticas clínicas de seguimento farmacoterapêutico e farmacovigilância e confere autonomia técnica a todos os farmacêuticos.

Do relatório *Atenção farmacêutica no Brasil: trilhando caminhos*, de 2002, é importante citar algumas propostas de conceitos, como as descritas a seguir.

Atenção farmacêutica

> É um modelo de prática farmacêutica desenvolvida no contexto da assistência farmacêutica. Compreende atitudes, valores éticos, comportamentos, habilidades, compromissos e corresponsabilidades na prevenção de doenças e na promoção e recuperação da saúde, de forma integrada à equipe de saúde. É a interação direta do farmacêutico com o usuário, visando a uma farmacoterapia racional e à obtenção de resultados definitivos e mensuráveis, voltados para a melhoria da qualidade de vida. Essa interação também deve envolver as concepções dos seus sujeitos, respeitadas as suas especificidades biopsicossociais, sob a ótica da integralidade das ações de saúde.

Problema relacionado a medicamento (PRM)

> É um problema de saúde relacionado ou suspeito de estar relacionado à farmacoterapia que interfere nos resultados terapêuticos e na qualidade de vida do usuário.

O PRM é real, quando manifestado; ou potencial, na possibilidade de sua ocorrência. Pode ser ocasionado por diferentes causas, como as relacionadas ao sistema de saúde, ao usuário e a seus aspectos biopsicossociais, aos profissionais de saúde e ao medicamento.

A identificação de PRM segue os princípios de necessidade, efetividade e segurança, próprios da farmacoterapia.

Acompanhamento/seguimento farmacoterapêutico

> É um componente da atenção farmacêutica e configura um processo no qual o farmacêutico se responsabiliza pelas necessidades do usuário relacionadas ao medicamento, por meio da detecção, prevenção e resolução de problemas relacionados a medicamentos de forma sistemática, contínua e documentada, com o objetivo de alcançar resultados definitivos, buscando a melhoria da qualidade de vida do usuário.

A promoção da saúde também é componente da atenção farmacêutica. Entende-se por resultado definitivo a cura, o controle ou o retardamento de uma enfermidade, compreendendo os aspectos referentes à efetividade e à segurança.

Atendimento farmacêutico

É o ato em que o farmacêutico, fundamentado em sua práxis, interage e responde às demandas dos usuários do sistema de saúde, buscando a resolução de problemas de saúde que envolvam ou não o uso de medicamentos. Esse processo pode compreender escuta ativa, identificação de necessidades, análise da situação, tomada de decisões, definição de condutas, documentação e avaliação, entre outros.

Intervenção farmacêutica

É um ato planejado, documentado e realizado junto ao usuário e a profissionais de saúde, que visa resolver ou prevenir problemas que interferem ou podem interferir na farmacoterapia, sendo parte integrante do processo de acompanhamento/seguimento farmacoterapêutico.

A atenção farmacêutica pressupõe condutas do farmacêutico que correspondem às intervenções em saúde (IS), que incluem a intervenção farmacêutica (IF) como um aspecto do acompanhamento farmacoterapêutico.

Em 2013 também foram editados novos conceitos que fazem parte do Glossário da Resolução n. 585/2013 do CFF e que serão importantes para o ensino e aprendizagem da farmácia clínica nos capítulos posteriores deste livro. Essas definições são dadas a seguir.

Anamnese farmacêutica

Procedimento de coleta de dados sobre o paciente, realizada pelo farmacêutico por meio de entrevista, com a finalidade de conhecer sua história de saúde, elaborar o perfil farmacoterapêutico e identificar suas necessidades relacionadas à saúde.

Bioética

Ética aplicada especificamente ao campo das ciências médicas e biológicas. Representa o estudo sistemático da conduta humana na atenção à saúde à luz de valores e princípios morais. Abrange dilemas éticos e deontológicos relacionados à ética médica e farmacêutica, incluindo assistência à saúde, as investigações biomédicas em seres humanos e as questões humanísticas e sociais como o acesso e o direito à saúde, recursos e políticas públicas de atenção à saúde. A bioética se fundamenta em princípios, valores e virtudes, como a justiça, a beneficência, a não maleficência, a equidade e a autonomia, o que pressupõe nas relações humanas a responsabilidade, o livre-arbítrio, a consciência, a decisão moral e o respeito à dignidade do ser humano na assistência, pesquisa e convívio social.

Consulta farmacêutica

Atendimento realizado pelo farmacêutico ao paciente, respeitando os princípios éticos e profissionais, com a finalidade de obter os melhores resultados com a farmacoterapia e promover o uso racional de medicamentos e de outras tecnologias em saúde.

Consultório farmacêutico

Lugar de trabalho do farmacêutico para atendimento de pacientes, familiares e cuidadores, onde se realiza a consulta farmacêutica com privacidade. Pode funcionar de modo autônomo ou como dependência de hospitais, ambulatórios, farmácias comunitárias, unidades multiprofissionais de atenção à saúde, instituições de longa permanência e demais serviços de saúde, nos âmbitos público e privado.

Cuidado centrado no paciente

Relação humanizada que envolve o respeito às crenças, expectativas, experiências, atitudes e preocupações do paciente ou cuidadores quanto às suas condições de saúde e ao uso de medicamentos, na qual farmacêutico e paciente compartilham a tomada de decisão e a responsabilidade pelos resultados em saúde alcançados.

Cuidador

Pessoa que exerce a função de cuidar de pacientes com dependência em uma relação de proximidade física e afetiva. O cuidador pode ser um parente, que assume o papel a partir de relações familiares, ou um profissional, especialmente treinado para tal fim.

Evolução farmacêutica

Registros efetuados pelo farmacêutico no prontuário do paciente, com a finalidade de documentar o cuidado em saúde prestado, propiciando a comunicação entre os diversos membros da equipe de saúde.

Farmácia clínica

Área da farmácia voltada à ciência e prática do uso racional de medicamentos, na qual os farmacêuticos prestam cuidado ao paciente, de forma a otimizar a farmacoterapia, promover saúde e bem-estar e prevenir doenças.

Farmacoterapia

Tratamento de doenças e de outras condições de saúde, por meio do uso de medicamentos.

Incidente

Evento ou circunstância que poderia ter resultado, ou resultou, em dano desnecessário ao paciente.

Intervenção farmacêutica

Ato profissional planejado, documentado e realizado pelo farmacêutico, com a finalidade de otimização da farmacoterapia, promoção, proteção e da recuperação da saúde, prevenção de doenças e de outros problemas de saúde.

Lista de medicamentos do paciente

Relação completa e atualizada dos medicamentos em uso pelo paciente, incluindo os prescritos e os não prescritos, as plantas medicinais, os suplementos e os demais produtos com finalidade terapêutica.

Otimização da farmacoterapia

Processo pelo qual são obtidos os melhores resultados possíveis da farmacoterapia do paciente, considerando suas necessidades individuais, expectativas, condições de saúde, contexto cultural e determinantes de saúde.

Paciente

Pessoa que solicita, recebe ou contrata orientação, aconselhamento ou prestação de outros serviços de um profissional de saúde.

Parecer farmacêutico

Documento emitido e assinado pelo farmacêutico, que contém manifestação técnica fundamentada e resumida sobre questões específicas no âmbito de sua atuação. O parecer pode ser elaborado como resposta a uma consulta, ou por iniciativa do farmacêutico, ao identificar problemas relativos ao seu âmbito de atuação.

Plano de cuidado

Planejamento documentado para a gestão clínica das doenças, de outros problemas de saúde e da terapia do paciente, delineado para atingir os objetivos do tratamento. Inclui as responsabilidades e atividades pactuadas entre o paciente e o farmacêutico, a definição das metas terapêuticas, as intervenções farmacêuticas, as ações a serem realizadas pelo paciente e o agendamento para retorno e acompanhamento.

Prescrição

Conjunto de ações documentadas relativas ao cuidado à saúde, visando à promoção, proteção e recuperação da saúde, e à prevenção de doenças.

Prescrição de medicamentos

Ato pelo qual o prescritor seleciona, inicia, adiciona, substitui, ajusta, repete ou interrompe a farmacoterapia do paciente e documenta essas ações, visando à promoção, proteção e recuperação da saúde, e à prevenção de doenças e de outros problemas de saúde.

Prescrição farmacêutica

Ato pelo qual o farmacêutico seleciona e documenta terapias farmacológicas e não farmacológicas, e outras intervenções relativas ao cuidado à saúde do paciente, visando à promoção, proteção e recuperação da saúde, e à prevenção de doenças e de outros problemas de saúde.

Problema de saúde autolimitado

Enfermidade aguda de baixa gravidade, de breve período de latência, que desencadeia uma reação orgânica que tende a cursar sem dano para o paciente e que pode ser tratada de forma eficaz e segura com medicamentos e outros produtos com finalidade terapêutica, cuja dispensação não exija prescrição médica, incluindo medicamentos industrializados e preparações magistrais – alopáticos ou dinamizados –, plantas medicinais, drogas vegetais ou medidas não farmacológicas.

Queixa técnica

Notificação feita pelo profissional de saúde quando observado um afastamento dos parâmetros de qualidade exigidos para a comercialização ou aprovação no processo de registro de um produto farmacêutico.

Rastreamento em saúde

Identificação provável de doença ou condição de saúde não identificada, pela aplicação de testes, exames ou outros procedimentos que possam ser realizados rapidamente, com subsequente orientação e encaminhamento do paciente a outro profissional ou serviço de saúde para diagnóstico e tratamento.

Saúde baseada em evidência

Abordagem que utiliza as ferramentas da epidemiologia clínica, da estatística, da metodologia científica e da informática para trabalhar a pesquisa, o conhecimento e a atuação em saúde, com o objetivo de oferecer a melhor informação disponível para a tomada de decisão nesse campo.

Serviços de saúde

Serviços que lidam com o diagnóstico e o tratamento de doenças ou com a promoção, manutenção e recuperação da saúde. Incluem consultórios, clínicas e hospitais, entre outros, públicos e privados.

Tecnologias em saúde

Medicamentos, equipamentos e procedimentos técnicos, sistemas organizacionais, informacionais, educacionais e de suporte, e programas e protocolos assistenciais, por meio dos quais a atenção e os cuidados com a saúde são prestados à população.

Uso racional de medicamentos

Processo pelo qual os pacientes recebem medicamentos apropriados para suas necessidades clínicas, em doses adequadas às suas características individuais, pelo período adequado e ao menor custo possível, para si e para a sociedade.

Uso seguro de medicamentos

Inexistência de injúria acidental ou evitável durante o uso dos medicamentos. O uso seguro engloba atividades de prevenção e minimização dos danos provocados por eventos adversos, que resultam do processo de uso dos medicamentos.

BIBLIOGRAFIA

American College of Clinical Pharmacy. The definition of clinical pharmacy. Pharmacotherapy. 2008;28(6):816-7.

Brasil. Conselho Federal de Farmácia. Resolução n. 585, de 29 de agosto de 2013. Regulamenta as atribuições clínicas do farmacêutico e dá outras providências. Diário Oficial da União, Brasília (DF); 2013.

Carter BL. Evolution of clinical pharmacy in the USA and future directions for patient care. Drugs Aging. 2016;33(3):169-77.

Fernández-llimós F, Faus MJ, Martin C. Análisis de la literatura sobre pharmaceutical care: 10 años. Granada: Universidad de Granada; 2001.

Hepler CD. Clinical pharmacy, pharmaceutical care, and the quality of drug therapy. Pharmacotherapy. 2004;24(11):1491-8.

Hepler CD. The third wave in pharmaceutical education and the clinical movement. Am J Pharm Ed. 1987;51(1):369-85.

Hepler CD, Grainger-Rousseau TJ. Pharmaceutical care versus traditional drug treatment. Is there a difference? Drugs. 1995;49(1):1-10.

Hepler CD, Strand LM. Opportunities and responsibilities in pharmaceutical care. Am J Hosp Pharm. 1990;47(3):533-43.

Hepler CD, Strand LM, Tromp D, Sakolchai S. Critically examining pharmaceutical care. J Am Pharm Assoc (Wash). 2002;42(5 Suppl 1):S18-9.

Ivama AM, Noblat L, Castro MS, Jaramillo NM, Oliveira NVBV, Rech N. Atenção farmacêutica no Brasil: trilhando caminhos: relatório 2001-2002. Brasília: Organização Pan-Americana da Saúde; 2002.

Institute of Medicine (US) Committee on Quality of Health Care in America. To err is human - building a safer health system. Kohn LT, Corrigan JM, Donalson MS., eds. Washington D.C.: National Academies Press; 2000.

Laporte JR, Tognoni G. Princípios de epidemiología del medicamento. 2. ed. Barcelona: Masson; Salvat Medicina; 1993. p.1-23.

Leape LL, Cullen DJ, Clapp MD, Burdick E, Demonaco HJ, et al. Pharmacist participation on physician rounds and adverse drug events in the intensive care unit. JAMA. 1999;282(1):267-70.

Lesar TS, Briceland L, Stein DS. Factors related to errors in medication prescribing. JAMA. 1997;277(1):312-7.

Mikeal RL, Brown TR, Lazarus HL, Vinson MC. Quality of pharmaceutical care in hospitals. Am J Hosp Pharm. 1975;32(1):567-74.

Miller RR. History of clinical pharmacy and clinical pharmacology. J Clin Pharmacol. 1981;21(4):195-7.

Nau DP, Grainger-Rousseau TJ, Doty R, Hepler CD, Reid LD, Segal R. Preparing pharmacists for pharmaceutical care. J Am Pharm Assoc (Wash). 1998;38(6):644-5.

Organización Mundial de la Salud. Uso racional de los medicamentos: informe de la Conferencia de Expertos. Nairobi, 25-29 de noviembre de 1985. Genebra: WHO; 1986. 304p.

Organización Mundial de la Salud. Vigilancia farmacológica internacional: función del hospital. Genebra: WHO; 1969 (Série de informes técnicos n. 425).

Sistema Nacional de Informações Tóxico-Farmacológicas (SINITOX). Estatística anual de casos de intoxicação e envenenamento. Brasil, 1999. Rio de Janeiro: Ministério da Saúde/ Fundação Oswaldo Cruz/Centro de Informação Científica e Tecnológica; 2000.

Strand LM. Conferencia de Clausura. In: Forum 10 Años de Atención Farmacéutica, 17-19 maio 2001, Granada.

Van Mil JW, Schulz M, Tromp TF. Pharmaceutical care, European developments in concepts, implementation, teaching, and research: a review. Pharm World Sci. 2004; 26(6):303-11.

Wolfson DJ, Booth TG, Roberts PI. The community pharmacist and adverse drug reaction: monitoring: an examination of the potential role in the United Kingdom. Pharm J. 1993;251(1):21-4.

Woods D. Estimate of 98000 deaths from medical errors is too low, says specialist. BMJ. 2000;320:1362.

World Health Organization. Essential drugs strategy: mission, priorities for action, approaches. Genebra: DAP/WHO; 1996.

World Health Organization. How to develop and implement a national drug policy. 2. ed. Genebra: WHO; 2001.

2

Cuidado farmacêutico – o paciente como foco

INTRODUÇÃO

Na grande maioria das vezes, o farmacêutico da farmácia comunitária, hospitalar ou de serviços de saúde tem uma gama enorme de tarefas burocráticas que o afastam do paciente. Assim como ocorreu em outros países, o farmacêutico brasileiro precisa gerenciar melhor seu tempo, diminuindo as tarefas administrativas e aumentando as atividades clínicas. Esse desafio foi identificado desde a primeira edição deste livro, no início dos anos 2000, e ainda permanece nos anos 2020.

Para isso acontecer, é necessário saber delegar serviços aos colaboradores diretos e informatizar processos de rotina. Portanto, o farmacêutico deve mudar sua postura e enxergar o paciente como foco de seu trabalho.

Existem muitas situações, principalmente em hospitais, em que o farmacêutico exerce cargos de gerência e é responsável, entre outras tarefas, pela compra, planejamento, armazenamento de insumos, comissões e escalas de trabalho. Nessas situações, deve buscar a contratação de outros farmacêuticos para trabalharem na área da atenção farmacêutica, pois ninguém consegue desenvolver perfeitamente as duas atividades concomitantemente.

Como isso nem sempre é possível, o farmacêutico se sente frustrado por não conseguir direcionar suas atividades; porém, pode-se traçar um plano de médio prazo para que isso se concretize. Não adianta o farmacêutico ter um direcionamento clínico se a instituição na qual ele trabalha ainda não enxergou os benefícios dessa prática. Por isso, ele deve convencer as pessoas que têm o poder em sua organização de que realmente vale a pena investir na atenção farmacêutica.

Também é importante para o farmacêutico brasileiro sentir-se apto a desenvolver a atenção farmacêutica, o que exige o desenvolvimento de seus conhecimentos, habilidades e atitudes.

DESENVOLVENDO HABILIDADES, CONHECIMENTOS E ATITUDES

O cuidado ao paciente requer a integração de conhecimentos e habilidades, conforme a seguinte lista:

- Conhecimento de doenças.
- Conhecimento de farmacoterapia.
- Conhecimento de terapia não medicamentosa.
- Conhecimento de análises clínicas.
- Habilidades de comunicação.
- Habilidades em monitoração de pacientes.
- Habilidades em avaliação física.
- Habilidades em informação sobre medicamentos.
- Habilidades em planejamento terapêutico.

Áreas de atuação do cuidado farmacêutico:

- Assistência ambulatorial.
- Farmácia comunitária.
- Farmácia hospitalar.
- Tratamento intensivo (unidade de terapia intensiva).
- Geriatria.
- Medicina interna e subespecialidades (cardiologia, endocrinologia, gastroenterologia, doenças infecciosas, neurologia, nefrologia, ginecologia e obstetrícia, doenças pulmonares, psiquiatria e reumatologia).
- Farmácia nuclear.
- Nutrição.
- Pediatria.
- Farmacocinética.
- Cirurgia.
- Radiofarmácia.
- Vacinação.
- Saúde estética.

- Nutracêutica clínica.
- Farmácia esportiva.
- Saúde pública.
- Gestão de antimicrobianos e controle de infecções relacionadas à assistência à saúde (IRAS).
- Gerenciamento de anticoagulação.
- Orientação e prescrição relacionadas à anticoncepção.
- Saúde digital e inteligência artificial.
- Ozonioterapia.
- Medicina Tradicional Chinesa (MTC).
- *Cannabis* medicinal.

O cuidado farmacêutico pode ser desenvolvido pelo farmacêutico em pacientes internados, ambulatoriais, tratados na residência, atendidos em farmácia pública, consultórios farmacêuticos e clínicas especializadas, além de procedimentos por telefarmácia.

Prática focada no paciente

A prática focada no paciente baseia-se no fato de o farmacêutico colocar como centro de seu trabalho o cuidado ao paciente, deixando de lado todas as outras funções (manipulação, logística e administração, entre outras) que podem ser delegadas a outros farmacêuticos com foco em gestão. Muitos hospitais têm alterado seus organogramas, com divisões de logística farmacêutica e de farmácia clínica, inclusive subordinadas a diretorias diferentes. Além da dispensação de medicamentos, o farmacêutico deve conferir todas as prescrições que chegam até ele e, utilizando os conhecimentos farmacoterapêuticos e relativos às reações adversas a medicamentos, dados farmacocinéticos e perfil farmacoterapêutico do paciente, deve buscar o melhor para ele. Eventuais intervenções propostas aos pacientes ou aos prescritores devem ser anotadas em fichas próprias ou arquivos digitais (inclusive os que ficam na nuvem). Recentemente, a prática clínica farmacêutica foi ampliada com novas áreas clínicas emergentes, como saúde estética, nutracêutica clínica e outras.

BIBLIOGRAFIA

Al-Shaqha WM, Zairi M. Re-engineering pharmaceutical care: towards a patient-focused care approach. Int J Health Care Qual Assur Inc Leadersh Health Serv. 2000;13(4-5):208-17.

DeCostro RA. Another new day: the life of a patient-focused care pharmacist. Am J Health Syst Pharm. 1995;52(1):51-4.

Gray TM, Arend J. Pharmacists in patient-focused care. Am J Health Syst Pharm. 1997;54(11):1262-6, 1270-1.

Penna RP. Pharmacy: a profession in transition or a transitory profession? Am J Hosp Pharm. 1987;44(9):2053-9.

Raehl CL, Bond CA, Pitterle ME. Clinical pharmacy services in hospitals educating pharmacy students. Pharmacotherapy. 1998;18(5):1093-102.

Shane R, Kwong MM. Providing patient-focused care while maintaining the pharmacy department's structure. Am J Health Syst Pharm. 1995;52(1):58-60.

Van Mil JW, Frokjaer B, Tromp TF. Changing a profession, influencing community pharmacy. Pharm World Sci. 2004;26(3):129-32.

World Health Organization and International Pharmaceutical Federation. Developing pharmacy practice – a focus on patient care. Geneva: World Health Organization; 2006.

3

Planejamento do cuidado farmacêutico

INTRODUÇÃO

Para implantar o cuidado farmacêutico, é necessário realizar um planejamento bem-feito, que é o segredo para conseguir resultados efetivos. O primeiro passo é realizar um diagnóstico do local onde se pretende implantar o projeto.

Esse diagnóstico é realizado a partir da coleta de algumas informações básicas:

- Âmbito de atuação (ambulatorial, hospitalar, farmácia pública, domiciliar, consultório farmacêutico autônomo ou não, telefarmácia, saúde pública, clínica especializada e outros locais).
- Perfil dos pacientes (socioeconômico, escolaridade, idade, sexo, religião etc.).
- Perfil epidemiológico de doenças na região (diabetes, hipertensão, asma, câncer, osteoporose, doenças reumáticas etc.).
- Farmacêuticos envolvidos no projeto (perfil, formação, número, carga horária).
- Instalações físicas (salas, consultórios etc.).
- Fontes de informação (computadores, *tablets*, *smartphones*, acesso à internet, bases de dados de publicações da área da saúde, bases de dados de medicamentos, livros, guias, bibliotecas, *chatbots* e outras ferramentas de inteligência artificial).
- Protocolos de trabalho dos farmacêuticos.

ESTRUTURA DO PROJETO DE CUIDADO FARMACÊUTICO

Após o levantamento dessas informações, o farmacêutico precisará definir quais atividades ele exercerá e elaborar um projeto bem detalhado, conforme se pode visualizar a seguir.

1. **Nome do projeto.**
2. **Exposição de motivos** (Por que fazer? Benefícios? Quem faz? Quem fez? Resultados?).
3. **Atividades a serem desenvolvidas** (descrevendo como fazer):
   - A. Quais pacientes serão acompanhados (gestantes, idosos, crianças, adolescentes, mulheres).
   - B. Doenças (asma, diabetes, hipertensão, dislipidemia, distúrbios de coagulação).
   - C. Drogas (neste caso devem ser levados em conta o custo, a incidência de reações adversas, a taxa de utilização).
   - D. Local onde será realizado.
   - E. Impressos a serem utilizados (ou sistemas informatizados).
   - F. Frequência de visitas do paciente ou do farmacêutico (no caso de cuidado domiciliar).
   - G. Arquivamento das informações.
   - H. Confidencialidade das informações.
4. **Recursos:**
   - A. Humanos (farmacêuticos, auxiliares, escriturários, recepcionistas).
   - B. Materiais (salas, móveis, computadores, livros, assinaturas de bases de dados como Micromedex®, Lexicomp® e UpToDate®).
   - C. Financeiros.
5. **Cronograma de implantação.**
6. **Monitoração da implantação:**
   - A. Indicadores a serem medidos (diminuição de custos, diminuição de consultas de emergência, diminuição de internações, aumento de sobrevida, aumento da qualidade de vida etc.).
   - B. Apresentação de resultados (como serão apresentados, tabelas, gráficos etc.).
7. **Bibliografia de referência.**

MODELO DE PROJETO DE CUIDADO FARMACÊUTICO

Para melhor visualizar a elaboração de um projeto, será demonstrado um exemplo hipotético, que poderá servir como modelo na construção de trabalhos futuros por parte de profissionais farmacêuticos e instituições.

Diagnóstico prévio

Hospital geral privado, filantrópico, com 100 leitos, conta com unidade ambulatorial de ginecologia e obstetrícia, realizando 200 partos/mês, localizado na cidade de São Paulo, atendendo principalmente convênios médicos (p. ex., Hapvida, Unimed, Bradesco Saúde, Porto Seguro Saúde, Amil, Sulamérica, entre outros).

1. **Nome do projeto**:
   Acompanhamento ambulatorial de pacientes gestantes.

2. **Exposição de motivos**:
   A falta de acesso de uma grande parcela da população brasileira a programas de pré-natal acarreta aumento nos indicadores de mortalidade materna e fetal e complicações perinatais.
   O uso de medicamentos durante a gestação configura um risco potencial para a gestante e para o feto, sendo necessário que o profissional farmacêutico acompanhe a utilização de medicamentos, como vem sendo realizado em sistemas de saúde norte-americanos e europeus (o que reduziu o número de internações desnecessárias e malformações fetais decorrentes do uso inadequado de medicamentos).
   Outro fator a ser considerado é o *marketing* positivo do sistema de saúde perante os clientes e o espírito inovador no Brasil.

3. **Atividades a serem desenvolvidas**:
   A. Acompanhamento mensal das gestantes por meio de consultas farmacêuticas realizadas no mesmo dia em que as consultas médicas de pré-natal, com duração média de 30 minutos na primeira e 15 minutos nas subsequentes.
   B. Identificação de fatores de risco (asma, diabetes, hipertensão, dislipidemia, distúrbios de coagulação, epilepsia etc.).

C. Identificação do perfil farmacoterapêutico das pacientes (drogas utilizadas, histórico de alergias, esquemas posológicos, alternativas terapêuticas, possibilidade de reações adversas e interações).
D. Orientação farmacêutica: orientações gerais de saúde pública, cronofarmacologia, o que fazer em casos de reações adversas, como se adaptar aos efeitos colaterais esperados.
E. Palestra geral, com duração de uma hora, aberta a gestantes da sociedade a cada três meses.
F. Local onde será realizado: uma sala no prédio do ambulatório, próxima aos consultórios da clínica ginecológica.
G. Impressos a serem utilizados: os impressos serão baseados nos formulários recomendados pelo Conselho Federal de Farmácia.
H. Frequência de consultas: mensal.
I. Arquivamento das informações: as fichas farmacêuticas dos pacientes ficarão arquivadas em armário com chave, na própria sala, enquanto os pacientes estiverem ativos, e, posteriormente à alta, serão remetidas ao Serviço de Arquivo Médico e Estatística (SAME) até a próxima gestação ou arquivadas definitivamente.
J. Confidencialidade das informações: a confidencialidade das informações do paciente é garantida pelo código de ética da profissão farmacêutica, e os farmacêuticos envolvidos no projeto se comprometem a mantê-la, sob risco de sanções ético-disciplinares por parte do Conselho Regional de Farmácia (CRF).

4. **Recursos**:
   A. Humanos: 2 farmacêuticos em regime de 30 horas semanais.
   B. Materiais: 1 sala de 10 m^2, 1 computador com acesso à internet e à rede do hospital, assinaturas da base de dados Lexicomp®.
   C. Financeiros: R$ 400.000,00 anuais.

5. **Cronograma de implantação**:

A. Aprovação do projeto	Jan/2025
B. Reforma da sala	Fev/2025
C. Contratação dos farmacêuticos	Mar/2025
D. Treinamento dos farmacêuticos	Abr/2025
E. Treinamento dos demais membros da equipe	Abr/2025
F. Confecção de formulários	Abr/2025
G. Início de atividades	Maio/2025
H. Avaliação do projeto	Maio/2025

6. **Monitoração da implantação:**
   A. Os indicadores a serem medidos serão: diminuição de consultas de emergência, diminuição de internações, índice de óbitos na gestação/parto e taxa de nativivos.
   B. Os resultados serão apresentados na forma de tabelas e gráficos.

7. **Bibliografia de referência:**

   É importante ressaltar que cada projeto deve ser elaborado individualmente, observando sempre as características e peculiaridades de cada instituição. Na internet, no sítio eletrônico da Sociedade Brasileira de Farmácia Hospitalar (SBRAFH) e nas bases de dados PubMed e LILACS, é possível encontrar uma enorme gama de modelos de trabalho de farmácia clínica e atenção farmacêutica, porém cada país e instituição tem suas próprias peculiaridades e esses projetos devem ser adaptados a essas realidades.

BIBLIOGRAFIA

Farhat N, Abbas M. Planning and developing a clinical pharmacy practice. 2024 Jun 8. In: StatPearls [Internet]. Treasure Island (FL): StatPearls Publishing; 2024 Jan. PMID: 3886164.

Odedina FT, Hepler CD, Segal R, Miller D. The pharmacists' implementation of pharmaceutical care (PIPC) model. Pharm Res. 1997;14(2):135-44.

4

Princípios de prevenção de doenças

PERSPECTIVAS NA PREVENÇÃO

Uma das principais tarefas da farmácia clínica é a prevenção de doenças, que começa na primeira consulta farmacêutica e é acompanhada pelo farmacêutico em todas as fases do seguimento farmacoterapêutico do paciente.

Os objetivos primários de prevenção em medicina são prolongar a vida, diminuir a morbidade e melhorar a qualidade de vida com os recursos disponíveis. Ao trabalhar em parceria com os pacientes, médicos e farmacêuticos podem desempenhar um papel importantíssimo na educação daqueles, gerenciando o acesso à triagem e à intervenção e interpretando as recomendações de promoção à saúde.

Embora as evidências demonstrem que os serviços de prevenção são capazes de prolongar a vida dos pacientes e de diminuir os custos médico-hospitalares, frequentemente médicos e farmacêuticos não integram essas atividades preventivas em suas práticas. Ainda assim, um sucesso considerável tem sido atingido em várias áreas, como ocorreu com a redução do fumo nos Estados Unidos, de 40 para 25% nos últimos 30 anos, mudando efetivamente o comportamento dos pacientes.

DEFINIÇÕES

- Prevenção primária: inclui várias formas de promoção da saúde e vacinação, sendo o atendimento planejado para minimizar os fatores de risco e a incidência de doenças.

- Prevenção secundária: tem o objetivo de detectar a doença precocemente, como o uso de mamografias para detectar o câncer de mama pré-clínico.

Enquanto o termo "prevenção secundária" muitas vezes é usado para a prevenção de episódios recorrentes de uma doença existente, muitos consideram essa atividade como prevenção terciária, definida como o cuidado que tem como objetivo melhorar o curso de uma doença estabelecida.

Decidir que tipo de cuidado preventivo os profissionais de saúde devem tomar não é uma tarefa fácil. A United States Preventive Services Task Force (USPSTF), a Canadian Task Force on the Periodic Health Examination e o American College of Physicians (ACP), entre outras organizações, têm revisto criticamente o valor das evidências para práticas preventivas e feito recomendações.

Adotar uma abordagem baseada em evidências (medicina baseada em evidências) para o desenvolvimento de políticas de práticas preventivas é um passo essencial a fim de assegurar o que realmente faz a diferença, separando as boas intervenções das inócuas.

PREVENÇÃO PRIMÁRIA

Modificação do risco

Mais da metade dos 2 milhões de mortes que ocorrem nos Estados Unidos a cada ano deve-se a causas que podem ser prevenidas. Estilo de vida e comportamento são as vias principais nas causas de morbidade e mortalidade para adultos (p. ex., doenças cardíacas coronarianas, câncer e sequelas).

Tabaco

Principal risco modificável, há 1,1 bilhão de fumantes no mundo, e cerca de quatro em cada cinco vivem em países de baixa e média rendas. Principal fator de risco de morte por doenças crônicas não transmissíveis, o tabagismo é o responsável por 6 milhões de óbitos ao ano.

Na Alemanha, apenas um em cada cinco fumantes tenta parar de fumar pelo menos uma vez por ano. Essas tentativas raramente são apoiadas por métodos baseados em evidências e, portanto, têm probabilidade de falhar. O alto custo do tratamento fica a cargo do indivíduo e, portanto, recai desproporcionalmente sobre os fumantes mais pobres. Portanto, há uma necessidade urgente de que a terapia de cessação do tabagismo baseada em evidências seja coberta por provedores de planos de saúde, a fim de dar a todos os fumantes acesso justo e igualitário quanto aos cuidados médicos de que necessitam.

Evidências recentes também sugerem que a exposição passiva ao tabaco resulta em doenças pulmonares crônicas e em câncer de pulmão em alguns adultos. Por causa das propriedades aditivas da nicotina, prevenir a iniciação ao abuso do tabaco é a intervenção de escolha. Muitos fumantes adultos adquiriram o hábito quando adolescentes.

Um total de 603 mil mortes anuais é atribuível ao tabagismo passivo, das quais 28% afetam crianças. Esse fator de risco está associado a 75% dos casos de doença pulmonar obstrutiva crônica (DPOC), e a 22 e 10% das mortes entre adultos por câncer e doenças cardíacas, respectivamente. A evidência epidemiológica recente aponta que novas doenças, como cânceres de mama e de próstata e os transtornos vasculares intestinais, são em certa medida atribuíveis ao tabagismo.

A perda total global com o tabagismo alcança 1,4 trilhão de dólares ao ano ou 1,8% do produto interno bruto (PIB) mundial, e aproximadamente 40% dessas perdas ocorrem em países de baixa e média rendas. Dos cinco países do BRICS, quatro – Brasil, Rússia, Índia e China – são responsáveis por 25% do custo global atribuível ao tabagismo. Já sob a perspectiva do setor de saúde, o custo da assistência representa 15% do gasto total em alguns países, e somente em sete países latino-americanos equivale a 8,3%.

O aconselhamento sobre os riscos do consumo do tabaco e os métodos para abandoná-lo são as principais armas para o sucesso. Como cerca de 70% dos fumantes (nos EUA) entram em contato com profissionais de saúde, o encontro com o farmacêutico fornece a oportunidade de explicar as implicações do hábito do tabagismo.

Algumas perguntas que o farmacêutico pode fazer ao paciente são:

- O que você sabe sobre as consequências à saúde do uso do tabaco?
- Você está pronto para abandonar o hábito?
- O que você deve fazer para parar de fumar?

Essas perguntas aproximam o paciente e o encorajam a participar do processo. Estabeleça uma data para a parada e para as datas de visita do paciente ou do retorno telefônico durante o período inicial de parada, forneça literatura especializada e considere o uso da suplementação de nicotina para auxiliar e melhorar as taxas de sucesso.

O acompanhamento médico é fundamental nesse processo.

Álcool e drogas de abuso

O uso de álcool e drogas ocasiona mais de 100 mil mortes anualmente nos Estados Unidos. A capacidade de prevenção dos profissionais de saúde não está bem estabelecida. Quando a triagem dessas desordens é possível, as estratégias que têm dado mais resultado incluem aconselhamento rápido, programas educativos ambulatoriais e tratamentos medicamentosos em algumas situações (p. ex., metadona no uso abusivo de opiáceos).

O 3º Levantamento Nacional sobre o Uso de Drogas pela População Brasileira indica não haver uma epidemia de drogas ilícitas no país e aponta o álcool como a substância de maior uso entre os brasileiros. O levantamento, coordenado pela Fundação Oswaldo Cruz (Fiocruz), ouviu cerca de 17 mil pessoas com idades entre 12 e 65 anos em todo o Brasil, entre maio e outubro de 2015. Foi concluído em 2016, mas em dezembro de 2017 o Governo Federal embargou a divulgação dos dados, sob o argumento de que discordava da metodologia empregada. A Fiocruz afirmou que usou a mesma metodologia da Pesquisa Nacional de Amostra Domiciliar (Pnad) do Instituto Brasileiro de Geografia e Estatística (IBGE).

Segundo os números divulgados, mais da metade da população consultada declarou ter consumido bebida alcoólica pelo menos uma vez no período estudado, enquanto 7,7% dos brasileiros usaram maconha e 3,1% consumiram cocaína em pó. O levantamento revela o tamanho do problema a ser enfrentado pelas políticas de saúde em relação ao uso de álcool: cerca de 46 milhões (30,1%) de pessoas tinham consumido ao menos uma dose nos 30 dias anteriores à pesquisa, e aproximadamente 2,3 milhões de pessoas apresentaram critérios de dependência, como apontado pela Fiocruz.

Dieta

Muitas evidências sugerem que a modificação da ingestão calórica, tanto qualitativa como quantitativa, pode resultar em uma redução da morbidade e mortalidade para doenças cardiovasculares, câncer e diabetes. O excesso de peso é um fator de risco independente para doenças coronarianas em adição à sua contribuição para a incidência de diabetes, hiperlipidemia e hipertensão. Entre 20 e 30% dos norte-americanos estão acima do peso, definição dada a indivíduos que estão 20% acima do índice de massa corporal aceitável (kg/m^2).

A recomendação é evitar o excesso de gorduras saturadas e passar a consumir carboidratos complexos e fibras. Quando o consumo de gordura saturada está correlacionado com o nível de colesterol, doenças coronarianas são reduzidas em 2 a 3% para cada 1% de redução no nível do colesterol plasmático; a modificação dietética tem sido a maneira primária de diminuir a mortalidade nos Estados Unidos.

Os excessos na ingestão de gorduras estão associados a tumores malignos de mama, cólon, próstata e pulmão nos estudos epidemiológicos.

O aumento da ingestão de fibras dietéticas, como as obtidas de legumes, grãos e frutas, pode contribuir particularmente para a diminuição da incidência de câncer de cólon.

A restrição dietética de sódio pode apresentar bons resultados em hipertensos sensíveis ao sal, embora o resultado da restrição na população sadia não seja conhecido.

Cálcio e vitamina D são protetores contra osteoporose, particularmente em mulheres jovens ou após a menopausa. Mulheres em idade fértil apresentam risco de anemia por deficiência de ferro.

O papel do farmacêutico nesse sentido é fazer o aconselhamento dietético, sempre tendo a participação de um profissional de nutrição para estabelecer os objetivos e formular a dieta adequada para cada um.

A abordagem farmacêutica na obesidade, além das ações educativas e orientativas, pode abranger o uso de nutracêuticos e a prescrição de fitoterápicos (conforme consta no Capítulo 4 – Nutracêutica clínica e suplementação alimentar).

Atividade física

A contrapartida para diminuir a ingestão calórica é aumentar o gasto energético do organismo. A atividade física sozinha não controla a obesidade, porém a mudança no hábito de vida sedentário pode diminuir a incidência de doenças cardíacas, hipertensão, diabetes e osteoporose. Estima-se que a atividade física leve a uma redução de até 35% em doenças coronarianas, e mesmo exercícios leves são preferíveis a não fazer exercícios de nenhuma espécie.

Comportamento sexual

Por causa dos riscos substanciais de doenças infecciosas e gravidez indesejada, os pacientes devem ser alertados sobre os riscos do sexo sem proteção e sobre os métodos contraceptivos existentes, em um trabalho conjunto do farmacêutico e do profissional médico.

Ambiente

Durante a consulta, o farmacêutico, deve identificar os riscos ambientais aos quais o paciente está submetido, considerando os aspectos físico, social e ocupacional. Deve-se tomar história a completa do paciente, com foco em sua residência, trabalho, vizinhança, *hobbies* e hábitos dietéticos.

Os pacientes devem ser orientados sobre a exposição ao sol e os riscos do câncer de pele e encorajados a usar filtro solar.

Os riscos de traumatismos advindos de acidentes de trânsito também devem ser informados aos pacientes, assim como o aconselhamento sobre hábitos seguros na condução de veículos, como o uso de cinto de segurança em automóveis e de capacete para motociclistas.

Os pacientes devem ser alertados sobre os riscos de incêndio e queimaduras, bem como da exposição de medicamentos em residências em que haja crianças.

O uso de arma de fogo e sua manutenção em residências também devem ser desestimulados.

Imunização

Em relação à temporada de gripe 2019-2020, o Centers for Disease Control and Prevention (CDC) estimou que mais de 38 milhões de pessoas tiveram gripe, levando a 400 mil hospitalizações e 22 mil mortes. Isso é um pouco menos que a temporada 2018-2019 (34.200 mortes) e significativamente menos que a temporada 2017-2018 (61 mil mortes).

A influenza sazonal, também conhecida como gripe, é uma doença que pode levar a sérias complicações que exigem hospitalização e podem até causar a morte. As pessoas frequentemente não reconhecem sua gravidade, confundindo-a com resfriados, mas a cada ano cerca de 772 mil pessoas são hospitalizadas e entre 41 mil e 72 mil morrem em consequência da doença na região das Américas.

Quimioprofilaxia

Existem evidências científicas que comprovam que a prescrição de medicamentos pode ser utilizada em prevenção primária. Por exemplo, o uso de 100 mg de ácido acetilsalicílico uma vez ao dia para a prevenção de infarto agudo do miocárdio (IAM).

BIBLIOGRAFIA

Braunwald E, Fauci AS, Kasper DL, Hauser SL, Longo DL, Jameson JL. Harrison - medicina interna. 15. ed. Rio de Janeiro: McGraw-Hill; 2002.

Centers for Disease Control and Prevention (CDC). Estimated influenza illnesses, medical visits, hospitalizations, and deaths in the United States - 2019-2020 influenza season [Internet]. Atlanta: CDC; 2021 [citado em 28 nov. 2024]. Disponível em: https://www.cdc.gov/flu-burden/php/data-vis/2019-2020.html?CDC_AAref_Val=https://www.cdc.gov/flu/about/burden/2019-2020.html.

Farret JF. Nutrição e doenças cardiovasculares - prevenção primária e secundária. São Paulo: Atheneu; 2005.

Fiocruz. III Levantamento Nacional sobre Uso de Drogas pela População Brasileira. 2017. [Internet]. Rio de Janeiro: Fiocruz; 2017 [citado em 28 nov. 2024]. Disponível em: https://bit.ly/344qbMr.

Fiocruz. Tabagismo responde por 6 milhões de mortes por ano no mundo. 2019. [Internet]. Rio de Janeiro: Fiocruz; 2019 [citado 28 nov. 2024]. Disponível em: https://portal.fiocruz.br/noticia/tabagismo-responde-por-seis-milhoes-de-mortes-por-ano-no-mundo.

Freitas CM, Czeresnia D. Promoção da saúde. Rio de Janeiro: Fiocruz; 2003.

Jekel JF. Epidemiologia, bioestatística e medicina preventiva. 2. ed. São Paulo: Artmed; 2005.

Litvoc J, Brito FC. Envelhecimento - prevenção e promoção da saúde. São Paulo: Atheneu; 2004.

Organização Pan-Americana da Saúde (OPAS). Confira mitos e verdades sobre a vacina contra a influenza. 2019. [Internet]. Brasília: OPAS; 2019 [citado em 28 nov. 2024]. Disponível em: https://www.paho.org/bra/index.php?option=com_content&view=article&id=5934:confira-mitos-e-verdades-sobre-a-vacina-contra-a-influenza-sazonal&Itemid=812.

Takei EH, Humberg L, Maluf DP. Drogas - prevenção e tratamento. São Paulo: Cla; 2002.

5

Semiologia farmacêutica

INTRODUÇÃO

Há 2.500 anos, Hipócrates introduziu a anamnese como etapa inicial do exame médico. Com ela nasceu a observação clínica, compreendendo a história da doença que leva uma pessoa a procurar o médico e o exame físico do paciente em seus mínimos detalhes, em busca de dados para a elaboração do diagnóstico e do prognóstico. A escola hipocrática deu início à transformação da medicina mágica, que prevalecia até então, na medicina racional de nossos dias.

O termo semiologia foi criado por Ferdinand de Saussure (1857-1913) para indicar a ciência geral dos signos, em que a língua é um sistema de signos que exprimem ideias e, por isso, é semelhante à escrita, ao alfabeto dos surdos-mudos, aos ritos simbólicos e às formas de cortesia. Saussure estabeleceu a distinção entre "língua" e "fala".

Roland Barthes (1915-1980) definiu a semiologia como tendo

> por objeto qualquer sistema de signos (significado), sejam quais forem a sua substância ou os seus limites: as imagens, os gestos, os sons melódicos, os objetos e os complexos dessas substâncias que encontramos nos ritos, nos protocolos ou nos espetáculos constituem, se não "linguagens", pelo menos sistemas de significação (Porto CC, 2011).

Barthes mencionou também que "é necessário começar pelas coisas mais importantes e aquelas mais facilmente reconhecíveis. É necessário estudar tudo aquilo que se pode ver, sentir e ouvir" e "o médico deve examinar cuidadosamente o corpo do paciente e perguntar a respeito das evacuações; estudar a respiração, o suor, a atitude do paciente e a urina".

No âmbito farmacêutico, a utilização da semiologia e da anamnese deve ser vista com outros olhos, pois o objetivo não é o diagnóstico de doenças, mas a verificação de possíveis reações adversas e problemas relacionados a medicamentos (PRM).

O termo semiologia farmacêutica se refere à utilização dos métodos de semiologia adaptados à prática farmacêutica e voltados à prevenção e às condutas tomadas para PRM.

ANAMNESE

A definição de anamnese é a informação acerca do princípio e da evolução de uma doença até a primeira observação do médico. A anamnese pretende identificar não só os sintomas de significado clínico que acometem o paciente, mas também detalhes da sua vida.

De maneira geral, o comportamento do paciente, seus sentimentos, conflitos psicológicos e padrões habituais de defesa, seu comportamento perante os médicos ou outros componentes do sistema de saúde são indispensáveis para auxiliar na interpretação ou completar as informações adquiridas com o exame físico ou métodos complementares de diagnóstico.

O conjunto de informações recolhidas que dizem respeito à vida do paciente por meio da anamnese é de grande valor para reconhecer as três dimensões do espaço diagnóstico – o paciente, a doença e as circunstâncias.

Limitações da anamnese como método diagnóstico

O ideal seria que o paciente prestasse informações completas, de modo claro, coerente, exato e conciso, sobre a totalidade dos fatos de sua vida que tenham interesse farmacêutico.

Em relação aos sintomas, deveria descrever todos eles, abrangendo de modo completo suas características, inclusive a ordem cronológica com que se instalaram, as modificações evolutivas que sofreram, espontaneamente ou sob a influência de determinados fatores, sejam eles terapêuticos ou não.

Para que o paciente forneça informações com essas características, principalmente se tiver uma doença crônica, ele deve possuir um grau satisfatório de inteligência, memória e capacidade adequada de observação e organização do pensamento, além de saber se expressar com clareza.

Deficiências importantes na audição ou fonação, diferenças idiomáticas, depressão do estado de consciência, distúrbios mentais e pouca idade constituem exemplos de situações em que as informações podem ser incompletas, não fidedignas ou ausentes.

Determinadas características da educação, da cultura e da personalidade do paciente constituem outras dificuldades na obtenção da anamnese. Expressões utilizadas pelo paciente para relatar certos sintomas ou doenças que o acometem podem ser entendidas pelo médico com significado diferente daquele que, na realidade, o paciente desejou exprimir.

A influência negativa que aspectos peculiares à personalidade dos pacientes podem exercer sobre a anamnese é notória, e eles podem ser incapazes de prestar informações de maneira concisa, sequencial ou organizada. Outros têm dificuldades em verbalizar seus sintomas ou sentimentos, mantendo uma atitude de aparente alheamento durante todo o transcorrer da entrevista. Às vezes demonstram ter dificuldades de memória ou de observação; mesmo quando interrogados sobre assuntos específicos, são incapazes de fornecer as informações solicitadas. As informações prestadas por familiares do paciente ou pessoas com ele relacionadas também podem ser de grande valor. Essa importância é evidente quando o paciente está incapacitado de prestar informações no momento do exame ou não pode fornecer detalhes sobre o que o acometeu, como episódios de síncope ou crises convulsivas.

Entretanto, às vezes essas pessoas dificultam a obtenção da anamnese, inibindo o paciente de prestar informações ou contestando as informações que ele fornece. Por esse motivo, sempre que possível, a anamnese deve ser obtida diretamente do paciente, sem a presença de outras pessoas. Em algumas ocasiões, dados complementares de valor diagnóstico podem ser recolhidos, em seguida, de outros informantes.

É indispensável, para a obtenção de uma anamnese de boa qualidade, a participação do farmacêutico; mesmo o paciente dotado dos melhores predicados para informar não é capaz de fornecer uma anamnese completa sem o auxílio ou a orientação desse profissional.

Obtenção da anamnese

Princípios básicos:

1. Estar sinceramente motivado a ouvir, com atenção, o relato do paciente.
2. Evitar interrupções por solicitações que não sejam de natureza urgente (para que o paciente e o farmacêutico não se distraiam e deixem passar informações importantes).

3. Dispor de tempo suficiente para ouvir o relato do paciente.
4. Observar o comportamento do paciente (nível de inteligência; atitude perante a doença; condições físicas, mentais e socioeconômicas; personalidade e estado emocional).
5. Não intervir na narrativa do paciente (exceto quando necessário).
6. Durante a anamnese, não fazer julgamentos precipitados capazes de considerar irrelevantes fatos relatados pelo paciente.
7. Não discutir com o paciente sobre as opiniões que ele emite a respeito de qualquer assunto.
8. Saber interrogar o paciente (auxiliá-lo a recordar fatos de sua vida que tenham importância médica).
9. Possuir conhecimentos teóricos básicos sobre a fisiopatologia e as manifestações da doença, sua história natural e influências que a modificam.
10. Alcançar, ao término da anamnese, os seguintes objetivos relacionados à obtenção de informações:
    - O farmacêutico entendeu o verdadeiro significado das palavras do paciente.
    - O paciente compreendeu corretamente o que lhe foi perguntado.
    - O farmacêutico conseguiu o máximo de informações possível e adquiriu uma noção correta sobre o grau de exatidão dessas informações.

Roteiro de perguntas

Entre as vantagens do uso do "roteiro" está a de tornar o aluno mais confiante na obtenção da anamnese, porque diminui a preocupação em deixar de fazer perguntas importantes mesmo quando o paciente se prolonga na descrição de um sintoma, e a fase do interrogatório é agilizada, pois diminui a hesitação sobre o que perguntar.

A principal desvantagem decorrente do emprego do "roteiro" durante a história da moléstia atual é o risco de transformar a anamnese em um ato mecânico, privado de conteúdo humano, destinado quase somente a recolher informações sobre a doença em prejuízo das informações referentes ao paciente. Ao se preocupar em apenas fazer perguntas e anotar as respostas, o farmacêutico pode perder a oportunidade de perceber as mensagens não verbais que o paciente transmite.

Entretanto, essas desvantagens são superadas se o "roteiro" for usado de modo adequado, isto é, somente consultado após o paciente haver relatado os fatos da moléstia atual e com a finalidade exclusiva de caracterizar de modo mais completo os componentes de determinado sintoma.

História pregressa

Este componente da anamnese se destina a recolher informações de diversos tipos sobre o passado do paciente que não mostrem ter relação direta ou indireta de causa e efeito com a moléstia atual.

Aqui devem constar dados sobre doenças prévias, traumatismos, gestações e partos, cirurgias, hospitalizações, exames laboratoriais realizados, uso de medicamentos, tabaco, álcool, tóxicos, fatores de risco, imunizações, sono e hábitos alimentares.

Histórico familiar

Com finalidades clínicas, o grau de interesse em dados sobre os antecedentes familiares varia com o paciente que está sendo examinado, mas de maneira geral ele sempre existe.

Esse interesse é justificado não só pela importância de identificar moléstias de caráter familiar, transmitidas em decorrência de herança ou de condições ambientais, mas também se fundamenta nos conhecimentos que podem ser adquiridos sobre o estado emocional do paciente em relação a essas moléstias. Não é raro ele acreditar que foi acometido pelo que ocorreu com seus familiares ou que isso venha a acontecer no futuro.

Importância da história psicossocial

Muitos dos sintomas que os portadores de processos de natureza orgânica apresentam são devidos ou modificados por fatores sociopsicológicos.

As respostas psicológicas a um determinado processo mórbido dependem de quatro classes de variáveis:

A. A personalidade do paciente e a história de sua vida.
B. A situação socioeconômica atual.
C. Características do ambiente físico.
D. O processo patológico em curso.

Tipos de pacientes

Paciente ansioso

Manifestações: inquietude, voz embargada, mãos frias e sudorentas, taquicardia, boca seca. A conversa deve ser baseada em fatos aparentemente sem importância, para diminuir a tensão.

Paciente sugestionável

Muito impressionável. Quando uma doença é divulgada (p. ex., em uma campanha), ele começa a sentir os sintomas. A conversa deve ser cuidadosa para não desencadear ideias erradas. Use a sugestionabilidade para provocar sentimentos positivos e favoráveis.

Paciente hipocondríaco

Queixa-se de diferentes sintomas. Não acredita nos resultados normais dos exames feitos, nos diagnósticos, nem que seus sintomas não sejam graves. O profissional deve ajudar a analisar aspectos da sua vida, como dificuldades familiares e no trabalho, e descartar a possibilidade de interação medicamentosa.

Paciente deprimido

Desinteressado por si mesmo e pelo que está à sua volta, tem tendência a isolar-se, é cabisbaixo, tem os olhos sem brilho e face exprimindo tristeza. Chora facilmente, está desmotivado, tem redução da capacidade de trabalho e perda da vontade de viver. A anamnese ocorre em ritmo lento e frio; é difícil alcançar sintonia. Saber qual o tipo de depressão que o paciente apresenta pode ajudar.

Tipos de depressão

- **Depressão neurótica**: mais frequente, mais intensa à noite; pessoa neurótica desde a infância ou adolescência.
- **Depressão psicótica**: fase depressiva do transtorno bipolar; a principal característica é o fato de surgir inesperadamente.
- **Depressão endógena**: grave, intensa (mais pela manhã); ideias de ruína e autoextermínio, insônia terminal (já acorda com o humor deprimido).

Paciente eufórico

Tem humor exaltado; fala e movimenta-se demasiadamente. Sente-se forte e sadio, tem pensamentos rápidos, muda de assunto inesperadamente. Durante a entrevista, começa a responder a uma questão feita e logo desvia o assunto, podendo haver dificuldade de compreendê-lo.

Paciente hostil

A hostilidade pode ser percebida após as primeiras palavras ou traduzida em respostas e insinuações maldisfarçadas. Situações que determinam esse tipo de comportamento: doenças incuráveis, cirurgias malsucedidas, complicações terapêuticas, etilismo crônico ou uso de tóxicos. O profissional não deve adotar uma posição agressiva, revidando com palavras ou gestos.

Paciente inibido ou tímido

Não encara o profissional, senta-se na beirada da cadeira, fala baixo, é fácil notar que não se sente à vontade. Pacientes pobres e de zona rural costumam ser os mais tímidos ou inibidos.

Esses pacientes tendem a responder às perguntas afirmativamente.

Paciente psicótico

Difícil de ser reconhecido. Principais alterações: confusão mental, alucinações, delírios, desagregação do pensamento, alterações do juízo crítico e de comportamento. Seu mundo é incompreensível.

Paciente em estado grave

Apresenta problemas psicológicos. Não deseja ser perturbado por ninguém. A entrevista deve ser feita com perguntas simples, diretas e objetivas. Sempre deve haver a preocupação de não agravar o sofrimento do paciente. Na maioria das vezes, esses pacientes apresentam uma ansiedade de grande intensidade.

Paciente com pouca inteligência

Adote uma linguagem mais simples, direta, usando palavras corriqueiras, ordens precisas e curtas, e tenha muita paciência, caso contrário o paciente se sentirá retraído por não entender o farmacêutico.

Paciente surdo não oralizado

Geralmente esse paciente é acompanhado por uma pessoa da família que faz o papel de intérprete. A anamnese deve ser resumida aos dados essenciais.

Crianças e adolescentes

A principal qualidade para lidar com a criança é a bondade. Deve-se conquistar sua confiança e simpatia. Já com o adolescente faz-se uma investigação dos antecedentes familiares, pessoais, imunização e ainda investigação sobre alimentação, vida escolar, relação com os pais e irmãos e relações sociais, sempre respeitando a personalidade desses pacientes e sua idade.

Paciente idoso

Este paciente precisa sentir que é o centro das atenções e que é respeitado. Deve-se aceitar suas manias e agir com paciência e delicadeza. O paciente deve buscar como referência suas experiências pessoais (pais e avós), introduzindo na relação um comportamento afetivo. A subjetividade é inevitável e necessária, tanto que a entrevista pode adquirir um tom de relacionamento criança-adulto.

EXAME FÍSICO

Este assunto da semiologia deve ser tratado com muito cuidado dentro da profissão farmacêutica, pois os objetivos dessa prática devem estar inseridos dentro do espírito da atenção farmacêutica e do seguimento farmacoterapêutico de pacientes. Um uso errado desses princípios pode levar o farmacêutico a ser acusado de exercício ilegal da medicina. Todos os exames físicos realizados devem ter uma explicação farmacoterapêutica.

Inspeção

Utilizando o sentido da visão, inicia-se antes mesmo do começo da anamnese. Em geral, é feita diretamente, sem o uso de instrumentos, embora ocasionalmente alguns sejam necessários, como lentes de aumento.

Palpação

No Brasil, esta técnica deve ser evitada por parte do farmacêutico. Pode ser executada com a palma das mãos, uni ou bimanual, ou com a ponta dos dedos. Uma modalidade especial de palpação é constituída pela introdução de um ou dois dedos em cavidade. Denominada toque (vaginal, retal), faz parte do exame ginecológico e proctológico.

A palpação permite delimitar áreas e observar sua consistência, forma, temperatura, mobilidade, sensibilidade, expansão e vibração, assim como características da pele e anexos.

Percussão

No Brasil, esta técnica deve ser evitada por parte do farmacêutico. É baseada na emissão de sons de uma determinada região, posta a vibrar por meio de batimentos sobre ela. As características do som variam de acordo com a intensidade da percussão e da constituição do corpo que vibra.

O ambiente deve ser silencioso e o paciente, colocado em posição adequada para ser percutido, enquanto o examinador deve estar em posição confortável, permitindo-lhe movimentos amplos em várias posições.

Ausculta

Utilizando a audição, o examinador colhe dados preciosos. É um exame primordial nos estudos dos sistemas respiratório e circulatório. A ausculta do abdome é muito útil perante a suspeita de abdome agudo ou de condições que provoquem sopros vasculares.

Deve ser executada em ambiente silencioso, utilizando-se hoje em dia somente método indireto, por meio de estetoscópio biauricular aplicado diretamente sobre a pele do examinado. O estetoscópio deve possuir duas peças: diafragma para sons de alta frequência e campânula para ruídos de baixa frequência.

Sinais vitais

Os sinais vitais são as medidas quantitativas de temperatura, pulso, respiração e pressão arterial do paciente. Esses sinais encabeçam o relatório escrito e são seguidos pela descrição do aspecto geral. A altura e o peso também são registrados com os sinais vitais, do seguinte modo:

Temperatura • Pulso • Frequência respiratória •
Pressão arterial • Braço direito • Braço esquerdo •
Deitado • Sentado • Em pé • Coxa, quando indicado

Dados antropométricos

Peso quando despido ou vestido, altura e índice de massa corporal (IMC).

Temperatura

As variações da temperatura normal do corpo de uma pessoa para outra não permitem o estabelecimento de uma temperatura normal. Em geral, o nível médio superior da temperatura normal do corpo é de 37°C na boca para pessoas deitadas no leito e 37,2°C para pessoas em atividade. O nível normal mínimo pode ser 35,8°C na boca. A temperatura retal é em média 1,3°C mais alta que a temperatura oral, e as temperaturas axilares são 1,7°C mais baixas que as orais.

Em todas as pessoas a temperatura corporal apresenta uma variação diária de 0,3°C a 1,5°C. A temperatura é mais baixa durante o sono (das 4h às 6h da manhã) e gradualmente se eleva até o nível mais alto à noite (das 20h às 23h). A ausência dessa variação diurna é anormal.

REGISTRO DOS ACHADOS

Após os exames, os achados devem ser registrados com precisão, clareza e concisão; legibilidade, grafia e gramática devem ser cuidadosamente observadas. Embora padronizadas e universalmente aceitas, abreviações não são usadas. A data do exame e um registro dos sinais vitais são anotados antes da revisão geral do exame. A inclusão de achados normais depende do tipo de exame procedido e do problema específico em estudo.

Os resultados dos exames físicos podem indicar normalidade ou anormalidade da estrutura anatômica e das funções fisiológicas do paciente. Os achados normais nem sempre excluem a presença de doença ou disfunção. Sintomas e achados laboratoriais anormais podem existir sem sinais físicos concomitantes. Um sinal anormal demonstra a presença de um estado anatômico ou fisiológico anormal e tem importância diagnóstica significativa.

Um sinal, sintoma, fato da anamnese ou achado laboratorial não determinam o diagnóstico. Antes disso, o diagnóstico se baseia em uma cuidadosa correlação e avaliação de toda informação fornecida pela história do paciente, seus sintomas, o exame físico e os dados de laboratório.

SINAIS E SINTOMAS IMPORTANTES EM FARMÁCIA CLÍNICA

Febre

A febre é definida como um estado funcional anormal do sistema de termorregulação. É uma manifestação comum a vários tipos de processos patológicos não apenas infecciosos, mas também de outras naturezas, como traumática, neoplásica, vascular, metabólica e secundária a reações de hipersensibilidade. Na criança e no idoso, a resposta febril à infecção costuma ser desproporcional à gravidade dela. Febres intermitentes são frequentemente associadas com sudorese noturna profusa (que requer a mudança de vestimenta à noite). Febres de origem medicamentosa são habitualmente do tipo contínuo, havendo nítida descorrelação entre sua intensidade e o bom estado geral do paciente.

Medicamentos potencialmente causadores de febre

- Comumente causam febre:
  - Anti-histamínicos, antipsicóticos, penicilinas (por reação de hipersensibilidade), sulfonamidas (por reação de hipersensibilidade).
- Ocasionalmente causam febre:
  - Vancomicina, iodetos (por reação de hipersensibilidade), cefalosporinas (por reação de hipersensibilidade), cimetidina (por alteração da termorregulação), cocaína e seus derivados (por alteração da termorregulação), estreptoquinase (por efeito pirogênico).
- Raramente causam febre:
  - Digitais, cloranfenicol, insulinas e tetraciclinas.

Os itens que devem ser inquiridos em toda anamnese de paciente febril são: Como se iniciou a febre? Qual a intensidade (febrícula, moderada ou alta)? Qual a duração da febre (horas, dias, semanas, meses, anos)? Como se deu o término da febre? Quais os horários e a evolução da febre (evolução contínua, intermitente, remitente, recorrente ou héctica)? Qual o local de tomada da temperatura (axilar, sublingual, retal ou inguinal)?

Prurido

Conhecido também como coceira, é um formigamento peculiar ou irritação incômoda da pele que provoca o desejo de coçar a parte afetada. Pode ser local ou generalizado. As causas variam de acordo com idade, sexo, localização, características, evolução e fatores agravantes.

- **Exemplos de prurido localizado**: picadas de insetos, queimadura do sol, parasitas (piolhos).
- **Exemplos de prurido generalizado**: urticária, doenças infecciosas (sarampo, catapora), reações alérgicas a alimentos e medicamentos.

BIBLIOGRAFIA

Bisson MP, Marini DC. Semiologia e propedêutica farmacêutica. Barueri: Manole; 2023.

Dalgalarrondo P. Psicopatologia e semiologia dos transtornos mentais. Porto Alegre: Artmed; 2000.

Fleming GF, McElnay JC, Hughes CM. Development of a community pharmacy-based model to identify and treat OTC drug abuse/misuse: a pilot study. Pharm World Sci. 2004;26(5):282-8.

Gluud C, Gluud LL. Evidence based diagnostics. BMJ. 2005;330(7493):724-6.

Hasle-Pham E, Arnould B, Spath HM, Follet A, Duru G, Marquis P. Advisory panel: role of clinical, patient-reported outcome and medical-economic studies in the public hospital drug formulary decision-making process: results of a European survey. Health Policy. 2005;71(2):205-12. Laurentys-Medeiros J, López M. Semiologia médica - as bases do diagnóstico clínico. 5. ed. São Paulo: Revinter; 2004.

Leal S, Glover JJ, Herrier RN, Felix A. Improving quality of care in diabetes through a comprehensive pharmacist-based disease management program. Diabetes Care. 2004;27(12):2983-4.

Machado ELG. Propedêutica e semiologia em cardiologia. São Paulo: Atheneu; 2004.

MacLaughlin EJ, MacLaughlin AA, Snella KA, Winston TS, Fike DS, Raehl CR. Osteoporosis screening and education in community pharmacies using a team approach. Pharmacotherapy. 2005;25(3):379-86.

McLean WM, MacKeigan LD. When does pharmaceutical care impact health outcomes? A comparison of community pharmacy-based studies of pharmaceutical care for patients with asthma. Ann Pharmacother. 2005;39(4):625-31.

Porto CC. Semiologia médica. 4. ed. Rio de Janeiro: Guanabara Koogan; 2001.

Potter P. Semiologia em enfermagem. 4. ed. Rio de Janeiro: Reichmann & Affonso; 2002.

6

Seguimento farmacoterapêutico de pacientes

INTRODUÇÃO

O processo de seguimento farmacoterapêutico de um paciente é a principal atividade do cuidado farmacêutico. Esse processo é composto de três fases principais, que serão discutidas neste capítulo: anamnese farmacêutica, interpretação de dados e processo de orientação.

O farmacêutico que deseja acompanhar os pacientes submetidos à farmacoterapia deve possuir as habilidades e os conhecimentos necessários para sua execução.

A principal ferramenta de trabalho do farmacêutico no seguimento farmacoterapêutico é a informação (de drogas, da doença envolvida e da especificidade do paciente). O seguimento de pacientes pode ser realizado tanto no âmbito ambulatorial como em hospitais, farmácias públicas, no consultório farmacêutico, em telefarmácia e no domicílio do paciente (*home care*).

Seguir um paciente significa acompanhá-lo; portanto, o trabalho de seguimento envolve documentação, consultas de retorno nos casos ambulatoriais e vínculo profissional farmacêutico-paciente, que só se concretiza com a confiança mútua adquirida ao longo do tempo.

INFORMAÇÕES IMPORTANTES PARA O FARMACÊUTICO

Para o paciente internado utiliza-se o prontuário médico, que contém os seguintes dados:

- Dados do paciente.
- Formulário de consentimento.

- Prescrição médica.
- Controles diversos (pressão arterial, temperatura, ingestão hídrica, diurese etc.).
- Dados laboratoriais.
- Procedimentos diagnósticos.
- Consultas e interconsultas.
- Registros do centro cirúrgico.
- História clínica e exames físicos.
- Registro da administração de medicamentos.
- Diversos (p. ex., registro da sala de emergência).

Para o paciente da farmácia comunitária ou ambulatorial, o farmacêutico deverá buscar as informações necessárias por meio da anamnese farmacêutica realizada em uma consulta, visando traçar um histórico do uso de medicamentos.

Após obter as informações necessárias, o farmacêutico interpretará os dados colhidos e partirá para o processo de orientação farmacêutica.

O farmacêutico da farmácia de dispensação é o último e, no caso dos medicamentos de venda livre, o único integrante dos profissionais de saúde que está em contato com o paciente antes que ele tome a decisão de consumir os medicamentos; daí sua responsabilidade ética e profissional.

O preenchimento da ficha farmacoterapêutica e o acompanhamento do paciente permitem relacionar seus problemas com a administração dos medicamentos. É possível que um medicamento seja responsável pelo aparecimento de determinados sintomas ou doenças, ou ainda a causa de uma complicação da enfermidade. A análise do perfil farmacoterapêutico poderá permitir ao profissional adverti-lo.

O farmacêutico também poderá coletar dados para documentar as reações adversas a medicamentos, que podem ser a causa da hospitalização dos pacientes em 5% dos casos. Alguns autores afirmam que 27% das enfermidades não cirúrgicas que levam a internações apresentam problemas com os medicamentos: reações adversas, interações, utilização errada, tratamento inadequado etc. Outros autores encontraram uma porcentagem maior (42%) de reações adversas nas internações de pacientes psiquiátricos. Esses resultados não são tão surpreendentes levando em conta a constatação de que pacientes hospitalizados utilizam, em média, seis medicamentos no mês anterior à sua internação.

É possível ter o registro das reações adversas a medicamentos (RAM) anteriores, como ototoxicidade produzida por aminoglicosídeos, acidez ou ardor estomacal ocasionado por algum anti-inflamatório não esteroidal ou hipersensibilidade a algum medicamento. O conhecimento dessas RAM ajuda a preveni-las. A consulta farmacêutica deve ser realizada em local privativo, que pode ser chamado de consultório farmacêutico ou consultório de orientação farmacêutica. Esse consultório deve oferecer algumas características básicas, como ambiente tranquilo, mesas e cadeiras confortáveis para o paciente e o acompanhante, microcomputador (com acesso à internet) para arquivamento de fichas farmacoterapêuticas dos pacientes e informações sobre drogas e doenças.

Outra característica do consultório farmacêutico envolve a decoração singela, pois o excesso de adereços, como quadros ou figuras, pode desviar a atenção do paciente no processo de orientação. No caso de executar o seguimento dos pacientes com base em fichas manuscritas, é importante dispor de arquivo com chave para garantir a confidencialidade das informações.

Sempre que possível, as consultas devem ser previamente agendadas, sobretudo nos casos de acompanhamento de doenças crônicas, como hipertensão e diabetes.

Antes de iniciar um programa de acompanhamento de pacientes, é importante definir aqueles que serão acompanhados e que devem ser selecionados com base no projeto apresentado nos capítulos anteriores.

A primeira etapa do processo de anamnese farmacêutica envolve a apresentação do farmacêutico e os motivos do acompanhamento, sempre lembrando-se, na primeira consulta, de solicitar a autorização por escrito do paciente para evitar contratempos judiciais no futuro, como ocorre em outros países, como os Estados Unidos, onde é frequente o paciente alegar constrangimento ilegal.

O propósito da entrevista deve ser esclarecido, mostrando ao paciente que a consulta não tem o caráter de diagnóstico médico e sim o objetivo de traçar um histórico de uso de medicamentos para garantir segurança e aumento de eficácia dos tratamentos farmacológicos.

Determinadas condutas, como sempre se referir ao paciente como senhor/senhora e pelo nome, são fundamentais para estabelecer uma relação de cordialidade e educação, o que culminará no estabelecimento de um elo de confiança com o paciente.

Durante o processo de anamnese e orientação, a linguagem deve ser sempre clara e adaptada ao nível cultural e educacional do paciente. As questões em aberto devem ser esclarecidas e o paciente deve ter tempo de respondê-las e não ser interrompido, salvo se o assunto estiver sendo demasiadamente desviado do foco principal da consulta.

O tom de voz deve ser ajustado conforme as necessidades do paciente. Por exemplo, um indivíduo idoso pode ter dificuldades auditivas, o que obrigará o farmacêutico a elevar o tom. Se o paciente não estiver colaborando, dando respostas lacônicas, é importante procurar obter o *feedback* dele.

A consulta deve ser dirigida dos tópicos gerais para os específicos, lembrando-se sempre de anotar as informações e orientações mais importantes e passá-las ao paciente ao final da entrevista, que deve ser encerrada com um agradecimento pela atenção e, se for o caso, a marcação de uma nova consulta para a continuação do processo de seguimento farmacoterapêutico.

Um assunto que vem sendo discutido em vários países diz respeito à cobrança de honorários por esse processo de seguimento. Nos Estados Unidos, temos relatos de planos de reembolso efetuados por empresas de medicina de grupo para farmacêuticos que acompanham seus pacientes. Em países como o Brasil e outros da América Latina, as empresas e os pacientes não têm o hábito de arcar com o custo do acompanhamento, porém essa realidade parece estar mudando com o rápido processo de globalização pelo qual o mundo está passando e a abertura dos mercados de saúde a empresas norte-americanas, acostumadas a trabalhar dentro de princípios de atenção farmacêutica, fato que tem reduzido os custos de saúde. Entretanto, em países que não cobram pelo processo de seguimento farmacoterapêutico, os farmacêuticos conseguem ganhos indiretos, como a fidelidade de seus pacientes e o consequente incremento de faturamento de suas farmácias.

CRITÉRIOS DE SELEÇÃO DE PACIENTES

Normalmente, os farmacêuticos não têm tempo e oportunidade para entrevistar e fazer o seguimento farmacoterapêutico de todos os pacientes que vão à farmácia ou passam pelo ambulatório. É comum que o farmacêutico, em uma rápida verificação dos medicamentos consumidos pelo paciente e em uma breve conversa, dimensione as necessidades de acompanhamento dele. Isso permite fazer uma seleção inicial dos pacientes que possam exigir um acompanhamento mais minucioso. Para a seleção, pode-se utilizar diferentes critérios, que incluem os pacientes que:

1. Apresentam sinais ou sintomas que sugerem problemas relacionados com os medicamentos: reações adversas a medicamentos ou resposta terapêutica inadequada.
2. Recebem medicamentos com uma estreita margem entre a ação terapêutica e a tóxica e que podem exigir a monitoração da concentração no sangue (p. ex., fenobarbital, metotrexato).
3. Consomem muitos medicamentos (polifarmacoterapia) ou padecem de várias enfermidades.
4. Passam por tratamento psiquiátrico ou são idosos, de modo que recebem um grande número de medicamentos e frequentemente apresentam problemas relacionados com a medicação.

DADOS A SEREM OBTIDOS EM UMA ENTREVISTA DE HISTÓRICO DE USO DE MEDICAÇÕES

Para iniciar o processo de anamnese farmacêutica (Quadros 1 e 2), as seguintes informações devem ser obtidas do paciente e anotadas nas chamadas fichas farmacoterapêuticas, que podem ser manuscritas ou digitadas.

Para fins de organização, as perguntas devem ser formuladas em blocos de questões, iniciando sempre pelas informações demográficas, sociais e dietéticas do paciente, obtendo também dados de histórico de doenças, bem como suas queixas e de seus familiares. Essas informações permitem ao farmacêutico verificar os riscos aos quais o paciente está suscetível, pois muitas vezes a profissão, o tipo de residência e o estilo de vida do paciente acabam por interferir, quase sempre negativamente, no resultado da terapêutica.

QUADRO 1 Processo de anamnese farmacêutica

1.	Apresentar-se ao paciente
2.	Manter a privacidade
3.	Fazer o paciente sentir-se confortável
4.	Comunicar-se no nível dos olhos ou abaixo
5.	Remover possíveis distrações
6.	Esclarecer o propósito da entrevista
7.	Obter a permissão do paciente para a entrevista
8.	Verificar o nome do paciente e a pronúncia correta
9.	Manter contato visual com o paciente

QUADRO 2 Habilidades de orientação

1.	Providenciar instruções claras
2.	Utilizar vocabulário compatível com o paciente
3.	Dar tempo ao paciente para responder às questões
4.	Escutar o paciente e não interrompê-lo
5.	Discutir um tópico de cada vez
6.	Dirigir a entrevista dos tópicos gerais para os específicos
7.	Formular questões simples
8.	Obter o *feedback* do paciente
9.	Cuidar da postura, entonação e afetuosidade da voz
10.	Responder às questões do paciente
11.	Resumir suas explicações
12.	Fechar a entrevista

Na anamnese, é importante anotar os dados de origem étnica do paciente, pois muitas drogas apresentam diferença de atividade em função dessas variáveis. Por exemplo, os inibidores de enzima conversora de angiotensina (IECA) apresentam menor eficiência anti-hipertensiva em pacientes negros. Sabe-se também que as drogas agem de modo distinto em pacientes de sexos diferentes, principalmente as de natureza hormonal e as que sofrem alterações de metabolismo por causa dos hormônios. As pacientes do sexo feminino apresentam maior incidência de reações adversas em comparação aos do sexo masculino. Tais fatos justificam anotar a raça e o sexo do paciente.

A seguir são efetuadas questões relativas a medicamentos utilizados atualmente e prescritos por médicos e dentistas, aos prescritos no passado e aos sem prescrição utilizados atualmente e no passado. Nessas questões, deve-se sempre procurar traçar as indicações sob o prisma do paciente para observar seu grau de entendimento sobre o uso de medicamentos e os motivos que levaram à interrupção quando esta veio a acontecer. A marca comercial também deve ser sempre anotada, em razão de possíveis variações em sua eficiência terapêutica.

Após as questões sobre os medicamentos, devem ser anotados os dados do histórico de alergias do paciente, que podem direcionar a seleção de drogas mais seguras para serem utilizadas por ele, assim como os dados do *compliance* do paciente (palavra inglesa que pode ser traduzida como adesão ao tratamento).

- **Informações demográficas**:
  - Idade.
  - Peso e altura.
  - Raça e origem étnica.
  - Residência.
  - Educação.
  - Ocupação.

- **Informações dietéticas**:
  - Restrição dietética.
  - Uso de suplementos alimentares.
  - Uso de estimulantes ou supressores do apetite.

- **Hábitos sociais**:
  - Uso de tabaco.
  - Uso de álcool.
  - Uso de drogas ilícitas.

- **Histórico de doenças e queixas do paciente.**

- **Histórico de doenças dos familiares do paciente.**

- **Prescrição atual de medicamentos**:
  - Nome e descrição.
  - Dosagem.
  - Esquema posológico.
  - Indicações.
  - Data de início da medicação.
  - Resultado da terapia.

- **Medicações prescritas no passado**:
  - Nome e descrição.
  - Dosagem.
  - Esquema posológico.
  - Indicações.
  - Data de início da medicação.
  - Data de término da medicação.
  - Razão de parada da medicação.
  - Resultado da terapia.

- **Uso atual de medicamentos sem prescrição**:
  - Nome e descrição.
  - Dosagem.
  - Esquema posológico.
  - Indicações.
  - Data de início da medicação.
  - Resultado da terapia.

- **Uso de medicamentos sem prescrição no passado**:
  - Nome e descrição.
  - Dosagem.
  - Esquema posológico.
  - Indicações.
  - Data de início da medicação.
  - Data de término da medicação.
  - Razão de parada da medicação.
  - Resultado da terapia.

- **Histórico de alergias**:
  - Nome e descrição do agente causador.
  - Dosagem.
  - Data e descrição da reação.
  - Maneira como a alergia foi tratada.

- ***Compliance* (adesão).**

EXAMES LABORATORIAIS E DIAGNÓSTICOS

Para o perfeito desenvolvimento do seguimento farmacoterapêutico pelo profissional farmacêutico, é necessário utilizar os conhecimentos da área de análises clínicas, que sem dúvida alguma são mais fáceis de serem utilizados por profissionais que se habilitaram nessa especialidade.

A partir de 2023, a Agência Nacional de Vigilância Sanitária (Anvisa), por meio da Resolução da Diretoria Colegiada (RDC) n. 786/2023, permitiu a realização de exames laboratoriais em farmácias e consultórios independentes, o que ampliou a oferta desse serviço e ampliou a possibilidade do farmacêutico fazer o acompanhamento clínico de dentro de seu próprio estabelecimento, se for o caso.

São esses exames que, na maioria das vezes, permitem acompanhar a resposta ao tratamento farmacoterapêutico, auxiliando também na correção de dosagem e posologia e até na troca das medicações. Para efeitos práticos, esses exames podem ser divididos em sistemas orgânicos, como os listados a seguir:

- Sistema cardiovascular.
- Sistema endócrino.
- Sistema gastrintestinal.
- Sistema hematológico.
- Sistema imunológico.
- Doenças infecciosas.
- Sistema neurológico.
- Acompanhamento nutricional.
- Sistema renal.
- Sistema respiratório.

PLANEJAMENTO FARMACOTERAPÊUTICO

Após a fase de anamnese farmacêutica, começa a interpretação dos dados levantados, representada pelo planejamento farmacoterapêutico, que é o centro do processo de tomada de decisão.

O planejamento eficaz facilita a seleção apropriada do medicamento correto e sua dosagem e posologia, estruturando a monitoração do paciente em relação à resposta da terapia. Esse plano terapêutico consiste na identificação, priorização e seleção das alternativas terapêuticas para cada paciente.

O sucesso desse planejamento requer do farmacêutico conhecimentos de farmacoterapia, patologia humana, avaliação física e exames laboratoriais e diagnósticos.

Passos do planejamento farmacoterapêutico

- **Identificação do problema**:
  - Identificação de parâmetros objetivos (peso, altura, sinais vitais, parâmetros bioquímicos, hemograma, urinálise etc.).
  - Identificação de parâmetros subjetivos (ansiedade, depressão, fadiga, insônia, dor de cabeça, náusea, dores gerais).
  - Agrupamento desses parâmetros.
  - Avaliação e determinação dos problemas específicos do paciente.

- **Priorização do problema:**
  - Identificação de problemas ativos.
  - Identificação de problemas inativos.
  - Classificação (*ranking*) dos problemas.

- **Seleção de regimes terapêuticos específicos:**
  - Listagem das opções terapêuticas.
  - Eliminação de drogas incompatíveis com o perfil ou quadro do paciente.
  - Seleção de dosagem, via e duração da terapia.
  - Identificação de regimes terapêuticos alternativos.
  - Planejamento da monitoração.
  - Monitoração e modificações necessárias dos protocolos.

COMPONENTES DA APRESENTAÇÃO DE UM CASO CLÍNICO

Informações gerais e queixa principal

J. S. é um paciente do sexo masculino, de 35 anos, branco, piloto de avião comercial, que procurou seu médico em 1º de outubro de 2025 com uma queixa principal: "Eu tive uma dor abdominal forte e queimação estomacal".

História da doença presente

J. S. se queixa de uma dor abdominal forte seguida por uma intensa pirose, que se iniciou no dia anterior e piorou nas últimas horas. Ele relata que não dormiu à noite por causa da dor. Iniciara um tratamento com diclofenaco sódico um mês antes em razão de um problema ortopédico no membro inferior direito, advindo de uma lesão adquirida em um jogo de futebol. Não está tomando nenhuma outra medicação e relata que sua dieta é baseada em lanches rápidos e produtos industrializados. Considera-se uma pessoa estressada pela própria profissão.

Histórico médico passado

J. S. fraturou o úmero aos 9 anos e passou por uma tonsilectomia (retirada das amígdalas palatinas) aos 12 anos.

Histórico familiar

Seu pai e sua mãe, aos 59 e 55 anos, respectivamente, estão saudáveis; ele recentemente teve diagnosticada uma hipertensão arterial. Tem dois irmãos com 32 e 28 anos, ambos vivos e bem de saúde.

Histórico social

J. S. relata que é fumante e fuma um maço de cigarros por dia nos últimos 14 anos. Ele relata não ingerir bebidas alcoólicas nem usar drogas de abuso.

Exame físico

J. S. é uma pessoa com boa desenvoltura. Seus sinais vitais indicam pressão arterial de 128/72 mmHg, frequência cardíaca de 88 bpm, frequência respiratória de 10 respirações por minuto, temperatura corporal de 36,5°C. Tem altura de 1,80 m e 72 kg de massa corporal. Uma endoscopia gástrica demonstrou erosões leves na parede do antro estomacal.

Exames laboratoriais

- Eletrólitos séricos: Na 140 mEq/L; Cl 108 mEq/L; K 4,2 mEq/L e CO_2 26 mEq/L.
- Ureia sanguínea: 10 mg/dL.
- Creatinina sérica: 1,1 mg/dL.
- Hemoglobina: 14 g/dL.
- Urinálise: normal.

Lista de problemas e planos iniciais

- **Problema 1 – Gastrite.** Provavelmente relacionada a medicamentos. Descontinuar o diclofenaco sódico e evitar medicamentos anti-inflamatórios não esteroides inibidores da COX inespecíficos. Considerar o uso de antagonista de H2 se a dor e a pirose persistirem. Considerar a utilização de inibidores de bomba de prótons se o quadro clínico não melhorar.
- **Problema 2 – Lesão ortopédica.** Iniciar com anti-inflamatório não esteroidal inibidor específico da COX-2, como celecoxibe, meloxicam ou outros, conforme posologia discutida com o médico do paciente. Alternativas incluem o uso de corticosteroides.

- **Problema 3 – Fumante de tabaco.** Aconselhar sobre as consequências do fumo e a opção da desistência do hábito.
- **Problema 4 – Hábitos dietéticos.** Alteração de hábitos e acompanhamento de nutricionista.
- **Problema 5 – Situação da fratura do úmero.** Problema inativo.
- **Problema 6 – Situação da tonsilectomia.** Problema inativo.

MÉTODO DÁDER

O método Dáder de seguimento farmacoterapêutico é um instrumento de avaliação da farmacoterapia disponível para os farmacêuticos que pretendem efetuar seguimento farmacoterapêutico dos seus pacientes tendo em vista a obtenção do maior benefício (efetividade e segurança) da terapêutica.

Na Espanha utiliza-se o seguimento farmacoterapêutico personalizado (SFT), que é a prática profissional em que o farmacêutico se responsabiliza pelas necessidades do paciente relacionadas com os medicamentos. Isso se realiza mediante a detecção, prevenção e resolução de problemas relacionados a medicamentos (PRM). Essa atividade implica um compromisso e deve ser realizada de forma continuada, sistematizada e documentada, em colaboração com o próprio paciente e com os demais profissionais de saúde, com a finalidade de alcançar resultados concretos que melhorem a qualidade de vida do paciente.

O método Dáder de SFT foi desenvolvido pelo Grupo de Investigación en Atención Farmacéutica da Universidad de Granada, em 1999, e atualmente é utilizado em vários países.

Os PRM são problemas de saúde, entendidos como resultados clínicos negativos, derivados da farmacoterapia e que, produzidos por diversas causas, conduzem à não consecução do objetivo terapêutico ou ao aparecimento de efeitos indesejados.

Esses PRM são de três tipos, relacionados com a necessidade de medicamentos por parte do paciente, sua efetividade ou sua segurança (Tabela 1).

Problema de saúde (PS): "qualquer queixa ou observação que o paciente e/ou o médico percebam como um desvio da normalidade, que tem afetado, pode afetar ou afeta a capacidade funcional do paciente" (DICAF, 2024).

Intervenção farmacêutica (IF): é definida como a ação do farmacêutico com a finalidade de melhorar o resultado clínico dos medicamentos, mediante a modificação de sua utilização. Essa intervenção acontece dentro de um plano de atuação acordado previamente com o paciente.

O método Dáder de SFT tem um procedimento concreto, no qual se elabora um estado de situação objetiva do paciente e do qual logo derivam as intervenções farmacêuticas correspondentes, em que cada profissional clínico, conjuntamente com o paciente e seu médico, decide o que fazer de acordo com seus conhecimentos e as condições particulares que afetam o caso. A grande vantagem do método Dáder é que ele permitiu sistematizar os experimentos e as publicações dos resultados encontrados no processo de atenção farmacêutica.

TABELA 1 Classificação de problemas relacionados a medicamentos segundo o Consenso de Granada

Necessidade	
PRM 1	O paciente sofre um problema de saúde em consequência de não receber uma medicação de que necessita.
PRM 2	O paciente sofre um problema de saúde em consequência de receber um medicamento de que não necessita.
Efetividade	
PRM 3	O paciente sofre um problema de saúde em consequência de uma inefetividade não quantitativa da medicação.
PRM 4	O paciente sofre um problema de saúde em consequência de uma inefetividade quantitativa da medicação.
Segurança	
PRM 5	O paciente sofre um problema de saúde em consequência de uma insegurança não quantitativa de um medicamento.
PRM 6	O paciente sofre um problema de saúde em consequência de uma insegurança quantitativa de um medicamento.

MÉTODO SOAP

É um método clínico utilizado por vários profissionais clínicos (médicos, enfermeiros, dentistas e outros). Tem princípios básicos que são representados pela sigla em inglês SOAP (S – *Subject*; O – *Objective information*; A – *Assessment*; P – *Plan*). Em português, também seria representado pela sigla SOAP (S – Sujeito; O – Objetivo; A – Avaliação; P – Plano).

I. **Informações de identificação:**

A. O nome do farmacêutico deve estar mencionado no formulário.

B. Os identificadores do paciente vêm antes das informações subjetivas e devem estar localizados no canto superior esquerdo; incluem nome do paciente, idade, data de nascimento, sexo de identificação e alergias.

Observação: isenção de responsabilidade (*disclaimer*): as seções a seguir nem sempre são incluídas, dependendo do tipo de visita e de a informação obtida ser ou não pertinente ao(s) problema(s) e documentação da visita.

II. **Informações subjetivas (S)**: definidas como as informações fornecidas pelo paciente e obtidas em uma entrevista.

A. Queixa principal (QP): declaração resumida do motivo da visita, muitas vezes nas próprias palavras do paciente, por exemplo, "QP: eu tenho uma dor de cabeça".

Nota: esta seção pode ser removida ou substituída por uma declaração explicando por que o farmacêutico está vendo esse paciente. Por exemplo: "A. L. foi referido (inserir o nome do serviço de farmácia) conforme solicitado por (inserir o nome do médico) para o controle de medicação de seu diabetes".

B. História da doença atual (HDA): resumo da história recente, contribuindo para o caso clínico que é obtido durante uma entrevista com o paciente e utilizando questionamento aberto e/ou os oito atributos de um sintoma. Esta seção pode ser escrita em um formato narrativo com frases completas. Os oito atributos incluem:

- Localização.
- Tempo/histórico.
- Qualidade.
- Fatores de modificação (provocados e paliativos).
- Gravidade.
- Sintomas associados.
- Início/configuração.
- Significado para o paciente.

C. História médica passada (HMP): contém uma lista completa de doenças da infância e da idade adulta (tanto ativas quanto resolvidas), história de imunização e história cirúrgica, se disponível. Cada problema deve incluir datas, quanto tempo o paciente teve para resolver ou se está resolvido. Se for mulher, podem-se incluir informações sobre gravidezes e partos. Esta seção pode ser escrita em formato de marcadores.

D. História social (HS): normalmente escrita em formato narrativo com frases completas, mas também pode ser marcada em formato de lista com marcadores:
   1. Informações relativas à saúde e ao estilo de vida do paciente: dieta, exercícios, uso de substâncias (tabaco, álcool, drogas recreativas e, às vezes, cafeína). Informações sobre o uso positivo ou negativo devem ser incluídas para abuso de substâncias, juntamente com a quantificação de quanto é usado, se positivo (p. ex., quantos cigarros/dia).
   2. Circunstâncias pessoais e situação de vida: ocupação, residência, menção a familiares e/ou outros que vivem com o paciente e qual é o seu papel, bem como orientação sexual, identificação de gênero e atividade sexual.

E. História familiar (HF): história de saúde de membros imediatos da família e, especialmente, pertinente a quaisquer problemas identificados com o paciente.

F. Revisão dos sistemas (RDS): definição das perguntas que dizem respeito aos sintomas associados a cada sistema do corpo. Esta seção pode ser escrita em formato narrativo e indicará o sistema corporal, os sintomas solicitados e quais são positivos *versus* aqueles que o paciente nega. Os tipos de perguntas que devem ser feitas e o que é relatado dependem do tipo de visita. Saber que um paciente negou um determinado sintoma pode ser relevante e precisa ser incluído na documentação.

III. **Informações objetivas (O)**: definidas como as informações obtidas pelo clínico, qualquer trabalho de laboratório e diagnósticos.

A. Lista de medicamentos: lista completa dos medicamentos atuais que o paciente está tomando. Todos os medicamentos devem incluir o nome do medicamento, dose, via, frequência, data de início e (se aplicável) a duração do tratamento. A conformidade com os medicamentos e quaisquer efeitos adversos também devem ser listados aqui, se obtidos. Esta seção é escrita em formato de lista com marcadores.
   Nota: as listas de medicamentos podem ser encontradas nas seções Subjetiva ou Objetiva, dependendo da fonte. Se o médico está começando do zero na obtenção de uma lista de medicamentos, geralmente ela é encontrada na seção Subjetiva. Se houver uma lista de medicamentos existente que é verificada com o paciente, então é geralmente encontrada na seção Objetiva.

B. Sinais vitais: pressão arterial (PA), frequência cardíaca (FC), frequência respiratória (FR), peso, altura, índice de massa corporal (IMC), temperatura e saturação de O_2. Também é possível ver valores relevantes de visitas anteriores listados.

C. Exame físico: inclui as observações e os resultados de quaisquer exames realizados. Será dividido por sistema corporal e formatado como uma lista.

D. Valores de laboratório: esta seção inclui todo o trabalho de laboratório feito recentemente; costuma-se fazer comparações com os valores anteriores. Os valores normais e anormais geralmente são fornecidos e estão em formato de lista ou com marcadores.

E. Diagnóstico: há um amplo espectro de testes de diagnóstico que podem ser feitos e uma gama igualmente ampla de custos associados a cada um. Alguns fornecerão imagens que não são mostradas, mas terão interpretação do que foi visto (muitos sistemas de saúde empregam médicos que olharão para a imagem e farão a interpretação). Por causa do alto custo associado ao diagnóstico, apenas os testes necessários para diagnosticar ou monitorar o problema do paciente devem ser/serão feitos e, em geral, todos devem ser incluídos nesta seção.

IV. **Avaliação (A)**: é nesta seção que o clínico assimila todas as informações que obteve das áreas Subjetiva e Objetiva e as aplica à prática padrão conforme definido por evidências baseadas em medicamento.

A. Lista de problemas priorizados e problemas relacionados ao medicamento: esta lista deve ser completa para todos os problemas ATIVOS para esse paciente, priorizados numericamente de acordo com a gravidade. Geralmente o problema associado à queixa principal será a maior acuidade; entretanto, nem sempre é esse o caso.

Notas para listas de problemas:

› Os títulos dos problemas devem ser muito curtos e NÃO SÃO a mesma coisa que os sintomas. Por exemplo, "alergias sazonais" (NÃO coceira nos olhos, rinorreia, espirros etc.).

› Alguns problemas podem ser controlados, mas, se o paciente estiver fazendo algo ativamente (p. ex., tomando medicação), ele ainda deve ser listado. Esses problemas são listados em prioridade mais baixa e, posteriormente, ao avaliar os problemas, a documentação pode indicar se o regime atual está controlando o problema de modo suficiente.

- PRM: esses problemas são associados e fornecidos como subtítulos para cada problema, quando aplicável. São declarações curtas que identificam áreas nas quais a terapia medicamentosa está contribuindo para o problema ou interferindo nos resultados desejados. Os exemplos incluem reações adversas, interações medicamentosas, terapia ou dosagem abaixo do ideal etc.

Por exemplo, "Lista de problemas priorizados":

1. Hipertensão não controlada
   - PRM: a combinação de IECA, tiazida e anti-inflamatórios não esteroides (AINE) pode afetar adversamente a função renal.
2. Dor nas costas
   - PRM: o uso de naproxeno programado pode aumentar a pressão arterial.
3. Pré-diabetes
   - PRM: A1c elevada requer modificações no estilo de vida e o possível uso de metformina.

B. Justificativa da avaliação e terapia para cada problema: deve ser numerada e intitulada de acordo com a lista de problemas, a fim de conectar a avaliação com o problema que está sendo discutido. O formato é geralmente colocado em uma narrativa. Apenas as informações pertinentes precisam ser incluídas, e devem ser feitas tentativas para serem completas, mas concisas. A avaliação de cada problema deve incluir:

1. Avaliação inicial: análise da informação subjetiva e objetiva no que se refere a cada problema. Utilizar sinais, sintomas, sinais vitais, avaliação física, laboratórios, diagnósticos, lista de medicamentos e/ou quaisquer outras informações pertinentes que estão contribuindo para o motivo pelo qual esse paciente tem cada um dos problemas ativos. É possível que alguns dos problemas ativos estejam sendo adequadamente controlados pelo estilo de vida, modificações ou medicamentos. Se for esse o caso, indicar que é controlado, e como; é tudo o que precisa ser comunicado.

   Notas sobre a análise do problema:
   - Todas as informações subjetivas e objetivas encontradas nesta seção também devem ser listadas em suas respectivas categorias (S e O) no início da nota SOAP.
   - As referências às diretrizes de prática clínica devem ser utilizadas e referenciadas aqui para indicar por que a comunidade médica consideraria esse conjunto de informações como contribuinte para o problema.

2. Objetivos do tratamento: podem-se incluir objetivos de curto e longo prazos para a terapia no que diz respeito a cada problema. As diretrizes clínicas devem ser utilizadas e referenciadas.
3. Opções de tratamento e justificativas: cada problema deve mencionar de 2 a 4 opções de tratamento diferentes (farmacológicas e não farmacológicas) que podem ser utilizadas. Isso deve ser seguido com uma explicação do motivo que torna uma opção preferível às outras. Exemplos de justificativa incluem recomendações de diretrizes clínicas, fatores específicos do paciente, custo e resolução de PRM.

Por exemplo, avaliação (fornecida apenas para um dos problemas de exemplo acima):

1. Hipertensão não controlada: as leituras de PA domiciliar do paciente variam de 150-170/96-112 mmHg, com PA de 165/100 mmHg na clínica hoje. As leituras indicam que sua PA não está na meta de acordo com as diretrizes do JNC8 (meta de PA de < 140/90 mmHg); apesar de estar na dose máxima de lisinopril e clortalidona, a PA ainda está elevada. Fatores que podem estar contribuindo para a PA elevada incluem aumento do uso de AINE para dores nas costas e mudanças recentes na dieta. O objetivo de curto prazo é controlar a PA e resolver a tontura associada. Os objetivos de longo prazo são minimizar os danos aos órgãos-alvo e prevenir a mortalidade cardiovascular. O uso de naproxeno deve ser interrompido e dores nas costas e de cabeça devem ser avaliadas posteriormente para encontrar um analgésico alternativo. Devem ser recomendados exercícios e mudanças na dieta que reduzam o sódio. Se a PA continuar elevada, pode-se adicionar um bloqueador dos canais de cálcio (BCC) ou um betabloqueador (BB). Para este paciente, os BCC seriam preferidos a um BB por terem menos efeitos colaterais associados e porque os BB podem reduzir a tolerância ao exercício.

V. **Plano (P)**: esta seção é onde o plano de tratamento final é dado para cada um dos problemas ativos, conforme justificado na avaliação. Também deve ser numerado e intitulado de acordo com a lista de problemas, e o formato é tanto uma lista quanto uma narrativa.

A. Plano de tratamento: contém uma lista de todos os tratamentos finais escolhidos. Todas as opções farmacológicas devem ter uma assinatura completa, que inclui o nome do medicamento, a dose (se baseada no peso, a dose deve ser calculada), a rota, a frequência e (quando aplicável) as instruções de titulação, a quantidade e a duração do tratamento. Todas as opções não farmacológicas devem incluir especificações que ajudem a diferenciá-las de outras mudanças no estilo de vida.

B. Educação e aconselhamento: breve menção aos pontos-chave de aconselhamento mais importantes que devem ser comunicados ao paciente para cada tratamento específico escolhido. Devem ser fornecidas informações para as terapias farmacológicas e não farmacológicas.

C. Monitoramento, acompanhamento e encaminhamentos: fornece monitoramento para o problema e o plano de tratamento escolhido. Os exemplos incluem o monitoramento da eficácia do plano ou o monitoramento necessário para quaisquer medicamentos adicionados. Os detalhes devem ser fornecidos, incluindo o monitoramento que está sendo feito, o prazo para quando, ou se, o acompanhamento deve acontecer e (se aplicável) qualquer encaminhamento para outros médicos.
Nota: nem todos os problemas ou planos precisarão de monitoramento, acompanhamento ou encaminhamentos. No entanto, se for esse o caso, ainda deve ser observado na documentação por que o monitoramento não é necessário.

Por exemplo, Plano (fornecido apenas para um dos problemas de exemplo acima):

1. Hipertensão não controlada:
   - Descontinuar naproxeno.
   - Incentivar uma dieta com baixo teor de sódio e mais exercícios.
   - Iniciar amlodipina 5 mg PO diariamente.

Monitoramento e educação: o paciente deve ser encorajado a manter um registro doméstico de PA/FC. Ele deve ser ensinado a reduzir o sódio em sua dieta para menos de 2.300 mg por dia, conforme recomendado pela dieta *Dietary Approaches to Stop Hypertension* (DASH). Além disso, um regime de exercícios de intensidade moderada de pelo menos 150 minutos/semana deve ser recomendado e incentivado. O acompanhamento pode ser feito por telefone em 4 a 5 dias para verificar a resolução da PA elevada e sintomas associados de PA e tontura. Deve ser repetido em duas semanas para reavaliar a função renal e os níveis de potássio.

VI. **Referências**: esta seção deve conter uma lista completa de todas as referências utilizadas.
- Diretrizes clínicas apropriadas dos Estados Unidos devem ser utilizadas e são consideradas padrão de atendimento. Se as diretrizes estão desatualizadas, outras fontes primárias podem ser usadas. Fontes terciárias não são apropriadas.

VII. **Assinatura**: todas as notas devem ser assinadas pelo farmacêutico, com as credenciais e a data escrita.

HONORÁRIOS E COBRANÇA DE SERVIÇOS RELACIONADOS AO CUIDADO FARMACÊUTICO

A cobrança do serviço farmacêutico de seguimento farmacoterapêutico é prevista na legislação sanitária da Anvisa e nas normativas profissionais do Conselho Federal de Farmácia (CFF).

Em relação aos valores a serem cobrados, é importante avaliar a disponibilidade e o interesse da população local na aquisição desses serviços. Não existe uma tabela padrão, como para outros profissionais liberais, como médicos e dentistas, mas pode-se basear o valor nessas consultas e também nas de outros profissionais da saúde, como nutricionistas, fisioterapeutas e psicólogos.

A cobertura e o reembolso desses valores por planos de saúde privados ainda configuram um grande desafio para todos os farmacêuticos brasileiros, embora em outros países já seja algo comum, como nos Estados Unidos e no Canadá.

FATURAMENTO DOS PROCEDIMENTOS DE SEGUIMENTO DE PACIENTES

Com a finalidade de formalizar o reconhecimento dessa atividade farmacêutica e de obter retorno financeiro pelos procedimentos realizados, a Sociedade Brasileira de Farmácia Hospitalar (SBRAFH), após um grande esforço por parte de sua diretoria, no início dos anos 2000, notificou a Secretaria de Assistência à Saúde (SAS) de que o profissional farmacêutico encontra-se incluído na Tabela de Atividade Profissional do Sistema de Informação Ambulatorial do Sistema Único de Saúde (SIA/SUS).

Temos agora os farmacêuticos (código 65) incluídos na referida tabela; porém, essa inclusão é relativa apenas a algumas das atividades reivindicadas pela classe, que se encontram nos grupos 04 e 07. A SBRAFH ainda espera que a SAS crie um procedimento específico para as atividades de dispensação e a inclusão do farmacêutico no Programa Saúde da Família e no procedimento de visita domiciliar – Aids.

A SBRAFH recomenda algumas medidas que devem ser tomadas pelo farmacêutico:

- Informar o serviço de saúde em que atua profissionalmente acerca da inclusão do farmacêutico nesses procedimentos.
- Integrar-se ao hospital ou à unidade de saúde em que trabalha para saber o que tem sido feito em relação a grupos de pacientes em atenção básica, assistência especializada e de alta complexidade.
- Inserir-se nas atividades já existentes com outros profissionais.
- Criar atividade educativa própria nos grupos já existentes.
- Passar a registrar sua produção em atividades educativas já executadas.
- Passar a registrar sua produção nas consultas/atendimentos aos pacientes individuais na farmácia.

Tendo em mente essas recomendações, a seguir será descrito um exemplo prático de uma seção de farmácia, ainda sem cuidado/atenção farmacêutica, com faturamento para o procedimento de atendimento a pacientes de ambulatório (dispensação ambulatorial) e por se tratar de uma unidade hospitalar especializada, incluída no atendimento de alta complexidade:

1. O setor de dispensação ambulatorial identifica em formulário da instituição, do serviço ou em outro qualquer o número de atendimentos realizados em um determinado período.
2. Os períodos de faturamento dentro de um mesmo mês, válidos para o SUS, são de 1 a 15 e de 16 a 30/31.
3. Se o atendimento for elevado e não possibilitar a identificação dos pacientes manualmente e se o serviço estiver informatizado, o serviço de informática da unidade hospitalar retirará do sistema o número de atendimentos realizados.
4. Após o levantamento realizado e quantificado, deve-se encaminhar os dados ao setor de documentação e estatística ou ao correspondente de sua unidade hospitalar.
5. Nesse setor, após conferência, os dados recebidos alimentam o SIA, em que se encontra o Boletim de Produção Ambulatorial (BPA), programa do SUS utilizado para o levantamento de todos os procedimentos de ambulatório.

6. Agora se encaminham todos os dados levantados de um determinado período ao setor de faturamento da divisão de planejamento da instituição ou ao correspondente de sua unidade hospitalar.

Assim, tem-se o faturamento do procedimento referido anteriormente, que será recebido pela instituição junto com os demais procedimentos de ambulatório.

Em 2018, foi publicada a atualização da Tabela de Procedimentos, Medicamentos e OPM do SUS, a antiga Tabela SAI/SUS. OPM é a sigla para órteses, próteses e materiais especiais. Com a alteração, o código 2234-05 – Farmacêutico, da Classificação Brasileira de Ocupações (CBO), foi vinculado a 49 procedimentos remunerados pelo Sistema Único de Saúde (SUS). A tabela está disponível no Sistema de Gerenciamento da Tabela de Procedimentos, Medicamentos e OPM (SIGTAP) do SUS. Com essa atualização, passou de 182 códigos vinculados à CBO do farmacêutico. Exemplos de procedimentos podem ser visualizados nas Tabelas 2 e 3, divulgadas pelo Conselho Federal de Farmácia.

TABELA 2 Lista dos procedimentos/SUS (parte 1)

02.14.01.001-5	Glicemia capilar
02.14.01.006-6	Teste rápido de gravidez
03.01.10.002-0	Administração de medicamentos em atenção básica (por paciente)
03.01.10.003-9	Aferição de pressão arterial
03.01.10.018-7	Terapia de reidratação oral
03.01.10.010-1	Inalação/nebulização
03.01.04.009-5	Exame do pé diabético
01.01.04.002-4	Avaliação antropométrica
01.01.03.002-9	Visita domiciliar/institucional por profissional de nível superior
03.01.08.031-3	Ações de redução de danos
03.01.08.029-1	Atenção às situações de crise
01.01.01.004-4	Práticas corporais em medicina tradicional chinesa
03.01.08.028-3	Práticas expressivas e comunicativas em centro de atenção psicossocial
03.01.08.034-8	Ações de reabilitação psicossocial

continua

TABELA 2 Lista dos procedimentos/SUS (parte 1) (*continuação*)

03.01.08.020-8	Atendimento individual de paciente em centro de atenção psicossocial
03.01.08.021-6	Atendimento em grupo de paciente em centro de atenção psicossocial
03.01.08.022-4	Atendimento familiar em centro de atenção psicossocial
03.01.08.024-0	Atendimento domiciliar para pacientes de centro de atenção psicossocial e/ou familiares
03.01.08.015-1	Atendimento em oficina terapêutica II – saúde mental
03.01.08.004-6	Acompanhamento de paciente em saúde mental (residência terapêutica)
03.01.08.032-1	Acompanhamento de serviço residencial terapêutico por centro de atenção psicossocial
03.01.08.032-1	Apoio a serviço residencial de caráter transitório por centro de atenção psicossocial
03.01.08.026-7	Fortalecimento do protagonismo de usuários de centro de atenção psicossocial e seus familiares
03.01.01.001-3	Consulta ao paciente curado de tuberculose (tratamento supervisionado)
03.01.01.009-9	Consulta para avaliação clínica do fumante
03.01.01.016-1	Consulta/atendimento domiciliar na atenção especializada
03.01.05.003-1	Assistência domiciliar por equipe multiprofissional na atenção especializada
03.01.09.001-7	Atendimento em geriatria (1 turno)
03.01.09.002-5	Atendimento em geriatria (2 turnos)

Fonte: Conselho Federal de Farmácia. Disponível em: https://cff.org.br/noticia.php?id=4804.

TABELA 3 Lista dos procedimentos/SUS (parte 2)

03.01.04.005-2	Atendimento multiprofissional para atenção às pessoas em situação de violência sexual
03.01.13.003-5	Acompanhamento no processo transexualizado exclusivamente para atendimento clínico
03.01.02.001-9	Acompanhamento do paciente portador de agravos relacionados ao trabalho
03.01.02.002-7	Acompanhamento de paciente portador de sequelas relacionadas ao trabalho

continua

TABELA 3 Lista dos procedimentos/SUS (parte 2) (*continuação*)

03.01.07.006-7	Atendimento/acompanhamento em reabilitação nas múltiplas deficiências
03.01.12.005-6	Acompanhamento de paciente pós-cirurgia bariátrica por equipe multiprofissional
03.01.12.008-0	Acompanhamento de paciente pré-cirurgia bariátrica por equipe multiprofissional
03.01.13.005-1	Acompanhamento multiprofissional em DRC estágio 04 pré-diálise
03.01.13.006-0	Acompanhamento multiprofissional em DRC estágio 05 pré-diálise
05.06.01.002-3	Acompanhamento de paciente pós-transplante de rim, fígado, coração, pulmão, células-tronco hematopoiéticas e/ou pâncreas
03.01.12.001-3	Acompanhamento de paciente com fenilcetonúria
03.01.12.002-1	Acompanhamento de paciente com fibrose cística
03.01.12.003-0	Acompanhamento de paciente com hemoglobinopatias
03.01.12.004-8	Acompanhamento de paciente com hipotireoidismo congênito
03.01.08.036-4	Acompanhamento de pessoas com necessidades decorrentes do uso de álcool, *crack* e outras drogas em serviço residencial de caráter transitório (comunidades terapêuticas)
03.01.08.037-2	Acompanhamento de pessoas adultas com sofrimento ou transtornos mentais decorrentes do uso de álcool, *crack* e outras drogas em unidades de acolhimento adulto (UAA)
03.01.08.038-0	Acompanhamento da população infantojuvenil com sofrimento ou transtornos mentais decorrentes do uso de álcool, *crack* e outras drogas em unidades de acolhimento infantojuvenil (UAI)
03.01.08.039-9	Matriciamento de equipes de pontos de atenção de urgência e emergência, e dos serviços hospitalares de referência para atenção a pessoas com sofrimento ou transtornos mentais e com necessidades de saúde decorrentes do uso de álcool, *crack* e outras drogas
03.01.08.030-5	Matriciamento de equipes da atenção básica
03.01.08.025-9	Ações de articulação de redes intra e intersetoriais

Fonte: Conselho Federal de Farmácia. Disponível em: https://cff.org.br/noticia.php?id=4804.

BIBLIOGRAFIA

Anderson S. The state of the world's pharmacy: a portrait of the pharmacy profession. J Interprof Care. 2002;16(4):391-404.

Aparasu RR. The quality of pharmaceutical care in the elderly. S D J Med. 2004;57(11):489-90. Carroll NV. Do community pharmacists influence prescribing? J Am Pharm Assoc (Wash). 2003;43(5):612-21.

De Gier JJ. Clinical pharmacy in primary care and community pharmacy. Pharmacotherapy. 2000;20(10 Pt 2):278S-81S.

Dessing RP. Ethics applied to pharmacy practice. Pharm World Sci. 2000;22(1):10-6.

Digest de Información Científica basada en la evidencia clínica, asistencial, farmacológica y farmacoterapéutica (DICAF). Seguimento farmacoterâpeutico personalizado. Disponível em: http://www.dicaf.es/casos/casos.asp. Acesso em: 2 dez. 2024.

Hepler CD. Clinical pharmacy, pharmaceutical care, and the quality of drug therapy. Pharmacotherapy. 2004;24(11):1491-8.

Kheir NM. Health-related quality of life measurement in pharmaceutical care: targeting an outcome that matters. Pharm World Sci. 2004;26(3):125-8.

Laupacis A. Seeking value in pharmaceutical care: balancing quality, access and efficiency. Health Pap. 2004;4(3):60-6.

Ministério da Saúde. Datasus. Sigtap [Internet]. Disponível em: http://sigtap.datasus.gov.br/tabela-unificada/app/sec/inicio.jsp. Acesso em: 2 dez. 2024.

Nichols-English G, Poirier S. Optimizing adherence to pharmaceutical care plans. J Am Pharm Assoc (Wash). 2000;40(4):475-85.

Oregon State University. College of Pharmacy. Standardized SOAP Note, Rubric & Expected Components. 2017. Disponível em: https://pharmacy.oregonstate.edu/sites/pharmacy.oregonstate. edu/files/soap_rubric_and_components_-_final_nov_2017.pdf. Acesso em: 2 dez. 2024.

Silcock J, Raybor DK, Petty D. The organisation and development of primary care pharmacy in the United Kingdom. Health Policy. 2004;67(2):207-14.

Tietze K. Clinical skills for pharmacists. St Louis: Mosby; 1999.

Van Mil JM, Westerlund LO. Drug-related problem classification systems. Ann Pharmacother. 2004;38(5):859-67.

7

Reações adversas a medicamentos

INTRODUÇÃO

Após o procedimento de anamnese farmacêutica, é importante detectar, diagnosticar, tratar, se for o caso, e prevenir possíveis reações adversas a medicamentos (RAM). Quando se administra um medicamento, além dos efeitos terapêuticos úteis, podem ser observados certos efeitos indesejados em algumas pessoas. Eles podem ser leves, porém às vezes talvez ocasionem até mesmo a morte do paciente.

Estudos epidemiológicos de reações adversas a medicamentos têm ajudado na avaliação da magnitude do problema, calculando a taxa de reações a cada droga individualmente, e na caracterização de alguns determinantes de seus efeitos adversos.

Os pacientes recebem em média dez diferentes drogas durante cada hospitalização. Quanto mais drogas o paciente recebe, maior a possibilidade de haver um aumento correspondente na incidência das reações adversas. Quando o paciente recebe mais de seis drogas diferentes durante a hospitalização, a probabilidade de ocorrerem reações adversas é de cerca de 5%, mas, se mais de 15 drogas forem administradas, a probabilidade aumenta para 40%. Retrospectivamente, a análise de pacientes ambulatoriais tem revelado reações adversas em 20% deles.

A probabilidade de uma doença ser induzida por uma droga é muito grande. Dos pacientes admitidos em um hospital na clínica médica e na pediatria, aqueles internados por doenças causadas por medicamentos variam de 2 a 5%. A proporção caso/fatalidade em pacientes internados varia de 2 a 12%.

Além disso, algumas anomalias fetais e neonatais devem-se ao uso de medicamentos durante a gravidez e o parto.

Um pequeno grupo das drogas mais utilizadas é responsável por um número desproporcional de reações. Ácido acetilsalicílico e outros analgésicos, digoxina, anticoagulantes, diuréticos, antimicrobianos, esteroides, antineoplásicos e hipoglicemiantes orais são responsáveis por 90% das reações, embora as drogas envolvidas difiram entre pacientes hospitalizados e ambulatoriais. Estima-se que o custo da morbidade e da mortalidade relacionadas a drogas no paciente ambulatorial atinja a faixa de US$ 30 bilhões a US$ 130 bilhões por ano nos Estados Unidos.

Pesquisas realizadas no final do século XX e início do século XXI nos Estados Unidos e no Reino Unido demonstraram que as RAM são uma manifestação comum na prática clínica, inclusive como causa de internações hospitalares não programadas, ocorrendo durante a admissão hospitalar e se manifestando após a alta. A incidência de RAM permaneceu relativamente inalterada ao longo do tempo, com pesquisas sugerindo que entre 5 e 10% dos pacientes podem sofrer de uma RAM na admissão, durante a admissão ou na alta, apesar de vários esforços preventivos. Inevitavelmente, a frequência do evento está associada ao método usado para identificar tais eventos, e a maioria das RAM não causa manifestações sistêmicas graves. No entanto, essa frequência de dano potencial precisa ser considerada cuidadosamente porque há morbidade e mortalidade associadas, pode ser financeiramente custosa e tem um efeito potencialmente negativo na relação prescritor-paciente.

DEFINIÇÃO SEGUNDO A ORGANIZAÇÃO MUNDIAL DA SAÚDE

Reações adversas a medicamentos são acontecimentos nocivos e não intencionais que aparecem com o uso de um medicamento em doses recomendadas normalmente para a profilaxia, o diagnóstico e o tratamento de uma enfermidade.

É importante frisar que não se devem considerar RAM os efeitos adversos que aparecem depois de doses maiores que as habituais (acidentais ou intencionais). Podem-se classificar as RAM como dependentes do paciente (previsíveis e imprevisíveis) e dependentes do medicamento. As RAM dependentes do paciente e que são previsíveis apresentam como fatores de risco idade, sexo, doença associada e polifarmácia.

As RAM são mais frequentes nas pessoas idosas. Nessa faixa etária, os processos patológicos são mais graves, levando o médico a utilizar terapêuticas mais agressivas. Além disso, modifica-se a farmacocinética dos processos de absorção, distribuição e biotransformação.

Nas pessoas idosas, a produção de suco gástrico está diminuída, o esvaziamento gástrico é mais lento e a irrigação intestinal também está diminuída. Portanto, há uma redução na absorção que depende de transporte ativo.

Além disso, nos idosos o teor de água total e percentual é menor e o teor de tecido adiposo total é maior, o que leva os medicamentos lipossolúveis a depositarem-se nesses locais, prolongando sua meia-vida e seu tempo de ação. Há também menor quantidade de proteínas plasmáticas, aumentando a porção livre da droga. Com o passar da idade, diminuem a irrigação renal, a filtração glomerular e a secreção tubular ativa e passiva.

No caso de recém-nascidos, o sistema enzimático não tem maturação, ocasionando aumento de toxicidade de substâncias que se inativam por hidroxilação, desaminação e sulfonação. A barreira hematoencefálica tem maior permeabilidade, tornando o sistema nervoso central mais sensível à ação de drogas. O desenvolvimento renal ainda não está completo e, por isso, a filtração é de cerca de 30% da que ocorre no adulto, além de não existir secreção tubular.

Estudos indicam que as mulheres são mais suscetíveis ao aparecimento de RAM. Isso pode estar relacionado com a taxa de estradiol, que interfere no metabolismo de várias drogas.

A existência de doenças anteriores à doença atual pode modificar a resposta aos medicamentos. Por exemplo, pacientes com osteoporose que recebem corticosteroides podem ter o quadro piorado por inibição de absorção de cálcio e da formação óssea. Além disso, o uso simultâneo de vários medicamentos (chamado de polifarmácia) aumenta o risco de RAM em progressão geométrica.

As RAM imprevisíveis são assim denominadas porque somente se descobre a forma de reação do organismo ao medicamento quando ele é administrado. Ocorrem nos casos que discutiremos a seguir.

Intolerância

Caracteriza-se quando o efeito farmacológico do medicamento apresenta-se com doses inferiores às utilizadas normalmente. Isso indica que as doses habituais produzem efeitos equivalentes às doses excessivas.

Alergia

Essas RAM são mediadas pelo sistema imunológico. É o resultado da sensibilização prévia a um determinado medicamento ou a outra substância de estrutura semelhante. As manifestações de alergia a drogas são numerosas. As reações cutâneas compreendem desde a erupção até a dermatite esfoliativa intensa. As reações dos vasos sanguíneos vão desde urticária aguda e angiodema até artrite severa. Outras respostas alérgicas que podem ser precipitadas por drogas são a rinite, a asma e inclusive o choque anafilático.

Idiossincrasia

É uma RAM que corresponde a um efeito distinto daquele que o medicamento ocasiona geralmente. Não se relaciona com a dose administrada e não requer sensibilização prévia. Tem-se demonstrado que em alguns casos ela é determinada geneticamente.

As RAM dependentes dos medicamentos são divididas em dependentes do efeito farmacológico, dependentes do efeito tóxico e dependentes de interação medicamentosa.

Muitos medicamentos ocasionam mais de um efeito farmacológico, porém, de forma geral, somente um deles é indicado como objetivo primário do tratamento e quase todos os demais são considerados efeitos secundários ou indesejáveis da droga para essa indicação terapêutica. A RAM pode se dever ao efeito farmacológico principal ou a um efeito secundário.

Quando a RAM está relacionada com o efeito farmacológico principal, é impossível evitá-la totalmente. Exemplo: bloqueadores beta-adrenérgicos reduzem o volume minuto cardíaco e o fluxo de sangue nas extremidades. Nos dias frios, esse efeito produz mãos e pés frios e nas mulheres pode ocasionar isquemia e cianose nas extremidades, nas orelhas e no nariz.

Quando a RAM se deve a um efeito secundário da droga, muitas vezes é possível evitar, tratar ou minorar seus efeitos. Por exemplo, a imipramina é utilizada como antidepressivo, porém, além dessa ação, tem propriedades anticolinérgicas que provocam secura da boca, dificuldade na micção e visão turva. Esses sintomas aparecem rapidamente, ao passo que o efeito antidepressivo demora vários dias até tornar-se evidente.

Existem outras situações em que a RAM é produzida por uma ação indireta, como no caso de antibióticos de amplo espectro, que podem modificar a flora intestinal e provocar diarreia.

Certos medicamentos ou os produtos de seu metabolismo podem produzir lesões nos tecidos. Sua capacidade de se regenerar determina, em grande parte, a reversibilidade do efeito. Podem-se classificar os efeitos tóxicos por seu modo de ação em locais e sistêmicos. São locais os produzidos na zona do primeiro contato entre o sistema biológico e o medicamento.

ALGUNS TIPOS DE TOXICIDADE SISTÊMICA

Toxicidade hepática

O fígado é sensível à ação tóxica dos medicamentos por dois motivos fundamentais. Por um lado, os medicamentos administrados por via oral passam obrigatoriamente pelo fígado antes de chegar à circulação geral. Por outro lado, por ser o lugar principal do metabolismo, pode originar produtos intermediários reativos capazes de lesioná-lo. Por exemplo, a superdosagem aguda de paracetamol pode produzir necrose hepática, potencialmente fatal. Atribui-se a hepatotoxicidade do paracetamol a um metabólito do medicamento capaz de formar uniões covalentes com os constituintes celulares.

Toxicidade renal

O rim é menos afetado pelos efeitos tóxicos dos medicamentos, já que estes são excretados normalmente na forma de metabólitos inativos, mas sem dúvida existem drogas nefrotóxicas. Por exemplo, o uso prolongado e simultâneo de doses elevadas de paracetamol e de um salicilato pode originar uma nefropatia grave.

Toxicidade hematológica

Muitos medicamentos podem produzir diversas alterações hematológicas. Por exemplo, os anti-inflamatórios derivados da pirazolona podem produzir anemia aplástica e agranulocitose.

Toxicidade neurológica

Muitos medicamentos tóxicos em outras partes do organismo também podem afetar o sistema nervoso. Por exemplo, a intoxicação digitálica pode produzir delírio e alucinações. Os efeitos tóxicos locais e sistêmicos não são excludentes.

A resposta farmacológica a um medicamento pode ser modificada por ação concomitante de certas substâncias não produzidas pelo organismo, outros medicamentos, alimentos ou substâncias tóxicas. Por exemplo, a administração de alguns anti-inflamatórios não esteroidais a pacientes submetidos ao tratamento com anticoagulantes orais pode aumentar o risco de hemorragia. Esse efeito é produzido, entre outros motivos, pelo deslocamento dos anticoagulantes de sua união às proteínas plasmáticas, aumentando a fração livre do medicamento ativo.

CRITÉRIOS DE CLASSIFICAÇÃO DAS REAÇÕES ADVERSAS A MEDICAMENTOS

Gravidade

As RAM podem ser de distintas gravidades e classificam-se em:

- RAM letal: causa a morte do paciente.
- RAM grave: implica o risco de morte ou invalidez permanente ou de duração maior que um dia. Requer a interrupção da administração do medicamento e a consequente administração de um tratamento específico para a RAM provocada.
- RAM de gravidade moderada: causa invalidez transitória (menos de um dia) ou requer tratamento para conter a evolução. Não é necessário interromper a administração do medicamento.
- RAM leve: não produz invalidez, não requer tratamento, não interrompe a administração.

Comprovação

Quando se deseja individualizar um medicamento como causador da RAM, pode-se estabelecer a seguinte classificação:

- RAM comprovada: aparece após a administração do medicamento, desaparece após a suspensão e volta a aparecer quando se retoma a administração do mesmo medicamento. Nos casos em que a RAM for grave, não é aconselhável uma nova administração.
- RAM provável: aparece após a administração do medicamento, desaparece após a suspensão e não se efetua na readministração.
- RAM possível: além da administração do medicamento, existem outras circunstâncias que podem explicar o aparecimento do efeito adverso com probabilidade similar.
- RAM duvidosa: existe outra circunstância mais provável que a administração do medicamento.

ETIOLOGIA

A maior parte das reações adversas a medicamentos pode ser prevenida, e estudos recentes com a utilização de um sistema de análise sugerem que o sistema que mais falha está associado a falhas na disseminação de conhecimentos sobre drogas, sua prescrição e sua administração.

A maioria das reações adversas pode ser classificada em dois grupos. O mais frequente resulta em um exagero na ação farmacológica prevista para a droga. O outro vem dos efeitos tóxicos não relacionados com a ação farmacológica da droga. Os efeitos tardios frequentemente são imprevisíveis e graves e nem sempre seu mecanismo é elucidado. Alguns mecanismos não relacionados à ação primária da droga incluem citotoxicidade direta, iniciação de respostas imunes anormais e perturbação de processos metabólicos em indivíduos com defeitos enzimáticos genéticos.

O conhecimento das suscetibilidades do paciente pode informar sua decisão de prescrição e reduzir o risco de uma RAM. O histórico de medicamentos de um paciente identificará quaisquer RAM anteriores e, portanto, impedirá a reexposição ao medicamento. Em outros casos, fatores de suscetibilidade, como idade, sexo, estado de gravidez e etnia, podem ajudar a prever o risco de ocorrência de uma RAM. Por exemplo, a orientação do National Institute for Health and Care Excellence sugeriu que pacientes de ascendência africana ou caribenha devem receber prescrição de um bloqueador do receptor da angiotensina II em favor de um inibidor da enzima de conversão da angiotensina (IECA) para hipertensão pelo risco de angioedema induzido por IECA. A farmacogenética está começando a produzir escolhas de medicamentos mais personalizadas ao prever quem é mais suscetível a sofrer uma RAM específica.

TOXICIDADE NÃO RELACIONADA À ATIVIDADE FARMACOLÓGICA PRIMÁRIA DA DROGA

Reações citotóxicas

A compreensão das assim chamadas "reações idiossincrásicas" tem aumentado o reconhecimento de que elas ocorrem por ligação irreversível da droga ou de seus metabólitos a macromoléculas teciduais por ligação covalente.

Um exemplo desse tipo de reação é a hepatotoxicidade associada à isoniazida. Essa droga é metabolizada principalmente por acetilação à acetilisoniazida, que é hidrolisada a acetil-hidrazina. Esse mecanismo realizado pelas oxidases de função mista do fígado libera metabólitos reativos que se ligam a macromoléculas hepáticas, causando necrose hepática. A administração conjunta de drogas que aumentam a atividade dessas oxidases, como fenobarbital ou rifampicina juntamente com isoniazida, resulta na produção anormal de metabólitos reativos, aumentando o risco de dano hepático.

Mecanismos imunológicos

A maioria dos agentes farmacológicos é imunogênica fraca por serem moléculas pequenas e de peso molecular inferior a 2.000 Da. Estimulação da síntese de anticorpos ou sensibilização de linfócitos por uma droga ou seu metabólito usualmente requerem uma ativação *in vivo* e uma ligação covalente a uma proteína, carboidrato ou ácido nucleico.

Exemplos:

1. Anemia hemolítica induzida por penicilina.
2. Hidralazina e procainamida alteram o material genético das células e ocasionam o lúpus eritematoso.
3. Alfametildopa estimula a formação de anticorpos contra os eritrócitos.

TOXICIDADE ASSOCIADA A DEFEITOS ENZIMÁTICOS DETERMINADOS GENETICAMENTE

Pacientes com deficiência de glicose-6-fosfato-desidrogenase desenvolvem anemia hemolítica em resposta à primaquina e a outras drogas que não causam esse efeito em pacientes normais.

DIAGNÓSTICO

As manifestações de doenças induzidas por drogas frequentemente se assemelham a outras doenças, e um determinado número de manifestações pode ser produzido por drogas diferentes. O reconhecimento do papel de uma droga ou drogas em uma enfermidade depende de avaliação das possíveis RAM em qualquer doença, identificando a relação temporal entre administração da droga e desenvolvimento da enfermidade e em familiaridade com as manifestações comuns das drogas. Foram descritas muitas associações entre drogas em particular e reações específicas, mas sempre há uma "primeira vez" para uma nova associação, de modo que qualquer droga deveria ser suspeita de causar um efeito adverso se a colocação clínica for apropriada.

A enfermidade relacionada com drogas é frequentemente mais fácil de ser reconhecida que uma enfermidade atribuível a mecanismos imunes ou outros. Por exemplo, efeitos colaterais como arritmias cardíacas em pacientes que recebem digitálicos, hipoglicemia em pacientes que recebem insulina e hemorragias em pacientes que recebem anticoagulantes são relacionados mais prontamente com uma droga específica do que sintomas como febre ou erupção cutânea, que podem ser causados por muitas drogas ou outros fatores.

Uma vez que se suspeita de uma reação adversa, descontinua-se o uso da droga suspeita e observa-se o desaparecimento da reação; presumivelmente, comprova-se uma enfermidade induzida por droga. Pode-se buscar a confirmação da evidência reintroduzindo cautelosamente a droga e observando se a reação reaparece. Porém, isso só deve ser feito se a confirmação for útil na administração futura do paciente e se a tentativa não requerer um risco impróprio. Existem reações adversas dependentes de concentração que podem desaparecer ao baixar a dosagem e reaparecer ao elevá-la. Quando a reação é do tipo alérgica, a readministração da droga pode ser perigosa, dado o risco de desenvolvimento de um choque anafilático.

Se o paciente está recebendo muitas drogas quando se suspeita de uma reação adversa, normalmente podem ser identificadas as que mais provavelmente são as responsáveis. Todas as drogas podem ser descontinuadas imediatamente ou, se isso não for prático, devem ser interrompidas uma de cada vez, iniciando por aquela mais suspeita e verificando se o paciente melhora.

REAÇÕES ADVERSAS A MEDICAMENTOS NO IDOSO

Os idosos são aqueles que apresentam a maior gama de doenças e recebem o maior número de medicamentos quando comparados a outros grupos de pacientes. Por causa desse fato, não é surpresa que o maior número de reações adversas ocorra nessa faixa etária.

É importante ressaltar que, no idoso, qualquer sinal ou sintoma novo que apareça no paciente pode ser o reflexo de uma reação adversa a algum medicamento que esteja utilizando.

O risco de um idoso sofrer uma reação adversa é maior que o de um jovem que receba o mesmo tratamento medicamentoso e tenha a mesma doença.

As pesquisas indicam que, nos Estados Unidos, os idosos reportam pelo menos uma reação adversa no período de um ano. A incidência maior aparece em idosos internados. Embora se acredite que o idoso é mais sensível que os jovens, isso não é verdadeiro para todas as drogas. Por exemplo, uma consistente diminuição da sensibilidade a drogas que agem nos receptores beta-adrenérgicos tem sido demonstrada no idoso.

As consequências dos efeitos adversos de drogas podem diferir no idoso por causa do aparecimento de várias doenças. Por exemplo, o uso de benzodiazepínicos de meia-vida longa está associado à ocorrência de fraturas de joelho em pacientes idosos; entretanto, isso reflete tanto o risco maior de quedas em razão do uso dessas drogas como o aumento da incidência de osteoporose nos pacientes idosos. Quando prescrito para esses pacientes, deve-se considerar que a função renal deles está provavelmente comprometida.

BIBLIOGRAFIA

Alter BP. Bone marrow failure disorders. Mt Sinai J Med. 1991;58:521-34.

Bates DW, Leape LL, Petrycki S. Incidence and preventability of adverse drug events in hospitalized adults. J Gen Intern Med. 1993;8:289-94.

Beard K. Adverse reactions as a cause of hospital admissions in the aged. Drugs Aging. 1992;2:356-67.

Burnum JF. Preventability of adverse drug reactions (letter). Ann Intern Med. 1976;85:80-1.

Chan HL, Stern RS, Arndt KA, Langlois J, Jick SS, Jick H, Walker AM. The incidence of erythema multiforme Stevens-Johnson syndrome, and toxic epidermal necrolysis: a population-based study with particular reference to reactions caused by drugs among outpatients. Arch Dermatol. 1990;126:43-7.

Coleman JJ, Pontefract SK. Adverse drug reactions. Clin Med (Lond). 2016;16(5):481-5.

D'Arcy PF. Epidemiological aspects of iatrogenic disease. In: D'Arcy PF, Griffin JP, ed. Iatrogenic diseases. Oxford: Oxford University Press; 1986. p.29-58.

Davies AJ, Harindra V, Mcewan A, Ghose RR. Cardiotoxic effect with convulsions in terfenadine overdose (letter). Br Med J. 1989;298:325.

Davies EC, Green CF, Taylor S, Williamson PR, Mottram DR, Pirmohamed M. Adverse drug reactions in hospital in-patients: a prospective analysis of 3695 patient-episodes. PLoS One. 2009;4:e4439.

Green DM. Pre-existing conditions, placebo reactions, and "side effects". Ann Intern Med. 1964;60:255-65.

Honig PK, Wortham DC, Zamani K, Conner DP, Mullin JC, Cantilena LR. Terfenadine-ketoconazole interaction: pharmacokinetic and electrocardiographic consequences. JAMA. 1993;269:1513- 8.

Johnson JM, Barash D. A review of postmarketing adverse drug experience reporting requirements. Food Drug Cosmetic Law J. 1991;46:665-72.

Joint Commission on Accreditation of Healthcare Organizations. Accreditation manual for hospitals, 1994. Oakbrook Terrace, IL: The Commission; 1993.

Karch FE, Smith CL, Kerzner B, Mazzullo JM, Weintraub M, Lasagna L. Adverse drug reactions - a matter of opinion. Clin Pharmacol Ther. 1976;19:489-92.

Kessler DA. Introducing MEDWatch: a new approach to reporting medication and device adverse effects and product problems. JAMA. 1993;269:2765-8.

Koch KE. Adverse drug reactions. In: Brown T, ed. Handbook of institutional pharmacy practice. 3. ed. Bethesda, MD: American Society of Hospital Pharmacists; 1992. p.279-91.

Lakshmanan MC, Hershey CO, Breslau B. Hospital admissions caused by iatrogenic disease. Arch Intern Med. 1986;146:1931-4.

Lazarou J, Pomeranz BH, Corey PN. Incidence of adverse drug reactions in hospitalized patients: a meta-analysis of prospective studies. JAMA. 1998;279:1200-5.

Lewis JA. Post-marketing surveillance: how many patients? Trends Pharmacol Sci. 1981;2:93-4.

Monahan BP, Ferguson CL, Killeavy ES, Lloyd BK, Troy J, Cantilena Jr. LR. Torsades de pointes occurring in association with terfenadine use. JAMA. 1990;264:2788-90.

Nolan L, O'Malley K. Prescribing for the elderly. Part I: sensitivity of the elderly to adverse drug reactions. J Am Geriatr Soc. 1988;36:142-9.

Park BK, Pirmohamed M, Kitteringham NR. Idiosyncratic drug reactions: a mechanistic evaluation of risk factors. Br J Clin Pharmacol. 1992;34:377-95.

Pirmohamed M, James S, Meakin S, Green C, Scott AK, Walley TJ, et al. Adverse drug reactions as cause of admission to hospital: prospective analysis of 18.820 patients. BMJ. 2004;329:15-9.

Rawlins MD, Thompson JW. Mechanisms of adverse drug reactions. In: Davies DM (ed). Textbook of adverse drug reactions. 4. ed. Oxford: Oxford University Press; 1991. p.18-45.

Reidenberg MM, Lowenthal DT. Adverse nondrug reactions. N Engl J Med. 1968;279:678-9. Stephens MDB. Has the patient suffered an ADR? Assessment of drug causality. In: International Drug Surveillance Department, Glaxo Group Research Ltd. Drug safety: a shared responsibility. London: Churchill Livingstone; 1991. p.47-56.

Vincent PC. Drug-induced aplastic anemia and agranulocytosis: incidence and mechanisms. Drugs. 1986;31:52-63.

Zimmerman HJ. Hepatoxicity: the adverse effects of drugs and other chemicals on the liver. New York: Appleton-Century-Crofts; 1978.

Wallace Laboratories. Express telegram to physicians. Cranbury, NJ: Wallace Laboratories; August 1, 1994.

8

Interações medicamentosas

INTRODUÇÃO

Em pacientes graves, idosos e em unidades de terapia intensiva, a prescrição médica envolve diversas drogas. Nesses casos, não raramente os pacientes apresentam insuficiência renal e/ou hepática, que favorece o desencadeamento de inúmeras interações entre os medicamentos, alterando o efeito farmacológico, aumentando a eficácia terapêutica ou provocando reações adversas e nocivas.

As interações entre drogas podem ser significativas se a doença tratada for grave ou potencialmente fatal. A incidência das interações oscila entre 3 e 5% nos pacientes que recebem poucos medicamentos e chega a 20% naqueles que recebem de 10 a 20 drogas.

Em pacientes ambulatoriais, faltam dados confiáveis para medir a incidência de reações adversas a medicamentos (RAM). Dessas RAM, grande parte se refere a interações medicamentosas (IM), e um terço delas poderia ser prevenido utilizando-se sistemas informatizados e bases de dados farmacológicas digitais.

Na literatura científica as IM podem ser pesquisadas também em inglês pelo termo *drug-drug interaction* (DDI), e nos Estados Unidos a agência regulatória Food and Drug Administration (FDA) exige que conste o detalhamento de todas elas na bula dos produtos; e, no dossiê de registro, os estudos científicos que as embasam.

Vêm ganhando destaque nos últimos anos as interações entre medicamentos biológicos (e os biossimilares) e os medicamentos tradicionais (considerados moléculas de peso molecular baixo), e novos estudos têm sido exigidos pelos órgãos reguladores para fins de registro. Também se ressalta a necessidade de uma farmacovigilância mais rigorosa para esses produtos.

As IM podem ser consideradas uma subdivisão das RAM e totalmente preveníveis. Os fatores de risco potenciais para elas incluem polifarmácia, comorbidades e especificidades de determinados medicamentos (p. ex., propriedades farmacocinéticas como o metabolismo de primeira passagem, transportadores ou afinidade enzimática, alta potência, baixo índice terapêutico). As taxas de IM para pacientes que recebem dois ou mais medicamentos ao mesmo tempo varia de 2 a 42%. Em um estudo retrospectivo de dados de prescrição, em um centro de atenção primária, a incidência de interações potenciais foi de 12%, subindo para 22% em pacientes idosos.

Erros de prescrição de medicamentos são bastante prevalentes em todo o mundo e uma ameaça importante à segurança do paciente. Embora os resultados mais comuns sejam apenas efeitos adversos leves, alguns casos aumentam significativamente o risco de morte. Nesse contexto, as interações medicamentosas prejudiciais (DDI), que podem ocorrer quando os efeitos de um medicamento são influenciados pelos efeitos de outro, são a principal causa desse risco. Pesquisas já provaram isso e indicaram que mais da metade dos efeitos adversos de medicamentos está diretamente relacionada a erros de prescrição.

Para reduzir esses riscos, os sistemas de saúde em todo o mundo estão desenvolvendo e implementando registros eletrônicos de saúde (EHR, do inglês *electronic health record*) com sistemas de suporte à decisão clínica (CDSS, do inglês *clinical decision support system*) que alertam os prescritores sobre potenciais DDI (pDDI), protegendo assim os pacientes de eventos adversos a medicamentos (ADE, do inglês *adverse drug event*). Os potenciais DDI podem ser previstos a partir do conhecimento sobre as propriedades farmacológicas dos medicamentos prescritos. Existem diferentes bancos de dados que os profissionais de saúde podem consultar sobre potenciais interações medicamentosas. Somente no banco de dados Drugbank, que é um dos bancos de dados de medicamentos mais usados, há pelo menos 365.984 interações registradas.

As interações podem ser classificadas em farmacocinéticas e farmacodinâmicas. As farmacocinéticas são as interações que modificam os parâmetros de absorção, distribuição, metabolismo e excreção.

As interações que modificam a absorção envolvem mecanismos decorrentes de alterações no esvaziamento gástrico, modificações na motilidade gastrintestinal, formação de quelatos e precipitados, interferência no transporte ativo, ruptura de micelas lipídicas, alteração do fluxo sanguíneo portal, efeito de primeira passagem hepática e intestinal, efeito tóxico sobre a mucosa intestinal, alteração de volume e composição (viscosidade das secreções digestivas, papel dos alimentos), efeitos diretos sobre a mucosa, efeito sobre o metabolismo bacteriano do fármaco, alteração na permeabilidade da membrana, efeito do pH na dissolução e ionização de eletrólitos fracos, efeito sobre a biodisponibilidade dos fármacos e efeitos sobre a circulação local.

Como consequências dessas interações, podemos ter aumento na absorção do fármaco, com elevação de seu efeito farmacológico e risco de toxicidade, ou redução na velocidade de absorção do fármaco e repercussão em sua eficácia terapêutica, decorrentes de alterações no pico de concentração plasmática, tempo para atingir o pico de concentração e área sob a curva.

Entre as drogas que podem precipitar esse tipo de interação, podemos citar antiácidos, antagonistas de receptores H_2 (ranitidina, cimetidina, famotidina), inibidores de bomba de prótons (omeprazol, lansoprazol) e modificadores de motilidade digestória (cisaprida, bromoprida, metoclopramida).

As interações que modificam a distribuição de fármacos caracterizam-se pelas alterações no equilíbrio dinâmico na ligação do fármaco às proteínas plasmáticas e em sua concentração livre no sangue, responsável pelo efeito farmacológico. Pequenas alterações na fração ligada podem dobrar ou triplicar temporariamente a concentração de droga livre no sangue, aumentando a atividade farmacológica até que o reequilíbrio ocorra. A amplitude dessa compensação vai depender da biotransformação da droga e/ou sua eliminação. Quando a droga tiver um grande volume de distribuição e estiver sendo amplamente excretada, o equilíbrio ocorrerá rapidamente.

Nesses casos, os mecanismos são de pouca importância clínica, mas podem ser relevantes se o fármaco não tiver grande distribuição e ocasionar simultaneamente no paciente um comprometimento hepático renal. Além disso, deve-se considerar que a condição do paciente pode influir substancialmente no grau de união dos fármacos às proteínas e, portanto, alterar sua farmacocinética.

Como exemplo desse tipo de interação, podemos citar as que envolvem fenitoína e varfarina, em que a primeira desloca a segunda das proteínas plasmáticas e, consequentemente, o paciente corre o risco de apresentar hemorragias, sendo necessário monitorar suas funções coagulatórias.

As interações que envolvem o metabolismo são consequências do aumento ou da diminuição da velocidade de biotransformação de um ou ambos os fármacos. Elas estão ligadas aos processos de indução ou inibição enzimática de sistemas metabolizadores, que podem acarretar alterações na meia-vida plasmática em sua concentração de equilíbrio no plasma. Podemos ter situações de diminuição da atividade farmacológica (terapêutica e tóxica) por causa da queda do nível plasmático e do aumento da excreção do fármaco, aumento na atividade farmacológica e tóxica (quando o metabólito formado é farmacologicamente ativo), tolerância cruzada entre os fármacos ou, ainda, redução na ligação dos princípios ativos às proteínas plasmáticas, com aumento na taxa de transformação metabólica.

Como exemplo dessa interação, podemos citar a que ocorre entre fenobarbital e álcool, em que ambos apresentam características indutoras enzimáticas, levando o paciente a maior risco de apresentar crises convulsivas durante o tratamento com esse medicamento.

As interações ocasionadas pela excreção envolvem as vias de eliminação dos fármacos, como rim, fígado, intestino e pulmão. Os mecanismos que mais se destacam estão relacionados ao efeito de um fármaco sobre a secreção tubular e à subsequente excreção do outro; alterações do pH urinário que modificam a eliminação de um dos fármacos; e aumento de volume urinário, que elimina os fármacos filtráveis em maior quantidade. Interações farmacodinâmicas ocorrem nos sítios receptor, pré-receptor e pós-receptor, sendo conhecidas como interações agonistas e antagonistas, embora em muitos casos se desconheça o real mecanismo desencadeante da interação.

Em relação aos riscos envolvidos com a ocorrência de interações medicamentosas, podemos dividi-los em cinco níveis diferentes:

- Nível 1: potencialmente grave ou que coloca em risco a vida do paciente, cuja ocorrência tem sido bem suspeitada, estabelecida ou provável em estudos controlados. Quase sempre as interações deste nível contraindicam a associação das drogas envolvidas.
- Nível 2: a interação pode causar deterioração do *status* clínico do paciente; ocorrência suspeitada, estabelecida ou provável em estudos controlados.
- Nível 3: a interação causa efeitos menores; ocorrência suspeitada, estabelecida ou provável em estudos controlados.
- Nível 4: a interação pode causar efeitos de moderados a mais graves; os dados confirmatórios são muito limitados.
- Nível 5: a interação pode causar efeitos de menores a mais graves; a ocorrência é improvável e não está baseada em uma boa evidência de alteração clínica.

Além do nível de significância, as interações podem ser classificadas quanto ao tempo de instalação (rápida ou retardada), ao nível de gravidade (maior, moderada ou menor) e à documentação (estabelecida, provável, suspeitada, possível, improvável).

Em termos práticos, a descrição de uma interação medicamentosa deve conter o efeito apresentado, um mecanismo pelo qual ela ocorre, seu gerenciamento, a discussão de sua importância clínica e a bibliografia a respeito.

Existem no mercado mundial programas e aplicativos para *tablets* e *smartphones* que fornecem essas informações e facilitam o trabalho do farmacêutico. Um exemplo de programa bem elaborado é o norte-americano Facts & Comparisons – Drug Interactions®, além das bases de dados Lexicomp® e Micromedex®.

Na literatura especializada, encontram-se drogas que apresentam uma quantidade enorme de interações. Entre elas, um exemplo é a varfarina, que apresenta 195 tipos diferentes de interações documentadas, sendo 49 de nível 1 e 52 de nível 2; e a cimetidina, que apresenta 178 tipos diferentes de interações documentadas, sendo 2 de nível 1 e 26 de nível 2. Fica clara a importância de prevenir, acompanhar e tratar os efeitos dessas interações.

INTERAÇÕES MAIS IMPORTANTES NA PRÁTICA DIÁRIA DO FARMACÊUTICO

Uso concomitante de drogas depressoras do sistema nervoso central

Quando forem associadas drogas como analgésicos opiáceos, benzodiazepínicos, antipsicóticos, barbitúricos e álcool, o paciente pode apresentar aumento da depressão do sistema nervoso central (SNC), depressão respiratória e hipotensão. Como conduta, pode-se monitorar a depressão do SNC, a depressão respiratória e a hipotensão.

Associação de antibióticos

Na prática clínica, é muito comum o médico ou o dentista prescreverem associações de antibióticos, que muitas vezes podem ser perigosas ou até inativar seus efeitos antimicrobianos.

Como exemplo, pode-se citar a interação entre drogas notadamente nefrotóxicas mesmo sozinhas, como a amicacina, com drogas como a cefalotina, que leva a um possível aumento da nefrotoxicidade, sendo a conduta sugerida a monitorização da função renal e a vigilância da nefrotoxicidade. A mesma amicacina, quando associada à furosemida, possivelmente leva a um aumento da ototoxicidade, que pode conduzir o paciente à perda irreversível da acuidade auditiva.

Quando associada ao cloranfenicol, a ampicilina apresenta diminuição de efeitos em razão de um mecanismo desconhecido.

Em pacientes que realizaram transplantes de órgãos e necessitam utilizar ciclosporina, é necessário evitar o uso concomitante de medicamentos à base de sulfas, tendo em vista que estas desencadeiam diminuição da concentração plasmática da ciclosporina, com diminuição do efeito e potencial risco de rejeição do enxerto.

Outra associação de risco envolve a utilização de aminoglicosídeos com bloqueadores neuromusculares curarizantes (como pancurônio, atracúrio, metocurarina, cisatracúrio e outros). É possível que essa associação provoque aumento no bloqueio neuromuscular, que pode resultar em depressão respiratória, sendo, dessa forma, necessária uma atenção ao prolongado bloqueio neuromuscular. Essa interação também ocorre quando se utilizam lincomicinas (como a clindamicina).

A associação de drogas penicilínicas (amoxacilina, ampicilina, carbenicilina) com tetraciclinas deve ser evitada, pois relata-se na literatura um possível efeito antagônico, que reduz, dessa forma, a ação antibiótica de ambas as drogas. Também não é recomendada a associação de penicilínicos com macrolídeos (como a eritromicina), pois pode haver aumento ou diminuição do efeito de ambas as drogas, com possível prejuízo terapêutico para o paciente.

A eficácia de anticoncepcionais orais pode ser reduzida, pois penicilínicos podem suprimir a flora intestinal, que fornece enzimas hidrolíticas essenciais para a recirculação êntero-hepática de certos anticoncepcionais esteroides conjugados. Embora não seja frequentemente reportada, a falência de ação do anticoncepcional é possível. Para pacientes que não podem e não querem ter o mínimo risco de gravidez, o uso de uma forma adicional de anticoncepção pode ser considerado durante a terapêutica antibiótica com penicilínicos.

Interações com anticolinérgicos

A associação de drogas anticolinérgicas (atropina, biperideno, ciclopentolato, hioscina) com outras drogas que possuem atividade anticolinérgica secundária (como a clorpromazina e a difenidramina) pode apresentar um efeito aditivo anticolinérgico, sendo necessário diminuir as doses de ambas as drogas. Deve-se evitar o uso de anticolinérgicos em pacientes com glaucoma.

Interações com drogas anticoagulantes

Sem sombra de dúvida, a varfarina sódica é uma das campeãs de interações medicamentosas. Como resultado dessas interações, quase sempre se tem aumento do efeito anticoagulante e risco de hemorragia. No caso da associação entre varfarina e metronidazol, é necessário reduzir a dose para 50% quando se inicia seu uso e medir o tempo de protrombina a cada 3 dias, ajustando a dosagem se necessário.

Quando se associa a varfarina com cimetidina, há um possível aumento do efeito anticoagulante por um período de 7 a 17 dias, tornando-se fundamental monitorar o tempo da protrombina por duas semanas após iniciar o uso da cimetidina e ajustar a dose durante e após a terapia concomitante. Essa interação pode ser evitada usando ranitidina, famotidina, antiácidos e sucralfato.

Também há relatos de interação entre varfarina e corticosteroides, cefalosporinas, fenitoína e amiodarona.

Interações com anticonvulsivantes

Quando anticonvulsivantes (como fenobarbital, ácido valproico, carbamazepina, alprazolam e fenitoína) são associados a antipsicóticos (como clorpromazina e haloperidol), pode haver diminuição do efeito anticonvulsivante, com risco de aparecimento de crises epiléticas em pacientes com essa condição. Outro risco para essa associação é a depressão aditiva do SNC.

A associação de fenitoína a sulfas pode provocar um aumento do efeito da primeira com risco de toxicidade, tornando-se necessário ajustar a dose de fenitoína. Isso também ocorre com a cimetidina (a ranitidina não causa essa reação).

Interações com agentes antiparkinsonianos

A levodopa apresenta cerca de oitenta interações medicamentosas relatadas na literatura, sendo mais perigosas as com inibidores da monoaminoxidase (como fenelzina e tranilcipromina), que ocasionam um perigoso aumento da pressão arterial por causa da inibição de metabolização da levodopa, aumentando a estimulação de receptores dopaminérgicos. Essa associação deve ser evitada.

Interações com agentes antipsicóticos

A clorpromazina, a flufenazina e o haloperidol, quando associados a drogas agonistas adrenérgicas, como adrenalina, noradrenalina e dobutamina, podem provocar grave hipotensão e taquicardia. Se ocorrer hipotensão, deve-se usar um simpatomimético alfa-adrenérgico.

A clorpromazina, quando associada à cisaprida, pode ocasionar risco de morte para o paciente, pois causa arritmias graves.

O haloperidol, em conjunto com sais de lítio, pode causar encefalopatias, efeitos extrapiramidais, febre, leucocitose e alterações de consciência; quando essa associação for estritamente necessária, é importante fazer um acompanhamento próximo do paciente, principalmente nas três primeiras semanas. Clorpromazina e flufenazina, quando associadas a drogas anti-hipertensivas (como clonidina, captopril, hidroclorotiazida, enalapril, espironolactona, furosemida, metildopa e propranolol), causam hipotensão aditiva; se o anti-hipertensivo for um betabloqueador, ocorre aumento de seu efeito; a associação de haloperidol à metildopa resulta em maior toxicidade para o primeiro. Essas associações devem ser evitadas.

Interações com agentes betabloqueadores

A associação de drogas betabloqueadoras à clonidina pode resultar em aumento da pressão arterial (PA), que pode ocasionar risco de morte para o paciente. Quando se utiliza propranolol com bloqueador de canal de cálcio (como verapamil), pode-se ter um efeito anti-hipertensivo aumentado de ambas as drogas, que leva a um descontrole da PA.

A utilização de propranolol com insulina ou hipoglicemiante oral pode provocar hipoglicemia no paciente em razão do efeito de bloqueio dos receptores beta-2 localizados no fígado. Esse efeito não se manifesta quando são utilizados bloqueadores betacardiosseletivos (beta-1 bloqueadores), como o atenolol e o metoprolol.

Outra situação que pode ocorrer envolve a participação de drogas anti-inflamatórias não esteroidais (Aine), que, inibindo a síntese de prostaglandinas no tecido renal, acabam ocasionando aumento relativo na pressão arterial do paciente. Esse efeito é menor quando se trata de inibidores de ciclo-oxigenase específicos para COX-2 (como rofecoxibe, celecoxibe e meloxicam).

Sais de alumínio podem aumentar a taxa de esvaziamento gástrico, levando à diminuição na biodisponibilidade oral dos betabloqueadores e, com isso, reduzindo seus efeitos farmacológicos.

Interações com agentes anti-inflamatórios não esteroidais

Diclofenaco sódico, quando associado a aminoglicosídeos, pode aumentar a concentração plasmática em crianças prematuras pela redução da taxa de filtração glomerular, aumentando o risco de nefropatia causada por essas drogas. Associado ao lítio, pode ocasionar aumento do nível sérico deste, levando ao risco de intoxicações por esse eletrólito.

Piroxicam associado à ciclosporina pode aumentar o potencial nefrotóxico de ambas as drogas, sendo importante a monitoração da função renal do paciente.

A prescrição de Aine com anticoagulantes orais pode aumentar o risco de hemorragias dos pacientes.

Interações com agentes anti-inflamatórios esteroidais

A betametasona, quando associada a agentes anticolinesterásicos utilizados na miastenia grave, pode causar uma depressão muscular profunda, sendo o mecanismo desconhecido. Essa interação pode colocar a vida dos pacientes em risco.

Corticosteroides, em geral prescritos com fenobarbital, podem ocasionar diminuição dos efeitos anti-inflamatórios por aumento na taxa de metabolização hepática dessas drogas.

A dexametasona associada à fenitoína pode provocar diminuição nos níveis plasmáticos da segunda, ocasionando risco de o paciente vir a convulsionar quando em terapia antiepiléptica com essa droga.

A associação de corticosteroides a antiácidos orais à base de alumínio e magnésio pode diminuir o efeito dos primeiros por mecanismo desconhecido.

As interações descritas neste capítulo servem para ilustrar o risco da prescrição de associações de drogas sem critérios preventivos de interações medicamentosas. O melhor profissional para agir neste campo preventivo é, sem sombra de dúvida, o farmacêutico, que, realizando essas tarefas, aumenta a segurança da utilização de medicamentos e evita gastos desnecessários com tratamentos e internações ocasionados pelas interações medicamentosas.

A recomendação deste autor aos leitores é verificar 100% das prescrições médicas com associações e sempre procurar atualizar suas bases de dados de consultas.

CLASSIFICAÇÃO ABCDX

Outro tipo de classificação usada pela FDA é a ABCDX, em que A representa a droga menos perigosa, e X, a mais grave e potencialmente letal. O sistema informatizado Lexicomp® Online usa essa metodologia e está disponível no Brasil.

As interações podem ser classificadas, além do nível de significância, quanto ao tempo de instalação (rápida ou retardada), ao grau de severidade (maior, moderada ou menor) e à documentação (estabelecida, provável, suspeitada, possível, improvável).

Em termos práticos, a descrição de uma interação medicamentosa deve conter o efeito apresentado, o mecanismo pelo qual ela ocorre, seu gerenciamento, a discussão de sua importância clínica e a bibliografia a respeito.

Existem no mercado mundial bases de dados que fornecem essas informações e facilitam o trabalho do profissional de saúde. As bases de dados Lexicomp® e Micromedex® são exemplos das que permitem o cruzamento de dados de prescrições e verificação de eventuais interações medicamentosas.

Na literatura, encontram-se drogas que apresentam uma quantidade enorme de interações. Entre elas, podem-se citar: a varfarina, que apresenta 195 tipos diferentes de interações documentadas, sendo 49 de nível 1 e 52 de nível 2; a cimetidina, que apresenta 178 tipos diferentes de interações documentadas, sendo 2 de nível 1 e 26 de nível 2 – fato este que deixa clara a importância de prevenir, acompanhar e tratar os efeitos dessas interações.

CONDUTAS CLÍNICAS RELACIONADAS A INTERAÇÕES MEDICAMENTOSAS NA PRÁTICA DIÁRIA DO FARMACÊUTICO

No dia a dia do farmacêutico clínico ocorre a identificação de IM, e nesse contexto questiona-se quais atitudes e condutas devem ser adotadas. Na prática clínica vale mais o contexto clínico geral do paciente que a informação isolada de que existe uma interação medicamentosa. Por exemplo, um paciente internado em UTI que utiliza varfarina e heparina ao mesmo tempo apresenta uma interação classificada como X, mas dentro do contexto da UTI (monitoração 24 horas de parâmetros hematológicos e hemodinâmicos) pode não ser grave; já um paciente internado em enfermaria que utiliza dois Aine ao mesmo tempo pode apresentar uma IM classificada como B, mas, se for nefropata, isso pode ser potencialmente grave para ele. Ou seja, nem tudo é o que parece na prática clínica farmacêutica se forem utilizadas somente informações de bases de dados, sem interpretá-las.

A identificação das IM e a tomada da conduta devem ser sempre bem realizadas e com raciocínio farmacêutico clínico.

BIBLIOGRAFIA

Bushra R, Aslam N, Yar Khan A. Food-drug interaction. Oman Med J. 2011;26(2):77-83.

Dallenbach MF, Bovier PA, Desmeules. Detecting drug interactions using personal digital assistants in an outpatient clinic. QJM. 2007;100(11):6917.

Dresser GK, Bailey DG. A basic conceptual and practical overview of interactions with highly prescribed drugs. Can J Clin Pharmacol. 2002;9(4):191-8.

Garnett WR. Clinical implications of drug interactions with coxibs. Pharmacotherapy. 2001;21(10):1223-32.

Felisberto M, Lima GDS, Celuppi IC, Fantonelli MDS, Zanotto WL, Dias de Oliveira JM, et al. Override rate of drug-drug interaction alerts in clinical decision support systems: a brief systematic review and meta-analysis. Health Informatics J. 2024; 30(2):14604582241263242.

Knobel E. Condutas no paciente grave. São Paulo: Atheneu; 2016.

Kraft WK, Waldman SA. Manufacturer's drug interaction and postmarketing adverse event data: what are appropriate uses? Drug Saf. 2001;24(9):637-43.

Kuhlmann J, Muck W. Clinical-pharmacological strategies to assess drug interaction potential during drug development. Drug Saf. 2001;24(10):715-25.

Lin JH. Sense and nonsense in the prediction of drug-drug interactions. Curr Drug Metab. 2000;1(4):305-31.

Obach RS. Drug-drug interactions: an important negative attribute in drugs. Drugs Today (Barc). 2003;39(5):301-38.

Oga S, Basile AC, Carvalho MF. Guia Zanini-Oga de interações medicamentosas. São Paulo: Atheneu; 2002.

Paoletti R, Corsini A, Bellosta S. Pharmacological interactions of statins. Atheroscler Suppl. 2002;3(1):35-40.

Patsalos PN, Froscher W, Pisani F, van Rijn CM. The importance of drug interactions in epilepsy therapy. Epilepsia. 2002;43(4):365-85.

Prybys KM. Deadly drug interactions in emergency medicine. Emerg Med Clin North Am. 2004;22(4):845-63.

Rodrigues AD, Lin JH. Screening of drug candidates for their drug-drug interaction potential. Curr Opin Chem Biol. 2001;5(4):396-401.

Schein JR. Epidemiology, outcomes research, and drug interactions. Drug Metabol Drug Interact. 1998;14(3):147-58.

Shou M. Prediction of pharmacokinetics and drug-drug interactions from in vitro metabolism data. Curr Opin Drug Discov Devel. 2005;8(1):66-77.

Sucar DD. Fundamentos de interações medicamentosas. São Paulo: Lemos; 2003.

Zhou Q, Yao TW, Zeng S. Effects of stereochemical aspects on drug interaction in pharmacokinetics. Acta Pharmacol Sin. 2002;23(5):385-92.

Wittkowsky AK. Drug interactions update: drugs, herbs, and oral anticoagulation. J Thromb Thrombolysis. 2001;12(1):67-71.

SEÇÃO II

Ferramentas de farmácia clínica

9

Farmacovigilância

INTRODUÇÃO

Medicamentos são substâncias biologicamente ativas; assim, nenhum deles é totalmente inócuo. Sua utilização racional implica definir situações clínicas às quais a relação risco-benefício confere um resultado favorável. Por isso, a aprovação do medicamento pelas autoridades sanitárias e a liberação para comercialização exigem resultados satisfatórios e vários anos de provas em animais de experimentação e em seres humanos.

O uso amplo do medicamento vai estabelecer o alcance definitivo dos riscos (efeitos adversos) e a eficácia terapêutica (benefícios) em suas distintas indicações possíveis. Tais circunstâncias evidenciam a importância de vigiar o comportamento do medicamento após a aprovação de seu uso pela autoridade sanitária.

Possíveis desvios de qualidade de um lote de medicamento que se encontra disponível para comercialização também são alvo das ações de vigilância de medicamentos e geram os famosos alertas, também chamados de *recalls*, que podem ser expedidos pelas indústrias farmacêuticas ou pelas autoridades sanitárias municipais, estaduais ou federal com a finalidade de recolher determinado lote e proteger a população de riscos desnecessários.

Os medicamentos são essenciais para o tratamento de várias doenças, mas existem problemas relacionados a eles, como as reações adversas a medicamentos (RAM). As informações pós-comercialização sobre medicamentos relatam um equilíbrio benefício-risco obtido de estudos clínicos. No entanto, a vigilância de medicamentos é necessária para avaliar a segurança em condições reais e de longo prazo. Por esse motivo, os relatórios voluntários de RAM são necessários e, portanto, o relatório espontâneo é o pilar da farmacovigilância. Em países com programas de farmacovigilância bem estabelecidos, o número de relatórios é de cerca de 200 ou mais por milhão de habitantes. No entanto, em muitos países, os programas de farmacovigilância ainda estão em desenvolvimento, e esse fato pode resultar em uma baixa cultura de segurança de medicamentos, que se traduz em subnotificação de RAM. Baixas taxas de notificação dificultam a detecção de sinais na população em geral, o que limita a avaliação da causalidade de RAM e a emissão de alertas de saúde. A subnotificação pode ser explicada pela baixa participação dos profissionais de saúde pela falta de conhecimento e atitudes negativas em relação à farmacovigilância, como ignorância (apenas notificações de RAM graves importantes) ou letargia (desinteresse em notificar).

De acordo com a Organização Mundial da Saúde (OMS), a farmacovigilância é definida como a ciência e as atividades relacionadas a detecção, avaliação, compreensão e prevenção de RAM ou quaisquer outros problemas relacionados a medicamentos. Uma boa prática de farmacovigilância requer a notificação às autoridades regulatórias de todos os tipos de reações suspeitas, suspeitas de interações medicamentosas, RAM associadas à retirada de medicamentos, erros de medicação ou superdosagem e falta de eficácia. A farmacovigilância também requer relatórios agregados, como relatórios periódicos de atualização de segurança (PSUR, do inglês *Periodic Safety Update Report*) e planos de gerenciamento de risco (RMP, do inglês *Risk Management Plans*). O PSUR é uma fonte importante para a identificação de novos sinais de segurança, uma forma de determinar mudanças no perfil benefício-risco, um meio eficaz de comunicação de risco às autoridades regulatórias e um indicador para a necessidade de iniciativas de gestão de risco, bem como um mecanismo de rastreamento para monitorar a eficácia de tais iniciativas. O RMP documenta o sistema de gestão de risco considerado necessário para identificar, caracterizar e minimizar os riscos importantes de um medicamento ao longo de seu ciclo de vida, garantindo o equilíbrio risco-benefício. As autoridades regulatórias globais, como a European Medicines Agency (EMA) e a Food and Drug Administration dos Estados Unidos (FDA), possuem um sistema de farmacovigilância bem estruturado em vigor.

CONCEITOS

A OMS define farmacovigilância (1992) como toda atividade que visa obter, aplicando indicadores sistemáticos, os vínculos de causalidade provável entre medicamentos e reações adversas de uma população. Portanto, a farmacovigilância é o conjunto de métodos, observações e instruções que permitem, durante a etapa de comercialização ou uso amplo do medicamento, detectar RAM e efeitos imprevistos na etapa prévia, de controle e avaliação.

A farmacovigilância colabora para estabelecer o valor terapêutico dos medicamentos, ajuda a prescrever racionalmente com conhecimento dos riscos e benefícios e contribui para formular decisões administrativas adequadas de fiscalização e controle. Os objetivos da farmacovigilância são: 1) identificar e avaliar os efeitos do uso agudo e/ou crônico dos medicamentos na população em geral e/ou subgrupos especiais de pacientes; e 2) detectar, avaliar e controlar as RAM, os efeitos benéficos e a falta de eficácia de um medicamento durante a comercialização. Em 2002, a OMS definiu farmacovigilância como "a ciência e as atividades relativas a detecção, avaliação, compreensão e prevenção dos efeitos adversos ou qualquer outro possível problema relacionado com medicamento". Diante dessa nova definição, passa a ser ainda maior a interface entre a farmacovigilância e a atenção farmacêutica.

Em Uppsala, na Suécia, localiza-se o Centro Mundial de Monitoramento de Medicamentos da OMS, que integra os sistemas nacionais de farmacovigilância de vários países, como Argentina, Chile, Venezuela e Colômbia, na América Latina; Espanha e Inglaterra, na Europa; Estados Unidos; e, a partir de 2000, o Brasil. Os meios de comunicação utilizados na rede de farmacovigilância incluem telefone, fax, carta e uma ficha de comunicação, análoga à utilizada pela OMS para a documentação dos efeitos adversos pelos profissionais e disponível para ser enviada *on-line* no site da Agência Nacional de Vigilância Sanitária (Anvisa).

O PAPEL DO FARMACÊUTICO NA FARMACOVIGILÂNCIA

Na atividade de dispensação, o contato do farmacêutico com as pessoas que acorrem à farmácia lhe permite conhecer os medicamentos que consomem (receitados ou não), seu estado de saúde, o problema familiar etc. É provável que esse contato lhe dê a oportunidade de advertir também para certos efeitos imprevistos provocados por um medicamento em algum paciente.

Um efeito imprevisto pode ser uma RAM. Essas circunstâncias permitem que o farmacêutico ocupe um lugar relevante no programa de farmacovigilância. Entre outras atividades que o farmacêutico desenvolve na farmacovigilância, pode-se informar os pacientes sobre os cuidados que devem ter com os medicamentos para prevenir as reações adversas, orientá-los a procurarem um farmacêutico ou médico se surgirem reações adversas que não possam suportar, alertar para que se dirijam a um pronto-socorro hospitalar se surgirem reações adversas graves e colaborar com a identificação do medicamento responsável pela reação adversa.

O farmacêutico clínico vem ocupando espaço nas indústrias farmacêuticas dentro dos departamentos de farmacovigilância, podendo ocupar desde cargos de gerência e coordenação até de analistas. A preocupação com a detecção precoce de RAM demonstra o nível de credibilidade de cada indústria.

CENTROS DE FARMACOVIGILÂNCIA

As ações de farmacovigilância devem ser integradas e organizadas para que as informações possam ser triadas e analisadas corretamente. Pode-se falar em um modelo mundial de farmacovigilância, em que centros municipais, regionais ou estaduais recebem as notificações e as encaminham para centros nacionais, que, por sua vez, após análise e tomada de providências nacionais, remetem-nas para centros mundiais, entre eles o da própria OMS, localizado em Uppsala. A função dos centros de farmacovigilância é coordenar as ações de coleta de notificações e de busca ativa de possíveis reações adversas, falhas terapêuticas e desvios de qualidade de produtos. Nos Estados Unidos, quem desenvolve esse papel é a FDA, por meio do programa MedWatch, que recebe notificações, produz alertas e sugere medidas administrativas em relação aos medicamentos e correlatos.

NOTIFICAÇÃO

De acordo com a Anvisa, a notificação é um ato adotado universalmente na farmacovigilância, que consiste na coleta e comunicação de reações indesejadas manifestadas após o uso dos medicamentos. O notificador deverá comunicar não só as suspeitas de reações adversas, mas também as queixas técnicas relativas ao medicamento.

A área de farmacovigilância da Anvisa disponibiliza desde 2004 os formulários em sua página na internet (https://notivisa.anvisa.gov.br/frmLogin.asp), com o objetivo de estimular os profissionais de saúde e as indústrias farmacêuticas a realizar a notificação de suspeita de reação adversa a medicamentos.

Desde fevereiro de 2005, em caráter experimental, farmácias do estado de São Paulo estavam habilitadas a receber e notificar todas as reações adversas e desvios de qualidade de medicamentos comercializados no país. Inédito no Brasil, o programa Farmácias Notificadoras é uma parceria entre a Anvisa, o Centro de Vigilância Sanitária (CVS) e o Conselho Regional de Farmácia do estado de São Paulo (CRF-SP) e tem como principal objetivo estimular a prática da notificação voluntária por parte do usuário de medicamentos, que poderá procurar as farmácias credenciadas (notificadoras) para relatar eventuais reações inesperadas relacionadas com os medicamentos.

Todos os farmacêuticos que integram o programa participaram de um amplo treinamento, em que receberam informações técnicas da Anvisa e do CVS, assim como orientações gerais de representantes do CRF-SP. Além de assistirem a aulas expositivas sobre farmacovigilância e adversidades de medicamentos e de participarem de análises de casos de reações adversas e desvios de qualidade, os farmacêuticos ainda simularam exercícios e situações que pudessem vir a ocorrer durante as notificações do dia a dia.

O programa buscava transformar o farmacêutico em um notificador ativo para o sistema de vigilância sanitária, o que fortaleceu o papel do farmacêutico na farmácia. As notificações eram enviadas ao CRF-SP, que as repassavam ao Centro de Vigilância Sanitária do estado de São Paulo, onde eram feitas todas as análises. Caso houvesse algum tipo de irregularidade, a Anvisa tomaria as providências necessárias, como emitir um alerta ou até mesmo retirar o medicamento do mercado. Após a implantação eram do projeto-piloto, os instrumentos e metodologias desenvolvidos foram estendidos a todo o estado e, em um segundo momento, a todo o Brasil. Todas as farmácias notificadoras credenciadas poderiam ser identificadas pelos consumidores por meio de um selo afixado em local visível nos estabelecimentos. Esse programa de grande sucesso foi descontinuado após anos de atividade por ter cumprido seu papel de inserir a prática da farmacovigilância na rotina.

No início dos anos 2010, a Anvisa implantou o programa Notivisa, totalmente informatizado e que recebe e processa todas as notificações de farmacovigilância, tecnovigilância e cosmetovigilância. Esse programa foi fundamental para reforçar a necessidade de os farmacêuticos utilizarem no seu dia a dia a rotina de farmacovigilância que se tornaria obrigatória pela Lei federal n. 13.021/2014.

De acordo com a Anvisa, o profissional de saúde é um parceiro para monitorar o uso de medicamentos e vacinas no país. Não há necessidade da certeza de que o medicamento ou vacina seja a causa. A suspeita é suficiente. No caso de eventos adversos, **deve-se notificar principalmente as reações graves** – que resultem em óbito, risco de morte, hospitalização, prolongamento da hospitalização, anomalia congênita e incapacidade persistente ou permanente – e as reações não descritas na bula. A Anvisa está implantando um **novo sistema para notificação de eventos adversos de medicamentos**

e vacinas, o VigiMed. Em 2021, ele estava disponível para os profissionais de saúde liberais, bem como para as vigilâncias sanitárias estaduais e serviços de saúde (Rede Sentinela, hospitais, ambulatórios etc.). Até setembro de 2024, as empresas farmacêuticas devem continuar a utilizar o Notivisa, até nova orientação da Anvisa.

FARMACOVIGILÂNCIA DE MEDICAMENTOS BIOLÓGICOS E BIOSSIMILARES

A farmacovigilância ajuda a identificar RAM desconhecidas e elementos de risco que levam ao progresso delas. Auxilia na avaliação do equilíbrio risco-benefício e no padrão de prescrição de qualquer medicamento. Na Europa, 13 módulos estão disponíveis, descrevendo boas práticas de farmacovigilância. Além disso, diretrizes específicas para produtos biológicos estão disponíveis, as quais também discutem boas práticas de farmacovigilância. Nos Estados Unidos, a orientação está disponível para Boas Práticas de Farmacovigilância e Avaliação Farmacoepidemiológica e Planejamento de Farmacovigilância; a mesma orientação está sendo seguida para medicamentos biológicos.

Os regulamentos da União Europeia (UE) exigem o fornecimento de um nome de marca e do número de lote do produto. Na Índia, seis PSUR devem ser submetidos ao longo de um período de quatro anos. Na Europa, os PSUR são denominados "relatórios de avaliação de risco-benefício periódicos" (PBRER, do inglês *Periodic Benefit-Risk Evaluation Reports*), que devem ser apresentados de acordo com a lista de datas de referência da União Europeia (EURD, do inglês *European Union reference dates*) mantida pela EMA. A lista EURD fornece informações sobre a frequência de envio de PSUR, ponto de bloqueio de dados, data de envio e requisitos para envio de PSUR para diferentes produtos. Nos Estados Unidos, os PSUR são denominados "relatórios periódicos de experiências adversas com medicamentos" (PADER, do inglês *Periodic Adverse Drug Experience Reports*), que devem ser enviados trimestralmente nos primeiros 3 anos e anualmente a partir de então.

Na Índia, o RMP deve ser aprovado pelas autoridades competentes antes da concessão da autorização de introdução no mercado. Todas as partes do RMP são necessárias para um biossimilar, com exceção do RMP parte II, módulo SI "Epidemiologia da população-alvo". O potencial de imunogenicidade e de consequências clínicas associadas deve ser totalmente avaliado e discutido como parte do pedido de autorização de introdução no mercado inicial (ou variação) nas seções relevantes do "Resumo de segurança clínica" do pedido de autorização de introdução no mercado. Nos EUA, um documento semelhante é necessário para riscos específicos, denominado "avaliação de risco e estratégia de mitigação" (REMS, do inglês *Risk Evaluation and Mitigation Strategy*).

De acordo com a orientação indiana, todos os produtores devem ter um RMP para seus biossimilares. Essa orientação também afirma que dados de segurança adicionais podem precisar ser coletados após a aprovação de *marketing* por meio de um estudo de braço único predefinido de, geralmente, mais de 200 pacientes avaliáveis e comparados com dados históricos do biológico de referência. O estudo deve ser concluído preferencialmente dentro de 2 anos da permissão de comercialização/licença de fabricação. Na Europa, os medicamentos sujeitos a "monitorização adicional" são intensamente monitorizados durante os primeiros anos após a autorização de introdução no mercado e rotulados com um triângulo preto no folheto informativo, juntamente com a frase: "Este medicamento está sujeito a monitorização adicional".

Como os produtos biológicos inovadores, os biossimilares também requerem pessoal especializado e experiente em farmacovigilância em virtude da complexidade dos dados de segurança e dos desafios na detecção de eventos adversos (EA). Os titulares de autorização de introdução no mercado (AIM) devem ter um sistema de farmacovigilância estabelecido para coleta e processamento de notificações de RAM de todas as fontes, assim como assinar e implementar um acordo de troca de dados de segurança (SDEA, do inglês *Safety Data Exchange Agreement*) com todos os distribuidores para garantir o processamento e notificação adequados de RAM.

A notificação de RAM é um componente essencial da farmacovigilância. Portanto, seguir uma boa prática ao relatar uma RAM pode melhorar o sistema de farmacovigilância. As RAM devem ser comunicadas ao titular da AIM ou à autoridade reguladora o mais rapidamente possível para que as ações possam ser tomadas com mais brevidade, se necessário. Ao relatar uma RAM, é uma boa prática fornecer o nome da marca e o número do lote no formulário; isso pode ajudar o fabricante no rastreamento da RAM. O número do lote será útil para identificar se há um aumento no número de eventos relatados com um determinado lote. Se houver um aumento repentino nos relatórios de RAM com um determinado lote do produto, isso exigirá atenção urgente e ação rápida; portanto, é aconselhável que as queixas clínicas sejam tratadas e monitoradas por um médico. Se as reclamações estiverem relacionadas à qualidade do produto, devem ser tratadas pelo pessoal de qualidade.

RETIRADA DE PRODUTOS DO MERCADO COM O USO DA FARMACOVIGILÂNCIA

Uma vez que os medicamentos comercializados não são isentos de efeitos colaterais, muitos países iniciaram programas de farmacovigilância. Essas iniciativas forneceram aos países métodos de detecção e prevenção de reações adversas a medicamentos em um estágio mais precoce, evitando, assim, a ocorrência de danos na população em geral. Exemplos de retirada de medicamentos em decorrência de programas eficazes de farmacovigilância estão disponíveis em vários trabalhos científicos. Além disso, há informações sobre busca de dados em farmacovigilância, um método eficaz para avaliar dados farmacoepidemiológicos e detectar sinais para efeitos colaterais raros e incomuns, que é um método sincronizado com a tecnologia da informação e ferramentas eletrônicas avançadas. A importância da estrutura da política em relação à farmacovigilância e as experiências dos países sobre a implementação das políticas de farmacovigilância são cruciais para o uso seguro de medicamentos.

REGULAMENTAÇÃO DA FARMACOVIGILÂNCIA NO BRASIL

A Resolução da Diretoria Colegiada (RDC) n. 406, de 22 de julho de 2020, e a Instrução Normativa (IN) n. 63, de 22 de julho de 2020, foram publicadas no *Diário Oficial da União* de 29 de julho de 2020. A RDC n. 406/2020 dispõe sobre as Boas Práticas de Farmacovigilância para Detentores de Registro de Medicamento de uso humano, e dá outras providências. Já a IN n. 63/2020 dispõe sobre o Relatório Periódico de Avaliação Benefício-Risco (RPBR) a ser submetido à Anvisa por Detentores de Registro de Medicamento de uso humano.

BIBLIOGRAFIA

Agência Nacional de Vigilância Sanitária (Anvisa). Farmacovigilância. Disponível em: https://www.gov.br/anvisa/pt-br/assuntos/fiscalizacao-e-monitoramento/farmacovigilancia. Acesso em 8 dez. 2024.

Agência Nacional de Vigilância Sanitária (Anvisa). Legislação aplicada à Farmacovigilância. Disponível em: https://www.gov.br/anvisa/pt-br/assuntos/fiscalizacao-e-monitoramento/farmacovigilancia/rdc-no-406-2020-e-in-no-63-2020. Acesso em 8 dez. 2024.

Agência Nacional de Vigilância Sanitária (Anvisa). Notificações de medicamentos e vacinas – profissionais de saúde. Disponível em: https://www.gov.br/anvisa/pt-br/assuntos/fiscalizacao-e-monitoramento/notificacoes/medicamentos-e-vacinas/profissionais/profissionais. Acesso em 8 dez. 2024.

Alomar M. Pharmacovigilance in perspective: drug withdrawals, data mining and policy implications. F1000Res. 2019;8:2109.
Barral E. Prospective et santé. The world drug situation (OMS). Genebra: OMS; 1988. p.38-9.
Biriell C, Olsson S. O programa de farmacovigilância da OMS. In: Laporte JR, Tognoni G, Rozenfeld S, orgs. Epidemiologia do medicamento – princípios gerais. São Paulo/Rio de Janeiro: Hucitec/Abrasco. 1989. p.153-76.
CDSCO, India. Guidance for industry on pharmacovigilance requirements for biological products. 2017.
Cervantes-Arellano MJ, Castelán-Martínez OD, Marín-Campos Y, Chávez-Pacheco JL, Morales-Ríos O, Ubaldo-Reyes LM. Educational interventions in pharmacovigilance to improve the knowledge, attitude and the report of adverse drug reactions in healthcare professionals: systematic review and meta-analysis. Daru. 2024;32(1):421-34.
Conselho Regional de Farmácia do Estado de São Paulo (CRF-SP). Disponível em: http://www.crfsp.org.br/joomla/index.php?option=com_content&view=article&id=276&Itemid=100.
European Medicines Agency (EMA). Product-or Population-Specific Considerations II: biological medicinal products. Guideline on good pharmacovigilance practices (GVP) 2016.
Ibáñez L, Laporte JR, Carné X. Adverse drug reactions leading to hospital admission. Drug Saf. 1991;6(6):450-9.
Indian Pharmacopoeia Commission. Pharmacovigilance Guidance Document for Marketing Authorization Holders of Pharmaceutical Products; 2018.
Inman WHW. Postmarketing surveillance. In: Burley D, Inman WHW, eds. Therapeutic risk – perception, measurement, management. Chichester: John Willey & Sons; 1988. p.27-33.
Langmuir AD. Evolution of the concept of surveillance in the United States. Proc R Soc Med. 1971;64(6):681-4.
Laporte JR, Arnau JM. A detecção de reações adversas por vigilância intensiva de pacientes hospitalizados. In: Laporte JR, Tognoni G, Rozenfeld S, orgs. Epidemiologia do medicamento – princípios gerais. São Paulo/Rio de Janeiro: Hucitec/Abrasco; 1989. p.225-33.
Naranjo CA, Busto UE. Desarrollo de medicamentos nuevos y regulaciones sobre medicamentos. In: Naranjo CA, Souich P, Busto UE. Métodos en farmacología clínica. Washington: OPAS; 1992. p.1-16.
Organização Pan-Americana da Saúde (OPAS). Organização Mundial da Saúde (OPAS/OMS). Termo de referência para a reunião do grupo de trabalho: interface entre atenção farmacêutica e farmacovigilância. Brasília: OPAS/OMS; 2002. Disponível em: http://www.opas.org.br/medicamen- tos/docs/rn2507.pdf.
Oza B, Radhakrishna S, Pipalava P, Jose V. Pharmacovigilance of biosimilars – Why is it different from generics and innovator biologics? J Postgrad Med. 2019;65(4):227-32.
Rawson NSB, Pearce GL, Inman WHW. Prescription-event monitoring: methodology and recent progress. J Clin Epidemiol. 1990;43(5):509-22.

Rozenfeld S. Farmacovigilância: elementos para a discussão e perspectivas. Cad Saúde Pública. 1998;14(2):237-63.

Strom BL. Postmarketing surveillance and other epidemiologic uses of drug prescription data in the United States. Ann Ist Super Sanità. 1991;27(2):235-8.

Thacker SB, Berkelman RL. Public health surveillance in the United States. Epidemiol Rev. 1988;10:164-90.

Tilson HH. Pharmacosurveillance: public health monitoring of medication. In: Walperin W, Baker Jr. EL, eds. Public health surveillance. New York: Van Norstrand Reinhold; 1992. p.206-29.

Tognoni G, Laporte JR. Estudos de utilização de medicamentos e de farmacovigilância. In: Laporte JR, Tognoni G, Rozenfeld S, orgs. Epidemiologia do medicamento: princípios gerais. São Paulo/Rio de Janeiro: Hucitec/Abrasco; 1989. p.43-56.

US Food and Drug Administration (FDA). Guidance for Industry. Good Pharmacovigilance Practices and Pharmacoepidemiologic Assessment. 2005.

World Health Organization (WHO). Guía para el establecimiento y funcionamiento de centros de farmacovigilancia. Geneva: WHO; 1997. p.1-19.

World Health Organization (WHO). Vigilancia farmacológica internacional: función de los centros nacionales. Serie de Informes Tecnicos. Geneva: WHO; 1972. p.498.

10

Farmacoepidemiologia

INTRODUÇÃO

William Osler observou que "um desejo de utilizar medicamentos talvez seja a grande característica que distingue o homem de outros animais". A farmacoepidemiologia é a aplicação do raciocínio epidemiológico, de métodos e conhecimento no estudo dos usos e efeitos (benéficos e adversos) de drogas em populações humanas. Pesquisas farmacoepidemiológicas examinam a população, as doenças para as quais são usadas drogas e os problemas e benefícios que esses medicamentos podem trazer. Tais pesquisas são críticas para assegurar quais drogas vão ao encontro das necessidades de saúde e são ótimas, eficazes e seguramente usadas.

O termo farmacoepidemiologia apareceu pela primeira vez na literatura médica em um editorial do *British Journal of Medicine* redigido por Lawson, em 1984. Porém, desde o início do século XX o uso de drogas e vacinas na luta contra doenças humanas já despertava o interesse dos epidemiologistas – a prática da farmacoepidemiologia (ou epidemiologia de drogas) não é nova. Esses estudos farmacoepidemiológicos identificaram perigos de medicamentos que não foram previamente reconhecidos e ainda refutaram outros, cujas alegações sobre doenças induzidas por medicamento foram comprovadas como falsas.

A farmacoepidemiologia pode ser definida como o estudo da utilização e dos efeitos de drogas em um grande número de pessoas. Para realizar esse estudo, a farmacoepidemiologia utiliza conhecimentos da farmacologia e da epidemiologia, constituindo-se assim em uma ciência de ponte entre essas duas.

A farmacologia é o estudo do efeito de drogas, enquanto a farmacologia clínica é o estudo do efeito de drogas em humanos. Parte da tarefa da farmacologia clínica é prover uma avaliação de benefício e risco para os efeitos de drogas em pacientes. Por meio dos estudos, consegue-se uma estimativa da probabilidade de efeitos benéficos ou adversos em populações, além de outros parâmetros relativos a seu uso. Desse modo, a farmacoepidemiologia pode ser definida como a aplicação de métodos epidemiológicos em assuntos farmacológicos.

A farmacoepidemiologia é o estudo da utilização e dos efeitos das drogas em um grande número de pessoas. Ela fornece uma estimativa da probabilidade de efeitos benéficos e adversos de um medicamento em uma população. Pode ser chamada de ciência-ponte, que abrange tanto a farmacologia clínica como a epidemiologia. A farmacoepidemiologia se concentra nos resultados clínicos dos pacientes a partir da terapêutica, usando métodos de epidemiologia clínica e aplicando-os para compreender os determinantes dos efeitos benéficos e adversos dos medicamentos, efeitos da variação genética no efeito do medicamento, relações de duração-resposta e efeitos clínicos de interações medicamentosas, bem como os efeitos da não adesão à medicação. A farmacovigilância é uma parte da farmacoepidemiologia que envolve o monitoramento contínuo, em uma população, de efeitos indesejáveis e outras questões de segurança que surgem em medicamentos que já estão no mercado. Às vezes, a farmacoepidemiologia também envolve a condução e avaliação de esforços programáticos para melhorar o uso de medicamentos em uma base populacional.

O principal objetivo da farmacoepidemiologia é aumentar a compreensão dos benefícios e riscos associados ao uso de medicamentos, informando, em última análise, a tomada de decisões clínicas e a política de saúde pública. A farmacoepidemiologia tem se preocupado principalmente com a vigilância pós-comercialização de medicamentos; no entanto, nos últimos tempos, o escopo de interesse dos farmacoepidemiologistas se expandiu significativamente. Outro objetivo da farmacoepidemiologia é avaliar o impacto econômico e as vantagens para a saúde decorrentes dos efeitos não intencionais dos medicamentos.

De fato, a farmacoepidemiologia pode oferecer *insights* que não podem ser obtidos por meio de ensaios de pré-comercialização. A análise farmacoepidemiológica permite comparar os efeitos dos medicamentos em populações de pacientes não avaliadas anteriormente, como crianças, idosos ou mulheres grávidas; identificar padrões de uso de medicamentos em doenças ou populações específicas; examinar como os efeitos são alterados pela presença de outros medicamentos (interações medicamentosas) ou doenças (comorbidades); quantificar reações adversas a medicamentos (RAM) graves, descobrir RAM raras e desconhecidas, os efeitos de uma *overdose* de medicamentos, efeitos teratogênicos adversos ou efeitos colaterais tardios; bem como comparar os custos e resultados dos medicamentos usados para a mesma doença.

A epidemiologia pode ser definida como o estudo da distribuição e de determinantes de doenças em populações. Os estudos epidemiológicos podem ser divididos em dois tipos principais:

1. A epidemiologia descritiva descreve a doença e/ou a exposição e pode consistir em calcular taxas de, por exemplo, incidência e prevalência. Tais estudos não usam grupos de controle e podem gerar somente hipóteses. Estudos de utilização de drogas geralmente pertencem aos estudos descritivos.
2. A epidemiologia analítica inclui dois tipos de estudos: observacionais, como caso-controle e estudos de coorte, e experimentais, que incluiriam testes clínicos, como os testes clínicos randomizados. Os estudos analíticos comparam um grupo exposto com um grupo de controle e normalmente são projetados como hipóteses que testam os estudos.

CONTRIBUIÇÕES DA FARMACOEPIDEMIOLOGIA PARA A SAÚDE PÚBLICA

A farmacovigilância é o processo de identificar e responder sobre assuntos de segurança a respeito de drogas comercializadas, e é com base nela que a farmacoepidemiologia foi fundada.

A farmacoepidemiologia é utilizada para garantir a vigilância de drogas na fase de comercialização. Respostas para perguntas de segurança e eficácia de drogas nem sempre podem ser providas, mesmo pelos estudos clínicos mais válidos, complexos e prolongados. Tais respostas só podem ser obtidas por meio de estudos epidemiológicos na fase pós-*marketing*. Um recente exemplo de tal vigilância foi a descoberta de uma possível associação entre a ocorrência de doença cardíaca valvular e o uso de fenfluramina. Como resultado, o fabricante em questão concordou em retirar o produto de todo o mercado mundial.

A farmacoepidemiologia também tem potencial para examinar o impacto dos fatores prescritos, paciente, doença e legislação e de fatores econômicos no uso das drogas. Por exemplo, o uso de múltiplas drogas (polifarmácia) está intimamente ligado à idade. Dentro do grupo de pacientes que recebem mais de cinco itens por prescrição, mais de 50% têm mais de 65 anos. Na ausência de um registro de doença, pode-se calcular a prevalência de certa condição por meio dos dados de prescrição.

INDICADORES DE QUALIDADE DAS PRESCRIÇÕES

Além das reações adversas, a farmacoepidemiologia está relacionada com o uso apropriado das drogas. O ensino tradicional orienta que a prescrição de um medicamento deve ser necessária, segura, efetiva e econômica.

Há, entretanto, uma variação considerável nas práticas de prescrição. Indicadores de qualidade da prescrição têm sido descritos amplamente e aplicados aos dados de prescrição. Por exemplo, a prescrição de agentes de eficácia questionável, como supressores do apetite, vasodilatadores cerebrais, vasodilatadores periféricos e drogas anti-inflamatórias tópicas, tem sido utilizada como indicador de práticas insatisfatórias de prescrição. Similarmente, uma alta taxa de prescrição de genéricos e a adesão a guias para o tratamento de várias doenças baseadas em evidências científicas têm sido usadas como indicadores de boas práticas de prescrição. Outro indicador é o número de interações medicamentosas encontradas em prescrições médicas e odontológicas; quanto menor o número de interações, melhor será a qualidade da prescrição.

O FUTURO DA FARMACOEPIDEMIOLOGIA

Um uso importante da farmacoepidemiologia e que está em ascensão é a redução da incerteza que ronda o lançamento de drogas no mercado e sua segurança, o que também auxilia nas tomadas de decisão individuais e na definição de políticas públicas sobre o uso racional de medicamentos.

Maior acesso aos conceitos e métodos farmacoepidemiológicos levará à melhora na utilização adequada dos medicamentos por médicos, dentistas e farmacêuticos. A perspectiva de que países ocidentais mantenham sistemas montados de vigilância constante do comércio de medicamentos, especialmente a União Europeia, que está implantando um sistema único de vigilância, torna a farmacoepidemiologia uma ciência aplicada e não simplesmente teórica, como muitas pessoas costumam tratá-la.

A União Europeia precisa pôr em prática um sistema de farmacoepidemiologia que encontre respostas rápidas para aspectos relacionados com a segurança das drogas. A European Medicines Agency (EMA), em particular, deve harmonizar a política de farmacovigilância entre os países europeus. Essa entidade vem administrando os conflitos de interesse entre as agências reguladoras independentes de cada país, com especial interesse no que diz respeito aos registros de drogas.

Mais recentemente a sociedade tem demonstrado maior sensibilidade em relação aos custos dos medicamentos, e técnicas de economia em saúde têm sido utilizadas para avaliar as implicações do custo no uso de drogas. Nesse sentido, a farmacoeconomia pode ajudar a prever as implicações econômicas no uso dos medicamentos e em sua comercialização.

Desde sua introdução, no início da década de 1980, a farmacoepidemiologia está rapidamente envolvendo os diversos segmentos relacionados a comercialização, normatização e definição de diretrizes para o uso racional de medicamentos. Nesses anos, a farmacoepidemiologia tem sido utilizada e aplicada em vários procedimentos e ferramentas de gerenciamento de saúde. Entre as ferramentas encontram-se os estudos de utilização de medicamentos – EUM (*drug utilization research* – DUR), o acompanhamento do risco-benefício dos medicamentos (*risk-benefit assessment of drugs*) e programas de gerenciamento de doenças (*disease management programs*). A seguir será possível conhecer um pouco mais sobre essas ferramentas, o planejamento e os interessados nessas atividades.

Estudos de utilização de medicamentos

- Medem o uso de medicamentos na população.
- Analisam os padrões de prescrições de médicos e dentistas.
- Analisam a adesão dos pacientes aos tratamentos prescritos.
- Gerenciam a qualidade na utilização de medicamentos.

Acompanhamento do risco-benefício dos medicamentos

- Identifica e valida a segurança das drogas e seus riscos.
- Mede o impacto dos benefícios da utilização de medicamentos na população.
- Fornece a relação risco-benefício das drogas.
- Providencia respostas rápidas aos alertas terapêuticos.
- Implementa ações apropriadas para avaliar o uso correto de medicamentos.

Planejamento estratégico em longo prazo

- Analisa, quantifica e prediz as necessidades dos sistemas de atenção à saúde.

Programas de gerenciamento de doenças

- Farmacoeconomia.
- Acompanhamento da qualidade de vida relacionada à saúde.
- Pesquisas de resultados.
- Redes de informações de saúde.

Interessados

- Políticos.
- Autoridades reguladoras de drogas.
- Indústria.
- Seguradoras de saúde e empresas de medicina de grupo.
- Profissionais da saúde.
- Consumidores.

Para a realização dos estudos de utilização de medicamentos emprega-se a classificação anatomoterapêutico-química (ATC, do inglês *anatomical therapeutic chemical*), recomendada pelo Drug Utilization Research Group (DURG) da Organização Mundial da Saúde. Utilizar uma padronização na hora de classificar uma droga é fundamental para a elaboração de trabalhos científicos e relatórios.

Como exemplo, pode-se utilizar a droga cefepima, que é um antibiótico cefalosporínico.

Cefepima – código ATC J01DA24, em que:
J – Anti-infecciosos J01 –
Betalactâmicos
J01DA – Cefalosporínicos J01DA24 –
Cefepima

De acordo com a pesquisadora brasileira Lia Lusitana Cardozo de Castro, para quantificar o uso de medicamentos é importante utilizar a dose diária definida (DDD), uma unidade de consumo de medicamentos criada para superar as dificuldades ocorridas quando se recorria ao custo ou ao número de unidades vendidas ou prescritas, sendo recomendada pelo DURG.

As DDD são expressas na forma de peso da droga (gramas, miligramas) e baseiam-se no uso em adultos com 75 kg de peso, exceto para fármacos utilizados em crianças (em que se considera um peso de 25 kg). Além disso, para cada via de administração deve-se utilizar uma DDD específica. Essas DDD podem ser obtidas consultando as publicações da OMS sobre o assunto e quase sempre acompanham a classificação ATC. Elas são atualizadas constantemente pelo WHO Collaborating Centre for Drug Statistics Methodology.

Para indicar a fração da população exposta a um determinado fármaco, pode-se expressar o consumo de medicamentos em DDD por 1.000 habitantes por dia. Nos hospitais utiliza-se a DDD por 100 leitos/dia, conforme pode ser obtido nas fórmulas mencionadas a seguir:

DDD por 1.000 habitantes/dia =
[mg do fármaco consumidos em um mês × 1.000]
DDD em mg × 30 dias × número de habitantes

DDD por 100 leitos/dia =
[mg do fármaco consumidos durante o período × 100]
DDD em mg × dias analisados × número de leitos × taxa de ocupação

PROGRAMA FDA-MEDWATCH

MedWatch é uma iniciativa da Food and Drug Administration (FDA) desenvolvida para educar os profissionais da saúde sobre a importância de monitorar o uso de medicamentos, especialmente seus efeitos adversos e problemas relacionados com o uso inadequado da produção e manufatura, fornecendo informações confiáveis e rápidas a toda a comunidade técnica quando necessário, a fim de melhorar os indicadores de saúde da população norte-americana.

O propósito do programa MedWatch é aumentar a efetividade da vigilância pós-*marketing* dos produtos médicos (medicamentos, correlatos, materiais odontológicos e veterinários) e como são utilizados na prática clínica, além de rapidamente identificar riscos à saúde associados a esses produtos.

O programa MedWatch tem quatro objetivos:

1. Aumentar a segurança no uso de medicamentos e evitar doenças induzidas por drogas.
2. Esclarecer o que deve (e o que não deve) ser reportado à agência.
3. Facilitar as notificações e torná-las um sistema único de relato de reações adversas de drogas e demais problemas à agência.
4. Providenciar *feedback* à comunidade por meio de comunicados e alertas de segurança envolvendo produtos médicos.

O MedWatch recebe relatórios do público e, quando apropriado, publica alertas de segurança para produtos regulamentados pela FDA, como:

- Medicamentos prescritos e de venda livre.
- Produtos biológicos, como componentes do sangue, derivados de sangue/plasma e terapias genéticas.
- Dispositivos médicos, como aparelhos auditivos, bombas de leite e marca-passos.
- Produtos de combinação, como seringa pré-cheia para medicamentos, inaladores dosimetrados e *spray* nasal.
- Produtos nutricionais especiais, como suplementos dietéticos, alimentos médicos e fórmulas infantis.
- Cosméticos, como hidratantes, maquiagem, xampus, tinturas de cabelo e tatuagens.
- Alimentos, como bebidas e ingredientes adicionados aos alimentos.

Outros produtos que a FDA regulamenta, como produtos de tabaco, vacinas e medicamentos e rações para animais/gado, utilizam diferentes vias de notificação, e é recomendado que os relatórios sobre eles sejam submetidos diretamente aos portais apropriados.

FONTES DE COLETA DE DADOS

Para conduzir estudos observacionais e obter dados, são necessárias fontes de coleta de dados primários ou secundários. Bancos de dados automatizados contendo dados de saúde da prática clínica de rotina são o paradigma das fontes de coleta de dados.

É importante destacar que as fontes de dados devem ser baseadas em padrões internacionais de terminologia em saúde, ou seja, códigos elaborados por organizações internacionais (como a OMS) para garantir sua total interoperabilidade. Consequentemente, os dados serão comparáveis a outros estudos e por diferentes países. Por exemplo, medicamentos devem ser codificados com o sistema de classificação ATC, doenças com a Classificação Internacional de Doenças e Problemas Relacionados à Saúde (CID), e efeitos adversos com o dicionário MEdDRA.

Ao considerar as possibilidades que os grandes bancos de dados clínicos oferecem para pesquisas em farmacoepidemiologia, é importante ter certeza da qualidade e validade dos dados. Precisão e validade, confiabilidade, integridade, legibilidade, atualidade e acessibilidade são alguns dos elementos que compõem bons dados. Em estudos farmacoepidemiológicos, o valor de um banco de dados deve ser avaliado verificando-se a proporção de indivíduos corretamente classificados como expostos, a integridade dos registros individuais, a abrangência das informações registradas, o tamanho da fonte de dados (cobertura populacional), o período de registro, acessibilidade, disponibilidade e custo, o formato dos dados (p. ex., categorias de idade disponíveis) e a vinculação de registros (o processo de vinculação de registros). Além disso, ter informações sobre o processo de geração de dados ajuda na interpretação dos dados.

Os diferentes tipos de fontes que podem ser utilizados são:

- Registros eletrônicos de saúde (RES): referem-se a versões eletrônicas do histórico médico e a informações relacionadas à saúde de um paciente. Eles podem fornecer uma grande quantidade de informações sobre medicamentos prescritos, diagnósticos, alergias, resultados laboratoriais, imagens radiológicas e resultados de saúde.
- Bancos de dados de prescrição: esses bancos de dados geralmente contêm informações detalhadas sobre medicamentos prescritos a pacientes, como nome do medicamento, dosagem, duração da prescrição e o profissional de saúde que prescreveu, e podem ser usados para identificar padrões de uso de medicamentos e potenciais interações medicamentosas. No entanto, em pacientes com baixa adesão ao tratamento, essas informações não seriam equivalentes aos medicamentos tomados pelo paciente. Os regimes terapêuticos e as doses diárias geralmente tomadas não podem ser extraídos, limitando a análise desses dados.
- Bancos de dados de dispensação de farmácias: fornecem a confirmação de que o paciente adquiriu o medicamento e dão informações sobre a adesão ao medicamento, sem garantir que os medicamentos tenham sido tomados. Portanto, é um indicador vago da exposição de um paciente ambulatorial a um medicamento.
- Registros de doenças: esses bancos de dados coletam informações sobre pacientes com condições médicas específicas e podem ser usados para estudar os efeitos dos medicamentos nessas populações.
- Bases de dados de farmacovigilância: contêm informações sobre suspeitas de RAM, medicamentos suspeitos e resultados de pacientes, que são coletadas de diversas fontes, incluindo prestadores de cuidados de saúde, autoridades nacionais, empresas farmacêuticas, literatura médica e diretamente de pacientes.

- Bases de dados de reclamações de seguros: contêm informações sobre reclamações médicas e podem ser usadas para identificar padrões de uso de medicamentos e eventos adversos.
- Pesquisas nacionais de saúde: são pesquisas em larga escala que coletam informações sobre o estado de saúde, a utilização de cuidados de saúde e o uso de medicamentos por indivíduos de uma população.
- Avaliação econômica: calcula os custos dos cuidados médicos, que incluem os custos de preparação, administração, monitorização dos medicamentos e tratamento das RAM (incluindo a duração da estadia e os testes de monitorização realizados), e as consequências econômicas dos benefícios de um medicamento.
- Dados de saúde gerados pelo paciente: esta fonte surgiu nos últimos anos e está se tornando mais comum em virtude da digitalização da população com o uso de dispositivos vestíveis e aplicativos móveis. Os dados podem ser obtidos em intervalos curtos ou continuamente e podem ser transmitidos para clínicos e pesquisadores. Alguns exemplos desses dados são níveis de glicose no sangue, frequência cardíaca, nível de estresse, tempo e tipo de atividade física e horas e qualidade de sono por dia.
- Redes sociais: evidências recentes mostram que dados de redes sociais como Facebook ou Twitter fornecem informações úteis para a análise da segurança dos medicamentos.
- Existem outros registros específicos, como as certidões de óbito das bases de dados dos registros nacionais.

FARMACOEPIDEMIOLOGIA COMO FERRAMENTA PARA A TOMADA DE DECISÕES CLÍNICAS

Pesar fontes de evidência é uma habilidade-chave para os tomadores de decisões clínicas. Os ensaios clínicos randomizados (ECR) e os estudos observacionais têm vantagens e desvantagens, e, em ambos os casos, as fraquezas percebidas podem ser melhoradas por meio de modificações de projeto e análise. No campo da farmacoepidemiologia, os ECR são a melhor maneira de determinar se uma intervenção modifica um resultado em estudo, principalmente porque a randomização reduz o viés e a confusão. Os estudos observacionais são úteis para investigar se os benefícios/malefícios de um tratamento são observados na prática clínica diária em um grupo mais amplo de pacientes.

Embora os estudos observacionais, mesmo em uma pequena coorte, possam fornecer evidências clínicas muito úteis, eles também podem ser enganosos (como mostrado por ECR subsequentes), em parte por causa do viés de alocação. Há uma necessidade não atendida de que os médicos se tornem bem versados na avaliação do desenho do estudo e na análise estatística de estudos observacionais de farmacoepidemiologia (EOF), em vez do treinamento médico já oferecido para avaliação de ECR.

Isso ocorre porque os EOF tendem a se tornar mais comuns com a informatização dos registros de saúde e cada vez mais contribuem para a base de evidências disponível para a tomada de decisão clínica. No entanto, quando os resultados de um ECR estão em conflito com os resultados de um estudo de farmacoepidemiologia observacional (OP), os achados do ECR devem ser preferidos, especialmente se seus achados foram repetidos em outro lugar. Por outro lado, os estudos de OP que se alinham com as descobertas dos ECR podem fornecer informações valiosas e úteis para complementar as geradas pelos ECR.

Na pandemia de Covid-19, o debate sobre o uso dos ECR e EOF ganhou grande impulso, pela necessidade urgente de respostas para minimizar o número de mortes e até mesmo para discutir a eficácia de vacinas. Alguns ECR, publicados como *preprints*, foram retirados depois de analisados com mais rigor. Alguns EOF também foram precocemente divulgados, pois não havia dados suficientes, e foram refutados mais tarde por falta de comprovação. Para discutir esse assunto com mais profundidade, consulte o Capítulo 16 – Protocolos clínicos e medicina baseada em evidências, em que são avaliados todos os tipos de evidências e seu peso relativo.

USO DE DADOS OBSERVACIONAIS PARA DECISÕES REGULATÓRIAS, USO DE RWD E USO DE FERRAMENTAS DE INTELIGÊNCIA ARTIFICIAL

As agências reguladoras precisam de dados e estudos para ajudar em suas decisões. Por esse motivo, algumas iniciativas vindas da EMA foram criadas, como a força-tarefa conjunta de *big data* da Heads of Medicines Agencies – European Medicines Agency (HMA/EMA) e a iniciativa para registros de pacientes. O objetivo da força-tarefa era fornecer uma visão geral regulatória do cenário de *big data* para que a estrutura regulatória da União Europeia pudesse estar preparada para manipular, avaliar e compreender esses dados.

Os registros de doentes são uma fonte importante de informação para apoiar a tomada de decisões regulamentares relativas a medicamentos, mas nem todos recolhem informações sobre eventos adversos e RAM de forma rotineira e sistemática.

Embora a origem do monitoramento da segurança dos medicamentos possa ser rastreada até a criação de sistemas para que pacientes e prestadores de cuidados de saúde relatem espontaneamente suspeitas de RAM, há muito tempo se reconhece que é crucial usar todos os dados disponíveis, incluindo estudos observacionais. Nesse sentido, a EMA iniciou contatos por meio da International Society for Pharmaceutical Engineering (ISPE) com diferentes centros de farmacoepidemiologia e farmacovigilância para fornecer conhecimento especializado nesse campo. Isso resultou na criação da European Network of Centres for Pharmacoepidemiology and Pharmacovigilance (ENCePP), que foi estabelecida em 2007 com a inclusão de mais de setenta participantes. Os princípios fundadores da ENCePP incluem transparência, independência científica e adesão a padrões comuns de qualidade.

Após a criação do ENCePP, em 2021, um projeto de maior escala conhecido como DARWIN (Data Analysis and Real-World Interrogation Network) foi iniciado pela EMA. O objetivo é reunir provedores de dados, farmacoepidemiologistas, estatísticos e profissionais médicos para que a EMA e as agências nacionais possam usar esses dados sempre que necessário ao longo do ciclo de vida do medicamento. O projeto DARWIN fornece fontes de dados do mundo real (RWD, do inglês *real-world data*) validados e de alta qualidade sobre os usos, a segurança e eficácia dos medicamentos. Ele expande e estabelece um catálogo de fontes de dados observacionais para uso na regulamentação de medicamentos. Ele também aborda questões específicas conduzindo estudos não intervencionistas de alta qualidade, que incluem a criação de protocolos científicos, o exame de fontes de dados pertinentes e a interpretação e o relato de resultados de estudos.

Dados de redes de bancos de dados, frequentemente abrangendo vários países, são usados em um número crescente de estudos farmacoepidemiológicos. A combinação de dados de vários bancos permite uma melhor compreensão de quão amplamente aplicáveis são os achados. O uso de um grande número de pacientes ajuda a aumentar a precisão. A possibilidade de fazer comparações transnacionais (entre países ou regiões geográficas) permite encontrar diferenças nas taxas de resultados. Uma vantagem adicional é que é mais rápido obter dados de um grande tamanho de amostra.

Estudos pós-comercialização realizados em bancos de dados populacionais frequentemente incluem dados sobre milhões de pacientes, mas eles ainda podem ser subpotentes se os efeitos do subgrupo forem de interesse ou se os resultados ou exposição de interesse forem incomuns. Vários bancos de dados combinados podem oferecer o poder estatístico necessário. Um estudo multibanco de dados (MDS, do inglês *multi-database study*) emprega dois ou mais bancos de dados de saúde que não estão vinculados individualmente entre si. As análises são conduzidas simultaneamente em cada banco de dados usando um protocolo de estudo compartilhado. Apesar do fato de que muitos MDS foram realizados na Europa nos últimos 10 anos, pouco se sabe sobre as especificidades e consequências dos métodos atuais para realizá-los. Cinco modelos diferentes estão disponíveis para conduzir estudos de múltiplas fontes de dados, dependendo da aplicação de um protocolo padrão, do uso de programas exclusivos ou compartilhados para extração de dados e da aplicação de um modelo de dados padrão para análise.

A inteligência artificial (IA) tem um papel útil a desempenhar para ajudar a farmacovigilância. A IA, por meio de *chatbots* como ChatGPT, pode identificar efeitos adversos com base em dados reais de redes sociais. Muitas iniciativas foram tomadas para tentar estudar o uso de ferramentas de tecnologia da informação (TI) para processamento de linguagem natural para identificar eventos adversos. A revisão de registros médicos baseada em IA abre uma infinidade de possibilidades para detectar e monitorar efeitos adversos.

Além disso, é útil o uso de dados observacionais para decisões regulatórias de segurança junto com estudos observacionais que podem ser uma alternativa ao avaliar a eficácia dos medicamentos. O uso de RCT frequentemente tem limitações, como questões éticas, generalização de dados e dificuldade em recrutar pacientes, principalmente de doenças raras. A utilidade de evidências do mundo real para tomada de decisões regulatórias está aumentando, e agências reguladoras como a FDA e a EMA tomaram a iniciativa de produzir orientações e recomendações sobre como incorporar evidências do mundo real (RWE, do inglês *real-world evidence*) no processo de desenvolvimento de medicamentos.

Além disso, a FDA tem um longo histórico de monitoramento e avaliação da segurança pós-comercialização de medicamentos aprovados usando RWD e RWE. As RWE têm sido usadas historicamente, embora com menos frequência, para dar suporte à eficácia. Melhorias na acessibilidade e análise dos RWD aumentaram a possibilidade de produzir RWE fortes para apoiar as decisões regulatórias da FDA. Os pesquisadores agora usam um sistema eletrônico nacional chamado iniciativa Sentinel da FDA para monitorar a segurança de produtos médicos regulamentados pela agência. O objetivo dessa iniciativa é aumentar a participação de cientistas e usar novas tecnologias (como ciência de dados e *big data*), bem como métodos inovadores, para utilizar registros eletrônicos de saúde e monitorar a segurança de medicamentos, incluindo outros aspectos do uso destes.

Mais recentemente, na página da EMA, pode-se encontrar um relatório sobre o uso de RWE na tomada de decisões regulatórias, em que a agência divulga uma revisão de seus estudos, descrevendo as medidas que adotou para permitir o uso de RWD na tomada de decisões regulatórias, incluindo farmacovigilância.

BIBLIOGRAFIA

Bate A, Lindquist M, Orre R, Meyboom R, Edwards IR. Automated classification of signals as group effects or drug specific on the WHO database. In: 8th Annual Meeting European Society of Pharmacovigilance. Verona: Elsevier; 2000.

Caparrotta TM, Dear JW, Colhoun HM, Webb DJ. Pharmacoepidemiology: using randomised control trials and observational studies in clinical decision-making. Br J Clin Pharmacol. 2019;85(9):1907-24.

Castro LLC. Fundamentos de farmacoepidemiologia. São Paulo: AG Gráfica; 2000.

Data Analysis and Real-World Interrogation Network (DARWIN EU). Disponível em: https://www.ema.europa.eu/en/about-us/how-we-work/big-data/real-world-evidence/data-analysis-real-world-interrogation-network-darwin-eu. Acesso em 8 dez. 2024.

Edwards IR. Spontaneous ADR reporting and drug safety signal induction in perspective. In: Pharmacol Toxicol. 2000;86(Suppl 1):16-9.

Edwards IR. The accelerating need for pharmacovigilance. J R Coll Physicians London. 2000;34(1):48-51.

Edwards IR. The management of adverse drug reactions: from diagnosis to signals. Adverse Drug Reactions J. 2000;1(2):103-5.

Edwards IR, Aronson JK. Adverse drug reactions: definitions, diagnosis, and management. Lancet. 2000;356:1255-9.

Edwards IR, Lindquist M. Understanding and communication of key concepts in therapeutics. In: Moments of truth – communicating drug safety. Verona: Elsevier; 2000.

Farah MH, Edwards IR, Lindquist M. Key issues in herbal pharmacovigilance. Adverse Drug Reactions J. 2000;2(2):105-9.

Farah MH, Edwards R, Lindquist M, Leon C, Shaw D. International monitoring of adverse health effects associated with herbal medicines. Pharmacoepidemiol Drug Saf. 2000;9:105-2.

FDA. MedWatch. The FDA safety information and adverse event reporting program. Disponível em: https://www.fda.gov/safety/medwatch-fda-safety-information-and-adverse-event-repor-ting-program. Acesso em 8 dez. 2024.

Fucik H, Farah MH, Meyboom RHB, Lindquist M, Edwards IR, Olsson S. Vigilance of herbal medicines at the Uppsala Monitoring Centre. Minerva Medica. 2001;92:24-6.

Hartzema AG, Porta M. Pharmacoepidemiology: an introduction. Cincinnati: Harvey Whitney Books Company; 1998.

HMA/EMA Biga Data Steering Group. Disponível em: https://www.ema.europa.eu/en/about-us/how-we-work/big-data#hma/ema-big-data-steering-group-section. Acesso em 8 dez. 2024.

Kurz X, Perez-Gutthann S; ENCePP Steering Group. Strengthening standards, transparency, and collaboration to support medicine evaluation: ten years of the European Network of Centres for Pharmacoepidemiology and Pharmacovigilance (ENCePP). Pharmacoepidemiol Drug Saf. 2018;3:245-52.

Lindquist M. An ABC of drug-related problems. Drug Saf. 2000;22(6):415-23.

Lindquist M. Signal detection using the WHO international database. In: 8th Annual Meeting European Society of Pharmacovigilance. Verona: Elsevier; 2000.

Lindquist M, Ståhl M, Bate A, Edwards IR, Meyboom RH. A retrospective evaluation of a data mining approach to aid finding new adverse drug reaction signals in the WHO international database. Drug Saf. 2000;533-42.

Meyboom RHB. The case for good pharmacovigilance practice. Pharmacoepidemiol Drug Saf. 2000;9:335-6.

Meyboom RHB, Lindquist M, Eijgenraam M, Ståhl M. Loperamide and urinary retention – a new adverse effect of an old drug. In: 8th Annual Meeting of European Society of Pharmacovigilance. Verona: Elsevier; 2000.

Meyboom RHB, Lindquist M, Flygare AK, Biriell C, Edwards IR. The value of reporting therapeutic ineffectiveness as an adverse drug reaction. Drug Saf. 2000;23(2):95-99.

Meyboom RH, Meyboom RHB, Lindquist M, Flygare AK, Biriell C, Edwards IR. Should therapeutic ineffectiveness be reported as an adverse drug reaction? In: 8th Annual Meeting European Society of Pharmacovigilance. Verona: Elsevier; 2000.

Natsch S, Vinks M HAM, Voogt AK, Mees EB, Meyboom RHB. Anaphylactic reactions to proton-pump inhibitors. Ann Pharmacotherapy. 2000;34:474-6.

Olsson S. Pharmacovigilance and the need for medical specialist participation. UEMS Compendium of Medical Specialists. 2001;2:163-5.

Olsson S. The need for pharmacovigilance. In: Gupta SK, ed. Pharmacology and therapeutics in the new millennium. New Delhi: Narosa; 2001. p.502-8.

Olsson S, Edwards IR. The WHO International Drug Monitoring Programme. In: Aronson JK, ed. Side effects of drugs annual 23. Philadelphia: Elsevier; 2000.

Oulter DM, Bate A, Meyboom RHB, Lindquist M, Edwards IR. Antipsychotics and heart muscle disorder in international pharmacovigilance: a data mining study. BMJ. 2001;322(7296):1207-9.

Pettersson M, Lindquist M, Edwards IR. Signal analysis using international ADR and drug utilization data. In: 8th Annual Meeting European Society of Pharmacovigilance. Verona: Elsevier; 2000.

Plueschke K., Jonker C., Strassmann V., Kurz X. Coleta de dados sobre eventos adversos relacionados a medicamentos: uma pesquisa entre registros no banco de dados de recursos ENCePP. Drug Saf. 2022;45:747-54.

Sabaté M, Montané E. Pharmacoepidemiology: an overview. J Clin Med. 2023;12(22):7033.

Strom BL. Pharmacoepidemiology. 4. ed. New York: John Wiley & Sons; 2006.

11

Farmacoeconomia e avaliação de tecnologias em saúde

INTRODUÇÃO

Frequentemente os profissionais de saúde são questionados sobre as melhores opções farmacoterapêuticas para tratar seus pacientes. Até a década de 1980, a grande preocupação era a eficácia e a segurança dos tratamentos, fornecendo o que existia de melhor, não importando o custo desse tratamento. Nessa mesma época, em muitos países foram realizados estudos a respeito da capacidade dos planos de saúde públicos e privados de arcar com os custos de medicamentos. Chegou-se à conclusão de que em 30 a 40 anos os sistemas de saúde entrariam em colapso. Nesse ambiente começou a nascer a preocupação com os gastos em saúde, originando um movimento chamado de *managed care*, que pode ser traduzido como "atendimento gerenciado à saúde", ou simplesmente a preocupação econômico-administrativa das ações de saúde, que estimulou o aparecimento de uma nova ciência, chamada de farmacoeconomia.

Atualmente a maior parte dos países utiliza ferramentas de Avaliação de Tecnologias em Saúde (ATS) para incorporação de medicamentos, materiais para saúde e demais equipamentos para seus sistemas públicos e também pelos sistemas privados. A ATS é um processo baseado em evidências que procura examinar as consequências da utilização de uma tecnologia de cuidados de saúde, considerando assistência médica, social, questões econômicas e éticas. Mesmo com os avanços recentes no mundo e inclusive no Brasil, a judicialização da saúde vem fragilizando o orçamento da União, estados e municípios. O ponto de equilíbrio entre a necessidade da população e a disponibilidade de recursos financeiros tem sido um grande desafio.

Nas últimas décadas, o campo da prática farmacêutica passou por diversas transformações – os farmacêuticos deixaram de realizar principalmente atividades de dispensação de medicamentos para oferecer cuidados especializados individualizados como parte de equipes de saúde. Essas inovações nos serviços de prática farmacêutica e os profissionais de farmácia que fornecem esses serviços são agora reconhecidos como um recurso essencial do sistema de saúde para a promoção do uso seguro e racional de medicamentos. As inovações geralmente incluem intervenções multidimensionais complexas, fornecidas por meio de ações educacionais, atitudinais ou comportamentais.

A cultura de promoção de cuidados baseada em evidências, incentivos vinculados à qualidade e ações centradas no paciente, que estão associadas às restrições financeiras naturais no orçamento de saúde, resultou em um interesse crescente por parte dos formuladores de políticas em expandir as funções dos farmacêuticos nos cuidados primários e secundários. De fato, vários estudos demonstraram os resultados clínicos positivos associados aos cuidados fornecidos por farmacêuticos em uma ampla gama de doenças, incluindo diabetes, hiperlipidemia, HIV/Aids, doenças cardiovasculares, respiratórias e mentais. No entanto, o extenso corpo de evidências que mostra a eficácia dos serviços liderados por farmacêuticos não incluiu análises econômicas que apoiem ainda mais a adoção e implementação mais amplas desses serviços.

Sabe-se que é necessário melhorar a prescrição. No entanto, subjacente a essa intenção está a de reduzir os custos com os medicamentos. As preocupações econômicas são tanto de quem paga como de quem quer vender. Tal como acontece com outras áreas da produção e do comércio, são os fornecedores de bens que mais têm se preocupado em demonstrar as vantagens econômicas de seus produtos. Nesse caso, é a indústria farmacêutica quem, paralelamente à análise da eficácia e da segurança dos medicamentos, mais tem investido em demonstrar seu impacto econômico.

O objetivo da investigação em farmacoeconomia é identificar, medir e comparar os custos (os recursos consumidos) e os resultados (efetividade, qualidade de vida, utilidade, eficácia, segurança, morbidade e mortalidade) da utilização dos medicamentos. A farmacoeconomia é, portanto, a aplicação da economia da saúde especificamente aos medicamentos, e não pode ser considerada uma ciência ou técnica individualizada.

Não há mistério na ciência farmacoeconômica. Ela é a aplicação de metodologias derivadas das ciências sociais e físicas para examinar as terapias alternativas de medicamentos e serviços que alterem os resultados da assistência à saúde. Entretanto, há muita confusão no entendimento dos termos farmacoeconômicos e seus conceitos.

A farmacoeconomia não está relacionada a uma só ciência em particular; ela é uma compilação de ciências. Os métodos de pesquisa usados pelos cientistas nessa disciplina (p. ex., análise de custo-minimização, análise de custo-efetividade, análise de custo-benefício, análise de custo-utilidade, qualidade de vida ajustada por anos de vida) são retirados de muitas áreas, incluindo economia, epidemiologia, farmácia, medicina e ciências sociais.

Os estudos farmacoeconômicos têm sido realizados principalmente pela indústria farmacêutica. Algumas companhias têm unidades internas de farmacoeconomia, mas outras têm relações privilegiadas com departamentos acadêmicos, onde procuram obter maior credibilidade. A maioria dos estudos econômicos é solicitada pelo *marketing* das firmas farmacêuticas, que utiliza os resultados obtidos como uma nova forma de promoção, procurando estabelecer vantagens sobre os outros medicamentos já comercializados. Na maior parte dos países europeus, para medicamentos com diferente composição, a maioria das firmas promove seus medicamentos com base no perfil terapêutico e tem alguma relutância em abordar os custos. Por outro lado, em razão de sua própria formação, a maioria dos médicos preocupa-se essencialmente em conhecer a eficácia e a segurança dos medicamentos que prescreve e está pouco treinada para compreender e interpretar os estudos econômicos.

Se a promoção dos medicamentos baseada em estudos econômicos não influencia a atitude do médico prescritor, então a quem interessa essa avaliação econômica? Claramente, a resposta está naqueles que precisam gerir o orçamento da saúde para a área dos medicamentos ou colaborar com essa gestão: as comissões de farmácia e terapêutica dos hospitais e o Sistema Único de Saúde (SUS), com a maior preocupação de gestão do orçamento relativo aos medicamentos, que costumam ter uma perspectiva muito limitada da utilização dos recursos, enfatizando a contenção dos custos. Por essas razões, os responsáveis pelos gastos dos medicamentos pelo SUS colocam a tônica no aumento constante das verbas, mas são frequentemente omissos em relação aos benefícios associados à sua utilização, talvez porque os desconhecem. A intensa pressão na contenção das despesas e restrições orçamentárias de ano para ano tornam difícil justificar um aumento de custos em um ano para economizar nos próximos 5 ou 10 anos. Essa situação encoraja a minimização dos custos e desvaloriza a prescrição baseada na custo-efetividade, para a qual é necessária uma visão ampla.

De qualquer modo, a indústria farmacêutica mantém sua aposta na farmacoeconomia, atenta ao fato de que cada vez mais a decisão da prescrição não está no médico. O desvio para os gestores da decisão de adquirir os medicamentos tem levado a um reajustamento da estratégia da comunicação pela indústria, com adaptação do estilo e do conteúdo da mensagem à nova audiência. Se a formação e a motivação dos novos tomadores de decisão são essencialmente econômicas, temperadas com alguns elementos da área farmacêutica, a farmacoeconomia parece servir aos objetivos. No entanto, sendo a consistência da farmacoeconomia tão débil, por que os gestores levam em consideração os dados farmacoeconômicos em suas decisões? Para a indústria farmacêutica, qualquer que seja o interlocutor, o objetivo estratégico continua o mesmo – fazer prosperar seus negócios. Nos últimos anos, a responsabilidade socioambiental das indústrias farmacêuticas vem ganhando espaço, e o lucro a qualquer custo passou a ser repensado. As empresas querem mostrar para prescritores, farmacêuticos e sociedade que estão comprometidas com a saúde e o bem-estar da população mundial.

HISTÓRICO

O desenvolvimento histórico da farmacoeconomia pode ser traçado por meio das ciências econômicas. A economia da saúde, uma área aplicada da economia concebida nos anos 1960, direciona especificamente como as ferramentas econômicas podem ser usadas para analisar a saúde e os problemas de assistência à saúde. Um artigo publicado em 1963 pelo economista Kenneth Arrow, ganhador do prêmio Nobel, distingue elegantemente os mercados de atendimento à saúde das outras áreas. Esse artigo ajudou a estabelecer a base conceitual para a aplicação da economia nos resultados da saúde.

Na década de 1970, a farmacoeconomia ganhou a universidade. McGhan, Rowland e Bootman, todos da Universidade de Minnesota, introduziram os conceitos de custo-benefício e custo-efetividade (CEAS) no *American Journal of Hospital Pharmacy*, em 1978. No início dos anos 1980, ferramentas para medir os resultados de saúde foram conceituadas e aperfeiçoadas.

No final da década de 1980, a farmacoeconomia estava nascendo, primariamente contida como uma subárea da avaliação econômica da assistência à saúde. Na década de 1990, o aumento dos custos com a assistência à saúde e o reconhecimento dos recursos finitos nessa área criaram uma pressão para determinar o valor de cada gasto com saúde. Esse fato motivou a farmacoeconomia a sair da condição de ciência teórica para se tornar uma ciência prática e resultou em sua inclusão na grade curricular de muitos cursos de graduação em Farmácia. Foram criados e definidos vários conceitos no contexto da farmacovigilância, como será visto a seguir.

CUSTOS

Assim como há várias perspectivas para a farmacoeconomia, também existem muitas formas de custo. Embora "valor agregado" seja comumente entendido como sinônimo de "custo", esses termos não são intercambiáveis. O valor total de todos os recursos consumidos na produção de um bem ou serviço é o custo. O valor agregado é o custo dos produtos acabados ou serviços mais o lucro. A farmacoeconomia define custo como uma despesa ocorrida na provisão de produtos de assistência à saúde e serviços.

Custos fixos

A farmacoeconomia diferencia os custos fixos dos variáveis. Um custo fixo é o que não varia com a quantidade ou volume de resultados gerado no curto prazo (tipicamente, dentro de um ano). Esses custos geralmente variam com o tempo, mas não com a quantidade ou o volume do serviço oferecido, e podem incluir aluguel, *leasing* de equipamentos e gastos com salários. Um exemplo aplicado seria quando os custos de luz, aquecimento e seguro são incluídos na análise farmacoeconômica (p. ex., análise custo-benefício) de um paciente ambulatorial. Esse custo de manutenção da estrutura física de um paciente ambulatorial é fixo, independentemente do número de pacientes que estejam lá.

Custos variáveis

A farmacoeconomia reconhece os custos variáveis como aqueles que variam em decorrência do volume do resultado. Exemplos incluem drogas, suprimentos e procedimentos fornecidos em um sistema de pagamento por reembolso. Tome-se como exemplo um cenário em que se considera uma terapia semanal recebida por pacientes como resultado. Os gastos farmacêuticos irão crescer conforme aumenta o número de pacientes na clínica ambulatorial, ou seja, conforme aumenta o resultado. Assim sendo, logicamente, se o número de pacientes diminuir, simultaneamente haverá uma redução nesse resultado e um abatimento nos gastos com medicamentos nessa clínica.

Custos médicos diretos

Custos médicos diretos são os custos fixos e variáveis associados diretamente a uma condição médica ou intervenção de assistência à saúde. Isso inclui os custos dos serviços e produtos usados no tratamento do paciente e pode incluir gastos com estadia hospitalar, médicos, visitas de outros profissionais de saúde, visitas a prontos-socorros, visitas de tratamento domiciliar, visitas odontológicas, medicamentos prescritos e equipamentos médicos e suprimentos. Essa definição, quando aplicada a produtos farmacêuticos ou serviços, acompanha aquisição, estocagem e administração da droga, além da monitoração de custos. Por exemplo, o custo direto de uma terapia intravenosa semanal de um paciente inclui o custo da droga, o custo da seringa e da agulha etc. De maneira geral, os custos diretos podem ser monetariamente reembolsados.

Custos diretos não médicos

Custos diretos não médicos são os custos para providenciar ao paciente toda a assistência não médica, alimentação, transporte por causa de doença ou intervenção. Por exemplo, o custo do transporte comercial ou voluntário para uma criança receber atendimento especializado em uma instituição médica maior que a categoria em que ela se encontra internada. Nesse exemplo, o voo para a instituição médica é diretamente relacionado à presença de uma condição médica, mas o atendimento especializado não é recebido durante o voo. O voo tem como propósito apenas o transporte.

Custos indiretos

Os custos indiretos são custos de perda ou redução de produtividade resultantes da morbidade ou mortalidade prematura decorrente de uma condição médica ou tratamento, assim como custos de atendimento informais. Os custos de morbidade incluem produtos ou serviços não produzidos pelo paciente em razão da doença. Os custos de mortalidade incluem bens ou serviços que a pessoa poderia ter produzido tendo a doença desenvolvida, mas se não tivesse morrido prematuramente. O terceiro aspecto dos custos indiretos está relacionado à perda de produtividade ocasionada por um empregado (e seu empregador), que deixa de trabalhar para providenciar atenção ao paciente, normalmente um membro da família.

TIPOS DE ANÁLISE ECONÔMICA

A Professional Society for Health Economics and Outcomes Research (ISPOR) é responsável por criar diretrizes para a condução e o relato de estudos farmacoeconômicos. Os elementos abrangidos são um breve resumo da declaração Consolidated Health Economic Evaluation Reporting Standards (CHEERS). No entanto, é importante destacar ainda mais dois desses conceitos que devem ser considerados pelos pesquisadores da prática farmacêutica ao realizar uma avaliação econômica:

- O conceito de custo de oportunidade se refere à perda de benefícios potenciais de outras opções quando uma opção é escolhida. Esse conceito é baseado na ideia de que a escassez de recursos leva a gastar capital em uma atividade de saúde, sacrificando serviços em outro lugar. Assim, entender as potenciais oportunidades perdidas pela escolha de uma tecnologia em vez de outra permite uma melhor tomada de decisão.
- Disposição para pagar (WTP, do inglês *willingness to pay*) refere-se a uma perspectiva extra bem-estarista de tomada de decisão: a intervenção de saúde ideal é aquela que produz melhor valor até um certo limite, supondo que todos os pacientes (população-alvo) se beneficiarão igualmente dessa intervenção. O uso de um limite de WTP permite que os tomadores de decisão decidam até que ponto vale a pena pagar por mais valor.

Existem quatro tipos de análise econômica que podem ser aplicados aos medicamentos: minimização dos custos, custo-efetividade, custo-utilidade e custo-benefício. Cada tipo de análise compara os custos e as consequências da utilização de diferentes medicamentos (ou outros tratamentos) na terapêutica de uma determinada situação patológica.

O primeiro passo em qualquer análise de custos é a identificação dos vários custos (ou seja, resultados monetários), que geralmente são classificados em custos médicos ou não médicos diretos, indiretos e custos intangíveis. Os custos diretos referem-se àqueles pagos diretamente ao serviço de saúde (ou seja, associados ao tratamento dos pacientes). Eles podem ser classificados em custos diretos médicos ou não médicos, dependendo de se referirem a procedimentos médicos reais ou outros custos associados auxiliares (não médicos diretos). Em virtude da flexibilidade na forma como os cuidados médicos são fornecidos, os custos também podem ser classificados como fixos ou variáveis, de acordo com as mudanças no volume de serviços fornecidos. Os custos indiretos referem-se àqueles vivenciados pelos pacientes, pela família ou pela sociedade, como a perda de ganhos ou produtividade resultante da doença dos pacientes. Os custos intangíveis são atribuídos à quantidade de sofrimento que ocorre em virtude da doença ou intervenção de saúde. Geralmente são difíceis de determinar e quantificar em termos monetários.

No entanto, pesquisadores que conduzem estudos sob a perspectiva social cada vez mais incluem esses dados em suas avaliações.

O mais simples dos quatro métodos é a análise da minimização dos custos, mediante a qual, com base em uma igual eficiência clínica dos medicamentos em estudo, são comparados os seus custos. Por exemplo, um medicamento mais barato que outro, mas que necessita de uma administração mais frequente por técnico especializado ou que requer controle laboratorial para avaliação dos níveis plasmáticos, tem custos adicionais que podem ultrapassar o diferencial dos preços de base. Essa análise também tem sido aplicada nos cálculos da substituição da prescrição médica por genéricos e da consequente compensação dos farmacêuticos. No caso de medicamentos com diferentes resultados terapêuticos, a análise econômica pode utilizar um estudo de custo-efetividade. Os resultados terapêuticos em análise devem ser expressos e comparados nas mesmas unidades naturais de benefício, por exemplo, redução dos dias de incapacidade laboral. A análise deve avaliar o aumento dos benefícios terapêuticos e decidir se esses benefícios adicionais valem os custos. Assim, pode-se comparar e analisar a custo-efetividade marginal de várias terapêuticas com um tratamento padrão.

A análise de custo-utilidade é mais elaborada que a custo-efetividade porque inclui comparações na mesma área terapêutica e em outras em termos de seu impacto na sobrevivência e na qualidade de vida. Ela procura sintetizar múltiplas observações em uma única medida, como o impacto dos medicamentos na morbidade e na mortalidade ou o impacto dos medicamentos na dor e na incapacidade funcional. Os resultados terapêuticos obtidos são, por sua vez, avaliados com base na preferência pessoal para o estado de saúde. A medida mais conhecida resultante dessa forma de análise econômica é a qualidade ajustada por ano de vida, ou QALY (do inglês *quality-adjusted life year*). A dificuldade em comparar QALY por causa da variabilidade das preferências individuais tem conduzido a sérias críticas à utilização desse método de análise. A análise de custo-utilidade raramente tem sido utilizada em estudos com medicamentos.

Na análise de custo-benefício, tanto os custos como os benefícios são medidos em termos monetários. Essa quantificação em termos pecuniários do sofrimento e da vida humana cria problemas éticos, razão pela qual esse tipo de análise econômica tem sido amplamente contestado. Recentemente, uma proposta de diretiva farmacoeconômica do Instituto Mario Negri de Milão argumentava que a análise de custo-benefício não deve ser usada por causa das dificuldades em quantificar os custos indiretos (p. ex., dias de trabalho perdido) e intangíveis (p. ex., custos da dor) e os benefícios.

O segundo componente de qualquer análise econômica é o resultado a ser medido, definido como os benefícios esperados de uma intervenção. A medição de "benefício" visa ser igualmente abrangente ao incorporar todos os impactos sobre a vida dos pacientes que resultam como consequência do uso da intervenção de saúde. Os benefícios definidos são vistos como o valor derivado da escolha da opção A em vez de B. Eles podem ser medidos em: (i) unidades naturais (p. ex., anos de vida ganhos, eventos prevenidos [derrames prevenidos, cirurgias evitadas, úlceras pépticas curadas etc.]); (ii) unidades de utilidade, que visam abranger o máximo possível a noção de "valor" (p. ex., qualidade de um estado de saúde e não apenas sua quantidade) ou a satisfação derivada da mudança de um estado de saúde para outro como consequência da aplicação de uma intervenção. Essas estimativas de utilidade são frequentemente informadas por alguma medição de "qualidade de vida" em diferentes estados de doença.

Um dos resumos mais comuns de qualidade e quantidade de vida é a medida QALY. A QALY é calculada estimando os anos de vida restantes para um paciente após um tratamento ou intervenção específica e ponderando cada ano com uma pontuação de qualidade de vida (em uma escala de 0 a 1, em que 0 se refere a "morto" e 1, a "saúde perfeita"). É frequentemente medida em termos da capacidade da pessoa de realizar as atividades da vida diária e liberdade de dor e distúrbios mentais. Outra medida usada são os anos de vida ajustados por incapacidade (DALY, do inglês *disability adjusted life years*), que refletem uma carga geral de doença, expressa como o número de anos perdidos por problemas de saúde, incapacidade ou morte precoce.

No entanto, é importante lembrar que as medidas de utilidade no assunto da qualidade de vida tentam incorporar na análise os aspectos físicos, sociais e emocionais do bem-estar do paciente, que podem não ser diretamente mensuráveis em termos clínicos. Essas medidas de utilidade são baseadas nas preferências do paciente, ou seja, verificam as preferências relativas de um grupo de pacientes em um contexto específico. Por exemplo, uma melhoria de QALY de 0,3 para 0,4 não se traduz necessariamente em uma melhoria clínica específica na qualidade de vida, mas sim em uma melhoria geral (física, social ou emocional) que faz o paciente preferir os resultados de 0,4 em vez dos de 0,3 QALY. Nesse sentido, vários métodos foram propostos para medir a qualidade de vida com base em técnicas e sistemas de valores amplamente diferentes (p. ex., troca de tempo ou apostas padrão, dados imputados da literatura, opinião de especialistas).

Uma vez que os custos e resultados tenham sido determinados, as duas intervenções alternativas de saúde podem ser comparadas entre si. A maioria dos estudos de custo-efetividade segue uma abordagem extra bem-estarista, na qual se presume que os benefícios de uma dada intervenção são comparáveis e específicos para todos os pacientes naquela população-alvo. Assim, a capacidade de decidir qual intervenção é de fato aceita como mais custo-efetiva é baseada na comparação da razão de custo-efetividade incremental com um limite de WTP aceito. Usar a WTP para estimar os benefícios dos cuidados de saúde permite que os indivíduos valorizem tanto os resultados de saúde quanto os não relacionados à saúde e atributos do processo. Os limites são geralmente considerados úteis com relação à sustentabilidade e otimização dos sistemas de saúde. No entanto, há preocupações éticas e sensibilidade política que impedem a aceitação explícita de um limite concreto. Além disso, os limites são derivados dentro de uma estrutura de suposições teóricas que podem dificultar sua aplicação em cenários do mundo real. Os limites de WTP podem ser estimados usando diferentes técnicas. Um método é definir a WTP pela WTP da sociedade para ganhos de saúde, como um ano adicional de sobrevivência ou QALY adicional. Em contraste, a Organização Mundial da Saúde (OMS) usa o produto interno bruto *per capita* (PIBPC) para sugerir limites de custo-efetividade para mais de 14 regiões geográficas. Razões de custo-efetividade incrementais (RCEI) até o PIBPC são consideradas "muito custo-efetivas", valores dentro do intervalo de 1 × PIBPC e 3 × PIBPC são considerados "custo-efetivos" e o restante é considerado "não custo-efetivo" (> 3 × PIBPC). Outra abordagem se refere ao esgotamento de um orçamento fixo, em que as razões de custo-efetividade para intervenções de saúde são classificadas do menor para o maior custo por QALY.

Muitos países estabelecem diferentes limites de WTP para ganhos de saúde. Em 1999, na Austrália, o órgão Health Technology Assessment (HTA) (Pharmaceutical Benefits Advisory Committee) declarou um limite implícito para uma recomendação positiva de 46.400 dólares australianos (ou seja, 1,35 vez o GDPPC por QALY ganho). No entanto, atualmente não existe um limite fixo, e outros aspectos da evidência, como a confiança nos dados clínicos, são tão importantes para o comitê quanto as taxas de custo-efetividade estimadas. Desde pelo menos o ano 2000, o National Institute for Health and Care Excellence (NICE) do Reino Unido usa um limite explícito de custo-efetividade entre 20.000 e 30.000 GBP (ou seja, 1,18 e 1,76 vez o GDPPC, respectivamente), mas apenas 0,70 e 1,04 vez o produto correspondente para 2015, respectivamente – por QALY ganha. Além disso, tecnologias que parecem menos custo-efetivas ainda podem ser recomendadas se forem para cuidados de fim de vida ou para doenças associadas a curtas expectativas de vida. Quando os medicamentos contra o câncer são consistentemente encontrados com taxas de custo-efetividade de mais de GBP 30.000 por QALY ganha, um mecanismo de financiamento alternativo pode ser discutido entre os participantes. Ou seja, a WTP nem sempre é a mesma. Pode variar de acordo com as diferentes doenças ou condições clínicas (p. ex., diferentes QALY para pacientes com câncer *vs.* pacientes sem câncer) e com fatores políticos e socioeconômicos em cada país. Isso justifica a importância de criar curvas de aceitabilidade para cada cenário e se a QALY em si é ou não uma medida sensata do ganho de saúde que está sendo medido.

Considerando a complexidade das intervenções, como serviços farmacêuticos, sua avaliação aparentemente se mostra ainda mais desafiadora pela incerteza circundante sobre a utilidade clínica que podem fornecer e seu efeito nos resultados dos pacientes. Nesse caso, o uso de medidas exclusivas, como QALY, pode não ser suficiente para refletir o valor real da intervenção. Além disso, diferentes medidas de valor podem levar ao uso de diferentes limites de WTP, como já mencionado. Nesse cenário, o uso de *Value Assessment Frameworks* (VAF), um conjunto de ferramentas e limites além da análise de custo-efetividade, também pode ajudar a determinar se uma intervenção de saúde pode ser aprovada, coberta ou usada em um determinado ambiente. Essas avaliações são capazes de fornecer valor para mapear de forma abrangente as questões atuais de avaliações econômicas estáveis e identificar incertezas estruturais a serem levadas em consideração. Elas normalmente usam princípios-chave predefinidos (ou seja, critérios substantivos, incluindo a análise de custo-efetividade), que se acredita refletirem a gama e a diversidade mais importantes dos valores das partes interessadas.

As avaliações econômicas têm outro componente importante, chamado de "perspectiva", que representa o ponto de vista adotado ao decidir quais tipos de custos e benefícios à saúde devem ser incluídos na análise. Os pontos de vista típicos são os do paciente, das seguradoras de saúde e do empregador (p. ex., pagadores), do hospital/clínica ou dos profissionais de saúde (p. ex., provedores), dos sistemas de saúde ou da sociedade. A perspectiva mais abrangente é a social, pois inclui as perspectivas de todas as partes interessadas na assistência à saúde, visando refletir uma gama completa de custos de oportunidade social associados a diferentes intervenções. Em particular, isso inclui perdas de produtividade decorrentes da incapacidade dos pacientes de trabalhar e mudanças nessas perdas associadas a uma nova tecnologia. O NICE do Reino Unido recomenda que quaisquer análises farmacoeconômicas submetidas aos reguladores incluam uma perspectiva social – chamada de "caso de referência". No entanto, dada a provável natureza de economia de custos, as intervenções na prática farmacêutica podem ser potencialmente avaliadas da perspectiva do pagador ou do provedor.

O horizonte de tempo usado para uma avaliação econômica é a duração ao longo da qual os custos e os resultados são estimados. A escolha do horizonte de tempo é uma decisão importante para a modelagem econômica e depende da natureza da doença e da intervenção em consideração e dos objetivos da análise. Por exemplo, horizontes de tempo mais longos são recomendados para condições crônicas associadas ao tratamento médico contínuo, em vez de uma cura. Um horizonte de tempo mais curto pode ser apropriado para algumas condições agudas, para as quais as consequências de longo prazo são menos importantes. Países com sistemas de saúde universais que dependem de agências de HTA para decisão de cobertura ou reembolso geralmente seguem o horizonte vitalício, embora possa ser útil na análise de sensibilidade testar horizontes de tempo intermediários (p. ex., 5 a 10 anos), para os quais pode haver dados mais robustos. Além disso, é importante considerar que o uso do horizonte de tempo de longo prazo provavelmente envolverá a extrapolação da experiência da coorte (ou seja, grupo de pacientes) para o futuro e a formulação de suposições sobre a eficácia contínua das intervenções e custos do tratamento, bem como o desconto de insumos futuros.

O desconto é um método que considera a preferência temporal dos indivíduos, considerando que custos e resultados podem ocorrer em momentos diferentes ao usar uma tecnologia. A maioria dos indivíduos tem uma taxa positiva de preferência temporal, em que os benefícios são preferidos mais cedo e os custos incorridos, mais tarde. Em avaliações econômicas, as taxas de desconto de custos e resultados são realizadas se os custos e os resultados de eficácia forem considerados além de períodos de 12 meses. O valor presente do dinheiro, bem como uma saúde melhor, são maiores que os custos e resultados futuros. A taxa de desconto varia de acordo com o órgão HTA ou país em que a avaliação está sendo conduzida. Por exemplo, o NICE atualmente recomenda uma taxa de desconto de 3,5% para custos e resultados.

A modelagem pode ser amplamente definida como a reprodução de eventos e possíveis consequências por opções políticas alternativas nos níveis de coorte ou individual usando estrutura matemática/estatística. O uso de modelos de decisão para avaliar os custos e benefícios das estratégias comparadas é primordial em avaliações econômicas que fazem parte dos processos de tomada de decisão para incorporação e financiamento de tecnologias de sistemas de saúde. Essas análises de decisão podem ser operacionalizadas por meio de árvores de decisão ou modelos de simulação. Além disso, para abordar a incerteza envolvida em estimativas de custos, resultados e outras variáveis usadas em uma análise de decisão, a análise de sensibilidade deve ser realizada. Esse tipo de análise pode descobrir que incluir variáveis como custos indiretos no modelo ou usar uma taxa de desconto razoavelmente maior altera a custo-eficácia de uma intervenção em comparação a outra. Os quatro principais tipos de análises de sensibilidade são: análise de sensibilidade simples unidirecional, análise de sensibilidade multidirecional, análise de sensibilidade de limiar e análise de sensibilidade probabilística.

Análise de minimização de custos

A análise de minimização de custos (CMA) é definida como um estudo comparativo de custos envolvendo dois ou mais tratamentos considerados efetivos em termos clínicos e resultados de qualidade de vida, sendo o custo econômico um fator de diferenciação. Este é um dos métodos mais simples de avaliação econômica, mas essa definição pode conduzir ao erro. Ao supor que os efeitos são iguais, a análise pode incorretamente fazer uma comparação de custos de duas coisas diferentes. Por exemplo, a comparação de dois inibidores de ECA que possuem o mesmo mecanismo pode indicar que a droga A produz efeitos colaterais significativos, enquanto a droga B produz mínimos efeitos colaterais. Cuidadosamente e por meio de todos os corolários (tanto clínicos como econômicos), as duas intervenções devem ser conduzidas antes da aplicação da CMA. A identificação de uma única variável nos resultados elimina a CMA como escolha metodológica.

A CMA usa unidades monetárias para medir o resultado. Quando duas ou mais intervenções resultam em resultados idênticos, uma CMA é a ferramenta apropriada para correlacionar o custo associado a cada resultado. Em razão de os resultados de duas drogas diferentes raramente serem iguais, esse tipo de estudo é aplicável e o mais usado para avaliar diferentes dosagens da mesma droga ou para avaliar genericamente drogas equivalentes com resultados comprovadamente equivalentes. A preferência é que determina a escolha entre duas ou mais alternativas baseadas na custo-minimização.

Análise de custo-efetividade

A análise de custo-efetividade (CEA) é uma técnica analítica que compara os custos monetários líquidos de uma intervenção de assistência à saúde com uma medida de efetividade (p. ex., resultado clínico ou de qualidade de vida) resultante de uma intervenção. Ela então compara essa proporção de custo-efetividade com proporções de outras intervenções. É importante compreender que a CEA não é sinônimo de economia de custo. A CEA quantifica resultados utilizando variáveis monetárias e quantitativas de saúde.

Uma proporção é gerada a partir de uma análise que emprega os custos necessários para alcançar um resultado específico para cada variável de saúde. Um elemento crítico na construção de uma proporção custo-efetividade é a mensuração dos resultados de saúde não monetários. Isso porque a medida da CEA não pode ser utilizada para comparar intervenções por meio de vários resultados de saúde. Um exemplo de cada situação é demonstrado quando um estudo é feito entre duas drogas, cada uma tendo um custo associado de US$ 2.000. A droga A previne 200 dias de incapacidade, a droga B salva uma vida. A CEA não pode ser utilizada para comparar essas duas drogas, pois não proporciona uma medida única com a qual mensurar resultados diferentes.

Uma proporção custo-efetividade é definida como o custo para conseguir uma unidade de efeito de saúde, comumente expressa de maneira marginal. Nesse contexto, o termo marginal refere-se a uma mudança comparável de uma unidade de saúde (indicador de saúde). A CEA não necessita que os efeitos sejam idênticos, mas que eles sejam comparáveis em termos de alguma "unidade natural" de efeito, como uma vida salva ou anos de vida salvos. Esses efeitos são reduzidos para essas unidades naturais comuns, de modo que os custos para alcançá-los possam ser comparados. Um exemplo disso pode ser visto em um programa de identificação de doença hipercolesterolêmica pós-infarto miocárdico em uma empresa de saúde. Estima-se que, sob práticas de padrões correntes, a falta de identificação da hipercolesterolemia em 387 pacientes pós-infarto miocárdico consome US$ 350.000 em recursos. Muitos programas de identificação que se encontram nos padrões norte-americanos NCQA-HEDIS estão disponíveis. A proporção custo-efetividade pode ser calculada comparando esses vários programas. A implementação de um programa de gerenciamento de doença A, que tem um custo líquido de US$ 75.000, resulta em 387 anos de vida salvos (1 ano de vida para cada membro do programa). A proporção CEA pode ser calculada da seguinte forma:

Custo/efeito de saúde = (US$ 75.000 – US$ 0,00)/(387 – 0)

A proporção CEA para o programa A deve ser: US$ 75.000/387 = US$ 193,80. A implementação de um programa de gerenciamento de doença B, com um custo líquido de US$ 100.000, também produz 387 anos de vida salvos (1 ano de vida para cada membro do programa). A proporção CEA pode ser calculada da seguinte forma:

Custo/efeito de saúde = (US$ 100.000 – US$ 0,00)/(387 – 0)

A proporção CEA para o programa B deve ser: US$ 100.000/387 = US$ 287,50 por ano de vida salvo.

Pode-se concluir com esses dados que o programa A, se comparado com o B, é custo-efetivo na identificação de doença hipercolesterolêmica pós-infarto miocárdico.

Análise de custo-benefício

A análise de custo-benefício (CBA) é definida como uma técnica analítica que enumera e compara os custos líquidos de uma intervenção de assistência médica com os benefícios líquidos encontrados, ou economia de custos, que surgem como consequência da aplicação de uma intervenção. Todos os resultados decorrentes do procedimento de intervenção são mensurados em unidades monetárias. Em essência, a CBA pode ser interpretada como o retorno de um investimento. Os elementos de retorno (em geral, melhoria no atendimento à saúde) são convertidos em valor monetário. A CBA coloca um valor monetário em anos de vida salvos, e muitos pesquisadores ficam desconfortáveis com essa valoração. Essa calibração do valor monetário com anos de vida salvos entra em conflito com conceitos éticos que vão além do escopo deste texto.

Uma proporção custo-benefício é definida como a proporção do custo monetário total de um programa dividido pelos benefícios, expressos como economia monetária de um gasto projetado. Embora a abordagem analítica seja comumente chamada de CBA, o cálculo da proporção benefício-custo frequentemente é mais apropriado, pois espera-se que o total de benefícios normalmente exceda o total dos custos, produzindo uma proporção maior do que 1:1.

$$\text{Proporção benefício-custo} = E^{n}\,[B/(1+r)^{t}]$$
$$_{t=1}E^{n}_{t}\,[C/(1+r)^{t}]$$

B_t = benefícios totais para um período t.
C_t = custos totais para o período t.
r = taxa de desconto.
n = número de períodos.

Para interpretar os resultados dessa proporção, usa-se o seguinte critério de decisão: se $B/C > 1$, os benefícios excedem os custos e o programa é socialmente valorizado; se $B/C = 1$, os benefícios são iguais ao custo; e, se $B/C < 1$, os benefícios são menores que o custo e o programa não tem benefícios sociais. Decisões acerca da alocação de recursos entre várias alternativas de atendimento à saúde podem ser baseadas na CBA em conjunto com outras informações.

Análise de custo-utilidade

A análise de custo-utilidade (CUA) é a forma de análise custo-efetividade em que são definidos valores para diferentes resultados de saúde, o que reflete a importância relativa desses resultados para as pessoas. Os resultados são expressos em unidades, como custo por QALY. A CUA é a metodologia apropriada quando a qualidade de vida é a medida primária de interesse na intervenção do atendimento à saúde.

A CUA incorpora o valor da vida em suas variáveis por meio da medida da utilidade ou preferência do paciente no resultado. Utilidade é o valor ou mérito colocado em um nível de *status* de saúde, ou melhora nesse *status*, medido pela preferência individual ou da sociedade. Ele é um conceito usado em economia e em análises de decisão para se referir ao nível de satisfação ou bem-estar experimentado pelo consumidor de um bem ou serviço. A medida da utilidade é necessária para o cálculo dos resultados mais comumente usados nesse tipo de análise: as QALY.

Qualidade de vida ajustada por anos de vida

A QALY é definida como a unidade mais comumente usada para exprimir os resultados de uma CUA. Uma medida de utilidade de saúde que combina qualidade e quantidade de vida é determinada por algum processo de valoração, em que esses valores podem ser obtidos de pessoas com a doença em questão (e presumivelmente elegíveis para a intervenção de saúde) ou da população em geral. Um ano em perfeita saúde equivale a 1,0 QALY. Um ano tachado pelo paciente como 40% de seu perfeito estado de saúde equivale a 0,4 QALY. Resultados expressos dessa maneira facilitam comparações entre intervenções de saúde com vários efeitos diferentes – por exemplo, salvar vidas *versus* reduzir incapacidade.

Análise de sensibilidade

A validade da CEA depende da precisão assumida em duas medidas: o custo da intervenção e o valor percebido do resultado derivado da intervenção de atendimento à saúde. A análise de sensibilidade é o método padronizado de gerenciar incertezas dentro de um modelo que envolva mudanças no valor de uma variável em uma faixa de valores plausíveis, enquanto outras variáveis permanecem constantes e asseguram o efeito sobre as conclusões encontradas. Os testes de análise de sensibilidade podem propiciar ao leitor do trabalho uma confiança maior nos resultados.

METODOLOGIA DA ANÁLISE ECONÔMICA

Não existe consenso quanto à metodologia que deve ser seguida na avaliação econômica dos medicamentos. Para alguns, os estudos farmacoeconômicos podem ser baseados em ensaios clínicos retrospectivos ou em modelos de simulação. Esses dois modos de coleta dos dados para análise requerem a formulação de eventuais conjecturas ou hipóteses, o que invariavelmente conduz a um elevado grau de críticas aos resultados obtidos. Assim, foi proposto que a melhor metodologia para uma análise econômica suficientemente robusta seria o estudo prospectivo planejado e executado concomitantemente com a avaliação clínica do medicamento. Os dados econômicos prospectivos recolhidos em paralelo com a investigação clínica, como acontece nos ensaios clínicos de fase III, apresentam maior rigor científico que as outras abordagens. Contudo, os ensaios clínicos de fase III muitas vezes apresentam protocolos em que a cuidadosa seleção e o *follow-up* dos pacientes, assim como dos procedimentos clínicos e dos meios de diagnóstico necessários à avaliação da eficácia e da segurança do medicamento, não refletem a prática clínica.

Desse modo, muitos têm referido que os estudos econômicos baseados em ensaios clínicos são artificiais e pouco críveis. A proposta alternativa é, portanto, a realização de estudos farmacoeconômicos de acordo com a habitual prática clínica. Muitas críticas têm sido levantadas sobre o grande viés subjacente a esses estudos econômicos, ditos naturalistas, particularmente quando comparados com os ensaios clínicos. Tal como acontece em situações semelhantes, há quem proponha um sistema híbrido de avaliação econômica com os dois tipos de metodologia, juntando as vantagens e os inconvenientes de ambos.

No entanto, a controvérsia sobre a metodologia dos estudos econômicos é demasiado profunda para que sejam feitas recomendações criteriosas sobre esse assunto. Um grupo de investigadores financiados pela indústria e a Food and Drug Administration (FDA) emitiram diretivas próprias nessa área, que recomendam aos investigadores a necessidade de justificar e apresentar de modo claro suas opções metodológicas; mas nenhuma dessas organizações procurou padronizar minimamente a metodologia dos estudos farmacoeconômicos.

Outro problema relacionado com a metodologia é a falta de independência dos investigadores. Por essa razão, a credibilidade dos estudos de farmacoeconomia tem sido seriamente questionada. Assim, o *New England Journal of Medicine* publicou um editorial dedicado aos critérios de publicação de estudos de farmacoeconomia: os investigadores não poderão ter ligações financeiras com a indústria farmacêutica dos medicamentos avaliados ou com seus competidores e deverão declarar por escrito que foram independentes na concepção do estudo, na interpretação dos resultados e no relatório realizado; o financiamento do estudo deverá ser realizado por uma entidade sem fins lucrativos, como uma universidade ou um hospital. Essa declaração de um jornal médico da maior reputação reflete a necessidade sentida de separar os interesses dos investigadores dos interesses econômicos dos financiadores dos estudos. A credibilidade das observações e dos resultados de qualquer estudo depende de quem os realiza e pode ser condicionada por um conflito de interesses dos investigadores. Se os critérios de análise não forem objetiva e corretamente definidos e selecionados, a escolha das adoções e técnicas escolhidas pelos investigadores seguramente influenciará o resultado pré-selecionado.

ATUAÇÃO DO FARMACÊUTICO CLÍNICO NA FARMACOECONOMIA

Em um trabalho de revisão publicado em 2021 e conduzido por Tonin et al., foi demonstrado, com base em amplo levantamento de trabalhos científicos, que ainda são necessárias futuras avaliações econômicas de alta qualidade, com metodologias robustas e desenho de estudo, para investigar quais serviços farmacêuticos têm benefícios clínicos e humanísticos significativos para os pacientes e comprovar a maior economia de custos para os orçamentos de saúde. Mais trabalhos também são necessários para desenvolver medidas de valor farmacêutico compostas válidas e confiáveis para dar suporte a futuros modelos de pagamento farmacêutico com base no desempenho.

Nos trabalhos citados pelos autores mencionados também foi apontado que, nas últimas décadas, o campo da prática farmacêutica passou por diversas transformações – o farmacêutico passou da atuação principalmente na dispensação de medicamentos para a atenção individualizada e especializada em equipes de saúde. Essas inovações nos serviços de prática farmacêutica e nos profissionais de farmácia que os prestam são agora reconhecidas como um recurso fundamental do sistema de saúde para a promoção do uso seguro e racional de medicamentos. Geralmente incluem intervenções multidimensionais complexas fornecidas por meio de ações educacionais, atitudinais ou comportamentais.

A cultura de promoção de cuidados com base em evidências, incentivos vinculados à qualidade e ações centradas no paciente, que estão associados às restrições financeiras naturais no orçamento da saúde, resultou em um interesse crescente dos formuladores de políticas em expandir os papéis dos farmacêuticos na atenção primária e atenção secundária. Na verdade, vários estudos demonstraram os resultados clínicos positivos associados aos cuidados prestados por farmacêuticos em uma ampla gama de doenças, incluindo diabetes, hiperlipidemia, HIV/Aids, doenças cardiovasculares, respiratórias e mentais. No entanto, o extenso corpo de evidências mostra que a eficácia dos serviços conduzidos por farmacêuticos deixou de incluir análises econômicas que apoiem ainda mais uma adoção e implementação mais ampla desses serviços.

No estudo de Tonin et al. de 2021, faz-se citação de um trabalho de Elliot et al., mostrando que, dos 31 estudos de custo-efetividade publicados sobre serviços de farmácia avaliados em sua revisão, 90,3% descreveram claramente a intervenção, mas apenas 67,7% descreveram a via do comparador. Quase 20% dos estudos carecem de relato do método aplicado para obter a utilização dos recursos e cerca de 75% não realizam uma análise estatística adequada dos custos. Os custos diretos das intervenções foram claramente incorporados em apenas metade dos estudos. A maioria dos ICER (taxa incremental de custo-efetividade) foi gerada a partir de indicadores de processo, como erros e aderência, com apenas quatro estudos (12,9%) relatando custo por QALY. Cerca de um terço das análises de custo-efetividade não era claro sobre o horizonte de tempo.

As análises de incerteza e sensibilidade dos dados foram realizadas em apenas 35 e 30% dos estudos, respectivamente, e os métodos usados não eram visivelmente claros na maioria dos casos. Essas tentativas de conduzir a avaliação econômica dos serviços de farmácia são quase exclusivamente provenientes dos Estados Unidos e do Reino Unido, com alguma representação da Holanda, Canadá e Austrália. Há poucos detalhes sobre os custos de prestação de serviços, e ainda menos estudos fornecem uma estimativa dos benefícios ou consequências do serviço, além da redução dos gastos com medicamentos.

Normalmente os estudos se concentram em quantificar as intervenções dos farmacêuticos, mas falham em demonstrar a qualidade ou o impacto do serviço, o que pode ser devido ao próprio serviço ou a problemas no desenho metodológico do estudo.

Assim, ainda são necessárias futuras avaliações econômicas de alta qualidade com metodologias robustas e desenho de estudo para investigar quais serviços farmacêuticos têm benefícios clínicos e humanísticos significativos para os pacientes e comprovar a maior economia de custos para os orçamentos de saúde. Mais trabalhos também são necessários para desenvolver medidas de valor farmacêutico compostas válidas e confiáveis para dar suporte a futuros modelos de pagamento farmacêutico com base no desempenho.

A FARMACOECONOMIA COMO FERRAMENTA DE TOMADA DE DECISÃO PELO FARMACÊUTICO CLÍNICO

Uma das principais aplicações da farmacoeconomia na prática clínica é orientar a tomada de decisões clínicas e políticas. Os farmacêuticos estão cada vez mais fornecendo serviços destinados a facilitar o acesso dos pacientes aos cuidados e melhorar a saúde e o uso de medicamentos e os resultados. Muitos dos farmacêuticos de hoje fornecem uma ampla gama de serviços não dispensadores, como vacinação, coordenação e revisão de medicamentos, gerenciamento de doenças crônicas, programas de prevenção e bem-estar, testes no ponto de atendimento. Nesses casos, além da realização de avaliações econômicas para confirmar o valor agregado do farmacêutico no ambiente, modelos de pagamento precisam ser desenvolvidos para que os serviços não dispensadores sejam sustentáveis.

Uma revisão sobre os programas de remuneração internacional disponíveis para farmacêuticos por serviços não dispensadores demonstrou um aumento no número de novos programas de reembolso de farmacêuticos que prestam serviços de atendimento ao paciente, especialmente aqueles relacionados a gestão de terapia medicamentosa e administração de injeções. Os modelos de pagamento baseados em desempenho têm o potencial de aumentar o valor ao criar um sistema meritocrático em que os provedores que prestam o melhor atendimento ao paciente são recompensados, enquanto os provedores que não fornecem esse atendimento recebem incentivos para melhorar. No entanto, existem poucos exemplos de modelos de reembolso baseados em incentivos para serviços prestados por farmacêuticos, e eles geralmente estão em estágios iniciais. O estudo de Zeater et al. relata que uma ampla gama de medidas é usada para avaliar o desempenho financeiro de serviços profissionais em farmácia comunitária, o que dificulta a capacidade de comparar resultados entre estudos. As primeiras experiências também sugerem que, a menos que esses sistemas sejam projetados adequadamente, os pagamentos podem ser retidos de profissionais de alto desempenho, bônus pagos a profissionais de baixo desempenho, e as disparidades de saúde podem ser agravadas. Recentemente foram propostos modelos para avaliar financeiramente serviços farmacêuticos profissionais por meio de uma abordagem estruturada, mas ainda há espaço para melhorias. Isso é importante porque os modelos de pagamento baseados em valor têm sido apresentados como uma abordagem que recompensa a qualidade e o valor nos cuidados de saúde.

A implementação de VAF nesse contexto, embora inovadora, é ainda mais crítica, pois usar apenas QALY ou DALY como medidas de utilidade pode não refletir o verdadeiro valor da intervenção do farmacêutico em períodos de curto prazo. O desenvolvimento de estruturas baseadas em teoria é capaz de conceituar o valor que as tecnologias ou serviços liderados por farmacêuticos fornecem aos pagadores. Por exemplo, a qualidade da farmácia pode ser definida como atingir um grau de excelência ao fornecer serviços que maximizam a probabilidade de resultados positivos e minimizam a probabilidade de resultados negativos. Consequentemente, o valor da farmácia pode ser definido como atingir metas de qualidade enquanto simultaneamente reduz os gastos com saúde ou mantém os gastos constantes, ou reduz os gastos enquanto melhora ou mantém a qualidade. No entanto, nenhuma estrutura única de avaliação de valor pode refletir simultaneamente vários contextos de decisão e as perspectivas do paciente, do plano de saúde ou da sociedade como um todo. Portanto, é importante que qualquer estrutura articule claramente o construto de valor que representa e a perspectiva e o contexto de decisão em que deve ser usada, e seja bem validada e confiável dentro desse construto e contexto.

A condução, o relato e a interpretação apropriados de avaliações econômicas permitem que profissionais e administradores tomem decisões melhores e mais informadas sobre as tecnologias e os serviços disponíveis para os níveis de pacientes e sistemas de saúde. A declaração CHEERS pode ajudar durante esse processo e deve ser seguida rigorosamente por autores de avaliações econômicas de serviços liderados por farmacêuticos. Os parâmetros de uma avaliação econômica devem ser considerados da mesma forma que os de ensaios clínicos (p. ex., população, intervenção, comparador, resultado e tempo – PICOT). A população compreende a população modelada, fontes de dados de entrada e suposições para as quais devem ser claramente articuladas para que sua generalização e aplicabilidade possam ser verificadas. A intervenção é a tecnologia ou serviço de interesse, e todas as suposições feitas sobre seu uso devem ser claramente descritas. Os resultados e custos dependerão das consequências das intervenções e da perspectiva adotada. A expressão apropriada do horizonte de tempo é importante porque os ICER variam com o tempo.

Embora os principais desafios metodológicos sejam comuns a todas as avaliações econômicas, os estudos sobre o impacto econômico das intervenções farmacêuticas geralmente são mal descritos, projetados incorretamente ou não constituem avaliações completas. Além disso, vários autores afirmam ter dificuldades em precificar os serviços dos farmacêuticos, dada a quantidade complexa de intervenções realizadas, o que impede outras avaliações econômicas no campo. O *design* ruim ou a grande heterogeneidade entre estudos primários (p. ex., ensaios clínicos randomizados) de serviços farmacêuticos também impedem que muitos estudos considerem as intervenções farmacêuticas eficazes ou econômicas.

Elliot et al. mostraram que, dos 31 estudos de custo-efetividade publicados sobre serviços de farmácia avaliados em sua revisão, 90,3% descreveram claramente a intervenção, mas apenas 67,7% descreveram o caminho do comparador.

Recentemente foram identificadas três áreas principais nas quais o farmacêutico tem um impacto econômico, que incluem: redução de gastos totais com saúde, redução de cuidados desnecessários e redução de custos sociais. Os autores discutem que, embora as evidências apoiem o valor econômico potencial do farmacêutico em diferentes cenários de assistência médica, a opinião pública e os movimentos políticos que apoiam o acesso dos pacientes aos cuidados fornecidos pelo farmacêutico são variáveis. Nesse contexto, as estratégias para defender e efetuar mudanças incluem uma melhor compreensão desse valor econômico positivo do farmacêutico.

Assim, futuras avaliações econômicas de alta qualidade com metodologias robustas e *design* de estudo ainda são necessárias para investigar quais serviços farmacêuticos têm benefícios clínicos e humanísticos significativos para os pacientes e comprovar as maiores economias de custos para orçamentos de saúde. Mais trabalho também é necessário para desenvolver medidas de valor farmacêutico composto válidas e confiáveis para dar suporte a futuros modelos de pagamento farmacêutico baseados em desempenho.

BIBLIOGRAFIA

Arrow KJ. Uncertainty and the welfare economics of medical care. American Economics Reviews. 1963;53:941-73.

Bootman JL, Townsend RJ, McGhan WF. Introduction to pharmacoeconomics. In: Bootman JL, Townsend RJ, McGhan WF, eds. Principles of pharmacoeconomics. 2. ed. Cincinnati: Harvey Whitney Books; 1996. p.4-20.

Chrischilles EA. Cost-effectiveness analysis. In: Bootman JL, Townsend RJ, McGhan WF, eds. Principles of pharmacoeconomics. 2. ed. Cincinnati: Harvey Whitney Books; 1996. p.76-101.

Coons SJ, Kaplan RM. Cost utility analysis. In: Bootman JL, Townsend RJ, McGhan WF, eds. Principles of pharmacoeconomics. 2. ed. Cincinnati: Harvey Whitney Books; 1996. p.102-26.

Cramer JA, Spilker B. Quality of life and pharmacoeconomics: an introduction. New York: Lippincott-Raven; 1998.

Danzon PM, Drummond MF, Towse A, Pauly MV. Objectives, budgets, thresholds, and opportunity costs-a health economics approach: an ISPOR special task force report [4]. Value Health. 2018;21(2):140-5.

Elliott RA, Putman K, Davies J, Annemans L. A review of the methodological challenges in assessing the cost effectiveness of pharmacist interventions. Pharmacoeconomics. 2014;32(12):1185-99.

Folland S, Goodman AC, Stano M. The economics of health and health care. 2. ed. Upper Saddle River: Prentice-Hall; 1997.

Gyrd-Hansen D. Willingness to pay for a QALY: theoretical and methodological issues. Pharmacoeconomics. 2005;23(5):423-32.

Jackson J, Urick B. Performance-based pharmacy payment models: the case for change. Aust Health Rev. 2019;43(5):502-7.

Jacobs P. Behavior of health care costs. In: The economics of health and medical care. 3. ed. Gaithersburg: Aspen; 1991. p.125-31.

Jacobs P. Economic dimensions of the health care system. In: The economics of health and medical care. 3. ed. Gaithersburg: Aspen; 1991. p.47-8.

Jacobs P. Economic measurement: cost-benefit and cost-effectiveness analysis. In: The economics of health and medical care. 3. ed. Gaithersburg: Aspen; 1991. p.353.

Johannesson M, O'Brien BJ. Economics, pharmaceuticals, and pharmacoeconomics. Med Decis Making. 1998;18(2):S1-S3.

Kosari S, Deeks LS, Naunton M, Dawda P, Postma MJ, Tay GH, Peterson GM. Funding pharmacists in general practice: a feasibility study to inform the design of future economic evaluations. Res Social Adm Pharm. 2020.

Larson LA. Cost determination and analysis. In: Bootman JL, Townsend RJ, McGhan WF, eds. Principles of pharmacoeconomics. 2. ed. Cincinnati: Harvey Whitney Books; 1996. p.44-59.

McGhan WF, Kitz DS. Cost benefit analysis. In: Bootman JL, Townsend RJ, McGhan WF, eds. Principles of pharmacoeconomics. 2. ed. Cincinnati: Harvey Whitney Books; 1996. p.57-60.

McGhan WF, Rowland C, Bootman JL. Cost benefit and cost-effectiveness: methodologies for evaluating innovative pharmaceutical services. Am J Hosp Pharm. 1978;35:133-40.

Murphy EM, Rodis JL, Mann HJ. Three ways to advocate for the economic value of the pharmacist in health care. J Am Pharm Assoc (2003). 2020;60(6):e116-e124.

O'Brian BJ. Principles of economic evaluation for health care programs. J Rheumatol. 1995;22:1399-402.

Pashos CL, Klein EG, Wanke LA, eds. ISPOR Lexicon. Princeton: International Society for Pharmacoeconomics and Outcomes Research; 1998.

Pharmacoeconomic principles: tools for practicing pharmacists. Roche Continuing Education Program for Pharmacists; 1994. p.6.

Pontinha VM, Wagner TD, Holdford DA. Point-of-care testing in pharmacies – an evaluation of the service from the lens of resource-based theory of competitive advantage. J Am Pharm Assoc (2003). 2020.

Reeder CE. Overview of pharmacoeconomics and pharmaceutical outcomes evaluations. Am J Health-Syst Pharm. 1995;52(4):S5-S8.

Tonin FS, Aznar-Lou I, Pontinha VM, Pontarolo R, Fernandez-Llimos F. Principles of pharmacoeconomic analysis: the case of pharmacist-led interventions. Pharm Pract (Granada). 2021;19(1):2302.

Tonin FS, Wiecek E, Torres-Robles A, Pontarolo R, Benrimoj SCI, Fernandez-Llimos F, Garcia-Cardenas V. An innovative and comprehensive technique to evaluate different measures of medication adherence: the network meta-analysis. Res Social Adm Pharm. 2019;15(4):358-65.

Touchette DR, Doloresco F, Suda KJ, Perez A, Turner S, Jalundhwala Y, et al. Economic evaluations of clinical pharmacy services: 2006-2010. Pharmacotherapy. 2014;34(8):771-93.

Urick BY, Urmie JM. Framework for assessing pharmacy value. Res Social Adm Pharm. 2019;15(11):1326-37.

Wilson AE. De-mystifying pharmacoeconomics. Drug Benefit Trends. 1999;11(5):56-8, 61-2, 67.

Zeater S, Benrimoj SI, Fernandez-Llimos F, Garcia-Cardenas V. A model for the financial assessment of professional services in community pharmacy: a systematic review. J Am Pharm Assoc (2003). 2019;59(1):108-16.

12

Farmacocinética clínica

INTRODUÇÃO

Entende-se por farmacocinética clínica o conjunto de atividades dirigidas a desenhar esquemas posológicos individualizados mediante a aplicação dos princípios farmacocinéticos. Um elemento fundamental é a determinação dos níveis plasmáticos de medicamentos (monitoração farmacocinética) que serão utilizados para estimar os parâmetros farmacocinéticos do paciente, que por sua vez serão a base para o cálculo dos esquemas posológicos. A farmacocinética é um procedimento destinado a melhorar a qualidade da assistência ao paciente, contribuindo para aumentar o benefício terapêutico do tratamento farmacológico e diminuir o risco de eventos adversos.

A unidade de farmacocinética clínica (UFC) pode ser definida como uma unidade funcional estruturada, sob a direção de um profissional qualificado, destinada a otimizar o tratamento farmacológico mediante a aplicação dos princípios e dos métodos de estudos farmacocinéticos. A Sociedad Española de Farmacia Hospitalaria (SEFH) recomenda que no hospital a UFC faça parte do serviço de farmácia e seja dirigida por um farmacêutico especialista em farmácia hospitalar, com formação e experiência em farmacocinética clínica e dedicação em tempo integral ou parcial, em razão das características específicas do serviço do centro. A unidade de farmacocinética clínica deve dispor de um espaço físico diferenciado e contar com equipamentos analíticos, suporte de informática e pessoal necessário para levar a cabo suas atividades.

CARACTERÍSTICAS DA UNIDADE DE FARMACOCINÉTICA CLÍNICA

As características de uma UFC podem variar de um hospital para outro. De acordo com a SEFH, considera-se que em todos os casos suas principais funções devem ser:

- Seleção dos medicamentos que serão incluídos no programa de monitorização farmacocinética, com base no seu índice terapêutico estreito e na sua ampla variabilidade farmacocinética.
- Seleção dos pacientes que irão se beneficiar da monitorização farmacocinética, que cada centro estabelecerá com base em suas características. Pode atuar de forma automática a partir dos casos identificados pelo próprio serviço de farmácia ou intervir somente nos casos em que a equipe médica formule uma consulta à UFC.
- Seleção dos métodos analíticos, com base em seu grau de especificidade e sensibilidade. Recomenda-se que o serviço de farmácia disponha de seu próprio laboratório, que leve a cabo a determinação analítica e coordene a extração das amostras. As vantagens de uma estrutura desse tipo derivam do contato direto com o paciente, o que permite revisar seu tratamento e valorar o grau de cumprimento; a possibilidade de estabelecer a adequada programação da tomada de amostras, garantindo as condições ideais de sua extração; evitar o processamento de amostras não justificadas (pacientes já controlados, doses já suspendidas ou amostras extraídas incorretamente); e agilizar o processo, cumprindo os objetivos de uma correta e completa atenção farmacêutica. Deve-se estar consciente de que nem sempre é possível para o serviço de farmácia desempenhar essa atividade. Em todo caso, no mínimo é preciso conhecer em que momento foi realizada a extração para poder interpretar adequadamente o resultado obtido. Deve constar a hora exata da extração, assim como a hora da administração do medicamento.
- Interpretação dos níveis plasmáticos com base nas características do medicamento monitorado; as características físicas do paciente; o estado clínico do paciente e sua função renal, hepática e cardíaca; a indicação do medicamento que será monitorado; e o tratamento concomitante.

Por ser uma atividade eminentemente clínica, recomenda-se estabelecer um procedimento idôneo, que garanta que os dados nomeados anteriormente sejam os que figurem na história clínica do paciente, de modo que, em qualquer caso, o farmacêutico possa confirmar essas informações.

Para o cálculo dos parâmetros farmacocinéticos individuais, recomendam-se os métodos de regressão não linear e os métodos bayesianos, já que estes têm demonstrado ser os mais exatos e possuir a maior capacidade de predição. Se o farmacêutico responsável pela UFC considerar necessário modificar o esquema posológico, ele comunicará ao médico responsável a nova posologia, a hora em que se deve iniciar, a previsão dos níveis plasmáticos a serem obtidos com o novo esquema e os posteriores controles analíticos que se tornarem necessários. Todos os registros dos informes emitidos e dos procedimentos empregados na monitoração devem ficar guardados, sendo anexados ao prontuário do paciente.

Recomenda-se que a UFC elabore um guia de monitoração farmacocinética que seja difundido no hospital (podendo fazer parte do próprio guia farmacoterapêutico do centro) e inclua, entre outros, os seguintes aspectos: medicamentos incluídos no programa de monitorização e margens terapêuticas, tempos ideais de amostra, condições para a obtenção das amostras, folha de pedido de níveis plasmáticos, horário de funcionamento da UFC e horário para a determinação analítica e a emissão de resultados.

A SEFH recomenda estabelecer um sistema de controle de qualidade analítico, tanto interno como externo, além de um sistema de garantia de qualidade das atividades da UFC que permita identificar problemas relacionados a todo o processo de monitorização farmacocinética e planejar soluções adequadas para melhorar seu funcionamento.

A farmacocinética clínica utiliza as informações acumuladas nos estudos de absorção, distribuição, metabolismo e excreção dos fármacos no desenho de estratégias clínicas concretas que permitam aumentar a precisão dos regimes terapêuticos em pacientes. O objetivo é capacitar o farmacêutico para desenvolver todos os aspectos que se detalham na prática profissional diária.

Informações relevantes em farmacocinética clínica

Para desenvolver as funções próprias de farmacocinética clínica, o farmacêutico deve conhecer:

- Princípios básicos de farmacocinética.
- Parâmetros que caracterizam cada processo farmacocinético e sua utilidade clínica.

- Modelos, equações e métodos farmacocinéticos que possam ser úteis no desenho, na análise e na interpretação dos estudos farmacocinéticos.
- Critérios dos fármacos candidatos à monitorização farmacocinética que devem cumprir.
- Pacientes que podem se beneficiar do controle de níveis plasmáticos.
- Situações clínicas especiais que modificam a conduta farmacocinética dos medicamentos:
  - Insuficiência renal.
  - Insuficiência hepática.
  - Estados de hidratação alterados.
  - Crianças.
  - Idosos.
  - Interações farmacocinéticas.

MONITORIZAÇÃO TERAPÊUTICA DE MEDICAMENTOS

Em 2020, no Brasil, o Conselho Federal de Farmácia (CFF) lançou uma consulta pública sobre esse tema. A monitorização terapêutica de medicamentos (MTM ou TDM, do inglês *therapeutic drug monitoring*) é definida pela International Association of Therapeutic Drug Monitoring and Clinical Toxicology (IATDMCT) como "especialidade clínica multidisciplinar que visa melhorar a assistência prestada ao paciente, ajustando individualmente a dose de medicamentos".

Outras entidades, como o American College of Clinical Pharmacy e a American Society of Health-System Pharmacists, encorajam a implantação da MTM como importante prática clínica dos farmacêuticos. No Brasil, o Conselho Federal de Farmácia (CFF) tem estimulado sua expansão, por meio de regulamentações como a Resolução/CFF n. 585/2013. Em recente publicação da entidade, a MTM foi definida como "serviço que compreende a mensuração e a interpretação dos níveis séricos de fármacos, com o objetivo de determinar as doses individualizadas necessárias para a obtenção de concentrações plasmáticas efetivas e seguras".

O referido documento ressaltou que a MTM não se restringe a uma simples mensuração da concentração sérica de fármacos, mas é uma abordagem combinada, abrangendo técnicas e análises farmacêuticas, farmacocinéticas e farmacodinâmicas que poderão contribuir para a identificação e a resolução de problemas relacionados à farmacoterapia.

Protocolos de farmacocinética clínica

Para o farmacêutico desenvolver ações de farmacocinética clínica, é importante buscar os protocolos de trabalho, que atualmente são universais e baseados em dados da Organização Mundial da Saúde (OMS) e de sociedades internacionalmente reconhecidas de farmacologia e pesquisa clínica.

Esses protocolos são baseados nos seguintes pressupostos:

- Basear o desenho do regime posológico individualizado nos dados farmacocinéticos do medicamento, nas características fisiopatológicas do paciente e no objetivo terapêutico.
- Deve-se decidir o número de amostras biológicas e seu tempo de obtenção para determinação dos níveis do medicamento.
- Recomendar procedimentos e ensaios para as análises de concentração dos fármacos.
- Ajustar os regimes de dosagem com base nas concentrações plasmáticas do medicamento e outros marcadores clínicos e bioquímicos, selecionando os modelos farmacocinéticos e aplicando os métodos matemáticos e informatizados mais adequados.
- Desenvolver informes orais e escritos para argumentar a respeito das recomendações feitas sobre os regimes de dosagem mais adequados e sobre futuros controles terapêuticos que se tornem necessários.
- Avaliar uma resposta não usual de um paciente com uma possível explicação farmacocinética.
- Fomentar a coordenação entre as pessoas envolvidas na monitorização de medicamentos.
- Realizar sessões informativas dirigidas a médicos, enfermeiros e outros farmacêuticos sobre princípios farmacocinéticos e sua aplicação, para que compreendam e sigam os protocolos estabelecidos.

As drogas que frequentemente exigem monitorização constante e apresentam problemas clínicos que requerem acompanhamento farmacocinético são:

- Aminoglicosídeos (amicacina, gentamicina).
- Imunossupressores (ciclosporina).
- Antiarrítmicos (amiodarona, lidocaína).
- Sais de lítio.
- Vancomicina.
- Anticonvulsivantes (fenobarbital, ácido valproico, fenitoína).

PK/PD DE ANTIMICROBIANOS

Em virtude do aumento da resistência antimicrobiana e da escassez de novos antibióticos, há uma necessidade crescente de otimizar o uso de antigos e novos antibióticos. A modelagem das características farmacocinéticas/ farmacodinâmicas (PK/PD) dos antibióticos pode apoiar a otimização dos regimes de dosagem. A eficácia antimicrobiana é determinada pela suscetibilidade do medicamento ao microrganismo e pela exposição ao medicamento, que depende da farmacocinética e da dose.

Os modelos de farmacocinética populacional descrevem as relações entre as características dos pacientes e a exposição ao medicamento. Destacam-se três aplicações clínicas desses modelos a antibióticos: avaliação da dosagem de antibióticos antigos; definição de pontos de corte clínicos; e individualização da dosagem usando MTM.

Um desafio importante é melhorar a compreensão da interpretação dos resultados da modelagem para uma boa implementação das recomendações de dosagem, pontos de corte clínicos e conselhos de MTM. Portanto, a seguir também são fornecidas informações básicas sobre princípios e abordagens de PK/PD para analisar dados.

Os antibióticos são um componente-chave da medicina moderna, utilizados em mais da metade de todas as hospitalizações nos Estados Unidos, com mais de 250 milhões de cursos de tratamento adicionais fornecidos em regime ambulatorial por ano. Junto com outras classes de anti-infecciosos, eles representam uma singularidade farmacoterápica, em que a prescrição de um paciente pode ter um efeito direto sobre os outros, já que a utilização de antimicrobianos continua sendo o principal impulsionador da resistência do organismo.

Apesar de a resistência aos antibióticos ter sido há muito declarada uma grande ameaça à saúde pública global, o panorama do desenvolvimento de antimicrobianos permaneceu árido, sem agentes com novos mecanismos de ação contra organismos Gram-negativos resistentes atualmente em ensaios clínicos em estágio final.

É abundantemente claro que a otimização da prescrição de antibióticos é necessária para preservar nosso arsenal atual. Embora as práticas de manejo com foco na restrição do uso e no encurtamento da duração do tratamento sejam bem citadas, são necessárias mais pesquisas sobre PK e PD de antibióticos que maximizem a probabilidade de resultados bem-sucedidos.

As principais considerações de PK/PD para os antibióticos mais comuns encontrados em ambientes hospitalares dos Estados Unidos (betalactâmicos, vancomicina, fluoroquinolonas e aminoglicosídeos) e as informações contidas em manuais podem auxiliar na produção de regimes de dosagem que maximizam o benefício clínico enquanto minimizam o risco de toxicidade. Embora esses conceitos permaneçam salientes para os antifúngicos e antivirais, tais agentes ainda carecem de mais estudos para avaliação.

A cinética de um medicamento refere-se à sua taxa de variação à medida que atravessa um sistema biológico e é governada pelos quatro processos essenciais (absorção, distribuição, metabolismo e excreção). Embora a PK do antibiótico seja frequentemente considerada em termos do efeito do corpo sobre a droga, as propriedades físico-químicas do agente também devem ser consideradas para prever sua disposição. A principal delas é a solubilidade relativa do antimicrobiano, que pode ter um impacto significativo em seu volume de distribuição e, portanto, pode ser fundamental na seleção de agentes que devem atingir penetração adequada no local da infecção. Também é influente a extensão de ligação às proteínas que o antibiótico exibe, pois apenas o medicamento livre e não ligado é capaz de exercer efeitos antimicrobianos.

Como a albumina é a proteína primária de ligação ao plasma para a maioria dos antibióticos, suas concentrações devem ser consideradas ao implementar e ajustar os regimes de dosagem, com agentes altamente ligados a proteínas sendo os mais afetados. Finalmente, a principal via de eliminação do agente merece apreciação, sobretudo em tempos de mudança da condição clínica, em que o desenvolvimento de disfunção de órgão-alvo ou doença crítica pode aumentar de modo significativo (insuficiência renal) ou reduzir (depuração renal aumentada) as exposições a antibióticos.

Com essas propriedades farmacocinéticas em mente, fica claro que o local primário da infecção é uma variável crucial ao se considerar se é provável que sejam alcançadas exposições suficientes aos antibióticos para um determinado agente e regime de dosagem. Na verdade, a fisiologia diferente dos locais anatômicos onde as bactérias podem residir frequentemente resulta em graus variáveis de penetração do antibiótico e, portanto, de concentração no local onde ocorre o efeito farmacológico. É muito importante examinar a relação entre a farmacocinética do antibiótico e as exposições em sangue, pulmões, tecidos moles, ossos e sistema nervoso central (SNC).

Coletivamente, esses achados deixam claro que a penetração no local-alvo é um fator importante para reconciliar as diferenças farmacocinéticas entre e dentro das classes de antibióticos, além de interpretar a literatura publicada sobre o efeito antimicrobiano. Também é aparente que o estudo de exposições a antibióticos no local da infecção é deficiente, com grande parte da base de evidências de ensaios realizados décadas atrás dificultada por projetos experimentais subótimos, com número limitado de observações e metodologias desatualizadas.

É importante ressaltar que, embora os estudos publicados muitas vezes observem concentrações no local de infecção acima das concentrações inibitórias mínimas (CIM) de patógenos comuns, apesar de várias barreiras à entrada, esses instantâneos de PK não são indicados para tirar conclusões definitivas sobre a adequação de um determinado regime de antibióticos.

A CIM (ou, na sigla em inglês, MIC) representa a PD mais elementar para antibióticos; no entanto, esse valor simplesmente reflete a potência de um determinado agente, não fornecendo informações sobre o curso do tempo do efeito antimicrobiano nem se a taxa de morte bacteriana pode ser alterada pela alteração da exposição ao medicamento. Muito mais informativa é a incorporação de informações de farmacocinética para avaliar a capacidade de um determinado antibiótico e seu regime de dosagem escolhido para matar o patógeno infectante e prever o resultado clínico.

Três índices principais de PD – a porcentagem de tempo que a droga livre permanece acima da CIM ao longo de um período de 24 horas (fT > CIM), a proporção da área da droga livre sob a curva de concentração-tempo para CIM ao longo de um período de 24 horas (fAUC:CIM) e a razão da concentração máxima para CIM (Cmax:CIM) – vinculam suficientemente a cinética da disposição antimicrobiana à eficácia.

Um fator adicional é o efeito pós-antibiótico do agente (PAE, do inglês *postantibiotic effect*), que quantifica a persistência de supressão bacteriana após curta exposição ao medicamento, aumentando assim a duração geral do efeito antimicrobiano. A consideração dessas métricas é essencial na seleção e no ajuste adequados de regimes de antibióticos na prática clínica e deve ser feita em concordância com o estado individual do paciente e local suspeito de infecção.

As características representativas de PD e dosagem para as classes antimicrobianas são fornecidas em tabelas de alguns trabalhos científicos. Enquanto o campo da PD antimicrobiana nasceu de estudos *in vitro* e em animais, para os quais existe uma rica literatura, o foco serão aplicações e avaliações clínicas recentes. Assim, medidas alternativas de PD associadas à minimização da resistência antimicrobiana, como a concentração de prevenção de mutantes (CPM), não são discutidas, uma vez que atualmente não têm sido avaliadas na clínica, embora continuem sendo um foco importante para pesquisas futuras.

Em virtude da menor evidência geral de apoio ao seu uso, os índices alternativos de PD, incluindo medidas relacionadas à porcentagem de tempo livre do medicamento, permanecem acima de um múltiplo baixo de CIM

(p. ex., fT > 4 × CIM), e a concentração mínima do medicamento livre para a proporção CIM (fCmin:CIM).

As taxas crescentes de resistência antimicrobiana e uma linha limitada de desenvolvimento de medicamentos ressaltam a necessidade de preservar a utilidade dos agentes atualmente disponíveis. Uma apreciação dos determinantes de PK/PD de um determinado antibiótico pode promover regimes de dosagem mais racionais e individualizados, melhorando os resultados dos pacientes e, ao mesmo tempo, limitando a disseminação da resistência.

Antecipar a extensão da distribuição até o local da infecção é de fundamental importância para garantir exposições adequadas ao medicamento; no entanto, permanecem lacunas de conhecimento significativas. Para compreender verdadeiramente a farmacologia dos antimicrobianos, deve-se ir além das CIM, empregando métricas que respondem pela taxa de morte bacteriana e os efeitos que diferentes regimes de dosagem têm sobre ela.

O uso de modelagem e simulação de PK/PD pode maximizar a quantidade de informações clinicamente úteis derivadas de um número limitado de pacientes, orientando a terapia ideal e alinhando-se por completo com os objetivos da medicina personalizada.

BIBLIOGRAFIA

American Society of Health-System Pharmacists. ASHP statement on the pharmacist's role in clinical pharmacokinetic monitoring. Am J Health Syst Pharm. 1998;55(16): 1726-7.

Bauer LA. Applied clinical pharmacokinetics. New York: McGraw-Hill Medical; 2001.

Conselho Federal de Farmácia. Monitorização terapêutica de medicamentos. 2020. Disponível em: https://www.cff.org.br/userfiles/MONITORIZACAO%20-%20VERSAO%20PARA%20CONSULTA%20PUBLICA.pdf. Acesso em 11 dez. 2024.

Conselho Federal de Farmácia. Serviços farmacêuticos diretamente destinados ao paciente, à família e à comunidade – contextualização e arcabouço conceitual. 2014.

Evans WE. Applied pharmacokinetics: principles of therapeutic drug monitoring. Philadelphia: Lippincott Williams & Wilkins; 1992.

Harris IM, Phillips B, Boyce E, Griesbach S, Hope C, Sanoski C, et al. Clinical pharmacy should adopt a consistent process of direct patient care. Pharmacotherapy. 2014;34(8).

Horcajada JP, Montero M, Oliver A, Sorlí L, Luque S, Gómez-Zorilla S, et al. Epidemiology and treatment of multidrug-resistant and extensively drug-resistant pseudomonas aeruginosa infections. Clin Microbiol Rev. 2019;32(4):e00031-19.

Onufrak NJ, Forrest A, Gonzalez D. Pharmacokinetic and pharmacodynamic principles of anti-infective dosing. Clin Ther. 2016;38(9):1930-47.

Rowland M, Tozer TN. Clinical pharmacokinetics: concepts and applications. 3. ed. Philadelphia: Lippincott Williams & Wilkins; 1995.

Shargel L, Wu-Pong S, Yu ABC. Applied biopharmaceutics and pharmacokinetics. 5. ed. Philadelphia: McGraw-Hill Medical; 2004.

Sociedad Española de Farmacia Hospitalaria. Recomendaciones de la SEFH sobre farmacocinética clínica. Disponível em: https://www.sefh.es/sefhdescargas/archivos/norma7.pdf. Acesso em 11 dez. 2024.

Velde F, Mouton JW, Winter BCM, Gelder T, Koch BCP. Clinical applications of population pharmacokinetic models of antibiotics: challenges and perspectives. Pharmacol Res. 2018;134:280-8.

13

Centro de informações sobre medicamentos

INTRODUÇÃO

Os serviços de informação sobre medicamentos ou centros de informação sobre medicamentos – CIM são serviços especializados fornecidos por farmacêuticos ou farmacêuticos clínicos para aumentar o conhecimento sobre medicamentos, permitindo a prescrição racional e minimizando erros de medicação. O CIM fornece informações autênticas, individualizadas, precisas, relevantes, imparciais e bem referenciadas sobre medicamentos, incluindo suas indicações, seus efeitos adversos e aspectos de segurança para profissionais de saúde e pacientes/consumidores. A imparcialidade e a objetividade das informações são muito importantes. Os serviços de informação sobre medicamentos têm um papel importante para melhorar os resultados dos pacientes, diminuir as reações adversas a medicamentos (RAM) e reduzir os erros de medicação.

Com o objetivo principal de promover o uso racional de medicamentos, o CIM resolve as dúvidas relacionadas a medicamentos com respostas baseadas em evidências, resultando no uso seguro e eficaz de medicamentos em pacientes. Além disso, o CIM contribui para reduzir erros de medicação, promovendo a educação sobre medicamentos.

Além disso, o CIM tem um papel importante em garantir o uso apropriado de antimicrobianos. A Organização Mundial da Saúde (OMS) o definiu como "o uso econômico de antimicrobianos que maximiza o efeito terapêutico clínico, minimizando a toxicidade relacionada ao medicamento e o desenvolvimento de resistência antimicrobiana".

Com a alta incidência de doenças infecciosas em países de baixa e média renda em comparação com países de alta renda, a resistência antimicrobiana se tornou um problema significativo em tais nações. Informações sobre padrões de uso de antibióticos são essenciais para lidar adequadamente com as complicações que podem surgir pelo uso de diferentes antibióticos. O uso racional de antibióticos pode ser obtido com intervenções educacionais e o desenvolvimento de um formulário de requisição de antibióticos. O boletim de medicamentos pode ser um recurso útil para informações sobre sensibilidade a antibióticos e o padrão de uso desses medicamentos para diferentes indicações dentro do hospital e da comunidade.

O CIM desempenha um papel crucial no fornecimento de serviços de assistência farmacêutica de forma eficaz e eficiente. Ele é acessível a qualquer profissional de saúde para informações e dúvidas relacionadas à farmacoterapia e fornece informações objetivas e imparciais, garantindo o uso seguro de medicamentos. Ao auxiliar os clínicos no uso mais seguro de medicamentos e promover o relato de RAM, o CIM pode desempenhar um papel vital na melhoria da segurança dos medicamentos. O CIM deve estar bem equipado com todos os recursos necessários para fornecer informações detalhadas, recentes e atualizadas de consultas sobre medicamentos. Para cumprir o objetivo comum de melhor atendimento ao paciente e uso racional de medicamentos, o sistema de relato de RAM e os CIM devem trabalhar juntos. Nesse contexto, empresas farmacêuticas e serviços de saúde têm trabalhado de maneira coordenada para que os serviços de atendimento ao consumidor (SAC) estejam conectados com os departamentos de farmacovigilância.

Portanto, esses centros têm um impacto positivo na melhoria dos resultados da terapia medicamentosa. Com o fornecimento de informações imparciais e autênticas, o CIM pode ajudar a diminuir a ocorrência de complicações relacionadas e garantir a segurança dos medicamentos até certo ponto. O CIM atua como um recurso de informações de *backup* para acadêmicos, serviços clínicos, pesquisas e programas de educação continuada.

Todo medicamento deve ser acompanhado de informação apropriada. A qualidade das informações a respeito de um medicamento é tão importante quanto a qualidade do princípio ativo. A informação e a promoção podem influenciar em grande medida a forma como os medicamentos são utilizados. O monitoramento e o controle dessas atividades são partes essenciais de uma política nacional de medicamentos. No ano de 2004, no curso de ciências farmacêuticas da Faculdade de Medicina do ABC, em Santo André (SP), desenvolveu-se um projeto de pesquisa e extensão com o objetivo de estudar a viabilidade da implantação de um centro de informações sobre medicamentos, e este capítulo reflete muito os dados pesquisados naquela ocasião por alunos do referido curso.

O funcionamento de um CIM se torna necessário por causa do avanço das pesquisas e do grande número de fármacos disponíveis no mercado, o que dificulta cada vez mais a atuação dos profissionais de saúde (farmacêuticos, médicos, enfermeiros, nutricionistas, dentistas e veterinários) na assistência à população, pois as informações não se encontram sistematizadas. Sua sistematização em um acervo documental de fontes de informação pode assegurar o uso racional dos medicamentos, pois facilita a tomada de decisões terapêuticas baseadas em informações científicas atualizadas e validadas, atendendo às necessidades individuais em um curto período de tempo e a um baixo custo, contribuindo assim para a diminuição dos custos com serviços de saúde atribuídos ao tratamento terapêutico. Mais do que melhorar o emprego de medicamentos pelos profissionais de saúde, um CIM pode melhorar seu emprego pelo próprio usuário, facilitando a adesão à terapia.

O primeiro CIM surgiu em 1962, na Universidade de Kentucky, e espalhou-se por vários outros países em número crescente, comprovando sua importância para a farmacoterapia racional.

No Brasil há 22 centros, presentes nos seguintes estados: Bahia, Ceará, Distrito Federal, Espírito Santo, Minas Gerais, Pará, Paraíba, Paraná, Pernambuco, Rio de Janeiro, Rio Grande do Norte, Rio Grande do Sul, Santa Catarina e São Paulo. No caso particular de São Paulo, estado com maior densidade populacional, existem três centros, localizados na capital, sendo um deles ligado a uma instituição particular.

A iniciativa de abertura de um CIM em um hospital, prefeitura ou rede de farmácias reflete a necessidade de empreender mudanças na atuação do farmacêutico no sentido da atenção farmacêutica, que é um dos aspectos promissores da profissão, propiciando sua efetiva incorporação nas equipes multidisciplinares da área da saúde, para assegurar a qualidade dos serviços ao promover o uso racional dos medicamentos nos diferentes níveis do sistema de saúde.

Uma vez implantado, um CIM também pode fazer parte do Sismed, um sistema brasileiro de informação sobre medicamentos do Conselho Federal de Farmácia (CFF) junto com a Organização Pan-Americana da Saúde (OPAS), que incentiva a implantação de CIM e cria uma estrutura técnica permanente de apoio ao uso racional de medicamentos.

A integração ao Sismed permite ao CIM o compartilhamento de recursos informativos e o intercâmbio de informações, experiências para a solução de problemas comuns e estatísticas que identifiquem tendências na demanda de informações com os centros distribuídos nos demais estados brasileiros.

Um CIM participa no desenvolvimento de guias ou diretrizes de tratamento e formulários terapêuticos dos hospitais-escola e na formação de suas comissões de farmácia e terapêutica (CFT) e de controle da infecção hospitalar (CCIH), além de se envolver com o ensino e reuniões clínicas, pesquisas sobre a prática e serviços especializados prestados por ele mesmo. Também pode desenvolver um boletim de informações, um guia de tratamento ou material educacional sobre o uso apropriado de medicamentos a ser distribuído aos profissionais da região.

O CIM poderá estar integrado a um centro de informações toxicológicas, que também poderá ser instituído em insituições de ensino, de modo que os recursos financeiros possam ser mais bem empregados, o que já ocorre em outros países.

O serviço de informações de medicamentos fornece aos profissionais de saúde informações técnico-científicas imparciais, atualizadas, objetivas e oportunas sobre os medicamentos. Aos pacientes, as informações são de caráter orientador e educativo sobre aspectos relacionados com sua terapia, sempre identificando se há a prescrição do medicamento. Nos casos de um CIM a ser desenvolvido em instituições universitárias, sua função é planejar e executar atividades docentes destinadas a estágios dos acadêmicos do curso de ciências farmacêuticas e treinamento de farmacêuticos na prática profissional de informação sobre medicamentos, podendo participar ou cooperar com programas de pesquisas de farmacoepidemiologia, em especial os programas de farmacovigilância, usando as estatísticas do próprio centro para fazer alertas aos profissionais e à população. Os serviços prestados pelo centro normalmente devem ser gratuitos e ter caráter de utilidade pública.

Todos esses serviços descritos deverão ser executados com seriedade, dedicação e dispor de recursos financeiros regulares adequados para seu funcionamento, que proporcionem a atualização das fontes de informações e a satisfação dos trabalhadores, evitando a fuga para empregos com melhores condições de trabalho, situação que tem acontecido em alguns centros localizados nos Estados Unidos e em Porto Rico, onde os números de centros e de farmacêuticos neles têm decrescido significativamente nos últimos anos.

A indústria farmacêutica também vem investindo na área de CIM, embora seu foco principal seja o atendimento ao cliente nos SAC, o que vem criando um mercado de trabalho promissor nessa área para o farmacêutico.

Um efeito não previsto na etapa de pesquisa clínica em um medicamento disponível no comércio pode ser uma RAM. Essa circunstância permite que o CIM ocupe um lugar relevante no programa de farmacovigilância nacional.

Dentro da filosofia de trabalho de um CIM está o acompanhamento dos casos que necessitam de notificação, de modo a colaborar na monitoração e prevenção de RAM.

Várias ferramentas tecnológicas têm facilitado a vida dos profissionais de saúde em relação à busca de informações de qualidade.

Smartphones com inúmeras funcionalidades estão facilmente disponíveis. Os profissionais de saúde são observados usando *smartphones* e aplicativos médicos para atendimento ao paciente em sua prática diária. Muitos aplicativos médicos e farmacêuticos são amplamente usados na tomada de decisões clínicas. *Smartphones* e aplicativos podem ser úteis para o gerenciamento de informações sobre pacientes, manutenção e manutenção de registros, comunicação entre profissionais de saúde e com pacientes, consulta em diferentes situações clínicas, busca de literatura científica, coleta de informações de diretrizes e livros didáticos, revisão da literatura, tomada de decisão clínica, atendimento e monitoramento do paciente e autoatualização sobre novas terapias e indicações. Hoje em dia, os profissionais de saúde têm informações na ponta dos dedos que, se bem utilizadas, podem levar a melhores resultados para o paciente. Com a presença de informações terapêuticas sobre condições clínicas e medicamentos, os aplicativos médicos auxiliam os profissionais de saúde a atualizar seus conhecimentos e, finalmente, a melhorar a eficiência e a produtividade. No entanto, a validade e a confiabilidade das informações sobre medicamentos disponíveis em diferentes aplicativos são um tópico para debate. Além disso, a disponibilidade de vários aplicativos pode tornar confuso escolher o melhor. Um único aplicativo pode não conter todos os detalhes sobre o assunto desejado, tornando necessário instalar muitos aplicativos no telefone, afetando seu armazenamento.

As ferramentas de inteligência artificial (AI), como o ChatGPT, vêm revolucionando a busca por informações e a tomada de decisão. No entanto, essas ferramentas não substituem a necessidade da validação pelos usuários dessas informações.

DESENVOLVIMENTO DE UM PROJETO DE CIM

Os dados contidos neste tópico refletem uma sugestão de implantação de um CIM, que pode ser adequada às reais necessidades do local e da instituição em que será implantado. É importante frisar que o CIM pode ser implantado em universidades, hospitais, órgãos ligados a secretarias municipais e estaduais de saúde, indústrias farmacêuticas e até mesmo em redes de farmácias e drogarias.

O centro de informações sobre medicamentos e farmacovigilância (CIMF) funcionaria de segunda a sexta, das 6h às 18h. O CIM estaria orientado basicamente a fornecer informação e assessoramento científico e técnico sobre medicamentos a todos os interessados, particularmente aos profissionais da área da saúde. Por esse motivo, é importante estabelecer rotinas de funcionamento que garantam o aperfeiçoamento dos serviços prestados.

Ao chegar uma solicitação de informação (informação passiva), que poderá se dar via e-mail, formulários em sites, telefone, correio ou pessoalmente, ela deve ser processada de forma sistemática, obedecendo às seguintes etapas:

- Recepção adequada da solicitação.
- Classificação da solicitação.
- Investigação sistemática e eficiente da literatura.
- Formulação de uma resposta coerente e concreta.
- Fornecimento da informação.
- Dependendo do caso, seguimento da informação prestada.

Algumas normas também devem ser estabelecidas:

- Terão prioridade as consultas relacionadas a um paciente específico.
- As consultas de informação geral, em que não houver um paciente envolvido, serão atendidas pela ordem de chegada, dando atenção especial aos casos que estejam vinculados a investigações ou trabalhos.
- Somente pessoal treinado poderá fornecer informações.
- Todas as atividades, principalmente as respostas às solicitações, deverão ser supervisionadas pelo farmacêutico responsável pelo CIM, antes de seu fornecimento.
- As informações poderão ser solicitadas e fornecidas via telefone, fax, e-mail, formulário on-line (somente solicitação, com o fornecimento via e-mail) ou pessoalmente.
- Todas as informações serão registradas de forma adequada, informatizadas e arquivadas.
- As consultas de informação relacionadas com pacientes deverão ser acompanhadas, sempre que possível, até a completa resolução do caso.
- Informações sobre medicamentos solicitadas por qualquer pessoa que não seja profissional da área da saúde deverão ser atendidas e respondidas com caráter educativo e orientador. Não serão recomendados medicamentos nem será indicada a suspensão de tratamentos definidos pelo médico

responsável sem sua autorização, salvo em casos de risco iminente à saúde. O paciente sempre será orientado a procurar um médico.

- Não poderá ser fornecida nenhuma informação de emprego de uma droga ou medicamento para um propósito que não tenha apoio seja na literatura oficial, seja na recomendada por fontes internacionalmente reconhecidas.
- A informação fornecida sobre regimes terapêuticos será apenas uma recomendação, ficando a critério do médico sua aplicação ou não.

Além das informações passivas, geradas mediante uma pergunta do solicitante, o CIM poderá trabalhar com informações ativas, que envolvem a divulgação de informações sobre medicamentos, utilizando vários meios de comunicação. A informação ativa se sobrepõe, no início da implantação do serviço, à informação passiva como estratégia para garantir a divulgação desse serviço ao público-alvo. Além disso, com as solicitações de informação sobre medicamentos encaminhadas ao CIM, poder-se-á elaborar programas, como boletins e panfletos, dirigidos aos profissionais de saúde ou à população leiga.

O CIM também poderá ter publicações, tendo como base as informações requeridas e as análises farmacoepidemiológicas e farmacoeconômicas realizadas por ele.

Cursos de farmacoterapia poderão ser elaborados, tendo farmacêuticos e médicos como público-alvo principal.

Para que a estrutura descrita de funcionamento do CIM seja efetivamente realizada, o centro deverá contar com no mínimo dois farmacêuticos em jornada de 30 horas semanais (cada um trabalhará de segunda a sexta, 6 horas por dia, um no período da manhã e outro no período da tarde). No período em que estiverem trabalhando no CIM, esses farmacêuticos deverão se dedicar integralmente às atividades do centro, não podendo realizar outras atividades. Além dos farmacêuticos, estagiários acadêmicos do curso de ciências farmacêuticas podem auxiliar. Semestralmente deve haver rodízio de estagiários para que um maior número de acadêmicos possa passar pelo CIM e aprender um pouco mais sobre essa outra área de âmbito farmacêutico.

Todos os profissionais que colaborarem com o funcionamento do CIM deverão ter destreza clínica e estar devidamente capacitados para o manejo da informação científica, devendo para tanto passar por programas de treinamento específicos para a área, além de participar de processos de educação continuada.

Vale ressaltar que esses recursos são o mínimo necessário para a execução das atividades e que, dependendo da demanda, outros funcionários deverão ser admitidos.

Pode ser necessário o trabalho do profissional de secretariado, para recebimento e organização das solicitações.

Além desses profissionais, o CIM poderá contar com o apoio de consultores de determinadas áreas (como gastroenterologia, cardiologia, pediatria), de preferência docentes de instituições de ensino superior de medicina.

A parte mais importante dos recursos materiais necessários são as fontes de consulta utilizadas. O conjunto de referências utilizadas deve fornecer as seguintes informações:

- Compatibilidade do fármaco para adição do medicamento em soluções de grande volume.
- Contraindicações do medicamento.
- Custo do medicamento e do tratamento básico e sua comparação com similares disponíveis.
- Disponibilidade do medicamento no mercado.
- Dosagem inicial e de manutenção do medicamento.
- Efeitos sobre resultados de exames.
- Estabilidade do produto, conservação e armazenamento.
- Farmacocinética: absorção, distribuição, metabolismo e excreção.
- Identificação, descrição e composição dos medicamentos que estão no mercado.
- Incompatibilidades e interações com outros medicamentos e alimentos.
- Farmacodinâmica (mecanismo de ação).
- Apresentação comercial e forma farmacêutica.
- Reações adversas e efeitos colaterais.
- Farmacotécnica.
- Toxicidade e antídotos para o caso de intoxicação.
- Uso terapêutico e indicações do medicamento.
- Vias de administração.

Como exemplo de referências que poderão ser utilizadas pelo centro de informações sobre medicamentos, podem-se citar:

- Biblioteca tradicional, com um número significativo e atualizado de livros nas áreas de farmacologia, farmácia clínica, reações adversas, interações medicamentosas, monografias de fármacos etc. O Sismed apresenta listas atualizadas de bibliografias consultáveis.
- Sistema computadorizado de informações clínicas (CCIS, do inglês *computerized clinical information system*), no qual se pode obter informações

sobre medicamentos, como os da Micromedex® (Drugdex), protocolos de tratamento nas intoxicações (Poisindex), interações (Drug-Reax) e também os da Lexicomp®.
- Medline, que permite a busca de referências bibliográficas em mais de 3 mil jornais e revistas de todo o mundo.
- International Pharmaceutical Abstracts (IPA), que indexa mais de 700 jornais da área farmacêutica.
- Referências alternativas, encontradas em sites da internet, que poderão ser visitados com regularidade, como os da Agência Nacional de Vigilância Sanitária (Anvisa) e da Food and Drug Administration (FDA), entre outros.

Outros materiais serão necessários, como:

- 4 computadores com conexão à internet.
- 1 *smartphone*.
- 1 *tablet*.
- 1 mesa individual.
- 1 mesa de reunião com 8 lugares.
- 3 bancadas.
- 4 cadeiras.
- 1 impressora.
- 1 *scanner*.
- 1 máquina de fotocópia.
- 3 estantes.
- 1 armário com chaves.

Há necessidade de um financiamento para a manutenção dos recursos humanos e materiais utilizados, já que os serviços prestados pelo CIM serão gratuitos. Somente fotocópias e levantamentos bibliográficos poderão ser cobrados, porém os valores arrecadados não serão suficientes para essa manutenção.

O projeto de um CIM pode ser avaliado segundo vários aspectos, como produtividade/eficiência, qualidade e repercussão. Para avaliar esses aspectos, podem-se utilizar alguns indicadores.

Os indicadores para avaliar a produtividade e eficiência do centro podem ser o número de consultas de informação passiva, o tema solicitado, o profissional solicitante (farmacêutico, médico, dentista), o tempo para dar resposta e a relação entre consultas recebidas e efetivamente atendidas.

Para avaliar a qualidade dos serviços prestados, pode-se considerar o tempo para o fornecimento de respostas, as fontes utilizadas (sua atualização e confiabilidade) e o número de casos resolvidos. Entrevistas com usuários do centro também podem ser realizadas para que opinem sobre seu grau de satisfação.

Já a repercussão da implantação de um CIM em uma instituição pode ser avaliada considerando a influência das informações prestadas nas mudanças, entre outras, na terapêutica, nos padrões de prescrição e na conduta dos pacientes quanto à automedicação e à adesão ao tratamento.

Essas avaliações podem ser apresentadas sob a forma de tabelas e/ou gráficos que facilitem a avaliação e permitam quantificar o grau de sucesso ou insucesso do projeto. A avaliação do projeto será realizada semestralmente e apresentada a quem interessar.

BIBLIOGRAFIA

Brasil. Ministério da Saúde. Centros e Serviços de Informações sobre Medicamentos. 2020. Disponível em: https://bvsms.saude.gov.br/bvs/publicacoes/centros_servicos_informacao_medicamentos.pdf. Acesso em 12 dez. 2024.

Conselho Federal de Farmácia (CFF). Cebrim. Disponível em: https://site.cff.org.br/cebrim. Acesso em 12 dez. 2024.

D'Alessio R, Busto U, Girón N. Guía para el desarrollo de servicios farmacéuticos hospitalarios: información de medicamentos. Organização Pan-Americana da Saúde; 1997.

Day RO, Snowden L. Where to find information about drugs. Aust Prescr. 2016;39(3):88-95.

Jahanshir A, Karimialavijeh E, Sheikh H, Vahedi M, Momeni M. Smartphones and medical applications in the emergency department daily practice. Emerg (Tehran). 2017;5(1):e14-e14.

Rix I, Heerfordt IM, Cramer A, Horwitz H, Olsen RH. Sources of drug information. Ugeskr Laeger. 2024;186(13):V10230654.

Rosenberg JM, Koumis T, Nathan JP, Cicero LA, McGuire H. Current status of pharmacist-operated drug information centers in the United States. Am J Health Syst Pharm 2004;61(19):2023-32.

Shrestha S, Khatiwada AP, Gyawali S, Shankar PR, Palaian S. Overview, challenges and future prospects of drug information services in Nepal: a reflective commentary. J Multidiscip Healthc. 2020 19;13:287-95.

Ventola CL. Mobile devices and apps for health care professionals: uses and benefits. P T. 2014;39(5):356-64.

Vidotti CCF, Heleodoro NM, Arrais PSD, Hoefler R, Martins R, Castilho SR. Encontro dos centros de informação sobre medicamentos do Brasil (2: 1998: Goiânia). Centro de informação sobre medicamentos: análise diagnóstica do Brasil. Brasília: Conselho Federal de Farmácia; Organização Pan-Americana da Saúde; 2000.

Vidotti CCF, Hoefler R, Silva EV, Bergsten-Mendes G. Sistema Brasileiro de Informação sobre Medicamentos – Sismed. Cad Saúde Pública. 2000;16(4):1121-6.

14

Medicamentos essenciais

INTRODUÇÃO

Medicamentos essenciais são aqueles que satisfazem as necessidades prioritárias de saúde da população. São selecionados pela relevância para a saúde pública, evidência de eficácia e segurança e comparação de custo-efetividade. Espera-se que os medicamentos essenciais estejam disponíveis no contexto de funcionamento dos serviços de saúde e em todos os momentos em quantidades adequadas, nas formas farmacêuticas apropriadas, com qualidade garantida, informação adequada e a um preço que o indivíduo e a comunidade possam pagar.

A Lista Modelo de Medicamentos Essenciais da Organização Mundial da Saúde (OMS) e a Lista Modelo de Medicamentos Essenciais para Crianças são atualizadas e publicadas a cada dois anos, com o objetivo de servir como um guia para países ou autoridades regionais adotarem ou adaptarem, de acordo com as prioridades locais e diretrizes de tratamento para o desenvolvimento e a atualização das listas nacionais de medicamentos essenciais. A seleção de um número limitado de medicamentos como essenciais, levando em consideração a carga nacional de doenças e a necessidade clínica, pode levar a um melhor acesso por meio de aquisição e distribuição simplificadas de medicamentos com garantia de qualidade, apoiar a prescrição e o uso mais racionais ou apropriados e reduzir custos para os sistemas de saúde e para os pacientes.

A implementação do conceito de medicamentos essenciais deve ser flexível e adaptável a uma grande diversidade de situações; sua seleção e sua disponibilidade constituem-se em uma responsabilidade nacional. A seleção cuidadosa de um conjunto limitado de medicamentos essenciais resulta em maior qualidade de cuidado, melhor gerenciamento dos medicamentos (incluindo melhora da qualidade das prescrições) e maior custo-efetividade no uso dos recursos de saúde.

Até o fechamento da edição deste livro, a última versão foi a publicada em 2023, que pode ser baixada gratuitamente no site da OMS (e que consta na bibliografia deste capítulo).

A LISTA MODELO DE MEDICAMENTOS ESSENCIAIS DA OMS

Muitos países exigem que um produto farmacêutico seja aprovado com base em eficácia, segurança e qualidade antes que possa ser prescrito. Além disso, a maioria das redes de cuidado de saúde e planos de saúde cobre somente os custos de medicamentos que constam em uma lista selecionada. Os medicamentos de tais listas são escolhidos após o estudo daqueles usados para tratar condições particulares e da comparação do valor que agregam em relação ao seu custo. A Lista Modelo de Medicamentos Essenciais é um exemplo. Ela tem sido atualizada a cada dois anos desde 1977.

A Lista Modelo e seus procedimentos são considerados um guia para o desenvolvimento de listas nacionais e institucionais de medicamentos essenciais. Não foi proposta como um padrão global; entretanto, nos últimos 25 anos, a Lista Modelo levou à aceitação global do conceito de medicamentos essenciais como um meio poderoso para promover a equidade em saúde. No final de 1999, 156 Estados-membros tinham listas de medicamentos essenciais, das quais 127 eram atualizadas nos últimos cinco anos. Muitos países têm listas nacionais, enquanto alguns também têm listas provinciais ou estaduais. Listas nacionais de medicamentos essenciais em geral estão fortemente relacionadas com os protocolos nacionais para as práticas clínicas de atenção, usados no treinamento e na supervisão dos profissionais de saúde. As listas de medicamentos essenciais também orientam a compra e o abastecimento de medicamentos no setor público, esquemas de reembolso de medicamentos, doações e produção local. Muitas organizações internacionais, incluindo o Fundo das Nações Unidas para a Infância (Unicef) e o Alto Comissariado das Nações Unidas para Refugiados (UNHCR), assim como organizações não governamentais e agências internacionais de abastecimento sem fins lucrativos, têm adotado o conceito de medicamentos essenciais e baseado seu sistema de abastecimento principalmente na Lista Modelo.

Como um produto modelo, a lista da OMS tem como objetivo identificar medicamentos custo-efetivos para condições prioritárias, juntamente com as justificativas para sua inclusão, ligadas aos protocolos baseados em evidência clínica e com especial ênfase nos aspectos de saúde pública e considerações de valor financeiro. A informação disponível na Biblioteca de Medicamentos Essenciais (ver adiante) tem a intenção específica de apoiar os comitês no desenvolvimento de listas nacionais e institucionais de medicamentos essenciais.

A lista principal apresenta os medicamentos minimamente necessários para o sistema de cuidado básico da saúde, enumerando os medicamentos mais eficazes e custo-efetivos para condições prioritárias. As condições prioritárias são selecionadas com base na relevância atual e futura em saúde e no potencial de tratamento seguro e custo-efetivo.

A lista complementar apresenta os medicamentos essenciais para doenças prioritárias e que sejam eficazes, seguros e custo-efetivos, mas não necessariamente de preço acessível e/ou que podem exigir serviços ou unidades de saúde especializadas.

O símbolo quadrado indica que o medicamento deve ser visto como um representante quimicamente equivalente com larga experiência de uso dentro de uma classe farmacológica. Em geral, o medicamento presente na Lista Modelo deveria ser o equivalente terapêutico menos custoso dentro do grupo. As listas nacionais não devem usar símbolos desse tipo e precisam ser mais específicas em sua seleção final, na dependência da disponibilidade local e do preço.

Os procedimentos para atualização da Lista Modelo estão alinhados com o processo recomendado pela OMS para o desenvolvimento de protocolos da prática clínica. Os componentes-chave constituem um caminho sistematizado para coletar e revisar evidências e um processo transparente de desenvolvimento com muitas etapas e revisão externa. Esse processo pretende ser um modelo para o desenvolvimento ou a atualização de protocolos clínicos nacionais ou institucionais e listas de medicamentos essenciais. A informação detalhada do processo, a informação incluída no formulário de sugestões para alteração da lista e a revisão do processo estão disponíveis no site de medicamentos da OMS.

A última lista disponível foi atualizada em 2019 (21ª Lista de Medicamentos Essenciais – EML – OMS/WHO), ocasião em que o comitê de especialistas considerou 65 solicitações, incluindo propostas para adicionar 53 novos medicamentos e novas formulações de 19 medicamentos existentes, estender as indicações para 34 medicamentos listados e remover 10 medicamentos ou formulações das listas. O comitê de especialistas também considerou relatórios e recomendações dos grupos de trabalho de antibióticos e medicamentos para o câncer da EML. De acordo com os procedimentos aplicáveis, o comitê de especialistas avaliou as evidências científicas para eficácia comparativa, segurança e custo-efetividade dos medicamentos em questão.

Critérios de seleção

A escolha dos medicamentos essenciais depende de múltiplos fatores, incluindo relevância pública e dados adequados. Caso seja apropriado, também são consideradas a estabilidade em variadas condições, a necessidade de meios especiais para diagnóstico ou tratamento e as propriedades farmacocinéticas. Quando não houver evidência científica adequada sobre o tratamento corrente para uma doença prioritária, o comitê de especialistas pode igualmente deferir a questão até que maior evidência esteja disponível ou optar por fazer recomendações baseadas em opiniões e experiências de especialistas.

A maioria dos medicamentos essenciais deve ser formulada como medicamentos simples. Os produtos com combinações em doses fixas são selecionados apenas quando a associação tenha comprovada vantagem em efeito terapêutico, segurança e adesão em relação aos compostos simples administrados separadamente.

Nas comparações de custos entre medicamentos, são considerados os custos do tratamento completo, e não somente os custos unitários dos medicamentos. As comparações de custo e custo-efetividade podem ser feitas entre tratamentos alternativos dentro do mesmo grupo terapêutico, mas geralmente não serão feitas entre categorias terapêuticas (p. ex., entre tratamento de tuberculose e de malária). O custo absoluto do tratamento não constituirá uma razão para excluir um medicamento que preencha os demais critérios da Lista Modelo. O *status* da patente do medicamento não é considerado na seleção para a Lista Modelo.

Na adaptação da Lista Modelo da OMS às necessidades nacionais, os países geralmente consideram fatores como demografia local e modelos de doenças, tipos de unidades de saúde existentes, treinamento e experiência do pessoal disponível, disponibilidade local de produtos farmacêuticos específicos, recursos financeiros e outros fatores locais.

A BIBLIOTECA DE MEDICAMENTOS ESSENCIAIS DA OMS

Além da informação de que um medicamento está ou não na Lista Modelo, é importante para os comitês nacionais ou institucionais de seleção ter acesso a informações que subsidiem a seleção de medicamentos essenciais, como resumos de protocolos clínicos relevantes da OMS, as mais importantes revisões sistemáticas, referências importantes e indicativos de informação sobre custos. Outras informações também estão ligadas aos medicamentos da Lista Modelo, como o Formulário Modelo da OMS e informações sobre nomenclatura e padrões de garantia de qualidade. Todas essas informações são apresentadas no site da OMS, em WHO Essential Medicines Library (https://www.who.int/groups/expert-committee-on-selection-and-use-of-essential-medicines/essential-medicines-lists), com a intenção de facilitar o trabalho dos comitês nacionais. A biblioteca está em construção e será expandida ao longo do tempo.

Qualidade dos produtos

Deve ser prioridade assegurar que os medicamentos, ao estarem disponíveis, tenham sido produzidos de acordo com boas práticas de fabricação e tenham sua qualidade assegurada. Os seguintes fatores deverão ser considerados:

- Conhecimento e credibilidade quanto à origem do produto.
- Estabilidade farmacêutica do produto, particularmente no ambiente em que será utilizado.
- Quando relevante, informações de biodisponibilidade e bioequivalência.

É recomendado que os medicamentos sejam adquiridos de fabricantes conhecidos, de seus representantes acreditados ou de agências internacionais reconhecidas e que sejam aplicados os mais acurados padrões na seleção desses fornecedores.

Promoção do uso racional

A seleção de medicamentos essenciais é somente um dos passos para melhorar a qualidade do cuidado à saúde. Essa iniciativa deve ser seguida pelo uso apropriado dos medicamentos selecionados. Cada indivíduo deve receber o medicamento correto, na dose adequada, por um período adequado, com a informação apropriada, acompanhamento do tratamento e por um custo que possa pagar. Em cada país e unidade de saúde isso é influenciado por variados fatores, como decisões reguladoras, sistemas de aquisição, informação, treinamento e contexto em que os medicamentos são prescritos ou recomendados.

Para obter segurança, efetividade e prudência no uso dos medicamentos essenciais, devem estar disponíveis informações relevantes, confiáveis e independentes. Os profissionais de saúde devem receber instruções sobre o uso de medicamentos, não somente em seu treinamento de formação, mas também durante sua carreira. Os profissionais com maior treinamento devem ser encorajados a educar os outros. Os prestadores de cuidados e responsáveis pela dispensação de medicamentos devem aproveitar, no momento da dispensação, todas as oportunidades para informar os consumidores acerca do uso racional desses produtos, inclusive sobre automedicação.

Governos, universidades e associações profissionais têm a grande responsabilidade de colaborar para a adequação dos cursos de graduação, pós-graduação e educação continuada em farmacologia clínica, terapêutica e informação sobre medicamentos. O ensino da farmacoterapia baseado em problemas tem se mostrado uma estratégia efetiva nesta área. A informação apropriada sobre medicamentos, se bem apresentada, assegura que eles sejam utilizados adequadamente e reduz seu uso inapropriado. O Ministério da Saúde deve tomar para si a responsabilidade de prover tais informações. A atividade de informação independente sobre medicamentos deve estar apropriadamente fundamentada e, se necessário, financiada pelo orçamento de cuidado à saúde. Um número cada vez maior de fontes eletrônicas de informação sobre medicamentos facilmente acessíveis começa a ficar disponível em muitos locais e pode servir como base para sistemas confiáveis de informação sobre medicamentos.

Protocolos clínicos padronizados (PCP) são ferramentas efetivas para apoiar os profissionais de saúde na escolha dos medicamentos mais apropriados para um determinado paciente em uma dada condição. Os PCP devem ser desenvolvidos em nível nacional e/ou local e devem ser atualizados com regularidade. Não é suficiente desenvolver protocolos clínicos padronizados desvinculados de um programa de educação e treinamento para encorajar seu uso.

Comitês de medicamentos e terapêutica

Os comitês de medicamentos e terapêutica devem ter importante papel em auxiliar o desenvolvimento e a implementação de um programa efetivo de medicamentos essenciais. Esses comitês deveriam encorajar a seleção de produtos para uso local a partir da lista nacional de medicamentos essenciais, mensurar e avaliar o uso deles em seu próprio meio e realizar intervenções para melhorar esse uso. Existe boa evidência de que envolver o comitê de medicamentos e terapêutica e os prescritores no desenvolvimento dos protocolos pode contribuir para melhorar o comportamento prescritivo.

Mensuração e monitoramento do uso

Os estudos de utilização de medicamentos são aqueles que lidam com desenvolvimento, regulação, comercialização, distribuição, prescrição, dispensação e uso de medicamentos em uma sociedade, com especial ênfase nos resultados médicos, sociais e econômicos. Eles podem prover indicadores de consumo em determinado país, área ou instituição. O consumo pode ser quantificado como despesa financeira (tanto em termos absolutos como em porcentagem do orçamento total em saúde), número de unidades ou dose diária definida. Tais estudos podem ter o objetivo de descrever o consumo de todos os medicamentos ou de determinado grupo ou classe terapêutica. A classificação anatômico-terapêutico-química (ATC) é uma ferramenta útil para comparações internacionais do uso de medicamentos. Os estudos de utilização de medicamentos podem ser orientados ao medicamento (uso de um medicamento ou grupo em particular) ou a problemas (no tratamento de uma condição ou doença em particular).

A eficácia de um medicamento é definida de forma mais confiável com base em ensaios clínicos randomizados que, se bem conduzidos, proveem a mais confiável estimativa de efeito de um tratamento ou de um novo medicamento. Os ensaios clínicos não podem ser conduzidos em todas as populações ou situações possíveis, e seus resultados devem, portanto, ser transferidos com cautela para a prática clínica de rotina. Os estudos de utilização de medicamentos objetivam prover evidência sobre o uso e os efeitos dos medicamentos em condições de rotina, podendo então proporcionar evidência adicional para a avaliação de efetividade. Tais estudos constituem importante ferramenta para a identificação dos fatores ou elementos do processo terapêutico que necessitem de melhoria ou alteração. Os resultados devem ser considerados quando se tomam iniciativas reguladoras, na seleção de medicamentos, na informação, no treinamento e no ensino. Comitês institucionais e unidades de medicamentos e terapêutica devem promover estudos de utilização de medicamentos e outros métodos para a vigilância do uso dos medicamentos e seus efeitos.

Monitoramento da segurança e farmacovigilância

A vigilância da segurança dos medicamentos é parte da vigilância mais geral de seu uso. O objetivo das várias formas de farmacovigilância é a identificação de novos efeitos adversos de medicamentos, não descritos previamente, para quantificar seu risco e comunicar autoridades reguladoras, profissionais de saúde e, quando relevante, a população. As notificações voluntárias dos efeitos adversos dos medicamentos, sobre as quais se baseia o Programa Internacional de Monitoramento de Medicamentos da OMS, têm sido efetivas na identificação de vários efeitos previamente não descritos. Os sistemas de notificação voluntária e outros métodos para compilar séries de casos podem identificar certos problemas locais de segurança e ser a base para intervenções específicas, reguladoras ou educacionais. A magnitude do risco de efeitos adversos geralmente é avaliada com os métodos epidemiológicos observacionais, como caso-controle, coorte e estudos populacionais. Cada país e instituição deve empreender esquemas simples, objetivando a identificação de problemas relacionados com a segurança.

Rename

A Relação Nacional de Medicamentos Essenciais (Rename) é uma lista que deve atender às necessidades de saúde prioritárias da população brasileira. Deve ser um instrumento-mestre para as ações de assistência farmacêutica no Sistema Único de Saúde (SUS). A relação de medicamentos essenciais é uma das estratégias da política de medicamentos da OMS para promover o acesso e uso seguro e racional de medicamentos. Foi instituída pela OMS em 1978 e continua sendo norteadora de toda a política de medicamentos da Organização e de seus países-membros.

No Brasil, essa relação é constantemente revisada e atualizada pela Comissão Técnica e Multidisciplinar de Atualização da Rename (Comare), instituída pela Portaria GM n. 1.254/2005 e composta por órgãos do governo, incluindo instâncias gestoras do SUS, universidades, entidades de representação de profissionais de saúde. O Conselho Federal de Farmácia (CFF) é uma das entidades-membros dessa Comissão, sendo representado por técnicos do Centro Brasileiro de Informação sobre Medicamentos (Cebrim), o qual participa ativamente do processo de revisão da Rename desde 2001.

A última atualização da Rename foi publicada em 2022 e está disponível no site do Ministério da Saúde (https://www.gov.br/saude/pt-br/composicao/sectics/rename).

O Formulário Terapêutico Nacional (FTN) é um instrumento de trabalho essencial para todos os profissionais de saúde que lidam com medicamentos no âmbito do SUS. Tem por objetivo principal subsidiar profissionais de saúde para a prescrição, dispensação e promoção do uso racional dos medicamentos.

Visando disseminar esse instrumento tão importante para o uso racional de medicamentos, em 2018 o Ministério da Saúde disponibilizou o MedSUS, aplicativo que apresenta as monografias do FTN. O objetivo do MedSUS é facilitar o acesso a informações de medicamentos pelos profissionais de saúde para fundamentar a prescrição e a dispensação.

São disponibilizadas informações gerais, como princípio ativo, nome comercial, apresentação e indicação do medicamento. Também são apresentadas informações técnicas que auxiliam na prescrição e na dispensação e que também poderão ser enviadas por e-mail ao usuário para orientá-lo no uso e na conservação do produto.

Programa Farmácia Popular

O Programa Farmácia Popular do Brasil vem a ser uma iniciativa do Governo Federal que cumpre uma das principais diretrizes da Política Nacional de Assistência Farmacêutica. Foi implantado por meio da Lei n. 10.858, de 13 de abril de 2004, que autoriza a Fundação Oswaldo Cruz (Fiocruz) a disponibilizar medicamentos mediante ressarcimento, e pelo Decreto n. 5.090, de 20 de maio de 2004, que regulamenta a Lei n. 10.858 e institui o Programa Farmácia Popular do Brasil.

As unidades próprias contam com 112 itens, entre medicamentos e o preservativo masculino, os quais são dispensados pelo seu valor de custo, representando uma redução de até 90% do valor de mercado. A condição para a aquisição dos medicamentos disponíveis nas unidades, neste caso, é a apresentação de documento com foto, no qual conste o CPF, juntamente com uma receita médica ou odontológica. É importante ressaltar que somente a Rede Própria aceita receitas prescritas por dentistas.

Em 9 de março de 2006, por meio da Portaria n. 491, o Ministério da Saúde expandiu o Programa Farmácia Popular do Brasil, aproveitando a rede instalada do comércio varejista de produtos farmacêuticos, bem como a cadeia do medicamento. Essa expansão foi denominada Aqui Tem Farmácia Popular e funciona mediante o credenciamento da rede privada de farmácias e drogarias comerciais, com o intuito de levar o benefício da aquisição de medicamentos essenciais a baixo custo a mais lugares e mais pessoas, aproveitando a dinâmica da cadeia farmacêutica (produção *vs.* distribuição *vs.* varejo), por meio da parceria entre o Governo Federal e o setor privado varejista farmacêutico.

A Portaria n. 491/2006 também apresentava os valores de referência a serem aplicados para as unidades farmacotécnicas de cinco princípios ativos indicados para o tratamento da hipertensão e quatro para o tratamento do diabetes, definidos com base na Rename. Ao adotar o sistema de copagamento, o usuário paga até 10% do valor de referência estabelecido pelo Ministério da Saúde para cada um dos princípios ativos dos medicamentos que fazem parte do elenco do Programa, além da possível diferença entre esse valor e o valor de venda praticado pelo estabelecimento.

Em junho de 2007, o número de medicamentos do Aqui Tem Farmácia Popular foi ampliado, sendo incluídos os anticoncepcionais. Em fevereiro de 2010, um conjunto de medidas de combate à gripe A (H1N1) foi adotado pelo Ministério da Saúde, entre elas a inclusão do fosfato de oseltamivir no elenco do Programa. Em abril do mesmo ano, houve a inclusão da insulina regular, ampliando os medicamentos indicados para o diabetes, bem como o atendimento da dislipidemia, com a incorporação da sinvastatina. Em outubro de 2010, o Programa ampliou o elenco de medicamentos indicados para o tratamento da hipertensão e passou a atender novas doenças, tendo sido incluídos medicamentos para o tratamento da osteoporose, rinite, asma, Parkinson e glaucoma. A incontinência urinária para idosos passou a ser atendida com a inclusão das fraldas geriátricas. A partir de 2011, o Programa passou a disponibilizar os medicamentos indicados para o tratamento da hipertensão e do diabetes sem custos para os usuários. Essa campanha foi denominada Saúde Não Tem Preço (SNTP).

A Portaria n. 184, assinada em 3 de fevereiro de 2011, determinou que, a partir do dia 14 de fevereiro desse ano, todas as farmácias da Rede Própria, bem como as farmácias e drogarias credenciadas do Aqui Tem Farmácia Popular, ficassem obrigadas a praticar os preços de dispensação e os valores de referência até essa data, garantindo assim a gratuidade para esses medicamentos. A partir de 4 de junho, o Ministério da Saúde também passou a disponibilizar para a população, por meio do SNTP, três medicamentos para o tratamento da asma, disponíveis em oito apresentações, de forma totalmente gratuita. Os medicamentos disponíveis para asma são: brometo de ipratrópio, diproprionato de beclometasona e sulfato de salbutamol. Nas unidades da Rede Própria, está disponível somente o medicamento sulfato de salbutamol em três apresentações.

Além dos medicamentos gratuitos para hipertensão, diabetes e asma, o Programa oferece mais 11 itens, com preços até 90% mais baixos.

O Aqui Tem Farmácia Popular visa a atingir aquela parcela da população que não busca assistência no SUS, mas tem dificuldade para manter tratamento medicamentoso por causa do alto custo dos medicamentos. Nesse sentido, uma das ações do Plano Brasil Sem Miséria, criado em 2011, com o objetivo de elevar a renda e as condições de bem-estar da população, rompendo barreiras sociais, políticas, econômicas e culturais, consiste na distribuição de medicamentos para hipertensos e diabéticos por meio do Programa Farmácia Popular do Brasil.

A Portaria n. 971, publicada em 17 de maio de 2012, foi substituída pela Portaria n. 111, publicada no Diário Oficial da União em 29 de janeiro de 2016, e que passa a vigorar a partir do dia 12 de fevereiro de 2016.

O Farmácia Popular disponibiliza medicamentos gratuitos para diabetes, asma, hipertensão, osteoporose, anticoncepção e, a partir de 10 de julho de 2024, também para dislipidemia (colesterol alto), rinite, doença de Parkinson e glaucoma. O programa também oferece medicamentos de forma subsidiada para o tratamento de *diabetes mellitus* associada a doença cardiovascular, além de fraldas geriátricas para incontinência. Nesses casos, o Ministério da Saúde paga parte do valor dos produtos (até 90% do valor de referência tabelado) e o cidadão paga o restante, de acordo com o valor praticado pela farmácia. Ao todo, o Farmácia Popular contempla 12 indicações, incluindo absorventes higiênicos gratuitos.

Além disso, os 55 milhões de beneficiários do Bolsa Família têm acesso a todos os medicamentos e fraldas disponíveis no programa de forma totalmente gratuita. Para retirar, basta o usuário ir até uma farmácia credenciada e apresentar receita médica, documento de identidade e CPF. O reconhecimento do vínculo do beneficiário com o Bolsa Família é feito automaticamente pelo sistema, não sendo necessário fazer cadastro prévio.

Para a obtenção de fraldas geriátricas para incontinência, o paciente deverá ter idade igual ou superior a 60 anos ou ser pessoa com deficiência, e deverá apresentar prescrição, laudo ou atestado médico que indique a necessidade do uso de fralda geriátrica, no qual conste, na hipótese de paciente com deficiência, a respectiva Classificação Internacional de Doenças (CID).

Em 17 de janeiro de 2024, o Ministério da Saúde iniciou a distribuição gratuita de absorventes higiênicos por meio das farmácias credenciadas ao Programa Farmácia Popular do Brasil. Essa iniciativa faz parte do Programa Dignidade Menstrual e visa beneficiar pessoas que se encontram em situação de vulnerabilidade social extrema ou que têm baixa renda. Poderão receber os absorventes higiênicos estudantes das instituições públicas de ensino, pessoas em situação de vulnerabilidade social extrema e pessoas em situação de rua, as quais devem ter idade entre 10 e 49 anos e estar inscritas no Cadastro Único.

BIBLIOGRAFIA

Brasil. Ministério da Saúde. Biblioteca Virtual em Saúde. Publicada a Relação Nacional de Medicamentos – RENAME 2022. Disponível em: https://bvsms.saude.gov.br/publicada-a-relacao-nacional-de-medicamentos-rename-2022/. Acesso em 13 dez. 2024.

Brasil. Ministério da Saúde. Programa Farmácia Popular. Sobre o Programa. Disponível em: https://www.gov.br/saude/pt-br/composicao/sectics/farmacia-popular. Acesso em 13 dez. 2024.

Brasil. Ministério da Saúde. Uso Racional de Medicamentos. Disponível em: https://www.gov.br/saude/pt-br/composicao/sectics/daf/uso-racional-de-medicamentos. Acesso em 13 dez. 2024.

World Health Organization (WHO). WHO Model List of Essential Medicines – 23rd List (2023). Disponível em: https://iris.who.int/bitstream/handle/10665/371090/WHO-MHP-HPS-EML-2023.02-eng.pdf?sequence=1. Acesso em 13 dez. 2024.

World Health Organization (WHO). Development of WHO Practice Guidelines: recommended process. Geneva: WHO; 2001. Document WHO/EIP (Oct. 2001).

World Health Organization (WHO). Guide to good prescribing. Geneva: WHO; 1994. Document WHO/DAP (Nov. 1994).

World Health Organization (WHO). Guidelines for ATC classification and DDD assignment. 5. ed. Oslo: WHO Collaborating Centre for Drug Statistics Methodology; 2001.

World Health Organization (WHO). The selection and use of essential medicines. 2020. Geneva: World Health Organization; 2024 (WHO Technical Report Series, No. 1049). Disponível em: https://www.who.int/ publications/i/item/9789241210300. Acesso em 13 dez. 2024.

15

Pesquisa clínica

INTRODUÇÃO

Uma das áreas de grande crescimento da farmácia clínica no Brasil é a farmacologia clínica e, consequentemente, as pesquisas clínicas de medicamentos. Uma vez que a área farmacêutica é a segunda maior em movimentação financeira no mundo, atrás somente do setor petroquímico, e que os medicamentos representam os maiores custos dos sistemas de saúde (Sistema único de Saúde [SUS], planos de saúde, seguradoras de saúde e empresas de medicina de grupo), há uma necessidade crescente de profissionais farmacêuticos qualificados para a realização dessas atividades.

Com o estabelecimento de uma política de medicamentos genéricos no Brasil e a criação da Agência Nacional de Vigilância Sanitária (Anvisa) no final da década de 1990, a legislação farmacêutica sofreu grandes alterações e o rigor para registro de produtos cresceu substancialmente, tornando necessária inclusive a realização de testes clínicos no país. Nesse contexto, o Brasil, com suas características multirraciais e mão de obra qualificada, propiciou a montagem e estruturação de muitos cursos de especialização em farmacologia clínica no início do século XXI, entre os quais se pode citar o da Faculdade de Administração do Instituto de Pesquisas Hospitalares (IPH), na cidade de São Paulo (SP).

A Sociedade Brasileira de Profissionais em Pesquisa Clínica (SBPPC), uma entidade civil sem fins lucrativos, idealizada e fundada em junho de 1999 pela doutora Greyce Lousana, é a primeira associação brasileira a se preocupar com todos os profissionais que direta ou indiretamente participam do processo de condução de estudos em seres humanos.

Para iniciar o aprofundamento desse assunto, deve-se levar em consideração que o desenvolvimento de novos fármacos está vinculado em grande parte à necessidade de lucros das empresas farmacêuticas, que continuam a ser os maiores patrocinadores de pesquisa na área. A maioria dos governos controla os testes e a eventual aprovação dos medicamentos para comercialização. Vários métodos foram desenvolvidos buscando verificar a eficácia das drogas.

Entre os objetivos de uma política de regulamentação de pesquisas clínicas, podem-se citar a proteção do público em razão do conflito de interesses entre as necessidades de lucro das indústrias farmacêuticas e a necessidade da população de que o medicamento seja efetivamente benéfico.

Aplicar padrões de comprovação da eficácia e da segurança das drogas, de modo que os clínicos tenham a confiança de que elas foram adequadamente testadas, é extremamente necessário. Também é fundamental a definição das competências das entidades fiscalizadoras.

Como citado anteriormente, com a criação da Anvisa foi necessário estabelecer políticas que definam que dados animais são suficientes antes da realização de testes com seres humanos e em que condições esses ensaios podem ser realizados. Esses dados são vinculados à normatização complementar do Instituto Brasileiro do Meio Ambiente e dos Recursos Naturais Renováveis (Ibama). Até mesmo as questões ligadas à propaganda e às informações constantes nas bulas dos produtos industrializados passam pelo crivo da farmacologia clínica.

Após mais de sete anos de tramitação no Congresso Nacional, foi sancionada e publicada no Diário Oficial da União (DOU) de 28 de maio de 2024 a **Lei n. 14.874**, que regula a pesquisa clínica com seres humanos no Brasil.

O projeto original foi aprovado pelo Senado Federal em 2017 (PLS n. **200/2015**) e encaminhado para revisão à Câmara dos Deputados (Projeto n. **7.082/2017**), tendo retornado à casa iniciadora, na forma de substitutivo, e aprovado em 23 de abril de 2024 (PL n. **6.007/2023**).

A nova lei está dividida em nove capítulos, com temas como instituição do Sistema Nacional de Ética em Pesquisa com Seres Humanos, funcionamento dos Comitês de Ética em Pesquisa, parâmetros de proteção e remuneração dos sujeitos da pesquisa, responsabilidades do pesquisador e do patrocinador, dentre outros aspectos, conforme detalhado a seguir.

Além de abarcar pesquisas clínicas realizadas com medicamentos, a lei também é aplicável a produtos e dispositivos médicos e aos produtos de terapias avançadas experimentais, no que couber.

A norma define pesquisa com seres humanos como pesquisa que, individual ou coletivamente, tem como participante o ser humano e envolve de forma direta ou indireta, incluindo por meio do manejo de seus dados, informações ou material biológico.

Além do conceito principal da modalidade de pesquisa clínica - aquela composta por um conjunto de procedimentos científicos desenvolvidos de forma sistemática com o objetivo de avaliar a ação, a segurança e a eficácia de medicamentos, produtos, técnicas, procedimentos, dispositivos médicos ou de cuidados à saúde; para fins terapêuticos, preventivos ou de diagnóstico, verificar a distribuição de fatores de risco, doenças e agravos na população ou avaliar os efeitos de fatores/estados sobre a saúde –, a lei traz mais duas categorias de pesquisas:

- Ensaios clínicos: pesquisa clínica experimental para avaliar a segurança, o desempenho clínico ou a eficácia de dispositivo médico, medicamento experimental ou terapia avançada.
- Pesquisa científica, tecnológica ou de inovação: aquelas que não têm por objetivo o registro sanitário do produto sob análise.

O Sistema Nacional de Ética em Pesquisa com Seres Humanos é composto pela:

- Instância nacional de ética em pesquisa, responsável por editar normas regulamentadoras sobre ética em pesquisa e por atuar como a instância recursal das decisões proferidas pelos Comitês de Ética em Pesquisa (CEP).
- Instância de análise ética em pesquisa, representada pelos CEP vinculados aos centros de pesquisa, os quais são considerados órgãos responsáveis pela análise ética prévia ao início da pesquisa, de forma a garantir dignidade, segurança e bem-estar do participante da pesquisa.

Em uma atuação conjunta, a instância nacional de ética em pesquisa será responsável por credenciar e acreditar os CEP, para que estejam aptos a exercer a função de análise ética em pesquisas de acordo com o grau de risco envolvido, além de acompanhar, apoiar e fiscalizar os CEP em relação à análise dos protocolos de pesquisa e ao cumprimento das normas pertinentes.

Na qualidade de instância de análise ética em pesquisa, o CEP deve estar credenciado na instância nacional de ética em pesquisa e será composto por equipe interdisciplinar das áreas médica, científica e não científica.

São atribuições do CEP, dentre outras, assegurar direitos, segurança e bem-estar dos participantes da pesquisa, especialmente dos que estão em situação de vulnerabilidade; conduzir análises dos protocolos de pesquisa a ele submetidos e monitorar a execução da pesquisa; e assegurar que estejam previstos os meios adequados para a obtenção do consentimento do participante da pesquisa ou de seu representante legal.

Qualquer pesquisa com seres humanos estará sujeita à análise ética prévia, a ser realizada pelos CEP, a qual não poderá ultrapassar o prazo de 30 dias úteis da data de aceitação da integralidade dos documentos da pesquisa. Essa aceitação, ou sua negativa, deverá ser feita pelo CEP em até dez dias úteis a partir da data de submissão.

Pesquisas de interesse estratégico para o SUS e que sejam relevantes para o atendimento de situações de emergência pública de saúde terão prioridade e contarão com procedimentos especiais de análise, inclusive quanto aos prazos de aprovação, conforme regulamento a ser publicado, ao que parece, pelo Poder Executivo Federal.

A norma garante proteção aos sujeitos da pesquisa, cuja participação está condicionada à autorização expressa do participante ou de seu representante legal, mediante a assinatura de Termo de Consentimento Livre e Esclarecido (TCLE).

É vedada a remuneração do participante ou a concessão de qualquer tipo de vantagem por sua participação em pesquisa. Contudo, a Lei n. 14.874/2024 permite o pagamento para a participação de indivíduos saudáveis em ensaios clínicos de fase I ou de bioequivalência, desde que observados alguns requisitos previstos na lei.

Não configuram remuneração ou vantagem para o participante da pesquisa: o ressarcimento de despesas com transporte, alimentação ou o provimento de material prévio; outros tipos de ressarcimento necessários, segundo o projeto de pesquisa.

Além disso, conforme a normativa atual vigente, deve ser garantida pelo patrocinador ao sujeito de pesquisa indenização por eventuais danos sofridos em decorrência de sua colaboração na pesquisa, com o recebimento de assistência à saúde necessária relacionada a esses danos.

A lei define "patrocinador" como a pessoa física ou jurídica, de direito público ou privado, que apoia pesquisa mediante ação de financiamento, infraestrutura, recursos humanos ou de suporte institucional.

Constituem responsabilidades do patrocinador, dentre outros aspectos: implementação e manutenção da garantia de qualidade e dos sistemas de controle de qualidade; estabelecimento do contrato entre as partes envolvidas na pesquisa; e indicação de pesquisador para ser o responsável pelas decisões clínicas relacionadas à pesquisa, quando se tratar de ensaio clínico.

O patrocinador segue responsável pelo armazenamento dos dados e documentos essenciais da pesquisa, após seu término ou descontinuação, em conformidade com as normas vigentes da Anvisa.

Assim como previsto na norma vigente da Anvisa, o patrocinador poderá delegar a execução de determinadas funções às Organizações Representativas de Pesquisa Clínica (ORPC), as quais assumirão responsabilidade compartilhada em relação ao objeto da delegação. Além disso, o patrocinador é responsável pela verificação do consentimento do participante da pesquisa em relação ao acesso direto a seus dados e informações para fins de monitoramento, auditoria, revisão pelas entidades éticas competentes e inspeção de agências reguladoras.

O pesquisador, por sua vez, é responsável pela condução da pesquisa em instituição ou em centros de pesquisa e corresponsável pela integridade e pelo bem-estar dos participantes da pesquisa, juntamente com o patrocinador. Entre suas atribuições estão a submissão da documentação da pesquisa, inclusive eventuais emendas à aprovação do CEP, e a condução da pesquisa com observância ao projeto aprovado pelo CEP.

Apesar de especificar as responsabilidades de cada parte, em linha com as regulamentações éticas vigentes, a Lei n. 14.874/2024 esclarece que todas as instituições e organizações envolvidas na pesquisa são corresponsáveis por sua condução e pela assistência integral aos participantes no tocante a complicações e danos decorrentes da pesquisa.

Tema de grande relevância, a lei prevê regras sobre o fornecimento do medicamento experimental pós-estudo.

De forma a garantir maior segurança jurídica e previsibilidade para o patrocinador e principalmente para o sujeito de pesquisa, a Lei n. 14.874/2024 determina que, antes do início da pesquisa, o patrocinador e o pesquisador devem submeter ao CEP responsável o plano de acesso pós-estudo, com apresentação e justificativa da necessidade ou não de fornecimento gratuito do medicamento experimental após o término do ensaio clínico aos participantes que dele necessitarem.

Para esses casos, será elaborado um programa de fornecimento pós-estudo, sujeito à aprovação regulatória, por meio do qual será garantida a continuidade do acompanhamento da segurança do sujeito de pesquisa e do recebimento, por prazo determinado, do tratamento experimental, após o término do ensaio clínico.

A necessidade de continuidade do tratamento experimental será avaliada para cada participante, ao término do ensaio clínico, e o fornecimento deverá ser realizado sempre que este for considerado a melhor terapia ou tratamento para a condição clínica do participante da pesquisa, com apresentação de relação risco-benefício mais favorável em comparação com os demais tratamentos ou alternativas terapêuticas disponíveis.

A lei menciona, ainda, hipóteses nas quais o programa de fornecimento pós-estudo poderá ser interrompido, mediante submissão de justificativa ao CEP responsável, para apreciação. Dentre elas, destacam-se:

- Impossibilidade de obtenção ou de fabricação do medicamento experimental por questões técnicas ou de segurança, devidamente justificadas, desde que o patrocinador forneça alternativa equivalente ou superior existente no mercado.
- Cura da doença ou agravo à saúde, alvos do ensaio clínico ou introdução de alternativa terapêutica satisfatória.
- Ausência de benefício do uso continuado do medicamento experimental ao participante da pesquisa.
- Ocorrência de reação adversa que, a critério do pesquisador, inviabilize a continuidade do medicamento experimental, mesmo diante de eventuais benefícios.
- Disponibilidade do medicamento experimental na rede pública de saúde.

Após esta breve introdução, verifica-se que o profissional da pesquisa clínica pode atuar em vários segmentos. Ele pode, por exemplo, ser técnico da Anvisa e dos estados e municípios, trabalhar em institutos de pesquisa públicos, atuar nas áreas de pesquisa das indústrias farmacêuticas ou ainda no atendimento a clientes e com assuntos regulatórios (*regulatory affairs*).

TIPOS DE TESTES COM FÁRMACOS

Os testes com novos fármacos envolvem desde animais de experimentação até seres humanos. A fase pré-clínica antecede a pesquisa com humanos e engloba várias etapas desde a descoberta da nova droga, por meio de estudos farmacognósicos, químicos, farmacêuticos e farmacológicos. A presença de efeitos farmacológicos *in vitro* e *in vivo* constitui a justificativa para as considerações sobre prováveis efeitos benéficos de uma droga. Esses dados são fundamentais antes de investigar seu uso em humanos, uma vez que sempre existem riscos para os pacientes que participam dos ensaios clínicos.

Nos experimentos com animais, frequentemente referidos como desenvolvimento pré-clínico de uma droga, pesquisam-se dados em modelos animais das doenças ou das síndromes humanas que são alvo terapêutico do medicamento. O sucesso desses modelos em prever o resultado em humanos varia amplamente, dependendo do grau de proximidade da fisiopatologia do modelo com a fisiopatologia humana. Os animais também são utilizados na investigação da relação entre a dose da droga e as concentrações determinantes de efeitos benéficos e tóxicos. Esses procedimentos podem direcionar a dosagem inicial da droga em humanos, de modo que as primeiras doses testadas nas pessoas não sejam escolhidas ao acaso.

Também é possível expor os animais a doses muito maiores das substâncias para poder prever o que acontecerá nos humanos em casos de intoxicação ou dosagem excessiva. Muitas vezes a pesquisa de uma nova droga para exatamente nessa fase, pois os efeitos adversos inviabilizam os testes clínicos e a futura comercialização. Os animais também são utilizados para investigação dos efeitos carcinogênicos e teratogênicos.

Os aspectos éticos das pesquisas envolvendo animais vêm ganhando grande repercussão nos últimos anos. Até mesmo aulas práticas de farmacologia básica vêm sendo questionadas por organizações não governamentais como a Sociedade Protetora dos Animais e órgãos públicos como o Ibama. Deve-se analisar a questão com bastante cautela, pois um rigor excessivo nesse sentido pode impedir o avanço tecnológico na área farmacêutica.

Os ensaios clínicos começam depois da obtenção de dados suficientes que justifiquem os testes de uma nova droga em humanos. As fases do desenvolvimento de uma nova droga foram designadas fase I, fase II, fase III e fase de pós-marketing. Para melhor compreensão dessas fases da pesquisa clínica é necessário conhecer alguns conceitos e termos que serão abordados a seguir.

TERMINOLOGIA DOS ENSAIOS CLÍNICOS

- Comissão Nacional de Ética em Pesquisa (Conep): instância colegiada, de natureza consultiva, deliberativa, normativa, educativa, independente, vinculada ao Conselho Nacional de Saúde (CNS) e criada de acordo com a Resolução CNS n. 196/1996.
- Comitê de Ética em Pesquisa (CEP): colegiado interdisciplinar e independente, com "múnus público", de caráter consultivo, deliberativo e educativo, registrado na Conep, conforme a Resolução CNS n. 196/1996; criado para defender os interesses dos sujeitos das pesquisas em sua integridade e dignidade e para contribuir para o desenvolvimento das pesquisas dentro de padrões éticos.
- Comunicado Especial (CE): documento de caráter autorizador, emitido pela Gerência de Medicamentos Novos, Pesquisa e Ensaios Clínicos

(Gepec), que permite a execução do protocolo de pesquisa em um determinado centro de pesquisa e, quando for o caso, a importação do(s) produto(s) envolvido(s) no protocolo.

- Controle: terapia estabelecida (ou placebo, se não houver terapia estabelecida) contra a qual a eficácia de um novo agente possa ser comparada.
- Duplo-cego: nem os profissionais de saúde nem os pacientes sabem quais são os pacientes que estão recebendo a droga-teste ou a droga-controle para evitar qualquer tendenciosidade sobre a qualidade da terapia.
- Ensaio paralelo: pelo menos dois protocolos são testados simultaneamente, mas os pacientes recebem somente uma terapia.
- Ensaio-permuta: os pacientes recebem uma terapia em sequência da outra e, portanto, servem como seus próprios controles.
- Instituição de pesquisa: organização pública ou privada, legitimamente constituída e habilitada, na qual são realizadas pesquisas clínicas. Para a presente resolução, o termo "centro de pesquisa" é usado como sinônimo de "instituição de pesquisa".
- Organização Representativa para Pesquisa Clínica (ORPC): qualquer empresa regularmente instalada em território nacional que assuma parcial ou totalmente as atribuições de patrocinador do ensaio clínico.
- Pesquisa clínica: qualquer investigação em seres humanos, com produtos registrados ou passíveis de registro, objetivando descobrir ou verificar os efeitos farmacodinâmicos, farmacocinéticos, farmacológicos, clínicos e/ou outros efeitos do(s) produto(s) investigado(s), e/ou identificar eventos adversos ao(s) produto(s) em investigação, averiguando sua segurança e/ou eficácia.
- Pesquisador responsável: pessoa responsável pela coordenação e realização da pesquisa em um determinado centro, e pela integridade e bem-estar dos sujeitos da pesquisa, após a assinatura do termo de consentimento livre e esclarecido, com respeito à manutenção dos critérios éticos para todos os procedimentos ao longo do estudo. Os termos "pesquisador responsável" e "investigador responsável" são considerados sinônimos.
- Protocolo de pesquisa: documento que contempla uma descrição da pesquisa em seus aspectos fundamentais e informações relativas ao sujeito da pesquisa, à qualificação dos pesquisadores e a todas as instâncias responsáveis.
- Randomizado: os pacientes participantes do ensaio possuem a mesma probabilidade de receber o agente-teste ou o controle, de modo que os fatores que possam afetar o resultado, que não a terapia testada, são igualmente distribuídos nos grupos controle e experimental.

- Registro aberto: o oposto do duplo-cego. Tanto paciente como pesquisador sabem o que o primeiro está recebendo.
- Simples-cego: os profissionais de saúde sabem qual tratamento o paciente está recebendo, mas o paciente não.

ÚLTIMAS REGULAMENTAÇÕES E ATUALIZAÇÕES DO CONEP

- 2017 – Circular Conep n. 183/2017: vinculação do pesquisador e de instituições ao CEP.
- 2017 – Circular Conep n. 189/2017: tramitação de protocolos de pesquisa fora do Sistema Plataforma Brasil ("em papel").
- 2017 – Circular Conep n. 172/2017: esclarecimentos referentes à seleção de Área Temática.
- 2017 – Circular Conep n. 51/2017: esclarecimentos adicionais sobre a redação do TCLE.
- 2016 – Resolução CNS n. 510/2016: dispõe sobre as normas aplicáveis a pesquisas em Ciências Humanas e Sociais.
- 2016 – Resolução CNS n. 506/2016: referente ao processo de acreditação de CEP que compõem o Sistema CEP/Conep.
- 2012 – Resolução CNS n. 466, de 12 de dezembro de 2012: diretrizes e normas regulamentadoras de pesquisas envolvendo seres humanos. Revoga as resoluções CNS n. 196/96, 303/2000 e 404/2008.
- 2012 – Resolução RDC n. 36, de 27 de junho de 2012: altera a RDC n. 39, de 5 de junho de 2008, e dá outras providências.
- 2008 – Resolução RDC n. 39, de 5 de junho de 2008: aprova o Regulamento para a Realização de Pesquisa Clínica e dá outras providências.

FASES DA PESQUISA CLÍNICA

- Fase I: denota os primeiros estudos em humanos, realizados sob intensa supervisão. Geralmente são estudos simples-cegos, buscando a menor dose que não pode ser tolerada em razão de toxicidade inaceitável. Os testes subsequentes são desenvolvidos com doses menores do que essa. Tradicionalmente, esses estudos são realizados em indivíduos saudáveis, mas vêm sendo substituídos pelo tipo de paciente ao qual a droga se aplica.
- Fase II: inicia-se depois de definida a dose tolerada. Os estudos dessa fase são realizados com pacientes para os quais a nova droga é dirigida, com efeitos potencialmente benéficos. Nessa fase, uma droga hipoglicemiante oral, por exemplo, deve ser testada em pacientes diabéticos. O principal

objetivo dessa fase é verificar se a droga de fato apresenta os efeitos sugeridos nos testes pré-clínicos, definir sua farmacocinética e relacionar suas concentrações plasmáticas com seus efeitos. A influência das hepatopatias e nefropatias na eliminação de uma droga também é investigada e são exploradas as interações farmacocinéticas e farmacoterapêuticas da nova droga com outras já conhecidas. Esses estudos da fase II podem ser simples ou duplo-cegos e podem ser projetados em paralelo ou em permutas, com alocação randomizada dos pacientes nos grupos de tratamento.

- Fase III: consiste em ensaios clínicos definitivos que estabelecerão a eficácia e a segurança da nova droga. Sempre que possível, os ensaios são feitos no formato duplo-cego, randomizado e controlado, e quase sempre são projetados em paralelo. As estatísticas devem ser levadas em consideração ao projetar o formato e o tamanho dos ensaios clínicos.
- Fase pós-marketing (também chamada de fase IV): fase de acompanhamento após o registro do fármaco para venda no comércio. É representada pelas ações de farmacovigilância e consiste no acompanhamento do uso amplo do medicamento por um longo período.

ASPECTOS REGULATÓRIOS

No Brasil, a normatização do segmento de pesquisa clínica tem sido constantemente atualizada e, no momento, pode-se citar a Resolução RDC n. 219, de 20 de setembro de 2004, que aprova o regulamento para elaboração de dossiê para a obtenção de CE para a realização de pesquisa clínica com medicamentos e produtos para a saúde e seus anexos. Foi atualizada pelas RDC n. 9/2015, 36/2012 e 39/2008, além da Instrução Normativa n. 20, de 2 de outubro de 2017.

Em 2020 foi publicada a Orientação de Serviço (OS) n. 88/2020, que traz detalhes sobre procedimentos de análise de documentos exigidos para submissão do Dossiê de Desenvolvimento Clínico de Medicamento (DDCM) e das alterações que potencialmente geram impacto na qualidade ou segurança de fármacos experimentais, comparadores ativos ou placebos. O documento prevê a possibilidade de simplificação da análise de dossiês de qualidade de petições de DDCM.

De acordo com a OS n. 88/2020, os procedimentos se aplicam aos dossiês de produtos que possuem pelo menos um ensaio clínico, em qualquer fase de desenvolvimento, aprovado por, no mínimo, uma autoridade regulatória de país-membro fundador ou permanente do Conselho Internacional para Harmonização de Requisitos Técnicos para

Medicamentos de Uso Humano (International Council for Harmonisation of Technical Requirements for Pharmaceuticals for Human Use - ICH).

O documento trata também dos procedimentos destinados à análise de dossiês de medicamentos experimentais registrados em pelo menos um dos países-membros fundadores ou permanentes do ICH. A OS n. 88/2020 se aplica, ainda, aos casos de avaliação de DDCM de modificações substanciais de qualidade. Embora a estratégia de reconhecimento de pareceres de aprovação de dossiês de desenvolvimento clínico por outras autoridades regulatórias possa permitir maior celeridade e previsibilidade na aprovação de novas pesquisas clínicas no Brasil, as disposições da OS não pressupõem a priorização de análise de petições. Espera-se que, quanto maior for o número de petições a serem enquadradas nos critérios da OS n. 88/2020, mais expressiva poderá ser a redução do prazo das petições de DDCM e de modificações substanciais de qualidade, com reflexo positivo no prazo das demais petições não enquadradas nos critérios da OS.

A elaboração dessa OS teve a colaboração de representantes dos diferentes segmentos envolvidos na pesquisa clínica no Brasil e é parte da estratégia da Agência para a criação de um ambiente regulatório favorável e atrativo para a realização de novas pesquisas clínicas no país, sem comprometer os princípios de boas práticas clínicas, a qualidade e a segurança dessas pesquisas.

Para a obtenção do Comunicado Especial para a realização de pesquisa clínica com medicamentos e produtos para a saúde, o patrocinador do estudo deverá elaborar um dossiê. Em caso de estudos patrocinados por entidades financeiras nacionais ou internacionais de fomento à pesquisa, entidades filantrópicas ou organizações não governamentais (ONG), o dossiê deverá ser elaborado pelo responsável pela condução do estudo em território nacional e deverá ser composto dos seguintes documentos: formulários de petição devidamente preenchidos e originais (conforme os modelos obtidos na página eletrônica da Anvisa); ofício de encaminhamento do protocolo de pesquisa clínica, oriundo do pesquisador responsável, do patrocinador ou, quando houver, de ORPC, à Gepec, da Anvisa, citando o título da pesquisa, o pesquisador responsável, o CEP que concedeu a aprovação ética do protocolo (ou, quando for o caso, segundo as normas vigentes, a Conep), e a instituição em que ela será realizada; declaração de responsabilidade do patrocinador, assinada pelo seu representante legal, ou declaração de responsabilidade do pesquisador responsável, quando não houver patrocinador, informando o título da pesquisa, o pesquisador responsável e a instituição na qual será realizada, assumindo a responsabilidade de dar assistência integral às complicações e danos decorrentes do uso do produto sob investigação utilizado de acordo com o previsto pelo protocolo, considerando os riscos previstos ou não.

Dossiês protocolados por ORPC deverão apresentar uma cópia autenticada do acordo escrito, datado e assinado entre a ORPC e o patrocinador do estudo, que deverá conter as delegações, a distribuição de tarefas e as obrigações legais de cada uma das partes.

Também é necessário fornecer uma declaração do patrocinador que apresente de forma detalhada o orçamento previsto do estudo; ela deve especificar os gastos com visitas médicas e de outros profissionais de saúde, materiais hospitalares, exames subsidiários (laboratoriais e radiológicos, entre outros) e equipamentos diversos, além de uma declaração na qual o patrocinador assegure assistência para o tratamento de eventuais reações adversas e quaisquer danos inerentes ao produto e aos procedimentos aos quais os participantes da pesquisa forem submetidos.

No processo constará a comprovação de que o CEP da instituição em que será realizada a pesquisa está devidamente registrado e aprovado na Conep do CNS (cópia do documento de aprovação da Conep); constará ainda documento de aprovação pelo CEP por meio de parecer consubstanciado aprovando o protocolo clínico do ponto de vista da ética e seu termo de consentimento livre e esclarecido, com o nome do pesquisador responsável pela condução da pesquisa. Quando for o caso, deve-se incluir documento de aprovação pela Conep, de acordo com as normas e diretrizes do CNS sobre pesquisas envolvendo seres humanos. Também faz parte do processo o protocolo de pesquisa em português, de acordo com os requisitos das resoluções do CNS n. 196/96 (capítulo VI) e 251/97 (capítulo VII) e, nos casos omissos, seguindo as recomendações harmonizadas internacionalmente.

Se o produto for comercializado em outros países, deve-se informar seu estado de registro nesses locais, além de informar o estado de seu registro na Anvisa, o que deve incluir dados sumários sobre a realização de pesquisas em outros países (listando-os), números de centros e sujeitos, data de início e término da pesquisa nos diversos centros, além de datas previstas de encerramento das visitas do último sujeito do estudo.

Fechando o dossiê, deve haver uma descrição do planejamento total da pesquisa que informe os demais pesquisadores e centros de pesquisa participantes no país, e sua situação junto à Anvisa. Também deve ser anexado o *curriculum vitae* do investigador responsável e dos demais pesquisadores envolvidos na pesquisa no centro peticionado.

Cabe à Anvisa manter a segurança e o sigilo de todas as informações contidas no material enviado para aprovação. As emendas ao protocolo de pesquisa sujeitas à aprovação pelo CEP devem ser enviadas à Anvisa pelo patrocinador ou pelo seu representante legal na forma de aditamento. Tais emendas devem estar acompanhadas de cópia em CD-ROM (arquivos com extensão pdf ou doc). As emendas sujeitas à aprovação do CEP devem ser submetidas à Anvisa com cópia de sua aprovação. O patrocinador deverá protocolar na Anvisa relatórios sobre a pesquisa, com periodicidade anual, e um relatório final, que pode ser apresentado juntamente com o que é previsto para eventos adversos. Caso não haja patrocinador, o pesquisador responsável deverá enviar os relatórios.

Para a aprovação de uma pesquisa clínica no que concerne aos seus aspectos técnico-científicos e à emissão do respectivo Comunicado Especial, a Gepec/Anvisa fará a análise do processo e poderá, a qualquer momento, solicitar ao patrocinador mais informações sobre o embasamento técnico-científico do ensaio e sugerir alterações, quando for o caso. A instituição poderá também, durante o transcurso de uma pesquisa clínica, solicitar mais informações ao patrocinador e/ou realizar auditorias reguladoras para verificar o grau de adesão da pesquisa às "boas práticas clínicas" e à legislação brasileira vigente.

Dependendo do relatório de sua auditoria, da análise de eventos adversos relatados ou de informações que venham a se tornar disponíveis, a Anvisa poderá determinar a interrupção temporária do estudo, a suspensão das atividades de pesquisa clínica do investigador envolvido na condução inadequada de um protocolo de pesquisa ou mesmo o cancelamento definitivo de um ensaio clínico.

A aprovação de estudos envolvendo medicamentos novos ou outros produtos para a saúde ainda não registrados no Brasil, desenvolvidos e fabricados em território nacional, dar-se-á mediante a apresentação da documentação prevista na presente resolução, acompanhada de uma notificação da fabricação de lotes especiais destinados exclusivamente à pesquisa clínica quando o estudo envolver medicamentos ainda não aprovados no país. É obrigatória a apresentação de notificação de fabricação de qualquer lote comercial para estudos da fase IV.

ASPECTOS ÉTICOS EM PESQUISA CLÍNICA

As pesquisas que envolvem seres humanos devem atender a exigências éticas e científicas fundamentais. A ética da pesquisa implica o consentimento livre e esclarecido dos indivíduos-alvo e a proteção dos grupos vulneráveis e legalmente incapazes (autonomia). Nesse sentido, a pesquisa que envolver seres humanos sempre deverá tratá-los em sua dignidade, respeitá-los em sua autonomia e defendê-los em sua vulnerabilidade; também deverá ponderar entre riscos e benefícios, tanto atuais como potenciais, individuais ou coletivos (beneficência), comprometendo-se com o máximo de benefícios e o mínimo de danos e riscos; garantir que danos previsíveis serão evitados (não maleficência); e deverá ter relevância social, com vantagens significativas para os sujeitos da pesquisa e minimização do ônus para os sujeitos vulneráveis, o que garante a igual consideração dos interesses envolvidos, não perdendo o sentido de sua destinação sócio-humanitária (justiça e equidade).

Todo procedimento de qualquer natureza que envolva seres humanos e cuja aceitação ainda não esteja consagrada na literatura científica será considerado pesquisa e, portanto, deverá obedecer às diretrizes da presente resolução. Os procedimentos referidos incluem os de natureza instrumental, ambiental, nutricional, educacional, sociológica, econômica, física, psíquica ou biológica, entre outros, sejam eles farmacológicos, sejam clínicos ou cirúrgicos e de finalidade preventiva, diagnóstica ou terapêutica.

A pesquisa em qualquer área do conhecimento que envolva seres humanos deverá observar as seguintes exigências:

A. Ser adequada aos princípios científicos que a justifiquem e ter possibilidades concretas de responder a incertezas.
B. Estar fundamentada na experimentação prévia realizada em laboratórios, animais ou em outros fatos científicos.
C. Ser realizada somente quando o conhecimento que se pretende obter não possa ser alcançado por outro meio.
D. Prevalecer sempre as probabilidades dos benefícios esperados sobre os riscos previsíveis.
E. Obedecer à metodologia adequada. Se houver necessidade de distribuição aleatória dos sujeitos da pesquisa em grupos experimentais e de controle, assegurar que, *a priori*, não seja possível estabelecer as vantagens de um procedimento sobre outro por meio de revisão da literatura, métodos observacionais ou métodos que não envolvam seres humanos.
F. Ter plenamente justificada, quando for o caso, a utilização de placebo, em termos de não maleficência e de necessidade metodológica.
G. Contar com o consentimento livre e esclarecido do sujeito da pesquisa e/ou seu representante legal.
H. Contar com os recursos humanos e materiais necessários que garantam o bem-estar do sujeito da pesquisa, devendo ainda haver adequação entre a competência do pesquisador e o projeto proposto.

I. Prever procedimentos que assegurem a confidencialidade das informações dos sujeitos e sua privacidade, além da proteção da imagem e sua não estigmatização, garantindo a não utilização das informações em prejuízo das pessoas e/ou das comunidades, inclusive em termos de autoestima, prestígio e/ou questões econômico-financeiras.

J. Ser desenvolvida preferencialmente em indivíduos com autonomia plena. Indivíduos ou grupos vulneráveis não devem ser sujeitos de pesquisa quando a informação desejada possa ser obtida por meio de sujeitos com plena autonomia, a menos que a investigação possa trazer benefícios diretos aos vulneráveis. Nesses casos, o direito dos indivíduos ou grupos que queiram participar da pesquisa deve ser assegurado, desde que seja garantida a proteção à sua vulnerabilidade e incapacidade legalmente definida.

K. Respeitar sempre os valores culturais, sociais, morais, religiosos e éticos, bem como os hábitos e costumes quando as pesquisas envolverem comunidades.

L. Garantir que as pesquisas em comunidades, sempre que possível, traduzir-se-ão em benefícios cujos efeitos continuem a se fazer sentir após sua conclusão. O projeto deve analisar as necessidades de cada um dos membros da comunidade e as diferenças presentes entre eles, explicitando como será assegurado o respeito a elas.

M. Garantir o retorno dos benefícios obtidos por meio das pesquisas para as pessoas e as comunidades em que forem realizadas. Quando, no interesse da comunidade, houver benefício real em incentivar ou estimular mudanças de costumes ou comportamentos, o protocolo de pesquisa deve incluir, sempre que possível, disposições para comunicar tal benefício às pessoas e/ou comunidades.

N. Comunicar às autoridades sanitárias os resultados da pesquisa sempre que eles puderem contribuir para a melhoria das condições de saúde da coletividade, preservando, porém, a imagem e assegurando que os sujeitos da pesquisa não sejam estigmatizados ou percam a autoestima.

O. Assegurar aos sujeitos da pesquisa os benefícios resultantes do projeto, em termos de retorno social, acesso aos procedimentos, produtos ou agentes da pesquisa.

P. Assegurar aos sujeitos da pesquisa as condições de acompanhamento, tratamento ou orientação, conforme o caso, nas pesquisas de rastreamento; demonstrar a preponderância de benefícios sobre riscos e custos.

Q. Assegurar a inexistência de conflito de interesses entre o pesquisador e os sujeitos da pesquisa ou patrocinador do projeto.

R. Comprovar, nas pesquisas conduzidas do exterior ou com cooperação estrangeira, os compromissos e as vantagens, para os sujeitos das pesquisas e para o Brasil, decorrentes de sua realização. Nesses casos, devem ser identificados o pesquisador e a instituição nacionais corresponsáveis pela pesquisa. O protocolo deverá observar as exigências da Declaração de Helsinque e incluir documento de aprovação, no país de origem, entre os apresentados para avaliação do CEP da instituição brasileira, que exigirá o cumprimento de seus próprios referenciais éticos. Os estudos patrocinados do exterior também devem responder às necessidades de treinamento de pessoal no Brasil, para que o país possa desenvolver projetos similares de forma independente.

S. Utilizar o material biológico e os dados obtidos na pesquisa exclusivamente para a finalidade prevista em seu protocolo.
T. Levar em conta, nas pesquisas realizadas em pessoas em idade fértil ou gestantes, a avaliação de riscos e benefícios e as eventuais interferências sobre a fertilidade, a gravidez, o embrião ou o feto, o trabalho de parto, o puerpério, a lactação e o recém-nascido.
U. Considerar que as pesquisas em gestantes devem ser precedidas de pesquisas em pessoas fora do período gestacional, exceto quando a gravidez for o objetivo fundamental da pesquisa.
V. Propiciar, nos estudos multicêntricos, a participação dos pesquisadores que desenvolverão a pesquisa na elaboração do delineamento geral do projeto.
W. Descontinuar o estudo somente após a análise das razões da descontinuidade pelo CEP que a aprovou.

Considera-se que toda pesquisa envolvendo seres humanos envolve risco. O dano eventual poderá ser imediato ou tardio, comprometendo o indivíduo ou a coletividade. Não obstante os riscos potenciais, as pesquisas envolvendo seres humanos serão admissíveis quando:

A. Oferecerem elevada possibilidade de gerar conhecimento para entender, prevenir ou aliviar um problema que afete o bem-estar dos sujeitos da pesquisa e de outros indivíduos.
B. O risco se justificar pela importância do benefício esperado.
C. O benefício for maior, ou no mínimo igual, a outras alternativas já estabelecidas para a prevenção, o diagnóstico e o tratamento do problema em questão.

As pesquisas sem benefício direto ao indivíduo devem prever condições de serem bem suportadas pelos sujeitos da pesquisa, considerando sua situação física, psicológica, social e educacional. O pesquisador responsável é obrigado a suspender a pesquisa imediatamente ao perceber algum risco ou dano à saúde de algum sujeito participante, dela consequente e não previsto no termo de consentimento. Do mesmo modo, tão logo constatada a superioridade de um método em estudo sobre outro, o projeto inferior deverá ser suspenso, oferecendo-se a todos os sujeitos os benefícios do melhor regime.

O CEP da instituição deverá ser informado sobre todos os efeitos adversos ou fatos relevantes que alterem o curso normal do estudo. O pesquisador, o patrocinador e a instituição devem assumir a responsabilidade de dar assistência integral às complicações e aos danos decorrentes dos riscos previstos.

Os sujeitos da pesquisa que vierem a sofrer qualquer tipo de dano previsto ou não no termo de consentimento e resultante de sua participação, além do direito à assistência integral, têm direito à indenização. Jamais poderá ser exigido do sujeito da pesquisa, sob qualquer argumento, renúncia ao direito à indenização por dano. O termo de consentimento livre e esclarecido não deve conter nenhuma ressalva que afaste essa responsabilidade ou que implique ao sujeito da pesquisa abrir mão de seus direitos legais, incluindo o direito de procurar obter indenização por eventuais danos.

PAPEL DO FARMACÊUTICO NA PESQUISA CLÍNICA

O farmacêutico pode estar envolvido com a pesquisa clínica de várias formas, tanto nos laboratórios e centros de pesquisa quanto nas organizações representativas de pesquisa clínica, mais conhecidas como organização de pesquisa contratada (CRO, do inglês *contract research organization*), assim como na indústria farmacêutica ou na área de logística.

A Resolução n. 509/2009 do Conselho Federal de Farmácia (CFF) regula todas essas possíveis atividades do farmacêutico em pesquisa clínica e ressalta algumas atribuições privativas da profissão, como: zelar pelo cumprimento da legislação sanitária durante o armazenamento e a dispensação de produtos para a saúde e assumir a responsabilidade técnica pelo local no qual são desempenhadas tais funções. Essa resolução destaca ainda a importância do farmacêutico na promoção de treinamentos para os recursos humanos envolvidos nos estudos clínicos e na elaboração tanto de procedimentos e rotinas específicos quanto dos documentos em geral utilizados em pesquisa clínica, por exemplo: termo de consentimento livre e esclarecido, documentos de âmbito regulatório e o próprio protocolo do estudo clínico.

O farmacêutico pode assumir diversos papéis na pesquisa clínica, como:

- Responsável pela avaliação da adesão ao novo tratamento, recebimento, armazenamento e dispensação do produto/droga em estudo clínico, randomização dos voluntários.
- Manipulador dos medicamentos e administração ao participante da pesquisa, em laboratórios, executando os exames de análises clínicas.
- Coordenador dos centros de pesquisa.
- Monitor de estudos.
- Gerente de pesquisa na indústria farmacêutica, em CRO ou em centros de estudos.

A Anvisa preconiza a necessidade de um farmacêutico durante o delineamento e o desenvolvimento do ensaio clínico que utilize medicamento no Brasil, pois exige um farmacêutico responsável pelo preenchimento do Formulário de Apresentação de Ensaio Clínico (Faec).

O farmacêutico responsável descrito no Faec atesta, solidariamente com o responsável legal pelo patrocinador da pesquisa, a veracidade de todas as informações descritas no documento relacionadas ao medicamento experimental, ao medicamento comparador (ativo ou placebo) e ao ensaio clínico, como:

- Composição qualiquantitativa dos produtos, forma farmacêutica e concentração.
- Condições de armazenamento.
- Quantidades a serem utilizadas.
- Necessidade de importação e descrição dos produtos importados.
- Vias de administração utilizadas.
- Prazo de validade dos produtos utilizados.
- Delineamento do ensaio clínico.

A exigência sanitária da Anvisa reforça a regulação profissional estabelecida pelo CFF quando preconiza que é atribuição privativa do farmacêutico atuante em pesquisa clínica:

- Zelar pelo cumprimento da legislação sanitária e demais legislações correlatas.
- Orientar quanto às adequações necessárias para o cumprimento das normas relativas ao recebimento, armazenamento e dispensação de medicamentos e produtos para a saúde.

- Supervisionar e/ou definir a adequação de área física, instalações e procedimentos do local de armazenamento e dispensação de medicamentos e produtos para a saúde.
- Atuar de maneira efetiva no armazenamento, dispensação, preparo e transporte de medicamentos e/ou produtos para saúde destinados a estudos clínicos.

Em casos de centro de pesquisa e empresa que realizarem pesquisa clínica com medicamentos sujeitos a controle especial, também será atribuição privativa do farmacêutico atuante em pesquisa clínica:

- Solicitar à empresa providências para obtenção da autorização especial na Anvisa.
- Exigir local específico com chave ou outro dispositivo de segurança para segregar produtos em caso de avaria e outras pendências, de acordo com as orientações do fabricante e órgãos competentes.
- Zelar para que a empresa cumpra as normas sanitárias sobre transporte de substâncias e medicamentos sujeitos a controle especial.

Uma vez que o local para armazenamento e dispensação de medicamentos e produtos para saúde utilizados em ensaios clínicos de todas as instituições que realizam pesquisa clínica com medicamentos e/ou produtos para saúde se caracteriza como farmácia, é privativa do farmacêutico a responsabilidade técnica por esse local. Nesse sentido, cabe ao farmacêutico atuante em pesquisa clínica que utilize medicamentos, insumos farmacêuticos e/ou produtos para fins terapêuticos:

- Assessorar a empresa no processo de regularização do local de armazenamento e dispensação em órgãos profissionais e sanitários.
- Treinar os recursos humanos envolvidos, com fundamento em procedimentos estabelecidos na legislação vigente e nas boas práticas clínicas (BPC), mantendo o registro dos treinamentos efetuados.
- Elaborar procedimentos e rotinas relacionados a esses produtos quanto a:
  A. Compra e/ou recebimento destinados a estudos clínicos.
  B. Armazenamento em local específico com chave ou outro dispositivo de segurança.
  C. Registro e controle da temperatura e umidade do local de armazenamento.
  D. Registro de ocorrência e procedimentos para avarias, extravios e devoluções.

E. Controle de vetores e de pragas urbanas das instalações da empresa, realizadas por empresa autorizada pelo órgão sanitário competente.
F. Notificação ao detentor do registro e às autoridades sanitárias e policiais, quando for o caso, de quaisquer suspeitas de alteração, adulteração, fraude, falsificação ou roubo dos produtos do estudo, informando o número da nota fiscal, números dos lotes, quantidades dos produtos e demais informações exigidas pela legislação vigente.
G. Dispensação e elaboração de um inventário do produto.
H. Preparo e transporte (quando for o caso), de acordo com a posologia e a forma de administração requerida para o estudo.

- Participar da elaboração dos documentos concernentes aos centros de pesquisa clínica e à pesquisa clínica, referentes a estudos pré-clínicos e clínicos, em conformidade com a legislação vigente:
  A. Dossiê de submissão para anuência em pesquisa clínica e para obtenção do comunicado especial para a realização de pesquisa clínica com medicamentos em território nacional.
  B. Protocolo de pesquisa clínica.
  C. Documentos do âmbito regulatório.
  D. Termo de consentimento livre e esclarecido.
  E. Metodologia de pesquisa clínica.
- Participar dos comitês de ética em pesquisa clínica.
- Participar do projeto de pesquisa clínica, como pesquisador responsável ou como colaborador, quando for o caso.

Além disso, nos casos de eventos adversos graves, inesperados, ocorridos no território nacional e em que seja possível relacioná-los com o produto sob investigação, seja uma relação provável, seja definida, o patrocinador deve notificar esses eventos à Anvisa por meio do Formulário para Notificação de Eventos Adversos Graves Inesperados em ensaios clínicos com medicamentos ou produtos biológicos – NotivisaEC.

O farmacêutico na pesquisa clínica exerce continuamente os princípios da farmácia clínica; portanto, é atribuição farmacêutica desenvolver ações para prevenção, identificação e notificação de incidentes, como eventos adversos e queixas técnicas relacionadas aos medicamentos e a outras tecnologias em saúde.

PERSPECTIVAS PARA A PESQUISA CLÍNICA NO BRASIL

No dia 3 de março de 2015, foi publicada no Diário Oficial da União a Resolução n. 9, que regula a realização de ensaios clínicos com medicamentos no Brasil. O objetivo da norma foi harmonizar o marco regulatório brasileiro com as demais normativas internacionais, modernizar o arcabouço regulatório, reduzir os prazos por meio de uma avaliação baseada em risco e aperfeiçoar os fluxos de trabalho.

Entre as grandes mudanças trazidas pela resolução, pode-se destacar a previsibilidade, a partir do estabelecimento dos prazos para manifestação da Anvisa e a avaliação mais detalhada de aspectos de qualidade, bem como a implementação de um plano de desenvolvimento do medicamento experimental.

Ao considerar o compromisso assumido pela Anvisa em relação à previsibilidade e transparência de suas ações, a Agência vem fazendo um acompanhamento rigoroso dos resultados da implementação da norma, das quais é possível destacar:

A. A publicação dos Manuais e Documento de Perguntas e Respostas sobre a RDC n. 9/2015.
B. A aproximação com as áreas de registro de medicamentos, visando à harmonização de entendimentos por meio da elaboração conjunta de manuais, fluxos internos de discussões.
C. Ampliação das reuniões com o setor regulado.
D. Fim do passivo de petições referente aos processos submetidos na vigência da RDC n. 39/2008.
E. Diminuição dos prazos regulatórios, que já passou de dez meses para aproximadamente cinco meses.

A Anvisa reconheceu a importância de prazos competitivos para a atratividade de ensaios clínicos para o país, mas considera que a diminuição do tempo de análise não pode comprometer a qualidade da avaliação técnica, nem mesmo fragilizar o processo regulatório já estabelecido no Brasil.

As perspectivas para a área de pesquisa clínica no país são as melhores possíveis, pois os ensaios das fases II e III vêm aumentando nos últimos anos. Já se tem notícia do andamento inclusive de ensaios de fase I no Brasil, o que seria inimaginável no passado. O aumento do número de centros de pesquisa farmacológica, aliado à profusão de cursos de qualidade na área, vem possibilitando esse futuro promissor.

A partir de 2020, com a pandemia da Covid-19, o número de ensaios clínicos no Brasil teve grande expansão, inclusive com a pesquisa de novas vacinas e tecnologias. A necessidade de investimentos em pesquisa continua grande, unindo as agências públicas de fomento, além dos investimentos vindos de empresas privadas e fundos de investimento.

BIBLIOGRAFIA

Brasil. Ministério da Saúde. Agência Nacional de Vigilância Sanitária (Anvisa). Resolução RDC n. 9, de 20 de fevereiro de 2015. Dispõe sobre o Regulamento para a realização de ensaios clínicos com medicamentos no Brasil. Diário Oficial da União, Brasília (DF), 2015.

Brasil. Ministério da Saúde. Agência Nacional de Vigilância Sanitária (Anvisa). Resolução n. 196, de 10 de outubro de 1996. Aprova as diretrizes e normas regulamentadoras de pesquisas envolvendo seres humanos.

Brasil. Ministério da Saúde. Agência Nacional de Vigilância Sanitária (Anvisa). Resolução n. 219, de 20 de setembro de 2004. Aprova o regulamento para a elaboração de dossiê para a obtenção de Comunicado Especial (CE) para a realização de Pesquisa Clínica com Medicamentos e Produtos para a Saúde.

Conselho Federal de Farmácia (CFF). Resolução n. 509, de 29 de julho de 2009. Regula a atuação do farmacêutico em centros de pesquisa clínica, organizações representativas de pesquisa clínica, indústria ou outras instituições que realizem pesquisa clínica.

Conselho Federal de Farmácia (CFF). Resolução n. 513, de 13 de outubro de 2013. Dispõe sobre a correção dos valores das anuidades e taxas devidas aos Conselhos Federal e Regionais de Farmácia.

Conselho Regional de Farmácia do Estado de São Paulo (CRF/SP). Pesquisa clínica. Disponível em: http://portal.crfsp.org.br/images/cartilhas/pesquisaclinica.pdf. Acesso em 15 dez. 2024.

Conselho Regional de Farmácia do Rio Grande do Sul (CRF/RS). A atuação do farmacêutico na pesquisa clínica. Disponível em: https://media. crfrs.org.br/publicacoes/pesquisa-clinica.pdf. Acesso em 15 dez. 2024.

Portal Mattos Filho. Novo marco legal de pesquisa clínica com seres humanos é aprovado no Brasil. Disponível em: https://www.mattosfilho.com.br/unico/marco-pesquisa-humanos-brasil/. Acesso em 15 dez. 2024.

16

Protocolos clínicos e medicina baseada em evidências

INTRODUÇÃO

Durante o encontro diário com os pacientes, o médico e o farmacêutico deparam-se com várias dúvidas, para as quais devem encontrar respostas. Habitualmente, a solução é usar a experiência e o conhecimento técnico acumulado para encontrar as respostas, de forma pessoal ou consultando um colega mais experiente. Caso isso não seja suficiente, pode-se procurar estudos referentes na literatura médica.

Essa abordagem clássica, ainda que muito praticada, não é adequada. Generalizar a partir da experiência não sistematizada, própria ou alheia, e obtida com um número limitado de casos, pode ser perigoso e, com frequência, induzir a erros. Em princípio, a literatura está defasada se tiver sido publicada há mais de 5 anos, bem como as revisões publicadas em revistas médicas; portanto, serão ineficazes para solucionar problemas clínicos concretos.

A comprovação da existência de variações inaceitáveis na prática médica e de que somente uma minoria das intervenções médicas de uso diário estava apoiada em estudos científicos confiáveis levou um grupo de médicos radicados na Universidade McMaster a iniciar um novo movimento no ensino e prática da medicina. Esse movimento foi denominado, em inglês, *evidence-based medicine* (EBM), que podemos traduzir para o português como medicina baseada em evidências (MBE).

Ainda que o conceito ou a ideia não sejam novos, esse acontecimento está ligado à introdução da estatística e do método epidemiológico na prática médica, além do desenvolvimento de ferramentas que permitem a revisão sistemática da bibliografia e a adoção da avaliação crítica da literatura científica como forma de graduar sua utilidade e validade.

A MBE é a maneira de abordar os problemas clínicos utilizada para solucionar os resultados da investigação científica. Nas palavras de seus precursores, "é a utilização consciente, judiciosa e explícita das melhores evidências na tomada de decisões sobre o cuidado dos pacientes" (Evidence-Based Medicine Working Group, 1992).

Na prática médica habitual, utilizam-se medidas introduzidas de modo empírico e que são aceitas sem crítica aparente. A MBE pretende que essa prática se adéque à investigação clínica disponível, de modo que, uma vez localizada e avaliada pelo médico, ela seja aplicada na melhora do cuidado de seus pacientes e de sua própria prática.

Os Protocolos Clínicos e Diretrizes Terapêuticas (PCDT) são documentos que estabelecem critérios para o diagnóstico da doença ou do agravo à saúde; o tratamento preconizado, com os medicamentos e demais produtos apropriados, quando couber; as posologias recomendadas; os mecanismos de controle clínico; e o acompanhamento e a verificação dos resultados terapêuticos a serem seguidos pelos gestores do Sistema Único de Saúde (SUS). Devem ser baseados em evidência científica e considerar critérios de eficácia, segurança, efetividade e custo-efetividade das tecnologias recomendadas.

As Diretrizes Diagnósticas e Terapêuticas (DDT) em Oncologia são documentos baseados em evidência científica que visam nortear as melhores condutas na área da Oncologia. A principal diferença em relação aos PCDT é que, por causa do sistema diferenciado de financiamento dos procedimentos e tratamentos em oncologia, esse documento não se restringe às tecnologias incorporadas no SUS, mas sim ao que pode ser oferecido ao paciente, considerando que o financiamento é repassado como procedimento para o atendimento aos centros de atenção e a autonomia deles na escolha da melhor opção para cada situação clínica.

Os Protocolos de Uso são documentos normativos de escopo mais estrito, que estabelecem critérios, parâmetros e padrões para a utilização de uma tecnologia específica em determinada doença ou condição.

As Diretrizes Nacionais/Brasileiras são documentos norteadores das melhores práticas a serem seguidas por profissionais de saúde e gestores, sejam eles do setor público, sejam do setor privado da saúde. As Linhas de Cuidados apresentam a organização do sistema de saúde para garantir um cuidado integrado e continuado, com o objetivo de atender às necessidades de saúde do usuário do SUS em sua integralidade.

Em 28 de abril de 2011, foi publicada a Lei n. 12.401, que altera diretamente a Lei n. 8.080, de 1990, dispondo sobre a assistência terapêutica e a incorporação de tecnologias em saúde no âmbito do SUS (Brasil, 2011). Essa lei define que o Ministério da Saúde, assessorado pela Comissão Nacional de Incorporação de Tecnologias no SUS (Conitec), tem como atribuições a incorporação, exclusão ou alteração de novos medicamentos, produtos e procedimentos, bem como a constituição ou alteração de PCDT. O fluxo de trabalho para elaboração e atualização dos PCDT no âmbito da Conitec está disponível na Portaria SCTIE/MS n. 27, de 12 de junho de 2015.

COMO SE PRATICA A MEDICINA BASEADA EM EVIDÊNCIAS

A prática da MBE requer quatro passos:

1. Formular de maneira precisa uma pergunta a partir do problema clínico do paciente.

   Consiste em converter as necessidades de informação que surgem durante o encontro clínico em uma pergunta, simples e claramente definida, que nos permita encontrar os trabalhos científicos que satisfaçam nossa interrogação.
2. Localizar as evidências disponíveis na literatura.

   A busca da literatura referente à pergunta deve ser feita em bases de dados bibliográficos, das quais a mais utilizada e conhecida é o Medline, que é compilado e disponibilizado pela Biblioteca Nacional de Saúde dos Estados Unidos. O Medline contém todos os artigos publicados em revistas da área de saúde desde 1966. Atualmente é mais fácil acessar essa base de dados em CD-ROM ou pela internet. Para utilizá-la, pode-se fazer um breve treinamento ou recorrer aos serviços de um bibliotecário especializado. Com a ajuda de estratégias de buscas desenhadas e validadas por especialistas, nessa base de dados a recuperação de artigos relevantes sobre tratamentos, prognóstico, etiologia e diagnóstico é relativamente rápida.

   Outras fontes, como a revista *Bandolier*, as POEMs do *Journal of Family Practice* ou revistas de resumos como *ACP Journal Club*, *Evidence-Based Medicine* e *Evidence-Based Practice* selecionam e resumem, com os critérios da MBE, as melhores publicações relacionadas com a medicina clínica. Com a denominação de Best-Evidence, a coleção completa e conjunta das duas primeiras revistas está disponível em formato eletrônico.

   A Fundação Cochrane, dos Estados Unidos, publica uma base de dados de revisões sistemáticas sobre muitos aspectos da prática médica. Além disso, guias de prática clínica rigorosos e baseados em evidências estão sendo desenvolvidos em vários países e alguns deles podem ser acessados pela internet.

3. Avaliação crítica das evidências.

   O terceiro passo é avaliar os documentos encontrados para determinar sua validade (aproximação da realidade) e utilidade (aplicabilidade clínica). Apesar da grande proliferação da literatura médica, são poucos os artigos relevantes ou que apresentam uma metodologia rigorosa. Deve-se estimar criticamente a validade e a utilidade dos resultados descritos para aplicá-los na prática. Ainda que os conhecimentos necessários para essa valoração não sejam parte habitual da formação dos médicos, podem ser adquiridos por meio de cursos e seminários, sem um grande respaldo em epidemiologia ou estatística. Além disso, há excelentes guias de usuários para leitura crítica, como os publicados pela revista *JAMA*. A leitura desses livros e a prática contínua dessa abordagem crítica permitem desenvolver em pouco tempo a competência necessária para avaliar as diferentes classes de artigos. Ainda que se tenda a classificar a investigação segundo sua qualidade, situando em primeiro lugar os ensaios clínicos randomizados e as metanálises (análises de vários trabalhos científicos sobre o mesmo tema), estes nem sempre estão disponíveis; por outro lado, e dependendo da demanda, o desenho do estudo requerido pode ser diferente. Para o médico e o farmacêutico de atenção primária, são especialmente úteis as revisões sistemáticas, metanálises e os guias de prática clínica de qualidade, já que evitam a tarefa de recolher toda a literatura relevante.
4. Aplicação das conclusões dessa avaliação na prática.

   Aplicar o conhecimento adquirido ao seguimento de um paciente em particular ou à modificação da forma de atuar nas consultas é o último passo. Este exercício deve ser acompanhado da experiência clínica necessária para poder contrabalançar os riscos e os benefícios, assim como contemplar as expectativas e preferências do paciente.

LIMITE E CRÍTICAS À MEDICINA BASEADA EM EVIDÊNCIAS

Apesar de seu indubitável êxito nos últimos anos, o movimento baseado nas evidências não está isento de críticas daqueles que resistem em abandonar a abordagem tradicional da medicina. Alguns médicos e instituições sentem que essa forma de trabalho é uma inovação perigosa que limita sua autonomia. Enxergam-na como uma ameaça a seu exercício profissional e pensam que, no fundo, ela não é mais que uma iniciativa a serviço dos que pretendem reduzir o gasto sanitário ou rebaixar a autoridade dos que sempre detiveram a hierarquia científica. A maior parte dessas críticas tem sido respondida, porém não se esconde que esse recurso continua apresentando algumas limitações. O profissional deve substituir, em áreas de maior importância e validade, fontes de informação fáceis de obter por outras que implicam buscas bibliográficas mais refinadas e elaboradas. Isso requer esforço e tempo, do qual não se dispõe habitualmente, além de uma inversão na formação e nas melhorias na infraestrutura de tecnologia de informação que os empregadores não consideram necessárias.

Porém, o principal obstáculo é que nem sempre, e especialmente nos casos de atenção primária, a literatura médica tem as respostas para as decisões que devem ser tomadas na prática. Sem dúvida, o desenvolvimento de melhores investigações clínicas realizadas ao nosso redor será a solução desse problema. Não se deve esquecer que, quando um paciente pede orientações em uma consulta, ele busca algo mais que uma resposta científica a uma questão clínica.

Custo e protocolos clínicos

A caneta do médico é o instrumento responsável, em grande parte, pelo alto custo do atendimento à saúde. Os médicos orientam ou prescrevem mais de 70% dos gastos com cuidados de saúde. Com base nesses dados, o farmacêutico ganha uma importância muito grande na busca e adaptação de protocolos clínicos. Os conhecimentos farmacoeconômicos são extremamente valiosos na busca das melhores alternativas terapêuticas.

Níveis de evidência e análise crítica

Há diferentes sistemas de classificação de nível de evidência na literatura científica. No Brasil, algumas publicações enfocando terapia, prevenção e etiologia/risco adaptaram seus sistemas do esquema do Oxford Centre for Evidence-Based Medicine - Levels of Evidence (2009), já que ele apresenta maior grau de exigência ao avaliar as produções científicas estabelecidas a partir de desfechos com significado real ao paciente e à sociedade.

O conhecimento da hierarquia de classificação de indícios poderá subsidiar a prática clínica do profissional de saúde, promovendo a integração da experiência clínica às melhores evidências disponíveis, considerando a segurança nas intervenções e a ética na totalidade das ações.

A análise crítica de artigos encontrados é outro fator a ser considerado. Essa análise deve ter o fim de detectar estudos com metodologia sólida e que apresentem controle de vieses, fundamentando, assim, os níveis de evidência para implementar a prática clínica.

O trabalho científico que embasa o cenário clínico é permeado pela avaliação das evidências e orientações metodológicas. As intervenções e os ensaios terapêuticos carecem de fundamentação e apreciação adequadas para isso; a modalidade terapêutica demanda estar edificada a partir do melhor nível de comprovação científica. Geralmente, tal nível de evidência corresponde ao delineamento e à natureza do estudo, enfatizando as revisões sistemáticas de ensaios clínicos randomizados como o melhor nível de evidência científica. Notadamente, as revisões sistemáticas consideradas duradouras e úteis são aquelas realizadas pela Cochrane Collaboration, por incorporarem novos indícios de forma constante. Quanto maior o nível da evidência, maior a probabilidade de utilidade clínica e de reprodução dos resultados na prática clínica (ver Quadro 1).

O papel do farmacêutico

No processo de MBE, o farmacêutico pode atuar na pesquisa bibliográfica de protocolos farmacoterapêuticos existentes e verificar quais se encaixam melhor na realidade da sua instituição, seja ela um hospital, seja um ambulatório, farmácia, atendimento domiciliar, posto de saúde. Com base nesses protocolos pesquisados, é importante avaliar qual deles apresenta os melhores resultados farmacoeconômicos.

Além disso, essa pesquisa pode colaborar para a elaboração de um manual de informação, com dados comparativos sobre medicamentos, *feedback* de padrões de conduta médica, custos comparados com o estilo de prescrição, visitas educativas, distribuição de artigos com recomendações, organização de cursos curtos de atualização médica e elaboração de lembretes para serem colados nos prontuários no caso de pacientes hospitalares.

Os resultados esperados são: reduzir a hospitalização, diminuir a permanência média e as consultas na emergência, diminuir as faltas nas escalas de trabalho, melhorar a qualidade de vida percebida pelas crianças e por seus pais e reduzir as ausências dos pais no trabalho.

Durante a pandemia de Covid-19, o papel do farmacêutico na busca e análise crítica de evidências foi crucial para ajudar a combater as *fake news* e evidências fracas que não se sustentam, muitas vezes publicadas sem revisão por pares e na forma de *preprint*. Outra situação à qual os farmacêuticos foram submetidos e na qual tiveram que usar seus conhecimentos foi no desabastecimento de sedativos e bloqueadores neuromusculares (BNM), que ocorreu principalmente no Brasil em 2021, em muitos hospitais, por causa do aumento expressivo de casos de Covid-19. Sem esses conhecimentos e

QUADRO 1 Nível de evidência científica por tipo de estudo – Oxford Centre for Evidence-Based Medicine

Grau de recomendação	Nível de evidência	Tratamento/prevenção – etiologia	Diagnóstico
A	1A	Revisão sistemática (com homogeneidade) de ensaios clínicos controlados e randomizados	Revisão sistemática (com homogeneidade) de estudos diagnósticos nível 1, critério diagnóstico de estudos nível 1B, em diferentes centros clínicos
	1B	Ensaio clínico controlado e randomizado com intervalo de confiança estreito	Coorte validada, com bom padrão de referência, critério diagnóstico testado em um único centro clínico
	1C	Resultados terapêuticos do tipo "tudo ou nada"	Sensibilidade e especificidade próximas de 100%
B	2A	Revisão sistemática (com homogeneidade) de estudos de coorte	Revisão sistemática (com homogeneidade) de estudos diagnósticos de nível > 2
	2B	Estudo de coorte (incluindo ensaio clínico randomizado de menor qualidade)	Coorte exploratória com bom padrão de referência, critério diagnóstico derivado ou validado em amostras fragmentadas ou banco de dados
	2C	Observação de resultados terapêuticos (*outcomes research*) Estudo ecológico	
	3A	Revisão sistemática (com homogeneidade) de estudos de caso-controle	Revisão sistemática (com homogeneidade) de estudos diagnósticos de nível > 3B
	3B	Estudo caso-controle	Seleção não consecutiva de casos ou padrão de referência aplicado de forma pouco consistente
C	4	Relato de casos (incluindo coorte ou caso--controle de menor qualidade)	Estudo caso-controle; ou padrão de referência pobre ou não independente
D	5	Opinião desprovida de avaliação crítica ou baseada em matérias básicas (estudo fisiológico ou estudo com animais)	

Fonte: Oxford Centre for Evidence-Based Medicine – Levels of Evidence (2009).

habilidades é difícil para o farmacêutico clínico conseguir ler e interpretar os diversos manuais e *guidelines* clínicos relacionados a diferentes doenças e publicados por entidades científicas, pois a maioria deles utiliza as bases da MBE.

BIBLIOGRAFIA

Bonfill X. La colaboración Cochrane. Jano. 1997;52(1204):63-5.

Brasil. Ministério da Saúde. Portaria n. 27, de 12 de junho de 2015. Fluxo de trabalho para elaboração e atualização dos PCDT. Disponível em: https://bvsms.saude.gov.br/bvs/saudelegis/sctie/2015/prt0027_12_06_2015.html. Acesso em 7 out. 2024.

Brasil. Ministério da Saúde. Protocolos Clínicos e Diretrizes Terapêuticas. Disponível em: https://www.gov.br/saude/pt-br/assuntos/pcdt. Acesso em 7 out. 2024.

Drummond JP, Silva E, Katz M, Caumo W, Rother ET. Fundamentos da medicina baseada em evidências: teoria e prática. São Paulo: Atheneu; 2014.

Duncan BB, Schmidt MI, Giugliani ERJ. Medicina ambulatorial – condutas de atenção primária baseadas em evidências. São Paulo: Artmed; 2004.

Evidence-Based Medicine Working Group. Evidence-based medicine. A new approach to teaching the practice of medicine. JAMA. 1992;268:2420-5.

Greenhalgh T. Como ler artigos científicos: fundamentos da medicina baseada em evidências. Porto Alegre: Artmed; 2008.

Guerra Romero L. La medicina basada en la evidencia: un intento de acercar la ciencia al arte de la práctica clínica. Med Clin (Barc). 1996;107:377-82.

Machado MC. Níveis de evidência para a prática clínica. Rev SOBECC. 2015;20(3):127.

Oxford Centre for Evidence-Based Medicine – Levels of Evidence (2009). Disponível em: https://portalarquivos2.saude.gov.br/images/pdf/2014/janeiro/28/tabela-nivel-evidencia.pdf. Acesso em 31 mar. 2021.

Oxman AD, Sackett DL, Guyatt GH. Users' guides to the medical literature. How to get started. JAMA. 1993;270:2093-5.

Rosenberg W, Donald A. Evidence-based medicine: an approach to clinical problem-solving. BMJ. 1995;310:1122-6.

Sackett DL. Medicina baseada em evidências – prática e ensino. 2. ed. São Paulo: Artmed; 2003.

Sackett DL, Haynes RB, Tugwell P, Guyatt GH. Clinical epidemiology. A basic science for clinical medicine. 2. ed. Boston: Little, Brown and Company; 1991.

Sackett DL, Richardson WS, Rosenberg W, Haynes RB. Evidence-based medicine. How to practice and teach EBM. New York: Churchill Livingstone; 1997.

Sackett DL, Rosenberg W, Muir JA, Haynes RB, Richardson WS. Evidence-based medicine: what it is and what it isn't. BMJ. 1996;312:71-2.

Sweeney K. How can evidence-based medicine help patients in general practice? Fam Pract. 1996;13:489-90.

University of Oxford. The Centre for Evidence-Based Medicine. Disponível em: https://www.cebm.net/. Acesso em 31 mar. 2021.

17

Atividades clínicas e prescrição farmacêutica

ATIVIDADES CLÍNICAS

As atividades clínicas do farmacêutico foram regulamentadas sanitariamente pela primeira vez pela RDC n. 44/2009, e posteriormente por suas atualizações, em que se colocou como serviço farmacêutico a atenção farmacêutica (cuidado farmacêutico), possibilitando a cobrança desse serviço juntamente com outros, como administração de medicamentos, aferição de parâmetros fisiológicos e bioquímicos, colocação de brincos, entre outros. Mais tarde o plenário do Conselho Federal de Farmácia (CFF) regulamentou profissionalmente as atividades clínicas por meio da Resolução n. 585/2013.

As atividades clínicas correspondem às ações do processo de trabalho. O conjunto de atividades será identificado no plano institucional, pelo paciente ou pela sociedade, como "serviços". Os diferentes serviços clínicos farmacêuticos (p. ex., o acompanhamento farmacoterapêutico, a conciliação terapêutica ou a revisão da farmacoterapia) caracterizam-se por um conjunto de atividades específicas de natureza técnica. A realização dessas atividades encontra embasamento legal na definição de atribuições clínicas do farmacêutico. Assim, uma lista de atribuições não corresponde, por definição, a uma lista de serviços.

As atribuições clínicas do farmacêutico visam proporcionar cuidado ao paciente, à família e à comunidade, de forma a promover o uso racional de medicamentos e otimizar a farmacoterapia, com o propósito de alcançar resultados definidos que melhorem a qualidade de vida do paciente.

São atribuições clínicas do farmacêutico relativas ao cuidado à saúde, nos âmbitos individual e coletivo:

1. Estabelecer e conduzir uma relação de cuidado centrada no paciente.
2. Desenvolver, em colaboração com os demais membros da equipe de saúde, ações para a promoção, proteção e recuperação da saúde, bem como a prevenção de doenças e de outros problemas de saúde.
3. Participar do planejamento e da avaliação da farmacoterapia, para que o paciente utilize de forma segura os medicamentos de que necessita, nas doses, frequência, horários, vias de administração e duração adequados, contribuindo para que ele tenha condições de realizar o tratamento e alcançar os objetivos terapêuticos.
4. Analisar a prescrição de medicamentos quanto aos aspectos legais e técnicos.
5. Realizar intervenções farmacêuticas e emitir parecer farmacêutico a outros membros da equipe de saúde, com o propósito de auxiliar na seleção, adição, substituição, ajuste ou interrupção da farmacoterapia do paciente.
6. Participar e promover discussões de casos clínicos de forma integrada com os demais membros da equipe de saúde.
7. Prover a consulta farmacêutica em consultório farmacêutico ou em outro ambiente adequado que garanta a privacidade do atendimento.
8. Fazer a anamnese farmacêutica, bem como verificar sinais e sintomas, com o propósito de prover cuidado ao paciente.
9. Acessar e conhecer as informações constantes no prontuário do paciente.
10. Organizar, interpretar e, se necessário, resumir os dados do paciente, a fim de proceder à avaliação farmacêutica.
11. Solicitar exames laboratoriais, no âmbito de sua competência profissional, com a finalidade de monitorar os resultados da farmacoterapia.
12. Avaliar resultados de exames clínico-laboratoriais do paciente, como instrumento para individualização da farmacoterapia.
13. Monitorar níveis terapêuticos de medicamentos, por meio de dados de farmacocinética clínica.
14. Determinar parâmetros bioquímicos e fisiológicos do paciente, para fins de acompanhamento da farmacoterapia e rastreamento em saúde.
15. Prevenir, identificar, avaliar e intervir nos incidentes relacionados aos medicamentos e a outros problemas relacionados à farmacoterapia.
16. Identificar, avaliar e intervir nas interações medicamentosas indesejadas e clinicamente significantes.
17. Elaborar o plano de cuidado farmacêutico do paciente.

18. Pactuar com o paciente e, se necessário, com outros profissionais da saúde as ações de seu plano de cuidado.
19. Realizar e registrar as intervenções farmacêuticas junto ao paciente, família, cuidadores e sociedade.
20. Avaliar, periodicamente, os resultados das intervenções farmacêuticas realizadas, construindo indicadores de qualidade dos serviços clínicos prestados.
21. Realizar, no âmbito de sua competência profissional, administração de medicamentos ao paciente.
22. Orientar e auxiliar pacientes, cuidadores e equipe de saúde quanto à administração de formas farmacêuticas, fazendo o registro dessas ações, quando couber.
23. Fazer a evolução farmacêutica e registrá-la no prontuário do paciente.
24. Elaborar uma lista atualizada e conciliada de medicamentos em uso pelo paciente durante os processos de admissão, transferência e alta entre os serviços e níveis de atenção à saúde.
25. Dar suporte ao paciente, aos cuidadores, à família e à comunidade com vistas ao processo de autocuidado, incluindo o manejo de problemas de saúde autolimitados.
26. Prescrever, conforme legislação específica, no âmbito de sua competência profissional.
27. Avaliar e acompanhar a adesão dos pacientes ao tratamento e realizar ações para sua promoção.
28. Realizar ações de rastreamento em saúde, baseadas em evidências técnico-científicas e em consonância com as políticas de saúde vigentes.

PRESCRIÇÃO FARMACÊUTICA

Na normativa de prescrição farmacêutica do CFF, definida pela Resolução n. 686/2013, define-se a prescrição farmacêutica como o ato pelo qual o farmacêutico seleciona e documenta terapias farmacológicas e não farmacológicas, além de outras intervenções relativas ao cuidado à saúde do paciente, visando à promoção, proteção e recuperação da saúde, bem como à prevenção de doenças e de outros problemas de saúde. A prescrição farmacêutica é uma atribuição clínica do farmacêutico e deverá ser realizada com base nas necessidades de saúde do paciente, nas melhores evidências científicas, em princípios éticos e em conformidade com as políticas de saúde vigentes.

O ato da prescrição farmacêutica poderá ocorrer em diferentes estabelecimentos farmacêuticos, consultórios, serviços e níveis de atenção à saúde, desde que respeitado o princípio da confidencialidade e a privacidade do paciente no atendimento.

O farmacêutico poderá realizar a prescrição de medicamentos e outros produtos com finalidade terapêutica, cuja dispensação não exija prescrição médica, incluindo medicamentos industrializados e preparações magistrais – alopáticos ou dinamizados –, plantas medicinais, drogas vegetais e outras categorias ou relações de medicamentos que venham a ser aprovadas pelo órgão sanitário federal para prescrição do farmacêutico. O exercício desse ato deverá estar fundamentado em conhecimentos e habilidades clínicas que abranjam boas práticas de prescrição, fisiopatologia, semiologia, comunicação interpessoal, farmacologia clínica e terapêutica. O ato da prescrição de medicamentos dinamizados e de terapias relacionadas às práticas integrativas e complementares deverá estar fundamentado em conhecimentos e habilidades relacionados a essas práticas.

O processo de prescrição farmacêutica é constituído das seguintes etapas:

1. Identificação das necessidades do paciente relacionadas à saúde.
2. Definição do objetivo terapêutico.
3. Seleção da terapia ou intervenções relativas ao cuidado à saúde, com base em sua segurança, eficácia, custo e conveniência, dentro do plano de cuidado.
4. Redação da prescrição.
5. Orientação ao paciente.
6. Avaliação dos resultados.
7. Documentação do processo de prescrição.

No ato da prescrição, o farmacêutico deverá adotar medidas que contribuam para a promoção da segurança do paciente, dentre as quais se destacam:

1. Basear suas ações nas melhores evidências científicas.
2. Tomar decisões de forma compartilhada e centrada no paciente.
3. Considerar a existência de outras condições clínicas, o uso de outros medicamentos, os hábitos de vida e o contexto de cuidado no entorno do paciente.
4. Estar atento aos aspectos legais e éticos relativos aos documentos que serão entregues ao paciente.
5. Comunicar adequadamente ao paciente, seu responsável ou cuidador suas decisões e recomendações, de modo que eles as compreendam de forma completa.
6. Adotar medidas para que os resultados em saúde do paciente, decorrentes da prescrição farmacêutica, sejam acompanhados e avaliados.

A prescrição farmacêutica deverá ser redigida em vernáculo, por extenso, de modo legível, observando-se a nomenclatura e o sistema de pesos e medidas oficiais, sem emendas ou rasuras, devendo conter os seguintes componentes mínimos:

1. Identificação do estabelecimento farmacêutico, consultório ou do serviço de saúde ao qual o farmacêutico está vinculado.
2. Nome completo e contato do paciente.
3. Descrição da terapia farmacológica, quando houver, incluindo as seguintes informações:
   A. Nome do medicamento ou formulação, concentração/dinamização, forma farmacêutica e via de administração.
   B. Dose, frequência de administração do medicamento e duração do tratamento.
   C. Instruções adicionais, quando necessário.
4. Descrição da terapia não farmacológica ou de outra intervenção relativa ao cuidado do paciente, quando houver.
5. Nome completo do farmacêutico, assinatura e número de registro no Conselho Regional de Farmácia.
6. Local e data da prescrição.

A automedicação responsável é o termo usado pela Organização Mundial da Saúde (OMS) para o uso de medicamentos sem prescrição médica. Porém, é necessário fazer uma reflexão mais profunda sobre o uso desses medicamentos. Eles são chamados de OTC (sigla em inglês para *over the counter*) e também de anódinos, e mais recentemente receberam no Brasil o nome de MIP (medicamentos isentos de prescrição).

Existem muitos segmentos da sociedade, como a Abimip, associação brasileira que congrega os principais fabricantes de medicamentos isentos de prescrição médica no país, que defendem essa prática, listando benefícios como a economia de recursos públicos com a área da saúde. Afinal, a possibilidade de usar medicamentos sem passar por um médico antes poderia reduzir a necessidade de contratação desses profissionais pelos municípios e estados. Por outro lado, existem mobilizações para a criação de projetos de lei que obriguem a prescrição médica para qualquer tipo de medicamento.

A legislação brasileira regulamentou o setor de MIP em 1975 e sofreu várias alterações e complementações. De 1998 a 2002, a participação desses produtos nas vendas totais de medicamentos aumentou de 11,87 para 14,48%.

Em 2002, o mercado brasileiro de MIP movimentou aproximadamente 4 bilhões de reais (mais de 490 milhões de unidades). A atual legislação em vigor é a resolução da Agência Nacional de Vigilância Sanitária (Anvisa) RDC n. 98/2016, que estabelece os critérios e procedimentos para o enquadramento de medicamentos como MIP, o reenquadramento desses medicamentos como sob prescrição, e para a devida adequação do registro.

Para um medicamento ser enquadrado como isento de prescrição, é necessário que comprove os critérios estabelecidos a seguir:

1. Tempo mínimo de comercialização do princípio ativo ou da associação de princípios ativos, com as mesmas indicações, via de administração e faixa terapêutica de:
   A. 10 anos, sendo, no mínimo, 5 anos no Brasil como medicamento sob prescrição ou;
   B. 5 anos no exterior como medicamento isento de prescrição cujos critérios para seu enquadramento sejam compatíveis com os estabelecidos nessa Resolução.
2. Segurança, segundo avaliação da causalidade, gravidade e frequência de eventos adversos e intoxicação, baixo potencial para causar dano à saúde quando obtido sem orientação de um prescritor, considerando sua forma farmacêutica, princípio ativo, concentração do princípio ativo, via de administração e posologia, devendo o produto apresentar:
   A. reações adversas com causalidades conhecidas e reversíveis após a suspensão de uso do medicamento;
   B. baixo potencial de toxicidade quando reações graves ocorrem apenas com a administração de grande quantidade do produto, além de apresentar janela terapêutica segura;
   C. baixo potencial de interação medicamentosa e alimentar, clinicamente significante.
3. Indicação para o tratamento, prevenção ou alívio de sinais e sintomas de doenças não graves e com evolução inexistente ou muito lenta, e os sinais e sintomas devem ser facilmente detectáveis pelo paciente, por seu cuidador ou pelo farmacêutico, sem necessidade de monitoramento laboratorial ou consulta com o prescritor.
4. Utilização por um curto período de tempo ou pelo tempo previsto em bula, exceto para os de uso preventivo, bem como para os medicamentos específicos e fitoterápicos indicados para doenças de baixa gravidade.
5. Ser manejável pelo paciente, por seu cuidador ou mediante orientação pelo farmacêutico.

6. Baixo potencial de risco ao paciente, nas seguintes condições:
   A. mau uso com a utilização do medicamento para finalidade diferente da preconizada em bula;
   B. abuso com a utilização do medicamento em quantidade superior ao preconizado ou por período superior ao recomendado; e
   C. intoxicação.
7. Não apresentar potencial dependência, ainda que seja utilizado conforme preconizado em bula.

Na RDC n. 98/2016, estabeleceu-se que periodicamente seria emitida e atualizada a lista dos medicamentos isentos de prescrição (LMIP). Destaca-se que a LMIP trouxe um novo formato, tornando mais transparentes as apresentações de medicamentos que se tornaram isentos de prescrição nos últimos anos. Para contribuir com transparência e orientação, a Anvisa atualizou os documentos com as perguntas e respostas sobre a LMIP direcionadas tanto ao setor regulado quanto à população em geral. Até o fechamento desta edição do livro, a relação de MIP foi atualizada por meio da publicação da Instrução Normativa (IN) n. 285, de 7 de março de 2024, publicada no DOU de 12 de março de 2024. A IN 285/2024 define a LMIP.

A lista de medicamentos isentos de prescrição traz os grupos de medicamentos que não precisam de receita médica para serem dispensados nas farmácias e drogarias em todo o Brasil.

A relação também prevê exceções e todos os detalhes necessários relacionados. As regras para que um medicamento esteja na categoria de MIP (medicamento isento de prescrição) estão previstas na RDC 98/2016, entre elas:

- Tempo de comercialização.
- Perfil de segurança.
- Indicação para tratamento de doenças não graves.
- Indicação de uso por curto período.
- Ser manejável pelo paciente.
- Baixo potencial de risco em situações de mau uso ou abuso.
- Não apresentar potencial de dependência.

A relação dos MIP é atualizada periodicamente pela Anvisa, e é de responsabilidade da farmácia e dos farmacêuticos manter-se informados a respeito de cada item. O trabalho faz parte da revisão da Agência sobre a regulação dos medicamentos isentos de prescrição.

A lista está organizada por grupos terapêuticos, com suas indicações e exceções que não podem ser isentas de receita médica. Esses medicamentos podem ser adquiridos ou utilizados pela população sem a necessidade de receita, seja do médico, seja do odontólogo. São produtos de baixo risco à saúde, utilizados geralmente no tratamento de sintomas das doenças mais comuns.

Com mais de 1,25 bilhão de unidades comercializadas e faturamento de R$ 14,2 bilhões em 2018, os MIP já representam 31% do mercado farmacêutico brasileiro, de acordo com dados da IQVIA. Os medicamentos mais vendidos dessa categoria são para tratamentos de dor, febre, gripes e resfriados, além de problemas gastrintestinais.

Um aspecto importante relacionado ao tema se refere às situações em que o farmacêutico pode prescrever esses medicamentos sem ferir a legislação e os princípios de ética profissional.

Outra situação que verificamos, principalmente em países da Europa e nos Estados Unidos, é a possibilidade de o farmacêutico prescrever medicamentos que não são MIP, como antibióticos, sedativos e outros em casos específicos. Normalmente, nesses casos, a prescrição acontece em ambiente hospitalar e o farmacêutico tem autorização das comissões de farmácia e terapêutica para, após a avaliação médica, escolher o melhor tratamento farmacoterapêutico. Essa situação é prevista na Resolução CFF n. 586/2013, conforme segue:

> O farmacêutico poderá prescrever medicamentos cuja dispensação exija prescrição médica, desde que condicionado à existência de diagnóstico prévio e apenas quando estiver previsto em programas, protocolos, diretrizes ou normas técnicas, aprovados para uso no âmbito de instituições de saúde ou quando da formalização de acordos de colaboração com outros prescritores ou instituições de saúde. Para o exercício deste ato será exigido, pelo Conselho Regional de Farmácia de sua jurisdição, o reconhecimento de título de especialista ou de especialista profissional farmacêutico na área clínica, com comprovação de formação que inclua conhecimentos e habilidades em boas práticas de prescrição, fisiopatologia, semiologia, comunicação interpessoal, farmacologia clínica e terapêutica (art. 6º da Resolução CFF n. 586/2013).

Com a melhor formação do farmacêutico, inclusive em termos de pós-graduação, esse profissional torna-se mais apto a poder desenvolver essa habilidade. No dia a dia, o farmacêutico pode e deve participar da prescrição dos medicamentos que exigem prescrição médica, seja por meio dos protocolos estabelecidos, seja em conjunto com o prescritor médico/dentista.

Outra situação de prescrição farmacêutica é para produtos focados em saúde estética, nutracêuticos, suplementos alimentares e fitoterápicos, conforme detalhado na Parte 4 deste livro, e que foram regulamentados pelo CFF.

PRESCRIÇÃO FARMACÊUTICA E ASPECTOS ÉTICOS

Se o paciente pode usar um MIP por conta própria, qual seria a limitação da indicação de um medicamento dessa categoria por um farmacêutico? Essa dúvida vem por muitos anos atormentando os farmacêuticos brasileiros. Em primeiro lugar, com base nos princípios de atenção farmacêutica, não seria simplesmente uma indicação, mas uma prescrição baseada no processo de anamnese, interpretação dos dados e tomada de decisão com base em um planejamento farmacoterapêutico. Isso torna essa atividade muito mais complexa que uma simples indicação.

Todos os medicamentos possuem efeitos colaterais e podem ocasionar reações adversas e interações medicamentosas, como visto em capítulos anteriores. Nesse contexto, o uso de um simples comprimido de ácido acetilsalicílico de 500 mg pode ocasionar a morte ou deixar sequelas em um paciente com dengue, sarampo ou que foi submetido a cirurgias, entre outros casos clínicos.

Vamos analisar algumas classes de medicamentos que fazem parte do LMIP em termos de prescrição por parte do farmacêutico. Os antiparasitários, por exemplo, são considerados MIP: é permitido comprar mebendazol e levamizol sem receita. Seria ético prescrever esses medicamentos sem pedir um exame parasitológico? Seria correto indicar para todos de uma mesma família? Seria correto recomendar esses medicamentos sem realizar uma anamnese para verificar as condições sanitárias da residência do paciente? Alguns aspectos têm de ser citados: o primeiro deles é o fato de muitos pacientes irem à farmácia pedindo um "remédio para vermes", e simplesmente se recomenda um medicamento sem que antes o cliente passe pelo crivo do farmacêutico, que deve fazer perguntas simples, por exemplo, para quem é o medicamento (adulto ou criança), se esse paciente tem histórico de alergias ou se existe água encanada na casa em que vive (pois de nada adiantará o paciente usar o medicamento se o problema de saneamento básico e da qualidade da água consumida não for sanado).

É necessário um aprofundamento da discussão sobre se seria interessante vincular a recomendação/prescrição de MIP quando estes forem solicitados sem a presença de uma receita médica vinculada à obrigatoriedade de o cliente passar pela avaliação de um farmacêutico. Nesse sentido, o termo *prescrição farmacêutica* ficaria mais bem colocado em relação ao termo *automedicação*, quando se deixa a responsabilidade por usar ou não o medicamento apenas ao paciente, principalmente depois da regulamentação pelo CFF por meio da Resolução n. 586/2013. Com certeza, essa situação enfrentaria forte oposição das indústrias farmacêuticas. Uma possibilidade seria classificar esses medicamentos em uma categoria que poderia ser chamada de *medicamentos de compra mediante prescrição médica, odontológica ou farmacêutica*, garantindo assim maior nível de segurança ao paciente.

Em algumas farmácias brasileiras ainda presenciamos a recomendação de medicamentos para os clientes, com a ciência ou omissão do farmacêutico, sem a exigência de receita médica para remédios como antibióticos sistêmicos, o que acaba desmoralizando o farmacêutico perante a classe médica, pela falta de ética, e contribuindo para incentivar a automedicação irresponsável.

BIBLIOGRAFIA

Brasil. Agência Nacional de Vigilância Sanitária (Anvisa). Instrução Normativa n. 285/2024. Define a lista de medicamentos isentos de prescrição.

Brasil. Agência Nacional de Vigilância Sanitária (Anvisa). RDC n. 98/2016. Dispõe sobre os critérios e procedimentos para o enquadramento de medicamentos como isentos de prescrição e o reenquadramento como medicamentos sob prescrição, e dá outras providências.

Conselho Federal de Farmácia (CFF). Código de Ética da Profissão Farmacêutica. Resolução n. 596, de 2014.

Conselho Federal de Farmácia (CFF). Resolução n. 586, de 2013. Regulamenta a prescrição farmacêutica.

Conselho Federal de Farmácia (CFF). Resolução n. 585, de 2013. Regulamenta as atividades clínicas do farmacêutico.

Portal Panorama Farmacêutico. MIPs já representam 31% do mercado farmacêutico. 2019. Disponível em: https://panoramafarmaceutico.com.br/2019/03/18/mips-ja-representam-31-do-mercado-farmaceutico/. Acesso em 31 mar. 2021.

SEÇÃO III

Farmácia clínica e cuidado farmacêutico em grupos específicos de pacientes

18

Cuidado farmacêutico em pessoas hipertensas

INTRODUÇÃO

De acordo com as Diretrizes Brasileiras de Hipertensão de 2020, a hipertensão arterial (HA) é uma doença crônica não transmissível (DCNT) definida por níveis pressóricos, em que os benefícios do tratamento (não medicamentoso e/ou medicamentoso) superam os riscos. Trata-se de uma condição multifatorial, que depende de fatores genéticos/epigenéticos, ambientais e sociais, caracterizada por elevação persistente da pressão arterial (PA), ou seja, PA sistólica (PAS) maior ou igual a 140 mmHg e/ou PA diastólica (PAD) maior ou igual a 90 mmHg, medida com a técnica correta, em pelo menos duas ocasiões diferentes, na ausência de medicação anti-hipertensiva.

As diretrizes para o tratamento da HA receberam atualizações significativas com a divulgação das Diretrizes de Hipertensão Arterial de 2023 pela European Society of Hypertension (ESH). Essas diretrizes foram apresentadas durante o 32º Encontro Europeu Anual sobre Hipertensão e Proteção Cardiovascular, realizado em Milão, Itália, em 24 de junho. A ESH contou com o endosso da Associação Renal Europeia e da Sociedade Internacional de Hipertensão para essas diretrizes. Embora as diretrizes não apresentem grandes surpresas, elas trazem diversos avanços e mudanças de valor agregado. Alguns destaques incluem a ênfase em orientações claras sobre a medição da PA e uma atualização no uso de betabloqueadores nos algoritmos de tratamento, bem como uma nova definição e recomendações de tratamento para a chamada "verdadeira hipertensão resistente".

Um ponto enfatizado nas novas diretrizes europeias de 2023 é a importância da medição precisa da PA. Para isso, foi incluído um algoritmo detalhado sobre como medir a PA. O método preferido é a medição automática da PA baseada no manguito. Além disso, a medição da PA fora do consultório, incluindo a medição em casa, é destacada como útil para o gerenciamento de longo prazo. As novas diretrizes recomendam que o tratamento seja iniciado para a maioria dos pacientes quando a PAS for ≥ 140 mmHg ou a PAD for ≥ 90 mmHg. Para pacientes com hipertensão grau 1 (sistólica: 140-159 mmHg; e/ou diastólica: 90-99 mmHg), independentemente do risco cardiovascular, a mesma recomendação é dada.

No entanto, para pacientes com baixo risco cardiovascular e danos mínimos aos órgãos relacionados à hipertensão, pode-se considerar iniciar o tratamento com mudanças no estilo de vida. Caso a PA não seja controlada apenas com abordagens não medicamentosas em alguns meses, é necessário o tratamento medicamentoso.

Para pacientes mais idosos (80 anos ou mais), as diretrizes recomendam iniciar o tratamento medicamentoso quando a PAS for ≥ 160 mmHg. No entanto, um limiar sistólico mais baixo que 140-160 mmHg pode ser considerado. É importante individualizar os limites para iniciar o tratamento medicamentoso em pacientes frágeis.

As metas de PA estabelecidas pelas novas diretrizes para a população em geral são as mesmas das diretrizes anteriores: < 140/80 mmHg para a maioria dos pacientes. No entanto, as diretrizes observam que, apesar de os benefícios adicionais serem menores, é recomendado fazer um esforço para atingir uma faixa de 120-129/70-79 mmHg, desde que o tratamento seja bem tolerado e os eventos adversos sejam evitados.

As diretrizes europeias de 2023 enfatizam que a redução da PA deve ser priorizada em relação à seleção de classes específicas de medicamentos anti-hipertensivos. A utilização de qualquer uma das cinco principais classes de medicamentos, como inibidores da enzima conversora da angiotensina (ECA), bloqueadores dos receptores da angiotensina (BRA), betabloqueadores, bloqueadores de cálcio e diuréticos tiazídicos/tipo tiazídico, e suas combinações são recomendadas como base das estratégias de tratamento anti-hipertensivo.

Para a maioria dos pacientes, é aconselhável iniciar o tratamento com uma combinação de dois medicamentos. As combinações preferidas incluem um bloqueador de renina-angiotensina (inibidor da ECA ou BRA) com um bloqueador de cálcio ou um diurético tiazídico/tipo tiazídico, preferencialmente em uma formulação de dose fixa combinada. Essas diretrizes buscam simplificar as recomendações, fornecendo uma abordagem mais clara para o tratamento medicamentoso da HA.

Em resumo, as Diretrizes de Hipertensão Arterial de 2023, divulgadas pela ESH, trazem atualizações e ampliações importantes para o tratamento da hipertensão. Elas fornecem orientações claras sobre a medição precisa da PA, estabelecem limiares para iniciar o tratamento medicamentoso e definem metas de PA.

Por se tratar de condição frequentemente assintomática, a HA costuma evoluir com alterações estruturais e/ou funcionais em órgãos-alvo, como coração, cérebro, rins e vasos. Ela é o principal fator de risco modificável com associação independente, linear e contínua para doenças cardiovasculares (DCV), doença renal crônica (DRC) e morte prematura. Associa-se a fatores de risco metabólicos para as doenças dos sistemas cardiocirculatório e renal, como dislipidemia, obesidade abdominal, intolerância à glicose e diabetes melito (DM).

Os dados de prevalência no país tendem a variar de acordo com a metodologia e a casuística utilizadas. Segundo a Pesquisa Nacional de Saúde de 2013, 21,4% (IC 95% 20,8-22,0) dos adultos brasileiros autorrelataram HA, enquanto, considerando as medidas de PA aferidas e o uso de medicação anti-hipertensiva, o percentual de adultos com PA maior ou igual a 140 por 90 mmHg chegou a 32,3% (IC 95% 31,7-33,0). Detectou-se que a prevalência de HA foi maior entre homens, além de, como esperado, aumentar com a idade por todos os critérios, chegando a 71,7% para indivíduos acima de 70 anos.

Em 2017, ocorreu um total de 1.312.663 óbitos, com um percentual de 27,3% para as DCV. Essas doenças representaram 22,6% das mortes prematuras no Brasil (entre 30 e 69 anos de idade). No período de uma década (2008-2017), foram estimadas 667.184 mortes atribuíveis à HA no Brasil.

ANAMNESE E EXAME FÍSICO

A anamnese e o exame físico devem ser completos, buscando sempre a medida correta da PA, a análise dos parâmetros antropométricos e a detecção de sintomas e sinais de comprometimento em órgãos-alvo e de indícios de causas secundárias de hipertensão. No paciente hipertenso, é importante a pesquisa de comorbidades (DM, dislipidemias, doenças renais e da tireoide, entre outras), para melhor tratamento e estratificação do risco CV. Os exames complementares de rotina preconizados nessas diretrizes são básicos, de fácil disponibilidade e interpretação, baixo custo e obrigatórios para todos os pacientes, pelo menos na primeira consulta e anualmente. Outros exames podem ser necessários para as populações indicadas. É fundamental pesquisar lesões em órgãos-alvo, tanto clínicas quanto subclínicas, para orientação terapêutica mais completa.

Exame físico

Alguns exames físicos são privativos de profissionais médicos (por isso sempre é importante o trabalho em equipe multiprofissional). Os recomendados pelas Diretrizes Brasileiras de Hipertensão de 2020 são:

1. Obter medidas repetidas e acuradas da PA em ambos os braços.
2. Medir parâmetros antropométricos: peso, altura, frequência cardíaca (FC), circunferência abdominal (CA) e cálculo do índice de massa corporal (IMC).
3. Procurar sinais de lesões em órgãos-alvo.
4. Detectar características de doenças endócrinas como Cushing, hiper ou hipotireoidismo.
5. Examinar a região cervical: palpação e ausculta das artérias carótidas, verificação de estase jugular e palpação de tireoide.
6. Avaliar o aparelho cardiovascular: desvio de íctus e propulsão à palpação; na ausculta, presença de B3 ou B4, hiperfonese de segunda bulha, sopros e arritmias.
7. Avaliar o sistema respiratório: ausculta de estertores, roncos e sibilos.
8. Observar as extremidades: edemas, pulsos em membros superiores e inferiores (a presença de pulsos femorais diminuídos sugere coartação de aorta, doença da aorta ou ramos).
9. Palpar e auscultar o abdome: frêmitos, sopros, massas abdominais indicativas de rins policísticos e tumores (podem sugerir causas secundárias ou lesões de órgãos-alvo – LOA).
10. Detectar déficits motores ou sensoriais no exame neurológico.
11. Realizar fundoscopia ou retinografia (quando disponível): identificar aumento do reflexo dorsal, estreitamento arteriolar, cruzamentos arteriovenosos patológicos, hemorragias, exsudatos e papiledema (sinais de retinopatia hipertensiva).

AVALIAÇÃO CLÍNICA E LABORATORIAL

- Realizar medidas acuradas da PA para a confirmação diagnóstica de HA (questionar sobre história familiar de HA). Identificar fatores de risco cardiovasculares e renais associados.

- Pesquisar lesões de órgãos-alvo – LOA (subclínicas ou manifestas clinicamente).
- Investigar a presença de outras doenças. Questionar sobre fármacos e drogas que possam interferir na PA.
- Aplicar escore de risco CV global.
- Rastrear indícios de HA secundária.

FATORES DE RISCO CARDIOVASCULAR ADICIONAIS

- Idade (mulheres > 65 anos e homens > 55 anos).
- Tabagismo.
- Dislipidemia: triglicerídeos (TG) > 150 mg/dL em jejum; LDL-C > 100 mg/dL; HDL-C < 40 mg/dL.
- DM já confirmado (glicemia de jejum de, pelo menos, 8 horas ≥ 126 mg/dL, glicemia aleatória ≥ 200 mg/dL ou HbA1c ≥ 6,5%) ou pré-diabetes (glicemia de jejum entre 100 e 125 mg/dL ou HbA1c entre 5,7 e 6,4%).
- História familiar prematura de DCV: em mulheres < 65 anos e em homens < 55 anos.
- Pressão de pulso em idosos (PP = PAS – PAD) > 65 mmHg, índice tornozelo-braquial (ITB) ou velocidade de onda de pulso (VOP) anormais.
- História patológica pregressa de pré-eclâmpsia ou eclâmpsia.
- Obesidade central: IMC < 24,9 kg/m^2 (normal); entre 25 e 29,9 kg/m^2 (sobrepeso); > 30 kg/m^2 (obesidade). Relação cintura/quadril (C/Q): cintura abdominal = mulheres < 88 cm e homens < 102 cm; cintura: C = no ponto médio entre a última costela e a crista ilíaca lateral; quadril Q = ao nível do trocanter maior; cálculo (C/Q) = mulheres: C/Q 0,85; homens: C/Q 0,95.
- Perfil de síndrome metabólica.

MEDIDA DA PRESSÃO ARTERIAL

O aparelho de coluna de mercúrio é o mais adequado. O aneroide deve ser testado a cada seis meses e os eletrônicos são indicados somente quando validados.

ROTINA DIAGNÓSTICA

É importante lembrar que o farmacêutico atua no rastreamento da hipertensão ou no acompanhamento de pacientes já diagnosticados. O diagnóstico da HA é exclusivamente médico. Ao detectar um indício de HA, o farmacêutico deve encaminhar o paciente ao médico para confirmação e estabelecimento do diagnóstico.

O farmacêutico, como rastreamento em saúde, deve realizar no mínimo duas medidas da pressão por consulta, na posição sentada, e, se as diastólicas apresentarem diferenças acima de 5 mmHg, fazer novas medidas até obter menor diferença. Na primeira avaliação, as medições devem ser obtidas em ambos os membros superiores. Em caso de diferença, utilizar sempre o braço de maior pressão. Recomenda-se que as medidas sejam repetidas em pelo menos duas ou mais visitas antes de confirmar o diagnóstico de hipertensão.

A medida na posição ortostática deve ser feita pelo menos na avaliação inicial, especialmente em idosos, diabéticos, portadores de disautonomias, dependentes de álcool e usuários de medicação anti-hipertensiva. Deve-se lembrar que o diagnóstico é de competência do médico, ficando o trabalho do farmacêutico clínico focado no seguimento farmacoterapêutico e acompanhamento clínico dos pacientes.

DECISÃO E METAS TERAPÊUTICAS

Um dos objetivos específicos do tratamento do paciente hipertenso é obter o controle pressórico, alcançando a meta de PA previamente estabelecida. Tal meta deve ser definida individualmente, sempre considerando a idade e a presença de DCV ou de seus fatores de risco (FR). De forma geral, deve-se reduzir a PA visando alcançar valores menores que 140/90 mmHg e não inferiores a 120/70 mmHg. Nos indivíduos mais jovens e sem FR, podem-se alcançar metas mais baixas, com valores inferiores a 130/80 mmHg.

Nos hipertensos de risco CV baixo ou moderado, a meta de tratamento é alcançar valores inferiores a 140/90 mmHg. No hipertenso com doença arterial coronariana (DAC), a meta terapêutica é obter PA < 130/80 mmHg, mas sempre com monitorização de eventos adversos, especialmente redução da função renal e alterações eletrolíticas. O tratamento da hipertensão nos indivíduos diabéticos deve procurar manter valores < 130/80 mmHg, evitando-se a redução acentuada da PA para valores inferiores a 120/70 mmHg.

ABORDAGEM MULTIPROFISSIONAL DA HIPERTENSÃO

No contexto da atenção primária ao hipertenso, compete ao médico realizar: diagnóstico, estratificação de risco, conduta terapêutica não farmacológica e farmacológica, pelo menos duas vezes por ano. O atendimento populacional deve ter como principais orientações a manutenção de peso dentro da faixa de normalidade, o aumento do consumo de frutas e vegetais e a diminuição do consumo de sódio na dieta. Dentro da equipe multiprofissional, o profissional de educação física deve recomendar a redução do comportamento sedentário e estimular a recomendação mínima de atividade física, visando à aquisição de hábitos saudáveis para a manutenção da qualidade de vida na comunidade. O cuidado de enfermagem deve ser centrado na pessoa, aumentando-se o acesso às informações básicas, de modo compreensível e que auxilie na decisão do autocuidado por meio de ações individuais e coletivas, consulta de enfermagem, visita domiciliar e atividades educacionais em grupo. Estratégias de atuação de equipe multiprofissional centradas no paciente, com evidências de melhor controle da PA, devem ser implementadas pela equipe multiprofissional.

Por ser multifatorial e envolver orientações voltadas para vários objetivos, a HA poderá requerer o apoio de outros profissionais de saúde, além do médico. A formação da equipe multiprofissional proporcionará uma assistência diferenciada aos hipertensos.

Equipe

Poderá ser formada por médicos, enfermeiros, auxiliares de enfermagem, nutricionistas, psicólogos, assistentes sociais, professores de educação física, farmacêuticos, funcionários administrativos e agentes comunitários. Não é necessária a existência de todo esse grupo para a formação da equipe.

Ações comuns à equipe

Visam à promoção da saúde, ações educativas com ênfase na mudança do estilo de vida, correção dos fatores de risco, produção de material educativo, treinamento de profissionais, encaminhamento a outros profissionais quando indicado, ações assistenciais individuais e em grupo, participação em projetos de pesquisa e gerenciamento do programa.

Ações individuais

São ações próprias de cada profissional. Porém, haverá momentos em que as funções serão comuns e deverão ocorrer de modo natural, com uniformidade de linguagem e conduta.

Programas comunitários

A criação de ligas e associações de hipertensos pode aumentar a adesão e ser instrumento de pressão junto às autoridades constituídas, visando à melhoria na qualidade da assistência aos portadores de HA.

TRATAMENTO NÃO MEDICAMENTOSO

Os indivíduos hipertensos devem ser avaliados quanto ao hábito de fumar, e deve ser buscada a cessação do tabagismo, se necessário com o uso de medicamentos, pelo aumento do risco CV. A dieta tipo DASH e semelhantes – aumento no consumo de frutas, hortaliças, laticínios com baixo teor de gordura e cereais integrais, além de consumo moderado de oleaginosas e redução no consumo de gorduras, doces e bebidas com açúcar e carnes vermelhas – deve ser prescrita. O consumo de sódio deve ser restrito a 2 g/dia, com substituição de cloreto de sódio por cloreto de potássio, se não existirem restrições. O peso corporal deve ser controlado para a manutenção de IMC < 25 kg/m^2. Realizar pelo menos 150 minutos por semana de atividade física moderada. Deve ser estimulada, ainda, a redução do comportamento sedentário, levantando-se por 5 minutos a cada 30 minutos sentado.

Medidas de maior eficácia

- Redução do peso corporal e manutenção do peso ideal: IMC (peso em quilogramas dividido pelo quadrado da altura em metros) entre 20 e 25 kg/m^2, pois existe relação direta entre peso corporal e PA.
- Redução da ingestão de sódio: é saudável ingerir até 6 g/dia de sal, que correspondem a 4 colheres de café rasas de sal (4 g) e 2 g de sal presente nos alimentos naturais, reduzindo o sal adicionado aos alimentos e evitando o saleiro à mesa e alimentos industrializados. A dieta habitual contém de 10 a 12 g/dia de sal.
- Maior ingestão de potássio: uma dieta rica em vegetais e frutas contém de 2 a 4 g de potássio/dia e pode ser útil na redução da pressão e prevenção da HA. Os substitutos do sal com cloreto de potássio e menos cloreto de sódio (30 a 50%) são úteis para reduzir a ingestão de sódio e aumentar a de potássio.
- Redução do consumo de bebidas alcoólicas: para os consumidores de álcool, a ingestão de bebida alcoólica deve ser limitada a 30 g de álcool/dia, contidos em 600 mL de cerveja (5% de álcool), 250 mL de vinho

(12% de álcool) ou 60 mL de destilados (uísque, vodca, aguardente – 50% de álcool). Esse limite deve ser reduzido à metade para pessoas com baixo peso, mulheres e indivíduos com sobrepeso e/ou triglicérides elevados.

- Exercícios físicos regulares: há relação inversa entre grau de atividade física e incidência de hipertensão; exercício físico regular reduz a pressão.

Medidas associadas

- Abandono do tabagismo: deve ser recomendado por sua associação com maior incidência e mortalidade cardiovascular e aumento da PA medida ambulatorialmente. A interrupção deve ser acompanhada de restrição calórica e aumento da atividade física para evitar um possível ganho de peso. A exposição ao fumo, ou tabagismo passivo, também constitui fator de risco cardiovascular que deve ser evitado.
- Controle do diabetes e das dislipidemias: a intolerância à glicose e o diabetes estão frequentemente associados à HA, favorecendo a ocorrência de doenças cardiovasculares e complicações do diabetes. Sua prevenção tem como base a dieta hipocalórica, a prática regular de atividades físicas aeróbias e a redução de ingestão de açúcar simples. Essas medidas também visam manter a PA abaixo de 130/80 mmHg.
- Hipercolesterolemia e hipertrigliceridemia, com HDL-colesterol baixo, são importantes fatores de risco cardiovascular. A base do controle das dislipidemias é representada por mudanças dietéticas, com redução do consumo de gordura, substituição parcial das gorduras saturadas por gorduras mono e poli-insaturadas e redução da ingestão diária de colesterol.
- Evitar medicamentos que elevem a PA.

TRATAMENTO MEDICAMENTOSO

A proteção CV consiste no objetivo primordial do tratamento anti-hipertensivo. A redução da PA é a primeira meta, com o objetivo maior de reduzir desfechos CV e mortalidade associados à HA.

Os resultados de metanálises de estudos clínicos randomizados em pacientes hipertensos mostraram que a redução de PA sistólica de 10 mmHg e diastólica de 5 mmHg com fármacos se acompanha de diminuição significativa do risco relativo de desfechos maiores: 37% para acidente vascular cerebral (AVC), 22% para DAC, 46% para insuficiência cardíaca (IC), 20% para mortalidade CV e 12% para mortalidade total.

Observa-se que os benefícios são maiores quanto maior o risco CV, mas ocorrem mesmo em pacientes com pequenas elevações da PA com risco CV baixo a moderado.

Destaca-se que, em sua maioria, esses achados provêm de estudos clínicos com hipertensos acima de 50 anos e de alto risco CV, em acompanhamento raramente maior que cinco anos. Portanto, os benefícios para indivíduos jovens, de risco baixo a moderado e em prazo mais longo de tratamento representam extrapolações da evidência científica disponível.

Em especial nesse grupo de pacientes, infere-se que a avaliação do impacto dos medicamentos anti-hipertensivos na proteção de órgãos-alvo pode ser útil como indicador indireto de sucesso do tratamento, notadamente a redução da massa ventricular esquerda e da albuminúria. Dessa maneira, o tratamento adequado em indivíduos abaixo de 50 anos é fortemente recomendado.

Meta de redução da pressão arterial

Deve ser, no mínimo, para valores inferiores a 140/90 mmHg. Reduções para níveis menores que 130/85 mmHg propiciam maior benefício em pacientes de alto risco CV; em diabéticos, especialmente com microalbuminúria, insuficiência cardíaca ou nefropatia; e na prevenção primária e secundária de AVC.

Princípios gerais do tratamento medicamentoso:

- O medicamento deve ser eficaz por via oral, bem tolerado e permitir o menor número possível de doses diárias.
- Em pacientes em estágio 1, deve-se iniciar o tratamento com as menores doses efetivas. Em pacientes nos estágios 2 e 3, é preciso considerar o uso associado de anti-hipertensivos para início de tratamento.
- Deve-se respeitar o mínimo de quatro semanas para aumentar a dose, substituir a monoterapia ou mudar a associação de fármacos.
- Instruir o paciente sobre a doença, a planificação e os objetivos terapêuticos, necessidade do tratamento continuado e efeitos adversos dos fármacos.
- Considerar as condições socioeconômicas.

ESQUEMAS TERAPÊUTICOS

Os objetivos primordiais do tratamento anti-hipertensivo são a redução da PA e do risco de desfechos CV e mortalidade associados à HA. O tratamento medicamentoso deve se associar às medidas não medicamentosas, e as classes de anti-hipertensivos preferenciais para o uso em monoterapia ou combinação são: diurético (DIU) tiazídico ou similar, bloqueadores dos canais de cálcio (BCC), inibidores da enzima conversora da angiotensina (Ieca), bloqueadores dos receptores de angiotensina (BRA) e betabloqueadores (com indicações específicas). A combinação de fármacos é a estratégia inicial recomendada para hipertensos estágio 1 de moderado e alto risco e estágios 2 e 3, preferencialmente em comprimido único. A monoterapia deve ser considerada para hipertensos estágio 1 de baixo risco e para muitos idosos e/ou indivíduos frágeis. O início do tratamento com combinação de dois fármacos deve ser feito com um Ieca, ou BRA, associado a DIU tiazídico ou similar, ou BCC. Em pacientes de alto risco não obesos, as combinações com BCC são as preferenciais. Quando não se atinge o controle da PA com combinação de dois fármacos, deve ser prescrita a combinação de três fármacos, habitualmente um Ieca ou BRA, associado a DIU tiazídico ou similar e BCC; caso necessário, acrescentar espironolactona em seguida.

FATORES DE RISCO ASSOCIADOS

Combater a hipertensão é prevenir o aumento da pressão pela redução dos fatores de risco em toda a população e nos grupos com maior risco de desenvolver a doença com o normal limítrofe (130-139/80-89 mmHg) e aqueles com história familiar de hipertensão. O aparecimento da hipertensão é facilitado por excesso de peso, sedentarismo, elevada ingestão de sal, baixa ingestão de potássio e consumo excessivo de álcool. No grupo com pressão normal limítrofe, também contribuem para o aumento do risco CV as dislipidemias, intolerância à glicose e diabetes, tabagismo, menopausa e estresse emocional.

As medidas preventivas incluem: manutenção do peso ideal, prática regular de atividade física, redução da ingestão de sal e aumento da de potássio, evitar a ingestão de bebidas alcoólicas e seguir dieta saudável, que deve conter baixos teores de gordura (principalmente as saturadas) e de colesterol, elevado teor de potássio e fibras e baixo teor de sódio. O valor calórico total deve ser ajustado para obtenção e manutenção do peso ideal. A observância global da dieta é mais importante que o seguimento de medidas isoladas.

MEDICAMENTOS ANTI-HIPERTENSIVOS

Os medicamentos anti-hipertensivos de uso corrente em nosso meio podem ser divididos em seis grupos, apresentados no Quadro 1.

QUADRO 1 Classes de anti-hipertensivos

Diuréticos
Inibidores adrenérgicos
Vasodilatadores diretos
Antagonistas dos canais de cálcio
Inibidores da enzima conversora da angiotensina
Antagonistas do receptor da angiotensina II

Qualquer grupo de medicamentos, com exceção dos vasodilatadores de ação direta, pode ser apropriado para o controle da PA em monoterapia inicial, especialmente para pacientes portadores de HA leve a moderada que não responderam a medidas não medicamentosas. Sua escolha deverá ser pautada nos princípios gerais descritos anteriormente.

Além do controle da PA já mencionado, os anti-hipertensivos também devem ser capazes de reduzir a morbidade e a mortalidade cardiovasculares dos hipertensos. Essa capacidade, já demonstrada para diuréticos e betabloqueadores, também foi observada recentemente em um estudo (Syst-Eur) com pacientes idosos portadores de HA sistólica isolada tratados com nitrendipina, um antagonista dos canais de cálcio di-hidropiridínico, isoladamente ou em associação com o Ieca enalapril.

Estão sendo realizados vários estudos com Ieca e antagonistas do receptor da angiotensina II e com outros antagonistas dos canais de cálcio para avaliar o impacto dessas drogas sobre a morbidade e a mortalidade cardiovasculares dos hipertensos. Entretanto, até o presente momento não existem dados que permitam avaliar a capacidade dessas classes terapêuticas de influenciar esses parâmetros.

Diuréticos

O mecanismo anti-hipertensivo dos diuréticos está relacionado, em uma primeira fase, à depleção de volume e, a seguir, à redução da resistência vascular periférica decorrente de mecanismos diversos.

Eles são eficazes como monoterapia no tratamento da HA, tendo sido comprovada sua eficácia na redução da morbidade e da mortalidade cardiovasculares. Como anti-hipertensivos, dá-se preferência aos diuréticos tiazídicos e similares. Diuréticos de alça são reservados para situações de hipertensão associada a insuficiências renal e cardíaca.

Os diuréticos poupadores de potássio apresentam pequena potência diurética, mas, quando associados a tiazídicos e diuréticos de alça, são úteis na prevenção e no tratamento de hipopotassemia. O uso de diuréticos poupadores de potássio em pacientes com redução de função renal pode acarretar hiperpotassemia.

Entre os efeitos indesejáveis dos diuréticos, ressalta-se fundamentalmente a hipopotassemia, por vezes acompanhada de hipomagnesemia (que pode induzir arritmias ventriculares) e hiperuricemia.

É ainda relevante o fato de os diuréticos poderem provocar intolerância à glicose. Podem também promover aumento dos níveis séricos de triglicérides, em geral dependente da dose, transitório e de importância clínica ainda não comprovada. Em muitos casos, provocam disfunção sexual. Em geral, o aparecimento dos efeitos indesejáveis dos diuréticos está relacionado à dosagem utilizada.

Inibidores adrenérgicos

Ação central

Atuam estimulando os receptores alfa-2 adrenérgicos pré-sinápticos (alfametildopa, clonidina e guanabenzo) e/ou os receptores imidazolidínicos (moxonidina) no sistema nervoso central, reduzindo a descarga simpática.

Em geral, a eficácia anti-hipertensiva desse grupo de medicamentos como monoterapia é discreta. Até o presente momento, não existe experiência clínica suficiente em nosso meio com o inibidor dos receptores imidazolidínicos. Essas drogas podem ser úteis em associação com medicamentos de outras classes terapêuticas, particularmente quando existem evidências de hiperatividade simpática. Entre os efeitos indesejáveis, destacam-se aqueles decorrentes da ação central, como sonolência, sedação, boca seca, fadiga, hipotensão postural e impotência. Especificamente com a alfametildopa, podem ocorrer ainda, com pequena frequência, galactorreia, anemia hemolítica e lesão hepática. O emprego da alfametildopa é contraindicado na presença de disfunção hepática. No caso da clonidina, destaca-se a hipertensão rebote, quando há suspensão brusca da medicação.

Alfa-1 bloqueadores

Apresentam baixa eficácia como monoterapia, devendo ser utilizados em associação com outros anti-hipertensivos. Eles podem induzir o aparecimento de tolerância farmacológica, que obriga o uso de doses crescentes, mas têm a vantagem de propiciar melhora do metabolismo lipídico (discreta) e da urodinâmica (sintomas) de pacientes com hipertrofia prostática.

Os efeitos indesejáveis mais comuns são: hipotensão postural (mais evidente com a primeira dose), palpitação e, eventualmente, astenia.

Betabloqueadores

O mecanismo anti-hipertensivo, complexo, envolve diminuição do débito cardíaco (ação inicial), redução da secreção de renina, readaptação dos barorreceptores e diminuição das catecolaminas nas sinapses nervosas.

Esses medicamentos são eficazes como monoterapia, tendo sido comprovada sua eficácia na redução da morbidade e mortalidade cardiovasculares. Aqueles com atividade simpatomimética intrínseca são úteis em gestantes hipertensas e em pacientes com feocromocitoma. Constituem a primeira opção na HA associada à doença coronariana ou arritmias cardíacas. São úteis em pacientes com síndrome de cefaleia de origem vascular (enxaqueca). Entre as reações indesejáveis dos betabloqueadores, destacam-se: broncoespasmo, bradicardia excessiva (inferior a 50 bpm), distúrbios da condução atrioventricular, depressão miocárdica, vasoconstrição periférica, insônia, pesadelos, depressão psíquica, astenia e disfunção sexual.

Do ponto de vista metabólico, podem acarretar intolerância à glicose, hipertrigliceridemia e redução do HDL-colesterol. A importância clínica das alterações lipídicas induzidas pelos betabloqueadores ainda não está comprovada. A suspensão brusca desses bloqueadores pode provocar hiperatividade simpática, com hipertensão rebote e/ou manifestações de isquemia miocárdica. Os betabloqueadores são formalmente contraindicados em pacientes com asma, doença pulmonar obstrutiva crônica e bloqueio atrioventricular de 2º e 3º graus. Devem ser utilizados com cautela em pacientes com doença arterial obstrutiva periférica.

Vasodilatadores diretos

Os medicamentos deste grupo, como a hidralazina e o minoxidil, atuam diretamente sobre a musculatura da parede vascular, promovendo relaxamento muscular com consequente vasodilatação e redução da resistência vascular periférica. Em consequência da vasodilatação arterial direta, promovem retenção hídrica e taquicardia reflexa, o que contraindica seu uso como monoterapia, devendo ser utilizados em associação com diuréticos e/ou betabloqueadores.

Antagonistas dos canais de cálcio

A ação anti-hipertensiva dos antagonistas dos canais de cálcio decorre da redução da resistência vascular periférica por diminuição da concentração de cálcio nas células musculares lisas vasculares. Não obstante o mecanismo final comum, esse grupo de anti-hipertensivos é dividido em quatro subgrupos, com características químicas e farmacológicas diferentes: fenilalquilaminas (verapamil), benzodiazepínicos (diltiazem), di-hidropiridinas (nifedipina, isradipina, nitrendipina, felodipina, amlodipina, nisoldipina, lacidipina) e antagonistas do canal T (mibefradil). São medicamentos eficazes como monoterapia. A nitrendipina também se mostrou eficiente na redução da morbidade e da mortalidade cardiovasculares em idosos com hipertensão sistólica isolada.

No tratamento da HA, deve-se dar preferência ao uso dos antagonistas dos canais de cálcio de longa duração (intrínseca ou por formulação galênica), não sendo recomendada a utilização de antagonistas dos canais de cálcio de curta duração.

Os efeitos adversos desse grupo incluem: cefaleia, tontura, rubor facial (mais frequentes com di-hidropiridínicos de curta duração) e edema periférico. Mais raramente, eles podem induzir hipertrofia gengival. Os di-hidropiridínicos de curta duração acarretam importante estimulação simpática reflexa, deletéria ao sistema cardiovascular. Verapamil e diltiazem podem provocar depressão miocárdica e bloqueio atrioventricular. Bradicardia excessiva também tem sido relatada com essas duas drogas e com o mibefradil, especialmente quando utilizados em associação com betabloqueadores. Obstipação intestinal é um efeito indesejável observado, principalmente com o uso do verapamil.

Inibidores da enzima conversora da angiotensina

O mecanismo de ação dessas substâncias é fundamentalmente dependente da inibição da enzima conversora, bloqueando, assim, a transformação da angiotensina I em II no sangue e nos tecidos. São eficazes como monoterapia no tratamento da HA.

Também reduzem a morbidade e a mortalidade de pacientes hipertensos com insuficiência cardíaca e de pacientes com infarto agudo do miocárdio, especialmente daqueles com baixa fração de ejeção. Quando administrados em longo prazo, os Ieca retardam o declínio da função renal em pacientes com nefropatia diabética e de outras etiologias.

Entre os efeitos indesejáveis, destacam-se tosse seca, alteração do paladar e reações de hipersensibilidade (erupção cutânea, edema angioneurótico). Em indivíduos com insuficiência renal crônica, podem induzir hiperpotassemia.

Em pacientes com hipertensão renovascular bilateral ou com rim único, podem promover redução da filtração glomerular com aumento dos níveis séricos de ureia e creatinina.

Seu uso em pacientes com função renal reduzida pode acarretar aumento dos níveis séricos de creatinina. Entretanto, em longo prazo, prepondera o efeito nefroprotetor dessas drogas.

Em associação com diurético, a ação anti-hipertensiva dos Ieca é magnificada, podendo ocorrer hipotensão postural.

Seu uso é contraindicado na gravidez. Em adolescentes e mulheres jovens em idade fértil e que não façam uso de método anticoncepcional medicamente aceitável, o emprego dos Ieca deve ser cauteloso em razão do risco de malformações fetais.

Antagonistas do receptor da angiotensina II

Essas drogas antagonizam a ação da angiotensina II por meio do bloqueio específico de seus receptores AT-1. São eficazes como monoterapia no tratamento do paciente hipertenso. Em um estudo (Elite), mostraram-se eficazes na redução da morbidade e mortalidade de pacientes idosos com insuficiência cardíaca.

Apresentam bom perfil de tolerabilidade, sendo os efeitos colaterais relatados tontura e, raramente, reação de hipersensibilidade cutânea (*rash*).

As precauções para seu uso são semelhantes às descritas para os Ieca.

ESQUEMAS TERAPÊUTICOS

Os medicamentos preferenciais para o controle da PA em monoterapia inicial são: diuréticos, betabloqueadores, antagonistas dos canais de cálcio, Ieca e antagonistas do receptor da angiotensina II.

O tratamento deve ser individualizado e a escolha inicial do medicamento, como monoterapia, deve basear-se no mecanismo fisiopatogênico predominante, nas características individuais, nas doenças associadas, nas condições socioeconômicas e na capacidade de o medicamento influir sobre a morbidade e a mortalidade cardiovasculares.

A dose do medicamento como monoterapia deve ser ajustada até que se consiga redução da PA a um nível considerado satisfatório para cada paciente (em geral, inferior a 140/90 mmHg). O ajuste deve ser feito buscando a menor dose eficaz ou até que surjam efeitos indesejáveis.

Se o objetivo terapêutico não for conseguido com a monoterapia inicial, são possíveis três condutas:

A. Se o efeito for parcial ou nulo e sem reação adversa, recomenda-se o aumento da dose do medicamento escolhido para monoterapia inicial ou a associação com medicamento de outra classe terapêutica.
B. Quando não ocorrer efeito na dose máxima preconizada ou se surgirem efeitos indesejáveis, recomenda-se a substituição da droga em monoterapia.
C. Se ainda assim a resposta for inadequada, deve-se associar duas ou mais drogas.

Finalmente, como já mencionado, os esquemas terapêuticos instituídos devem procurar conservar a qualidade de vida do paciente, resultando em melhor adesão às recomendações médicas.

Algumas indicações específicas para certos anti-hipertensivos estão contidas no capítulo sobre o tratamento da HA em situações especiais.

As medidas não medicamentosas devem ser sempre preconizadas, e sua indicação detalhada já foi descrita em capítulo específico. Após longo período de controle da pressão, pode ser tentada, criteriosamente, a redução progressiva das doses dos medicamentos em uso.

ASSOCIAÇÃO DE AGENTES ANTI-HIPERTENSIVOS

As associações de drogas devem seguir um plano, obedecendo à premissa de não associar drogas com mecanismos de ação similares, à exceção da associação de diuréticos tiazídicos e de alça com poupadores de potássio.

Como norma, não é recomendado iniciar o tratamento com associações fixas de drogas. Todas as associações entre as diferentes classes de anti-hipertensivos são eficazes. Entretanto, os diuréticos em doses baixas como segunda droga têm sido universalmente utilizados com bons resultados clínicos. Algumas associações fixas de drogas estão disponíveis no mercado. Seu emprego após o insucesso da monoterapia, desde que criterioso, pode ser útil por simplificar o esquema posológico, reduzindo o número de comprimidos administrados.

Para os casos de hipertensão resistente à dupla terapia, pode-se prescrever terapia com três ou mais drogas. Nessa situação, o uso de diuréticos é fundamental. Em casos mais resistentes, a associação de minoxidil ao esquema terapêutico tem se mostrado útil.

INTERAÇÃO MEDICAMENTOSA

A possibilidade de interação medicamentosa merece especial atenção nos casos de doença crônica, como a HA, para a qual é indicado tratamento com medicamentos de uso contínuo e, muitas vezes, associações de anti-hipertensivos. Além disso, com frequência o paciente hipertenso também necessita de outros medicamentos de uso contínuo, para tratamento de condições associadas e/ou complicações do próprio quadro hipertensivo.

Dessa maneira, é importante que o médico conheça as principais interações entre anti-hipertensivos e medicamentos de uso contínuo que poderão vir a ser prescritos para o paciente hipertenso. É fundamental salientar que a preocupação da classe médica e dos órgãos governamentais que gerenciam a saúde pública com o conhecimento da interação entre medicamentos é relativamente recente. Assim, para os anti-hipertensivos lançados mais recentemente, essa possibilidade tem sido avaliada de forma sistemática, o que nem sempre ocorre com os medicamentos mais antigos.

BIBLIOGRAFIA

II Consenso Brasileiro de Hipertensão Arterial. J Bras Nefrol. 1994;16(2):S257-S278.

II Consenso Brasileiro para o Uso da Monitorização Ambulatorial da Pressão Arterial. J Bras Nefrol. 1997;19(1):S1-S4.

2023 ESH Guidelines for the management of arterial hypertension The Task Force for the management of arterial hypertension of the European Society of Hypertension: endorsed by the International Society of Hypertension (ISH) and the European Renal Association (ERA): Erratum. J Hypertens. 2024;42(1):194.

Allender PS, Cutler JA, Follmann D, Cappuccio FP, Pryer J, Elliott P. Dietary calcium and blood pressure: a meta-analysis of randomized clinical trials. Ann Intern Med. 1996;124:825-31.

Ambrosioni E, Costa FV. Cost-effectiveness calculations of trials. J Hypertens. 1996;14 (suppl 2):S47-S54.

Arnett DK, Blumenthal RS, Albert MA, Buroker AB, Goldberger ZD, Hahn EJ, et al. ACC/AHA guideline on the primary prevention of cardiovascular disease. JACC. 2019;74(10):e177-232.

Bakris GL, Weir MR, Sowers JR. Therapeutic challenges in the obese diabetic patient with hypertension. Am J Med. 1996;101(suppl 3 A):S33-S46.

Barroso WKS, Rodrigues CIS, Bortolotto LA, Mota-Gomes MA, Brandão AA, Feitosa ADM, et al. Diretrizes Brasileiras de Hipertensão Arterial – 2020. Arq Bras Cardiol. 2021;116(3):516-658.

Carey RM, Muntner P, Bosworth HB, Whelton PK. Prevention and control of hypertension. JACC Health Promotion Series. J Am Coll Cardiol. 2018;71(19):2199-269.

Chalmers J. The treatment of hypertension. Br J Clin Pharmacol. 1996;42:29-35.

Consenso Brasileiro sobre Dislipidemias: detecção, avaliação e tratamento. Arq Bras Cardiol. 1993;61(suppl I):I1-I13.

Cutler JA, Follmann D, Elliott P, Suh I. An overview of randomized trials of sodium reduction and blood pressure. Hypertension. 1991;17(suppl I):I27-I33.

Du X, Cruickshank K, McNamee R, Saraee M, Sourbutts J, Summers A, et al. Case-control study of stroke and quality of hypertension control in north west England. Br Med J. 1997;314:272-6.

Elliot P, Stamler J, Nichols R, Dyer AR, Stamler R, Kesteloot H, Marmot M. Intersalt revisited: further analyses of 24 hours sodium excretion and blood pressure within and across populations. Br Med J. 1996;312:1249.

Elliot WJ, Black HR. Rationale and benefits of classification of hypertension severity. Curr Opin Cardiol. 1997;12:368-74.

Fotherby MD. Stroke, blood pressure and anti-hypertensive therapy. J Human Hypert. 1997;11:625-7.

Green MS, Jucha E, Luz Y. Blood pressure in smokers and non-smokers: epidemiologic findings. Am Heart J. 1996;111:932-40.

Guidelines-1993 for the management of mild hypertension: memorandum from a World Health Organization/International Society of Hypertension Meeting – Guideline Sub-committee. J Hypertens. 1993;11:905-18.

Jamerson K, De Quattro V. The impact of ethnicity on response to antihypertensive therapy. Am J Med. 1996;101(suppl 3 A):S22-S32.

Lazarus JM, Bourgoignie JJ, Buckalew VM, Greene T, Levey AS, Milas NC, et al. Achievement and safety of low blood pressure goal in chronic renal disease. The Modification of Diet in Renal Disease Study Group. Hypertension. 1997;29: 641-50.

Mion Jr D, Nobre F. Medida da pressão arterial – da teoria à prática. São Paulo: Lemos; 1997.

National High Blood Pressure Education Program Working Group in Hypertension Control in Children and Adolescents. Update on the 1987 task force report on high blood pressure in children and adolescents: a working group report from the national high blood pressure education program. Pediatrics. 1996;98:649-58.

Odi HHL, Coleman PL, Duggan J, O'Meara YM. Treatment of the hypertension in the elderly. Curr Opin Nephrol Hypertens. 1997;7:504-9.

Pitt B, Segal R, Martinez FA, Meurers G, Cowley AJ, Thomas I, et al. Randomized trial of losartan versus captopril in patients over 65 with heart failure (Evaluation of Losartan In The Elderly study – Elite). Lancet. 1997;349:747-52.

Précoma DB, Oliveira GMM, Simão AF, Dutra OP, Coelho OR, Izar MCO, et al. Atualização da Diretriz de Prevenção Cardiovascular da Sociedade Brasileira de Cardiologia – 2019. Arq Bras Cardiol. 2019;113(4):787-891.

Sociedade Brasileira de Cardiologia. IV Diretrizes Brasileiras de Hipertensão. Arq Bras Cardiol. 2004;82(supl. IV).

Sociedade Brasileira de Cardiologia/Sociedade Brasileira de Hipertensão/Sociedade Brasileira de Nefrologia. VI Diretrizes Brasileiras de Hipertensão. Arq Bras Cardiol. 2010;95(1 supl. 1):1-51. Stamler J. Blood pressure and high blood pressure: aspects of risk. Hypertension. 1991;18(suppl. I):I95-I107.

The Sixth Report of the Joint National Committee on Prevention, Detection, Evaluation and Treatment of High Blood Pressure. Arch Intern Med. 1997;157:2413-45.

The Trials of Hypertension Prevention Collaborative Research Group. Effects of weight loss and sodium reduction intervention on blood pressure and hypertension incidence in overweight people with high-normal blood pressure. The trials of hypertension prevention phase II. Arch Intern Med. 1997;157:657-67.

19

Cuidado farmacêutico em pessoas com diabetes

INTRODUÇÃO

O diabetes melito (DM) é um problema de saúde importante e crescente em todos os países, independentemente do seu grau de desenvolvimento. Em 2017, a Federação Internacional de Diabetes (International Diabetes Federation, IDF) estimou que 8,8% (intervalo de confiança [IC] de 95%: 7,2-11,3) da população mundial com 20 a 79 anos de idade (424,9 milhões de pessoas) vivia com diabetes. Se as tendências atuais persistirem, o número de pessoas com diabetes foi projetado para ser superior a 628,6 milhões em 2045. Cerca de 79% dos indivíduos acometidos vivem em países em desenvolvimento, nos quais deverá ocorrer o maior aumento dos casos de diabetes nas próximas décadas.

O aumento da prevalência do diabetes está associado a diversos fatores, como rápida urbanização, transição epidemiológica, transição nutricional, maior frequência de estilo de vida sedentário, maior frequência de excesso de peso, crescimento e envelhecimento populacional, e à maior sobrevida dos indivíduos com diabetes. A Organização Mundial da Saúde (OMS) estima que glicemia elevada é o terceiro fator, em importância, da causa de mortalidade prematura, superada apenas por pressão arterial aumentada e consumo de tabaco. Infelizmente, muitos governos, sistemas de saúde pública e profissionais de saúde ainda não se conscientizaram da atual relevância do diabetes e de suas complicações.

A doença acomete igualmente homens e mulheres e aumenta de modo considerável com a idade. O DM implica altos índices de morbidade e mortalidade: é a quarta causa de morte no Brasil. Entre a população com mais de

40 anos do estado de São Paulo, a frequência da menção do DM nos atestados de óbito entre as mulheres é superada apenas pelas doenças cardiovasculares e, entre os homens, pelas doenças cardiovasculares e pelas mortes violentas.

Além de ter a vida encurtada, a qualidade de vida das pessoas com DM e de suas famílias sofre profundo impacto. Também contribui para isso a frequente e injusta discriminação do indivíduo diabético no acesso ao trabalho e aos planos de saúde.

O DM é a segunda doença crônica mais comum na infância e adolescência. Além disso, na gravidez, é uma causa importante de complicações materno-fetais. De acordo com a Declaração das Américas sobre Diabetes – IDF/Opas/OMS, o DM, especialmente quando mal controlado, representa um considerável encargo econômico para o indivíduo e a sociedade. A maior parte dos custos diretos do tratamento do DM relaciona-se com suas complicações, que muitas vezes podem ser reduzidas, retardadas ou evitadas.

Tradicionalmente, o diabetes tipo 2 tem sido descrito como próprio da maturidade, com incidência após a terceira década. Nos últimos anos, entretanto, tem sido observada uma crescente incidência de diabetes tipo 2 em adolescentes, geralmente associada a importante história familiar, excesso de peso e sinais de resistência insulínica.

A incidência do diabetes tipo 1 mostra acentuada variação geográfica, apresentando taxas por 100 mil indivíduos com menos de 15 anos de idade, as quais variam, por exemplo, entre 38,4 na Finlândia, 7,6 no Brasil e 0,5 na Coreia.

A incidência de diabetes tipo 1 está aumentando nas últimas décadas, particularmente entre crianças com menos de 5 anos de idade. Em 2017, o número mundial de pessoas com DM1, na faixa etária de 0 a 19 anos, foi aproximado em 1.104.500, com estimativa de surgimento de 132 mil casos novos por ano.

Dependendo do país, as estimativas disponíveis indicam que os tratamentos de DM podem representar de 5 a 14% dos gastos com saúde.

CLASSIFICAÇÃO DO DIABETES

O DM consiste em um distúrbio metabólico caracterizado por hiperglicemia persistente, decorrente da deficiência na produção de insulina ou na sua ação, ou em ambos os mecanismos. Atinge proporções epidêmicas, com estimativa de 425 milhões de pessoas com DM mundialmente. A hiperglicemia persistente está associada a complicações crônicas micro e macrovasculares, aumento de morbidade, redução da qualidade de vida e elevação da taxa de mortalidade. A classificação do DM baseia-se em sua etiologia. Os fatores causais dos principais tipos de DM – genéticos, biológicos e ambientais – ainda não são completamente conhecidos.

Os DM insulinodependentes (IDDM) incluem pacientes anteriormente conhecidos como portadores de diabetes juvenil ou tipo 1. O termo "tipo 1" refere-se a um processo patológico em particular, caracterizado pela destruição imunológica das células beta de indivíduos geneticamente suscetíveis.

Os pacientes com IDDM geralmente são jovens (essa forma é mais comum em crianças e adolescentes) e magros. O início do quadro é abrupto, com tendência à cetoacidose, e há absoluta dependência de insulina exógena. Esse tipo de DM corresponde a cerca de 5% do total de casos de DM.

O DM não insulinodependente (NIDDM) refere-se a uma condição em que os indivíduos não dependem da administração de insulina exógena para sua sobrevivência. Nesses casos, a maioria dos pacientes pode ser tratada somente com dieta e antidiabéticos orais. Porém, em condições de estresse e com o decorrer dos anos, a administração de insulina pode ser necessária para obter um bom controle metabólico.

Esse tipo de DM, também denominado tipo 2, corresponde a cerca de 90% dos casos. Indivíduos diabéticos, geralmente jovens, com histórico de desnutrição calórico-proteica têm sido distinguidos com o rótulo de DM relacionado à má nutrição (MNDM).

Apesar da controvérsia existente, duas formas têm sido descritas: PDPD (diabetes pancreático por deficiência de proteína) e FCPD (diabetes pancreático fibrocalculoso), a primeira com fibrose e a segunda também com calcificações pancreáticas. Esses subtipos de DM tendem a desaparecer com o desenvolvimento socioeconômico.

A tolerância diminuída à glicose (IGT) é definida pelo encontro de glicemias intermediárias entre o normal e o DM declarado, obtidas durante o teste oral de tolerância à glicose. Pode representar um estágio da história natural do DM, mas também pode permanecer imutável ou reverter ao normal. Indivíduos com IGT têm um risco maior que a população geral de apresentar doença aterosclerótica.

O DM gestacional é definido como uma intolerância a carboidratos de intensidade variável (DM e tolerância à glicose diminuída), diagnosticado pela primeira vez durante a gestação, podendo ou não persistir após o parto.

DIAGNÓSTICO

De acordo com as Diretrizes de Sociedade Brasileira de Diabetes, atualizadas em 2024, o diagnóstico de DM deve ser estabelecido pela identificação de hiperglicemia. Para isso, podem ser usados a glicemia plasmática de jejum (GJ), o teste de tolerância à glicose por via oral (TTGO) e a hemoglobina glicada (HbA1c). O TTGO consiste em uma glicemia realizada após uma hora (TTGO-1h) ou duas horas (TTGO-2h) de uma sobrecarga de 75 g de glicose por via oral.

Os testes laboratoriais para o diagnóstico de DM devem ser feitos em todos os indivíduos com sintomatologia sugestiva de diabetes e em indivíduos assintomáticos com risco aumentado de desenvolver essa condição.

Ao realizar testes para diagnóstico de DM, também podem ser identificadas pessoas com hiperglicemia leve, que não preenchem critérios para DM. De acordo com a IDF, esses casos constituem a "hiperglicemia intermediária", composta pela "glicemia de jejum alterada", nos casos em que a disglicemia leve ocorre em jejum e pela "intolerância à glicose", na situação em que há hiperglicemia leve após TTGO, sem preencher critérios para DM. A American Diabetes Association (ADA) e a Sociedade Brasileira de Diabetes (SBD) utilizam a nomenclatura "pré-diabetes" para esses indivíduos. Embora nem todos os indivíduos desse grupo evoluam para DM, o termo "pré-diabetes" tornou-se facilmente assimilado e difundido pelos profissionais de saúde.

Na história natural do DM, alterações fisiopatológicas precedem em muitos anos o diagnóstico da doença. A condição na qual os valores glicêmicos estão acima dos valores de referência, mas ainda abaixo dos valores diagnósticos de DM, denomina-se pré-diabetes. A resistência à insulina já está presente e, na ausência de medidas de combate aos fatores de risco modificáveis, com frequência evolui para a doença clinicamente manifesta e associa-se a risco aumentado de doença cardiovascular e complicações. Na maioria dos casos de pré-diabetes ou diabetes, a condição é assintomática e o diagnóstico é feito com base em exames laboratoriais.

A confirmação do diagnóstico de DM requer a repetição dos exames alterados, idealmente o mesmo exame alterado em segunda amostra de sangue, na ausência de sintomas inequívocos de hiperglicemia. Pacientes com sintomas clássicos de hiperglicemia, como poliúria, polidipsia, polifagia e emagrecimento, devem ser submetidos à dosagem de glicemia ao acaso e independente do jejum, não havendo necessidade de confirmação por meio de segunda dosagem caso se verifique glicemia aleatória ≥ 200 mg/dL. Os valores de normalidade para os respectivos exames, bem como os critérios diagnósticos para pré-diabetes e DM mais aceitos e adotados pela SBD, encontram-se descritos na Tabela 1.

TABELA 1 Critérios laboratoriais para diagnóstico de normoglicemia, pré-diabetes e DM, adotados pela SBD

	Glicose em jejum (mg/dL)	Glicose 2 horas após sobrecarga com 75 g de glicose (mg/dL)	Glicose ao acaso (mg/dL)	HbA1c (%)	Observações
Normoglicemia	< 100	< 140	–	< 5,7	OMS emprega valor de corte de 110 mg/dL para normalidade da glicose em jejum.
Pré-diabetes ou risco aumentado para DM	≥ 100 e < 126*	≥ 140 e < 200#	–	≥ 5,7 e < 6,5	Positividade de qualquer dos parâmetros confirma diagnóstico de pré-diabetes.
Diabetes estabelecido	≥ 126	≥ 200	≥ 200 com sintomas inequívocos de hiperglicemia	≥ 6,5	Positividade de qualquer dos parâmetros confirma diagnóstico de DM. Método de HbA1c deve ser o padronizado. Na ausência de sintomas de hiperglicemia, é necessário confirmar o diagnóstico pela repetição de testes.

DM: diabetes melito; HbA1c: hemoglobina glicada; OMS: Organização Mundial da Saúde; SBD: Sociedade Brasileira de Diabetes.
*Categoria também conhecida como glicemia de jejum alterada.
#Categoria também conhecida como intolerância oral à glicose.
Fonte: Diretrizes da Sociedade Brasileira de Diabetes 2019-2020.

PREVENÇÃO E RASTREAMENTO

O rastreamento consiste em um conjunto de procedimentos cujo objetivo é diagnosticar o DM tipo 2 (DM2) ou a condição de pré-diabetes em indivíduos assintomáticos. Essa atividade tem grande importância para a saúde pública, pois está diretamente ligada à possibilidade de diagnóstico e tratamento precoces, minimizando os riscos de desenvolvimento de complicações, sobretudo microvasculares.

Qualquer um dos testes aplicados no diagnóstico de DM2 pode ser usado no rastreamento (glicemia de jejum, glicemia de 2 horas pós-sobrecarga ou hemoglobina glicada). A glicemia de 2 horas pós-sobrecarga diagnostica mais casos que o restante, mas é o teste menos utilizado. Quando mais de um teste é feito, com resultados discrepantes confirmados, considera-se aquele que diagnostica o DM2 ou o pré-diabetes.

As atividades de rastreamento do DM2 devem ser realizadas, de preferência, no ambiente em que a população é habitualmente tratada. No caso de campanhas públicas, é preciso tomar providências para evitar testar pacientes com risco muito baixo ou que já tenham diagnóstico de diabetes, a fim de não onerar a campanha. Além disso, devem ser estipuladas previamente as medidas de encaminhamento e de suporte ao paciente recém-diagnosticado, de modo a evitar que ele fique sem tratamento.

A importância das atividades de rastreamento e diagnóstico precoce do DM2 não pode ser minimizada em um país como o Brasil, com cerca de 14 milhões de pacientes, dos quais apenas a metade sabe que tem diabetes.

As medidas não farmacológicas incluem modificações da dieta alimentar e atividade física, constituindo, portanto, mudanças do estilo de vida.

A prevenção do DM implica a prática de um conjunto de ações para evitar seu aparecimento ou sua progressão, que devem ser revisadas periodicamente e adaptadas ao meio e aos recursos disponíveis.

A prevenção primária tem como objetivo evitar o aparecimento da doença. Não há medidas eficazes que previnam, no momento, a incidência do DM1.

Já para o DM2 propõem-se dois tipos de estratégias de prevenção primária:

A. Populacional: corresponde à aplicação de medidas, na população geral, destinadas a modificar o estilo de vida e as características socioambientais. Vários fatores de risco são potencialmente modificáveis, como obesidade e sedentarismo.

B. De alto risco: inclui ações como educação em saúde, prevenção e correção da obesidade, estímulo à prática de atividade física e precaução na indicação de medicamentos diabetogênicos.

Indivíduos de alto risco para NIDDM:

- Idade superior a 40 anos.
- Obesos.
- Histórico familiar de DM.
- Mulheres com antecedentes de filhos macrossômicos e/ou histórico obstétrico de perimortalidade ou abortos de repetição.
- Presença de doença vascular aterosclerótica anterior aos 50 anos.
- Dislipidêmicos.
- Hipertensos.

A prevenção secundária trata de um conjunto de medidas destinadas a pessoas já diagnosticadas como diabéticas e tem como objetivos:

- Procurar sua remissão quando possível.
- Prevenir o aparecimento de complicações agudas e crônicas.
- Retardar a progressão da doença.

As ações para atingir esses objetivos baseiam-se no bom controle metabólico da doença. A prevenção terciária destina-se a pacientes que já apresentam complicações crônicas do DM e tem como objetivos:

- Impedir ou retardar a progressão das complicações crônicas.
- Evitar incapacitações (insuficiência renal, cegueira, amputações).
- Evitar a mortalidade precoce.

Essas ações requerem a participação de diversos profissionais especializados no atendimento do indivíduo nesse estágio da doença.

Vários agentes farmacológicos foram efetivos em diminuir a incidência de DM2 quando administrados a pacientes com pré-diabetes. A maior redução foi obtida com as glitazonas. Outros agentes, como acarbose, orlistate e agonistas dos receptores do peptídio semelhante a glucagon 1 (*glucagon-like peptide*-1, GLP-1), retardam/previnem a evolução de pré-diabetes para diabetes, mas seu uso não é recomendado para essa finalidade por falta de dados sobre duração do efeito, segurança ou custo-efetividade.

ESQUEMAS DE TERAPÊUTICA

Há um objetivo comum em obter uma normalização glicêmica a níveis fisiológicos, procurando dessa forma evitar, minorar ou retardar o surgimento de complicações crônicas decorrentes da doença.

As estratégias e os esquemas terapêuticos que têm sido utilizados para o tratamento de ambos os tipos (1 e 2) do diabetes têm como base a dieta, o exercício, a insulinização exógena, o uso de drogas antidiabéticas e a educação do paciente. Eles podem diferir em função das características clínicas e etiopatogênicas distintas de cada tipo.

De acordo com Diretriz da SBD de 2024, em adultos recentemente diagnosticados com DM2, assintomáticos, sem doença cardiorrenal e com risco cardiovascular (CV) baixo ou intermediário, nos quais a HbA1c está entre 6,5 e 7,5%, a metformina é recomendada para melhora do controle glicêmico, redução da progressão do diabetes e prevenção de complicações relacionadas à doença. A metformina é altamente eficaz na redução da hiperglicemia, bem tolerada, barata e segura, e pode retardar a progressão natural do DM2, ao mesmo tempo que reduz os desfechos relacionados ao diabetes. No entanto, o papel da metformina na redução dos eventos CV não é claro. Os níveis de vitamina B12 deverão ser avaliados anualmente após quatro anos de início da metformina, e repostos, se necessário, em razão do risco de deficiência de B12 associado ao uso dessa medicação.

No caso de opção pelo uso de uma sulfonilureia (SU), as de segunda geração, como a gliclazida MR e a glimepirida, têm preferência pelo seu menor potencial para causar episódios de hipoglicemia.

Em adultos assintomáticos com DM2, sem tratamento prévio, de risco CV baixo ou intermediário, nos quais a HbA1c está entre 7,5 e 9%, a terapia tripla, incluindo metformina e dois AD1 ou AD, pode ser considerada para melhorar o controle glicêmico.

Em adultos com DM2, assintomáticos e sem tratamento prévio, nos quais a HbA1c está acima de 9%, a metformina associada à terapia baseada em insulina pode ser considerada para melhorar o controle glicêmico. Em adultos com DM2 de início recente, com HbA1c acima de 9% e sinais e sintomas de hiperglicemia (poliúria, polidipsia, perda de peso), a terapia à base de insulina é recomendada para melhora do controle glicêmico.

O uso de insulina no DM2 está recomendado preferencialmente em pacientes sintomáticos, nas situações clínicas agudas e durante internação hospitalar. Seu uso poderá ser revisto após o tratamento agudo inicial, podendo ser substituído por uma terapia dupla ou tripla.

Em adultos com DM2 e índice de massa corporal (IMC) entre 27 e 29,9 kg/m^2, os AR GLP-1 e os coagonistas do receptor de GIP/GLP-1 devem ser considerados para redução de peso corporal, independentemente do risco CV.

Diabetes tipo 1

Por apresentar insuficiência insulínica pancreática acentuada, o paciente com diabetes tipo 1 depende fundamentalmente da insulinização exógena em complementação a orientações nutricionais e de exercício.

Diabetes tipo 2

- A frequência da obesidade é bastante elevada nos diabéticos tipo 2, levando à resistência periférica e à ação da insulina.
- Deve-se ter empenho especial na normalização do peso do indivíduo com medidas higiênico-dietéticas, exercícios e uso eventual de anorexígenos.
- Os antidiabéticos orais devem ser usados quando a dieta e o aumento da atividade física não forem eficazes.

RECOMENDAÇÕES NUTRICIONAIS

O plano de alimentação é o ponto fundamental do tratamento do diabetes. Não é possível um bom controle metabólico sem uma alimentação adequada.

As recomendações para o gerenciamento nutricional do DM têm como base a melhor evidência científica disponível, a qual se encontra aliada com a experiência clínica, com publicações periódicas por sociedades científicas internacionais e nacionais. Nesse sentido, os guias da ADA, da Diabetes UK, da Canadian Diabetes Association (CDA) e do Royal Australian College of General Practitioners (RACGP), sobre o tratamento do diabetes, enfatizam que o alcance das metas de tratamento propostas requer esforço da equipe de saúde, que é composta por educadores em diabetes e nutricionista especializado, e do indivíduo com diabetes ativamente envolvido no processo.

A abordagem nutricional individualizada requer mudanças no estilo de vida e objetivos que possam resultar em intervenções dietéticas complexas. Para essa individualização, é necessário conhecer alguns aspectos relacionados ao contexto da produção e do consumo dos alimentos, como cultura, regionalidade, composição de nutrientes e preparo de refeições. Esse cenário justifica a recomendação do nutricionista como profissional habilitado para implementar intervenções e educação nutricional para indivíduos com diabetes. Paralelamente, esse profissional deve esclarecer os membros da equipe sobre os princípios da terapia nutricional, a fim de obter seu apoio nas implementações e desmistificar concepções. Diferentemente da medicação oral/insulina e do monitoramento da glicemia, os edulcorantes, comumente chamados de adoçantes, não são essenciais ao tratamento do diabetes, mas podem favorecer o convívio social e a flexibilidade do plano alimentar. Para indivíduos que costumam usar produtos adocicados, os adoçantes não nutritivos ou não calóricos têm o potencial de reduzir o consumo de calorias e carboidratos, por meio da substituição do açúcar, quando consumidos com moderação.

Os adoçantes podem ser utilizados considerando-se seu valor calórico. Aspartame, ciclamato, sacarina, acessulfame K e sucralose são praticamente isentos de calorias. Já a frutose tem o mesmo valor calórico do açúcar.

As refeições intermediárias podem ser feitas com frutas, leite e substitutos, pães e bolachas, mantendo-se a equivalência calórica. Alimentos que sejam fontes de proteína consumidos pouco antes de se deitar auxiliam na prevenção da hipoglicemia noturna.

Características do plano de alimentação de acordo com o estado nutricional:

A. Pacientes obesos (índice de massa corporal > 25 kg/m^2):
   - Dieta hipocalórica: 20-25 kcal/kg de peso desejado/dia. Dietas muito rígidas e de baixo valor calórico raramente têm sucesso. Às vezes, uma restrição mais moderada, de 500 calorias/dia a menos do que a ingestão habitual, permite a perda de peso gradual e progressiva, garantindo a adesão ao tratamento. Restringir gorduras e frituras; dar preferência a carnes magras e produtos desnatados.

B. Pacientes com peso normal (índice de massa corporal: 18,5-25 kg/m^2):
   - Não é necessária a restrição calórica nesse grupo. A dieta deve ser normocalórica, 25-35 kcal/kg/dia, dependendo da atividade física e do momento biológico. Crianças, adolescentes, atletas, gestantes e lactantes podem necessitar de calorias adicionais. Fracionar em pelo menos quatro refeições ao dia.

EXERCÍCIOS FÍSICOS

O exercício deve ser frequente e constante (no mínimo 3 vezes por semana), de intensidade moderada (caminhar, nadar, andar de bicicleta etc.), com duração mínima de 30 minutos.

Exercícios mais intensos e esportes competitivos requerem medidas especiais:

A. Avaliação cardiovascular em pacientes com mais de 30 anos ou com diabetes com mais de 10 anos de evolução (maiores riscos no caso de retinopatia proliferativa, neuropatia autonômica etc.).
B. Os pacientes insulinodependentes, por cauda do risco de hipoglicemia, devem praticar atividade física após refeições ricas em carboidratos complexos e ter à sua disposição uma bebida açucarada. Pode haver necessidade de ajuste da dose de insulina.
C. Como a atividade física pode provocar rápida alteração metabólica nos pacientes em uso de insulina, é necessária monitoração frequente.
   - Não são aconselháveis exercícios de alto risco, em que o paciente não possa receber auxílio imediato ou que ponham em risco a vida de terceiros (alpinismo, mergulho, asa-delta etc.).

TRATAMENTO COM MEDICAMENTOS HIPOGLICEMIANTES ORAIS

De acordo com a SBD, além de orientar mudanças no estilo de vida (educação em saúde, alimentação e atividade física), o médico costuma prescrever um agente antidiabético oral. A escolha desse medicamento baseia-se nos seguintes aspectos: mecanismos de resistência à insulina (RI), falência progressiva da célula beta, múltiplos transtornos metabólicos (disglicemia, dislipidemia e inflamação vascular) e repercussões micro e macrovasculares que acompanham a história natural do DM2.

Idealmente, no tratamento do DM2 é preciso tentar alcançar níveis glicêmicos tão próximos da normalidade quanto viável, sempre que minimizando possível o risco de hipoglicemia. A SBD, em alinhamento com as principais sociedades médicas da especialidade, recomenda que a meta para a HbA1c seja < 7%.

Ressalte-se, ainda, que a SBD mantém a recomendação de que os níveis de HbA1c sejam mantidos os mais baixos possíveis, sem aumentar desnecessariamente o risco de hipoglicemias, sobretudo em paciente com doença cardiovascular e em uso de insulina, considerando valores individualizados de HbA1c.

Nesse sentido, indica-se o início de uso dos agentes antidiabéticos quando os valores glicêmicos encontrados em jejum e/ou pós-prandiais estejam acima dos requeridos para o diagnóstico de diabetes.

Os agentes antidiabéticos orais (Tabela 1) são medicamentos que reduzem a glicemia, a fim de mantê-la em níveis normais (em jejum < 100 mg/dL e pós-prandial < 140 mg/dL). Sob esse conceito amplo, de acordo com o mecanismo de ação principal, os antidiabéticos podem ser agrupados do seguinte modo: aqueles que incrementam a secreção pancreática de insulina (sulfonilureias e glinidas); os que reduzem a velocidade de absorção de glicídios (inibidores das alfaglicosidases); os que diminuem a produção hepática de glicose (biguanidas); e/ou os que aumentam a utilização periférica de glicose (glitazonas); aqueles que exercem efeito incretínico mediado pelos hormônios GLP-1 e GIP (peptídio inibidor gástrico, *gastric inhibitory polypeptide*), considerados peptídios insulinotrópicos dependentes de glicose.

Esses fármacos incretinomiméticos são capazes de aumentar a secreção de insulina apenas quando a glicemia se eleva. Em contrapartida, controlam o incremento inadequado do glucagon pós-prandial observado nos pacientes com diabetes.

O efeito incretínico é o responsável pela maior redução de glicemia verificada após a ingestão oral de glicose, em comparação com a mesma quantidade injetada por via venosa em indivíduos que não têm diabetes. Pertencem a essa família medicamentos de ação parecida com a do GLP-1 (miméticos [exenatida] e análogos [liraglutida, lixisenatida, dulaglutida e semaglutida]) e, ainda, os inibidores da enzima dipeptidil peptidase 4 (DPP-4) (gliptinas).

O bloqueio da enzima DPP-4 reduz a degradação do GLP-1, aumentando, assim, sua vida média, com promoção das principais ações, como liberação de insulina, redução da velocidade de esvaziamento gástrico e inibição da secreção de glucagon. Existem também aqueles que inibem o contratransporte sódio/glicose 2 nos túbulos proximais dos rins. Essa nova classe de fármacos – inibidor do cotransportador de sódio/glicose tipo 2 (*sodium/glucose cotransporter 2*, SGLT2) – reduz a glicemia pela inibição da reabsorção de glicose nos rins, promovendo glicosúria. Dessa maneira, pode controlar a glicemia independentemente da secreção e da ação da insulina, com consequente menor risco de hipoglicemia, podendo favorecer a perda de peso.

Com finalidade prática, os antidiabéticos são classificados em quatro categorias:

- Os que aumentam a secreção de insulina (hipoglicemiantes).
- Os que não aumentam a secreção de insulina (anti-hiperglicemiantes).
- Os que aumentam a secreção de insulina de maneira dependente da glicose, além de promover a supressão do glucagon.
- Os que promovem glicosúria (sem relação com a secreção de insulina).

Na prática clínica, de acordo com a SBD, a melhor escolha terapêutica dependerá da função pancreática existente. O paciente com quadro inicial de DM2, quando predomina a RI, deve ser tratado de forma distinta daquele com muitos anos de evolução da enfermidade, quando a principal característica é a insulinopenia. A SBD, em suas diretrizes 2019-2020, publicou um algoritmo de tratamento medicamentoso conforme a progressão da doença, que pode ser visualizado na Figura 1.

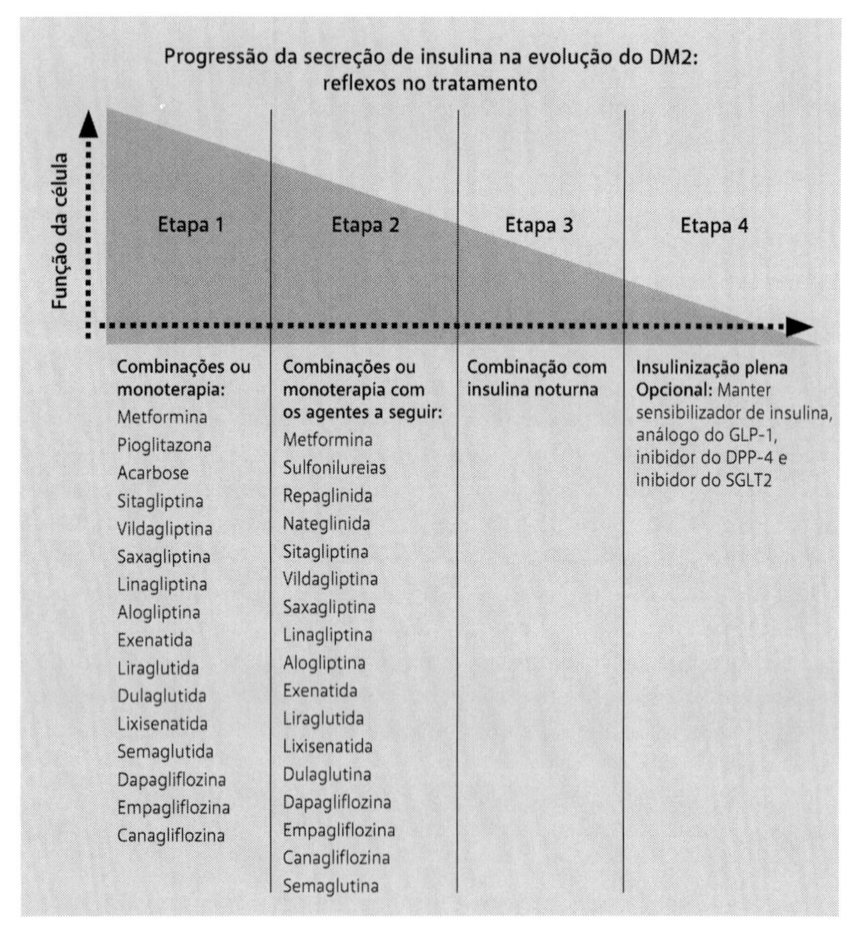

FIGURA 1 Algoritmo terapêutico para o tratamento de acordo com a progressão da doença.

DM2: diabetes melito tipo 2.
Fonte: SBD, Diretrizes 2019-2020.

TRATAMENTO COM INSULINA

Indicações

- Diabetes tipo 1.
- Diabetes tipo 2: em falha secundária, cirurgia, infecção e gravidez.
- Outros tipos: pancreatite.

É consenso que pacientes com DM1 devem ser acompanhados por médicos com treinamento em diabetes ou por endocrinologistas.

Tipo 2

- Tratamento convencional: manter medicação oral durante o dia e introduzir 0,2 UI de insulina intermediária ao deitar. Aumentar de 2 a 4 UI a cada três dias quando a glicemia de jejum for superior a 140 mg/dL.

Em pacientes com antecedentes de comprometimento vascular (acidente vascular cerebral, infarto do miocárdio etc.), a insulina deve ser iniciada pela manhã, podendo ser mantido(s) o(s) antidiabético(s) oral(is).

Orientações mínimas ao paciente

- Sinais e sintomas de hipoglicemia, hiperglicemia (cetose).
- Situações especiais (p. ex., infecção, fase de remissão, exercício físico etc.).

Orientações gerais sobre insulina ao paciente

- 1 mL da solução contém 100 UI de insulina.
- A insulina deve ser estocada refrigerada (na parte inferior da geladeira, onde estão as verduras).
- Não deve ser congelada ou submetida a temperaturas superiores a 30°C.
- A insulina de uso diário pode ser mantida em temperatura ambiente, evitando a exposição direta à luz solar.
- Seringas de insulina: 0,3-0,5 e 1 mL de capacidade. As descartáveis podem ser reutilizadas pela mesma pessoa, sempre com orientação do médico assistente.
- A insulina deve ser aplicada pela via subcutânea (aproximadamente a 90° da superfície de aplicação).

Complicações da insulinoterapia

- Hipoglicemia.
- Lipodistrofia.
- Alergia local ou sistêmica.
- Infecção nos locais de aplicação.

Controle clínico e laboratorial

É necessário estabelecer um plano de tratamento. O plano e os objetivos do tratamento devem ser individualizados e estabelecidos de acordo com as condições clínicas das pessoas. Devem ser analisados e compreendidos pelo paciente e por seus familiares; quando possível, o plano deve ser ilustrado e reforçado com material educativo.

O plano deve se constituir de:

- Objetivos.
- Orientação nutricional.
- Recomendações com relação ao estilo de vida (exercício, suspensão do tabagismo).
- Educação específica para o paciente e seus familiares.
- Orientação para automonitoração: glicemia, glicosúria, cetonúria e sistema de registro.
- Referência aos serviços especializados, quando necessário.
- Para pacientes em idade fértil, deve-se discutir sobre anticoncepção e cuidados com o diabetes antes e durante a gestação.
- Contatos para situações especiais e no caso de dúvidas.

O ideal é que as consultas de rotina e acompanhamento sejam realizadas pela mesma equipe multidisciplinar.

Frequência das visitas

- Tipo 1 em fase inicial ou em fase de instabilidade do controle glicêmico: no máximo semanal.
- Tipo 1 em tratamento de manutenção: trimestral.
- Tipo 2 em tratamento com dieta e/ou drogas orais: semestral.
- Tipo 2 em insulinoterapia: quadrimestral.

Fatores a serem considerados no histórico clínico

- Intercorrências.
- Discussão dos resultados obtidos na automonitoração e ajustes da terapêutica.
- Problemas de adesão.
- Condições psicossomáticas.

Exame físico

1. Peso.
2. Altura (até a idade adulta). Acompanhamento da curva de crescimento e desenvolvimento.
3. Estado de puberdade (até a adolescência).
4. Pressão arterial.
5. Reavaliação dos achados patológicos no exame físico anterior.
6. Acuidade visual e fundo de olho: por ocasião do diagnóstico e anualmente para todos os diabéticos acima de 30 anos e para os demais com diabetes acima de cinco anos de diagnóstico.

Exames laboratoriais

1. Glicemia de jejum: é recomendável comparar com a glicemia capilar obtida ao mesmo tempo pelo paciente no seu aparelho.
2. HbA1c: pelo menos duas vezes ao ano em todos os pacientes diabéticos e, nos pacientes em tratamento insulínico, trimestral ou quadrimestralmente, ou frutosamina a cada consulta.
3. Triglicérides, colesterol total e frações e ácido úrico: anualmente nos adultos e a cada dois anos nas crianças.
4. Exame de urina: anual, exceto em situações especiais.
5. Microalbuminúria: anual para todos os indivíduos diabéticos com diagnóstico após a puberdade e para os outros que tiverem mais de cinco anos de duração da doença.
6. Ureia, creatinina e avaliação do ritmo de filtração glomerular: para os pacientes com macroproteinúria.
7. Eletrocardiograma (ECG): anualmente em indivíduos acima de 30 anos.

Reavaliação do plano de tratamento

1. Objetivos alcançados (condições gerais, níveis de glicemia, HbA1c e lipídios).
2. Controle de peso, episódios de hipoglicemia e padrão de exercício.
3. Análise de contratransferência dos especialistas solicitados.
4. Ajuste psicossocial.
5. Reavaliação dos conhecimentos sobre o diabetes e de automedicação pelo menos anualmente.

Parâmetros bioquímicos de controle metabólico

- Glicosúria:
  1. Técnicas semiquantitativas e quantitativas: determinação de glicose urinária com fitas reagentes a cada 6 horas, 24 horas ou glicosúrias quantitativas de quatro períodos.
  2. Frequência duas vezes ao dia: antes do desjejum e ao se deitar. Três vezes por semana: 2 semanas anteriores à consulta.
  3. Controle aceitável: glicosúria em amostra isolada < 5 g/L, nas 24 horas entre 5 e 10% da ingestão diária de carboidratos.
- Glicemia capilar: um mínimo de três medidas de glicemia por semana antes das refeições principais em diferentes horários e dias.
- Frutosamina: reflete o controle glicêmico do período de 1 a 3 semanas que antecedeu a coleta.
- HbA1c: índice retrospectivo de concentração da glicemia dos últimos 2 ou 3 meses.
- A mensuração das proteínas séricas glicosiladas é atualmente o melhor método para avaliar o controle glicêmico dos pacientes diabéticos.

NORMAS PARA AUTOMONITORAÇÃO

A importância do controle glicêmico está plenamente definida para diabéticos tipos 1 e 2. O teste de glicemia é considerado o padrão-ouro da metodologia de controle de diabetes e automonitoração.

Razões de ordem psicológica, econômica ou social podem impor a utilização de outros métodos menos indicados.

Conduta em pacientes usuários de insulina

- Deverão realizar quatro glicemias diárias nos seguintes horários: antes do desjejum, antes do almoço, antes do jantar e antes da ceia noturna (ao se deitar).
- Glicemias pós-prandiais poderão ser feitas a critério do médico que o assiste.
- Esse esquema deverá perdurar até que a glicemia se mostre estabilizada (previsão de aproximadamente 2 ou 3 semanas).
- Doses, tipos e esquemas de insulina deverão ser ajustados continuamente, com base nos resultados.
- Com a estabilização do quadro, a frequência de testes pode ser reduzida, com a recomendação de que sejam feitos em horários diferentes em cada dia.
- Nas intercorrências médicas ou em fases de manifesto descontrole, recomenda-se a volta da frequência de quatro vezes ao dia.

Conduta em pacientes não usuários de insulina

- Deverão realizar uma glicemia de jejum ao dia, como referência, e duas glicemias pós-prandiais, cerca de 2 horas após as refeições.

EDUCAÇÃO DO PACIENTE DIABÉTICO

A educação é parte essencial do tratamento. Constitui um direito e um dever do paciente, assim como um dever dos responsáveis pela promoção da saúde.

O processo educativo deve motivar o indivíduo diabético a adquirir conhecimentos e desenvolver habilidades para a mudança de hábitos, com o objetivo geral do bom controle metabólico e da melhor qualidade de vida.

A educação em diabetes deve alcançar os pacientes, a família, os profissionais de saúde, a sociedade em geral, os poderes públicos e as entidades privadas. A educação, de maneira geral, deve ser prática, gradativa, contínua, interativa, adequada (para idade, sexo, tipo de diabetes, presença ou não de complicações), com objetivos e critérios de avaliação definidos.

O processo de educação deve ser construído pelos indivíduos nele envolvidos, sintetizando de forma integrada o conhecimento científico, as experiências individuais, as condições sanitárias e socioeconômicas. O paciente pode ser educado em atendimento individual, na realização de grupos com outros pacientes, em salas de espera, em programação de visitas domiciliares, colônias de férias, cursos regulares, associações de diabéticos e por todos os meios e em oportunidades que favoreçam a melhor compreensão do diabetes pelo paciente, por seus familiares e pela comunidade.

EDUCAÇÃO DO PROFISSIONAL DE SAÚDE

- Sensibilização e comprometimento do profissional de saúde na utilização da educação como instrumento no tratamento do diabético.
- Conhecimentos básicos sobre diabetes.
- Métodos e técnicas de educação que possibilitem o processo educacional.
- Reciclagem sistemática e contínua do profissional.
- Troca de experiências com outros profissionais que possam contribuir para melhorar os cuidados dispensados ao diabético.

Na educação de comunidades, devem-se utilizar os meios de comunicação de massa, levando conhecimentos sobre os sintomas do diabetes e sua importância. Os processos educacionais devem ser adotados com os meios e recursos possíveis e com métodos eficientes de ensino e aprendizagem.

BIBLIOGRAFIA

American Diabetes Association. Classification and diagnosis of diabetes. Diabetes Care. 2019;42(suppl 1):13-28.

American Diabetes Association. Nutrition recommendations and principles for people with diabetes mellitus. Diabetes Care. 1999;22(Suppl 1):42-5.

American Diabetes Association. Pharmacologic approaches to glycemic treatment: standards of medical care in diabetes-2019. Diabetes Care. 2019;42(Suppl 1):S90-S102.

American Diabetes Association. Standards of medical care in diabetes. Diabetes Care. 2019;42(Suppl 1):S1-193.

American Diabetes Association Professional Practice Committee. 2. Diagnosis and Classification of Diabetes: Standards of Care in Diabetes-2024. Diabetes Care. 2024; 47(Suppl 1):S20-S42.

Buchanan TA, Xiang AH, Peters RK, Kjos SL, Marroquin A, Goico J, et al. Preservation of pancreatic ßcells function and prevention of type 2 diabetes by pharmacological treatment of insulin resistance in high-risk hispanic women. Diabetes. 2002;51(9): 2796-803.

Chiasson JL, Josse RG, Gomis R, Hanefeld M, Karasik A, Laakso M; STOP-NIDDM Trail Research Group. Acarbose for prevention of type 2 diabetes mellitus: the STOP-NIDDM randomized trial. Lancet. 2002;359:2072-7.

Coutinho WF. Consenso Latino-Americano de Obesidade: até onde já chegamos. Arq Bras Endocrinol Metab. 1999;43:21-67.

Davies MJ, D'Alessio DA, Fradkin J, Kernan WN, Mathieu C, Mingrone G, et al. Management of hyperglycemia in type 2 diabetes, 2018. A Consensus Report by the American Diabetes Association (ADA) and the European Association for the Study of Diabetes (EASD). Diabetes Care. 2018;41(12):2669-701.

Decode Study Group. Glucose tolerance and mortality: comparison of WHO and American Diabetes Association diagnostic criteria. Lancet. 1999;354:617-21.

DeFronzo RA. Pharmacologic therapy for type 2 diabetes mellitus. Ann Intern Med. 1999;131:281-303.

Diabetes UK. Evidence-based Nutrition Guidelines for the Prevention and Management of Diabetes. Disponível em: https://www.diabetes.org.uk/professionals/position-statements-reports/food-nutrition-lifestyle/evidence-based-nutrition-guidelines-for-the-prevention-and-management-of-diabetes. Acesso em 8 jan. 2025.

Estacio RO, Jeffers BW, Hiatt WH, Biggerstaff SL, Gifford N, Schrier RW. The effect of nisoldipine as compared with enalapril on cardiovascular outcomes in patients with non-insulin dependent diabetes and hypertension (ABCD). N Engl J Med. 1998; 338:645-52.

Executive Summary of the Third Report of the National Cholesterol Education Program (NCEP) Expert Panel on Detection, Evaluation, and Treatment of High Blood Cholesterol in Adults (Adults Treatment Panel III). JAMA. 2001;285:2486-97.

Franz MJ, Horton ES, Bantle JP, Beebe CA, Brunzel JD, Coulston AM, et al. Nutrition principles for the management of diabetes and related complications. Diabetes Care. 1994;17:490-518.

Gaede P, Vedel P, Parving HH, Pedersen O. Intensified multifactorial intervention in patients with type 2 diabetes mellitus and microalbuminuria: the Steno type 2 randomised study. Lancet. 1999;353:617-22.

Glazer G. Long-term pharmacotherapy of obesity 2000. Arch Intern Med. 2001;161:1814-24.

International Diabetes Federation. IDF Diabetes Atlas . 9.ed. Bruxelles: International Diabetes Federation; 2017. Disponível em: https://diabetesatlas.org/. Acesso em 8 jan. 2025.

Knowler WC, Barrett-Connor E, Fowler SE, Hamman RF, Lachin JM, Walker EA, Nathan DM; Diabetes Prevention Program Research Group. Reduction in the incidence of type 2 diabetes with lifestyle intervention or metformin. N Engl J Med. 2002;346:393-403.

Lehto S, Rönnemaa T, Haffner SM, Pyörälä Kallio V, Laakso M. Dyslipidemia and hyperglycemia predict coronary heart disease events in middle-aged patients with NIDDM. Diabetes. 1997;46:1354-9.

Meltzer S, Leiter L, Daneman D, Gerstein HC, Lau D, Ludwig S, et al. 1998 Clinical practice guidelines for the management of diabetes in Canada. Can Med Assoc J. 1998;159(Suppl 8)(6):S1-S29.

Muls E. Nutrition recommendations for the person with diabetes. Clinical Nutrition. 1998;17(suppl 2):18-25.

Oliveira JEP, Vencio S, org. Diretrizes da Sociedade Brasileira de Diabetes: 2014-2015/ Sociedade Brasileira de Diabetes. São Paulo: AC Farmacêutica; 2015.

Rodacki M, Cobas RA, Zajdenverg L, Silva Júnior WS, Giacaglia L, Calliari LE, et al. Diagnóstico de diabetes mellitus. Diretriz Oficial da Sociedade Brasileira de Diabetes. 2024.

Scheen AJ, Lefèbvre PJ. Management of the obese diabetic patient. Diabetes Reviews. 1999;7(2):77-93.

Sociedade Brasileira de Diabetes. Diretrizes. 2024. Disponível em: https://diretriz.diabetes.org.br/. Acesso em 14 jan. 2025.

The Expert Committee on the Diagnosis and Classification of Diabetes Mellitus. Report of the Expert Committee on the Diagnosis and Classification of Diabetes Mellitus. Diabetes Care. 1997;20:1183.

Torgerson JS, Hauptman J, Boldrin MN, Sjöström L. XENical in the prevention of diabetes in obese subjects (XENDOS) study: a randomized study of orlistat as an adjunct to lifestyle changes for the prevention of type 2 diabetes in obese patients. Diabetes Care. 2004 Jan;27(1):155-61.

Tuomilehto J, Lindström J, Eriksson JG, Valle TT, Hämäläinen H, Ilanne-Parikka P, et al; Finnish Diabetes Prevention Study Group. Prevention of type 2 diabetes mellitus by changes in lifestyle among subjects with impaired glucose tolerance. N Engl J Med. 2001;344:1343-50.

UK Prospective Diabetes Study Group. Tight blood pressure control and risk of macrovascular and microvascular complications in type 2 diabetes: UKPDS 38. BMJ. 1998;317:703-12.

World Health Organization (WHO). Definition, diagnosis and classification of diabetes mellitus and its complications. Report of a WHO consultation. Part 1: diagnosis and classification of diabetes mellitus. Geneva: WHO; 1999.

World Health Organization. Global report on diabetes. Geneva; 2016. Disponível em: http://apps.who.int/iris/bitstream/10665/204871/ 1/9789241565257_ eng.pdf. Acesso em 8 jan. 2025.

20

Cuidado farmacêutico em pessoas com dislipidemias

INTRODUÇÃO

Atualmente, o acompanhamento clínico do paciente dislipidêmico no Brasil deve ser realizado de acordo com as Diretrizes Brasileiras Sobre Dislipidemias e Prevenção da Aterosclerose, atualizadas em 2017.

A doença aterosclerótica é a principal causa de mortalidade no Brasil. Essa doença é multifatorial, e sua prevenção passa pela identificação e pelo controle não só das dislipidemias, mas também do conjunto dos fatores de risco.

De acordo com a American Heart Association (AHA), em seu *guideline* de 2019, concluiu-se que:

- A maneira mais importante de prevenir aterosclerose, doença vascular, insuficiência cardíaca e fibrilação atrial é promover um estilo de vida saudável ao longo da vida. Uma abordagem de cuidado baseada em equipe é uma estratégia eficaz para a prevenção de doenças cardiovasculares.
- Médicos, farmacêuticos e demais profissionais da saúde devem avaliar os determinantes sociais de saúde que afetam os indivíduos para informar as decisões de tratamento.
- Adultos de 40 a 75 anos de idade e que estão sendo avaliados para a prevenção de doenças cardiovasculares devem se submeter a uma estimativa de risco de doença cardiovascular aterosclerótica (ASCVD) de 10 anos e ter uma discussão de risco clínico-paciente antes de iniciar a terapia farmacológica, como terapia anti-hipertensiva, uma estatina ou ácido acetilsalicílico (AAS).

- A presença ou ausência de fatores de aumento de riscos adicionais pode ajudar a orientar as decisões sobre intervenções preventivas em indivíduos selecionados, assim como a varredura de cálcio nas artérias coronárias.
- Todos os adultos devem consumir uma dieta saudável, que enfatize a ingestão de vegetais, frutas, nozes, grãos integrais, vegetais ou proteína animal magra, bem como minimizar a ingestão de gorduras trans, carnes vermelhas e carnes vermelhas processadas, carboidratos refinados e bebidas adoçadas. Para adultos com sobrepeso e obesidade, o aconselhamento e a restrição calórica são recomendados para alcançar e manter a perda de peso.
- Os adultos devem praticar pelo menos 150 minutos por semana de atividade física acumulada de intensidade moderada ou 75 minutos por semana de atividade física de intensidade vigorosa.
- Para adultos com diabetes melito tipo 2, mudanças no estilo de vida, como melhorar os hábitos alimentares e cumprir recomendações de exercícios, são fundamentais. Se a medicação for indicada, a metformina é de primeira linha para a terapia, seguida pela consideração de um inibidor do cotransportador sódio-glicose 2 (SGLT2) de ou um agonista do receptor do peptídio 1 semelhante ao glucagon (GLP-1).
- Todos os adultos devem ser avaliados em todos os serviços de saúde para verificar o uso de tabaco, e aqueles que usam tabaco devem ser assistidos e fortemente aconselhados a parar. O AAS deve ser usado com pouca frequência na rotina de prevenção primária de ASCVD, em virtude da falta de benefício.
- A terapia com estatinas é o tratamento de primeira linha para o tratamento primário de prevenção de ASCVD em pacientes com elevados níveis de colesterol de lipoproteína de baixa densidade (≥ 190 mg/dL), aqueles com diabetes melito que têm 40 a 75 anos de idade e aqueles em risco de ASCVD após uma discussão do risco clínico do paciente.
- As intervenções não farmacológicas são recomendadas para todos os adultos com pressão arterial elevada ou hipertensão. Para aqueles que requerem terapia farmacológica, a pressão arterial alvo geralmente deve ser < 130/80 mmHg.

As recomendações das V Diretrizes e sua atualização de 2017 seguem os seguintes critérios de evidência adotados pela Sociedade Brasileira de Cardiologia, e são apresentadas e discutidas a seguir.

BASES FISIOPATOLÓGICAS DAS DISLIPIDEMIAS PRIMÁRIAS

O acúmulo de lipoproteína de muito baixa densidade (VLDL) no compartimento plasmático resulta principalmente em hipertrigliceridemia, podendo ocorrer também hiperlipidemia mista, ou seja, hipertrigliceridemia associada à hipercolesterolemia. O aumento de VLDL pode se dever a um aumento da produção da lipoproteína pelo fígado ou diminuição da catabolização da VLDL, isto é, redução do processo de lipólise da lipoproteína, catalisado pela lipase da lipoproteína. Diminuição da síntese da lipase da lipoproteína ou mutações no gene da enzima que resultem em diminuição de sua atividade são causas de diminuição da lipólise. No entanto, podem ocorrer mutações no gene da apolipoproteína C-II, que estimula a ação da lipase da lipoproteína, o que também resulta em diminuição da lipólise, acúmulo de VLDL e hipertrigliceridemia.

O acúmulo da lipoproteína de baixa densidade (LDL) no compartimento plasmático resulta em hipercolesterolemia. Pode ocorrer por defeito no gene do receptor de LDL, com consequente "déficit" na expressão ou função dos receptores de LDL, diminuindo o catabolismo da lipoproteína, especialmente pelo fígado. Até o momento, mais de 250 mutações do receptor de LDL foram detectadas em portadores de hipercolesterolemia familiar.

A mutação no gene que codifica a apolipoproteína B-100 pode levar a acoplamento deficiente da LDL ao receptor e hipercolesterolemia. A maioria dos pacientes com hipercolesterolemia pertence ao grupo das hipercolesterolemias poligênicas. Nesse defeito metabólico, ocorre uma complexa interação entre múltiplos fatores genéticos e ambientais que determinam a concentração da LDL no plasma. Esses fatores estão ligados à responsividade à dieta, à regulação da síntese de colesterol e ácidos biliares, ao metabolismo intravascular de lipoproteínas ricas em apolipoproteína B e à regulação da atividade do receptor de LDL. O alelo apolipoproteína E4 pode contribuir para o aumento da colesterolemia. Outros mecanismos fisiopatológicos também estão envolvidos na gênese das dislipidemias, mas os últimos descritos estão entre os mais ilustrativos para o entendimento dos defeitos envolvendo o metabolismo de lipídios.

ATEROGÊNESE

Definição

A aterosclerose é uma doença inflamatória crônica de origem multifatorial, que ocorre em resposta à agressão endotelial, acometendo principalmente a camada íntima de artérias de médio e grande calibres. Em geral, as lesões iniciais, denominadas estrias gordurosas, formam-se ainda na infância e caracterizam-se pelo acúmulo de colesterol em macrófagos.

Com o tempo, mecanismos protetores levam ao aumento do tecido matricial, que circunda o núcleo lipídico, mas, na presença de subtipos de linfócitos de fenótipo mais inflamatório, a formação do tecido matricial se reduz, principalmente por inibição da síntese de colágeno pelas células musculares lisas que migraram para a íntima vascular e pela maior liberação de metaloproteases de matriz, sintetizadas por macrófagos, tornando a placa lipídica vulnerável a complicações.

A formação da placa aterosclerótica inicia-se com a agressão ao endotélio vascular por diversos fatores de risco, como dislipidemia, hipertensão arterial ou tabagismo. Como consequência, a disfunção endotelial aumenta permeabilidade da camada intima às lipoproteínas plasmáticas, favorecendo sua retenção no espaço subendotelial. Retidas, as partículas de LDL sofrem oxidação, causando a exposição de diversos neoepítopos, tornando-as imunogênicas. O depósito de lipoproteínas na parede arterial, processo-chave no início da aterogênese, ocorre de maneira proporcional à concentração dessas lipoproteínas no plasma.

Curso evolutivo

Os fatores de risco são capazes de lesar o endotélio vascular, causando disfunção endotelial. A partir do dano vascular, ocorre a expressão de moléculas de adesão que mediarão a entrada de monócitos em direção ao espaço intimal, que, por sua vez, englobarão lipoproteínas modificadas (predominantemente LDL oxidadas), originando as células espumosas. Diferentes mediadores inflamatórios são liberados no espaço intimal, perpetuando e ampliando o processo, finalmente levando à formação da placa aterosclerótica. Esta é constituída por elementos celulares, componentes da matriz extracelular e do núcleo lipídico. As placas podem ser divididas em estáveis ou instáveis.

As primeiras caracterizam-se pelo predomínio de colágeno, organizado com capa fibrosa espessa, escassas células inflamatórias e núcleo lipídico menos proeminente. As últimas apresentam atividade inflamatória intensa, especialmente em seus ângulos, com grande atividade proteolítica, núcleo lipídico proeminente e capa fibrótica tênue. Tem sido sugerido que a ruptura das placas parece estar relacionada com suas características morfológicas e bioquímicas, não com seu grau de estenose. Ao longo da vida, parecem ocorrer pequenas rupturas/tromboses que determinam a remodelação das placas, frequentemente sem manifestações clínicas.

Todavia, o grau de trombose sobreposta à placa rota determinará a magnitude do evento cardiovascular. Mais recentemente, o papel da adventícia vem sendo revisto na aterogênese a partir de observações histopatológicas, demonstrando a presença de células inflamatórias e de agentes infecciosos que poderiam migrar para o espaço intimal.

CLASSIFICAÇÃO DAS DISLIPIDEMIAS

As dislipidemias podem ser classificadas em hiperlipidemias (elevados níveis de lipoproteínas) e hipolipidemias (baixos níveis plasmáticos de lipoproteínas).

Classificação laboratorial

A classificação laboratorial das dislipidemias sofreu modificações na atualização de 2017, e os valores referenciais e alvos terapêuticos foram determinados de acordo com o risco cardiovascular individual e com o estado alimentar. As dislipidemias podem ser classificadas, de acordo com a fração lipídica alterada, em:

- Hipercolesterolemia isolada: aumento isolado do LDL-C (LDL-C ≥ 160 mg/dL).
- Hipertrigliceridemia isolada: aumento isolado dos triglicérides (TG ≥ 150 mg/dL ou ≥ 175 mg/dL, se a amostra for obtida sem jejum).
- Hiperlipidemia mista: aumento do LDL-C (LDL-C ≥ 160 mg/dL) e dos TG (TG ≥ 150 mg/dL ou ≥ 175 mg/dL, se a amostra for obtida sem jejum). Se TG ≥ 400 mg/dL, o cálculo do LDL-C pela fórmula de Friedewald é inadequado, devendo-se considerar a hiperlipidemia mista quando o colesterol não HDL é ≥ 190 mg/dL.
- HDL-C baixo: redução do HDL-C (homens < 40 mg/dL e mulheres < 50 mg/dL), isolada ou em associação ao aumento de LDL-C ou de TG.

Os valores de referência dos lipídios podem ser verificados na Tabela 1.

Classificação etiológica

- Causas primárias: são aquelas nas quais o distúrbio lipídico tem origem genética.
- Causas secundárias: a dislipidemia é decorrente de estilo de vida inadequado, de certas condições mórbidas ou de medicamentos.

TABELA 1 Valores referenciais e de alvo terapêutico, conforme avaliação de risco cardiovascular estimado pelo médico solicitante do perfil lipídico para adultos com mais de 20 anos

Lípides	Com jejum (mg/dL)	Sem jejum	Categoria referencial
Colesterol total	< 190	< 190	Desejável
HDL-C	> 40	> 40	Desejável
Triglicérides	< 150	< 175	Desejável
Categoria de risco			
LDL-C	< 130	< 130	Baixo
	< 100	< 100	Intermediário
	< 70	< 70	Alto
	< 50	< 50	Muito alto
Colesterol não HDL	< 160	< 160	Baixo
	< 130	< 130	Intermediário
	< 100	< 100	Alto
	< 80	< 80	Muito alto

Fonte: Sociedade Brasileira de Cardiologia, 2017.

ESTRATIFICAÇÃO DE RISCO E METAS LIPÍDICAS DE TRATAMENTO PARA A ATEROSCLEROSE

Um evento coronariano agudo é a primeira manifestação da doença aterosclerótica em pelo menos metade dos indivíduos que apresentam essa complicação. Dessa forma, a identificação dos indivíduos assintomáticos que estão mais predispostos é esencial para a prevenção efetiva, com a correta definição das metas terapêuticas individuais.

A estimativa do risco de doença aterosclerótica resulta do somatório do risco associado a cada um dos fatores de risco mais a potenciação causada por sinergismos entre alguns desses fatores. Diante da complexidade dessas interações, a atribuição intuitiva do risco frequentemente resulta em sub ou superestimação dos casos de maior ou menor risco, respectivamente. Para contornar essa dificuldade, diversos algoritmos têm sido criados, com base em análises de regressão de estudos populacionais, por meio dos quais a identificação do risco é substancialmente aprimorada.

Principais fármacos que interferem nos níveis lipídicos

Anti-hipertensivos:

- Tiazidas.
- Clortalidona.
- Espironolactona.
- Betabloqueadores.

Imunossupressores:

- Ciclosporina.
- Prednisolona.
- Prednisona.

Esteroides:

- Estrógenos.
- Progestágenos.
- Anticoncepcionais orais.

Anticonvulsivantes:

- Ácido acetilsalicílico.
- Ácido ascórbico.
- Amiodarona.
- Alopurinol.

Principais doenças que interferem nos níveis lipídicos

- Hipotireoidismo.
- Hipopituitarismo.
- Diabetes melito.
- Síndrome nefrótica.
- Insuficiência renal crônica.
- Atresia biliar congênita.
- Doenças de armazenamento.
- Lúpus eritematoso sistêmico.

TRATAMENTO MEDICAMENTOSO DAS DISLIPIDEMIAS

Estatinas

A redução do LDL-C por inibidores da HMG-CoA redutase ou pelas estatinas permanece a terapia mais validada por estudos clínicos para diminuir a incidência de eventos cardiovasculares. A depleção intracelular de colesterol estimula a liberação de fatores transcricionais e, consequentemente, a síntese e a expressão na membrana celular de receptores para captação do colesterol circulante.

Embora estudos mostrem diferenças na potência das estatinas quanto à sua capacidade de levar à redução do LDL-C, em estudos clínicos randomizados, todas foram capazes de reduzir eventos e mortes cardiovasculares. Assim, a atualização de 2017 da Sociedade Brasileira de Cardiologia recomenda que seja empregada a estatina que estiver disponível no serviço, procurando-se atingir as metas terapêuticas recomendadas, com o ajuste de doses e a eventual associação de fármacos.

São os medicamentos de escolha para reduzir o LDL-C em adultos (18-55% em média). Sua ação ocorre por inibição da HMG-CoA redutase, enzima-chave na síntese do colesterol, fato que leva à menor síntese de colesterol hepática e ao aumento da expressão dos receptores da LDL na superfície do fígado. Consequentemente, haverá menor síntese e remoção das VLDL e LDL pelo fígado. As estatinas também elevam o HDL-C em 5-15% e reduzem os TG em 7-30%, podendo assim ser utilizadas também nas hipertrigliceridemias leves a moderadas.

As estatinas diminuem eventos isquêmicos coronarianos, necessidade de revascularização do miocárdio, mortalidade cardíaca, geral e acidente vascular cerebral (nos estudos de prevenção secundária). Considera-se que o benefício do uso das estatinas decorre de um efeito de classe secundário à redução do LDL-C, embora alguns mecanismos possam diferenciar os diversos fármacos.

Para o tratamento adequado devem ser atingidas as metas de LDL-C propostas, utilizando-se as doses necessárias das estatinas (lovastatina 20-80 mg, sinvastatina 10-80 mg, pravastatina 20-40 mg, fluvastatina 10-80 mg, atorvastatina 10-80 mg, rosuvastatina 5-40 mg). Uma vez estabelecido o tratamento, este deverá ser seguido por tempo indeterminado. As estatinas devem ser suspensas caso haja aumento das aminotransferases > 3 vezes os valores normais, dor muscular ou aumento da creatinoquinase > 10 vezes o valor normal.

Ezetimiba

A ezetimiba inibe a absorção de colesterol na borda em escova do intestino delgado, atuando seletivamente nos receptores Niemann-Pick C1-*like* 1 e inibindo o transporte de colesterol. A inibição da absorção de colesterol, em grande parte do colesterol biliar, leva à diminuição dos níveis de colesterol hepático e ao estímulo à síntese de LDL-R, com consequente redução do nível plasmático de LDL-C de 10 a 25%. Em comparação com o placebo, a ezetimiba associada a estatinas reduziu eventos cardiovasculares em pacientes com estenose aórtica degenerativa e doença renal crônica. Em comparação à monoterapia com estatina, um estudo está em andamento testando o benefício adicional da associação de estatinas e ezetimiba. Com base nesses estudos, a adição da ezetimiba tem sido recomendada quando a meta de LDL-C não é atingida com o tratamento com estatinas.

A ezetimiba é empregada na dose única de 10 mg ao dia. Pode ser administrada a qualquer hora do dia, com ou sem alimentação, não interferindo na absorção de gorduras e vitaminas lipossolúveis. Raros efeitos colaterais têm sido apontados e em geral estão relacionados com o trânsito intestinal. Por precaução, recomenda-se que ela não seja utilizada em casos de dislipidemia com doença hepática aguda.

Resinas

As resinas, ou sequestradores dos ácidos biliares, atuam reduzindo a absorção enteral de ácidos biliares. Como resultado, ocorre depleção do colesterol celular hepático, estimulando a síntese de LDLR e de colesterol endógeno. Em decorrência desse estímulo à síntese, pode ocorrer aumento da produção de VLDL e, consequentemente, de TG plasmáticos.

A colestiramina (único inibidor disponível no Brasil) é apresentada em envelopes de 4 g. A posologia inicial é de 4 g ao dia, podendo-se atingir, no máximo, 24 g ao dia.

Posologias superiores a 16 g ao dia dificilmente são toleradas. A apresentação na forma *light* pode melhorar sua tolerância, mas contém fenilalanina, o que restringe seu uso em portadores de fenilcetonúria. Os principais efeitos colaterais relacionam-se ao aparelho digestivo, por interferir na motilidade intestinal: obstipação (particularmente em idosos), plenitude gástrica, náuseas e meteorismo, além de exacerbação de hemorroidas preexistentes.

Fibratos

São fármacos derivados do ácido fíbrico que agem estimulando os receptores nucleares denominados receptores ativadores da proliferação de peroxissomas alfa (PPAR-alfa). Esse estímulo leva ao aumento da produção e da ação da LPL, responsável pela hidrólise intravascular dos TG, e à redução da apolipoproteína C-III, responsável pela inibição da LPL. O estímulo dos PPAR-alfa pelos fibratos também leva à maior síntese da apolipoproteína A-I e, consequentemente, de HDL. Reduz as taxas séricas de TG de 30 a 60%. No entanto, a redução deve ser mais pronunciada quanto maior o valor basal da trigliceridemia. Aumentam o HDL-C de 7-11%. Sua ação sobre o LDL-C é variável, podendo diminuí-lo, não modificá-lo ou até aumentá-lo. Parecem ter efeitos pleiotrópicos, mas não se conhece sua relevância clínica.

Entre os fármacos desse grupo podemos citar (com suas respectivas dosagens diárias e potencial de diminuição de TG):

- Bezafibrato (200-600 mg, 30-60% de diminuição de TG).
- Genfibrozila (600-1.200 mg, 30-60% de diminuição de TG).
- Etofibrato (500 mg, 30-60% de diminuição de TG).
- Fenofibrato (160-250 mg, 30-60% de diminuição de TG).
- Ciprofibrato (100 mg, 30-60% de diminuição de TG).

É infrequente a ocorrência de efeitos colaterais graves durante o tratamento com fibratos, levando à necessidade da interrupção do tratamento. Podem ocorrer: distúrbios gastrintestinais, mialgia, astenia, litíase biliar (mais comum com clofibrato), diminuição de libido, erupção cutânea, prurido, cefaleia e perturbação do sono. Raramente, observa-se aumento de enzimas hepáticas e/ou creatinoquinase (CK), também de forma reversível com a interrupção do tratamento. Casos de rabdomiólise têm sido descritos com o uso da associação de estatinas com genfibrozila. Por isso, recomenda-se evitar essa associação. Também se recomenda cautela nas seguintes condições clínicas: portadores de doença biliar; uso concomitante de anticoagulante oral, cuja posologia deve ser ajustada; pacientes com função renal diminuída; e associação com estatinas.

Ômega-3

Os ácidos graxos ômega-3 (EPA e DHA) reduzem os triglicérides por diminuir a produção de VLDL no fígado. Os ômega-3 também apresentam propriedades antitrombóticas e possivelmente antiarrítmicas. A dose mínima recomendada é de 4 g/dia. O estudo GISSI Prevenzzione demonstrou que a suplementação de 1 g/dia de ômega-3 reduziu em 10% os eventos cardiovasculares (morte, infarto do miocárdio, acidente vascular cerebral) em portadores de doença arterial coronariana. Entretanto, o papel da suplementação farmacológica desses ácidos na prevenção da aterosclerose clínica ainda não está totalmente estabelecido.

Os ácidos graxos ômega-3 (EPA e DHA) podem ser utilizados como adjuvantes aos fibratos na terapia das hipertrigliceridemias ou em substituição a estes em pacientes intolerantes.

Inibidores da proteína de transferência de éster de colesterol

A proteína de transferência de éster de colesterol (CETP) é responsável pela transferência de ésteres de colesterol da HDL para lipoproteínas que contêm apolipoproteína B, em troca equimolar por triglicérides. Como é previsível, a inibição da CETP aumenta a concentração de colesterol na HDL e a diminui nas lipoproteínas que contêm apolipoproteína B, incluindo VLDL e LDL. No primeiro estudo clínico com inibidor de CETP, o torcetrapib, não se observou redução dos ateromas e houve excesso de mortes e eventos cardiovasculares aparentemente relacionados com a ativação adrenal e a elevação da pressão arterial. Mais recentemente, outro inibidor de menor potência, o dalcetrapib, teve seu estudo interrompido por falta de benefício clínico. Não houve evidência de danos com esse fármaco. Atualmente, dois outros inibidores com maior potência de ação estão sendo testados, o anacetrapib e o evacetrapib. Os resultados desses estudos devem esclarecer se há benefício cardiovascular com a inibição da CETP.

Inibidor da proteína de transferência microssomal de triglicerídeos

A proteína de transferência microssomal de triglicerídeos (MTP) é responsável pela transferência de triglicerídeos para a apolipoproteína B nos hepatócitos durante a síntese de VLDL. Assim, a inibição farmacológica da MTP é uma estratégia potencial para a redução dos níveis de colesterol e triglicérides plasmáticos. A lomitapida é um inibidor da MTP que, em estudo preliminar em pacientes homozigotos para HF, mostrou ser capaz de reduzir o LDL-C em até 50,9% após quatro semanas de tratamento. Em estudos prévios, a lomitapida se associou ao acúmulo de triglicérides hepáticos e, consequentemente, esteatose hepática, por isso sua indicação tem sido proposta para dislipidemias graves. Não existe, até o presente, estudo com amostra suficiente e desfechos clínicos que determinem a segurança e a eficácia na redução de eventos cardiovasculares.

Inibidores da *proprotein convertase subtilisin kexin type 9*

A *proprotein convertase subtilisin kexin type 9* (PCSK9) regula as concentrações de colesterol plasmático por inibir a captação de LDL pelo seu receptor hepático. Indivíduos que apresentam mutações relacionadas com a redução de função da PCSK9 apresentam concentrações mais baixas de LDL-C e menor risco de doença cardiovascular. Oligonucleotídeos antissenso são pequenas sequências de nucleotídeos que se ligam ao RNA mensageiro e inibem a síntese proteica. Oligonucleotídeos dirigidos para o gene da PCSK9 e, além desses, anticorpos monoclonais para a proteína PCSK9 foram desenvolvidos. Esses inibidores diminuem o LDL-C em 20 a 50%. Anticorpos e oligonucleotídeos antissenso para a PCSK9 estão sendo testados em estudos em fases II e III, não havendo, contudo, evidência disponível de benefício clínico até o momento.

Inibidores da síntese de apolipoproteína B

Oligonucleotídeos antissenso para o gene da apolipoproteína B100 reduzem as concentrações plasmáticas de VLDL, LDL e Lp(a). O mipomersen é um oligonucleotídeo de segunda geração administrado por injeção subcutânea semanal na dose de 200 mg. Existem estudos fase III com seguimento de até 104 semanas de duração em portadores de hipercolesterolemia familiar hétero e homozigótica, além de portadores de hipercolesterolemia poligênica refratários ao tratamento convencional. Na dose de 200 mg/semana, o mipomersen diminui, em média, o LDL-C em 25% nas populações estudadas, com respostas variáveis de paciente para paciente (2 a 80%).

Na maioria dos estudos, os pacientes faziam uso de doses máximas toleradas de estatinas e/ou ezetimiba. As reduções de apo B100 e Lp(a) também foram de 25 a 30%. Os principais efeitos colaterais do mipomersen são reações no local de injeção, sintomas semelhantes aos da gripe e acúmulo de gordura hepática. Até o momento não existe evidência de benefício cardiovascular, e seu uso tem sido proposto para formas graves de hipercolesterolemia.

INTERAÇÕES MEDICAMENTOSAS

Estatinas

A principal característica das vastatinas relacionada ao potencial de interações medicamentosas é sua propriedade de solubilidade lipofílica ou hidrofílica. Atualmente, a pravastatina 168 é a única estatina hidrossolúvel em uso clínico, excretada primariamente pelos rins e que sofre metabolismo hepático de pequena intensidade. As demais estatinas disponíveis – lovastatina, sinvastatina, fluvastatina, atorvastatina e cerivastatina – são lipossolúveis e sofrem metabolismo hepático e entérico via sistema citocromo P450. Lovastatina e sinvastatina são metabolizadas extensamente pela isoenzima CYP 3A4/5; atorvastatina e cerivastatina são metabolizadas pela mesma via, porém em menor proporção. O metabolismo da fluvastatina processa-se principalmente pela via CYP 2C9/10.

Em consequência dessas vias metabólicas, lovastatina e sinvastatina e, em menor proporção, atorvastatina e cerivastatina têm o potencial de interagir com diversos fármacos que sejam substratos ou inibidores da CYP 3A4/5, incluindo diltiazem e verapamil, antifúngicos orais (itraconazol, fluconazol e cetoconazol) e antibióticos macrolídeos (eritromicina, claritromicina, azitromicina). Fluvastatina pode interagir com substratos e inibidores da CYP 2C9/10, como amiodarona, anti-inflamatórios não esteroidais, fenitoína, varfarina, cisaprida, astemizol e terfenadina. A pravastatina é um indutor fraco da CYP 3A4/5 e apresenta potencial mínimo de interação com outros fármacos. A elevação da CPK, acompanhada ou não de dores musculares, é pouco frequente com as estatinas isoladamente. Entretanto, a incidência de miopatia aumenta com o uso concomitante de fibratos (5%) e de ácido nicotínico (3%). A interação das vastatinas com os fármacos inibidores da CYP 3A4/5 envolve risco aumentado de miopatia, inclusive rabdomiólise, relatada em diversos estudos. Em pacientes submetidos a transplante de órgãos tratados com ciclosporina, deve ser evitado o uso de lovastatina e sinvastatina pelo risco potencial de rabdomiólise e insuficiência renal. Essas graves complicações são reversíveis após a supressão das vastatinas. O medicamento de escolha para o tratamento da hipercolesterolemia induzida pela ciclosporina é a pravastatina, cujo metabolismo pela CYP 3A4/5 é insignificante.

Fibratos

Os fibratos ligam-se avidamente às proteínas plasmáticas e podem deslocar fármacos como varfarina, fenitoína e sulfonilureias de seus locais de ligação proteica. Em consequência, aumentam as concentrações da fração livre desses fármacos, cujas doses devem ser diminuídas quando coadministradas com fibratos. A combinação de fibratos e resinas é segura, porém o risco de miopatia e rabdomiólise pode aumentar com as vastatinas.

Niacina

A niacina pode potencializar os efeitos dos anti-hipertensivos e exacerbar hipotensão ortostática. Em diabéticos e em pacientes suscetíveis, pode aumentar a glicemia (efeito dose-dependente), implicando ajuste da dose dos agentes antidiabéticos. Deve-se evitar a administração de qualquer fármaco hepatotóxico em conjunto com a niacina, que tem o potencial de causar lesão hepática. O álcool acentua os efeitos colaterais do ácido nicotínico, como rubor e prurido. A niacina pode ser usada em associação com outros hipolipemiantes, quando necessário, para atingir os níveis lipídicos desejados.

Resinas

A colestiramina e o colestipol podem alterar a absorção de diversos fármacos pela formação de complexos com eles. Exemplos clássicos são digoxina, propranolol, varfarina, vitaminas lipossolúveis e corticosteroides. Na prática clínica, a administração de medicamentos a pacientes em uso de resinas deve ser feita com intervalo mínimo de 2 horas antes e 4 horas depois.

Ácidos graxos ômega-3

Os efeitos antitrombogênicos (antiplaquetários) dos ácidos graxos ômega-3 – EPA e DHA – são mais significativos do ponto de vista clínico que os efeitos no perfil lipídico. Sua interação mais importante é com os antiplaquetários, pelo potencial de aumentar o risco hemorrágico.

NOVOS TRATAMENTOS EM ESTUDO

Apesar do tratamento com estatinas, pacientes com colesterol de lipoproteína de baixa densidade (LDL-C) e triglicerídeos elevados continuam em risco aumentado para eventos cardiovasculares adversos. Consequentemente, novos medicamentos farmacêuticos foram desenvolvidos para controlar e modificar a composição dos lipídios sanguíneos para, em última análise, prevenir eventos cardiovasculares fatais em pacientes com dislipidemia.

Analisando trabalhos científicos recentes dos medicamentos hipolipemiantes estabelecidos e emergentes em relação ao seu mecanismo de ação, estágio de desenvolvimento, ensaios clínicos em andamento, efeitos colaterais, efeito sobre os lipídios sanguíneos e redução de morbidade e mortalidade cardiovascular, verificou-se uma enorme gama de novas opções em fase de pesquisa. As opções de tratamento farmacêutico estabelecidas incluem o inibidor da proteína Niemann-Pick-C1 *like*-1 (NPC1L1) ezetimiba, os PCSK9 alirocumabe e evolocumabe, fibratos como ativadores dos receptores ativadores da proliferação de peroxissomas alfa (PPAR-alfa) e o ácido graxo ômega-3 icosapentaetil.

As estatinas são recomendadas como terapia de primeira linha para prevenção cardiovascular primária e secundária em pacientes com hipercolesterolemia e hipertrigliceridemia. Para prevenção secundária em hipercolesterolemia, opções de segunda linha, como tratamentos complementares com estatina ou intolerantes a estatina, são ezetimiba, alirocumabe e evolocumabe. Para prevenção secundária em hipertrigliceridemia, opções de segunda linha, como tratamentos complementares com estatina ou intolerantes à estatina, são icosapentaetil e fenofibrato. Ainda faltam dados robustos para justificar o uso dessas terapêuticas complementares na prevenção cardiovascular primária.

Avanços biotecnológicos recentes levaram ao desenvolvimento de pequenas moléculas inovadoras (ácido bempedoico, lomitapida, pemafibrato, ácido docosapentaenoico e eicosapentaenoico), anticorpos (evinacumabe), oligonucleotídeos *antisense* (mipomersen, volanesorsen, pelcarsen, olezarsen), pequenos RNA interferentes (inclisiran, olpasiran) e terapias genéticas para pacientes com dislipidemia. Essas moléculas têm como alvo específico novas vias celulares, como a adenosina trifosfato-citrato liase (ácido bempedoico), PCSK9 (inclisiran), angiopoietina-*like* 3 (ANGPTL3: evinacumabe), proteína de transferência de triglicerídeos microssomais (MTP: lomitapida), apolipoproteína B-100 (Apo B-100: mipomersen), apolipoproteína C-III (Apo C-III: volanesorsen, olezarsen) e lipoproteína (a) (Lp(a): pelcarsen, olpasiran).

Este autor está esperançoso de que o desenvolvimento de novas modalidades de tratamento, juntamente com novos alvos terapêuticos, reduzirá ainda mais o risco de eventos cardiovasculares adversos dos pacientes. Além das estatinas, os dados sobre o uso de novos medicamentos na prevenção cardiovascular primária permanecem escassos. Para sua rápida adoção na rotina clínica, esses tratamentos devem demonstrar segurança e eficácia, bem como custo-efetividade em ensaios randomizados de resultados cardiovasculares.

BIBLIOGRAFIA

Arnett DK, Blumenthal RS, Albert MA, Buroker AB, Goldberger ZD, Hahn EJ, et al. 2019 ACC/AHA Guideline on the Primary Prevention of Cardiovascular Disease: Executive Summary: a report of the American College of Cardiology/American Heart Association Task Force on Clinical Practice Guidelines. Circulation. 2019;140(11):e563-e595.

Ashraf T, Hay JW, Pitt B, Wittels E, Crouse J, Davidson M, et al. Cost-effectiveness of pravastatin in secondary prevention of coronary artery disease. Am J Cardiol. 1996;78:409-14.

Bays HE, Dujovne CA. Drug interactions with lipid altering drugs. Drug Safety. 1998; 19:355-71.

Christians U, Jacobson W, Floren LC. Metabolism and drug interactions of HMG-CoA reductase inhibitors in transplant patients. Pharmacol Ther. 1998;80:1-34.

Cooper AD. Hepatic uptake of chylomicron remnants. J Lipid Res. 1997;38:2173-92.

Cooper GR, Smith SJ, Meyers GL, Sampson EJ, Magid E. Estimating and minimizing effects of biologic sources of variation by relative range when measuring the mean of serum lipids and lipoproteins. Clin Chem. 1994;40:227-32.

Danesh J, Whincup P, Walker M, Lennon L, Thomson A, Appleby P, et al. Low grade inflammation and coronary heart disease: prospective study and updated meta--analysis. Br Med J. 2000;321:199-204.

Diament J, Forti N, Giannini SD. Fibratos: semelhanças e diferenças. Rev Soc Cardiol do Estado de São Paulo. 1999;1:83-91.

Euroaspire Study Group. A European Society of Cardiology survey on secondary prevention of coronary heart disease: principal results. Eur Heart J. 1997;18:1569-82.

Executive Summary of the Third Report of the National Cholesterol Education Program (NCEP) Expert Panel on Detection, Evaluation, and Treatment of High Blood Cholesterol in Adults (Adults Treatment Panel III). JAMA. 2001;285:2486-97.

Farmer JA, Gotto AM. Anti hyperlipidemic agents: drug interactions of clinical significance. Drug Safety. 1994;11:301-9.

Fruchart JC, Duriez P. Potential role of drug combinations in the prevention of cardiovascular disease. Eur Heart J. 2000;Suppl. 2:D-54-D-6.

Goldman L, Weinstein MC, Goldman PA, Williams LW. Cost-effectiveness of HMG-CoA reductase inhibition for primary and secondary prevention of coronary heart disease. JAMA. 1991;265:1145-51.

Grundy SM, Balady GJ, Criqui MH, Fletcher G, Greenland P, Hiratzka LF, et al. Primary prevention of coronary heart disease: guidance from Framingham. Circulation. 1998;97:1876-87.

Guimarães AC, Lima M, Mota E, et al. The cholesterol level of a selected Brazilian salaried population. CVD Prevention. 1998;1:306-17.

Issa JS, Safi Jr J. Dislipidemias graves: medidas alternativas. Rev Bras Med. 1998;55:29-34.

Jacobson TA, Schein JR, Williamson A, Ballantyne CM. Maximizing the cost-effectiveness of lipid-lowering therapy. Arch Intern Med. 1998;158:1977-89.

Johnson MD, Newkirk G, White Jr. Clinically significant drug interactions. Postgrad Med. 1999;105:193-222.

Klausen IC, Sjøl A, Hansen PS, Gerdes LU, Møller L, Lemming L, et al. Apolipoprotein(a) isoforms and coronary heart disease in men: a nested case-control study. Atherosclerosis. 1997;132:77-84.

Kobashigawa JA, Katznelson S, Laks H, Johnson JA, Yeatman L, Wang XM, et al. Effect of pravastatin on outcomes after cardiac transplantation. N Eng J Med. 1995; 333:621-5.

Lusis AJ. Atherosclerosis. Nature. 2000;407:233-41.

Mach F, Baigent C, Catapano AL, Koskinas KC, Casula M, Badimon L, et al. 2019 ESC/EAS Guidelines for the management of dyslipidaemias: lipid modification to reduce cardiovascular risk: The Task Force for the management of dyslipidaemias of the European Society of Cardiology (ESC) and European Atherosclerosis Society (EAS). European Heart Journal. 2020;41(1):111-88.

Michaeli DT, Michaeli JC, Albers S, Boch T, Michaeli T. Established and emerging lipid--lowering drugs for primary and secondary cardiovascular prevention. Am J Cardiovasc Drugs. 2023;23(5):477-95.

Mori TA, Beilin LJ, Burke V, Morris J, Ritchie J. Interactions between dietary fat, fish, and fish oils and their effects on platelet function in men at risk of cardiovascular disease. Arterioscler Thomb Vasc Biol. 1997;17:279-86.

Newman CB, Blaha MJ, Boord JB, Cariou B, Chait A, Fein HG, et al. Lipid management in patients with endocrine disorders: an Endocrine Society Clinical Practice Guideline. J Clin Endocrinol Metab. 2020;105(12):3613-82.

Opie LH. Interactions with cardiovascular drugs. Curr Probl Cardiol. 1993;18:529.

Pedersen TR, Kjekshus J, Berg K, Olsson AG, Wilhelmsen L, Wedel H, et al. Cholesterol lowering and the use of healthcare resources: results of the Scandinavian Simvastatin Survival Study. Circulation. 1996;93:1796-802.

Pfeffer M, Braunwald E, Moyé L, Basta L, Brown EJ Jr, Cuddy TE, et al. Effect of captopril on mortality and morbidity in patients with left ventricular dysfunction after myocardial infarction: results of the survival and ventricular enlargement trial. The SAVE Investigators. N Engl J Med. 1992;327:669-77.

Pharoah PDP, Hollingworth W. Cost effectiveness of lowering cholesterol concentration with statins in patients with and without pre-existing coronary heart disease: life table method applied to health authority population. Br Med J. 1996;312:1443-8.

Raal FJ, Pilcher GL, Ilingworth R, et al. Expanded-dose simvastatin is effective in homozygous familial hypercholesterolemia. Atherosclerosis. 1997;135:249-56.

Reiter-Brennan C, Osei AD, Uddin SMI, Orimoloye OA, Obisesan OH, Mirbolouk M, et al. ACC/AHA lipid guidelines: personalized care to prevent cardiovascular disease. Cleve Clin J Med. 2020;87(4):231-9.

Ros E. Intestinal absorption of triglyceride and cholesterol: dietary and pharmacological inhibition to reduce cardiovascular risk. Atherosclerosis. 2000;151:357-79.

Ross R. Atherosclerosis: an inflammatory disease. N Engl J Med. 1999;340:115.

Rouquayrol MZ, Almeida Filho N. Epidemiologia e saúde. 6. ed. Rio de Janeiro: Medsi; 2003.

Sacks FM, Pfeffer MA, Moye LA, Rouleau JL, Rutherford JD, Cole TG, et al. The effect of pravastatin on coronary events after myocardial infarction in patients with average cholesterol level. N Engl J Med. 1996;335:1001-9.

Santos RD, Maranhão RC. Importância da lipoproteína (a) na aterosclerose. Rev Soc Cardiol do Estado de São Paulo. 2000;10:723-7.

Sociedade Brasileira de Cardiologia. 2º Consenso Brasileiro Sobre Dislipidemias. Arq Bras Cardiol. 1996;67:1-16.

Sociedade Brasileira de Cardiologia. 3º Consenso Brasileiro Sobre Dislipidemias. Arq Bras Cardiol. 2001;77(Suppl III).

Sociedade Brasileira de Cardiologia. V Diretriz Brasileira de Dislipidemias e Prevenção da Aterosclerose. Arq Bras Cardiol. 2013;101(4 Suppl 1):1-22.

Sociedade Brasileira de Cardiologia. Atualização da Diretriz Brasileira de Dislipidemias e Prevenção da Aterosclerose. Arq Bras Cardiol. 2017;109(2 Suppl 1):1-76.

The Bezafibrate Infarction Prevention Study Group. Lipids and lipoproteins in symptomatic coronary heart disease: distribution, intercorrelation and significance for risk classification in 6700 men and 1500 women. Circulation. 1992;86:839-48.

Tomlinson B, Lan IW. Combination therapy with cerivastatin and gemfibrozil causing rhabdomyolysis: is the interaction predictable? Am J Med. 2001;110:669.

Vaughan CJ, Murphy MB, Buckley BM. Statins do more than just lower cholesterol. Lancet. 1996;348:1079-82.

21

Cuidado farmacêutico em pessoas com asma

INTRODUÇÃO

A asma é uma doença complexa que se coloca como um grande desafio para os profissionais de saúde no mundo todo. Ela provoca uma alta taxa de absenteísmo de crianças em escolas e de pais em seus respectivos postos de trabalho. A asma é também uma das doenças crônicas que acometem pacientes tanto adultos como pediátricos. Atinge cerca de 300 milhões de pessoas no mundo todo, e é responsável por cerca de mil mortes por dia, conforme dados da Global Initiative for Asthma (GINA) de 2024. No Brasil, a prevalência de asma é de 20% entre os adolescentes, por exemplo, e apenas 12,3% dos asmáticos estão com a doença bem controlada de acordo com dados da Sociedade Brasileira de Pneumologia e Tisiologia (SBPT). A mortalidade relacionada à asma tem aumentado drasticamente nos Estados Unidos nos últimos 15 anos. Esforços têm sido realizados no treinamento de serviços de emergência, disponibilização de atenção primária, cuidados preventivos, elaboração de estudos relacionados aos custos da farmacoterapia e programas educacionais de pacientes. Várias metodologias têm sido empregadas para aumentar a atenção aos pacientes e seu acesso aos sistemas de saúde (privados e públicos).

Em maio de 2024, a GINA publicou o GINA 2024, uma atualização do documento que apresenta a estratégia global para a prevenção e gestão da asma. Entre as principais novidades estão:

- A avaliação do controle da asma deve ser limitada a um período de quatro semanas.

- A linha 1 de tratamento é a preferencial, com a associação de corticosteroide inalatório (CI) e formoterol.
- A linha 2 é uma alternativa inicial, com o uso de CI e broncodilatador.
- O pico de fluxo expiratório (PFE) é uma alternativa à espirometria, que muitas vezes não está disponível para os profissionais de saúde.
- O GINA 2024 aborda a remissão da asma, com um quadro para prática clínica e investigação.

Conforme abordado no GINA 2024, em aproximadamente 90% dos casos de asma, a prova broncodilatadora é positiva. Atualmente, o critério utilizado é o aumento de 200 mL ou 12% no volume expiratório forçado no primeiro segundo (VF1) após o uso do broncodilatador.

Embora algumas sociedades, incluindo a American Thoracic Society (ATS), sugiram modificar esse valor para 10%, a GINA, após analisar os dados, ainda não considera essa mudança pertinente. Portanto, o critério atual permanece válido, sendo um aumento de 200 mL ou 12% no VF1 após o uso do broncodilatador considerado como prova broncodilatadora positiva.

O diagnóstico da asma envolve uma abordagem clínica detalhada, que considera o histórico do paciente e a apresentação dos sintomas característicos da doença. A asma é reconhecida como uma condição obstrutiva crônica do sistema respiratório, marcada por inflamação reversível e intermitente, em que os pacientes experimentam períodos de piora e melhora dos sintomas, sendo comuns a tosse crônica, a pressão torácica e a sibilância.

Para confirmar o diagnóstico, é recomendado o emprego de exames complementares, como a espirometria; porém, se o histórico clínico for muito compatível com asma e o paciente tiver sintomas graves, o documento GINA 2024 orienta iniciar o tratamento antes das provas de função pulmonar. Caso os sintomas sejam leves, o ideal é realizar as provas para confirmação da doença. No entanto, pela limitada disponibilidade da espirometria, o documento sugere a utilização de métodos alternativos, como o PFE.

Uma variação notável no PFE ao longo de um intervalo de duas semanas pode fortalecer a hipótese do diagnóstico de asma, como o aumento superior a 10% no PFE em adultos e de 13% em crianças. Já ao longo de quatro semanas, um aumento no PFE maior que 20% em adultos e 15% em crianças pode confirmar a suspeita. Mesmo na ausência de variações significativas, é importante considerar o contexto clínico geral do paciente para determinar o diagnóstico final.

Embora não haja mudanças drásticas nas recomendações, é fundamental compreender como o tratamento é conduzido para garantir o controle adequado da doença. No estágio inicial do tratamento, classificado como etapas 1 e 2, a abordagem preferencial é o uso de corticosteroide inalatório em dose baixa, juntamente com formoterol, se necessário. À medida que a gravidade da condição progride, na etapa 3, o corticosteroide inalatório em dose baixa é mantido, mas o formoterol passa a ser utilizado para a manutenção. Na etapa 4, o corticosteroide inalatório passa a ser em dose média, ainda com formoterol de manutenção, e, na etapa 5, pode ser utilizada alta dose de corticosteroide, bem como acrescentar tiotrópio, anti-IgE, anti-IL5/5R, anti-IL-4R, entre outros.

Por outro lado, na via alternativa de tratamento, o formoterol é substituído nas etapas 1 e 2 pelo salbutamol, um beta-agonista de ação curta (SABA), para alívio dos sintomas. Nas etapas posteriores, a troca por um beta-agonista de ação longa (LABA) é indicada, juntamente com o aumento da dose de corticosteroide. Uma importante ressalva nas recomendações é a não utilização de dois LABA diferentes no mesmo paciente, como salmeterol e formoterol, para alívio dos sintomas, em virtude dos riscos associados.

O manejo farmacológico da asma mudou consideravelmente nas últimas décadas, com base no entendimento de que se trata de uma doença complexa e heterogênea, com diferentes fenótipos e endotipos. Esse conhecimento mudou as estratégias de manejo da doença, abrindo espaço para o surgimento de novos fármacos para seu controle. Diversas diretrizes e recomendações internacionais recentes resumem os critérios para o tratamento da asma em etapas, permitindo uma visão geral dos aumentos incrementais no tratamento de controle conforme a gravidade da asma aumenta. Apesar desses avanços, o nível de controle da doença permanece baixo, com alta morbidade, independentemente do país estudado.

O programa que vamos descrever a seguir utiliza várias metodologias, mas acrescenta a figura do farmacêutico como agente de atenção primária, além de fornecer educação sanitária e traçar o perfil farmacoterapêutico do paciente, os efeitos das drogas, usos, efeitos colaterais e outras informações importantes para o paciente e demais membros da equipe multiprofissional.

Um serviço de cuidado farmacêutico clínico com um protocolo aprovado por médicos tem sido uma fonte valiosa para acompanhar pacientes com asma crônica de forma eficiente e econômica. Diversos trabalhos publicados na literatura médica e farmacêutica têm demonstrado repetidamente os benefícios para o paciente desse relacionamento entre médicos e farmacêuticos em organizações de saúde. Esse tipo de atividade procura melhorar a adesão ao tratamento medicamentoso, reduzir as consultas de emergência, detectar e prevenir problemas relacionados a medicamentos, além de monitorar o tratamento.

DEFINIÇÃO

A asma é uma doença caracterizada pela inflamação crônica das vias aéreas, envolvendo particularmente mastócitos, eosinófilos e linfócitos T. Em indivíduos suscetíveis, essa inflamação causa episódios recorrentes de broncoespasmo, dispneia, opressão torácica e tosse, predominantemente noturna ou no início da manhã. Esses sintomas estão invariavelmente associados à limitação generalizada do fluxo aéreo, que pode ser revertida espontaneamente ou sob tratamento. A inflamação também está relacionada com a hiper-responsividade brônquica a vários estímulos alérgicos e não alérgicos. Seu curso clínico é caracterizado por exacerbações e remissões.

EPIDEMIOLOGIA DA ASMA

A prevalência de sintomas de asma em adolescentes no Brasil, segundo estudos internacionais, foi de 20% – uma das mais altas do mundo – em 2007. Um estudo da Organização Mundial da Saúde apontou que, entre adultos de 18 a 45 anos no Brasil, 23% experimentaram sintomas de asma no ano anterior, embora apenas 12% tenham sido previamente diagnosticados com a doença.

Um estudo realizado em 2012, envolvendo 109.104 adolescentes, também constatou que 23% apresentavam sintomas de asma e 12% já haviam sido diagnosticados com a doença. Em 2013, ocorreram 129.728 internações e 2.047 óbitos por asma no Brasil. As taxas de hospitalização e mortalidade por asma estão diminuindo na maioria das regiões, em paralelo com o aumento do acesso ao tratamento. A asma não controlada gera altos custos para o sistema de saúde e para as famílias. Nos casos de asma grave, estima-se que isso corresponda a mais de um quarto da renda familiar entre os usuários do Sistema Único de Saúde (SUS), embora o custo pudesse ser reduzido significativamente com o controle adequado da doença, e uma pesquisa nacional descobriu que apenas 12,3% dos pacientes tinham asma bem controlada.

Diversas intervenções em nível municipal têm se mostrado eficazes no controle dos sintomas da asma, bem como na redução do número de exacerbações e hospitalizações. No entanto, os problemas com subdiagnóstico e falta de capacitação dos profissionais da atenção básica requerem ação. Uma experiência nacional de capacitação de equipes do Programa Saúde da Família no tratamento de doenças respiratórias crônicas por meio do cuidado colaborativo, com o apoio de especialistas, foi bem-sucedida e pode ser ampliada. A asma continua a ser uma das doenças crônicas mais comuns em todas as idades, sendo a mais frequente doença crônica da infância.

Estima-se que, no Brasil, existem aproximadamente 20 milhões de asmáticos, se for considerada uma prevalência global de 10%. As taxas de hospitalização por asma em maiores de 20 anos diminuíram 49% entre 2000 e 2010. Já em 2011 foram registradas pelo DataSUS 160 mil hospitalizações em todas as idades, dado que colocou a asma como a quarta causa de internações. A taxa média de mortalidade no país, entre 1998 e 2007, foi de 1,52/100 mil habitantes (variação, 0,85-1,72/100 mil habitantes), com estabilidade na tendência temporal desse período. Além dos fatores genéticos, a asma sofre múltiplas influências ambientais, que não são idênticas para todas as populações. Nos países industrializados, a prevalência aumenta 50% a cada dez anos. Na Nova Zelândia e na Austrália, mais de um adolescente em cada grupo de cinco é acometido por essa doença. A influência do ambiente fica evidente na "urbanização" das crianças africanas Xhosa do Transkei, na África do Sul. Quando elas migram do campo para a periferia da Cidade do Cabo, a prevalência aumenta de 0,15 para 3,2%.

Vários estudos demonstram uma associação entre alta morbidade/mortalidade e áreas geográficas de baixo perfil socioeconômico. Áreas de pobreza tendem a apresentar grande densidade populacional, com um número maior de habitantes por domicílio e elevada concentração de habitações por prédio, havendo intensa exposição aos alérgenos da baratas, de gatos e de fungos (mofo). A admissão hospitalar é maior para as pessoas de condição social inferior. A prevalência da asma nos Estados Unidos é 50% maior nas crianças de raça negra do que em brancos, sendo a mortalidade de 2 a 10 vezes maior nos negros do que nos brancos.

A prevalência da atopia em pacientes com asma varia de 23 a 80%, dependendo da idade da população e de como a atopia é definida. Considerando a relação entre hiper-responsividade brônquica e IgE sérica, virtualmente todos os pacientes com asma têm um componente atópico. No estudo de Tucson, crianças com testes cutâneos negativos apresentavam prevalência para sibilos/asma de 2%, enquanto em crianças com testes positivos a prevalência atingiu 14%, demonstrando a importante participação da alergia na asma.

Apesar do melhor conhecimento da fisiopatologia da asma e do aumento no número de medicamentos disponíveis, a incidência, a morbidade e a mortalidade têm aumentado no curso das últimas décadas. No Reino Unido, a prescrição anual de medicamentos para asma dobrou desde 1982. Em 1998, nos Estados Unidos, os custos diretos e indiretos da asma foram estimados em US$ 11,3 bilhões, além de US$ 3,6 bilhões em internações hospitalares.

Segundo a OMS, ocorreram 180 mil mortes por asma em 1997. Em 1987 ocorreram 4.360 mortes nos Estados Unidos, valor 31% superior ao declarado em 1980. Informações de 1998 do Centers for Disease Control and Prevention (CDC) relatam 5.438 mortes por asma, ou 2 por 100 mil, sendo rara a morte entre crianças – 0,4 por 100 mil. No Reino Unido, a média anual de mortes é de 2 mil. Atualmente a mortalidade nos Estados Unidos para a população entre 5 e 34 anos de idade é de 0,4 por 100 mil habitantes. No Brasil, ocorrem anualmente, em média, 2.050 óbitos por asma, e o coeficiente global de mortalidade, no período de 1980 a 1991, decresceu de 1,93 morte por 100 mil habitantes para 1,16 por 100 mil. A partir de 1992, a tendência tem sido de elevação, partindo de 1,36 e chegando a 1,58 por 100 mil em 1995. Em 1996, ela caiu para 1,36 por 100 mil.

A taxa de mortalidade e morbidade por asma tem aumentado significativamente em várias partes do mundo, com incidência maior em indivíduos com idade superior a 55 anos. Nos Estados Unidos, a mortalidade em 1977 e 1982 para adultos de 65 a 74 anos foi de 3,0 e 4,9 por 100 mil, enquanto em jovens menores de 35 anos foi de 0,5 e 0,6. Na Austrália, 45% das mortes por asma em 1986 ocorreram em pacientes com idade superior a 60 anos. Em 1985, na Inglaterra, 58% dos óbitos por asma em homens e 71% em mulheres ocorreram em pacientes com mais de 70 anos.

O impacto socioeconômico da asma é muito importante, sendo uma das doenças que mais consomem recursos em países desenvolvidos. Em termos mundiais, os custos com a asma superam os da tuberculose e HIV/aids somados.

Estimou-se que o custo da asma nos Estados Unidos em 1990 alcançou 6,2 bilhões de dólares, o que equivalia a 25 dólares por habitante e cerca de 1% dos custos médicos totais, contra um bilhão de dólares em 1975. Nesse mesmo período na Alemanha, Reino Unido, França, Suécia e Austrália, os custos foram estimados em 3,10; 1,79; 1,36; 0,35; e 0,45 bilhão de dólares, ou seja, 39,0; 31,26; 24,00; 40,50; e 27,70 dólares por habitante.

Os custos diretos da asma (35-60%) incluem: programas educacionais e de saúde pública; gastos com pacientes ambulatoriais e hospitalizados; atendimentos em serviços de emergência e unidades mais especializadas (UTI); utilização de ambulâncias; honorários profissionais da equipe médica, enfermagem, fisioterapia e terapia ocupacional; gastos com medicamentos e testes alérgicos; despesas com equipamentos e exames laboratoriais; remuneração de tratamentos de complicações a curto e longo prazos; e investimentos em pesquisas.

Os custos indiretos (40-65%) incluem o absenteísmo escolar e profissional, a invalidez e a morte. É mais difícil avaliar os custos relacionados à ansiedade, ao sofrimento, à má qualidade de vida e aos riscos futuros resultantes do absenteísmo escolar.

Outro fator indireto que merece consideração refere-se à não adesão do paciente ao tratamento, o que eleva ainda mais as despesas, determinando maior número de consultas médicas, visitas ao serviço de emergência e hospitalizações. O maior responsável pelos custos é o absenteísmo no trabalho. Estimou-se que 400 mil pessoas apresentaram algum tipo de limitação em sua atividade profissional em 1990 nos Estados Unidos. A média de dias de ausência ao trabalho era de cinco por ano. O total de dias não trabalhados em razão da asma foi estimado em 400 mil pacientes × 5 dias, ou seja, 2 milhões de dias de falta ao trabalho por ano.

Uma peculiaridade em relação aos custos deve ser salientada: o custo dos pacientes com asma grave (principalmente em relação aos tratamentos em emergência e às hospitalizações) contabiliza mais de 50% dos gastos.

Uma boa orientação é capaz de reduzir os custos, pois o custo direto de hospitalização e admissão em serviços de emergência será menor se o tratamento for efetivo. Esse grupo de pacientes de maior risco deve ser informado da natureza crônica da doença, ser capaz de identificar os fatores que pioram a asma e ser instruído a tomar corretamente os medicamentos prescritos, manuseando adequadamente os dispositivos para inalação de anti-inflamatórios e broncodilatadores, compreendendo o porquê da adesão ao tratamento profilático anti-inflamatório, e como e quando utilizar a medicação sintomática de alívio. Ele deve evitar os agentes que desencadeiam suas crises e saber monitorizar sua doença por meio dos sintomas de medidores de PFE, reconhecendo o agravamento do quadro, atuando precocemente por meio de um plano (escrito) de autotratamento previamente elaborado e buscando cuidados médicos na ocasião apropriada.

FISIOPATOLOGIA DA ASMA

Como evidenciado no estudo patológico da asma, a inflamação da mucosa brônquica ocasiona limitação do fluxo aéreo por causa de edema, tampões de muco e contração da musculatura lisa peribrônquica. Esse conjunto determina redução do calibre das vias aéreas, que leva ao aumento da resistência das vias aéreas (RVA) e consequente hiperinsuflação pulmonar com alterações na relação ventilação-perfusão.

Os testes de função pulmonar auxiliam no diagnóstico e monitoramento de pacientes asmáticos, mas praticamente todos podem se alterar. Eles podem apresentar-se normais nos assintomáticos fora de crise ou com os mais variados graus de obstrução de acordo com o estágio da doença em que o paciente se encontra. As medidas mais comuns e fáceis de serem obtidas são aquelas determinadas por meio de manobra expiratória forçada: capacidade vital forçada (CVF), volume expiratório no primeiro segundo (VEF_1) e fluxo máximo-médio expiratório forçado da capacidade vital ($FEF_{25-75\%}$). Uma diferença entre a capacidade vital (CV) "lenta" e a CVF frequentemente é vista em pacientes com obstrução brônquica, sendo um sinal de *air trapping*.

A redução do calibre e o consequente aumento na resistência das vias aéreas determinam a diminuição de todos os fluxos expiratórios máximos, incluindo o PFE, que na asma aguda pode ser menor do que 150 a 100 L/min. Ocorrem ainda diminuições dos volumes expirados em função do tempo, oclusão prematura das vias aéreas, hiperinsuflação pulmonar, aumento do trabalho respiratório com mudanças na performance muscular e alterações na relação ventilação-perfusão com alteração nos gases sanguíneos.

A hiperinsuflação pulmonar é definida como um aumento da capacidade residual funcional (CRF) acima do valor teórico previsto. Sob o ponto de vista clínico, a modificação mais importante nos volumes pulmonares durante a crise de asma é o aumento da CRF, o que determina considerável mudança na mecânica dos músculos respiratórios, comprometendo a capacidade da bomba ventilatória de sustentar a respiração espontânea.

O volume residual (VR) e a CRF aumentam à medida que a obstrução brônquica piora em razão do fenômeno de *air trapping* e da compressão dinâmica das vias aéreas.

A capacidade pulmonar total (CPT) quase não se altera, salvo em vigência de obstrução muito grave, quando 50% dos pacientes apresentam elevação. A oclusão das vias aéreas a volumes maiores do que o normal obviamente reduz a CV. Todavia, a redução na CV não é proporcional à elevação no VR porque a CPT também aumenta, provavelmente em consequência da perda da força de recolhimento elástico pulmonar e/ou aumento da força muscular inspiratória. Existem evidências de que a força de recolhimento elástico dos pulmões está levemente reduzida na asma aguda, especialmente a volumes pulmonares próximos da CPT. Essa mudança na CPT é reversível com a resolução da asma.

O VEF_1 encontra-se reduzido, assim como a relação VEF_1/CVF e os fluxos expiratórios ($FEF_{25-75\%}$, $V_{máx50\%CVF}$, $V_{máx25\%CVF}$, PFE).

A reversibilidade da obstrução das vias aéreas pode ser avaliada por meio do teste de broncodilatação, medindo-se o VEF_1 antes e 10 a 15 minutos após a inalação de duas respirações profundas (200-400 mcg) de broncodilatador de curta duração. Arbitrariamente, considera-se um aumento > 12% e 200 mL no VEF_1 como evidência de significativa reversibilidade. Na asma grave, entretanto, um aumento muito pequeno do VEF_1 é encontrado após o teste com broncodilatador, devendo-se salientar, por outro lado, que um aumento de 20% quando o VEF_1 é de apenas 0,5 L é frequentemente visto em obstruções brônquicas crônicas não asmáticas. Nos pacientes sem resposta, um curso de 2 a 3 semanas de corticosteroide oral pode se fazer necessário para demonstrar a reversibilidade.

A curva pressão-volume na asma tem forma semelhante à normal. Ela está desviada para cima por causa da hiperinsuflação e para a esquerda em razão da baixa pressão. A complacência dinâmica pulmonar está reduzida e torna-se frequência-dependente por causa das desigualdades nas constantes de tempo nos pulmões, decorrentes da distribuição paralela heterogênea das vias aéreas estreitadas. A redução da complacência dinâmica aumenta o trabalho elástico da respiração.

A capacidade de difusão pelo monóxido de carbono (DLCO) é normal e pode estar aumentada em decorrência da hiperinsuflação, que determina aumento da área de superfície de membrana alveolar, e ao aumento do volume sanguíneo capilar pulmonar decorrente do aumento da pressão negativa intratorácica, que propicia maior número de hemácias na captação do CO.

Em razão da obstrução brônquica das pequenas vias aéreas periféricas, os alvéolos são mal ventilados, porém continuam a ser perfundidos. Na asma também ocorre disfunção do surfactante. Este pode ter sido substituído por exsudato inflamatório ou muco, que torna as pequenas vias aéreas mais propensas à obstrução e ao fechamento. Se a estabilidade das pequenas vias aéreas se altera por aumento de secreções ou disfunção do surfactante, ocorre estreitamento das vias aéreas periféricas, sua oclusão, maiores volumes pulmonares e *air trapping*. Como consequência, ocorre aumento da diferença alveolar-arterial de oxigênio ($P[A\text{-}a]\ O_2$), aumento do espaço morto fisiológico (V_D/V_T) e consequente queda da pressão parcial de oxigênio arterial (PaO_2), determinando hipoxemia.

Essa hipoxemia leva à taquipneia e ao aumento da ventilação-minuto, com eliminação de CO_2, determinando hipocapnia e alcalose respiratória, o achado mais comum na análise da gasometria do sangue arterial do asmático. O estímulo ou mecanismo determinante dessa hiperventilação ainda não está bem caracterizado. Durante a crise de asma, é possível que a ativação de receptores irritantes estimule a ventilação, embora também não se possa descartar a ação de outros reflexos gerados nas vias aéreas, pulmões ou parede torácica.

A hipoxemia correlaciona-se com o grau de obstrução brônquica, e hipoxemias significativas ($PaO_2 < 60$ mmHg) ocorrem quando o VEF_1 é menor que 1,0 L. McFadden e Lyons avaliaram 101 pacientes, encontrando valores de VEF_1 de 59, 39 e 18% dos valores teóricos previstos com PaO_2 médias de 83, 71 e 63 mmHg, respectivamente. Hipercapnia e acidose respiratória, com ou sem acidose metabólica (lática), ocorrem em estágios muito avançados, em que se observa obstrução muito grave com alterações nas trocas gasosas.

Quando existe acidose metabólica com elevado ânion *gap*, o lactato plasmático encontra-se elevado em razão da maior oxidação da glicose no músculo em razão do grande aumento do trabalho respiratório e da fadiga muscular, além da redução do *clearance* do lactato e do efeito das catecolaminas. A relação entre $PaCO_2$ e VEF_1 não é linear. Quando o VEF_1 é maior que 750 mL ou 30% do previsto, raramente ocorre hipercapnia.

Nos pacientes com sintomas de asma, embora com espirometria normal, pode-se lançar mão dos chamados testes de provocação quando houver dúvida sobre o diagnóstico. Esses testes permitem avaliar a hiper-responsividade brônquica (HRB), que pode ser definida como um aumento anormal na limitação ao fluxo aéreo, após a exposição a um determinado estímulo. Como a resposta das vias aéreas aos diferentes estímulos é heterogênea, eles foram divididos em estímulos diretos e indiretos.

O estímulo direto determina limitação ao fluxo aéreo agindo sobre as chamadas células efetoras, como as da musculatura lisa, as do endotélio vascular brônquico e as produtoras de muco. O estímulo indireto limita o fluxo aéreo por ação em células outras que não as efetoras, denominadas intermediárias (p. ex., certas células inflamatórias, como os mastócitos ou as células neuronais). Estas determinam alterações na parede brônquica antes de interagirem com as células efetoras.

De acordo com o mecanismo dominante na limitação ao fluxo aéreo em resposta a um determinado estímulo, podem-se utilizar agentes parassimpaticomiméticos, antagonistas de receptores beta-2, mediadores, poluentes atmosféricos e agentes físicos/osmóticos como testes de provocação brônquica para avaliar a HRB, classificando-os em estímulos diretos ou indiretos (Tabela 1), embora alguns estímulos possam apresentar as duas características.

Os testes mais utilizados são os que usam metacolina e histamina. Eles são padronizados, sensíveis, com boa acurácia e baixa incidência de resultados falso-negativos ou falso-positivos. Uma resposta com broncoconstrição (HRB) à inalação de histamina ou metacolina (betametil homólogo da acetilcolina) sugere que os sintomas estão associados à asma. Os testes de inalação dependem de dose-resposta, sendo a provocação efetuada pela inalação seriada de concentrações ascendentes da droga.

As doses são cuidadosamente estipuladas e a resposta, avaliada por meio da queda do VEF_1, 5 minutos após a inalação. O teste é considerado positivo

TABELA 1 Estímulos para medir a hiper-responsividade brônquica

Estímulo indireto	Estímulo direto
▪ Aerossóis hipertônicos/hipotônicos ▪ Adenosina ▪ Bradicinina ▪ Exercício ▪ Hiperventilação isocápnica ▪ Metabissulfito/SO_2 ▪ Propranolol ▪ Taquicinina (NkA, SP)	▪ Acetilcolina ▪ Carbacol ▪ Histamina ▪ Leucotrienos C4, D4, E4 ▪ Metacolina ▪ Prostaglandina D2

quando ocorre uma queda no VEF_1 de 20% (DP_{20}) ou mais, comparado ao valor controle basal, após a inalação de solução de cloreto de sódio. O teste da metacolina avalia a responsividade da musculatura lisa das vias aéreas, todavia os mecanismos pelos quais a responsividade à metacolina aumenta ou diminui ainda são pouco conhecidos. Uma $DP_{20} < 8$ mg/mL indica hiper-responsividade brônquica.

A DP_{20} é muito baixa em pacientes com asma quando comparada a atópicos sem asma e indivíduos normais. Nestes, altas doses ou concentrações do agente broncoconstritor podem causar redução do calibre brônquico, porém a magnitude da resposta é limitada, isto é, existe um ponto no qual não ocorrerá constrição adicional, apesar do aumento da dose do agente utilizado. Em outras palavras, ocorre um platô na curva dose-resposta antes que ocorra uma broncoconstrição exagerada (p. ex., 40% do VEF_1). Em indivíduos atópicos sem asma e naqueles com asma leve, o limiar de dose ou concentração pode ser baixo, revelando hipersensibilidade, porém a resposta máxima pode ser limitada por um platô similar ao dos indivíduos normais. Na asma moderada ou grave, a dose limiar tende a ser baixa, porém o broncoespasmo continua a aumentar com a elevação das doses, com pequeno efeito platô.

A inalação de ar frio com alta ventilação-minuto, mantendo-se a $PaCO_2$ constante (hiperpneia isocápnica), é outro teste de provocação capaz de induzir broncoconstrição transitória em pacientes cujo diagnóstico de asma é incerto.

O dióxido de enxofre (SO_2) inalado tem sido utilizado como teste útil para discriminar os pacientes com asma daqueles com limitação crônica do fluxo aéreo e dos normais. Todos os asmáticos parecem responder a esse estímulo, embora a resposta não seja cumulativa, como os testes com histamina e metacolina. Mais recentemente, a inalação da adenosina 3' 5'-monofosfato (AMP) tem sido utilizada como teste de provocação, sendo altamente sensível e específico para a asma, distinguindo asmáticos de portadores de doença pulmonar obstrutiva crônica (DPOC).

Para o diagnóstico e monitoramento da asma em termos práticos, utilizam-se pequenos aparelhos que medem o PFE.

A variabilidade diurna do PFE tem sido um método clínico aceitável no controle da asma e na avaliação da asma ocupacional. A variabilidade diurna normal no PFE em indivíduos não asmáticos é de 10% ou menos, aumentando consideravelmente em pacientes com hiper-responsividade brônquica e asma grave (Quadro 1). O PFE correlaciona-se bem com o VEF_1, porém não de forma uniforme. O VEF_1 reflete alterações em vias aéreas grandes e médias, enquanto o PFE registra somente mudanças em grandes brônquios. O PFE não substitui o VEF_1 no diagnóstico inicial da asma, porém constitui-se em útil alternativa à espirometria na monitorização da limitação ao fluxo aéreo e progressão da obstrução.

Vários estudos clínicos demonstram que alguns pacientes com asma não são capazes de perceber o agravamento de sua obstrução brônquica, ao contrário daqueles que percebem pequenas mudanças. Cerca de 15% dos pacientes asmáticos não notam quando seu VEF_1 é menor que 50% do teórico previsto, e não existe nenhum procedimento clínico que ajude o médico a distinguir esse grupo de pacientes. Esses pacientes devem ser acompanhados por meio da monitorização regular do PFE. Também se beneficiam desse procedimento os pacientes que apresentam excessivas variações diurnas no PFE, quando a incidência de morte súbita é elevada, detectando-se os pacientes com alto risco de ataques de asma quase fatal ou fatal. O PFE também é utilizado para orientar os pacientes quanto à utilização e às doses de medicamentos, favorece o controle da doença e reduz sua morbidade.

O PFE é medido em aparelhos portáteis e baratos, sendo ideal para o acompanhamento domiciliar e ocupacional. O paciente deve ser bem instruído

QUADRO 1 Diagnóstico da asma por meio da medida do pico de fluxo expiratório

O PFE aumenta > 15% 15-20 minutos após a inalação de broncodilatador beta-agonista de curta duração de ação. Ex.: salbutamol, terbutalina, fenoterol.
O PFE varia > 20% entre a medida matinal ao acordar e a medida efetuada após 12 horas em pacientes que fazem uso de broncodilatador ou > 10% naqueles que não utilizam broncodilatador.
O PFE diminui > 15% após 6 minutos de corrida ou exercício.

PFE: pico de fluxo expiratório.

quanto à forma da realização das medidas. Ele é um exame que demanda cooperação, dependendo muito do esforço muscular desenvolvido na expiração forçada. Devem ser efetuadas três medidas da expiração forçada (intervalos de 1 a 2 minutos), que devem ser iniciadas sempre imediatamente após a inspiração pulmonar máxima, considerando-se o maior resultado obtido na série.

A utilização do PFE apresenta certas limitações:

1. É esforço-dependente.
2. Não revela a obstrução de pequenas vias aéreas.
3. É difícil detectar um defeito no aparelho.
4. Não substitui a espirometria para o diagnóstico inicial da asma.
5. Não apresenta nenhuma contribuição na asma leve.
6. Uma medida mal realizada pode propiciar erros na medicação.
7. Uma má avaliação pelo paciente pode retardar a procura de cuidados médicos.
8. Pode contribuir para a não adesão ao tratamento.
9. Há possibilidade de contaminação do aparelho por fungos.

Para o cálculo da variabilidade diurna, o paciente deve medir o PFE imediatamente ao acordar, antes da utilização de qualquer broncodilatador, e à noite, após o uso de broncodilatador. Uma variabilidade maior que 20% em adultos e 30% em crianças é indicativa de asma.

$$\text{Variabilidade diária} = \frac{PFE_{noite} - PFE_{matinal} \times 100}{0{,}5 \times (PFE_{noite} + PFE_{matinal})}$$

O PFE é importante em pacientes incapazes de perceber o agravamento da obstrução, ao contrário daqueles que percebem pequenas mudanças. O PFE é capaz de detectar uma crise em sua fase inicial, algumas horas antes do aparecimento dos sintomas, pois, quando se detecta sibilância à ausculta, o PFE já caiu de 20 a 25%. No entanto, um PFE < 50% do teórico (ou do melhor resultado do próprio paciente) representa obstrução grave. Todavia, para um paciente em que o melhor PFE é de 200 L/min, uma queda para 120 L/min (60% de seu melhor resultado) pode significar obstrução muito grave, com potencial risco à vida. Devem ser efetuadas quatro medidas diárias, distribuídas desde o despertar até a hora de se deitar. Se o paciente acordar de madrugada ou apresentar sintomas durante o dia, novas medidas são efetuadas.

Vários gases, como o NO (óxido nítrico), o monóxido de carbono (CO) e hidrocarbonetos, têm sido medidos no ar exalado de adultos e crianças. Mais recentemente, marcadores não voláteis e mediadores (peróxido de hidrogênio, leucotrienos, prostaglandinas, citocinas, produtos de peroxidação de lipídios) têm sido detectados no ar exalado e condensado. Esses marcadores exalados têm sido utilizados para monitorar a inflamação das vias aéreas e o estresse oxidativo na asma e na DPOC, assim como no acompanhamento da resposta terapêutica durante o tratamento com corticosteroides, modificadores de leucotrienos etc.

O NO é um radical livre gasoso, de meia-vida extremamente curta, de alguns segundos. Na asma, o NO é o teste de respiração exalada mais utilizado na prática clínica. Trata-se de um teste útil, prático, confortável, sensível, reprodutível, não invasivo e de forte correlação com a inflamação das vias aéreas. A medida é efetuada por meio de aparelhos que utilizam analisador de gás NO por quimiluminescência, de altas sensibilidade e especificidade, capaz de detectar moléculas de NO em concentrações muito baixas. O teste é efetuado em respiração única: a) na posição sentada o paciente esvazia os pulmões; b) através da peça bucal o paciente inala ar isento de NO, eliminando a possibilidade de qualquer contaminação por meio do ar ambiente, até o nível da CPT; c) passa então a exalar lentamente através da peça bucal, mantendo fluxo constante (50 mL/s), quando ao final se efetua a leitura.

Os corticosteroides não têm efeito sobre o NO exalado em indivíduos normais, porém reduzem a FE_{NO} em asmáticos, principalmente naqueles com doença grave. Na asma atópica, níveis elevados de NO exalados (bucal e nasal) correlacionam-se de forma significativa com os testes cutâneos, a IgE total e a eosinofilia sanguínea. A FE_{NO} é extremamente sensível ao tratamento com corticosteroides, e a redução do NO pode ser detectada após 6 horas de uma única dose de corticosteroide nebulizado ou dentro de 2-3 dias após o tratamento com corticosteroide inalado. Níveis persistentemente elevados da FE_{NO} em pacientes asmáticos tratados com corticosteroides refletem a pouca adesão do paciente ao tratamento ou um tratamento ineficaz.

CUIDADOS AMBIENTAIS

Combater o ácaro da poeira doméstica não é tarefa fácil, principalmente em ambientes úmidos, onde a concentração alcança mil ácaros por grama de poeira. Um colchão pode apresentar de 10 mil a 10 milhões de ácaros e aproximadamente 10% do peso de um travesseiro com 2 anos de uso pode ser decorrente da presença de ácaros mortos. O colchão deve ser envolvido em tecido, impermeável ou plástico, lavado semanalmente com água quente para a remoção de ácaros e alérgenos. Quanto aos travesseiros, recomenda-se evitar os que contenham penas ou espuma, dando preferência aos de fibra sintética. Lençóis devem ser trocados semanalmente e lavados em água a 60°C. Evitar os cobertores de pelos, dando preferência aos de fibra sintética, laváveis. Estofados, cortinas e tapetes não são permitidos, pois tapetes são um importante micro-hábitat para a colonização do ácaro e constituem fonte de alérgenos para que colchões sejam reinfestados. Os tapetes que puderem ser removidos devem ser levados a um ambiente externo, batidos e colocados sob os raios solares por pelo menos 3 horas, o que é letal para os ácaros.

Limpar diariamente, ou mesmo mais de uma vez, o quarto de dormir utilizando aspirador de pó. Os aparelhos mais recentes contêm o filtro integral de micropartículas HEPA (*high efficiency particulate air filter*) e combinam alta e constante capacidade de filtração do ar (removem 99% dos aeroalérgenos) com baixa turbulência. Retêm considerável quantidade de partículas de poeira e outros alérgenos que também se encontrem em suspensão. Os aspiradores mais antigos, com filtração e exaustão inadequada, ao contrário do desejado, aumentam significativamente a concentração no ar do alérgeno Der p 1. O ambiente deverá ser mantido com as portas fechadas. Durante o verão, a refrigeração do ar por meio de aparelhos de ar-condicionado deve ser incentivada, obrigando janelas e portas a permanecerem fechadas, prevenindo a entrada de alérgenos externos e mantendo a umidade relativa do ar a 50%. A utilização regular de ar-condicionado central controla a umidade, reduzindo o crescimento de ácaros.

Atualmente existem no mercado substâncias acaricidas, entre elas o dessecante poliborato sódico, que mata os ovos, larvas e adultos do *Dermatophagoides pteronyssinus* por desidratação osmótica. No caso de impossibilidade da remoção de carpetes, pode-se aplicar solução de ácido tânico a 3% ou tratá-los com *spray* acaricida de benzoato de benzila, a cada três meses, antecipando-se ao novo ciclo vital do ácaro. A associação das duas substâncias provoca um efeito aditivo, todavia a mistura correta ainda não foi determinada.

Animais não devem ser permitidos no interior das casas, e, quando isso não for possível, torna-se necessário dar banho neles pelo menos duas vezes por semana, pois a redução na concentração de alérgenos só é observada por alguns dias. Grandes quantidades de alérgenos podem ser removidas de gatos pela simples imersão do animal em água, reduzindo-se a concentração alergênica também no ar ambiente. A redução pode ser obtida em cães com o banho, porém utilizando xampu. O banho semanal tende a reduzir a quantidade de escamas e saliva seca que se desprendem dos pelos dos animais e se espalham pelo ambiente. Mesmo quando se retira definitivamente o animal do ambiente, a redução do reservatório de alérgenos pode demorar meses.

A glicoproteína Fel d 1 é produzida sob controle hormonal, e a castração do gato (macho) reduz de 3 a 3 vezes sua produção. Em recente publicação, Jalil-Colome sugere que a produção de Fel d 1 é maior nos machos que nas fêmeas.

Nas populações de baixo nível socioeconômico e com precárias condições de habitação, a infestação por baratas constitui um fator de risco importante para a sensibilização de asmáticos.

O combate às baratas inclui medidas físicas e químicas. Providências devem ser tomadas para evitar o acesso aos alimentos, aos dejetos, ao lixo e à água. A barata é um ser onívoro, que ingere praticamente de tudo. O ambiente deve ser ventilado, evitando-se umidade e condensação. As torneiras devem ser mantidas em perfeito estado, sem vazamentos, e os ralos, vedados.

O combate químico inclui várias substâncias. A mais indicada para pacientes alérgicos é a hidrametilnona, comercializada em dispositivos de plástico com "iscas" que exterminam as baratas. As baratas entram, ingerem as iscas que contêm a substância e saem para morrer algum tempo depois. Esses dispositivos são efetivos, reduzindo o número de baratas por 2 a 3 meses.

Outro fator ambiental a ser considerado é a umidade no interior das casas, que favorece o crescimento de bolor ou fungos. A umidade geralmente está relacionada a uma ventilação insuficiente para a adequada remoção de vapor-d'água ou a isolamento térmico insuficiente, vazamentos, goteiras e inundações, os quais devem ser sanados.

Deve ser reduzida a exposição interna a irritantes não alérgicos, como fumaça de cigarro, odores, *sprays* fortes e poluentes químicos do ar, particularmente o ozônio, óxidos de nitrogênio e o dióxido de enxofre.

CUIDADO FARMACÊUTICO AO PACIENTE ASMÁTICO

De acordo com o CDC, 1 em cada 13 pessoas tem asma e mais de 11,2 milhões de pessoas relatam ter experimentado um ou mais ataques ou episódios de asma em 2018. A asma é uma condição que faz com que as vias aéreas se estreitem e aumentem, tornando difícil respirar. Isso pode afetar a qualidade de vida de uma pessoa, limitando-a ao realizar suas atividades diárias. Os medicamentos podem desempenhar um papel importante no controle da asma. Portanto, a adesão aos medicamentos é importante para otimizar o tratamento e melhorar a qualidade de vida.

Em relação ao tratamento da asma, estima-se que de 30 a 70% dos adultos e até 50% das crianças têm baixa adesão. Essa baixa adesão pode levar à asma não controlada e à redução da qualidade de vida. No passado, o tratamento da asma geralmente consistia em um controlador de corticosteroide inalatório (CI) com um beta-agonista de curta ação (SABA) como terapia de resgate. No entanto, novas atualizações das Diretrizes de 2020 da GINA mostram que o uso excessivo de um SABA (dispensação de > 3 recipientes/ano) pode levar a doenças pulmonares exacerbadas.

Os farmacêuticos podem desempenhar um papel importante no manejo da asma de um paciente, examinando o histórico de recarga do paciente, adesão e técnicas inalatórias adequadas. Uma revisão sistemática e metanálise de 2018 mostrou que as intervenções conduzidas por farmacêuticos podem melhorar significativamente a adesão à medicação.

Os farmacêuticos podem conferir a frequência com que os pacientes reabastecem seus inaladores de resgate na próxima vez que estiverem verificando um inalador de resgate. Há uma oportunidade para uma intervenção se os pacientes estiverem enchendo com frequência e dispensando mais de três frascos por ano, com base nas Diretrizes da GINA. Os farmacêuticos podem encaminhar os pacientes para ver seu médico se suspeitarem que eles estão usando seu inalador de resgate mais do que o recomendado.

A adesão aos inaladores de manutenção pode ajudar a controlar os sintomas da asma e evitar o uso excessivo de um inalador de resgate. Os farmacêuticos podem desempenhar um papel importante, lembrando os pacientes de reabastecer seus inaladores de manutenção e de usá-los diariamente, de acordo com as instruções, para prevenir as exacerbações da asma. Inclusive o Conselho Federal de Farmácia (CFF) vem elaborando folhetos com orientações para serem entregues aos pacientes, com os diferentes tipos de inaladores dispensados no mercado brasileiro, pois uma técnica inalatória inadequada pode levar à não adesão e ao tratamento subterapêutico. É importante que os pacientes saibam como usar os inaladores adequadamente para um tratamento ideal. Os inaladores, como um CI, requerem instruções específicas para evitar efeitos indesejáveis, como os populares "sapinhos" (infecções fúngicas por leveduras).

Uma dica importante é que o farmacêutico converse com os pacientes sobre as mudanças recentes nas diretrizes e eduque-os sobre como a alteração de seu inalador de resgate para incluir um CI pode salvar vidas e melhorar sua qualidade de vida. Os pacientes também podem ter seu salbutamol, conforme necessário, como reserva.

Depois de discutir com o paciente, os farmacêuticos podem se comunicar com o médico se o paciente estiver com dúvidas frequentes e fornecer recomendações com base em diretrizes atualizadas. A natureza dinâmica das recomendações das diretrizes dificulta que o farmacêutico se mantenha atualizado, por isso comunique-se com o médico especialista para garantir seus raciocínios e faça recomendações em conformidade com ele.

Definição de políticas

O serviço de atendimento ao paciente asmático atua como um agente do médico dentro de guias e protocolos escritos, podendo:

- Ajustar a terapia medicamentosa.
- Realizar a dispensação de medicamentos antiasmáticos.
- Agendar as consultas de retorno do paciente ao serviço.

Metas

- Diminuir a morbidade de pacientes com asma.
- Melhorar de maneira geral o gerenciamento de pacientes com asma.
- Diminuir a frequência de consultas de emergência e a admissão hospitalar.

Objetivos

- Fornecer ao paciente ferramentas que melhorem seu senso de controle da doença.
- Melhorar a qualidade de vida do paciente pela diminuição da incidência da exacerbação das crises e de seu impacto no estilo de vida do paciente.
- Assegurar que todos os pacientes acompanhados utilizem corretamente os medicamentos prescritos para prevenir as crises e controlar os sintomas crônicos pela redução da inflamação, bem como a terapia para aliviar os sintomas agudos.
- Aumentar o envolvimento de pacientes, familiares, médicos e farmacêuticos na terapia da asma por meio de: 1) uso de medidas objetivas de função pulmonar para verificar a gravidade da asma e monitorar o curso da terapia; 2) uso do controle ambiental para evitar/eliminar fatores que desencadeiem crises de asma; e 3) educar o paciente no gerenciamento domiciliar das crises agudas.
- Reduzir o número de episódios de asma e efeitos adversos relacionados a medicamentos antiasmáticos em todos os pacientes monitorados.
- Planejar uma individualização da terapêutica de cada paciente pela otimização das necessidades medicamentosas para manter controladas as crises, com um risco mínimo de aparecerem efeitos adversos.
- Auxiliar o médico no acompanhamento de pacientes crônicos.

- Providenciar educação, treinamento e consultas sobre o tratamento farmacológico da asma aos pacientes e demais profissionais de saúde.
- Demonstrar um alto nível na qualidade do atendimento aos pacientes e uma economia de recursos financeiros da instituição com a execução desse programa.

Benefícios

- Os benefícios para o paciente de uma educação intensiva, treinamento e monitoração da doença por um farmacêutico são melhoria na qualidade de vida e diminuição no número de crises, além de otimização do tratamento e menor número de efeitos adversos aos medicamentos.
- Os benefícios para a instituição com a melhora na qualidade de vida são a satisfação do paciente e a economia.
- Os benefícios para os médicos e demais membros da equipe multiprofissional são a continuidade da atenção global ao paciente e o treinamento técnico, que melhoram os resultados de suas atividades.

Seleção de pacientes

Pacientes com pouco controle da asma, alto risco, grandes utilizadores de serviços médicos e com um ou mais dos seguintes fatores devem ser acompanhados:

- Necessidade de intubação pulmonar na crise de asma.
- Uma ou mais hospitalizações no período de um ano.
- Duas ou mais visitas a unidades de pronto atendimento no período de um ano.
- Hospitalização ou visita a pronto atendimento no último mês.
- Suspeita de falta de adesão ao tratamento ou uso excessivo de medicamentos para a asma.
- Níveis supraterapêuticos ou irregulares de teofilina.
- Idade igual ou superior a 14.

Processo de orientação

- Os pacientes devem ser orientados e acompanhados por médicos, farmacêuticos, enfermeiros e fisioterapeutas.

- O farmacêutico deve procurar prospectivamente pacientes para serem acompanhados por meio das fichas clínicas e solicitando aos médicos que identifiquem os pacientes que necessitam de acompanhamento.
- Após a seleção, os pacientes são chamados para uma reunião em grupo entre os novos participantes do programa, sendo as consultas posteriores realizadas individualmente.

Procedimentos para o atendimento de pacientes asmáticos

Consulta de orientação:

1. Nas aulas de orientação em grupo deverão ser abordados os seguintes temas:
   - Fisiopatologia da asma.
   - Sinais e sintomas de alarme da asma.
   - Detecção precoce dos sintomas.
   - Gatilhos de crises.
   - Controle ambiental.
   - Tratamento precoce.
   - Gerenciamento de episódios agudos.
   - Informações gerais sobre os medicamentos para a asma.
2. Após uma entrevista inicial, serão selecionados os pacientes que passarão por consulta individual com o farmacêutico.
   A. A consulta terá duração de 30 minutos.
   B. Na consulta, o farmacêutico deverá monitorar o paciente e revisar o plano de tratamento, orientar sobre os medicamentos antiasmáticos e verificar as técnicas de gerenciamento das crises do paciente.
   C. Os intervalos entre as visitas variam de 1 semana até 3 a 6 meses, dependendo do grau de controle das crises de asma e do entendimento do paciente em relação à doença e sua medicação.
   D. Durante a consulta farmacêutica, as seguintes informações deverão ser levantadas:
      - Informações demográficas: idade, endereço, telefone, ocupação e outros dados considerados relevantes.
      - História médica: lista de problemas correntes.
      - História da asma: padrões de sintomas, precipitação e/ou fatores agravantes, desenvolvimento da doença, impacto da doença na vida do paciente.

- História social: fumante, inalação passiva de cigarro.
- História de vacinação: data da vacinação pneumocócica, data da última vacinação contra gripe.

3. O farmacêutico analisará as possíveis interações droga-droga e/ou droga-doença e orientará o paciente sobre elas.
4. O farmacêutico conferirá a posologia e as dosagens das seguintes classes de medicamentos:
   - Corticosteroides.
   - Beta-2 agonistas.
   - Agentes anticolinérgicos.
   - Montelucaste.
   - Outros agentes.
5. O farmacêutico verificará a adesão ao tratamento por meio do questionamento formal do paciente e da quantidade de medicamento administrada desde a última consulta farmacêutica.
6. O farmacêutico orientará o paciente sobre os efeitos colaterais das medicações antiasmáticas.
7. O farmacêutico medirá e anotará os resultados das taxas de PFE usando um medidor de pico de fluxo.
8. O farmacêutico educará seu paciente sobre os seguintes temas:
   - Fisiopatologia da asma.
   - Sinais precoces de alarme da asma.
   - Gatilhos da asma.
   - Medicamentos usados na asma (mecanismo de ação, tempo de início do efeito, efeitos colaterais).
9. O farmacêutico instruirá o paciente sobre o uso de medicamentos em aerossol com e sem espaçadores, além de demonstrá-lo.
10. O farmacêutico adequará os medicamentos ao estilo de vida do paciente e providenciará um esquema posológico por escrito para ele.
11. O farmacêutico orientará o paciente sobre o autogerenciamento da asma:
    - Instruir sobre o uso do medidor de pico de fluxo.
    - Ensinar o paciente a anotar os dados da taxa de PFE.
    - Estabelecer a *baseline* do PFE do paciente.
    - Educar o paciente sobre o gerenciamento domiciliar das crises agudas.
    - Ensinar o paciente a correlacionar diariamente o tempo, fatores desencadeantes, PFE, com a asma.
12. O farmacêutico aconselhará o paciente a participar de reuniões com grupos específicos conforme suas peculiaridades (programa de antitabagismo, gerenciamento de estresse e outros).

TRATAMENTO FARMACOTERAPÊUTICO DA ASMA

O tratamento da asma visa atingir ou manter o nível atual de controle da doença e prevenir riscos futuros (exacerbações, instabilidade da doença, perda acelerada da função pulmonar e efeitos adversos do tratamento). Além do tratamento farmacológico, isso requer uma abordagem personalizada, incluindo educação do paciente, um plano de ação por escrito, treinamento no uso do inalador e revisão da técnica de inalação em cada visita. A base do tratamento farmacológico para asma é o uso de um corticosteroide inalatório (CI), com ou sem um beta-2 agonista de longa duração (LABA). Esses medicamentos estão disponíveis para uso no Brasil em diversas dosagens e dispositivos inalatórios. Na prática clínica, a escolha do medicamento, do inalador e de sua dosagem deve ser baseada na avaliação do controle dos sintomas, nas características do paciente (fatores de risco, capacidade de usar o inalador de maneira correta e custo), na preferência do paciente pelo dispositivo inalador, julgamento clínico e disponibilidade do medicamento. Portanto, não existe um único medicamento, dose ou inalador que se aplique indistintamente a todos os pacientes com asma. Segundo o documento GINA 2024, o tratamento para controle da asma é dividido nas etapas 1 a 5, nas quais a dose de CI é aumentada progressivamente ou outros medicamentos controladores são adicionados. Os medicamentos de controle recomendados nas diferentes etapas do tratamento são descritos a seguir.

Broncodilatadores

Agonistas beta-2 adrenérgicos

Podem possuir ação curta, também conhecidos pela sigla em inglês SABA (*short-acting beta-2 agonists*) (salbutamol – Aerolin®, terbutalina – Brycanil®), com início de ação em 30 minutos e duração de 4 a 6 horas, ou ação prolongada, também conhecidos pela sigla em inglês LABA (*long-acting beta-2 agonists*) (salmeterol com duração de 12 horas. Existem também o fenoterol (Berotec®), bastante utilizado no Brasil, e o remeterol.

Xantinas

São consideradas drogas de segunda linha, inclusive não incluídas nos protocolos recentes da GINA e da SBPT, porém foram bastante úteis no tratamento da asma no passado. Entre as drogas desse grupo, temos teofilina, teobromina, cafeína e aminofilina.

As xantinas agem inibindo a fosfodiesterase, ocasionando um aumento do AMPc intracelular, que produz relaxamento da musculatura lisa bronquiolar. São drogas que trabalham com janelas terapêuticas estreitas (doses baixas não surtem efeitos, doses altas pioram o quadro do paciente). Entre os efeitos colaterais encontram-se tremores, taquicardia e irritação gastrintestinal.

Antagonistas de receptores muscarínicos

O ipratrópio promove relaxamento da musculatura brônquica e é usado sempre em conjunto com beta-2 agonistas.

Terapia anti-inflamatória

Corticosteroides

A eficácia dos diferentes tipos de CI varia em função de sua farmacocinética e farmacodinâmica, bem como da deposição pulmonar e adesão ao tratamento. A avaliação da resposta ao tratamento com CI deve ser feita por meio da combinação de parâmetros clínicos e funcionais. Após obter e manter o controle da asma por um período prolongado (não inferior a 3 meses), a dose de CI pode ser reduzida ao mínimo, com o objetivo de utilizar a menor dose possível para manter o controle da asma.

O mecanismo de ação é a inibição da fosfolipase A2, impedindo a formação de quimiotaxinas leucocitárias LTB4 e PAF, dos espasmogênios LTC4 e LTD4 e dos vasodilatadores PGE2/PGI2. Inibem também a produção de IL-3, que regula a produção de mastócitos. Nas crises agudas podem-se utilizar beclometasona, budesonida, fluticasona, mometasona inalatória, e na asma crônica usa-se prednisolona oral. No estado de mal asmático usa-se hidrocortisona IV.

O uso de um CI pode causar efeitos adversos locais, como irritação na garganta, disfonia e candidíase. O uso de um inalador dosimetrado pressurizado com espaçador diminui o risco de efeitos adversos, assim como a higiene oral após a inalação de cada dose de CI. O uso de altas doses de CI por períodos prolongados aumenta o risco de efeitos adversos sistêmicos, como redução da densidade mineral óssea, infecções respiratórias (incluindo tuberculose), catarata, glaucoma e supressão do eixo hipotálamo-hipófise-adrenal.

Terapia combinada CI + LABA

Combinar um CI com um LABA ou um ultra-LABA é o tratamento de controle preferido nas etapas 3 e 4 do GINA 2024, ou seja, quando o tratamento apenas com CI não é suficiente para atingir e manter o controle da doença. A evidência é robusta para usar a combinação CI-LABA como a terapia de controle preferida nas etapas 3-5 do GINA 2024. Em sua edição mais recente, a GINA expandiu essa recomendação, sugerindo a combinação de CI de baixa dosagem e formoterol conforme necessário como o tratamento de controle de asma preferido na etapa 1. Na etapa 2, duas opções são fornecidas: terapia contínua de CI de baixa dosagem ou um formoterol + CI, conforme necessário.

Na etapa 1, a recomendação para o uso de CI + formoterol para pacientes com asma > 12 anos de idade é baseada em evidências indiretas de outros estudos que empregam essa combinação em pacientes com asma leve. As recomendações atuais da GINA para o tratamento da etapa 2 são baseadas em dois grandes ensaios clínicos randomizados (ECR) duplo-cegos controlados de não inferioridade que avaliaram o uso de budesonida + formoterol em baixa dose conforme necessário (200 e 6 mcg, respectivamente) *versus* CI de dose fixa, para um período de 52 semanas, em pacientes com asma leve. Os resultados mostram que o CI de dose fixa foi melhor no controle dos sintomas; no entanto, para a redução das exacerbações, a opção, conforme necessário, de budesonida + formoterol não foi inferior e foi superior ao uso de um SABA sozinho.

A justificativa para o uso de CI + LABA é baseada em fortes evidências de que essa combinação é mais eficaz no controle dos sintomas da asma, reduzindo as exacerbações e retardando a perda da função pulmonar após exacerbações do que um CI sozinho. Além disso, há evidências de que a combinação CI-LABA tem efeito sinérgico, o que permite maior eficácia anti-inflamatória com menor dose de CI e, consequentemente, menos efeitos adversos.

Tratamentos alternativos para controle da asma

O montelucaste é um antagonista do receptor de leucotrieno que atua bloqueando a broncoconstrição e reduzindo a inflamação das vias aéreas. Embora o efeito do montelucaste não seja inferior ao de um CI no controle da asma, é menos eficaz na redução do risco de exacerbações. O montelucaste combinado com um CI está incluído como outra opção de tratamento nas etapas 2-4 do GINA 2024. O montelucaste também pode ser adicionado à combinação CI-LABA para melhorar o controle da asma (etapa 4) e pode ser uma alternativa ao uso de um SABA em asma induzida por exercício, sendo usado diariamente ou de modo intermitente. A dose diária recomendada de montelucaste é de 4 mg para pacientes com asma de 2 a 5 anos de idade, 5 mg para aqueles de 6 a 14 anos de idade e 10 mg para aqueles ≥ 15 anos de idade.

Tratamento de resgate

As crises devem ser tratadas com 200 mcg de salbutamol ou equivalente, com uso de espaçador, com ou sem máscara. A mesma dose deve ser administrada a cada 20 minutos, se necessário. Se usar mais de seis baforadas de albuterol nas primeiras 2 horas, pode-se adicionar brometo de ipratrópio (80 ou 250 mcg por nebulização) a cada 20 minutos a 1 hora. Na ausência de uma resposta satisfatória, é recomendado que o paciente busque tratamento médico imediato.

O uso rotineiro de corticosteroide oral durante as crises não é recomendado e deve ser restrito às crises que requerem atendimento de emergência. Nesses casos, o médico deve priorizar doses baixas e tratamento pelo menor número de dias possível (1-2 mg/kg por dia de prednisona/prednisolona por 3-5 dias, com doses máximas de 20 mg por dia para crianças ≤ 2 anos de idade e 30 mg por dia para crianças > 2 e ≤ 5 anos de idade). Após a consulta de emergência, o paciente deve ser reavaliado em 24 a 48 horas e dentro de 3 a 4 semanas depois disso.

BIBLIOGRAFIA

Artlich A, Bush T, Lewandowski K, Jonas S, Gortner L, Falke KJ. Childhood asthma: exhaled nitric oxide in relation to clinical symptoms. Eur Respir J. 1999;13:1396.

Beasley R, Holliday M, Reddel HK, Braithwaite I, Ebmeier S, Hancox RJ, et al. Controlled trial of budesonide-formoterol as needed for mild asthma. N Engl J Med. 2019; 380(21):2020-30.

Brasileiro FG. Bogliolo: patologia geral. 9.ed. Rio de Janeiro: Guanabara Koogan; 2016.

British Thoracic Society Scottish Intercollegiate Guidelines Network. British Guideline on the Management of Asthma [Internet]. 2016 [citado 10 jan. 2025]. Disponível em: https://www.brit-thoracic.org.uk/document-library/guidelines/asthma/btssign-asthma-guideline-2016/.

Campos HS. Mortalidade por asma no Brasil (1980-1996). Pulmão RJ. 2000;9:14.

Cançado JED, Penha M, Gupta S, Li VW, Julian GS, Moreira ES. Respira project: humanistic and economic burden of asthma in Brazil. J Asthma. 2019;56(3):244-51.

CDC. Asthma [Internet]. 2021 [citado 10 jan. 2025]. Disponível em: https://www.cdc.gov/asthma/default.htm; acessado em: 6 de abril de 2021.

Conselho Federal de Farmácia. Inalador de pó seco unidose [Internet] [citado 10 jan. 2025]. Disponível em: http://www.farmaceuticos.org.br/userfiles/folderaerolizer.pdf.

Cruz AA, Lopes AC. Asma: um grande desafio. São Paulo: Atheneu; 2004.

Duran-Tauleria E, Rona RJ. Geographical and socioeconomic variation in the prevalence of asthma symptoms in English and Scottish children. Thorax. 1999;54:476.

Engelkes M, Janssens HM, de Jongste JC, Sturkenboom MC, Verhamme KM. Medication adherence and the risk of severe asthma exacerbations: a systematic review. Eur Respir J. 2015;45(2):396-407.

Hardy J, Baggott C, Fingleton J, Reddel HK, Hancox RJ, Harwood M, et al. Budesonide-formoterol reliever therapy versus maintenance budesonide plus terbutaline reliever therapy in adults with mild to moderate asthma (Practical): a 52-week, open-label, multicentre, superiority, randomised controlled trial. Lancet. 2019;394910202):919-28 [published correction appears in Lancet. 2020 May 2;395(10234):1422].

Hohlfeld JM, Ahlf K, Enhorning G, Balke K, Erpenbeck VJ, Petschallies J, et al. Dysfunction of pulmonary surfactant in asthmatics after segmental allergen challenge. Am J Respir Crit Care Med. 1999;159(6):1803-9.

Global Initiative for Asthma (GINA). Reports [Internet]. 2024 [citado 10 jan. 2025]. Disponível em https://ginasthma.org/reports/.

Mes MA, Katzer CB, Chan AHY, Wileman V, Taylor SJC, Horne R. Pharmacists and medication adherence in asthma: a systematic review and meta-analysis. Eur Respir J. 2018;52(2):1800485.

Mitchell R, Kumar V, Abbas AK, Aster J. Robbins & Cotran: fundamentos de patologia. 9.ed. Rio de Janeiro: Gen/Guanabara Koogan; 2017.

National Asthma Education and Prevention Program. Expert Panel Report 3 (EPR-3): Guidelines for the Diagnosis and Management of Asthma-Summary Report 2007.

National Asthma Education and Preventive Program (NAEPP). Data fact sheet on asthma statistics. Bethesda, MD: National Institutes of Health; 1999. pub 55-798.

Nguyen J, George M. Pharmacists play a vital role in asthma management. Pharmacy Times [Internet] [citado 10 jan. 2025]. Disponível em: https://www.pharmacytimes.com/view/pharmacists-play-a-vital-role-in-asthma-management.

Pizzichini MMM, Carvalho-Pinto RM, Cançado JED, Rubin AS, Cerci Neto A, Cardodo AP, et al. 2020 Brazilian Thoracic Association recommendations for the management of asthma. AJ Bras Pneumol. 2020;46(1):e20190307.

Sociedade Brasileira de Pneumologia e Tisiologia. Diretrizes de manejo da asma. J Bras Pneumol. 2012;38(Supl 1):S1-S46.

Weiss KB, Gergen PJ, Hodgon TA. An economic evaluation of asthma in the United States. N Engl J Med. 1992;326:861.

WHO/NHLBI Workshop Report. Global strategy for asthma management and prevention. Geneva: WHO; 1995.

22

Cuidado farmacêutico em pessoas com neoplasias

INTRODUÇÃO

Atualmente, o câncer já rivaliza com as doenças cardíacas como a doença que mais causa óbitos e diminui a qualidade de vida da população.

O câncer é um problema de saúde pública mundial. A Organização Mundial da Saúde (OMS) estimou que, no ano 2030, podem-se esperar 27 milhões de casos incidentes de câncer, 17 milhões de mortes por essa doença e 75 milhões de pessoas vivas, anualmente, com a doença. A estimativa mundial mostra que, em 2012, ocorreram 14,1 milhões de casos novos de câncer e 8,2 milhões de óbitos. Houve um discreto predomínio do sexo masculino, tanto na incidência (53%) quanto na mortalidade (57%). De modo geral, as maiores taxas de incidência foram observadas nos países desenvolvidos (América do Norte, Europa Ocidental, Japão, Coreia do Sul, Austrália e Nova Zelândia). Taxas intermediárias são vistas nas Américas do Sul e Central, no Leste Europeu e em grande parte do Sudeste Asiático (incluindo a China). As menores taxas são vistas em grande parte da África e no Sul e Oeste da Ásia (incluindo a Índia). Enquanto nos países desenvolvidos predominam os tipos de câncer associados à urbanização e ao desenvolvimento (pulmão, próstata, mama feminina, cólon e reto), nos países de baixo e médio desenvolvimentos ainda é alta a ocorrência de tipos de câncer associados a infecções (colo do útero, estômago, esôfago, fígado). Além disso, apesar da baixa incidência, a mortalidade representa quase 80% dos óbitos por câncer no mundo.

Os tipos de câncer mais incidentes no mundo foram pulmão (1,8 milhão), mama (1,7 milhão), intestino (1,4 milhão) e próstata (1,1 milhão). Nos homens, os mais frequentes foram pulmão (16,7%), próstata (15%), intestino (10%), estômago (8,5%) e fígado (7,5%). Em mulheres, as maiores frequências foram encontradas na mama (25,2%), intestino (9,2%), pulmão (8,7%), colo do útero (7,9%) e estômago (4,8%).

O Brasil produz estimativas para a incidência de câncer desde 1995, com aprimoramento metodológico constante para seu cálculo, a partir da melhoria da quantidade, qualidade e atualidade das informações dos Registros de Câncer de Base Populacional (RCBP), dos Registros Hospitalares de Câncer (RHC) e do Sistema de Informações sobre Mortalidade (SIM). Em 2016, a partir de uma reunião técnica que contou com a participação de profissionais das áreas de gestão, epidemiologia do câncer e estatística, o Instituto Nacional de Câncer (Inca) passou a ser o responsável por apresentar as estimativas de incidência da doença no Brasil. Para o biênio 2018-2019, foi estimada no Brasil a ocorrência de 600 mil casos novos para cada ano. Excetuando-se o câncer de pele não melanoma (cerca de 170 mil casos novos), ocorreram 420 mil casos novos de câncer.

No mundo, atualmente se discute muito sobre os avanços na ciência e na busca por novos tratamentos. Também há pesquisas em andamento para identificar novos alvos terapêuticos e desenvolver novos medicamentos mais eficazes e com menos efeitos colaterais.

Esses novos tratamentos estão ajudando a melhorar as taxas de sobrevivência e qualidade de vida dos pacientes com câncer e continuam a ser desenvolvidos e refinados para melhorar ainda mais os resultados do tratamento.

A seguir são citados alguns dos novos tratamentos para o câncer:

- **Imunoterapia:** um tratamento que usa medicamentos para ajudar o sistema imunológico do corpo a encontrar e matar células cancerígenas. São tipos de imunoterapia:
  - **Terapia com células CAR-T:** um tratamento que reprojeta as células imunológicas do próprio paciente para atacar o câncer.
  - **Inibidores do ponto de controle imunológico:** medicamentos que bloqueiam os pontos de controle imunológicos, permitindo que as células imunológicas respondam mais fortemente ao câncer.
  - **Anticorpos monoclonais:** proteínas do sistema imunológico criadas em laboratório que se ligam a alvos específicos nas células cancerígenas.
- **Nanotecnologia:** nanopartículas que liberam medicamentos mediante radiação de raios X para levar os medicamentos ao local do tumor.
- **Terapia fotodinâmica (PDT):** procedimento que usa luz para gerar espécies reativas de oxigênio que destroem células cancerígenas.

- **Histotripsia:** tratamento não invasivo que usa ultrassom focalizado para destruir mecanicamente o tecido.
- **Hipertermia:** tratamento que usa calor para danificar e matar células cancerígenas. O calor pode ser aplicado externa ou internamente.
- **Células-tronco adultas:** células-tronco que podem ser usadas na terapia de tumores. São exemplos células-tronco hematopoiéticas (HSC), células-tronco mesenquimais (MSC) e células-tronco neurais (NSC).

FARMÁCIA ONCOLÓGICA

Embora os farmacêuticos oncológicos estejam envolvidos no cuidado de pacientes com câncer há mais de 50 anos, o papel do farmacêutico oncológico continua a se expandir. Inicialmente, os farmacêuticos eram baseados principalmente em um ambiente de farmácia para pacientes internados ou ambulatoriais, e seu trabalho se concentrava em fornecer as verificações de segurança necessárias para dispensar medicamentos relacionados ao câncer.

Com a tecnologia liberando farmacêuticos das funções de dispensação e o treinamento avançado em atendimento direto ao paciente (p. ex., residência e bolsas de estudos em oncologia), o farmacêutico oncológico passou a ser capaz de fornecer atendimento direto ao paciente à beira do leito ou na clínica, onde as decisões de tratamento são tomadas pelo sistema de saúde em equipe.

Na verdade, eles se tornaram membros integrantes da equipe de saúde. Este capítulo descreve várias funções em expansão de farmacêuticos oncológicos em transplante de células-tronco, hematologia, oncologia gastrintestinal e genômica de precisão, bem como a atuação de farmacêuticos oncológicos, prevenindo uma redução nas visitas de pacientes com câncer uma vez que ocorre escassez de médicos oncologistas. Os farmacêuticos oncológicos são parte integrante da equipe de assistência oncológica; seu valor foi documentado em diversos estudos e é destacado neste capítulo. Incentivamos a profissão a continuar a documentar seu valor para que um dia cada paciente possa ter um farmacêutico oncológico como parte de sua equipe de tratamento.

Os papéis comuns dos farmacêuticos oncológicos incluem farmacêutico hospitalar, farmacêutico ambulatorial, central de misturas parenterais, farmacêutico oncológico, gerente de serviço farmacêutico e farmacêutico pesquisador clínico.

Um farmacêutico oncológico hospitalar geralmente é responsável pelo gerenciamento da farmacoterapia de pacientes com câncer enquanto eles estão hospitalizados. Trabalha em estreita colaboração com a equipe de enfermagem para coordenar a administração da quimioterapia e fornecer educação ao paciente e à equipe.

O farmacêutico oncológico ambulatorial é responsável pelo gerenciamento da terapia medicamentosa para pacientes com câncer, desde o diagnóstico até a sobrevivência. Eles podem trabalhar sob um acordo de prática colaborativa para prescrever medicamentos de tratamento de suporte ou ajustar medicamentos anticâncer, bem como fornecer educação ao paciente.

Os farmacêuticos de centros de infusão ou de oncologia descentralizados estão envolvidos com a composição estéril de tratamentos anticâncer e medicamentos de cuidados de suporte relacionados, podendo apoiar algumas das funções diretas de atendimento ao paciente dos farmacêuticos oncológicos ambulatoriais.

Farmacêuticos especializados em oncologia estão envolvidos na distribuição e dispensação de tratamentos anticâncer orais. Eles podem trabalhar em uma farmácia especializada localizada dentro do Centro de Oncologia ou em um local externo e fornecer educação ao paciente, monitorar a adesão e avaliar a segurança do paciente.

Os gerentes de serviços farmacêuticos de oncologia supervisionam os farmacêuticos de oncologia e frequentemente estão envolvidos em facilitar a capacidade da equipe de farmácia de oncologia de proporcionar cuidados seguros e eficazes, gerenciar recursos fiscais e de pessoal, desenvolver políticas e procedimentos, bem como desenvolver iniciativas estratégicas de qualidade. Eles também podem ter responsabilidades clínicas em algumas instituições.

Os farmacêuticos de investigação de medicamentos são responsáveis por coordenar os processos relacionados aos estudos de investigação de medicamentos em oncologia de acordo com os requisitos legais, profissionais, institucionais e do patrocinador. Sua principal responsabilidade é garantir o acesso do paciente aos medicamentos experimentais e servir como especialista em medicamentos para todos os envolvidos nesses estudos.

Embora essas sejam as funções mais comuns dos farmacêuticos oncológicos, existem muitas outras funções. Isso inclui academia, comunicações médicas, gestão de saúde da população, informática, empresas associadas ao fornecimento de benefícios de saúde ou farmácia, fabricantes, atacadistas e agências regulatórias.

IMPORTÂNCIA DO FARMACÊUTICO ONCOLÓGICO

O valor do farmacêutico oncológico no cuidado de pacientes com câncer e na equipe de assistência oncológica foi documentado em vários estudos.

Farmacêuticos oncológicos demonstraram seu valor no fornecimento de cuidados clínicos que têm impacto direto nos resultados dos pacientes, gerenciamento de cuidados de suporte, monitoramento laboratorial e aumento da documentação no prontuário eletrônico.

A educação do paciente, um componente comum da maioria das posições do farmacêutico oncológico, demonstrou estar associada a altas taxas de satisfação do paciente, melhores resultados de aprendizagem e aumento da adesão à medicação e resultados baseados em doenças.

Farmacêuticos oncológicos tornaram-se membros importantes das equipes de informática, e seu papel integral tem mostrado estar associado ao aumento das taxas de identificação de erros de medicação.

A economia de custos orientada por farmacêuticos foi relatada em vários estudos, incluindo aqueles que recorrem a esses profissionais para gerenciar terapias anticâncer orais, fornecendo cuidados hospitalares e ambulatoriais eficazes e implementando programas de melhoria de qualidade. Por fim, os farmacêuticos podem diminuir o tempo do médico, desenvolvendo modelos de prática independente e realizando tarefas tipicamente executadas por médicos.

Existe uma escassez de médicos oncologistas em todo o mundo, e estima-se que essa escassez continuará por vários anos. Os farmacêuticos oncológicos estão bem posicionados para ajudar na prevenção de uma redução nas visitas de pacientes com câncer. Também podem contribuir para consultas ambulatoriais, evitando, assim, a potencial escassez de provedores disponíveis para cuidar de pacientes com câncer, e podem ser capazes de auxiliar na prevenção do esgotamento que frequentemente ocorre na equipe de saúde oncológica. Assim, vários estudos demonstram que pode ocorrer uma melhoria da eficiência e eficácia da equipe de saúde oncológica com a ampliação do papel do farmacêutico oncológico nas equipes assistenciais.

A preparação, administração e eliminação dos dejetos de agentes quimioterápicos requer prática altamente profissional e conhecimentos técnicos de farmacêuticos.

Os profissionais de saúde que trabalham com quimioterapia do câncer devem possuir os seguintes conhecimentos e habilidades:

- Conhecimentos sobre mecanismo de ação, modo de administração, processos de metabolismo e excreção, indicações de uso e potenciais reações adversas.
- Técnica excepcional de venopuntura e manutenção de acesso venoso.
- Competência no manuseio seguro dos dejetos de quimioterápicos.
- Educação de pacientes e familiares.

FARMACOLOGIA DOS AGENTES QUIMIOTERÁPICOS

A cinética da população celular de células cancerosas e o ciclo dessas células são determinantes importantes na ação e no uso clínico de agentes oncológicos. Algumas drogas agem especificamente no ciclo de divisão dessas células (drogas ciclo celular-específicas), enquanto outras agem no tumor em várias fases do ciclo celular (ciclo celular não específicas).

As drogas citotóxicas agem com cinética de primeira ordem, pois determinada dose de uma droga elimina uma proporção constante de células doentes. A hipótese de eliminação por *log* (*log kill hypothesis*) propõe que a magnitude de eliminação de células tumorais por agentes oncológicos é uma função logarítmica.

A resistência a drogas oncológicas é um dos maiores problemas na quimioterapia do câncer. Em muitos casos, os mecanismos de resistência envolvem mudanças na expressão de genes em células neoplásicas, o que resulta na resistência tanto a uma droga como a múltiplas drogas. Esses mecanismos de resistência incluem:

- Aumento na reparação do DNA (cisplatina).
- Mudanças em enzimas-alvo (metotrexato, vinca).
- Diminuição de ativação de pró-drogas (mercaptopurina, citarabina, fluorouracil).

Agentes alquilantes

Os agentes alquilantes incluem as mostardas nitrogenadas (clorambucil, ciclofosfamida, mecloretamina), nitrosoureias (carmustina, lomustina) e alquilsulfonatos (bussulfano). Outras drogas que agem em parte como alquilantes incluem cisplatina, dacarbazina e procarbazina.

Os agentes alquilantes são drogas não ciclo-específicas que formam uma molécula reativa que alquila os grupos nucleofílicos das bases do DNA, particularmente a posição N-7 da guanina, ocasionando quebra do DNA.

Agentes antimetabólitos

Os agentes antimetabólitos assemelham-se estruturalmente a compostos endógenos e são antagonistas de ácido fólico (metotrexato), purinas (mercaptopurina, tioguanina) ou pirimidinas (fluorouracil, citarabina). São agentes ciclo-específicos na fase S do ciclo celular. Além do efeito antineoplásico, também são imunossupressores.

Alcaloides

Os alcaloides são drogas ciclo-específicas. Os agentes mais importantes são os alcaloides da vinca (vimblastina e vincristina), as podofilotoxinas (etoposídeo e teniposídeo) e os taxanos (paclitaxel e docetaxel).

Antibióticos

Esta categoria de agentes antineoplásicos apresenta uma gama de estruturas químicas diferentes e inclui doxorrubicina, daunorrubicina, bleomicina, dactinomicina, mitomicina e mitramicina.

Agentes hormonais e miscelâneas

- Hormônios e antagonistas de hormônios:
  - Glicocorticoides: a prednisona é muito utilizada em leucemias crônicas, linfoma de Hodgkin e outros linfomas.
  - Hormônios sexuais: estrogênios, progestagênicos e androgênios.
  - Antagonistas de hormônios sexuais: tamoxifeno (inibidor da ligação estrogênio-receptor da célula cancerosa) e flutamida (antagonista androgênico, utilizado no câncer de próstata).
  - Análogos de hormônio liberador de gonadotropina: leuprolida, gosserrelina e nafarrelina são utilizados no câncer de próstata.
  - Inibidores de aromatase: anastrozol e aminoglutetimida.
- Agentes miscelâneos:
  - Asparaginase.
  - Mitoxantrona.
  - Interferon.

Medicamentos biológicos e biossimilares

As terapias direcionadas são desenvolvidas para abranger a toxicidade inespecífica associada a quimiodrogas padrão e para melhorar a eficácia do tratamento. Os agentes biológicos podem ser usados sozinhos, mas muitas vezes é usada uma combinação de moléculas direcionadas e drogas antitumorais convencionais. Essa nova estratégia visa à morte seletiva de células malignas, tendo como alvo a expressão de moléculas específicas na superfície da célula cancerosa ou as diferentes vias moleculares ativadas que direcionam para a transformação do tumor.

Novas abordagens terapêuticas incluem uma combinação de drogas anticâncer "antigas" (i. e., quimioterapias tradicionais) e moléculas inovadoras (agentes direcionados).

Esses procedimentos são planejados para marcar células cancerígenas primárias e metastáticas. A classificação atual de drogas direcionadas ao câncer hematológico inclui anticorpos monoclonais (mAbs), inibidores de pequenas moléculas (SMI), RNA de interferência (iRNA), microRNA e vírus oncolíticos (OV). Seus mecanismos de ação podem ser específicos do tumor (interferindo nos biomarcadores da membrana da célula cancerosa, vias de sinalização celular e DNA ou alvos epigenéticos) ou sistêmicos, por meio do desencadeamento das respostas imunológicas. Em 2001, o primeiro inibidor seletivo da tirosina quinase ABL (TKI, imatinibe) foi aprovado pela Food and Drug Administration (FDA) dos Estados Unidos. Isso foi seguido rapidamente pelo anticorpo monoclonal marcando o antígeno CD20 (anti-CD-20mAb, rituximabe). Ambos os agentes representaram a revolução no manejo de pacientes com leucemia mieloide crônica e linfoma não Hodgkin (LNH), respectivamente. Essas drogas garantem taxa de resposta em torno de 80%; por outro lado, a resistência aos medicamentos ainda é uma limitação, e uma nova geração de TKI está sendo desenvolvida para contornar essas questões.

Atualmente, várias novas moléculas são desenvolvidas contra alvos específicos de células tumorais. Entre essas, os inibidores da histona desacetilase (HDACi) e os agentes hipometilantes de DNA têm como alvo os determinantes genéticos/epigenéticos centrais para a ablação do crescimento tumoral.

Novas vacinas de peptídios visando novos antígenos associados a tumor, inibidores de *checkpoint* alternativos e antígeno quimérico contra o receptor T (CAR-T) dos linfócitos estão sendo desenvolvidos para os pacientes que não obtiveram sucesso com a imunoterapia clássica (frequentemente anti-PD1/anti-PD-L1).

Os SMI mais recentes que almejam uma variedade de sinalização oncogênica estão sendo avançados para superar o surgimento de fenômenos de resistência aos procedimentos de medicamentos direcionados existentes. Podem ser um instrumento útil para oncologistas que tratam neoplasias hematológicas refratárias recidivantes.

Finalmente, a terapia direcionada levantou novas questões sobre a adaptação de tratamentos de câncer para o perfil de tumor de cada paciente, a estimativa da resposta ao medicamento e o reembolso público do tratamento do câncer. De acordo com essas e outras críticas, a intenção deste capítulo é fornecer informações sobre a biologia geral e o mecanismo de ação dos medicamentos-alvo para onco-hematologia, incluindo a farmacodinâmica geral em virtude de toxicidades e, eventualmente, a ineficácia da terapia. A correlação bem observada entre o perfil genômico individual e a farmacocinética geral deve ser levada em conta. Além disso, o impacto econômico desses medicamentos, que pode exceder várias vezes o custo das abordagens tradicionais, pode se tornar um grande problema em farmacoeconomia.

PROTOCOLO DE ACOMPANHAMENTO PRÉ-QUIMIOTERAPIA

Antes da administração de agentes quimioterápicos, deve ser obtido um perfil basal do paciente, incluindo acompanhamento físico, psicológico, social e *status* cognitivo.

- Físico:
  - História médica passada:
    - Diagnóstico de câncer e histórico.
    - História médica e cirúrgica prévia.
    - Problemas médicos e cirúrgicos correntes.
    - Alergias.
  - Dados laboratoriais:
    - Hemograma completo, incluindo contagem de granulócitos e neutrófilos.
    - Contagem de plaquetas.
    - Outras funções hematopoiéticas, se necessárias.
    - Função hepática.
    - Função renal.
  - Revisão de sistemas:
    - Função cardiovascular.
    - *Status* dental e da cavidade oral.
    - *Status* dermatológico.
    - Função gastrintestinal.
    - Função neurológica.
    - Função respiratória.
    - Função sexual.
    - Função urológica.
- Acompanhamento social e psicológico:
    - Estágio de desenvolvimento da vida.
    - Experiência prévia com quimioterapia.
    - Medos.
    - Ansiedade.

  - Depressão.
  - Recursos interpessoais: suporte social.
- Necessidades educacionais do paciente e da família:
  - Protocolo de tratamento medicamentoso.
  - Efeitos colaterais potenciais/reações adversas.
  - Cuidados pós-tratamento.

QUIMIOTERAPIA

Muito frequentemente as dosagens dos quimioterápicos são calculadas em relação à área de superfície corporal, expressas em miligramas por metro quadrado e baseadas no peso e na altura do paciente. O peso e a altura atual devem ser medidos a cada sessão de quimioterapia.

A presença de edema e ascite deve ser considerada no cálculo. A área de superfície corporal é frequentemente calculada por meio de nomogramas.

A quimioterapia é administrada sistemicamente ou por métodos regionais de liberação. A quimioterapia sistêmica é realizada por administração oral, intravenosa, subcutânea, intramuscular ou intraóssea.

A quimioterapia regional é realizada pela liberação da droga diretamente nos vasos sanguíneos que alimentam o tumor ou na cavidade em que o tumor está localizado.

Independentemente da via de administração, é imperativo que o profissional de saúde tome todas as precauções quanto ao seguimento dos protocolos estabelecidos nos guias específicos (*guidelines*) e quanto à eliminação dos dejetos.

Reações alérgicas

Reações alérgicas, anafiláticas e de hipersensibilidade podem ser resultado de uma superestimulação do sistema imune durante e após a administração de agentes quimioterápicos.

PROCEDIMENTOS RECOMENDADOS PARA PREVENIR E TRATAR REAÇÕES ANAFILÁTICAS E DE HIPERSENSIBILIDADE

- Revisar o histórico anterior de alergias do paciente e medir pressão arterial basal, pulso e frequência respiratória antes de administrar os medicamentos.
- Considerar a viabilidade de administrar pré-medicação profilática, como corticosteroides, anti-histamínicos e antipiréticos, em pacientes com suspeita de reações alérgicas.

- Informar ao paciente o risco de hipersensibilidade e a necessidade de comunicar imediatamente qualquer um dos sintomas listados a seguir:
  - Urticária.
  - Coceira local ou generalizada.
  - Agitação ou sonolência.
  - Edema facial ou periorbital.
  - Tontura.
  - Dores abdominais.
- Garantir que estejam disponíveis os equipamentos de segurança (oxigênio, material para intubação etc.) e uma via endovenosa aberta. Medicamentos de emergência devem estar prontamente disponíveis (epinefrina, difenidramina, corticosteroides, aminofilina, dopamina).
- Antes de administrar a dose inicial de um agente quimioterápico com alto índice de hipersensibilidade, pode ser recomendada a realização de teste intradérmico.

Protocolo para hipersensibilidade localizada

- Observar e avaliar os sintomas: urticária e eritema localizado.
- Administrar difenidramina e hidrocortisona.
- Monitorar sinais vitais a cada 15 minutos durante 1 hora, como garantia ao paciente.
- Se o paciente for considerado hipersensível à droga, diminuir sua dosagem na próxima sessão. Entretanto, se a droga for considerada crítica no plano terapêutico, utilizar pré-medicação preventiva ou estabelecer um plano de dessensibilização.
- Se a reação for visível ao longo da veia com doxorrubicina ou daunorrubicina, parar a medicação e utilizar salina para "limpar" a veia (verificar se é reação ou extravasamento). Se houver reação e não melhora, administrar de 25 a 50 mg de hidrocortisona e/ou de 25 a 50 mg de difenidramina intravenosamente, seguida por salina.

Protocolo para hipersensibilidade generalizada

- Verificar se ocorrem os seguintes sintomas subjetivos:
  - Coceira generalizada.
  - Agitação.
  - Náusea.
  - Dor abdominal.
  - Ansiedade.

- Verificar se ocorrem os seguintes sintomas objetivos:
  - Urticária generalizada.
  - Angioedema da face, pescoço, olhos, mãos e pés.
  - Desconforto respiratório.
  - Hipotensão.
  - Cianose.
- Gerenciamento da reação:
  - Ações imediatas são imperativas, e muitas podem ser realizadas conjuntamente.
  - Parar a injeção ou infusão de quimioterapia imediatamente.
  - Permanecer com o paciente, notificar o médico de plantão imediatamente.
  - Manter a via de acesso venosa aberta com salina.
  - Administrar drogas de emergência, conforme segue:
    - Adulto: adrenalina 0,1-0,5 mg (solução 1:10.000) intravenosa (IV) repetindo a cada 10 minutos se necessário.
    - Pediátrico: adrenalina 0,01 mg/kg (solução 1:10.000) IV repetindo a cada 10 minutos se necessário.
  - Manter o paciente na posição supina.
  - Monitorar sinais vitais a cada 2 minutos até estabilizar o paciente e a cada 5 minutos; depois, a cada 15 minutos quando estável.
  - Manter as vias aéreas abertas, administrando oxigênio se necessário.
  - Providenciar suporte emocional ao paciente e aos familiares.
  - Administrar outras drogas de emergência, se necessário:
    - Difenidramina (Benadril®) 25-50 mg IV para bloquear a reação antígeno-anticorpo.
    - Succinato de metilprednisolona (Solumedrol®) 30-60 mg IV, hidrocortisona (Solu-Cortef®) 100-500 mg IV ou dexametasona (Decadron®) 10-20 mg IV, para aliviar broncoconstrição e disfunção cardíaca.
    - Aminofilina 5 mg/kg IV após 30 minutos do corticosteroide, para produzir broncodilatação.
    - Vasopressores como dopamina 2-20 mcg/kg/min, para conter a hipotensão.
  - Documentar todo o tratamento e a resposta do paciente no prontuário médico.

GERENCIAMENTO DOS EFEITOS COLATERAIS INDUZIDOS POR QUIMIOTERÁPICOS

Agentes quimioterápicos são potentes causadores de muitos efeitos colaterais e reações adversas. A toxicidade e os efeitos colaterais são frequentemente causados pelo dano à divisão celular. As células mais vulneráveis à rápida divisão celular são as encontradas na medula óssea, no folículo capilar e no trato gastrintestinal. As reações adversas podem variar desde efeitos suaves até risco à vida dos pacientes.

A tolerância do paciente ao tratamento na primeira sessão deve ser avaliada antes das sessões posteriores. A redução das doses ou a descontinuidade do tratamento devem ser consideradas.

O paciente e seus familiares devem ser educados sobre os efeitos colaterais potenciais e seu tratamento em casa. O tratamento dos efeitos colaterais, o acompanhamento e a intervenção precoce garantem a qualidade de vida do paciente.

Efeitos gastrintestinais

Náuseas e vômitos

A náusea pode ser definida como uma sensação desagradável, em forma de ondas de desconforto, na região epigástrica, na garganta e no abdome. A náusea frequentemente precede o vômito.

O vômito é a expulsão forçada do conteúdo estomacal através da boca, geralmente acompanhado de manifestações fisiológicas, como salivação excessiva, taquicardia antes do vômito, bradicardia durante o evento e diminuição da pressão arterial.

Apesar dos recentes avanços na pesquisa da ação emetogênica dos quimioterápicos, seu mecanismo ainda não é bem conhecido. A hipótese mais provável é que ocorra a estimulação de vários receptores no sistema nervoso central e no trato gastrintestinal, mediados por numerosos neurotransmissores, principalmente serotonina. Os antagonistas dos receptores de serotonina tipo 3 ($5\text{-}HT_3$) têm demonstrado grande eficiência em prevenir e controlar a êmese produzida por quimioterápicos, que aumentam a liberação de grânulos de $5\text{-}HT_3$ das células.

Protocolos de terapia antiemética

- Antagonistas de serotonina:
  - Granisetrona (Kytril®):
    - IV: 10 mcg/kg dentro de 30 minutos antes do início da quimioterapia e somente no dia do tratamento. Infundir não diluído acima de 30 segundos ou diluído com NaCl 0,9% ou glicose 5% acima de 5 minutos.
    - Via oral: comprimido de 1 mg 1 hora antes da quimioterapia, seguido por um segundo comprimido 12 horas após o primeiro.

- Ondasentrona (Zofran®):
  - IV: 0,15 mg/kg a cada 4 horas por três vezes ou 32 mg infundidos em dose única por mais de 15 minutos, 30 minutos antes do início da quimioterapia.
  - Via oral: comprimido de 8 mg, 30 minutos antes do início da quimioterapia, com doses subsequentes 8 horas após a primeira. Administrar 8 mg a cada 12 horas por 1 a 2 dias depois de completada a sessão de quimioterapia.
- Metoclopramida:
  - IV: 2-4 mg/kg a cada 2 horas por quatro vezes.
  - Via oral: 0,5-2 mg/kg a cada 3-4 horas.
- Fenotiazinas:
- Clorpromazina:
  - IV: 12,3-50 mg a cada 4-6 horas.

- Corticosteroides:
  - Dexametasona:
    - IV: 4-20 mg (10-20 mg dados em dose única, ou a cada 4-6 horas).
    - Via oral: 10-20 mg em dose única para prevenção da êmese aguda.
  - Butirofenonas (haloperidol).
  - Canabinoides (dronabinol).
  - Anticolinérgicos (hioscina).

Os conceitos envolvidos na racionalidade da combinação terapêutica incluem maior efetividade no bloqueio dos sítios receptores.

A associação de bloqueadores de neurotransmissores com corticosteroides tem dado excelentes resultados como terapia antiemetogênica em pacientes submetidos à quimioterapia.

Como terapia acessória antiemetogênica, os profissionais de saúde podem passar as seguintes orientações aos pacientes:

- Comer alimentos gelados ou em temperatura ambiente.
- Ingerir líquidos lentamente.
- Evitar comidas quentes.
- Enxaguar a boca com água com limão.
- Evitar comidas doces, gordurosas e salgadas.
- Evitar comer e beber de 1 a 2 horas antes e depois da quimioterapia.
- Comer alimentos leves no decorrer do dia da quimioterapia.
- Distrair-se com música, televisão, leitura ou jogos sempre que possível.
- Dormir durante períodos de náusea.

- Praticar boa higiene oral.
- Providenciar suporte psicológico.
- Buscar a prática de exercícios.

Deve-se acompanhar o paciente após as primeiras 24 a 48 horas após a quimioterapia.

Constipação

A musculatura do trato gastrintestinal pode ser afetada pelo efeito neurotóxico de certos agentes quimioterápicos (alcaloides da vinca), resultando em uma diminuição da peristalse ou em uma paralisação do íleo e consequente constipação.

Gerenciamento:

- Acompanhar a utilização de outros medicamentos constipantes em conjunto com o tratamento (principalmente analgésicos opioides e derivados).
- Acompanhar os fatores de risco associados à constipação (hipercalcemia, obstrução intestinal).
- Acompanhar os hábitos dietéticos dos pacientes.
- Incluir alta quantidade de fibras na dieta.
- Evitar enemas e supositórios na presença de leucopenia e trombocitopenia.
- Encorajar o paciente a fazer exercícios.
- Realizar radiografia do abdome frequentemente.
- Suspender o tratamento até a volta do trânsito intestinal se o caso se agravar; após a melhora, retomar o tratamento ou diminuir a dosagem.

Diarreia

As células epiteliais do trato gastrintestinal podem ser destruídas por certos agentes quimioterápicos (p. ex., antimetabólitos), causando inadequada absorção e digestão de nutrientes e, consequentemente, diarreia.

Gerenciamento:

- Avisar o paciente de que os quimioterápicos podem causar diarreia.
- Acompanhar o tratamento concomitante com medicamentos que aumentam o peristaltismo (antibióticos).
- Acompanhar o paciente em uso de dieta enteral que predisponha à diarreia.
- Evitar alimentos que irritem o trato gastrintestinal (pimenta, comida picante).
- Incluir na dieta alimentos pobres em fibras e com alto teor de proteínas.

- Utilizar medicamentos antidiarreicos (loperamida) se descartada a origem bacteriana da diarreia.
- Acompanhar fluidos e eletrólitos e suplementar se necessário.
- Acompanhar a integridade das regiões anal e retal.
- Suspender o tratamento até a parada da diarreia se o caso se agravar; após melhora, retomar o tratamento ou diminuir a dosagem.

Estomatites

Agentes quimioterápicos (p. ex., antimetabólitos, antibióticos antitumorais, agentes alquilantes) rapidamente podem causar dano na divisão celular da mucosa oral, resultando na inflamação dos tecidos oral e perioral, que provoca ulceração dolorosa e infecção.

Gerenciamento:

- Verificar a cavidade oral antes de cada tratamento e estabelecer uma *baseline*.
- Acompanhar os pacientes com risco de desenvolver estomatite por outras causas, como radioterapia na região da cabeça e do pescoço e higiene oral deficitária.
- Instruir sobre a correta higiene oral e o encaminhamento a um dentista.
- Evitar o uso incorreto do fio dental.
- Manter os lábios sempre lubrificados (usar manteiga de cacau).
- Evitar o uso de tabaco e outros irritantes da mucosa oral.
- Evitar enxaguatórios bucais contendo álcool.
- Considerar o uso de antifúngicos e antivirais tópicos.
- Utilizar analgésicos tópicos ou sistêmicos se houver dor.
- Orientar o paciente sobre o uso desses medicamentos.

Anorexia

Diminuição ou perda do apetite, que pode ser causada por agentes quimioterápicos. Os efeitos da quimioterapia sobre outros sistemas do organismo (náusea, vômito, estomatites, diarreia, constipação, alterações do paladar) também podem causar anorexia secundariamente.

Gerenciamento:

- Obter uma *baseline* do peso e da altura do paciente.
- Acompanhar mudanças de peso após cada tratamento.
- Acompanhar a ingestão nutricional.
- Providenciar uma terapia antiemética que minimize náuseas e vômitos.

- Evitar odores nocivos perto do paciente quando ele estiver fazendo suas refeições.
- Encorajar o uso de suplementos dietéticos ricos em proteínas e calorias.
- Considerar o uso de nutrição enteral e parenteral.
- Utilizar estimulantes do apetite (acetato de megastrol).
- Acompanhar os níveis de eletrólitos e providenciar sua reposição, se necessário.
- Acompanhar os níveis plasmáticos de proteínas e albumina sérica.

É importante ressaltar que as doses de quimioterápicos são calculadas em relação ao peso do paciente, por isso se tornam necessários a pesagem e o cálculo da dose a cada sessão, que deve ser reduzida no caso de perda de peso e caquexia grave.

Efeitos hematológicos adversos

Trombocitopenia

Diminuição na contagem de plaquetas, que pode resultar em hemorragias. Pode ser provocada pela ação de agentes quimioterápicos sobre a medula óssea.

Gerenciamento:

- Monitorar o hemograma, especialmente a contagem de plaquetas, antes e depois da quimioterapia. Reduções de dose podem ser requeridas com base no coeficiente de plaquetas. A quimioterapia só pode ser iniciada caso a contagem de plaquetas esteja dentro de padrões normais.
- Evitar ácido acetilsalicílico e produtos que o contenham.
- Instruir o paciente a utilizar escovas dentais macias e evitar o uso de fio dental.
- Evitar o uso de enemas e supositórios.
- Evitar assoar o nariz com força.
- Aplicar força após o término de venipuncturas por 3 a 5 minutos.
- Para mulheres durante a menstruação, controlar o fluxo e estudar o uso de anticoncepcionais e agentes progesterônicos para evitar a menstruação.
- Administrar plaquetas, se necessário.

Leucopenia/neutropenia

Diminuição na contagem de glóbulos brancos e neutrófilos. Pode ser causada pela ação de agentes quimioterápicos sobre a medula óssea.

Gerenciamento:

- Monitorar a contagem de glóbulos brancos e neutrófilos. Uma diminuição da dosagem pode ser requerida, dependendo de sua concentração.
- A quimioterapia só deve ser iniciada sob limites normais.
- Administrar fatores de crescimento como G-CSF (Granulokine®, Filgrastima®).
- Acompanhar a ocorrência de infecções.
- Orientar o paciente e seus familiares sobre a correta lavagem das mãos e higiene pessoal.
- Evitar contato com fontes potenciais de infecção.
- Evitar procedimentos invasivos.
- Administrar antibióticos, se indicados.

Anemia

Diminuição na contagem de glóbulos vermelhos. Pode ser causada pela ação de agentes quimioterápicos sobre a medula óssea.

Gerenciamento:

- Monitorar a contagem de glóbulos vermelhos, especialmente hemoglobina e hematócrito, antes e após a quimioterapia.
- Acompanhar sinais e sintomas de hemorragias.
- Monitorar sinais vitais e administrar oxigênio, se necessário.
- Transfusão de hemoderivados, se necessário.
- Considerar o uso de alfapoetina rHu (Eprex®).

Reações cutâneas

Alopecia

A perda temporária de cabelos é um efeitos dos quimioterápicos sobre o folículo capilar.

Gerenciamento:

- Orientar o paciente sobre a perda de cabelo e explicar que é temporária.
- Acompanhar o impacto da perda de cabelo sobre o paciente e seu estilo de vida.
- Encorajar o paciente a utilizar perucas, bonés ou chapéus antes da queda dos cabelos.
- Evitar o uso do secador de cabelo.

- Evitar o uso de substâncias químicas no couro cabeludo, como tinturas, permanentes, *sprays*, rinsagens etc.
- Avisar ao paciente que os cabelos novos podem nascer em textura e cor diferentes.

Eritema/urticária

O eritema e a urticária podem ser generalizados ou localizados, em resposta ao agente quimioterápico.

Gerenciamento:

- Acompanhar a integridade da pele antes da quimioterapia.
- Usar uma grande veia para a administração das drogas.
- Acompanhar ocorrência, padrão, gravidade e duração da reação.
- Muitas reações podem ser indicativas de uma reação de hipersensibilidade a um agente quimioterápico, podendo ser necessária a descontinuidade do tratamento.
- Administrar anti-histamínicos e corticosteroides, se necessário.

Hiperpigmentação

Uma hiperpigmentação generalizada ou localizada causada por quimioterápicos pode envolver pontas dos dedos, pele sobre as articulações e pontos de pressão, articulações interfalangeanas e metacárpicas, membranas mucosas e ao longo das veias utilizadas para administração de quimioterápicos.

Gerenciamento:

- Determinar quais drogas estão causando hiperpigmentação.
- Verificar a integridade da pele e das unhas antes de iniciar o tratamento.
- Informar o paciente sobre a possibilidade da ocorrência da hiperpigmentação.

Reação tardia à radiação

A reação tardia sobre áreas de pele previamente irradiadas pode ser causada por certos agentes quimioterápicos (antibióticos antitumorais, antraciclinas, metotrexato) administrados ao mesmo tempo ou após a radiação. A reação na pele pode incluir eritema, descamação por perda de líquido e formação de vesículas. A pele pode ficar permanentemente despigmentada.

Gerenciamento:

- Avaliar a integridade da pele.
- Estar familiarizado com as drogas que causam esse tipo de reação.

- Informar ao paciente sobre a possibilidade de ocorrer tal reação.
- Acompanhar diariamente a integridade da pele em pacientes que estejam fazendo sessões de radioterapia.
- Aplicar loções suaves na pele para evitar ressecamento ou lesões.
- Evitar produtos que contenham perfumes, desodorantes ou pós.
- Evitar o uso de fitas ou adesivos sobre a pele.
- Evitar temperaturas extremas.
- Indicar o acompanhamento de um dermatologista.

Fotossensibilidade

Uma reação de pele eritematosa pode ser causada pela exposição a luz ultravioleta após o tratamento com certos quimioterápicos.

Gerenciamento:

- Utilizar filtro solar acima de fator 15.
- Evitar exposição prolongada ao sol.
- Proteger o corpo mesmo na sombra.

Fadiga

Uma redução temporária na energia física e emocional é relatada na doença e em seu tratamento (quimioterapia, cirurgia, radioterapia).

Gerenciamento:

- Avaliar o paciente para os fatores de risco que causam fadiga.
- Acompanhar o uso de outros medicamentos que causam fadiga (narcóticos, sedativos, álcool).
- Avaliar os padrões da fadiga (horário, incidência, gravidade, fatores que aliviam ou agravam o quadro).
- Encorajar o paciente a descansar frequentemente durante o dia.
- Encorajar o paciente a praticar exercícios de 3 a 4 vezes por semana.
- Encorajar o paciente a manter uma dieta balanceada e energética.

Cistite hemorrágica

O contato da acroleína, um metabólito da ciclofosfamida, e da ifosfamida com a mucosa urinária pode resultar em irritação e processo inflamatório, levando a um quadro de cistite hemorrágica.

Gerenciamento:

- Educar o paciente sobre o potencial hemorrágico de ifosfamida e ciclofosfamida.
- Educar os pacientes sobre sinais e sintomas (hematúria, disúria).
- Obter parâmetros laboratoriais basais (urinálises, creatinina sérica).
- Instruir o paciente a ingerir grande quantidade de líquidos.
- Instruir o paciente a esvaziar a bexiga a cada 1-2 horas durante o dia, ao se deitar e durante a noite.
- Administrar hidratação de fluidos durante a aplicação da ifosfamida e ciclofosfamida.
- Administrar Mesna® em conjunto com ciclofosfamida e ifosfamida.
- Fazer a administração de ifosfamida bem cedo no período da manhã.
- Descontinuar o tratamento se ocorrerem episódios hemorrágicos.

Disfunções sexuais e reprodutivas

Uma alteração no funcionamento sexual e um impacto na capacidade reprodutiva podem ser causados pela doença, pelo tratamento e pelos efeitos colaterais da terapia.

Gerenciamento:

- Avaliar os fatores de risco relacionados à doença, como câncer geniturinário (ovário, cérvix, testículo, pênis).
- Acompanhar os fatores de risco relacionados a tratamentos cirúrgicos (histerectomia, ooforectomia, ressecção abdominoperineal, cistectomia, prostatectomia, orquidectomia, penectomia).
- Avaliar os fatores de risco relacionados à radioterapia.
- Avaliar o uso de outros medicamentos que alterem as funções sexuais.
- Sugerir ao paciente que colha material para banco de esperma e óvulos antes de iniciar o tratamento.

PROTOCOLOS CLÍNICOS DE QUIMIOTERAPIA

Embora os protocolos reflitam o pensamento médico, nem todas as drogas e dosagens são aprovadas pela FDA para tratar determinadas neoplasias. Entretanto, as informações listadas a seguir somente suplementam o processo de tomada de decisão na escolha da melhor alternativa medicamentosa.

A escolha da dose e seu ajuste devem ser realizados para prevenir toxicidades e preservar os órgãos responsáveis pela eliminação das drogas.

Normalmente se utilizam doses e esquemas posológicos em quantidades determinadas por peso ou área corporal. Pacientes com dano renal, hepático e disfunção de médula óssea devem ter as doses ajustadas a cada sessão. Normalmente os protocolos recebem denominações resumidas (acronímias) para facilitar a prescrição cotidiana do médico e a manipulação e o acompanhamento por parte do farmacêutico e do enfermeiro.

Os protocolos devem ser constantemente atualizados, utilizando bibliografias recentes, guias (*guidelines*) e revisões, todos obtidos de fontes idôneas, p. ex., periódicos de associações científicas internacionalmente reconhecidas, boletins da FDA, OMS, OPAS etc.

Testes farmacogenéticos em oncologia

Os testes genéticos para terapia direcionada ao câncer detectam mutações adquiridas no DNA das células cancerosas e/ou polimorfismos em todas as células germinativas. A genotipagem das células cancerosas pode ajudar a orientar o tipo de tratamento direcionado, além de prever quem pode responder à terapia planejada e quem provavelmente não será beneficiado. Os pesquisadores estudaram extensivamente essas variantes nos genes a fim de compreender melhor o câncer e desenvolver drogas para interferir em uma etapa específica do crescimento da doença, ao mesmo tempo que causam danos mínimos às células normais. Os primeiros exemplos foram dasatinibe e nilotinibe, projetados para contornar a mutação adquirida T315I no gene *Abl* em pacientes com leucemia mieloide crônica. Infelizmente, nem todo câncer tem essas mutações adquiridas, e várias células de câncer hematológico sem essa assinatura genética não podem se beneficiar de tratamentos personalizados.

Os testes farmacogenômicos também são importantes para a questão farmacoeconômica: os medicamentos direcionados são caros e geralmente só funcionam com eficácia em pacientes com câncer que carregam um marcador genético. O teste genético antes do início da terapia é necessário para combinar o tratamento com os pacientes e cânceres que provavelmente se beneficiarão deles. Em contrapartida, os quimioterápicos são mais baratos, mas se baseiam no paradigma da "tentativa e erro" que conduz a internação durante os tratamentos. Recentemente, para reduzir o gasto farmacêutico, uma combinação de 2 SMI bloqueando dois genes mutados (*BRAF* e *MET*) passou a ser realizada na formulação única (encorafenibe + binimatenibe) para terapia de melanoma. Assim, também é traçado o caminho para a onco-hematologia.

Os medicamentos contra o câncer direcionados mais comuns, para os quais os testes estão disponíveis, incluem:

- Drogas que bloqueiam a ligação da sinalização de crescimento a receptores na superfície celular.
- Os inibidores de pequenas moléculas são capazes de atravessar a membrana celular e bloquear os sinais de crescimento no sítio ativo específico.

Esses testes farmacogenéticos são usados para ajudar a ajustar a dosagem de medicamentos para certos tipos de câncer. Eles ajudam a informar ao oncologista se certas drogas direcionadas ao câncer podem ou não funcionar.

PRINCÍPIOS DA QUIMIOTERAPIA COMBINADA

A combinação entre agentes quimioterápicos normalmente aumenta o *log* de eliminação de células cancerosas. Em alguns casos, o efeito sinérgico é atingido. Combinações são frequentemente citotóxicas para uma grande população de células cancerosas e previnem a formação de clones resistentes.

A combinação que utiliza células ciclo-específicas e não ciclo-específicas pode ser citotóxica para células em divisão e as demais. Os seguintes princípios são importantes na seleção apropriada de drogas usadas na quimioterapia combinada:

- Cada droga deve ser ativa quando usada isoladamente para determinado tipo de câncer.
- As drogas devem ter mecanismo de ação diferente.
- A resistência cruzada deve ser mínima.
- As drogas devem ter efeitos tóxicos diferentes.

A terapia combinada, uma modalidade de tratamento que combina dois ou mais agentes terapêuticos, é a base da terapia do câncer. A combinação de drogas anticâncer aumenta a eficácia em comparação com a abordagem de monoterapia porque tem como alvo as principais vias de uma forma caracteristicamente sinérgica ou aditiva. Essa abordagem reduz potencialmente a resistência aos medicamentos, ao mesmo tempo que fornece benefícios terapêuticos anticâncer, como redução do crescimento tumoral e do potencial metastático, interrupção das células mitoticamente ativas, redução das populações de células-tronco cancerosas e indução da apoptose.

As taxas de sobrevivência em 5 anos para a maioria dos cânceres metastáticos ainda são bastante baixas, e o processo de desenvolvimento de uma nova droga anticâncer é caro e extremamente demorado. Portanto, estão sendo consideradas novas estratégias que visem às vias de sobrevivência que forneçam resultados eficientes e eficazes a um custo acessível. Uma dessas abordagens incorpora agentes terapêuticos de reaproveitamento inicialmente usados para o tratamento de diferentes doenças além do câncer. Essa abordagem é eficaz principalmente quando o agente aprovado pela FDA tem como alvo vias semelhantes encontradas no câncer.

Como um dos medicamentos usados na terapia combinada já foi aprovado pela FDA, os custos gerais da pesquisa da terapia combinada são reduzidos. Isso aumenta a eficiência de custos da terapia, beneficiando, assim, os "mal atendidos" do ponto de vista médico. Além disso, uma abordagem que combina agentes farmacêuticos reaproveitados com outras terapêuticas tem mostrado resultados promissores na mitigação da carga tumoral.

ESTRATÉGIAS ADICIONAIS PARA A QUIMIOTERAPIA

- Terapia intermitente: envolve o tratamento intermitente com doses altas de um agente quimioterápico, cujo uso contínuo possa ser muito tóxico. Caracterizada por ciclos de 3 a 4 semanas para atingir o efeito máximo sobre as células cancerosas, seguidos de um período para regeneração hematológica e imunológica. Esse tipo de tratamento tem grande sucesso em leucemias agudas, carcinomas testiculares e tumor de Wilms.
- Recrutamento e sincronia: essa estratégia de recrutamento envolve o uso inicial de drogas não ciclo-específicas para alcançar um *log* significativo de morte celular, que resulta no recrutamento para divisão celular.

Alguns exemplos de protocolos

Aids – sarcoma de Kaposi

- Doxorrubicina lipossomal 20 mg/m^2 IV (acima de 30 minutos), repetindo a cada 3 semanas.
- Daunorrubicina lipossomal 40 mg/m^2 IV (acima de 60 minutos), repetindo a cada 14 dias.

Mamas

- AC (doxorrubicina 45 mg/m^2 IV + ciclofosfamida 400-600 mg/m^2 IV), repetir ciclo a cada 21 dias.

- CMF (ciclofosfamida 100 mg/m^2 VO dias 1-14 + metotrexato 40 mg/m^2 IV dia 1 e dia 8 + fluorouracil 600 mg/m^2 IV dia 1 e dia 8), repetir ciclo a cada 28 dias.
- Paclitaxel 175 mg/m^2 IV (acima de 3 horas), repetir a cada 3 semanas.
- Docetaxel 60-100 mg/m^2 IV (acima de 1 hora), repetir a cada 3 semanas.

GERENCIAMENTO DA DOR ONCOLÓGICA

A dor (sofrimento) e a morte são os eventos mais temidos da doença neoplásica, existindo um conceito popular de que a dor do câncer é temível e incontrolável.

Estima-se que a dor é um sintoma presente em cerca de 30% dos pacientes no início do tratamento oncológico e em 70% dos pacientes em fases mais avançadas da doença. Isso representa um montante de 3,5 milhões de pessoas que sofrem de dor associada ao câncer, a cada dia, no mundo todo.

Paralelamente a isso, o maior fator de risco isolado para o desenvolvimento de uma neoplasia é a idade. Dessa forma, a maior frequência de neoplasias, o perfil do tipo de neoplasia e dificuldades particulares no diagnóstico e tratamento dos idosos fazem com que o trinômio idoso-neoplasia-dor seja extremamente frequente na prática diária, quer do oncologista, quer do geriatra.

Os sintomas álgicos somados às incapacidades primariamente relacionadas à idade, à neoplasia e ao seu tratamento são causas de insônia, anorexia, confinamento ao leito, perda do convívio social, redução das atividades profissionais e de lazer e, como consequência, uma redução importante na qualidade de vida.

A International Association for the Study of Pain define dor como uma experiência sensorial e emocional desagradável que associamos à lesão tecidual ou tal como a descrevemos.

A dor, assim como toda a nossa experiência sensorial, é percebida como uma vivência pessoal íntima e dependente de nosso estado de ânimo, de forma que o desconforto álgico não é uma qualidade isolada, mas sim uma experiência perceptual complexa, na qual interferem fatores ambientais, experiências prévias, nível cultural, grupo racial, faixa etária, aspectos da vida afetiva e muitos outros.

O relato da experiência dolorosa pelo paciente aos profissionais de saúde que o atendem é fundamental para a compreensão do quadro álgico, implementação de medidas analgésicas e avaliação da eficácia terapêutica.

Não há métodos objetivos, eletrofisiológicos, biológicos ou químicos que possam quantificar de forma inequívoca a sensação dolorosa, mas a necessidade de conhecer e comparar quadros dolorosos entre populações diferentes e de quantificar respostas às diversas terapias fez surgir o interesse no desenvolvimento de inventários e escalas para avaliação da dor, passíveis de comparação e que possibilitassem o desenvolvimento de uma linguagem universal sobre a experiência dolorosa.

A maior parte dos métodos para avaliação da dor baseia-se na descrição verbal. Foram elaboradas várias escalas para mensurar os componentes de intensidade da dor, mas poucas aferem os aspectos sensitivos e afetivos.

Na tentativa de avaliar corretamente a dor, devem-se analisar quatro componentes dela: sensorial-discriminativo, afetivo-motivacional, cognitivo e comportamental, descritos a seguir.

Componente sensorial-discriminativo

Relativo aos mecanismos neurofisiológicos da nocicepção, explicando o tipo de estímulo, sua intensidade, a qualidade, o tempo e a localização.

Componente afetivo-motivacional

Exprime o caráter desagradável da sensação dolorosa. Pode evoluir para estados mais diferenciados, como a angústia e a depressão.

Componente cognitivo

Engloba um conjunto de processos capazes de modular a dor, como fenômenos de atenção-distração, significado e interpretação da situação dolorosa, sugestão e antecipação da dor, fatos referentes às experiências vividas ou aprendidas.

Componente comportamental

Corresponde ao conjunto de manifestações observadas pelo médico: fisiológicas (aumento das frequências cardíaca e respiratória, suores, palidez etc.), verbais (queixas, gemidos, gritos etc.) e motoras (agitação, imobilidade, proteção da área afetada etc.).

De forma complementar e para permitir avaliações mais rápidas, principalmente após intervenções terapêuticas, podem-se utilizar escalas unidimensionais, que, embora não permitam avaliar os vários componentes da dor, são suficientes para estimar as variações da percepção dolorosa.

O método mais universalmente empregado com esse fim é a escala visual analógica (EVA).

TRATAMENTO DA DOR

O melhor tratamento da dor associada ao câncer é, sempre que possível, o tratamento do próprio câncer. Assim, a conduta oncológica (cirurgia, radioterapia, imunoterapia ou tratamento farmacológico, isolados ou combinados) deve ser sempre a primeira consideração.

É claro que, mesmo com um plano de tratamento oncológico bem definido, a dor deve ser tratada de imediato, não podendo esperar os resultados de um tratamento específico, passando então a fazer parte de um plano mais amplo de cuidados gerais ao paciente, que inclui obrigatoriamente as ações de uma equipe multidisciplinar.

Passos principais para o tratamento da dor

- Proceder à avaliação mais rápida e mais completa possível da dor.
- Integrar adequadamente as diversas abordagens multiprofissionais para o tratamento analgésico.
- Avaliar adequadamente as vias metabólicas e de excreção que possam interferir nos parâmetros de farmacocinética.
- Iniciar o tratamento prontamente.
- Fazer tantas reavaliações periódicas quanto forem necessárias até o adequado controle da dor.

Tratamento farmacológico

- Selecionar a droga analgésica apropriada.
- Prescrever a dose adequada da droga.
- Administrar a droga pela via apropriada.
- Selecionar o intervalo ideal entre as doses.
- Prevenir a dor persistente e aliviar os episódios de dor extrema.
- Ajustar a dose da droga de forma ativa e agressiva.
- Antecipar, prevenir e tratar adequadamente os efeitos colaterais da medicação.
- Considerar o teste sequencial de analgésicos.
- Usar apropriadamente as drogas adjuvantes.

Pode-se dividir a prescrição do tratamento medicamentoso para a dor em três grupos:

- Analgésicos propriamente ditos (segundo a proposta da OMS).
- Analgésicos adjuvantes.
- Medicamentos para minimizar os efeitos colaterais do tratamento.

Quanto aos analgésicos propriamente ditos, as recomendações da OMS são de que a administração de drogas seja escalonada de acordo com um "efeito analgésico" em três etapas:

- Primeira etapa: analgésicos não opioides (p. ex., metamizol, acetaminofeno etc.).
- Segunda etapa: agregar opioides fracos (p. ex., codeína, tramadol, oxicodona etc.).
- Terceira etapa: opioides fortes em doses crescentes (p. ex., morfina, buprenorfina, fentanil etc.).

As medicações adjuvantes podem ser acrescentadas em todas as etapas da proposta da OMS. Podem ser utilizados antidepressivos, corticosteroides, neurolépticos, anti-histamínicos, ansiolíticos etc.

A orientação básica para a utilização da medicação adjuvante é a seguinte:

- Avaliar adequadamente o paciente quanto a síndrome dolorosa, condição médica geral e psicossocial.
- Selecionar cada droga para uma indicação específica, de acordo com seus parâmetros farmacocinéticos, seu perfil de ação e seus potenciais efeitos colaterais.
- Considerar os riscos e benefícios da polifarmacoterapia, incluindo o aumento no custo do tratamento.
- Integrar o analgésico adjuvante no plano de tratamento global da dor.

Premissas importantes no tratamento da dor

A causa da dor oncológica é quase sempre persistente, portanto se deve preferir um esquema basal de analgesia suplementado, quando preciso, no lugar de um esquema "se necessário".

Os esquemas de analgesia devem ser sempre individualizados e reavaliados em intervalos curtos para sua maior adequação.

Muitos dos medicamentos empregados (analgésicos não opioides, anti-inflamatórios não esteroides, opioides fracos etc.) possuem um "teto de analgesia". Aumentar as doses além desse "teto" produz um aumento dos efeitos secundários, sem maior resposta analgésica. Pode ser mais interessante usar doses mais baixas de um medicamento mais potente do que doses elevadas de medicamentos de potência analgésica menor.

A grande maioria dos efeitos adversos da medicação analgésica é antecipável e deve ser adequadamente evitada, por exemplo, com o emprego de antiácidos, laxantes etc.

O sucesso terapêutico depende fundamentalmente de um diagnóstico correto e um plano de tratamento. No paciente com câncer, definir a etiopatogenia da sua dor não é um exercício intelectual, mas uma prioridade que otimizará o tratamento. Na elaboração de um esquema analgésico é importante conhecer, além da etiologia da dor, o estadiamento do câncer, os possíveis tratamentos para ele, a possibilidade de estratégias adicionais para a quimioterapia terapêutica.

A dor, como uma experiência multidimensional, deve receber um tratamento multimodular que, no paciente com dor oncológica, inclui analgésicos, radioterapia, tratamento psiquiátrico e/ou psicológico, fisioterapia e neurocirurgia ablativa.

O tratamento farmacológico é essencial, e acredita-se que, quando devidamente utilizado, controla a dor da grande maioria dos pacientes oncológicos. Os analgésicos podem ser divididos em três grupos: analgésicos não opioides, opioides e medicamentos coadjuvantes.

Com o objetivo de estabelecer parâmetros para a utilização dos analgésicos no tratamento da dor oncológica, a OMS apresentou, em 1986, um critério de utilização deles, conhecido como a "escada analgésica". Segundo esse esquema, a escolha do analgésico depende da gravidade da dor e das possíveis contraindicações para seu uso. Sempre que possível, o não opioide é a primeira escolha, associado ou não a um coadjuvante. Na presença de uma resposta analgésica não satisfatória, o "próximo degrau" seria o uso dos chamados opioides fracos, que poderiam ou não ser associados ao esquema anterior, e, finalmente, para as dores mais graves, seria necessário o uso dos opioides fortes, que também poderiam ou não ser associados aos não opioides e/ou coadjuvantes.

NOVOS CENÁRIOS PARA O TRATAMENTO DO CÂNCER

Em breve, milhares de pacientes com câncer usuários do National Health Service (NHS) da Inglaterra poderão acessar testes de um novo tratamento de vacina. Ele foi projetado para preparar o sistema imunológico para atingir células cancerígenas e reduzir o risco de recorrência. Espera-se também que essas vacinas produzam menos efeitos colaterais do que a quimioterapia convencional. Trinta hospitais se juntaram ao Cancer Vaccine Launch Pad, que combina pacientes com testes futuros usando a mesma tecnologia de mRNA encontrada nas vacinas atuais contra a Covid-19. Mais de 200 pacientes do Reino Unido, Alemanha, Bélgica, Espanha e Suécia receberão até 15 doses da vacina personalizada, em estudo previsto para ser concluído até 2027.

Pesquisadores nos Estados Unidos desenvolveram um teste que, segundo eles, pode identificar 18 cânceres em estágio inicial. Em vez dos métodos invasivos e caros usuais, o teste da Novelna funciona analisando a proteína sanguínea de um paciente. Em uma triagem de 440 pessoas já diagnosticadas com câncer, o teste identificou corretamente 93% dos cânceres em estágio 1 em homens e 84% em mulheres. Os pesquisadores acreditam que as descobertas "abrem caminho para um teste de triagem multicâncer, altamente preciso e com boa relação custo-benefício, que pode ser implementado em uma escala populacional". No entanto, ainda é cedo. Com uma triagem de amostra tão pequena e a falta de informações sobre condições coexistentes, o teste é atualmente mais um ponto de partida para o desenvolvimento de uma nova geração de testes de triagem para a detecção precoce do câncer.

A oncologia de precisão é a "melhor nova arma para derrotar o câncer", e isso envolve estudar a composição genética e as características moleculares dos tumores cancerígenos em pacientes individualmente. A abordagem da oncologia de precisão identifica mudanças nas células que podem estar causando o crescimento e a disseminação do câncer. Tratamentos personalizados podem então ser desenvolvidos. O Projeto 100.000 Genomas, uma iniciativa do NHS, estudou mais de 13 mil amostras de tumores de pacientes com câncer do Reino Unido, integrando com sucesso dados genômicos para apontar com mais precisão o tratamento eficaz. Como os tratamentos de oncologia de precisão são direcionados – ao contrário de tratamentos gerais como a quimioterapia –, isso pode significar menos danos às células saudáveis e menos efeitos colaterais como resultado.

Na Índia, os parceiros do Fórum Econômico Mundial estão usando tecnologias emergentes como inteligência artificial (IA) e aprendizado de máquina para transformar o tratamento do câncer. Por exemplo, o perfil de risco baseado em IA pode ajudar a rastrear cânceres comuns como o de mama, levando ao diagnóstico precoce. A tecnologia de IA também pode ser usada para analisar radiografias para identificar cânceres em locais onde especialistas em imagem podem não estar disponíveis. Essas são duas das 18 intervenções contra o câncer que o The Centre for the Fourth Industrial Revolution India, uma colaboração com o Fórum, espera acelerar.

Em 2022, um tratamento que faz com que as células imunes cacem e matem células cancerígenas foi declarado um sucesso para pacientes com leucemia. Conhecido como terapia com células CAR-T, ele envolve a remoção e alteração genética de células imunes, chamadas células T, de pacientes com câncer. As células alteradas então produzem proteínas chamadas receptores de antígenos quiméricos (CAR), que podem reconhecer e destruir células cancerígenas.

BIBLIOGRAFIA

Alexander MD, Rao KV, Khan TS, Deal AM. ReCAP: Pharmacists' impact in hematopoietic stem-cell transplantation: economic and humanistic outcomes. J Oncol Pract. 2016;12(2):147-8; e118-e126.

Battis B, Clifford L, Huq M, Pejoro E, Mambourg S. The impacts of a pharmacist-managed outpatient clinic and chemotherapy-directed electronic order sets for monitoring oral chemotherapy. J Oncol Pharm Pract. 2017;23:582-90.

Berkery R, Cleri LB, Skarin AT. Oncology: pocket guide to chemotherapy. 3.ed. Saint Louis: Mosby-Wolfe; 1997. Carter BL. Evolution of clinical pharmacy in the USA and future directions for patient care. Drugs Aging. 2016;33:169-77.

Chen KY, Brunk KM, Patel BA, Stocker KJ, Auten JJ, Buhlinger KM, et al. Pharmacist's role in managing patients with chronic lymphocytic leukemia. Pharmacy. 2020;8:52.

Crespo A, Tyszka M. Evaluating the patient-perceived impact of clinical pharmacy services and proactive follow-up care in an ambulatory chemotherapy unit. J Oncol Pharm Pract. 2017;23:243-8.

Crisci S, Amitrano F, Saggese M, Muto T, Sarno S, Mele S, et al. Overview of current targeted anti-cancer drugs for therapy in onco-hematology. Medicina (Kaunas). 2019;55(8):414.

Darling JO, Raheem F, Carter KC, Ledbetter E, Lowe JF, Lowe C. Evaluate of a pharmacist led oral chemotherapy clinic: a pilot program in the gastrointestinal clinic at an academic medical center. Pharmacy. 2020;8:46.

Finn A, Bondarenka C, Edwards K, Hartwell R, Letton C, Perez A. Evaluation of electronic health record implementation on pharmacist interventions related to oral chemotherapy management. J Oncol Pharm Pract. 2017;23:563-74.

Foley KM. Supportive care and the quality of life of cancer patient. In: De Vitta KI, et al. Cancer: principles and practice of oncology. 4.ed. Philadelphia: Lippincott; 1993. p.2417-48.

Gracely RH, Dubner R. Pain assessment in humans: a reply to hall. Pain. 1981;11(1):109-20.

Ho L, Akada K, Messner H, Kuruvilla J, Wright J, Seki JT. Pharmacist's role in improving medication safety for patients in an allogeneic hematopoietic cell transplant ambulatory clinic. Can J Hosp Pharm. 2013;66:110-7.

Holle LM, Michaud LB. Oncology pharmacists in health care delivery: vital members of the cancer care team. J Oncol Pract. 2014;10:e142-e145.

Holle LM, Segal EM, Jeffers KD. The expanding role of the oncology pharmacist. Pharmacy (Basel). 2020;8(3):130.

Huskisson EC. Measurement of pain. Lancet. 1974;2(7889):1127-31.

Knapp K, Ignoffo R. Oncology pharmacists can reduce the projected shortfall in cancer patient visits: projections for years 2020 to 2025. Pharmacy. 2020;8:43.

Lopez-Martin C, Garrido Siles M, Alcaide-Garcia J, Felipe VF. Role of clinical pharmacists to prevent drug interactions in cancer outpatients: a single-centre experience. Int J Clin Pharm. 2014;36:1251-9.

Lucena M, Bondarenka C, Luehrs-Hayes G, Perez A. Evaluation of a medication intensity screening tool used in malignant hematology and bone marrow transplant services to identify patients at risk for medication-related problems. J Oncol Pharm Pract. 2018;24:243-52.

Melzack R, Katz J. Pain measurement in person in pain. In: Wall PD, Melrack R. Textbook of pain. 3.ed. Edinburgh: Churchill Livingstone; 1994. p.337-51.

Mokhtari RB, Homayouni TS, Baluch N, Morgatskaya E, Kumar S, Das B, et al. Combination therapy in combating cancer. Oncotarget. 2017; 8(23):38022-43.

Muluneh B, Schneider M, Faso A, Amerine L, Daniels R, Crisp B, et al. Improved adherence rates and clinical outcomes of an integrated, closed-loop, pharmacist-led oral chemotherapy management program. J Oncol Pract. 2018;14:e324-e334.

Randolph LA, Walker CK, Nguyen AT, Zachariah SR. Impact of pharmacist interventions on cost avoidance in an ambulatory cancer center. J Oncol Pharm Pract. 2016; 24:3-8.

Ruder AD, Smith DL, Madsen MT, Iii FHK. Is there a benefit to having a clinical oncology pharmacist on staff at a community oncology clinic? J Oncol Pharm Pract. 2011;17:425-32.

Schavinski C. Epidemiologia do câncer no Brasil e no mundo [citado 7 abr. 2021]. Disponível em: https://draclaudiaoncologista.com.br/epidemiologia-do-cancer-no--brasil-e-no-mundo/.

Segal E-M, Bates J, Fleszar SL, Holle LM, Kennerly-Shah J, Rockey M, et al. Demonstrating the value of the oncology pharmacist within the healthcare team. J Oncol Pharm Pract. 2019;25(8):1945-67.

Suzuki S, Chan A, Nomura H, Johnson PE, Endo K, Saito S. Chemotherapy regimen checks performed by pharmacists contribute to safe administration of chemotherapy. J Oncol Pharm Pract. 2017;23(1):18-25.

Suzuki S, Sakurai H, Kawasumi K, Tahara M, Saito S, Endo K. The impact of pharmacist certification on the quality of chemotherapy in Japan. Int J Clin Pharm. 2016;38: 1326-35.

Sweiss K, Wirth SM, Sharp L, Park K, Sweiss H, Rondelli D, et al. Collaborative physician--pharmacist-managed multiple myeloma clinic improves guideline adherence and prevents treatment delays. J Oncol Pract. 2018;14:e674-e682.

Walko C, Kiel PJ, Kolesar J. Precision medicine in oncology: new practice models and roles for oncology pharmacists. Am J Health-Syst Pharm. 2016;73:1935-42.
Watkins JL, Landgraf A, Barnett CM, Michaud L. Evaluation of pharmacist-provided medication therapy management services in an oncology ambulatory setting. J Am Pharm Assoc. 2012;52:170-4.
Whitman A, DeGregory K, Morris A, Mohile S, Ramsdale E. Pharmacist-led medication assessment and deprescribing intervention for older adults with cancer and polypharmacy: a pilot study. Support Care Cancer. 2018;26:4105-13.

23

Saúde da mulher

INTRODUÇÃO

Nos últimos anos, os problemas médicos e a saúde das mulheres têm recebido mais atenção, com o desenvolvimento de programas públicos e privados de saúde, protocolos de cuidados e clínicas especializadas. Ser homem ou mulher tem um impacto significativo na saúde, tanto por diferenças biológicas quanto por gênero. A saúde de mulheres e meninas é particularmente preocupante porque, em muitas sociedades, elas são prejudicadas pela discriminação baseada em fatores socioculturais. Por exemplo, mulheres e meninas enfrentam maior vulnerabilidade ao HIV/aids.

De acordo com a Organização Mundial da Saúde (OMS), alguns dos fatores socioculturais que impedem que mulheres e meninas se beneficiem de serviços de saúde de qualidade e de alcançar o melhor nível de saúde possível incluem:

- Relações de poder desiguais entre homens e mulheres.
- Normas sociais que diminuem a educação e as oportunidades de emprego remunerado.
- Foco exclusivo no papel reprodutivo das mulheres.
- Experiência potencial ou real de violência física, sexual e emocional.

Existem muitas oportunidades para os farmacêuticos se envolverem mais nos serviços de saúde clínica da mulher e na pesquisa centrada na medicina baseada no sexo e gênero. Há lacunas na pesquisa em saúde baseada em sexo e gênero, especialmente no que diz respeito às diferenças farmacocinéticas e farmacodinâmicas na ação e no metabolismo de drogas entre mulheres e homens.

A utilização de serviços de saúde também tende a diferir entre mulheres e homens, com as mulheres tendendo a utilizar mais serviços de saúde preventivos e diagnósticos em comparação aos homens. As razões para essas diferenças na utilização dos serviços de saúde não são claras, e mais pesquisas são necessárias para examinar como os determinantes sociais da saúde podem desempenhar um papel. Para abordar essas questões, os prestadores de cuidados de saúde de todos os tipos devem se envolver no avanço da ciência em torno do sexo e das diferenças de gênero na saúde. Existem muitas oportunidades para farmacêuticos em pesquisas baseadas na prática e em serviços de saúde com foco na saúde da mulher. Os farmacêuticos podem ajudar a melhorar o acesso das mulheres aos serviços de saúde reprodutiva. De acordo com o American College of Obstetricians and Gynecologists (ACOG), os altos custos dos cuidados de saúde e a falta de acesso aos cuidados são barreiras para o uso de contracepção hormonal pelas mulheres. Até 16% das mulheres norte-americanas relatam que o custo as impediu de consultar um profissional de saúde no ano anterior, o que pode influenciar as taxas de gravidez indesejada nos Estados Unidos. Encontrar maneiras de melhorar o acesso das mulheres a serviços de saúde acessíveis pode ajudar a melhorar os resultados clínicos e econômicos das mulheres relacionados à saúde reprodutiva.

Existem diferenças na morbidade e mortalidade entre homens e mulheres. A maioria das doenças que podem afetar tanto homens como mulheres não tem sido tão bem estudada nas mulheres.

Muitas pesquisas de prevenção de doenças e fisiopatologia têm incluído unicamente assuntos masculinos. Existe pouca compreensão na expressão de doenças nos dois sexos. Finalmente, as mulheres recebem cuidados diferentes dos homens para certos problemas de saúde comuns para ambos os sexos.

A atenção farmacêutica em pacientes do sexo feminino vem ganhando grande espaço nos últimos anos, principalmente no acompanhamento do uso de medicamentos utilizados para osteoporose, tratamento de reposição hormonal e os riscos envolvidos em outras doenças.

Dado que a carga de trabalho da atenção primária continua a crescer, as farmácias comunitárias podem fornecer acesso ampliado a locais de cuidados de saúde e prestadores de serviços de saúde exclusivos para mulheres, como aconselhamento e prescrições de contracepção hormonal, bem como tratamento dos sintomas da menopausa.

Com o potencial da contracepção hormonal para eventualmente obter o *status* de ponto de atendimento nos Estados Unidos, as farmácias comunitárias podem se tornar um ponto de acesso ainda mais importante para mulheres que buscam aconselhamento sobre esses produtos.

Além de fornecer os serviços clínicos necessários, isso representa uma oportunidade para os farmacêuticos documentarem ainda mais o impacto que os serviços de saúde da mulher conduzidos por farmacêuticos têm na clínica da mulher e nos resultados econômicos. A avaliação econômica dos serviços de saúde reprodutiva liderados por farmacêuticos, a satisfação das mulheres com esses serviços e a satisfação no trabalho dos farmacêuticos com o fornecimento desses serviços clínicos precisam de uma avaliação mais aprofundada em diferentes ambientes de prática farmacêutica e entre diferentes populações de mulheres. O papel do farmacêutico no campo da prevenção de doenças pode representar um grande diferencial na melhora dos padrões de saúde das pacientes.

CUIDADO FARMACÊUTICO NA SAÚDE DA MULHER

O campo da saúde da mulher vai além da saúde reprodutiva. Doenças cardíacas e osteoporose continuam a ser tópicos importantes na saúde das mulheres. Além dos serviços de contracepção hormonal iniciados por farmacêuticos, há muitas oportunidades para os farmacêuticos se envolverem e demonstrarem seu valor relacionado a esses outros aspectos da saúde da mulher. Isso pode ser feito por meio de educação em saúde e exames de saúde em pacientes ambulatoriais em locais acessíveis. Por exemplo, os serviços educacionais e clínicos baseados em farmacêuticos e estudantes de farmácia influenciaram positivamente a compreensão das mulheres sobre medicamentos crônicos, fatores de risco cardiovascular e saúde óssea, bem como melhoraram a adesão das mulheres a exames de densidade mineral óssea e suplementação de cálcio. Os farmacêuticos podem desempenhar um papel fundamental no fornecimento de informações educacionais sobre esses tópicos, melhorando a conscientização das mulheres sobre seus riscos individuais à saúde e direcionando as mulheres aos recursos locais. Mais pesquisas são necessárias para demonstrar os benefícios clínicos e econômicos dos programas de promoção da saúde e gerenciamento de doenças crônicas que são fornecidos por farmacêuticos em ambientes comunitários e de atendimento ambulatorial, bem como a sustentabilidade desses programas. Dado que o Escritório de Saúde da Mulher da Food and Drug Administration (FDA) dos Estados Unidos desenvolveu um Roteiro de Pesquisa em Saúde da Mulher para destacar as áreas prioritárias para pesquisa em saúde feminina, farmacêuticos e estudantes farmacêuticos interessados em carreiras não tradicionais em farmácia também podem se beneficiar do treinamento em saúde da mulher relacionado especificamente a assuntos regulatórios e métodos de pesquisa.

Uma área de pesquisa prioritária nesse roteiro é "melhorar as comunicações de saúde", que inclui o desenvolvimento e a avaliação de ferramentas e métodos para ajudar mulheres na tomada de decisões informadas sobre sua saúde. Farmacêuticos podem contribuir para essa prioridade de pesquisa, ajudando a disseminar, implementar e avaliar serviços de saúde educacional para mulheres em locais acessíveis da comunidade.

À medida que as políticas continuam a evoluir aos papéis dos farmacêuticos em medicina baseada em sexo e gênero da saúde das mulheres em particular, há também uma necessidade de maior atenção a bolsas de estudos de ensino e aprendizagem em farmácia. Isso inclui incorporar módulos sobre a saúde da mulher dentro dos currículos das faculdades de farmácia, bem como fornecer farmacêuticos praticantes com oportunidades de educação continuada. Essa conjuntura pode ajudar a preparar melhor o aluno farmacêutico e novos profissionais para funcionar como parte de uma equipe interdisciplinar de profissionais de saúde da mulher.

No geral, farmacêuticos e estudantes farmacêuticos podem se envolver mais em três áreas-chave da pesquisa em saúde da mulher. Isso inclui saúde reprodutiva e promoção da saúde e de serviços educacionais para a gestão de doenças crônicas, especialmente em relação a doenças cardíacas e osteoporose. Além disso, os farmacêuticos podem promover e demonstrar o valor que eles agregam a equipes interdisciplinares de atendimento.

Em 2024, o Conselho Federal de Farmácia (CFF) regulamentou a prescrição de anticoncepcionais hormonais por farmacêuticos.

A seguir são abordados temas importantes no contexto de saúde da mulher.

MORBIDADE E MORTALIDADE NAS MULHERES

Morbidade

Pelas condições obstétricas e ginecológicas, as mulheres revelam maior morbidade que os homens. Estudos revelam que as mulheres apresentam uma taxa 25% superior de restrição de atividade e 40% superior de invalidez em todas as idades. Por exemplo, 22,2% das mulheres acima de 85 anos precisam de assistência nas atividades diárias, comparadas com 14,5% dos homens da mesma faixa etária.

As mulheres também vão mais ao médico, particularmente por doenças agudas. Não é claro se existe uma real diferença na prevalência da morbidade ou uma diferença no cuidado com a investigação e percepção dos sintomas.

Mortalidade

Nas nações desenvolvidas, mulheres vivem mais que os homens. Em 1995, nos Estados Unidos, a expectativa de vida média das mulheres era de 79,7 anos e a dos homens era de 72,8 anos. Embora sejam concebidos mais fetos masculinos que femininos, mulheres têm uma vantagem de sobrevivência em relação aos homens em todos os grupos etários.

A maior longevidade das mulheres em países desenvolvidos, comparada com a dos homens, é esperada em grande parte pela diferença de mortalidade causada por doença arterial coronariana (DAC).

As causas predominantes de morte entre as mulheres jovens nos Estados Unidos são acidentes, homicídio e suicídio. Durante a meia-idade, o câncer de mama é mais comum que DAC e câncer de pulmão. Nas mulheres entre 65 e 74 anos, DAC, câncer de pulmão e doença cerebrovascular ultrapassam o câncer de mama na prevalência de causas de mortes.

Entre as mulheres de todas as idades, a DAC é a principal causa de morte por uma margem substancial, com uma mortalidade 5 a 6 vezes superior à do câncer de pulmão ou de mama. Apesar de tudo, uma recente pesquisa Gallup verificou que mulheres norte-americanas acreditam que o câncer de mama é a maior ameaça para suas vidas.

Influência dos fatores sociais na morbidade e na mortalidade

Morbidade e mortalidade podem ser explicadas em parte por fatores psicossociais: pobreza, participação na força de trabalho e estilo de vida.

A morbidade e mortalidade da mulher brasileira são indicadores de saúde que podem ser analisados a partir de diferentes causas como doenças crônicas e infecciosas, causas externas, entre outras, sendo que podem ser explicadas em parte por fatores psicossociais: pobreza, participação na força de trabalho e estilo de vida.

- Doenças crônicas: em 2021, 45,5% das mortes evitáveis em mulheres de 5 a 74 anos foram causadas por doenças crônicas não transmissíveis (DCNT). As principais DCNTs que causaram mortes evitáveis em 2021 foram:

neoplasias (31%), doenças isquêmicas do coração (15,3%), doenças cerebrovasculares (14,4%) e diabetes mellitus (13,5%).

- Doenças infecciosas: em 2021, as infecções respiratórias como pneumonia, influenza e Covid-19, foram responsáveis por 39,1% das mortes evitáveis em mulheres de 5 a 74 anos. A Aids também foi uma das principais causas de morte evitável.
- Causas externas: as causas externas como acidentes e violências, foram responsáveis por 14,8% das mortes evitáveis em mulheres de 5 a 74 anos em 2021.
- Mortalidade materna: em 2021, a razão de mortalidade materna no Brasil voltou a níveis de 25 anos atrás. A pandemia de Covid-19 revelou problemas na atenção obstétrica, como falta de leitos de UTI e dificuldades de transferência para leitos de maior complexidade.

Nos últimos 30 anos, nos Estados Unidos, ocorreu um empobrecimento da população feminina por causa do rápido crescimento da porcentagem de mulheres chefes de família. Um terço das famílias dirigidas por mulheres vive na pobreza, e mais da metade delas vive na África e América Latina. Quase um quinto das mulheres acima de 65 anos nos Estados Unidos vive abaixo do nível de pobreza.

As mulheres constituem a maior parte dos pobres dentro da sociedade. Pessoas de baixa condição socioeconômica experimentam saúde mais precária e mais alta mortalidade que aquelas com maior poder aquisitivo.

A falta de uma assistência adequada à saúde é o maior problema da maioria das mulheres, especialmente das mais pobres e em idade reprodutiva. Mulheres geralmente são mal remuneradas, não têm sindicato e realizam trabalhos que não fornecem seguro de saúde. Mulheres divorciadas ou viúvas perdem o seguro de saúde que tinham graças aos seus maridos.

Prevenção

Prevenção primária e exames são elementos essenciais para melhorar a saúde das mulheres.

O exame físico anual é recomendado, e a maioria dos médicos acredita que história e exame físico sejam úteis para atribuir o estágio e medidas preventivas apropriadas para cada paciente. A maioria das autoridades recomenda que a pressão sanguínea seja medida frequentemente.

Aconselhamento sobre a dieta alimentar, não fumar, fazer exercícios físicos e usar cinto de segurança fazem parte da prevenção primária de doenças e acidentes. O aconselhamento sobre práticas sexuais seguras, abuso de álcool e violência também é recomendado.

Exames do glaucoma são recomendados às mulheres negras acima de 40 anos e às mulheres brancas acima de 50. Anualmente, exames para testar a acuidade visual são recomendados às mulheres acima de 70 anos.

Exames regulares da mama, cervical e câncer colorretal são recomendados. A grande maioria das autoridades recomenda um exame clínico anual de mama em todas as mulheres, a partir de 35 anos. Há forte evidência da eficácia de mamografia anual nas mulheres entre 50 e 59 anos. Nas mulheres acima de 60 anos, a incidência de câncer diminui muito, e consequentemente a necessidade de exames. Exames em mulheres entre 40 e 49 anos permanecem controversos.

A maioria das autoridades recomenda exame de Papanicolaou a partir dos 18 anos ou quando a mulher se torna sexualmente ativa. Depois de 2 ou 3 exames de Papanicolaou normais consecutivos, a maioria dos médicos recomenda o exame a cada 3 anos. Se o exame de Papanicolaou for normal por 10 anos, eles podem ser descontinuados nas mulheres depois dos 65 anos.

As recomendações de exame de câncer colorretal variam, e não há experiências controladas que tenham demonstrado o benefício. O benefício da sigmoidoscopia flexível é avaliado quando há sangramento.

O maior risco à saúde é o hábito de fumar. Em 1990, 28% dos homens e 23% das mulheres fumavam regularmente. Nos últimos 60 anos, o hábito de fumar tem diminuído entre os homens, mas não entre as mulheres, para quem o vício é mais forte. Fumo de baixa ou de alta qualidade oferece o mesmo risco de infarto do miocárdio. Estudos mostram que há uma redução de um terço do risco de DAC 2 anos após parar de fumar e eliminação do risco após 10 a 14 anos de desuso do tabaco.

Embora a redução do nível de colesterol tenha sido associada a um menor risco de DAC nos homens, estudos de prevenção têm incluído um pequeno número de mulheres. Colesterol total e lipoproteína de alta densidade (HDL) devem ser medidos uma vez. Se ambos estiverem normais, o teste deve ser repetido depois de 5 anos.

Pesquisas indicam que a dieta com vários antioxidantes (incluindo vitaminas C e E) está associada a um baixo nível de doença vascular e câncer. Pesquisas indicam que o uso regular de ácido acetilsalicílico está associado a uma redução na incidência de DAC e câncer colorretal.

DIFERENÇAS DE GÊNERO EM DOENÇAS

Obviamente algumas doenças manifestam-se somente em mulheres, determinadas por características que lhes são peculiares. Menopausa, alterações mamárias e desordens ginecológicas são condições dos estágios de vida feminina. A seguir, são apresentadas doenças que acometem tanto homens como mulheres.

Doença isquêmica do coração

Muitas pessoas pensam em DAC como um problema exclusivamente masculino, talvez porque eles tenham mais que duas vezes a incidência total de morbidade cardiovascular e mortalidade que mulheres entre as idades de 35 e 84 anos. Entretanto, nos Estados Unidos, a DAC é a causa líder de morte entre as mulheres, assim como entre os homens. Quase 250 mil mulheres morrem anualmente de DAC; acima de 40 anos, uma em cada três mulheres morrerá de doença do coração. Embora a mortalidade por DAC esteja caindo naquele país, nos últimos 30 anos a taxa de declínio é menor entre as mulheres.

As mulheres têm uma taxa menor de DAC que os homens por apresentarem maiores níveis de HDL-C, que reduz os níveis de triglicérides, e menor peso excedente. Os fatores de risco para DAC são: obesidade, pressão arterial alta, altos níveis de colesterol plasmático e de fibrinogênio e diabetes. O estrogênio exerce a cardioproteção por melhorar o perfil lipídico e por ter efeito vasodilatador. Os níveis do HDL-C são fatores protetores importantes à DAC nas mulheres. Níveis do HDL são mais altos nas mulheres quando comparados aos dos homens e são mais altos nas mulheres que fazem reposição hormonal com estrogênio na pré e pós-menopausa em comparação às não tratadas. O fumo é o fator de risco mais importante para DAC nas mulheres.

Angina é o sintoma inicial mais frequente de DAC nas mulheres, ocorrendo em 47% delas. Infarto do miocárdio é o sintoma inicial mais frequente nos homens, ocorrendo em 46% deles. O eletrocardiograma não é um exame específico para detectar DAC.

Em mulheres negras, verifica-se um risco maior de infarto do miocárdio que em homens.

Hipertensão

A hipertensão é mais comum em mulheres que em homens. Isso ocorre em razão da alta prevalência da doença em pessoas mais velhas e da longa sobrevida das mulheres. A hipertensão renovascular por displasia fibromuscular ocorre mais frequentemente em mulheres.

O benefício do tratamento com anti-hipertensivos, os efeitos colaterais e as reações adversas são iguais para ambos os sexos. Quando os anticoncepcionais são introduzidos, ocorre uma pequena elevação na pressão arterial.

O tratamento de reposição hormonal com estrogênio na pós-menopausa não está associado a aumento de pressão arterial.

Doenças autoimunes

Várias doenças autoimunes ocorrem mais frequentemente em mulheres que nos homens, como artrite reumatoide, lúpus eritematoso sistêmico, esclerose múltipla, doença de Graves e tireoidite. Em modelos animais de artrite reumatoide, lúpus e esclerose múltipla, as fêmeas são predominantemente afetadas. Os estudos também demonstram que essas fêmeas são menos suscetíveis a infecção. Em resumo, mulheres e animais fêmeas parecem ter respostas imunes mais vigorosas, com consequências adversas e benéficas. Evidências indicam que o estrogênio regula a imunidade celular e humoral. Pesquisa recente indica que o estrogênio auxilia no restabelecimento do ferimento e também pode retardar o desenvolvimento de enfermidades degenerativas, como a doença de Alzheimer.

Osteoporose

A secreção de estrogênio é importante no controle da densidade óssea. O risco de osteoporose em mulheres após a menopausa é maior que em homens da mesma idade, enquanto a reposição hormonal com estrogênio diminui a incidência de osteoporose.

Desordens psicológicas

Depressão, bulimia e anorexia nervosa ocorrem mais frequentemente nas mulheres. A incidência de depressão em mulheres diminui após os 45 anos, apesar de a menopausa representar uma perda. A depressão nas mulheres tem um prognóstico pior que nos homens; os episódios de depressão são mais longos e têm uma pequena taxa de remissão espontânea.

A depressão ocorre em 10% das mulheres na gravidez e de 10 a 15% durante os primeiros meses após o parto.

Fatores sociais têm grande importância em algumas desordens emocionais nas mulheres. Sua tradicional subordinação na sociedade pode gerar desamparo e frustração, o que contribui para doença psiquiátrica. Também contribuem os fatores biológicos, como a influência hormonal nas mudanças neuroquímicas.

Abuso de álcool

Um terço dos norte-americanos que sofrem de alcoolismo é formado por mulheres. Mulheres alcoólatras são mais difíceis de serem diagnosticadas que os homens. Em média, mulheres alcoólatras bebem menos que os homens alcoólatras, mas demonstram sofrer o mesmo grau de prejuízo.

Níveis de álcool no sangue são mais altos nas mulheres que nos homens após terem bebido a mesma quantidade de álcool (ajustado por peso). Essa maior biodisponibilidade de álcool nas mulheres é provavelmente decorrente da maior proporção de gordura corporal e do menor metabolismo gástrico primário do álcool, associados a uma menor atividade da desidrogenase gástrica do álcool, que as torna mais suscetíveis que os homens ao abuso de tranquilizantes, sedativos e anfetaminas.

Mulheres alcoólatras têm maior taxa de mortalidade que mulheres não alcoólatras e homens alcoólatras. Comparadas aos homens, mulheres também desenvolvem doenças relacionadas ao álcool com menor tempo de consumo dessa substância. O abuso de álcool também expõe a mulher a riscos especiais, afetando a fertilidade e a saúde do bebê (síndrome alcoólica fetal).

VIOLÊNCIA CONTRA AS MULHERES

Tem havido uma crescente consciência do enorme problema da violência contra as mulheres, como estupro e violência doméstica. O estupro tem sido redefinido recentemente em muitas escalas: o não consentimento de relação sexual de um adolescente ou adulto, obtido por força física, por ameaça, por tratamento prejudicial à pessoa ou quando a vítima é incapaz de dar consentimento em virtude de doença mental ou intoxicação.

Estudos epidemiológicos nos Estados Unidos sugerem que pelo menos 20% das mulheres adultas têm experiências de assédio sexual durante suas vidas. Quase 100 mil casos de estupro são relatados anualmente nos Estados Unidos, porém representam somente uma fração do número real de casos.

A violência doméstica é um problema enorme nos Estados Unidos. A American Medical Association define violência doméstica como uma debilitante experiência física, psicológica e/ou abuso sexual dentro de casa, associada com um crescente isolamento do mundo exterior, uma limitação da liberdade pessoal e do acesso a recursos.

Em todos os anos nos Estados Unidos mais de 2 milhões de mulheres (de acordo com baixa estimativa, porque em geral elas não relatam a violência) são severamente maltratadas, e mais de mil mulheres são mortas por um parceiro atual ou antigo. A violência doméstica é a causa mais comum de maus-tratos físicos em mulheres, excedendo a incidência de outros tipos (como estupro, assalto e acidentes automobilísticos).

Pesquisas feitas em prontos-socorros têm mostrado que a violência doméstica corresponde a cerca de 15 a 30% dos casos atendidos. Violência doméstica é o maior problema de saúde nas mulheres de todas as idades, etnias e grupos socioeconômicos.

As mulheres estupradas ou maltratadas, assim como as molestadas durante a infância, frequentemente procuram assistência médica por dores de cabeça, desordens do sono e do apetite, dores abdominais e pélvicas, disfunções vaginais e outros sintomas. Elas também manifestam depressão, ideias suicidas e abuso de drogas. Dada essa apresentação indireta das consequências da violência e a alta prevalência desse fato, os clínicos devem procurar a possibilidade de violência em pacientes do sexo feminino, particularmente naquelas com sintomas vagos e desordens psicológicas.

O tratamento imediato em casos de estupro e violência doméstica é realizado acessando e tratando maus-tratos físicos, providenciando apoio emocional, lidando com os riscos de infecções sexualmente transmissíveis e gravidez, avaliando a segurança do paciente e dos outros membros da família, documentando o histórico dos pacientes e avaliando exames físicos. Ao mesmo tempo, deve-se lidar com medicamentos e questões psicológicas e fornecer tratamento apropriado e informações sobre serviços legais, abrigos, grupos de suporte e serviços de aconselhamento.

TRATAMENTO FARMACOLÓGICO NAS MULHERES

Mais de US$ 30 bilhões em medicamentos são vendidos a cada ano nos Estados Unidos, e grande parte é utilizada por mulheres. Nas pesquisas com medicamentos, as mulheres têm sido sub-representadas. Em 1992, o governo dos Estados Unidos revisou os produtos farmacêuticos que haviam recebido aprovação da FDA entre 1988 e 1991. Essa revisão concluiu que em 25% dos estudos clínicos pesquisados não haviam sido recrutadas mulheres, 30% incluíam um pequeno número de mulheres (menos do que a FDA havia recomendado) e que 60% das mulheres pesquisadas eram relativamente sub-representadas em relação à distribuição dos tipos de doenças a serem tratadas.

Duas razões são comumente dadas para justificar a condução da maioria dos estudos farmacológicos nos homens. Primeiro, a mudança dos ciclos hormonais nas mulheres pode causar maior dificuldade no controle e na interpretação. Segundo, em razão das novas drogas, preocupações sobre gravidez ainda não detectada e consequentes efeitos teratogênicos têm desencorajado o recrutamento das mulheres.

A sub-representação das mulheres nas pesquisas de medicamentos está mudando. A FDA agora requer informações sobre a segurança e os efeitos colaterais em mulheres, sobre os efeitos durante o ciclo menstrual e a menopausa e a influência das drogas nas interações medicamentosas com anticoncepcionais orais. Estudos indicam que existem diferenças significativas de respostas aos medicamentos na mulher, incluindo sedativos-hipnóticos, antidepressivos, antipsicóticos, anticonvulsivantes e bloqueadores beta-adrenérgicos. Em 1992, a FDA verificou que as mulheres têm maior frequência de reações adversas às drogas que os homens.

Outros estudos sugerem que a eficácia de muitas drogas pode ser diferente nas mulheres. Por exemplo, mulheres precisam de doses menores de neurolépticos para controlar a esquizofrenia que homens. As razões para essas diferenças não estão claras, mas o estrogênio pode afetar o *clearance* da droga via sistema citocromo P450 oxidase. Em alguns casos, a farmacocinética das drogas pode mudar durante o ciclo menstrual. Há evidência de que alguns anticonvulsivantes e o lítio podem ser metabolizados mais rapidamente no período pré-menstrual, resultando em exacerbação dos sintomas da doença, aumentando os sintomas de desordens bipolares e o risco de convulsão.

Atualmente estão ocorrendo muitas mudanças em relação à saúde da mulher, com um grande reconhecimento dos aspectos únicos da saúde e das doenças das mulheres.

ATEROSCLEROSE

As complicações da aterosclerose são a principal causa de morte entre homens e mulheres no Ocidente. A baixa incidência dessas complicações nas mulheres antes da menopausa parece indicar que fatores ligados ao sexo têm papel na prevenção das doenças cardiovasculares e cerebrovasculares aterogênicas. De fato, alguns estudos epidemiológicos apontam os estrógenos como responsáveis pela redução do risco de doença cardiovascular e cerebrovascular em todas as mulheres no período pós-menopausa. Todavia, o problema é complexo porque outros estudos questionam esse papel dos estrógenos. No entanto, alguns estudos parecem demonstrar que o tratamento hormonal realmente pode diminuir o risco de complicações ateroscleróticas.

Resultados de vários estudos científicos demonstraram que o tratamento de reposição hormonal com valerato de estradiol isolado ou associado ao levonorgestrel preveniu a progressão da aterosclerose nas grandes artérias de mulheres após a menopausa.

As alterações lipídicas e lipoproteicas ligadas à deficiência hormonal têm sido identificadas como componentes de um conjunto de distúrbios metabólicos em que a resistência à insulina parece ter um papel central. As mulheres após a menopausa exibem muitas características metabólicas da síndrome da resistência à insulina, que podem contribuir para o aumento do risco de doença cardíaca coronariana. O tratamento de reposição hormonal pode corrigir algumas dessas alterações metabólicas, tanto direta como indiretamente, beneficiando o sistema cardiovascular. Esse tratamento também apresenta efeitos diretos sobre o coração e os vasos sanguíneos, parcialmente pela melhora da função endotelial. Esses benefícios do tratamento de reposição hormonal ocorrem em todas as vias de administração dos hormônios.

Atualmente, a literatura especializada não mais endossa a antiga noção de que o tratamento progestagênico adjuvante diminui os benefícios do tratamento estrogênico nas mulheres após a menopausa em relação a todos os parâmetros cardiovasculares. De fato, estrógenos e acetato de medroxiprogesterona atuam sinergicamente no sentido de produzir pares lipoproteicos antiateroscleróticos mais benéficos do que os estrógenos isoladamente. A combinação estradiol e levonorgestrel esteve associada com a redução dos níveis de triglicérides, de colesterol total, apo B e lipoproteína (a).

De acordo com a European Menopause Society (EMS), a adição de certos progestágenos pode determinar efeitos metabólicos indesejados, mas dados epidemiológicos iniciais não indicam que os progestágenos em baixas doses terapêuticas impedem os efeitos cardiovasculares benéficos dos estrógenos.

Estudos populacionais reconhecidamente estão sujeitos a erros de sistematização por causa da seleção e da adesão ao tratamento. Todavia, um grande número de estudos epidemiológicos, de diferentes desenhos, indica uniformemente o tratamento de reposição hormonal como protetor contra a DAC tanto em mulheres saudáveis como em mulheres com risco estabelecido dessa doença.

Apesar de existirem evidências epidemiológicas suficientes para considerar o tratamento de reposição hormonal como agente de prevenção primária e secundária da DAC, deve-se reconhecer que os testes clínicos ainda devem ser reformulados de modo randomizado para que essa conclusão seja considerada válida. Entretanto, é mais prudente considerar o tratamento de reposição hormonal como formalmente indicado na prevenção secundária dos eventos cardiovasculares.

OSTEOPOROSE

Estado clínico em que há diminuição da relação entre a massa óssea e o seu volume. A incidência de fraturas osteoporóticas na maior idade tem aumentado bastante durante as últimas décadas, tornando a osteoporose um importante problema sanitário e econômico. Os principais fatores de risco da osteoporose estão associados ao sexo feminino, à idade e à perda da função ovariana. Ela pode ser prevenida e tratada por meio do tratamento de reposição hormonal, que também parece diminuir o risco de fraturas. De acordo com Cosman et al., o estrogênio protege o esqueleto de modo geral, particularmente a coluna lombar e a porção próxima do antebraço.[1]

Os estrógenos são as drogas de escolha para prevenir osteoporose e fraturas relacionadas após a menopausa. Desde que a dose seja adequada, a via de administração não é importante. Alguns progestágenos podem ajudar a preservar a massa óssea. Os andrógenos também exercem um papel importante na conservação da densidade mineral óssea.

Estrógenos são igualmente eficazes em mulheres idosas com osteoporose. No entanto, há poucas evidências de que os estrógenos tenham qualquer efeito benéfico em pacientes com osteoartrite.

É importante frisar que mulheres de todas as idades devem tomar cálcio e vitamina D em doses adequadas.

SAÚDE MENTAL E SEXUAL

Receptores estrogênicos e progestagênicos são encontrados em várias áreas do cérebro mediando as ações genômicas. Além disso, ambos os hormônios têm efeitos não genômicos.

Estrógenos estimulam o crescimento dos processos neuronais e das conexões sinápticas com efeitos positivos sobre tamanho, número, conectividade, volume e plasticidade dos neurônios.

A menopausa está associada a uma redução do conteúdo central e da atividade de certos neurotransmissores e neuropéptides. Essa carência pode ser melhorada pela administração de estrógenos, enquanto a administração de progestágenos tem diferentes efeitos sobre as modificações mediadas pelos estrógenos. Há evidências de que o tratamento de reposição hormonal influencia a vigília, a função cognitiva, o comportamento afetivo e sexual, a memória, a atividade motora, a percepção da dor e o bem-estar. Assim, o tratamento de reposição hormonal parece ter um efeito tônico mental clinicamente evidente, que é um substituto mais fisiológico dos tranquilizantes e antidepressivos ainda utilizados em demasia durante o climatério.

A demência do tipo Alzheimer constitui-se, na atualidade, em um problema maior de saúde. Os estudos epidemiológicos têm mostrado uma redução da incidência desse tipo de demência em pacientes após a menopausa sob tratamento de reposição hormonal. De fato, segundo Ming-Xin et al., o uso de estrógenos em mulheres após a menopausa pode retardar o início e diminuir o risco de doença de Alzheimer.[2] Estudos prospectivos são necessários para estabelecer a dose e a duração do tratamento estrogênico para dispensar esse benefício e avaliar sua segurança em mulheres mais idosas.

Distúrbios mentais, como de afetividade e ansiedade, não são causados primariamente pela deficiência de hormônios sexuais, nem esses hormônios podem ser empregados como tratamento primário desses distúrbios. Outros fatores, por exemplo, psicossociais e ambientais, podem contribuir para a patogenia de distúrbios psicológicos da mulher após a menopausa.

Essa postura é importante, pois nos anos 1970 pesquisadores concluíram que as mulheres não ficavam mais depressivas durante a transição menopausal do que em outras fases da vida. Em 1980, o diagnóstico psiquiátrico de melancolia involutiva foi excluído da terceira edição do *Manual diagnóstico e estatístico de transtornos mentais* (DSM-III).

Em 1990, ressurgiu o interesse pelos estrógenos, dadas as suas possíveis propriedades psicoativas, preconizando-se que eles deveriam ser utilizados como tratamento de escolha para a depressão menopausal e que poderiam oferecer um bônus adicional no sentido de melhorar o humor ou aumentar a sensação de bem-estar em mulheres saudáveis, não deprimidas.

Entretanto, os estudos não demonstraram evidências conclusivas de que o tratamento de reposição hormonal tem melhor efeito sobre a depressão em mulheres após a menopausa do que um efeito placebo.

Os estrógenos protegeriam os neurônios hipocampais contra a agressão dos glicocorticoides em condições de estresse, melhorando as condições da memória dependente da atividade hipocampal. A responsividade alterada ao cortisol em condições de estresse agudo ou crônico pode, segundo Lupien et al., explicar a gênese dos déficits de memória nas populações de indivíduos idosos.[3]

CÂNCERES HORMÔNIO-DEPENDENTES

Mais de 40% de todos os novos cânceres diagnosticados nas mulheres parecem ser relacionados a hormônios. Por isso, a relação entre o tratamento de reposição hormonal e o câncer é extremamente importante. Até agora as evidências epidemiológicas relacionadas aos cânceres hormônio-dependentes são razoavelmente seguras.

O efeito global do tratamento de reposição hormonal em relação ao prolongamento e à qualidade de vida é benéfico quando se levam em consideração os efeitos do tratamento sobre a doença vascular e a osteoporose. Esse raciocínio também é válido para mulheres que sofrem de sintomas pré-menopausais. Essas considerações devem dirigir o aconselhamento e o tratamento de mulheres após a menopausa.

ATUAÇÃO DO FARMACÊUTICO NA ANTICONCEPÇÃO

Um ano depois que os farmacêuticos da Califórnia foram autorizados a prescrever anticoncepcionais, uma minoria de farmácias ofereceu esse serviço. Pesquisas anteriores destacam barreiras à implementação, incluindo preocupações com treinamento, responsabilidade e pessoal. A maioria das farmácias que oferecem anticoncepcionais prescritos por farmacêuticos cobra uma taxa por esse serviço, principalmente redes de varejo. Mesmo quando a contracepção está disponível nas farmácias, pode não ser economicamente acessível em virtude das taxas. Na Califórnia, a falta de reembolso do seguro pode comprometer a baixa disponibilidade de anticoncepcionais prescritos pelo farmacêutico. Legislação adicional (em vigor em julho de 2017) exigia que o programa Medicaid da Califórnia reembolsasse os serviços de farmacêutico até julho de 2021; o cronograma de implementação e a falta de cobertura de seguro privado ainda podem representar barreiras para aumentar a disponibilidade desse serviço. A contracepção prescrita pelo farmacêutico pode facilitar o uso de anticoncepcionais para muitas mulheres. Com pelo menos nove estados implementando ou considerando permitir a contracepção prescrita por farmacêuticos, uma pesquisa contínua é necessária para identificar barreiras ao acesso a esse serviço clínico.

REFERÊNCIAS BIBLIOGRÁFICAS

1. Cosman F, et al. Postmenopausal osteoporosis – patient choices and outcomes. Maturitas. 1995;22:137- 43.
2. Ming-Xin T, Jacobs D, Stern Y, Marder K, Schofield P, Gurland B, et al. Effect of estrogen during menopause on risk and age at onset of Alzheimer's disease. Lancet. 1996;348:429-32.
3. Lupien SJ, Gaudreau S, Tchiteya SM, Maheu F, Sharma S, Nair NP, et al. Stress-induced declarative memory impairment in healthy elderly subjects: relationship to cortisol reactivity. J Clin Endocrinol Metabol. 1997;82:2070-5.

BIBLIOGRAFIA

Chetkowski RH, Meldrum DR, Steingold KA, Randle D, Lu JK, Eggena P, et al. Biologic effects of transdermal estradiol. New Engl J Med. 1986;314:1615-8.

Edozien GY, Edozien LC, Klimiuk PS, Mander, AM. The use of HRT in women with acute myocardial infarction: an audit of current practice. Br J Obstet Gynecol. 1997;104: 1322-4.

Elias MN, Burden AM, Cadarette SM. The impact of pharmacist interventions on osteoporosis management: a systematic review. Osteoporos Int. 2011;22(10):2587e2596.

European Menopause Society. European consensus development conference on menopause. Human Reprod. 1996;11:975-9.

Falkeborn M, Persson I, Adami, HO, Bergström R, Eaker E, Lithel Hl, Mohsen R, et al. The risk of acute myocardial infarction after oestrogen and oestrogen-progestogen replacement. Br J Obstet Gynaecol. 1992;99:821-8.

Gelfand MM. Quality of life issues in the management of the menopause. In: Women's Health Today: The Proceedings of the XIV World Congress of Gynecology and Obstetrics. Montreal, September 1994, DR Popkin, U Peddle. New York: The Parthenon Publishing Group Inc; 1994. p.271-90.

Glusa E, Gräser T, Wagner S, Oettel, M. Mechanisms of relaxation of rat aorta in response to progesterone and synthetic progestins. Maturitas. 1997;28:181-91.

Gomez AM. Availability of pharmacist-prescribed contraception in California, 2017. JAMA. 2017;318(22):2253-4.

Gonsalves L, Hindin MJ. Pharmacy provision of sexual and reproductive health commodities to young people. Contraception. 2017;95(4):339-63.

Halbe HW, Fonseca AM, Ramos LO, Carvalho RV, Sakamoto LC, Hayashida SAY. Hormônios e doenças cerebrais. Sinopse Ginecol Obstet. 1998;1:15-6.

Halbe HW, Ramos LO, Sakamoto LC, Pinotti JA. Indicações do tratamento de reposição hormonal. São Paulo: 1º Congresso Paulista de Geriatria e Gerontologia – GERP'98 – Consensos e Recomendações; 1998.

Hohmann N, Kavookjian J. Using the Theory of Planned Behavior to determine pharmacy students' intention to participate in hormonal contraception counseling services. Curr Pharm Teach Learn. 2018;10(11):1488e1495.

Hunter MS. The effects of estrogen therapy on mood and well-being. In: 7th International Congress on the Menopause. Stockholm, Berg G, Hammar M. New York: The Parthenon Publishing Group Inc.; 1993. p.177-84.

Lee RB, Burke TW, Park RC. Estrogen replacement therapy following treatment for stage I endometrial carcinoma. Gynecol Oncol. 1990;36:189-91.

Lindsay R, Thome J. Estrogen treatment of patients with established postmenopausal osteoporosis. Obstet Gynecol. 1990;76:290-5.

Liu KA, Mager NAD. Women's involvement in clinical trials: historical perspective and future implications. Pharm Pract. 2016;14(1):708.

Maziere C, Auclair M, Ronveaux MF, Salmon S, Santus R, Mazière JC. Oestrogens inhibit cooper and cell-intermediated modification of low density lipoprotein. Atherosclerosis. 1991;89:175-82.

Metka M. Ovanalhormone und osteoporoseprophylaxe. Gynakologe. 1997;30:653-9.

Nabulsi AA, Folsom AR, White A, Patsch W, Heiss G, et al. Association of hormone replacement therapy with various cardiovascular factors in postmenopausal women. N Engl J Med. 1993;328:1069-75.

National Alliance of State Pharmacy Associations. Pharmacists authorized to prescribe birth control in more states [Internet] [citado 12 jan. 2025]. Disponível em: https://naspa.us/2017/05/pharmacists-authorized-prescribe-birth-control-states/.

Ohkura T, Isse K, Akazawa K, Hamamoto M, Yaoi Y, Hagino N. An open trial of estrogen therapy for dementia of the Alzheimer type in women. In: Berg G, Hammar M, editores. The modern management of menopause: a perspective for the 21st century. Carnforth, UK: Parthenon; 1994. p.315-33.

Pansini F, Bonaccorsi G, Calisesi M, Campobasso C, Franze GP, Gilli G, et al. Influence of spontaneous and surgical menopause on atherogenic metabolic risk. Maturitas. 1993;17:181-90.

Provence K. Women's health is community health. J Am Pharm Assoc. 2019;59:301e304.

Punnonen RH, Jokela HA, Dastidar PS, Nevala M, Laippala PJ. Combined oestrogen--progestin replacement therapy prevents atherosclerosis in postmenopausal women. Maturitas. 1995;21:179-87.

Rodriguez MI, McConnell KJ, Swartz J, Edelman AB. Pharmacist prescription of hormonal contraception in Oregon. J Am Pharm Assoc (2003). 2016;56(5):521-6.

Samsioe G. Urogenital aging and the rationale for low dose estrogen replacement therapy. In: Popkin DR, Peddle LT, editores. Women's Health Today: The Proceedings of the XIV World Congress of Gynecology and Obstetrics. Montreal, September 1994. New York: The Parthenon Publishing Group Inc; 1994. p.291-6.

Toupe D, Mishell Jr DR. Contraindications to hormone replacement. In: Lobo R, editor. Treatment of the post-menopausal woman: basic and clinical aspects. New York: Raven Press Ltd; 1994. p.415-8.

Tuppurainen M, Honkanen R, Kröger H, Saarikoski S, Alhava E. Osteoporosis risk factors, gynaecological history and fractures in perimenopausal women: the results of the baseline postal inquiry of the Kuopio Osteoporosis Risk Factor and Prevention Study. Maturitas. 1993;17:89-100.

U.S. Food and Drug Administration. Women's health research roadmap [Internet]. 2019 [citado 12 jan. 2025]. Disponível em: https://www.fda.gov/ScienceResearch/SpecialTopics/WomensHealthResearch/ucm478266.htm.

Ulmsten U. On urogenital ageing. Maturitas. 1995;21:163-9.

Wagner JD, Clarkson TB, St Clair RW, Schwenke DC, Shively CA, Adams MR. Oestrogen and progesterone replacement therapy reduces low-density lipoprotein accumulation in the coronary arteries of surgically postmenopausal cynomolgus monkeys. J Clin Invest. 1991;88:1995-2002.

Walsh BW, Schiff I, Rosner B, Greenberg L, Ravnikar V, Sacks FM. Effects of postmenopausal oestrogen replacement on the concentration and metabolism of plasma lipoproteins. N Engl J Med. 1991;325:1196-241.

Wehba S, Fernandes CE, Aldrighi JM. Estrogênios e seus receptores: farmacologia, indicações e contraindicações. In: Pinotti JA, Halbe HW, Hegg R. Menopausa. São Paulo: Roca; 1995. p.287-94.
Witteman JCM, Kannel WB, Wolf PA, Grobbee DE, Hofman A, D'Agostino RB, et al. Aortic calcified plaques and cardiovascular disease. Am J Cardiol. 1990;66:1060-4.

SITES

https://www.gov.br/inca/pt-br/assuntos/gestor-e-profissional-de-saude/controle-do-cancer-de-mama/dados-e-numeros/mortalidade#:~:text=O%20c%C3%A2ncer%20de%20mama%20%C3%A9,ser%20vistas%20na%20figura%201.&text=Fonte:%20INCA.,Grosso%20do%20Sul%20e%20Pernambuco. Acesso em jan. 2025.
https://www.apm.org.br/ultimas-noticias/boletim-epidemiologico-analisa-a-saude-da-mulher-brasileira/#:~:text=Morbimortalidade%20da%20mulher%20brasileira,-Mortes%20evit%C3%A1veis%20s%C3%A3o&text=Em%202012%2C%20as%20mortes%20evit%C3%A1veis,37%2C8%25%20das%20mulheres. Acesso em jan. 2025.

24

Paciente gestante

INTRODUÇÃO

A gravidez é um estado fisiológico, e todas as transformações que se observam nos diferentes órgãos, dentro de certos limites, não provocam perturbações ao organismo da gestante e regridem espontaneamente para voltar aos valores normais durante o puerpério.

O acompanhamento farmacêutico clínico de gestantes tem grande importância, pois o uso de medicamentos durante as várias fases da gravidez não é raro, e as alterações farmacocinéticas da mãe e a possível passagem das drogas pela placenta, com efeitos teratogênicos, podem complicar o bom andamento do estado gestacional clínico da gestante.

Além disso, as diferentes doenças que podem complicar a gravidez têm características clínicas e patológicas fundamentalmente iguais aos estados patológicos fora da gravidez; diferenciam-se somente em relação às medidas terapêuticas, que estão condicionadas e limitadas pela presença do novo ser em vias de crescimento.

As intervenções farmacológicas desempenham um papel importante no cuidado obstétrico durante a gravidez, o parto e o pós-parto. Tradicionalmente, os provedores obstétricos têm utilizado regimes de dosagem padrão desenvolvidos para indicações não obstétricas com base no conhecimento farmacocinético de estudos em homens ou mulheres não grávidas. Com o reconhecimento da gravidez como uma população farmacocinética especial no final da década de 1990, os pesquisadores começaram a estudar a disposição do medicamento nessa díade única de pacientes. Muitas das mudanças fisiológicas básicas que ocorrem durante a gravidez têm impacto significativo na absorção, distribuição e depuração do medicamento. A atividade das enzimas metabolizadoras de medicamentos de fases I e II é alterada diferencialmente pela gravidez, resultando em concentrações de medicamentos suficientemente diferentes para alguns medicamentos cujas eficácia ou toxicidade são afetadas. Os transportadores placentários desempenham um papel dinâmico importante na determinação da exposição fetal ao medicamento. Nas últimas duas décadas, começamos a expandir nossa compreensão da farmacologia obstétrica.

Assim, ao prescrever um fármaco a uma gestante, o que para ela é efeito terapêutico pode ser efeito secundário ou tóxico para o embrião/feto. Como é do conhecimento geral, no útero gravídico o feto flutua no líquido amniótico e é envolvido por uma membrana – a placenta – que já deixou de ser considerada uma barreira que defende o feto da agressão de substâncias exógenas.

À exceção de substâncias de alto peso molecular ou muito ionizadas, que não atravessam a placenta, pode-se dizer que todos os fármacos atingem o feto, correndo-se sempre algum risco de efeitos colaterais. Portanto, é necessário considerar sempre o sistema "mãe-placenta-feto".

No Reino Unido, mais de 80% das mulheres relatam tomar medicamentos durante a gravidez. Estudos recentes no Reino Unido estimaram que 65% das mulheres grávidas receberam prescrição de pelo menos um medicamento. Malformações congênitas estão presentes em 2 a 3% dos recém-nascidos (RN), com aproximadamente 1 a 2% desse total sendo associado à exposição a um teratógeno.

O número de mulheres que precisam tomar medicamentos durante a gravidez está aumentando, em parte pelo avanço da idade materna, aumento da incidência de condições médicas preexistentes que exigem farmacoterapia (p. ex., lúpus, doença cardíaca, receptoras de transplante) e/ou ao desenvolvimento de complicações obstétricas durante a gravidez (p. ex., diabetes gestacional, colestase obstétrica, infecção por Covid-19). Portanto, a prestação de cuidados médicos e farmacêuticos nesse grupo de pacientes torna-se mais complexa.

É importante que o farmacêutico obstétrico trabalhe em estreita colaboração com médicos, enfermeiros, parteiras e pacientes em planos de cuidados que otimizem a segurança e a eficácia do uso de medicamentos durante a gravidez, e que forneça serviços de aconselhamento ao paciente quando necessário. Também é fundamental que o farmacêutico especializado tenha uma sólida compreensão da literatura e habilidades de resolução de problemas ao abordar dúvidas sobre o uso de medicamentos na gravidez.

A maioria dos medicamentos usados na gravidez não é licenciada em termos de indicações e do grupo específico de pacientes em razão da falta de ensaios clínicos robustos. No entanto, a orientação nacional disponível, bancos de dados baseados em evidências on-line, recursos acadêmicos relevantes e aconselhamento profissional disponível em centros especializados podem ajudar os profissionais de saúde com a tomada de decisões sobre opções de tratamento para gestantes.

A placenta não é só local de passagem e de trocas. Ela tem função ativa e metabólica, pois é muito rica em enzimas de hidroxilação, redução e hidrólise, intervindo assim na biotransformação dos fármacos. Estes atravessam a placenta por difusão simples facilitada, transporte ativo, pinocitose ou travessia de metabólitos, após conversão pela própria placenta.

A maioria passa por difusão simples, dependendo, portanto, das suas características de:

- Lipossolubilidade: quanto mais lipossolúvel, mais se difunde.
- Grau de ionização: só passa a fração não ionizada.
- Peso molecular: aqueles com peso molecular menor que 500-600 dáltons atravessam facilmente.
- Perfusão sanguínea da placenta.
- Espessura do epitélio trofoblástico: diminui ao longo da gravidez.

A gravidez envolve várias mudanças na fisiologia e na doença materna. Considera-se, logicamente, que a disposição e os efeitos das drogas são alterados na gravidez. Historicamente, as preocupações com a segurança fetal limitaram a farmacoterapia durante a gravidez e dificultaram os estudos de medicamentos durante esse período.

Embora essas preocupações tenham validade, gestantes precisam de medicamentos para distúrbios médicos, e a gravidez não elimina a necessidade de terapia. Estudos recentes sobre farmacologia na gravidez destacam a complexidade da distribuição e resposta da droga à luz do processo dinâmico da gestação. Extrapolar a dosagem do medicamento e as respostas esperadas de populações não grávidas é inadequado e pode causar danos às gestantes. Em vez disso, deve ser seguida uma abordagem estruturada para estudar as propriedades farmacocinéticas e farmacodinâmicas dos medicamentos usados na gravidez. Na ausência de dados específicos para um medicamento, o monitoramento rigoroso da paciente é a etapa mais lógica para otimizar a terapia medicamentosa em gestantes.

FARMACOCINÉTICA NA GESTAÇÃO

Vários medicamentos são usados durante a gravidez, apesar da falta de dados nesse cenário único. O tratamento e as estratégias de dosagem são baseados em doses-padrão para adultos, apesar do fato de que a dosagem, a segurança e a eficácia foram determinadas em indivíduos saudáveis, principalmente do sexo masculino.

Em alguns casos, o tratamento pode ser suspenso para gestantes em virtude de preocupações com a segurança materna ou fetal. Estudos recentes em terapêutica clínica na gravidez sugerem inúmeras mudanças que afetam as propriedades farmacológicas dos medicamentos. Um conceito fundamental em farmacologia é que um medicamento deve atingir os tecidos-alvo em concentração suficiente para exercer seus efeitos terapêuticos sem causar eventos adversos significativos. A farmacocinética (PK) descreve a evolução temporal da concentração do fármaco no corpo. Envolve a avaliação de absorção, distribuição, metabolismo, eliminação e transporte do medicamento. Vários modelos computacionais são comumente usados para estimar parâmetros de farmacocinética de drogas, mas eles estão além do escopo deste capítulo. Ainda assim, a compreensão das propriedades farmacocinéticas específicas dos medicamentos e das variações específicas da gestação permite melhores estratégias de tratamento e dosagem, o que pode melhorar a eficácia do tratamento e limitar os riscos maternos e fetais.

Alterações na absorção

A absorção do medicamento é o movimento do medicamento do local de administração para a circulação sistêmica. A absorção do medicamento é comumente caracterizada como biodisponibilidade, a fração ou porcentagem do medicamento ativo que atinge a circulação sistêmica intacta por qualquer via. Os medicamentos administrados por via intravascular têm 100% de biodisponibilidade, uma vez que são liberados diretamente na corrente sanguínea. No entanto, a maioria dos medicamentos é administrada de modo extravascular, e espera-se que atuem de forma sistêmica. Por esse motivo, a absorção e a biodisponibilidade são pré-requisitos para a ação farmacológica de um medicamento. Atrasos ou perda do medicamento durante a absorção podem contribuir para a variação na resposta ao medicamento e nos efeitos colaterais, podendo levar ao fracasso do tratamento. A administração intramuscular e subcutânea pode levar a um atraso no tempo para atingir a concentração máxima, mas tem menos efeito na biodisponibilidade. Acredita-se que o aumento do fluxo sanguíneo local e a vasodilatação facilitam a absorção do medicamento após a administração intramuscular ou subcutânea do medicamento, embora faltem dados específicos sobre o medicamento. A maior variabilidade na absorção do medicamento é observada quando ele é administrado por via oral. Para medicamentos administrados por via oral, a biodisponibilidade é afetada pela quantidade absorvida pelo epitélio intestinal, bem como pelo metabolismo de primeira passagem quando a droga atravessa o intestino e o fígado em seu caminho para a circulação sistêmica. O pH estomacal, os alimentos, o tempo de trânsito intestinal, o metabolismo intestinal, a captação e os processos de transporte de efluxo podem afetar a biodisponibilidade oral do medicamento.

Náuseas e vômitos no início da gravidez podem diminuir a quantidade de medicamento disponível para absorção após a administração oral. Portanto, medicamentos orais devem ser administrados quando a náusea é mínima. A produção de ácido gástrico também diminui durante a gravidez, enquanto a secreção de muco aumenta, levando a um aumento no pH gástrico. Essas alterações podem aumentar a ionização de ácidos fracos (p. ex., ácido acetilsalicílico) e reduzir sua absorção, e bases fracas (p. ex., cafeína) se difundirão mais facilmente. Além disso, a motilidade intestinal mais lenta e a secreção de ácido gástrico diminuída na gravidez podem alterar a absorção do medicamento e a biodisponibilidade oral. No entanto, nenhuma evidência confirmatória valida essas suposições. Na verdade, estudos sobre antibióticos betalactâmicos usados para bacteriúria assintomática não encontraram nenhuma diferença na biodisponibilidade dos medicamentos (administrados por via oral e intravenosa) entre o final da gravidez e o pós-parto. Enquanto isso, o aumento do débito cardíaco e do fluxo sanguíneo intestinal pode permitir o aumento da absorção geral da droga. Tomados em conjunto, esses dados sugerem que as alterações gastrintestinais durante a gravidez têm um efeito mínimo geral sobre a biodisponibilidade e o efeito terapêutico da maioria dos medicamentos orais, especialmente com dosagens repetidas. Poucas informações estão disponíveis sobre as mudanças na absorção do medicamento para outras vias de administração durante a gravidez.

Alterações na distribuição

A distribuição descreve a transferência reversível de um medicamento entre diferentes locais após sua entrada na circulação sistêmica. O volume de distribuição (Vd) é usado para indicar quão extensivamente uma dose sistêmica de medicamento é finalmente dispersa por todo o corpo. É um volume teórico que um medicamento administrado ocuparia se fosse uniformemente distribuído em uma concentração observada no plasma. O Vd é importante para determinar a dose de ataque de um medicamento necessária para atingir uma determinada concentração terapêutica. Os medicamentos que permanecem predominantemente no sistema vascular terão uma estimativa de Vd próxima ao volume plasmático, enquanto os medicamentos que não se ligam a nenhuma proteína do corpo terão uma estimativa de Vd próxima da água corporal total. Drogas que são altamente ligadas aos tecidos, com uma pequena proporção permanecendo no espaço intravascular, terão um Vd muito alto. Em comparação, os fármacos que se ligam fortemente às proteínas plasmáticas e/ou que têm um grande peso molecular tendem a se concentrar de forma intravascular e têm um pequeno Vd. O volume de distribuição de um medicamento é útil para estimar a dose necessária para atingir uma determinada concentração plasmática. A distribuição do medicamento é influenciada por vários fatores, incluindo perfusão tecidual, ligação ao tecido, lipossolubilidade e ligação às proteínas plasmáticas. As variações de Vd afetam principalmente a concentração plasmática da droga, o que pode afetar diretamente seus efeitos terapêuticos e adversos.

As alterações cardiovasculares durante a gravidez incluem aumento no débito cardíaco, começando no início da gravidez, estabilizando em ~7 L/min na 16ª semana de gestação e permanecendo elevado até o parto. Um aumento paralelo também é observado para o volume sistólico, começando com 20 semanas de gestação, e um aumento gradual ocorre com a frequência cardíaca materna atingindo 90 batimentos por minuto em repouso no terceiro trimestre.

A gravidez também é marcada por um aumento de ~42% no volume plasmático, atingindo mais de 3,5 L na 38ª semana de gestação, com aumentos paralelos na água corporal total e em todos os compartimentos de fluido corporal. O volume extracelular expandido e a água corporal total aumentarão o volume de distribuição dos medicamentos hidrofílicos, levando a concentrações plasmáticas mais baixas. Além disso, a gordura corporal materna se expande em aproximadamente 4 kg, aumentando o volume de distribuição dos fármacos lipofílicos. No entanto, poucas informações estão disponíveis para avaliar a contribuição do tecido adiposo para a disposição alterada do medicamento durante a gravidez.

Por outro lado, a ligação dos medicamentos às proteínas plasmáticas diminui durante a gravidez em razão das concentrações reduzidas de albumina e alfa 1-glicoproteína ácida. Na gravidez normal, as concentrações de albumina diminuem em média 1% em 8 semanas, 10% em 20 semanas e 13% em

32 semanas. Certas condições fisiopatológicas podem levar a níveis de albumina ainda mais baixos. A diminuição da ligação às proteínas leva a concentrações mais altas de fármaco livre (para fármacos com depuração limitada) e favorece uma maior distribuição aos tecidos. Essas alterações podem ser clinicamente significativas para certos medicamentos. Por exemplo, para a fenitoína e o tacrolimo, espera-se que a eficácia e a toxicidade estejam relacionadas à concentração não ligada do fármaco no plasma. Durante a gravidez, ambos os medicamentos exibem um aumento da fração não ligada em virtude das menores concentrações de albumina e do aumento da depuração.

Uma estratégia de titulação da dose com base na manutenção da concentração total de sangue/plasma na faixa terapêutica pode levar ao aumento das concentrações de medicamento livre e aumentar a probabilidade de toxicidade relacionada ao medicamento. Na gravidez, uma abordagem mais completa seria monitorar as concentrações do medicamento livre e ajustar a dosagem do medicamento para manter a concentração não ligada dentro de sua faixa terapêutica.

As alterações específicas da gestação também incluem um aumento na perfusão uterina e a adição do compartimento fetoplacentário. O fluxo sanguíneo para o útero aumenta 10 vezes, de 50-500 mL/min a termo. Em geral, drogas de baixo peso molecular e lipofílicas atravessam facilmente a placenta. O feto e o líquido amniótico podem atuar como compartimentos adicionais, levando ao aumento do acúmulo de drogas e a um aparente aumento do volume de distribuição de certas drogas.

Alterações no metabolismo

O metabolismo de uma droga envolve sua modificação química por meio de sistemas enzimáticos especializados. Para alguns medicamentos, administrados como pró-drogas inativas, o metabolismo é necessário para converter a droga em um composto ativo. Para a maioria dos medicamentos, o metabolismo leva à perda da atividade do medicamento. O fígado é responsável pelo metabolismo da grande maioria dos medicamentos. Outros órgãos, incluindo o intestino e a placenta, também podem contribuir para a eliminação de certos medicamentos. A atividade enzimática metabólica é altamente variável, afetada por etnia, sexo, idade e polimorfismos enzimáticos. Certas enzimas estão envolvidas no metabolismo de vários medicamentos e criam um potencial para que os medicamentos coadministrados afetem sua eliminação.

A depuração é o principal parâmetro farmacocinético de um medicamento; ela determina a exposição ao medicamento conforme medido pela área sob a concentração plasmática *versus* curva de tempo e a capacidade geral de um corpo de eliminar um medicamento. A depuração sistêmica de uma droga é a soma de todas as depurações de vários órgãos. A depuração é o volume de sangue/plasma que é completamente eliminado da droga em uma unidade de tempo. A depuração de uma droga no fígado é determinada pelo fluxo sanguíneo hepático e a taxa de extração da droga no fígado. A taxa de extração (ER) refere-se à proporção de uma droga retirada da circulação arterial hepática para os hepatócitos, tornando-a disponível para metabolismo subsequente. Para drogas de alto ER (p. ex., morfina e propranolol), a eliminação hepática geral é limitada apenas pela perfusão hepática (fluxo sanguíneo). Em contraste, a depuração hepática de drogas de baixo ER (p. ex., diazepam, fluoxetina ou cafeína) é limitada pela capacidade metabólica intrínseca das células hepáticas e da fração não ligada da droga no plasma, e seria pouco alterada por mudanças na perfusão hepática.

O metabolismo hepático da droga inclui reações de fase I (oxidação, redução ou hidrólise) que introduzem porções mais polares ou reativas nas moléculas de drogas, seguidas em muitos casos por reações de fase II (conjugação) ao ácido glicurônico, sulfato ou outras frações que favorecem a excreção em urina ou bile. As reações de fase oxidativa I são realizadas predominantemente pela família de enzimas do citocromo P450 (CYP) que diferem em sua especificidade de substrato. As atividades do CYP3A4 (50-100%), CYP2A6 (54%), CYP2D6 (50%) e CYP2C9 (20%) aumentam durante a gravidez. Alterações na atividade do CYP3A4 levam a um metabolismo aumentado de drogas como gliburida, nifedipina e indinavir. Por outro lado, algumas isoformas do CYP demonstram atividade diminuída durante a gravidez. CYP1A2 e CYP2C19 parecem sofrer uma diminuição gradual da atividade com o avanço da gestação, embora com efeitos incertos na terapia medicamentosa. A atividade das enzimas de fase II, incluindo a uridina 5'-difosfato glicuronosiltransferase (UGT), também é alterada durante a gravidez, com um aumento de 200% na atividade de UGT1A4 durante o primeiro e o segundo trimestres e um aumento de 300% durante o terceiro trimestre.

A mudança leva a concentrações mais baixas de substratos UGT1A4, como a lamotrigina, ocasionando diretamente um controle pior das crises com o avanço da gestação na ausência de titulação de dose apropriada. Os efeitos da gravidez sobre a atividade enzimática também podem variar com o genótipo materno. Um estudo recente sobre a farmacocinética da nifedipina, usada para tocólise, observou diferenças na depuração da droga em virtude da variabilidade genética em um alelo específico do gene codificador do CYP3A5. Da mesma forma, o metabolismo da metadona variou com o genótipo específico do CYP2B6. A atividade enzimática varia com etnia, sexo, idade e certos estados de doença não relacionados à gravidez. Normalmente as enzimas têm vários substratos, e diferentes drogas podem ser metabolizadas por várias enzimas. Essa sobreposição pode levar a alterações na atividade metabólica quando certos medicamentos são administrados concomitantemente. Em culturas primárias de hepatócitos humanos, o caproato de 17-hidroxiprogesterona (17-OHPC), um medicamento usado para prevenir o parto prematuro, aumentou modestamente a atividade do CYP2C19. Depreende-se que a dosagem de substratos CYP2C19, por exemplo, antidepressivos tricíclicos, inibidores da bomba de prótons e propranolol, pode ter que ser aumentada em pacientes em uso de 17-OHPC.

As alterações no metabolismo dos medicamentos podem ter implicações nas dosagens dos medicamentos durante a gravidez. Para medicamentos com uma janela terapêutica estreita, um aumento da depuração durante a gravidez pode levar a concentrações subterapêuticas e piorar o controle da doença. Por outro lado, para evitar o aumento da toxicidade, as doses dos medicamentos podem precisar ser ajustadas no período pós-parto, quando as alterações na atividade das enzimas metabólicas relacionadas à gravidez desaparecem.

Alterações na excreção

A excreção renal da droga depende da taxa de filtração glomerular (TFG), secreção tubular e reabsorção. A TFG é 50% maior no primeiro trimestre e continua a aumentar até a última semana de gravidez. Se um fármaco for excretado exclusivamente por filtração glomerular, sua depuração renal deverá acompanhar as mudanças na TFG durante a gravidez. Por exemplo, a cefazolina e a clindamicina apresentam maior eliminação renal durante a gravidez.

Apesar de um aumento uniforme na TFG durante a gravidez, as diferenças no transporte tubular renal (secreção ou reabsorção) podem resultar em efeitos diferentes sobre medicamentos liberados pelos rins. Especificamente, a depuração do lítio é duplicada durante o terceiro trimestre em comparação com a pré-concepção. Em comparação, a depuração da digoxina, que é depurada cerca de 80% nos rins,, é apenas de 20 a 30% maior durante o terceiro trimestre em comparação com o pós-parto. Além disso, a depuração do atenolol é apenas 12% maior durante a gravidez. Essas variações na depuração do medicamento limitam a generalização sobre o efeito da gravidez sobre os medicamentos eliminados por via renal e apontam para alterações gestacionais importantes, mas menos conhecidas, nos transportadores tubulares renais.

ALTERAÇÕES FISIOLÓGICAS NA GRAVIDEZ

Hormônios

Entre todas as alterações que ocorrem no corpo feminino durante a gravidez, as variações nos níveis hormonais são as que mais contribuem para caracterizar essa fase.

Progesterona

Durante a gestação, a progesterona é secretada pelo corpo lúteo do ovário e pela placenta. Nos primeiros 60 dias de gestação, o corpo lúteo é fundamental para a secreção de progesterona. A partir dessa fase, a placenta passa a produzir progesterona gradativamente, atingindo seu nível máximo no momento do parto.

A progesterona diminui a excitabilidade da fibra muscular uterina, além de aumentar a vascularização do corpo e colo uterinos. Tem efeito termogenético, induzindo a elevação da temperatura corporal até a metade da gestação, voltando posteriormente à normalidade.

Estrógenos

Normalmente são produzidos pelos folículos ovarianos e, durante a gestação, também pelas células sinciciais do trofoblasto. No início da gestação, seus níveis plasmáticos são baixos, mas depois da 12ª semana elevam-se gradativamente até um valor máximo nas últimas semanas de gravidez. Na fase inicial, a produção ovariana é grande, enquanto a partir dos 60 dias predomina a produção placentária.

Os estrógenos agem sobre o crescimento e a excitabilidade uterina, provocando aumento de vascularização, hipertrofia e hiperplasia das fibras musculares miometriais. As ações dos estrógenos sobre os órgãos estrógeno-dependentes são quase sempre sinérgicas com as da progesterona. O estriol, estrógeno predominante durante a gravidez, exerce uma ação antagônica sobre a ação da progesterona. Aumenta a espessura e a vascularização do epitélio vaginal e da mucosa cervical, além de amolecer o cérvix uterino.

Juntamente com a progesterona, os estrógenos são os hormônios mais importantes para o desenvolvimento dos ductos (estrógeno) e do sistema lóbulo-alveolar (progesterona) da glândula mamária. Os mamilos aumentam de tamanho e de mobilidade pela ação estrogênica.

Por sua ação sobre o tecido conjuntivo, eles permitem sua maior distensibilidade. Assim, o colo uterino distende-se facilmente durante a gravidez, o que não acontece fora desse período. Eles também determinam retenção de água no tecido conjuntivo, provocando retenção de água pela pele.

Os estrógenos promovem aumento do volume do líquido extracelular e retenção de sódio e de água no túbulo renal. A leucocitose da gestação é provocada pelos estrógenos, que também alteram as proteínas plasmáticas e os fatores de coagulação.

Gonadotrofina coriônica

A gonadotrofina coriônica humana (HCG) é uma glicoproteína semelhante ao LH adeno-hipofisário, produzida pelas células do citotrofoblasto placentário, tendo papel importante na manutenção do corpo lúteo gravídico. Seus níveis plasmáticos podem ser detectados até 10 dias após a ovulação e atingem valores de 600 a 1.000 UI/mL de soro por grama de tecido placentário, entre 60 e 90 dias de gestação, após os quais decrescem muito.

A HCG tem importante função luteotrófica. O pico de secreção de HCG se dá em torno do 60º dia da gestação, quando o corpo lúteo deixa de exercer um papel importante na manutenção da gravidez. Além de sua ação luteotrófica na mãe, ela exerce ação adrenocorticotrófica na adrenal do feto. Quando existe necessidade de estrógenos, há um aumento na secreção de HCG.

Hormônios hipofisários

A hipófise aumenta de tamanho durante a gravidez. A média do peso hipofisário adulto está em torno de 0,4 a 0,6 g, mas durante a gravidez atinge 0,8 g, provavelmente em razão do aumento do número e tamanho de células.

O LH e o FSH estão, durante a gravidez, nos níveis superiores de sua normalidade. Sua determinação durante a gestação é complicada pela presença elevada de HCG na circulação, que provoca reações imunológicas cruzadas com as gonadotrofinas hipofisárias.

Os níveis de cortisol elevam-se durante a gestação, provavelmente por causa do ACTH hipofisário. Esse hormônio é encontrado na placenta, talvez em decorrência de sua concentração nesse tecido, e não porque seja produzido aí.

Na gestação ocorrem modificações de pigmentação da pele da gestante decorrentes do hormônio alfa-melanócito-estimulante (MSH-a) hipofisário: a aréola dos mamilos e a linha negra escurecem, os nervos tornam-se mais pigmentados e aparece a máscara gravídica (cloasma).

Função tireoidiana

A função tireoidiana encontra-se aumentada durante a gestação. Como os níveis plasmáticos de TSH hipofisário estão normais, provavelmente o aumento da função tireoidiana se deve à secreção de TSH pela placenta.

Postura e deambulação

Por causa da distensão abdominal e das mamas desenvolvidas, o centro de gravidade se desloca para a frente, fazendo com que a mulher adote uma postura involuntária (lordose da coluna lombar), além de aumentar a base de sustentação (afastando os pés).

Adaptação cardiovascular

O consumo de oxigênio eleva-se (15 a 25%) e há um aumento do volume de líquido extracelular. O volume sanguíneo da mulher se eleva em 40%. Isso possibilita à gestante maior resistência às perdas sanguíneas que ocorrerem durante o trabalho de parto.

Os estrógenos, por estimularem a síntese de angiotensinogênio e, juntamente com a progesterona, elevarem a síntese de renina, conduzem a um aumento da produção de angiotensina II (A II), potente vasoconstritor. Entretanto, na gravidez, apesar da elevação do volume sanguíneo e da produção de A II, não se verifica elevação da pressão arterial pelo fato de o aparelho circulatório da gestante tornar-se menos sensível à ação da A II. Essa adaptação talvez se deva à maior liberação de prostaglandinas, pois, quando se administra à gestante inibidor da prostaglandina sintetase, verifica-se o desaparecimento da diminuição da sensibilidade do aparelho circulatório à A II.

Como o volume plasmático eleva-se mais que os elementos globulares, há anemia e queda relativa da hemoglobina, caindo o hematócrito e a viscosidade sanguínea. Há aumento da taxa de glóbulos brancos (leucocitose).

O débito cardíaco cresce durante o segundo trimestre para encontrar o consumo crescente de oxigênio, que aumenta 20%. Ultrapassa 50% de aumento durante o trabalho de parto, permanecendo elevado até o terceiro dia pós-parto.

Há aumento da frequência cardíaca e diminuição da pressão diastólica e da resistência vascular periférica, como mencionado anteriormente.

O útero em crescimento recebe 20% do débito cardíaco. O aumento de volume uterino, porém, causa compressão da veia cava inferior e da artéria aorta, resultando em hipotensão para a gestante. Para prevenir a compressão aortocaval, a gestante não deve dormir ou deitar-se de barriga para cima.

Adaptação respiratória

A expansão do útero grávido desloca o diafragma, diminuindo a capacidade residual funcional (quantidade de ar que permanece nos pulmões ao final da expiração).

A capacidade vital (quantidade máxima de ar que pode ser expelido dos pulmões após enchê-los ao máximo e expirar ao máximo) e a capacidade inspiratória (quantidade de ar que se pode inspirar, começando do nível expiratório normal e distendendo os pulmões ao máximo) permanecem inalteradas por causa de um aumento do diâmetro torácico anteroposterior. Há um aumento de cerca de 40% no volume corrente (volume de ar inspirado ou expirado a cada incursão normal) e de 15% na frequência respiratória, resultando em aumento de 70% na ventilação alveolar. Esse aumento na ventilação alveolar parece ser estimulado pelos níveis elevados de progesterona.

O aumento da ventilação alveolar produz alcalose respiratória com excreção renal compensatória de bicarbonato e correção do pH.

Alterações gastrintestinais

Os níveis elevados de progesterona diminuem a mobilidade gástrica e a absorção alimentar, havendo menor tensão do esfíncter esofágico.

A secreção placentária de gastrina produz um aumento do volume e da acidez gástrica. O alargamento do útero aumenta a pressão intragástrica e o ângulo gastroesofágico diminui.

Alterações na função renal

Há um aumento do fluxo renal plasmático, que atinge 80% no meio do segundo trimestre, diminuindo progressivamente. A taxa de filtração glomerular aumenta 50% acima do normal na 16ª semana de gestação e permanece alta até o parto, levando a um aumento da creatina.

A glicosúria, altas taxas de glicose na urina, se deve ao aumento na taxa de filtração glomerular.

A progesterona causará dilatação dos cálices renais, provocando aumento da incidência de infecções do trato urinário.

Alterações na função hepática

O fluxo sanguíneo hepático fica inalterado, mas o teste de função hepática pode estar ligeiramente anormal. A colinesterase plasmática está ligeiramente diminuída.

Alterações hematológicas

O aumento do volume de plasma excede o de células vermelhas, resultando em diminuição da viscosidade sanguínea e em anemia relativa.

Os fatores de coagulação I, VII, X e XII são aumentados e proporcionam à gravidez um "estado hipercoagulável" como uma proteção à gestante contra sangramentos durante o parto.

Alterações farmacocinéticas

Tendo em vista essas diversas alterações fisiológicas da gravidez, pode-se dizer que a resposta farmacológica e os comportamentos farmacocinéticos da maior parte dos medicamentos podem ser alterados.

Absorção

Ao longo da gravidez, a absorção gastrintestinal dos fármacos está alterada em razão do pH gástrico elevado, o que modifica o grau de ionização e a solubilidade de muitos fármacos, o retardamento do esvaziamento gástrico e a redução da motilidade intestinal.

Distribuição

A distribuição dos fármacos no organismo depende da ligação às proteínas plasmáticas e do teor hídrico dos diferentes compartimentos. Durante a gravidez, verifica-se uma redução da concentração proteica plasmática, especialmente de albumina, aumentando assim a fração livre de fármacos altamente ligados às proteínas, o que conduz a alterações na sua biodisponibilidade. O aumento da água corporal também condiciona a distribuição dos fármacos hidrossolúveis.

Metabolismo

A capacidade de metabolização pelas enzimas microssomais hepáticas está diminuída na gravidez, o que leva a um efeito hepatotóxico de muitos fármacos como rifampicina, tetraciclinas e alfametildopa.

TERATOGÊNESE E PERFIL DAS DROGAS MAIS EMPREGADAS DURANTE A GRAVIDEZ

O uso de medicamentos durante a gravidez requer uma série de cuidados e precauções pelas mudanças fisiológicas e farmacocinéticas próprias do período, que acarretam alterações na absorção, concentração e distribuição das drogas. Deve-se estar atento e considerar determinados transtornos que, se não medicados, podem trazer piores consequências para a mãe e/ou o feto. A gravidez é, portanto, um estado fisiológico em que o binômio risco-benefício alcança sua máxima dimensão.

Os possíveis danos da administração de um medicamento à gestante e ao feto estão sujeitos a um grande número de variáveis, algumas descritas no Quadro 1.

Teratogenicidade

O termo teratogênese é utilizado para especificar a produção de malformações estruturais grosseiras durante o desenvolvimento fetal, em oposição a outros tipos de lesão fetal induzidas por fármacos, como retardo mental, displasia, bócio associado ao iodo, entre outros.

Em 1920 descobriu-se que a irradiação X durante a gestação era capaz de causar malformações ou óbitos fetais; em 1940 foi reconhecida a importância da infecção por rubéola. Entretanto, somente a partir de 1960 os fármacos passaram a ser considerados teratogênicos. Depois da experiência da talidomida, que antes da liberação para o comércio foi submetida apenas a estudos de toxicidades agudas, as novas drogas também passaram a ser submetidas a estudos de toxicidade crônica e teratogênicos. É importante notar que a talidomida foi lançada como hipnótico e sedativo, com a característica especial de ser extremamente segura nos casos de superdosagem, recomendada inclusive para uso específico em gestantes.

Atualmente os estudos de teratogenicidade são realizados em uma espécie roedora (rato ou camundongo) e em outra não roedora (coelho), entretanto não existem modelos *in vitro* (culturas de células, órgãos ou embriões integrais) que reproduzam com segurança a teratogênese *in vivo*.

QUADRO 1 Fatores que interferem nos possíveis danos causados ao sistema mãe-feto

1. Natureza do fármaco administrado
O potencial intrínseco de uma droga ser ou não prejudicial à mãe e/ou ao feto.
2. Frequência da administração
Os efeitos esperados de uma mesma droga não são idênticos se ela for administrada de forma esporádica, periódica ou contínua.
3. Momento da administração
As consequências da administração de determinada droga podem ser diferentes caso ela seja usada no 1º, 2º ou 3º trimestre da gravidez.
4. Fase da gravidez
No primeiro trimestre, quando se desenvolve e diferencia a maioria dos órgãos e sistemas fetais, haverá uma exacerbação dos fenômenos proliferativos, sendo portanto um período extremamente suscetível a alterações induzidas por drogas. Assim, uma ação negativa nesse período vai produzir paralisação e/ou deformidade do órgão que estiver se formando no momento.

Fármacos com teratogenicidade estabelecida e bastante conhecida compreendem derivados de vitamina A (retinoides), metotrexato e fenitoína. Nestes dois últimos exemplos, a teratogenicidade está relacionada à inibição da síntese de DNA em razão de seus efeitos no metabolismo de folatos. Portanto, a administração de folatos durante o período gestacional tem um papel muito importante com o objetivo de reduzir as malformações espontâneas e induzidas por drogas.

A seguir serão descritos alguns fármacos com importância clínica e teratogenicidade comprovada.

Talidomida

A talidomida é a única droga que, em doses clínicas modestas, produz malformações em quase 100% das crianças expostas na gestação. Apesar de estudos intensivos, seu mecanismo de ação continua a ser mal compreendido. Seu uso é permitido no Brasil, entretanto sob rigoroso controle da Agência Nacional de Vigilância Sanitária (Anvisa), por meio da Portaria n. 344/98 (lista C3).

Fármacos citotóxicos

Muitos agentes alquilantes (p. ex., clorambucil e ciclofosfamida) e antimetabólitos (p. ex., azatioprina e mercaptopurina) podem causar malformações quando utilizados no início da gestação, mas em geral conduzem ao abortamento. Os antagonistas do folato (p. ex., metotrexato) produzem uma incidência muito maior de malformações importantes.

Fármacos retinoides

O etretinato, derivado da vitamina A, apresenta efeitos acentuados sobre a diferenciação epidérmica, sendo um teratógeno conhecido e com elevada proporção de anormalidades graves em fetos expostos. É utilizado por dermatologistas no tratamento de psoríase e outras doenças cutâneas. Acumula-se na gordura subcutânea, tendo eliminação bastante lenta e com níveis sanguíneos persistentes por longos períodos. Seu uso é permitido no Brasil sob estreito controle da Anvisa (Portaria n. 344/98, lista C2), sendo aconselhada a adoção de medidas contraceptivas em pacientes do sexo feminino.

Metais pesados

Neste grupo de drogas, o chumbo, o cádmio e o mercúrio são comprovadamente teratogênicos. Tais compostos inativam muitas enzimas por formar ligações covalentes com a sulfidrila e outros grupamentos, resultando em distúrbios do desenvolvimento cerebral (paralisia cerebral e retardo mental), com frequente microcefalia.

Drogas anticonvulsivantes

As malformações congênitas são 2 a 3 vezes mais frequentes em bebês nascidos de mães epilépticas comparativamente a mães sem epilepsia. Existem evidências de que isso se associe ao uso de anticonvulsivantes mais do que à própria epilepsia. As drogas implicadas incluem fenitoína (fenda palatina/lábio leporino), valproato (defeitos do tubo neural) e carbamazepina (espinha bífida e malformações na uretra masculina).

Varfarina

A administração de varfarina no primeiro trimestre é associada à hipoplasia nasal e a várias anormalidades do sistema nervoso central, que afetam em torno de 25% dos bebês. No último trimestre a varfarina não pode ser utilizada em virtude do risco de hemorragia intracraniana no bebê durante o parto.

Antieméticos

Os antieméticos têm sido amplamente utilizados no tratamento do enjoo matinal no início da gravidez, sendo alguns deles teratogênicos em animais. Os resultados de levantamentos em seres humanos são inconclusivos e não fornecem evidências nítidas de teratogenicidade. Não obstante, é prudente evitar a utilização dessas drogas na gestante quando possível.

CLASSIFICAÇÃO DOS FÁRMACOS QUANTO AO RISCO NA GESTAÇÃO

Nos Estados Unidos, a Food and Drug Administration (FDA) classifica os fármacos quanto aos efeitos na gestação em categorias A, B, C, D e X (Quadro 2). Essa classificação foi feita para auxiliar o clínico na escolha terapêutica mais adequada para uma gestante. A Sociedade de Teratologia propõe que essa classificação seja fornecida com informações detalhadas que resumam e interpretem os dados disponíveis a respeito da toxicidade reprodutiva e da estimativa de risco teratogênico potencial de cada medicamento.

QUADRO 2 Categorias de risco para o uso de drogas na gestação (FDA)

Categoria	Tipo de risco
A	Estudos controlados em mulheres não demonstraram risco no primeiro trimestre. Estudos bem controlados em gestantes não evidenciaram risco para o feto.
B	Estudos de reprodução em animais não demonstraram riscos para o feto, embora não se tenham realizado estudos adequados e bem controlados em gestantes.
C	Estudos de reprodução em animais demonstraram efeitos adversos no feto. Embora não se tenham realizado estudos adequados e bem controlados em humanos, os benefícios potenciais podem justificar o uso desses medicamentos em gestantes, apesar dos riscos potenciais.
D	Há evidências positivas de risco fetal, mas o benefício do uso por gestantes pode ser justificado.
X	Contraindicado na gestação. Estudos em animais e humanos demonstraram risco fetal, e o risco do uso sobrepôs-se ao benefício.

Anestésicos inalatórios

- **Endofluorano:** categoria B.
- **Metoxifluorano:** categoria C.

Anestésicos intravenosos

- **Cetamina**: categoria B. Apesar de ser capaz de atravessar a placenta, não parece ter efeitos teratogênicos em animais de laboratório. Tem sido amplamente usada em anestesia obstétrica.
- **Tiopental**: categoria C.

Anestésicos locais

- Não foram descritos problemas com benzocaína, butacaína, butilcaína, cinchocaína, lidocaína e tetracaína, apesar de não terem sido feitos estudos em animais ou humanos.
- **Tetracaína**: categoria C.

Hipnoanalgésicos

- **Codeína:** categorias C e D para efeitos prolongados.
- **Fentanila:** categoria C.
- **Meperidina:** categorias B e D para efeitos prolongados. A meperidina é um dos opiáceos com menor efeito depressor e o preferido em obstetrícia, ainda que só como alternativa em caso de contraindicação de anestesia peridural.
- **Metadona:** categorias B e D para efeitos prolongados. É o medicamento de eleição no tratamento de toxicomanias durante a gravidez.
- **Naloxona:** categoria B; apesar de ser considerado o tratamento de eleição *ex utero* na depressão respiratória induzida por narcóticos, não deve ser administrada a gestantes para diagnosticar uma possível dependência de narcóticos, pois pode desencadear síndrome de abstinência fetal.

Anti-inflamatórios não esteroidais

- **Ácido acetilsalicílico e salicilatos**: categorias C e D para tratamentos prolongados no terceiro trimestre da gravidez e antes do parto. Os salicilatos atravessam a placenta humana, podendo acumular-se no feto por causa da maior capacidade de ligação às proteínas plasmáticas fetais. Seu uso prolongado na gravidez tem sido associado a redução de peso, prolongamento da gestação e hemorragias maternas maciças, o que resulta em aumento da mortalidade perinatal. Assim, não se recomenda seu uso no último trimestre da gravidez, especialmente nos dias próximos ao parto. O ácido acetilsalicílico é utilizado com êxito e inocuidade durante os dois primeiros trimestres da gestação, na dose de 325 mg/dia, na prevenção da trombose placentária em gestantes com história predisponente.

- **Cetoprofeno**: categorias B e D no terceiro trimestre.
- **Fenilbutazona**: categorias C e D no terceiro trimestre. Casos isolados de redução das extremidades, defeitos da parede abdominal, fissura palatina e defeitos no diafragma. Geralmente seu uso não é recomendado na gravidez.
- **Ibuprofeno**: categorias B e D no terceiro trimestre.
- **Paracetamol**: categoria B. Apresenta peculiaridade que se torna notável quando usado na gravidez: é fraco inibidor da síntese de prostaglandina e com isso é tido como a droga de escolha. É excretado no leite materno, sem no entanto trazer problemas para a criança. Sua dose terapêutica recomendada é de 350 a 650 mg a cada 4 horas.

Anticonvulsivantes

A maioria dos antiepilépticos disponíveis tem sido associada, em maior ou menor grau, com o aumento da incidência de malformações congênitas em animais e em seres humanos. Apesar disso, os riscos do uso estão bem abaixo dos de uma gestante em crise epiléptica por falta de medicação. Seu uso em gestantes é aceito sob rigoroso controle.

- **Ácido valproico:** categoria D. Aumento da incidência de defeitos específicos do tubo neural, com produção de espinha bífida em 1 a 2% dos fetos expostos.
- **Carbamazepina:** categoria C. Atravessa a placenta, alcançando níveis fetais semelhantes aos maternos. O risco de malformações é desconhecido, embora tenham sido descritos casos isolados de mielomeningocele e cardiopatia congênita.
- **Clonazepam:** categoria C. Teratogênico em alguns animais.
- **Fenobarbital:** categoria D. Pode produzir depressão respiratória fetal e hipotensão materna, com risco de hipóxia fetal. Pode produzir hemorragias neonatais, provavelmente associadas a déficit de vitamina K. Deve-se

fazer administração profilática dessa vitamina na gestante durante o último mês de gravidez.

- **Sulfato de magnésio:** categoria B. É a droga de eleição na profilaxia das convulsões associadas à pré-eclâmpsia e à toxemia na gravidez. Atravessa a placenta e é capaz de produzir hipotonia e letargia fetal.

Antidepressivos

O emprego de antidepressivos na gravidez é assunto polêmico, embora a tendência seja contraindicá-los em razão dos efeitos embriotóxicos e teratogênicos. Só se admite sua utilização em casos graves de depressão que possam pôr em risco a vida da mãe e/ou do feto. Seu uso logo antes do parto pode produzir alterações cardiovasculares e respiratórias em alguns RN, bem como espasmos musculares e retenção urinária.

- **Amitriptilina:** categoria D. Teratogênica para vários animais. Casos isolados de redução das extremidades e retenção urinária neonatal.
- **Imipramina:** categoria D. Casos isolados de redução das extremidades, defeitos da parede abdominal e do diafragma e fissuras palatinas.
- **Antidepressivos inibidores da monoamina oxidase (IMAO):** atravessam facilmente a barreira placentária, produzindo hiperexcitabilidade e atraso do crescimento fetal em animais.

Antipsicóticos

- **Buspirona**: categoria B. Não foram observados efeitos teratogênicos em animais com doses até 30 vezes superiores às humanas.
- **Clorpromazina**: categoria C. Seu uso não é recomendável no final da gravidez. Há casos descritos de icterícia, hiper-reflexia e sintomas extrapiramidais neonatais.
- **Haloperidol**: categoria C. Casos isolados de focomelia em RN, no entanto seu uso é aceitável em crises psicóticas em grávidas.

Ansiolíticos

O uso de benzodiazepínicos deveria ser evitado na gravidez, pelo menos em tratamentos prolongados, em razão das dúvidas sobre seu potencial teratogênico. Raramente os benefícios obtidos em tratamento prolongado justificam os riscos para o feto.

Seu uso no último trimestre da gravidez pode provocar depressão respiratória, atonia muscular e inclusive síndrome de abstinência neonatal. Seu uso como indutor anestésico em cesarianas pode provocar depressão do sistema nervoso central (SNC) fetal. O uso ocasional, em doses moderadas, não apresenta riscos.

- **Clordiazepóxido:** categoria D. Casos isolados de deficiência mental, surdez, microcefalia e atresia duodenal.
- **Diazepam:** categoria D. Casos isolados de lábio leporino, fissura palatina, cardiopatias, estenose pilórica e malformações das extremidades. Estudos mais modernos não confirmam essas observações.
- **Lorazepam:** categoria D.

Anticolinérgicos

- **Escopolamina**: categoria C. Seu uso por via parenteral é contraindicado, já que atravessa facilmente a placenta e pode induzir taquicardia fetal e ocultar desacelerações patológicas da frequência cardíaca fetal.

Betabloqueadores

- **Atenolol**: categoria B. É o betabloqueador de escolha em grávidas. Não foi associado a efeitos bradicárdicos fetais.
- **Propranolol**: categoria C. Há casos isolados de retardo do crescimento intrauterino, diminuição do tamanho da placenta, depressão respiratória, hipoglicemia e bradicardia fetais. Seu uso é considerado relativamente seguro na gravidez.

Antidiabéticos orais

- **Clorpropamida**: categoria C. Teratogênica em animais, estados prolongados de hipoglicemia.
- **Glibenclamida**: categoria B.
- **Insulina**: categoria B. É o tratamento de eleição do diabetes na gravidez.

Anti-histamínicos

- **Difenidramina**: categoria C. Associada a possível aumento da incidência de fenda labial e síndrome de abstinência neonatal em doses elevadas.

- **Prometazina**: categoria C. Associada ocasionalmente a icterícia e sintomas extrapiramidais.

Anticoagulantes

- **Heparina:** categoria C. Considerada incapaz de atravessar a placenta por seu elevado peso molecular e carga eletronegativa.
- **Varfarina:** categoria D. Durante o primeiro trimestre da gravidez são observados morte fetal, hemorragias e defeitos do SNC. São capazes de provocar malformações durante o segundo e terceiro trimestres, especialmente no SNC e nos olhos.

Diuréticos

De modo geral, não se recomenda o uso de diuréticos na gravidez, visto que não são eficazes nem na prevenção nem no tratamento da toxemia gravídica.

- **Furosemida**: categoria C. Foram descritos alguns casos de morte intrauterina em animais. Em humanos, parece acumular-se no feto, mas não foram observados efeitos adversos específicos, sendo preferível a outros diuréticos de alça.
- **Clortalidona**: categoria D. Transferência placentária escassa.
- **Hidroclorotiazida**: categoria D.

Antiarrítmicos

- **Amiodarona**: categoria C. Atravessa a placenta e é embriotóxica em ratos.
- **Quinidina**: categoria C. É o antiarrítmico de eleição na gravidez. Apesar de atravessar a placenta, alcançando níveis fetais ligeiramente inferiores aos maternos, seu uso é relativamente inócuo.

Anti-hipertensivos

- **Captopril:** categoria C. Não é recomendado na gravidez por ser embrioletal em várias espécies animais. Em humanos, foram descritos casos isolados de atraso do crescimento intrauterino, *ductus arteriosus* e hipotensão neonatal.
- **Diltiazem, nifedipina, verapamil:** categoria C.

- **Enalapril:** categoria C. A placenta humana possui grandes quantidades de enzimas conservadoras de angiotensina, inibida de forma potente e seletiva pelo enalapril e pelo captopril. Pode desempenhar papel importante na manutenção do suprimento sanguíneo do feto.
- **Metildopa:** categoria C. É o tratamento de eleição da hipertensão crônica na gravidez. No entanto, pode provocar hipotensão neonatal. Estudos clínicos bem controlados com acompanhamento clínico das crianças com até 8 anos de idade mostram a inocuidade do uso de metildopa na gravidez.

Antitussígenos, expectorantes e mucolíticos

- **Dextrometorfano**: categoria C, considerado inócuo na gravidez, é o antitussígeno de eleição nesse período. Mesmo assim, a função renal deve ser controlada, para evitarem-se níveis sanguíneos elevados.
- **Acetilcisteína**: categoria B.
- **Guaifenesina**: categoria C.

Antiácidos gástricos

- **Hidróxidos de alumínio, cálcio e magnésio**: categoria C. Possível aumento (dobro) de diversos tipos de anomalias congênitas.

Antidiarreicos

- **Difenoxilato:** categoria C. Considerado inócuo. Foram descritos casos isolados de malformações congênitas, fenda palatina, defeitos cardíacos e ausência de tíbia. Outros estudos mais intensos em gestantes não revelaram efeitos dismorfogênicos.
- **Loperamida:** categoria B.

Antieméticos

- **Metoclopramida**: categoria B. Seu uso é aceito na gravidez, pois não existem indícios conclusivos de teratogenicidade em animais nem em humanos. Atravessa a placenta, com concentrações fetais equivalentes a 50% das maternas.
- **Difenidramina**: categoria C. Seu uso foi relacionado com aumento da incidência de fendas labiais.

Antifiséticos ou antiflatulentos

- **Dimeticona**: categoria C. Uso admitido na gravidez, pois não é absorvida no trato digestório.

Antiúlcera péptica

- **Cimetidina**: categoria B. Atravessa a placenta, alcançando concentrações fetais 50% inferiores às maternas.
- **Famotidina, omeprazol, ranitidina**: categoria B.

Laxativos

- **Ágar**: categoria B.
- **Bisacodil, fenolftaleína**: categoria C. Inócuos quando usados isoladamente.

Antineoplásicos

Todos os antineoplásicos são teratogênicos em potencial por seus efeitos citotóxicos diretos. Os antineoplásicos de ação hormonal ou anti-hormonal também podem ser enquadrados nesta categoria.

Antibióticos betalactâmicos

- **Cefalosporinas:** à semelhança das penicilinas, as cefalosporinas apresentam elevado grau de segurança em gestantes. Todas atravessam a placenta humana, alcançando concentrações fetais variáveis (entre 10 e 130% das séricas maternas). Em geral, todas estão na categoria B.
- **Penicilinas:** a maioria das penicilinas é amplamente utilizada em gestantes, com grande margem de segurança para a mulher e o feto. Em geral, todas estão na categoria B.

Antibióticos não betalactâmicos

Aminoglicosídeos

- **Amicacina:** categoria C.
- **Estreptomicina:** categoria D. Atravessa facilmente a placenta. Foram descritos casos de ototoxicidade neonatal em humanos.

Anfenicóis

- **Cloranfenicol:** categoria C. Atravessa a placenta humana, alcançando concentrações fetais equivalentes a 35 a 80% das maternas.

Macrolídeos

- **Eritromicina**: categoria B. Difusão limitada através da placenta. Seu uso é consideravelmente seguro na gravidez, sendo o tratamento de eleição na gonorreia em gestantes alérgicas às penicilinas. É preferível usá-la na forma de estolato de eritromicina em razão do risco de hepatotoxicidade em tratamentos longos.

Tetraciclinas

Em geral, são contraindicadas na gravidez. Todas atravessam a placenta e depositam-se sobre ossos e dentes fetais, produzindo descoloração permanente dos dentes, inibição do crescimento ósseo, hérnia inguinal e extremidades hipoplásicas. Em geral, todas estão na categoria D.

Antissépticos urinários

- **Fenazopiridina:** categoria B. Utilizada em algumas gestantes, sem que se observassem manifestações fetais adversas.

Quinolonas

- **Ácido nalidíxico**: categoria B.
- **Norfloxacina**: categoria C.

Trimetoprima e associações

- **Com sulfametoxazol**: categorias C e D no último trimestre da gravidez. Atualmente se preferem associações mais inócuas por causa da atividade antifolínica da trimetoprima.

Antituberculostáticos

- **Isoniazida:** categoria B. Em associação com o etambutol, é o tratamento de eleição na tuberculose em gestantes.

Quimioterápicos antiprotozoários

- **Metronidazol**: categoria B. Difunde-se amplamente através da placenta. Em razão de seus efeitos mutagênicos sobre procariotas, é preferível evitar seu uso durante o primeiro trimestre da gestação.
- **Clotrimazol**: categoria C. Não foram observados efeitos teratogênicos em animais, além de ligeira diminuição da fertilidade. Usado amplamente em humanos, sem nenhum efeito teratogênico.

DADOS DA GRAVIDEZ ÚTEIS AO FARMACÊUTICO

Orientações gerais

A gravidez corresponde a um período de grandes alterações no organismo da mulher. Essas alterações não são necessariamente patológicas. A patologia pode advir de uma negligência da paciente consigo mesma.

É possível uma gestação saudável, desde que a saúde da gestante tenha um acompanhamento regular e não apenas o pré-natal, em que o único atuante é o obstetra, mas também o acompanhamento de outros profissionais, como farmacêuticos, dentistas e nutricionistas, entre outros.

Para ter um bebê saudável, a gestante deve ter um estilo de vida saudável. Algumas recomendações são importantes:

- Iniciar o pré-natal o mais cedo possível, inclusive antes de engravidar.
- Seguir uma dieta balanceada, incluindo suplementos vitamínicos que contenham ácido fólico.
- Fazer exercícios físicos regulares com acompanhamento médico.
- Evitar álcool, cigarro, drogas ilícitas e limitar a cafeína.
- Evitar realizar radiografias e usar saunas.
- Evitar infecções.

A frequência de visitas médicas durante a gravidez normal pode se iniciar mensalmente até aumentar para uma vez por semana ou mais no final da gravidez.

Em cada visita, o médico ou a enfermeira devem fazer uma série de exames ou testes para avaliar a saúde da mãe e do bebê. Esses testes incluem medida de crescimento do útero, audição dos batimentos cardíacos do bebê, medida da pressão sanguínea e do peso da mãe e checagem de sua urina para evidência de proteína ou açúcar, que podem ser sintomas de complicações.

A mãe deve ser questionada sobre seu estado de saúde e se não sente inchaço nas pernas, no abdome, visão turva ou dores de cabeça incomuns.

Devem ser feitos exames de ultrassonografia e testes genéticos durante a gravidez. Uma boa nutrição é outro ponto fundamental para se ter um bebê saudável. Uma gestante deve consumir cerca de 300 calorias extras por dia, cujo teor deverá ser nutritivo. A gestante necessita de uma dieta balanceada completa, com consumo de proteínas, frutas, vegetais e grãos integrais, além de um mínimo de açúcares e gorduras.

Alguns nutrientes são específicos para prover as necessidades da mãe ou do bebê: vitaminas do complexo B, por exemplo, são especialmente importantes. Um deles, o folato, ou sua forma sintética, o ácido fólico, pode reduzir o risco de defeitos no cérebro e na espinha dorsal, chamada de tubo neural.

A cada ano, estima-se que 2.500 bebês nasçam com defeitos no tubo neural, sendo o mais comum deles a espinha bífida, em que a espinha não está fechada. Os nervos expostos são danificados, deixando a criança com variados graus de paralisia, incontinência e, algumas vezes, deficiência intelectual.

Levando em conta que metade de todas as gravidezes não é planejada e que os defeitos do tubo neural se desenvolvem nos primeiros 28 dias após a concepção, o US Public Health Service estabelece que toda mulher em idade fértil deveria ingerir 400 mcg de ácido fólico por dia. Se toda mulher recebesse essa quantidade diariamente, a incidência de defeitos do tubo neural poderia ser reduzida em 45%.

Com esse objetivo, a FDA exige que todos os produtos farináceos, como pães, bolos e biscoitos, sejam fortificados com ácido fólico extra. Fontes naturais de ácido fólico incluem vegetais verdes, sementes, grãos e frutas cítricas.

O cálcio e o ferro também são especialmente importantes durante a gravidez. Tomar uma quantidade suficiente de cálcio pode prevenir a perda de densidade óssea da mãe e possibilitar que o feto use o mineral para o crescimento dos ossos.

Gatos de rua e comida crua podem conter o parasita *Toxoplasma gondii*, que pode causar a toxoplasmose. É raro a gestante apresentar essa infecção, mas, caso a tenha, o bebê corre sério risco de desenvolver a doença e até de morrer.

O cigarro deve ser evitado pela gestante e por outros membros da família, visto que o fumo contribui significativamente para partos de alto risco e baixo peso ao nascer em comparação com bebês de mães não fumantes. Após o nascimento, bebês de mães fumantes apresentam desenvolvimento pulmonar insuficiente, asma e infecções respiratórias, podendo morrer repentinamente da síndrome de morte súbita infantil.

O álcool também deve ser evitado, porque prejudica o desenvolvimento fetal, causa deficiência intelectual e anormalidades faciais nos bebês, uma condição chamada de síndrome alcoólica fetal. O American Institute of Medicine estima cerca de 12 mil crianças com síndrome alcoólica fetal nascidas nos Estados Unidos por ano. Não se sabe a quantidade de álcool segura durante a gravidez, por isso o US Surgeon General recomenda abstenção total de álcool por gestantes.

Exercícios físicos

Aumentam as evidências médicas que mostram que os exercícios físicos são saudáveis durante a gravidez. Em outubro de 1998, o *American Journal of Public Health* publicou um estudo que mostra que os exercícios geralmente são seguros durante a gravidez, e que mulheres que se exercitam têm seus bebês em melhores condições que aquelas que se exercitam menos ou não realizam nenhuma atividade.

A gestante deve ter um acompanhamento médico para monitorar seus exercícios. O American College of Obstetrics and Gynecology recomenda exercitar-se pelo menos três vezes por semana, por 20 minutos. Os exercícios mais recomendados são caminhadas, natação, bicicleta ergométrica e exercícios aeróbicos.

Orientações nutricionais

Durante a gravidez ocorrem mudanças no organismo, como aumento do volume e da composição do sangue, bem como alterações no aparelho gastrintestinal, que podem ocasionar náuseas, vômitos, desejos ou aversões.

Também durante esse período o organismo necessita de um valor adicional de energia e de nutrientes para suprir as necessidades metabólicas da gestante e do bebê. Esse valor deve ser adequado ao peso pré-gestacional, ao período da gestação e ao nível de atividade física da mulher. Normalmente se recomenda a ingestão extra de 300 kcal/dia a partir do segundo ou terceiro mês de gravidez. O ganho esperado de peso no final do nono mês é de 9 a 12 kg.

A quantidade de proteínas ingerida também deve ser aumentada, pois ela é necessária para a formação dos tecidos da mãe e da criança. Essa necessidade varia no decorrer da gestação. A partir do primeiro trimestre esses valores devem ser monitorados, tendo como base 4 g de proteínas por quilo de peso corporal.

Em decorrência da maior necessidade de produção de glóbulos vermelhos, do crescimento do feto e da placenta e da formação de tecidos, também devem ser ingeridas quantidades suficientes de vitaminas e minerais.

Para certificar-se de que nada faltará ao bebê, geralmente o médico prescreve um suplemento vitamínico.

Veja a seguir algumas regras para alimentação da gestante:

- Consumir folhas cruas em forma de saladas, temperadas com limão.
- Ingerir pelo menos uma vez ao dia feijão, lentilha, grão-de-bico ou ervilha.
- Consumir quatro tipos de frutas durante o dia, em forma de suco ou ao natural.
- Ingerir pelo menos 1,5 L de água durante o dia.
- Evitar excessos de gorduras e açúcares.

CARACTERÍSTICAS DA GRAVIDEZ DE ALTO RISCO

As gestações com evolução desfavorável são genericamente chamadas de gestações de alto risco. O conceito está intimamente relacionado ao risco fetal, embora possa ser utilizado em relação ao risco materno.

São utilizados como sinônimos termos como sofrimento fetal crônico, insuficiência placentária ou insuficiência uteroplacentária.

Aproximadamente 10 a 20% das gestações podem ser rotuladas como de alto risco, sendo responsáveis por 50% da mortalidade perinatal. Mais de 2/3 das mortes fetais ocorrem antes do parto, sendo a insuficiência uteroplacentária o principal fator associado a elas.

O acompanhamento das gestações de alto risco demanda recursos mais sofisticados para a avaliação do bem-estar materno e fetal, assim como conhecimentos mais especializados, motivo pelo qual essas gestantes deverão ser orientadas.

Principais causas da gestação de alto risco:

- Pós-maturidade é uma condição que ocorre quando um bebê nasce após 42 semanas de gestação. A gestação normal dura entre 37 e 41 semanas.
- Doença hemolítica perinatal.
- Toxemia (pré-eclâmpsia).
- Hipertensão essencial.
- Nefropatia.
- Colagenose.
- Diabetes.
- Cardiopatia.
- Anemia (hemoglobinopatia).

- Pneumopatia.
- Hipertireoidismo.
- Crescimento intrauterino retardado (CIR).
- História obstétrica de natimorto.
- Gestante com idade superior a 40 anos.
- Descolamento prematuro da placenta (forma "crônica"), placenta prévia, placenta circunvalada, marginada.
- Gravidez gemelar.
- Ruptura prematura das membranas ovulares.

Diabetes gestacional

Diabetes gestacional é a intolerância aos carboidratos em graus variados de intensidade (diabetes e tolerância diminuída à glicose), diagnosticada pela primeira vez durante a gestação, podendo ou não persistir após o parto.

Os fatores de risco desse tipo de diabetes incluem:

- Histórico familiar de diabetes.
- Histórico de morte fetal ou neonatal.
- Histórico de gravidez com RN grande para a idade gestacional (Gig) ou com mais de 4 kg.
- Histórico de diabetes gestacional.
- Presença de hipertensão ou pré-eclâmpsia.
- Obesidade ou ganho excessivo de peso na gravidez atual.
- Idade superior a 30 anos.
- Macrossomia ou polidrâmnio na gravidez atual.

Hipertensão na gravidez

A hipertensão crônica é a pressão arterial elevada presente e observável antes da gestação ou diagnosticada antes da 20ª semana de gestação. O objetivo do tratamento para mulheres com hipertensão crônica na gestação é reduzir os riscos em curto prazo da elevação da pressão arterial para a mãe e evitar tratamento que comprometa o bem-estar fetal.

Quando introduzidos antes da gravidez, os diuréticos e a maioria das outras drogas anti-hipertensivas, exceto inibidores da enzima conversora da angiotensina (Ieca) e bloqueadores de receptor de A-II, podem ser mantidos.

A metildopa foi avaliada mais extensamente e, portanto, é recomendada para mulheres cuja hipertensão é diagnosticada pela primeira vez durante a gestação.

Os betabloqueadores se compararam favoravelmente à metildopa em relação à eficácia e são considerados seguros na última parte da gravidez; no entanto, seu uso no início da gravidez pode estar associado a retardo do crescimento fetal.

Os Ieca e bloqueadores de receptor de A-II devem ser evitados, porque problemas neonatais graves, incluindo insuficiência renal e óbito, foram descritos quando as mães recebem esses agentes durante os dois últimos trimestres da gestação.

Pré-eclâmpsia

A pré-eclâmpsia, uma condição específica da gestação, é a pressão arterial aumentada acompanhada de proteinúria, edema ou ambos e, às vezes, anormalidades da coagulação e das funções renais e hepáticas que pode evoluir rapidamente para uma fase convulsiva, a eclâmpsia. A pré-eclâmpsia ocorre principalmente durante as primeiras gestações e depois da 20ª semana de gravidez. Pode ser sobreposta à hipertensão crônica preexistente.

A pré-eclâmpsia é a maior causa de mortalidade e morbidade perinatal e maternal no mundo, não tendo sido desenvolvida nenhuma teoria que explicasse o fato.

As manifestações de pré-eclâmpsia parecem resultar da supressão da resposta fisiológica normal para a gravidez e parecem uma deficiência comprovada de óxido nítrico e prostaciclinas e aumento na formação de radicais livres e tromboxano.

Essas manifestações incluem vasoconstrição generalizada, aumento de pressão sanguínea, aumento da permeabilidade capilar, edema, diminuição no volume de plasma, coagulação intravascular disseminada, diminuição da perfusão de órgãos, diminuição da velocidade de filtração glomerular, proteinúria, endoteliose glomerular, disfunção do fígado e retardo no crescimento intrauterino.

Grandes estudos não confirmaram o benefício de baixas doses de ácido acetilsalicílico como profilático ou de suplementos de cálcio para evitar pré-eclâmpsia. Tem sido proposto que o aumento nos níveis de óxido nítrico por meio de suplementação nutricional de l-arginina pode ser eficiente.

DROGAS ANTI-HIPERTENSIVAS USADAS NA GRAVIDEZ

Em mulheres com hipertensão crônica e níveis diastólicos de 100 mmHg ou mais (ou menos na presença de lesão de órgão-alvo ou doença renal subjacente) e em mulheres com hipertensão aguda quando os níveis forem de 105 mmHg ou mais, os seguintes agentes são sugeridos:

- A metildopa é a droga de escolha recomendada pelo NHBPEP Working Group dos Estados Unidos.
- **Betabloqueadores**: atenolol e metoprolol parecem ser seguros e eficazes no final da gestação; o labetalol também parece ser eficaz (droga alfa e betabloqueadora).
- **Antagonistas do cálcio**: potencial sinergismo com sulfato de magnésio pode levar a uma hipotensão acentuada.
- **Ieca, bloqueadores de receptor de A-II**: anormalidades fetais, incluindo óbito, podem ser provocadas, de modo que essas drogas não devem ser usadas na gestação.
- **Diuréticos**: são recomendados para hipertensão crônica se prescritos antes da gestação ou se as pacientes parecerem sensíveis ao sal; não são recomendados na pré-eclâmpsia.
- **Vasodilatadores diretos**: hidralazina é a droga de escolha parenteral com base em sua longa história de segurança e eficácia.

GRAVIDEZ EM PACIENTES EPILÉPTICAS

A gravidez é uma situação especial na vida de qualquer mulher. Para as portadoras de epilepsia, a gestação costuma provocar uma série de preocupações com a sua saúde e a de seu bebê.

Quando se aborda a teratogênese de medicamentos, atenção especial é dada aos medicamentos para tratamento da epilepsia. A maioria das drogas empregadas como anticonvulsivantes apresenta potencial efeito teratogênico. Entretanto, a paciente gestante e epiléptica vai necessitar do controle das convulsões, pois as crises convulsivas representam perigo maior do que os efeitos dos fármacos.

É importante que a mulher com epilepsia converse com o médico responsável pelo seu tratamento antes de engravidar ou no início da gestação. Ele saberá a necessidade ou não de mudar os medicamentos ou de fazer os ajustes de dosagem necessários.

Alguns medicamentos poderão afetar o desenvolvimento do bebê. Em muitos casos, o médico poderá adequar o medicamento, de maneira que o risco seja o menor possível. A grande maioria das mulheres com epilepsia tem gravidez normal e crianças saudáveis.

Pode haver aumento ou diminuição da frequência das crises. Muitas vezes o aumento de peso, a menor absorção dos medicamentos e os vômitos decorrentes da gestação poderão diminuir a ação dos medicamentos antiepilépticos, podendo levar ao aumento da frequência de crises.

Após o parto e nos casos em que a paciente apresenta frequência elevada de crises, é aconselhável que o cuidado com o bebê seja realizado sob supervisão. Se as crises estiverem controladas, não haverá dificuldade para cuidar do bebê.

GRAVIDEZ, ÁLCOOL E TABACO

Síndrome alcoólica fetal

O abuso crônico de álcool por parte da mulher durante a gravidez está associado a importantes efeitos teratogênicos sobre os filhos. O álcool parece liderar as causas de deficiência intelectual e malformação congênita. As anormalidades que têm sido caracterizadas como "síndromes alcoólicas fetais" (SAF) incluem:

- Crescimento retardado.
- Microcefalia.
- Coordenação fraca.
- Subdesenvolvimento da região facial média.

Os casos mais graves podem incluir defeitos cardíacos congênitos e deficiência intelectual. Parece que o uso excessivo de álcool no primeiro trimestre de gravidez provoca maiores efeitos no desenvolvimento fetal.

O consumo de álcool por longo período pode ter efeito na nutrição fetal e no peso do RN. O nível de álcool requerido para causar deficiência neurológica séria parece ser muito alto, mas não se sabe qual seria o nível de álcool para causar uma deficiência neurológica aguda.

Não são conhecidos os mecanismos que explicam os efeitos teratogênicos do álcool. O etanol atravessa a placenta rapidamente e alcança concentrações no feto semelhantes às do sangue materno.

O fígado do feto tem pequena ou nenhuma atividade de álcool desidrogenase, tanto que o feto dependerá da enzima materna e placentária para a eliminação do álcool.

As pequenas alterações neuroadaptativas definidas como responsáveis pelo desenvolvimento da tolerância e dependência em adultos provavelmente também ocorrem no feto e podem deixar alterações neurológicas permanentes no vulnerável desenvolvimento do cérebro.

As anormalidades neuropatológicas observadas em humanos e modelos animais da SAF indicam que o etanol causa aberração neuronal no desenvolvimento do sistema nervoso.

A toxicidade alcoólica no desenvolvimento cerebral pode ser decorrente de uma interferência seletiva na síntese ou função de moléculas críticas para migração e reconhecimento celular, como L1, uma imunoglobulina.

Efeitos deletérios do tabaco

O tabagismo, especialmente durante a segunda metade da gravidez, reduz significativamente o peso do RN (em cerca de 8% das mulheres que fumam 25 ou mais cigarros por dia durante a gestação) e aumenta a mortalidade perinatal (28% em bebês nascidos de mães que fumam na última metade da gestação).

Existem evidências de que as crianças nascidas de mães fumantes mantêm um retardo no desenvolvimento tanto físico como mental durante pelo menos sete anos. Aos 11 anos essa diferença diminui.

Também são comuns nas mulheres que fumam diversas outras complicações na gestação, inclusive abortos espontâneos (que aumentam de 30 a 70% com tabagismo), partos prematuros (aumentam em cerca de 40%) e placenta prévia (aumento de 25 a 90%). Além disso, deve-se observar que a nicotina é excretada no leite materno em quantidades suficientes para causar taquicardia no lactente.

SUGESTÕES DE ACOMPANHAMENTO CLÍNICO DE GESTANTES

Orientações gerais à paciente grávida

Objetivos da assistência pré-natal

- Assegurar que todas as gestações terminem com o nascimento de um RN saudável sem prejuízos à saúde materna.
- É essencial ao médico que assume a responsabilidade de prestar assistência pré-natal estar familiarizado com as alterações fisiológicas normais da gestação, bem como com as modificações mórbidas que podem se desenvolver durante a gravidez. A má assistência pré-natal pode ser pior que a não assistência.

Objetivos da primeira consulta da equipe multidisciplinar

- O atendimento deve ser iniciado logo que houver suspeita de gravidez, sendo aconselhável que se inicie ainda no primeiro trimestre.
- Definir o estado de saúde da mãe e do feto.

- Determinar a idade gestacional do feto em semanas, a partir do primeiro dia da última menstruação (o conhecimento preciso da idade fetal é fundamental para a boa assistência à gestante).
- Iniciar plano de acompanhamento obstétrico, que pode variar desde consultas subsequentes relativamente pouco frequentes até a imediata internação materna em razão de doença materna ou fetal grave.

Anamnese farmacêutica

O levantamento de informações é importante para conhecer a paciente e o estado de saúde da mãe e do feto e iniciar um plano de acompanhamento ambulatorial, assegurando a melhor assistência.

Orientações farmacêuticas à paciente

Na primeira consulta, o profissional deverá coletar todas as informações da paciente na ficha de anamnese, que deverá ser arquivada no serviço de farmácia. Nessa oportunidade o farmacêutico deverá fazer toda a orientação sobre a tomada de medicamentos, fornecer informações sobre possíveis interações medicamentosas ou alimentares, salientar a importância de tomar os medicamentos prescritos e esclarecer a utilidade de cada uma das drogas prescritas.

Além disso, deve fornecer informações sobre as fases da gravidez, sintomas e intercorrências importantes que poderão levar ao retorno antes do prazo previsto. É importante notar que a relação entre o farmacêutico e a paciente deve ser cordial, com o objetivo de que ela se sinta segura e retorne nos meses subsequentes. A consulta de retorno deve coincidir com o retorno da consulta médica.

A gestante deve ser delicadamente instruída desde a primeira visita a procurar imediatamente o serviço obstétrico, de dia ou à noite, caso surjam alguns dos seguintes sinais:

- Qualquer sangramento vaginal.
- Edema facial ou nos dedos da mão.
- Cefaleia severa ou contínua.
- Distúrbios visuais.
- Dor abdominal ou contrações uterinas.
- Vômitos persistentes.
- Febre ou calafrios.

- Disúria.
- Perda líquida via vaginal.
- Alteração marcante da frequência ou intensidade dos movimentos fetais.

Relacionamos a seguir as principais informações úteis e que deverão nortear as orientações do farmacêutico à paciente. O ideal seria que o farmacêutico pudesse dar a cada paciente um folheto com as principais orientações sobre a gravidez e, caso disponha de serviço computadorizado, eleger os pontos mais importantes e específicos e personalizar tal folheto.

- Toda gestante deve receber suplementação de ferro (> 30 mg/dia); também seria desejável suplementação de ácido fólico (> 0,4 mg/dia).
- Em geral, oriente a gestante a comer o que desejar, na quantidade que desejar e com sal a gosto. Esteja certo de que há comida suficiente e balanceada, principalmente nas gestantes de baixo nível socioeconômico. O aumento ponderal esperado em uma gestação normal é de aproximadamente 20% em relação ao peso pré-gravídico (p. ex., peso inicial de 60 kg deve terminar a gestação com mais 12 kg, ou seja, 72 kg). Proceda periodicamente à anamnese dos hábitos alimentares, visando descobrir qualquer perversão do apetite ou dieta bizarra.
- Geralmente não é necessária a limitação de exercícios físicos na gravidez, desde que não haja risco de acidentes para mãe e feto, nem fadiga excessiva. Como regra, a gestante pode continuar fazendo os exercícios a que estava habituada antes da gestação. No entanto, em casos de ameaça de parto prematuro ou de abortamento, geralmente se aconselham o repouso e a interrupção das relações sexuais.
- O coito é permitido sem restrições na gestação, exceto quando há ameaça de parto prematuro ou de abortamento.
- As duchas vaginais devem ser proibidas em razão do risco de embolia gasosa, principalmente quando efetuadas com bomba de borracha ou seringas. Caso haja necessidade de irrigação vaginal, usar bolsa líquida a menos de 60 cm do nível vaginal e não introduzir o bico do tubo mais de 6 cm no interior da vagina.
- Estimular hábitos saudáveis de higiene, banhos diários e uso de roupas leves e limpas.
- O trabalho fora de casa não é contraindicado, desde que a gestação esteja evoluindo sem complicações. A licença-maternidade pode ser cumprida a partir do oitavo mês de gestação.

- As viagens podem ser permitidas, inclusive em aviões adequadamente pressurizados. O uso de cinto de segurança é aconselhável (3 pontos, com a faixa abdominal sob o útero e sobre a coxa e a faixa transversal entre as mamas).
- A constipação e as hemorroidas são comuns na gestação. Devem ser evitadas com as medidas usuais (dieta, líquidos, higiene, exercícios, consumo de ameixas, leite de magnésia, fibras, "amaciadores de fezes", supositórios de glicerina). Não se aconselha o uso de laxativos fortes, enemas ou soluções com óleos não absorvíveis.
- As mamas e os mamilos devem ser massageados suavemente durante a gravidez, em geral durante o banho. O estímulo dos mamilos deve ser evitado na ameaça de parto prematuro por poder estimular as contrações uterinas pela liberação de ocitocina.
- Os procedimentos dentários não são contraindicados durante a gravidez. No entanto, deve-se evitar o uso de vasoconstritores (adrenalina) associados à anestesia.
- O fumo deve ser evitado na gravidez, bem como o uso de drogas e bebidas alcoólicas.
- A glicemia de jejum superior a 105 mg/dL (confirmada com repetição do exame) é sugestiva de diabetes clínico.
- Lembrar que ocorre hemodiluição fisiológica na gestação.
- Qualquer suspeita de sífilis deve ser tratada imediatamente pelo médico (em geral com penicilina benzatina, 2.400.000 UI, em três doses com intervalo semanal). Nesse caso, acompanhar a paciente semanalmente.
- Qualquer suspeita de infecção urinária deve ser confirmada com cultura e tratada, mesmo a bacteriúria assintomática. Informar ao médico caso a receita prescrita não aborde esse problema.
- Se houver suspeita de doença tireoidiana, lembrar que os hormônios estão aumentados na gestação, sendo necessária a dosagem de T4 livre para confirmação.
- Em gestantes selecionadas, é útil realizar *screening* para anemia falciforme.
- A frequência das consultas pré-natais é classicamente estabelecida em visitas periódicas com intervalo de 4 semanas até a 28ª semana, a cada 2 semanas até a 36ª semana e semanalmente até o parto. No entanto, em gestações de evolução normal, um esquema mais flexível pode ser adotado, principalmente no segundo trimestre.

Orientações gerais à gestante diabética

O procedimento geral é o mesmo da gestante normal, entretanto alguns cuidados adicionais devem ser lembrados por ocasião das orientações farmacêuticas:

- Hipoglicemiantes e anti-hiperglicemiantes não deverão ser utilizados na gravidez.
- Na introdução de insulina na gravidez, optar por insulina humana.
- Atividades físicas poderão ser mantidas durante a gravidez, porém com intensidade moderada.
- Nos diabetes pré-gestacionais, é necessária a vigilância sobre as complicações crônicas dos diabetes, principalmente as retinianas e renais, com a participação de especialistas específicos quando detectadas.
- É aconselhável o rastreamento de infecção urinária e tratamento da bacteriúria assintomática.
- Adoçantes artificiais não calóricos poderão ser utilizados com moderação.

Orientações gerais à gestante hipertensa

O procedimento geral é o mesmo da gestante normal, entretanto alguns cuidados adicionais devem ser lembrados por ocasião das orientações farmacêuticas:

- Verificar regularmente a pressão arterial e questionar a paciente sobre os sintomas mais comuns que podem indicar a não estabilização do quadro.
- Manter exercícios diários, como caminhar sem grandes esforços.
- Enfatizar a necessidade de manter rigoroso controle da dieta hipossódica.
- Quando ocorrer qualquer sintoma que indique alteração importante no controle da pressão arterial, como cefaleia, torpor, alterações visuais e vômito, procurar imediatamente o serviço ambulatorial e avisar o médico.
- Manter rigorosamente os medicamentos prescritos pelo médico, até que ele decida pela substituição ou interrupção do tratamento.
- Não utilizar álcool ou tabaco e, no caso de a paciente não conseguir, orientar o uso com muita moderação até a abstinência.

Orientações gerais à gestante epiléptica

O procedimento geral é o mesmo da gestante sem epilepsia, entretanto alguns cuidados adicionais devem ser lembrados por ocasião das orientações farmacêuticas:

- Quando ocorrer qualquer sintoma que indique alteração importante na absorção do anticonvulsivante, como aumento de peso e vômitos frequentes, avisar o médico imediatamente ou procurar o serviço ambulatorial, caso perceba o risco de aparecimento de episódios convulsivos.
- Manter rigorosamente os medicamentos prescritos pelo médico até que ele decida pela substituição ou interrupção do tratamento.

Após o parto, podem surgir dificuldades nos cuidados com o bebê. Caso as crises estejam controladas, não haverá dificuldade.

CONTRAINDICAÇÕES PARA O ALEITAMENTO MATERNO

Doenças infecciosas maternas que colocam o recém-nascido em risco durante o aleitamento

As doenças infecciosas maternas, na maioria das vezes, não são contraindicações para o aleitamento. O RN corre risco em raras circunstâncias, por exemplo, quando ocorre septicemia materna, pois a bacteremia pode alcançar o leite. Mesmo nesse caso, pode-se continuar a amamentação enquanto a mãe recebe antibioticoterapia adequada e compatível com o aleitamento. Se o agente infeccioso for altamente virulento (p. ex., infecção por estreptococo A invasivo, causando doença grave na mãe), a amamentação deve ser temporariamente interrompida nas primeiras 24 horas de tratamento materno.

HIV e síndrome da imunodeficiência adquirida

As gestantes HIV-positivas devem ser orientadas quanto aos riscos de transmissão do HIV durante gestação e lactação e aconselhadas a não amamentar seus bebês.

Vírus linfotrófico humano de células T (HTLV-1 e 2)

A orientação é não amamentar se houver sorologia positiva. A infecção é epidêmica em partes do Brasil, Índias Orientais, África Subsaariana e sudoeste do Japão. A transmissão é por contato sexual, contato com sangue ou hemoderivados, leite humano e raramente por transmissão transplacentária ou contato doméstico. Conforme estudos realizados no Japão, o vírus pode ser inativado quando o leite humano é congelado, porém o Centers for Disease Control and Prevention (CDC) ainda não tem opinião sobre o assunto.

Hepatites

Quando ocorrer hepatite aguda pré-parto ou pós-parto, deve-se suspender a amamentação (esgotar o leite e congelar para possível uso posterior) até que a causa da hepatite seja determinada, o risco potencial de transmissão seja estimado e medidas preventivas apropriadas sejam realizadas no RN.

- Hepatite A: a transmissão vertical ou perinatal é rara. A infecção no último trimestre ou durante a amamentação não é uma contraindicação para o aleitamento materno. Durante o período de transmissão (3 semanas do início da doença), a mãe deve fazer lavagem adequada das mãos e o RN deve receber imunoglobulina *standard* (0,02 mL/kg IM) e três doses da vacina do vírus de hepatite A nos primeiros seis meses. Embora a vacina não seja aprovada pela FDA para crianças < 2 anos, informações limitadas demonstraram excelente soroconversão em RN que não tinham anticorpos maternos passivos e receberam as três doses.
- Hepatite B: a infecção materna pelo HBV (ativa, crônica ou portadora) não é contraindicação para a amamentação. RN filhos de mães com HbsAg positivo, quando prematuros (< 2.000 g) ou de mãe HIV-positivo, devem receber tratamento preventivo com imunoglobulina para hepatite B (0,5 mL IM) com até 12 horas de vida e quatro doses da vacina para HBV (a primeira dose aplicada em membro diferente da imunoglobulina e antes da alta hospitalar e suas doses subsequentes com 1, 2 e 6 meses de vida). Os RN > 2.000 g e mãe HIV-negativo são protegidos somente com a aplicação da vacina (t3 doses – 0, 1 e 6 meses), não sendo necessária a aplicação de imunoglobulina.
- Hepatite C: pode ser transmitida verticalmente, dependendo do genótipo HCV, coinfecção pelo HIV (chegando a 100% de risco), doença hepática materna em atividade e títulos de HCV-RNA no plasma materno. O risco de transmissão do HCV pelo leite materno é desconhecido. A recomendação atual do CDC é de que a infecção por HCV não representa contraindicação para a amamentação, a menos que a mãe tenha insuficiência hepática grave ou coinfecção pelo HIV.

Citomegalovírus

Existe risco de transmissão do CMV pelo leite materno para prematuros ou imunodeficientes. RN prematuros CMV soronegativos não devem receber leite humano CMV-positivo (de banco de leite ou da própria mãe). O leite humano pode ser congelado a –20°C por 7 dias ou pasteurizado para ser dado ao RN nas primeiras semanas de vida, até que os títulos de anticorpos recebidos pelo leite aumentem; porém, não há estudos prospectivos controlados que referendem essa constatação. A infecção por CMV leva à progressão da doença em RN de mães HIV-1-positivo.

Herpes *simplex*

A infecção neonatal por exposição intrauterina ou intraparto pode ser grave ou fatal. O bebê pode amamentar mesmo que a mãe tenha infecção ativa, mas com ausência de lesões herpéticas no seio. Na sua presença, deve-se interromper a amamentação até que a lesão desapareça. São importantes a lavagem cuidadosa das mãos e o não contato direto com lesões ativas.

Varicela-zóster

A infecção congênita pode ser grave ou fatal. A infecção materna no período pré-parto requer isolamento temporário do bebê, e a imunoglobulina específica varicela-zóster (VZIG-1, frasco de 125U IM) deve ser feita no RN independentemente do modo de alimentação. Se não houver lesões na mama, o leite materno pode ser esgotado e dado ao RN assim que ele receba a imunoglobulina. Deve-se restabelecer a amamentação quando a mãe não estiver mais no período de transmissão (crostas nas lesões e sem novas lesões em 72 horas de observação), que geralmente é de 6 a 10 dias após o aparecimento do *rash*. Infecção materna após um mês do parto não requer parada da amamentação, principalmente se o RN receber VZIG.

Sarampo

Fazer um curto período de isolamento materno do RN (72 horas após o início do *rash*). O leite esgotado pode ser oferecido ao RN após ter recebido imunoglobulina *standard* (0,25 mL/kg IM).

Doença de Lyme

É uma infecção transmitida pela picada do carrapato infectado pelo espiroqueta *Borrelia burgdorferi*. Se a mãe for tratada adequadamente durante a gestação, o prognóstico é bom. Não há necessidade de isolar a mãe de seu RN ou de outras pessoas. Se diagnosticada pós-parto, mãe e RN devem ser tratados imediatamente, sobretudo se houver sintomas como *rash* ou febre. A espiroqueta é transmitida pelo leite materno. Após início do tratamento materno, a amamentação pode ser retomada. O tratamento é variável com amoxicilina (25-50 mg/kg/dia) ou ceftriaxona, por pelo menos 14 dias.

Tuberculose

A mãe com suspeita de tuberculose (TB) ativa (escarro positivo) não deve ter contato com o RN após o parto, independentemente do modo de alimentação. O contato respiratório põe esses RN em risco. O leite materno, entretanto, não contém o bacilo tuberculoso. O leite retirado pode ser oferecido ao RN em copinho ou seringa. Com o tratamento da mãe e após ser considerada não contagiosa (escarro negativo e aproximadamente 2 semanas de tratamento), ela pode amamentar seu RN. O uso profilático de isoniazida (10 mg/kg/dia) para o RN é indicado, seguro e efetivo para prevenir a infecção por TB.*

Riscos nutricionais para o aleitamento materno

Não há contraindicações nutricionais específicas ao aleitamento materno, a não ser que o RN tenha necessidades nutricionais específicas, como:

- Galactosemia (deficiência de galactose-1-fosfato uridil transferase): o RN tem intolerância à lactose. Nos casos leves da doença, há deficiência parcial e a intolerância não é tão grave, podendo receber parte de sua alimentação por meio do leite materno.
- Fenilcetonúria: aumento dos níveis de fenilalanina por causa da incapacidade de digerir e metabolizar a tirosina e a fenilalanina. O LH é pobre em fenilalanina e o RN pode ser parcialmente amamentado enquanto uma dieta adequada é ajustada. Eles recebem Fenylac (leite sem fenilalanina) e leite materno. O leite humano oferece proteção contra infecções, e os pacientes com fenilcetonúria são mais suscetíveis a doenças infecciosas.
- Doenças metabólicas maternas: mães com doença de Wilson (excesso de cobre) não devem amamentar em razão do tratamento (penicilamina que se liga ao cobre, magnésio e ferro), que pode chegar ao leite humano.

---

* Nos países desenvolvidos, as duas únicas doenças infecciosas consideradas contraindicações absolutas ao aleitamento moderno são HIV e HTLV-1.

RISCOS DA DIETA MATERNA NA AMAMENTAÇÃO

- Mulheres com dieta vegetariana estrita podem ter deficiências de nutrientes disponíveis somente em proteínas animais em seu leite. Se a mãe não fizer ajustes na sua dieta, suplementos podem ser oferecidos ao RN, principalmente vitaminas B6 e B12.
- Dieta materna hipocalórica não é contraindicação de amamentação. Seu leite é adequado porque retira nutrientes de seus próprios ossos e de outros locais de depósito. Mães com restrição excessiva (< 1.800 kcal/dia) devem ser orientadas a aumentar o consumo de alimentos ricos em nutrientes para alcançar pelo menos 1.800 kcal/dia. Em casos individuais podem ser necessárias suplementação multivitamínica mineral, suspensão do uso de inibidores do apetite e das dietas líquidas para perda de peso.
- Mães que evitam leite, queijo e outros produtos ricos em cálcio devem ser informadas sobre o uso apropriado de produtos com baixa lactose se o leite tem sido evitado por causa da intolerância à lactose; se não for possível corrigir a dieta, é recomendada a suplementação de cálcio na dose de 600 mg/dia, tomado junto às refeições.
- Para mulheres com dieta pobre em alimentos fortificados com vitamina D, como leite fortificado ou cereais, combinada com exposição limitada à luz ultravioleta, deve-se recomendar a suplementação de vitamina D na dose de 400 UI/dia.

OUTRAS CONTRAINDICAÇÕES POTENCIAIS AO ALEITAMENTO MATERNO

Geralmente, as pacientes não apresentam grande risco de exposição a agentes químicos como herbicidas, pesticidas e metais pesados. O DDT passa para o leite humano em razão de seu alto conteúdo lipídico. A OMS, entretanto, não considera o DDT uma causa maior de preocupação.

- Exposição a metais pesados: mercúrio, arsênio, cádmio e chumbo são relacionados a fontes de água, leite bovino e alguns leites de fórmula contaminados. RN amamentados no seio materno são expostos a menores riscos em razão dos baixos níveis no leite materno, mesmo em áreas geográficas onde os níveis são altos.
- Exposição ao chumbo: o chumbo é um metal pesado que pode ser perigoso, por causa da tinta à base desse material e da poluição industrial. Quando um membro da família tem valor mensurável de chumbo sérico,

todos os outros devem ser testados, assim como se deve proceder a uma inspeção domiciliar. Gestantes são alvo de maior preocupação em razão da passagem do chumbo pela placenta. Já a passagem pelo leite humano é consideravelmente menor. Se a dosagem sanguínea for < 40 mcg/dL, a amamentação é considerada segura.

- Exposição ao mercúrio: a contaminação ocorre pela ingestão de peixes e frutos do mar contaminados. A maioria das intoxicações é diagnosticada em razão das manifestações neurológicas clássicas. A amamentação é contraindicada se a mãe for sintomática e tiver níveis de mercúrio mensuráveis no sangue.
- Exposição ao cádmio: esse elemento atravessa a placenta. A contaminação pode ocorrer por exposição industrial ou ingestão de crustáceos contaminados.

BIBLIOGRAFIA

Almeida EC. Minidicionário de siglas de terminologia em obstetrícia para profissionais da saúde. Rio de Janeiro: Revinter; 2004.

Bogen DL, Perel JM, Helsel JC, Hanusa BH, Romkes M, Nujui T, et al. Pharmacologic evidence to support clinical decision making for peripartum methadone treatment. Psychopharmacology. 2013;225(2):441-51.

Burrow GN. Complicações clínicas durante a gravidez. 4.ed. São Paulo: Roca; 1997.

Cabral ACV. Obstetrícia. 2.ed. Rio de Janeiro: Revinter; 2002.

Chambers CD, Polifka JE, Friedman JM. Drug safety in pregnant women and their babies: ignorance not bliss. Clin Pharmacol Ther. 2008;83(1):181-3.

Chaves Netto H. Obstetrícia básica. São Paulo: Atheneu; 2004.

Damase-Michel C, Vie C, Lacroix I, Lapeyre-Mestre M, Montastruc JL. Drug counselling in pregnancy: an opinion survey of French community pharmacists. Pharmacoepidemiol Drug Saf. 2004;13(10):711-5.

De Jong van den Berg LT, Feenstra N, Sorensen HT, Cornel MC. Improvement of drug exposure data in a registration of congenital anomalies. Pilot-study: pharmacist and mother as sources for drug exposure data during pregnancy. European Medicine and Pregnancy Group. Terato- logy. 1999;60(1):33-6.

Evans E, Patry R. Management of gestational diabetes mellitus and pharmacists' role in patient education. Am J Health Syst Pharm. 2004 Jul 15;61(14):1460-5.

Feghali M, Venkataraman R, Caritis S. Pharmacokinetics of drugs in pregnancy. Semin Perinatol. 2015;39(7):512-9.

Gentile S. The safety of newer antidepressants in pregnancy and breastfeeding. Drug Saf. 2005;28(2):137-52.

Leung C, et al. Principles of drug use and management in pregnancy. The Pharmaceutical Journal, 1922 [citado 13 jan. 2025]. Disponível em: https://pharmaceutical-journal.com/article/ld/principles-of-drug-use-and-management-in-pregnancy.

Lourwood DL. Treatment of chronic diseases during pregnancy. Am Pharm. 1995; NS35(6):16-24.

Lyszkiewicz DA, Gerichhausen S, Bjornsdottir I, Einarson TR, Koren G, Einarson A. Evidence based information on drug use during pregnancy: a survey of community pharmacists in three countries. Pharm World Sci. 2001;23(2):76-81.

Malm H, Martikainen J, Klaukka T, Neuvonen PJ. Prescription of hazardous drugs during pregnancy. Drug Saf. 2004;27(12):899-908.

Mitchell AA, Gilboa SM, Werler MM, Kelley KE, Louik C, Hernández-Díaz S, et al. Medication use during pregnancy, with particular focus on prescription drugs: 1976-2008. Am J Obstet Gynecol. 2011;205(1):51.e1-8.

Pinheiro EA, Stika CS. Drugs in pregnancy: pharmacologic and physiologic changes that affect clinical care. Semin Perinatol. 2020 Apr;44(3):151221.

Rezende J. Obstetrícia. 10.ed. Rio de Janeiro: Guanabara Koogan; 2005.

Schrempp S, Ryan-Haddad A, Gait KA. Pharmacist counseling of pregnant or lactating women. J Am Pharm Assoc (Wash). 2001;41(6):887-90.

Smith RP. Ginecologia e obstetrícia de Netter. Porto Alegre: Artmed; 2004.

Timpe EM, Motl SE, Hogan ML. Environmental exposure of health care workers to category D and X medications. Am J Health Syst Pharm. 2004;61(15):1556-7, 1560-1.

Uhl K, Kennedy DL, Kweder SL. Risk management strategies in the Physicians' Desk Reference product labels for pregnancy category X drugs. Drug Saf. 2002;25(12):885-92.

Weiss SR, Cooke CE, Bradley LR, Manson JM. Pharmacist's guide to pregnancy registry studies. J Am Pharm Assoc (Wash). 1999;39(6):830-4.

25

Uso de medicamentos na lactação

INTRODUÇÃO

O aleitamento materno está associado a benefícios de ordem nutricional, imunológica, afetiva, econômica e social. Por isso, torna-se fundamental a identificação dos fatores que levam ao desmame precoce, a fim de proporcionar o maior tempo possível de aleitamento às crianças.

A amamentação é reconhecida por oferecer muitas vantagens para a saúde da mãe e do bebê. O leite em pó é um substituto e pode fornecer nutrição adequada, mas não se pode replicar as inúmeras propriedades nutricionais e imunológicas adicionais do leite materno. Este tem o equilíbrio certo de gorduras, carboidratos, ácidos graxos de cadeia longa e proteínas, combinados com fatores adicionais para melhorar a biodisponibilidade, como lactoferrina, que auxilia na absorção de uma quantidade relativamente pequena de ferro no leite materno. Os processos fisiológicos garantem que cada mãe produza o leite ideal para seu bebê, quer ele tenha nascido na Escócia, na Islândia ou no deserto do Saara, quer tenha nascido prematuramente ou no prazo. O leite materno também varia ao longo do dia e com a idade do bebê.

O aleitamento materno é a norma biológica para a alimentação do lactente e uma estratégia de saúde pública com impacto tão significativo na saúde da população, em curto, médio e longo prazos, que deve ser considerado prioritário. A farmácia pode ser um local de apoio à amamentação, pois funciona 24 horas por dia e é de fácil acesso. As mães procuram as farmácias para obter conselhos sobre vários problemas de saúde e, embora os farmacêuticos tenham pouco conhecimento sobre amamentação, eles se interessam em participar de cursos de capacitação e conhecer mais sobre o assunto. O papel do farmacêutico na proteção, promoção e apoio ao aleitamento materno tem se tornado cada vez mais importante, juntamente com a consciência de ser competente e ético nas questões sobre a amamentação.

Chaves e Lamounier, em trabalho de revisão publicado no *Jornal de Pediatria* em 2004, verificaram que diversos estudos comprovam que entre os fatores responsáveis pelo abandono precoce da amamentação encontram-se os problemas relacionados aos riscos de exposição dos lactentes a medicações maternas.[1]

Informações e referências na literatura sobre drogas e leite materno estão disponíveis, porém muitos profissionais de saúde, em especial médicos, talvez por desinformação ou até por desinteresse, preferem interromper a amamentação em vez de se esforçar para compatibilizá-la com a terapêutica materna. Além disso, observa-se que é frequente o conflito entre informações das bulas dos medicamentos e evidências científicas sobre o uso deles durante o aleitamento. Nesse sentido, o papel do farmacêutico dentro da equipe multiprofissional de saúde se torna relevante quando se buscam alternativas à interrupção do aleitamento quando houver prescrição de medicamentos.

Os fatores que alteram a farmacocinética das drogas variam com alguns dos constituintes do leite e com fatores maternos. Podem influenciar sua concentração no leite materno o grau de ionização, a lipossolubilidade, a ligação com proteínas do plasma e o peso molecular da droga. Fármacos com baixo peso molecular atingem mais facilmente o leite materno que as drogas com peso molecular maior. Os poros das membranas permitem o movimento de moléculas com pesos moleculares menores que 200 daltons. Pequenas moléculas, como o etanol, atravessam o capilar endotelial materno e a célula alveolar por difusão passiva.

Fármacos que são bases fracas tendem a estar menos ionizados no plasma (pH = 7,4) e a permanecer na forma ionizada no compartimento lácteo (pH = 7,1), favorecendo sua concentração no leite materno. Fármacos com baixa afinidade com proteínas plasmáticas também apresentam facilidade para atingir o compartimento lácteo (p. ex., diazepam). Fármacos lipossolúveis atravessam mais facilmente a barreira celular lipoproteica, atingindo mais facilmente o compartimento lácteo. Concentram-se mais no leite maduro, por sua maior concentração lipídica (p. ex., sulfonamidas, cloranfenicol). Drogas de ação longa mantêm níveis circulantes por maior tempo no sangue materno e, consequentemente, no leite.

Conhecer as concentrações plasmáticas de um fármaco é importante, pois o pico na mãe coincide com o pico no leite materno, sendo menor neste. Assim, saber quando ocorre o pico sérico de um medicamento é útil para adequar o horário de administração da droga e os horários da amamentação da criança. Para evitar que a mamada coincida com o período de maior concentração sérica do medicamento, recomenda-se que ele seja administrado à mãe imediatamente após ter amamentado a criança. Além disso, drogas com meia-vida longa ou que possuem metabólitos ativos promovem um período de exposição mais prolongado do lactente à droga.

A biodisponibilidade oral é de grande importância na avaliação do risco ao lactente. Drogas com baixa biodisponibilidade, pouco absorvidas pelo lactente, são ideais para uso durante a lactação. Por exemplo, o sumatriptano (15% biodisponível) é preferível ao rizatriptano (mais que 45% biodisponível).

A idade da criança deve ser considerada ao avaliar os possíveis efeitos de uma droga utilizada pela mãe que amamenta. Em neonatos, os efeitos são maiores que em lactentes com mais idade, que apresentam funções hepática e renal mais eficazes. Esses efeitos podem ser ainda maiores em crianças pré-termo, cuja imaturidade pode prolongar a meia-vida das drogas, causando acúmulo após doses repetidas. Lactentes que mamam mais frequentemente ou mamam um volume maior de leite estão mais expostos às drogas maternas que aqueles que mamam menos frequentemente ou mamam um volume menor.

A razão leite/plasma é frequentemente usada para estimar a quantidade de droga transferida para o leite. É a razão entre as concentrações da droga no plasma e no leite ultrafiltrado em estado de equilíbrio.

Com o intuito de orientar os médicos sobre o uso de medicamentos na lactação, a American Academy of Pediatrics (AAP) tem publicado consensos sobre a transferência de drogas para o leite humano, o primeiro deles publicado em 1983, com revisões em 1989, 1994 e 2001. Na última revisão, a AAP elaborou nova classificação de drogas, conforme descrito a seguir:

- Drogas citotóxicas que podem interferir no metabolismo celular do lactente.
- Drogas de abuso com efeitos adversos descritos no lactente.
- Compostos radioativos que requerem a suspensão temporária da amamentação.
- Drogas com efeitos desconhecidos, mas que requerem preocupação.
- Drogas com efeitos significativos em alguns lactentes e que devem ser usadas com cautela.
- Drogas compatíveis com a amamentação.

RESPONSABILIDADES DO FARMACÊUTICO NA AMAMENTAÇÃO

O conhecimento profissional é utilizado para estabelecer a segurança dos medicamentos em situações particulares – neste caso, a amamentação. Quando se realizamos uma avaliação farmacêutica para informar à paciente sobre o equilíbrio do risco-benefício para ela e seu bebê, ao tomar um medicamento e continuar a amamentar, somos obrigados a assumir a responsabilidade pela exatidão das informações que fornecemos e seu uso. Podemos usar contatos especializados e consultar outros profissionais de saúde (com o consentimento da paciente) para garantir que as informações que fornecemos são precisas. Todas as fontes de informação e conselhos oferecidos devem ser registrados para que, em caso de eventos adversos, os detalhes da consulta sejam acessíveis. Esses registros podem ser armazenados no prontuário da paciente/criança, desde que seja feito *backup* regularmente; caso contrário, eles devem ser mantidos em um livro de capa dura ou arquivados de outra maneira segura. As dificuldades surgem quando a droga de escolha está sendo usada fora do registro (*off-label*) ou fora da bula (é importante que sejam verificadas as implicações, para a amamentação, de fornecer informações sobre a segurança de um medicamento fora do pedido de registro do medicamento). Os colegas farmacêuticos na atenção secundária estão mais acostumados a usar medicamentos *off-label* em uma base regular, muitas vezes após consulta médica e/ou pesquisas extensas em bancos de dados para avaliar o risco para o paciente.

Não é ético dar um "palpite" desinformado do risco, o que não apenas seria um abandono do dever para com o paciente, mas também colocaria o farmacêutico em risco de acusação de má conduta profissional, ou mesmo de ação penal. No caso de uma reação adversa a um medicamento *off-label*, se o farmacêutico for capaz de demonstrar que um colega com conhecimento semelhante pode chegar à mesma conclusão e agir de forma semelhante, é provável que ele ou ela não seja considerado negligente.

Há um limite para os conhecimentos, habilidades, experiência e esfera de competência de cada farmacêutico; o encaminhamento apropriado para profissionais de saúde e funcionários de apoio, para lidar com questões específicas, é um componente central do papel do farmacêutico. Os benefícios de trabalho da equipe multidisciplinar são comprovados, e todos os farmacêuticos devem ver as referências não só como uma ação apropriada no melhor interesse do paciente, mas também como uma oportunidade para fortalecer o trabalho em equipe e aumentar sua base de conhecimento.

FARMACOLOGIA DA TRANSFERÊNCIA DE FÁRMACOS PARA O LEITE MATERNO

A determinação do nível de um medicamento no leite materno ou no plasma infantil não é rotineiramente realizada na prática clínica; em vez disso, pode ser ferramenta de pesquisa usada para informação nos estudos para aplicação na prática clínica.

A medição dos níveis de qualquer droga no leite materno está longe de ser uma ciência exata. Consequentemente, a avaliação do risco para o lactente torna-se muito difícil. A determinação dos níveis requer que muitas variáveis sejam levadas em consideração. Elas incluem:

- Se a droga atingiu um estado de equilíbrio (em geral, leva 5 meias-vidas da droga para chegar a esse estado).
- Se o nível é medido antes ou depois da alimentação: se o nível da droga é medido após a alimentação, pode ser concentrado em um pequeno volume de leite que permanece na mama.
- A duração da lactação: o colostro (o leite extraído nos primeiros dias após o parto) é rico em proteínas, pobre em gorduras e muda gradualmente durante a transição ao leite maduro, que é pobre em proteínas e rico em gorduras (o nível de gorduras no leite materno afeta significativamente a absorção de drogas solúveis em gordura).
- A hora do dia em que o leite foi amostrado: os níveis de gordura no leite materno variam diurnamente, com níveis muito baixos no início da manhã, aumentando para um pico no meio da manhã e, em seguida, diminuindo para o nível mais baixo no início da noite.
- O tempo decorrido desde que a medicação foi tomada e se o pico do nível plasmático foi alcançado ou excedido.
- O volume de leite consumido pela criança por mamada.

É importante levantar as informações sobre a compatibilidade ou não de determinadas drogas na amamentação na literatura científica.

- **Drogas incompatíveis com a amamentação**: ciclofosfamida, anfetamina, ciclosporina, cocaína, doxorrubicina, heroína, metotexato, marijuana e fenciclidina.
- **Drogas que requerem suspensão temporária da amamentação**: cobre 64 (Cu 64), iodo 125 (I125), gálio 67 (Ga 67), iodo 131 (I 131), índio 111 (In 111), tecnécio 99 (Tc 99), iodo 123 (I123) e sódio radioativo.
- **Drogas com efeitos desconhecidos nos lactentes, mas que requerem cuidados**: alprazolam, diazepam, lorazepam, midazolam, perfenazina, prazepam, quazepam, temazepam, amitriptilina, amoxapina, bupropiona, clomipramina, desipramina, dotiepina, doxepina, fluoxetina, fluvoxamina, imipramina, nortriptilina, paroxetina, sertralina, trazodona, clorpromazina, clorprotixeno, clozapina, haloperidol, mesoridazina, trifluoperazina, amiodarona, cloranfenicol, clofazimina, lamotrigina, metoclopramida, metronidazol e tinidazol.

- **Drogas que têm sido associadas com efeitos significativos em alguns lactentes e devem ser usadas com cuidado pelas nutrizes**: acebutolol, ácido acetilsalicílico, fenindiona, ciclo 5-aminossalicílico, clemastina, fenobarbital, atenolol, ergotamina, primidona, bromocriptina, lítio e sulfassalazina.
- **Drogas usualmente compatíveis com a amamentação** (Quadro 1): no Brasil, são comercializados cerca de 1.500 princípios ativos, e a grande maioria carece de estudos no que diz respeito à sua transferência para o leite materno e seu uso durante a lactação. A AAP descreve, em sua última revisão, apenas 233 drogas, aproximadamente 15% das comercializadas em nosso país. Faltam informações de 85% das drogas disponíveis em nosso mercado sobre uso na lactação. Além disso, a referida publicação não fornece informações sobre doses seguras delas. Sabe-se, por exemplo, que o álcool e o estrogênio, considerados compatíveis com a amamentação pela AAP, podem reduzir o volume de leite em doses moderadas ou elevadas.

QUADRO 1 Drogas usualmente compatíveis com a amamentação

Acetominofeno	Clortalidona	Iodopovidona (Povidine)	Procainamida
Acetazolamida	Cicloserina	Ioexol	Progesterona
Acitretina	Cimetidina	Isoniazida	Propoxifeno
Ácido flufenâmico	Ciprofloxacino	Ivermectina	Propranolol
Ácido iopanoico	Codeína	Kanamicina	Propiltiouracila
Ácido mefenâmico	Colchicina	Labetolol	Pseudoefedrina
Ácido nalidíxico	Contraceptivos com estrogênio/ progesterona	Levonorgestrel	Quinidina
Aciclovir	Dantron	Levotiroxina	Quinina
Álcool	Dapsona	Lidocaína	Riboflavina
Alopurinol	Dexbromfeni-ramina	Loperamida	Rifampicina
Amoxicilina	Diatrizoato	Loratadina	Sais de ouro
Antimônio	Dicumarol	Medroxiprogesterona	Secobarbital
Apazona	Difilina	Meperidina	Senna
Atropina	Digoxina	Metadona	Sotalol
Aztreonam	Diltiazem	Metimazol	Sulbactam
Baclofeno	Dipirona	Metildopa	Sulfametoxazol/ trimetoprim

continua

QUADRO 1 Drogas usualmente compatíveis com a amamentação (*continuação*)

Barbitúricos	Disopiramida	Metiprilon	Sulfapiridina
Bendroflumetiazida	Domperidona	Metoprolol	Sulfisoxazol
Bromide	Enalapril	Metoexital	Sulfato de magnésio
Butorfanol	Espironolactona	Metrizamida	Sumatriptano
Cafeína	Estreptomicina	Metrizoato	Suprofeno
Captropril	Etambutol	Mexiletina	Terbutalina
Carbamazepina	Etanol	Minoxidil	Terfenadina
Carbetocina	Fenilbutazona	Morfina	Tetraciclina
Carbimazol	Fenitoína	Moxalactam	Teofilina
Cáscara	Fexofenadina	Nadolol	Ticarcilina
Cefadroxil	Flecainida	Naproxeno	Timolol
Cefazolina	Fleroxacina	Nefopam	Tiopental
Cefotaxima	Fluconazol	Nifedipina	Tiouracil
Cefoxitina	Fluoresceína	Nitrofurantoína	Tolbutamida
Cefeprozil	Gadolínio	Noretinodrel	Tolmetina
Ceftazidima	Halotano	Norsteroide	Triprolidina
Cetoconazol	Hidralazina	Noscapina	Valproato
Cetorolaco	Hidrato de cloral	Ofloxacina	Vitamina B1
Cisplatina	Hidroclorotiazida	Oxprenolol	Vitamina B6 (piridoxina)
Clindamicina	Hidrocloroquina	Piridostigmina	Vitamina B12
Clogestona	Ibuprofeno	Pirimetamina	Vitamina D
Clorofórmio	Indometacina	Piroxicam	Vitamina K
Cloroquina	Interferon	Prednisolona	Varfarina
Clorotiazida	Iodo	Prednisona	Zolpiden

Fonte: Chaves, Lamounier, 2004.[1]

PRINCÍPIOS PARA O USO DE DROGAS DURANTE A LACTAÇÃO

A seguir, são citados alguns aspectos práticos para a tomada de decisões na prescrição de drogas às mães durante a lactação:

- Avalie a necessidade de terapia medicamentosa. Em caso afirmativo, consultas com o pediatra e com o obstetra ou clínico são muito úteis. A droga prescrita deve ter um benefício reconhecido na condição para a qual está sendo indicada.

- Prefira drogas já estudadas e sabidamente seguras para a criança, que sejam pouco excretadas no leite materno. Por exemplo, prescreva paracetamol em vez de ácido acetilsalicílico, penicilinas em vez de quinolonas.
- Prefira drogas que já foram liberadas para uso em recém-nascidos e lactentes.
- Prefira terapia tópica ou local à oral e parenteral, quando possível e indicado.
- Prefira medicamentos com um só fármaco, evitando combinações de fármacos. Exemplo: use somente paracetamol em vez de apresentações contendo paracetamol, ácido acetilsalicílico e cafeína.
- Escolha medicamentos que passem minimamente para o leite. Por exemplo, os antidepressivos sertralina e paroxetina apresentam níveis lácteos bem mais baixos que a fluoxetina.
- Escolha medicamentos pouco permeáveis à barreira hematoencefálica, pois estes, em geral, atingem níveis pouco elevados no leite.
- Escolha medicamentos com elevado peso molecular, pois essa característica reduz muito a transferência para o leite (p. ex., heparina).
- Programe o horário de administração da droga à mãe, evitando que o período de concentração máxima do medicamento no sangue e no leite materno coincida com o horário da amamentação. Em geral, a exposição do lactente à droga pode ser diminuída se ela for utilizada pela mãe imediatamente antes ou após a amamentação.
- Considere a possibilidade de dosar a droga na corrente sanguínea do lactente quando houver risco para a criança, como nos tratamentos maternos prolongados, a exemplo do uso de antiepilépticos.
- Oriente a mãe para observar a criança com relação aos possíveis efeitos colaterais, como alteração do padrão alimentar, hábitos de sono, agitação, tônus muscular e distúrbios gastrintestinais.
- Evite drogas de ação prolongada pela maior dificuldade de serem excretadas pelo lactente. Por exemplo, prefira midazolam a diazepam.
- Oriente a mãe para retirar o leite com antecedência e estocá-lo em congelador (por no máximo 15 dias) para alimentar o bebê no caso de interrupção temporária da amamentação e sugira ordenhas periódicas para manter a lactação.

A indicação criteriosa do tratamento materno e a seleção cuidadosa dos medicamentos geralmente permitem que a amamentação continue sem interrupção e com segurança.

REFERÊNCIA

1. Chaves RG, Lamounier JA. Uso de medicamentos durante a lactação. J Pediatr (Rio J). 2004;80(5 Supl):S189-98.

BIBLIOGRAFIA

American Academy of Pediatrics, Committee on Drugs. The transfer of drugs and other chemicals into human milk. Pediatrics. 2001;108:776-89.

Anderson PO, Pochop LS, Manoguerra AS. Adverse drug reactions in breastfed infants: less than imagined. Clin Pediatr. 2003;42:325-40.

Escobar AMU, Ogawa AR, Hiratsuka M, Kawashita MY, Teruya PY, Grisi S, et al. Aleitamento materno e condições socioeconômico-culturais: fatores que levam ao desmame precoce. Rev Bras Saude Mater Infant. 2002;2:253-61.

Hale TW. Drug therapy and breastfeeding: pharmacokinetics, risk factors, and effects on milk production. Neoreviews. 2004;5:e164.

Hale TW. Medications in breastfeeding mothers of preterm infants. Pediatr Ann. 2003;32:337-47.

Howard CR, Lawrence RA. Drugs and breastfeeding. Clin Perinatol. 1999;26:447-78.

Ito S. Drug therapy for breastfeeding women. N Engl J Med. 2000;343:118-26.

Lamounier JA, Cabral CM, Oliveira BC, Oliveira AB, Júnior AMO, Silva APA. O uso de medicamentos em puérperas interfere nas recomendações ao aleitamento materno? J Pediatr (Rio J). 2002;78:57-61.

Lamounier JA, Doria EGC, Bagatin AC, Vieira GO, Serva VMB, Brito LMO. Medicamentos e amamentação. Revista Médica de Minas Gerais. 2000;10:101-11.

Moretti ME, Lee A, Ito S. Which drugs are contraindicated during breastfeeding? Practice Guidelines. Can Fam Physician. 2000;46:1753-7.

NHS. NHS Education for Scotland. The pharmaceutical care of breastfeeding mothers [Internet]. 2006 [citado 13 jan. 2025]. Disponível em: http://www.breastfeeding-and-medication.co.uk/wp-content/uploads/2016/08/breastfeeding_final_pdf.

Porta RP, D'Errico MA, Chapin EM, Sciarretta I, Delaini P. Investigation into the pharmacist's role in breastfeeding support in the "Roma B" local health authority in Rome. J Pharm Technol. 2019;35(3):91-7.

World Health Organization/Unicef. Breastfeeding and maternal medication. Recommendations for drugs in the eleventh WHO model list of essential drugs. 2002 [citado 13 jan. 2025]. Disponível em: https://www.who.int/publications/i/item/55732.

26

Paciente pediátrico

INTRODUÇÃO

As crianças representam uma proporção significativa da população que necessita de serviços farmacêuticos em uma variedade de ambientes hospitalares e comunitários; como tal, os farmacêuticos desempenham um papel essencial nos cuidados pediátricos.

Em virtude dos avanços na medicina pediátrica, da crescente complexidade das doenças infantis e dos desafios únicos de dosagem e farmacocinética, existe uma necessidade crescente de educar os farmacêuticos nas competências pediátricas básicas. Além disso, estima-se que o uso de medicamentos prescritos entre pacientes pediátricos seja substancial. De acordo com o Centers for Disease Control and Prevention (CDC), 14 a 20% dos pacientes menores de 19 anos relataram ter usado pelo menos um medicamento prescrito no mês anterior. Como resultado, os currículos de graduação em farmácia devem enfatizar um nível mínimo de competência em farmacoterapia pediátrica; isso poderia ajudar a diminuir a taxa de erros de medicação pediátrica.

A prestação do cuidado farmacêutico a crianças pode ser desafiadora, principalmente no que diz respeito a medicamento, dosagem e via de administração adequados. Por causa de sua relativa falta de doenças crônicas, as crianças geralmente requerem menos medicamentos em comparação aos adultos; isso, combinado com as várias barreiras éticas e logísticas para estudar os efeitos dos medicamentos entre crianças, significa que há muito poucos medicamentos registrados nas agências regulatórias para uso entre crianças.

CUIDADO FARMACÊUTICO EM PEDIATRIA

Quando o farmacêutico acompanha um paciente pediátrico, ele deve ter em mente que a colaboração dos pais é fundamental para que o processo de atenção farmacêutica tenha sucesso.

Não se pode esquecer que a maioria das pesquisas clínicas envolvendo fármacos é omissa em relação aos pacientes pediátricos, inclusive por questões éticas, e a maior parte dos relatos vem do uso em situações emergenciais e naquelas em que o benefício suplanta o presumível risco.

Na hora do planejamento da farmacoterapia, as peculiaridades fisiológicas do paciente pediátrico devem ser lembradas, principalmente nos primeiros anos de vida da criança, como as funções hepática, renal, hematológica, digestiva, além da pouca colaboração na utilização de medicamentos orais.

Os farmacêuticos encontram vários desafios ao fornecer cuidados a pacientes pediátricos, incluindo os dados limitados disponíveis no que se refere a segurança e eficácia dos medicamentos; falta de formas e concentrações de dosagem apropriadas de medicamentos comercialmente disponíveis; dosagem baseada no peso; cálculos complexos, especialmente quando diluições são necessárias; e capacidade limitada dos pacientes de se comunicarem em relação aos sintomas, respostas à terapia e possíveis eventos adversos a medicamentos (EAM). Além disso, a prática de farmácia pediátrica está associada a demandas e requisitos operacionais diferentes de uma prática voltada exclusivamente para adultos.

As crianças não são pequenos adultos, e a farmacocinética e farmacodinâmica dos medicamentos variam consideravelmente com a idade. Nem sempre é possível extrapolar os dados dos estudos com adultos, e agora há um forte movimento em direção ao teste de medicamentos em crianças. Isso levanta uma série de questões práticas. Muitas doenças infantis são raras, e pode ser difícil obter um número suficiente de pacientes para realizar ensaios clínicos. Os estudos multicêntricos são a resposta óbvia. As crianças podem ter dificuldade em tolerar excipientes, por isso é necessário ter cuidado ao desenvolver formulações adequadas para elas. Por exemplo, o álcool benzílico pode causar síndrome de respiração ofegante e o propilenoglicol pode causar colapso circulatório. No caso de pesquisas clínicas, as crianças são consideradas um grupo vulnerável, e a obtenção de consentimento informado pode ser um desafio, especialmente se forem oferecidos incentivos financeiros.

Em relação às vias de administração, podem-se fazer algumas considerações no que se refere ao paciente pediátrico. No recém-nascido, o pH elevado no estômago aumenta a biodisponibilidade de drogas instáveis em ácido, como a penicilina G, enquanto reduz a biodisponibilidade de drogas estáveis em ácido, como o fenobarbital. A função biliar é reduzida e o esvaziamento gástrico/motilidade intestinal é retardado, levando à redução da absorção de drogas lipofílicas e, geralmente, à absorção mais lenta do trato gastrintestinal. O estrato córneo da pele é muito mais fino em neonatos e a relação área de superfície/massa corporal está aumentada em bebês e crianças pequenas, levando ao aumento da absorção sistêmica de medicamentos tópicos. Os corticosteroides tópicos devem ser usados em concentrações reduzidas, por exemplo, começando com 0,25% de hidrocortisona, de preferência a 1%.

A via intramuscular não deve ser utilizada, pois é dolorosa e ocorre absorção errática em razão de baixa massa muscular, redução do fluxo sanguíneo do músculo esquelético e contração muscular ineficiente. Os lactentes apresentam maior taxa de contrações retais e os supositórios não permanecem no reto pelo tempo esperado, levando à redução da absorção por essa via. A capacidade vital dos pulmões em bebês e crianças é menor do que em adultos e a frequência respiratória é maior, e isso leva a um aumento da exposição sistêmica aos corticosteroides inalados, especialmente quando administrados por nebulizador.

Em relação à farmacodinâmica, uma série de drogas específicas mostrou diferenças de ação dependentes da idade. As crianças parecem ser mais sensíveis à varfarina e a resposta é aumentada. A ciclosporina demonstra maior dose de imunossupressão para a dose, enquanto o aumento da sedação é observado com midazolam. O valproato de sódio produz hepatotoxicidade aumentada em crianças, enquanto a atividade agonista da motilina intestinal da eritromicina depende da idade.

Os efeitos farmacogenéticos, como variações no *status* do acetilador ou deficiência de glicose-6-fosfato desidrogenase (G6PD), terão um papel muito mais importante, no futuro, na adaptação do tratamento para crianças. Os acetiladores lentos podem ser suscetíveis ao aumento da toxicidade de drogas como fenitoína, isoniazida, tetraciclinas e sulfonamidas; e crianças com deficiência de G6PD devem evitar sulfonas, quinolonas e, possivelmente, certos antimaláricos (quinina e cloroquina) e ácido acetilsalicílico.

Nos hospitais, o farmacêutico com formação pediátrica deve ser membro e participar ativamente de comitês de hospitais e sistemas de saúde responsáveis por estabelecer e implementar políticas e procedimentos relacionados a medicamentos para pacientes pediátricos, bem como os comitês responsáveis pela provisão de atendimento ao esses pacientes, incluindo Comissão de Farmácia e Terapêutica (CFT), prevenção e controle de infecções (CCIH), atendimento ao paciente, avaliação do uso de medicamentos e processos, segurança de medicamentos, transição de cuidados, nutrição e comitês de gerenciamento de dor (ou seus equivalentes), melhoria da qualidade, comitê de tecnologia da informação (ou seus equivalentes).

Um farmacêutico com treinamento pediátrico deve participar ou ser nomeado para o Comitê de Farmácia e Terapêutica (CFT) do hospital e fornecer informações sobre todas as decisões da CFT e seu impacto nas populações de pacientes pediátricos. Um subcomitê de pediatria ou outra representação pediátrica apropriada deve ser estabelecido dentro da CFT quando ela estiver focada principalmente em pacientes adultos.

Um farmacêutico com treinamento pediátrico deve estar igualmente envolvido no desenvolvimento, na implementação e avaliação de planos de cuidados (processos de uso de medicamentos, protocolos, vias críticas, programas de gestão do estado da doença, transições de atendimento e diretrizes de prática clínica), pedidos permanentes e conjuntos de pedidos que envolvam terapia medicamentosa para pacientes pediátricos.

Quando se acompanha um paciente pediátrico, deve-se comprovar com exatidão os cinco "C":

- Fármaco correto.
- Dose correta.
- Hora correta.
- Via correta.
- Paciente correto.

Os profissionais de saúde, pais ou responsáveis pelo paciente devem ter um cuidado redobrado na administração de:

- Digoxina.
- Insulina.
- Heparina.
- Sangue.
- Adrenalina.
- Psicotrópicos.

O farmacêutico deve conhecer as interações dos fármacos mais utilizados em pediatria e de fármacos com alimentos para uma perfeita orientação aos demais profissionais de saúde, bem como para os pais ou responsáveis.

No caso de uso ambulatorial, o farmacêutico deve ensinar a família a administrar os medicamentos.

A família deve conhecer e ser orientada sobre:

- Nome do fármaco.
- Objetivo pelo qual se administra o fármaco.
- Quantidade de fármaco a administrar.
- Frequência de administração.
- Duração da administração.
- Efeitos previstos do fármaco.
- Sinais que possam indicar um efeito secundário do fármaco.

Depois das explicações anteriores, deve-se avaliar o grau de compreensão da família. Se não houver compreensão, repetir a explicação utilizando outros métodos didáticos, de acordo com o nível de entendimento demonstrado pela família.

- Faça uma demonstração e peça que a família a repita.
- Dê as instruções por escrito e recomende a criação de um calendário da medicação para evitar erros e omissões.
- Ajude a família a ajustar o horário de administração segundo o ritmo familiar (horas de sono, horário do colégio, de trabalho).
- Assegure-se de que a família saiba o que fazer e a quem recorrer se observar qualquer sinal de alarme.

No caso da administração oral de medicamentos, algumas orientações devem ser passadas para os familiares ou responsáveis pelo paciente:

A. Siga as precauções de segurança na administração (5 "C").
B. Selecione o meio adequado de administração, seja um copo, seja uma colher medidora, uma seringa oral ou um conta-gotas.
C. Prepare a medicação.
D. Administre os medicamentos utilizando precauções de segurança para sua identificação e administração. No caso de pacientes internados, o medicamento preparado deve ser rotulado com o nome e o número do leito, além do fármaco, dosagem e validade.

No caso de pacientes graves, a integração do farmacêutico clínico à equipe multidisciplinar da UTI facilita a detecção de problemas relacionados aos medicamentos e possibilita a otimização da farmacoterapia do paciente pediátrico crítico. Além disso, o relacionamento próximo com a equipe de enfermagem e a aquisição de informações adicionais sobre os problemas enfrentados pelos profissionais de saúde na unidade a cada dia têm facilitado a resolução de ocorrências e a identificação de áreas de melhoria nos processos relacionados a solicitação, recebimento e otimização de uso de drogas. No entanto, a integração do farmacêutico à equipe assistencial depende diretamente da utilidade que o farmacêutico demonstra por meio dessas atividades, sendo imprescindível ampliar a inclusão de atividades ligadas às questões farmacoeconômicas (diferenças nos custos do tratamento após a intervenção do farmacêutico) para quantificar a economia conseguida com o trabalho do farmacêutico, o que poderia levar a um aumento no número de farmacêuticos que poderiam transferir suas atividades para o ambiente clínico.

OTIMIZAÇÃO DA FARMACOTERAPIA PEDIÁTRICA EM HOSPITAIS

Uma importante responsabilidade do farmacêutico é otimizar a farmacoterapia pediátrica. Um farmacêutico com treinamento pediátrico, em colaboração com a equipe médica e de enfermagem, deve desenvolver políticas e procedimentos com base nas melhores práticas demonstradas para garantir a qualidade da terapia medicamentosa em pacientes pediátricos. Os dados clínicos devem ser o determinante primário das decisões sobre o uso de medicamentos.

Os serviços clínicos prestados pelo departamento de farmácia variam, dependendo das necessidades dos pacientes, dos recursos disponíveis, da estrutura do departamento e de outros fatores. No entanto, o objetivo deve ser fornecer a todas as crianças o mesmo nível de especialização clínica de forma consistente.

Os serviços descentralizados de farmácia clínica são garantidos para hospitais infantis autônomos e outros hospitais que atendem um grande número de pacientes pediátricos. Os serviços de farmácia pediátrica clínica devem ser priorizados para fornecer o mais alto nível de atendimento às populações de maior risco, como pacientes em cuidados intensivos, neonatologia, hematologia-oncologia e departamentos de emergência. Se serviços perioperatórios ou de procedimentos forem fornecidos no sistema de saúde, o farmacêutico também deve estar diretamente atribuído a essas unidades.

Os serviços de farmácia clínica fornecidos devem incluir – mas não estão limitados a – rodadas de cuidado ao paciente (*rounds*), monitoramento da terapia medicamentosa, informações, revisão do perfil e reconciliação de medicamentos, vigilância de reações adversas a medicamentos (RAM), educação do paciente e aconselhamento de alta.

Os serviços adicionais fornecidos pela farmácia devem incluir, rotineiramente, educação da enfermagem e dos prescritores, desenvolvimento de conjunto de solicitações, desenvolvimento de políticas, análises de avaliação de medicamentos e outras iniciativas de segurança e qualidade de medicamentos para pacientes pediátricos. Os hospitais devem implantar outros especialistas em farmácia pediátrica clínica para áreas de cuidados de alto risco (p. ex., cuidados intensivos, neonatologia, hematologia-oncologia, transplante e departamentos de emergência). A documentação dos serviços de farmácia é necessária para garantia de qualidade. A comunicação das recomendações de cuidado ao paciente também é essencial para a continuidade do cuidado. Quando viável, é preferível a que documentação esteja disponível no prontuário eletrônico.

REVISÃO DAS RESPOSTAS DOS PACIENTES PEDIÁTRICOS À TERAPIA MEDICAMENTOSA

O monitoramento da terapia medicamentosa deve ser realizado por farmacêuticos. Essa prática inclui uma avaliação proativa dos problemas do paciente e uma avaliação dos seguintes aspectos:

- Adequação terapêutica do regime de medicação do paciente.
- Duplicidade terapêutica ou omissões na prescrição medicamentosa.
- Adequação da dose do medicamento, bem como via, método e frequência de administração.
- Adesão do paciente ao medicamento prescrito.
- Interações droga-droga, droga-alimento, droga-suplemento dietético, teste de laboratório e doenças.
- RAM e outros efeitos indesejáveis.
- Alergias e sensibilidades aos medicamentos do paciente.
- Dados laboratoriais clínicos e farmacocinéticos para avaliar a eficácia e segurança da terapia medicamentosa e para antecipar a toxicidade e os efeitos adversos.
- Sinais físicos e sintomas clínicos relevantes para a terapia medicamentosa.
- Avaliação da eficácia da terapia medicamentosa.

Os serviços de monitoração terapêutica de medicamentos devem ser fornecidos pela farmácia a todos os pacientes pediátricos para medicamentos que incluem, mas não são limitados a, medicamentos com uma janela terapêutica estreita (p. ex., vancomicina, aminoglicosídeos, anticonvulsivantes, medicamentos antirrejeição, digoxina), medicamentos anticoagulantes e outros medicamentos associados a altas taxas de eventos adversos. Todos os farmacêuticos que cuidam de pacientes pediátricos devem estar cientes das diferenças farmacocinéticas únicas em um paciente pediátrico, incluindo alterações em absorção, distribuição, metabolismo e excreção. O mais importante deles é o maior volume de distribuição de drogas solúveis em água (p. ex., aminoglicosídeos), que podem afetar significativamente a dosagem em pacientes mais jovens. O farmacêutico deve garantir que o medicamento que está sendo monitorado foi administrado de forma adequada antes da coleta de amostras para a medição das concentrações séricas do medicamento. A frequência e o momento da amostragem também devem ser coordenados para evitar uma amostragem excessiva e traumática para os pacientes pediátricos. A documentação dos serviços farmacocinéticos em um formato prontamente acessível deve ser preenchida pelo farmacêutico clínico com treinamento em pediatria.

CONSIDERAÇÕES ESPECIAIS PARA PACIENTES LACTENTES

Lactente pequeno

- Mantenha a criança em postura semi-inclinada.
- Coloque a seringa, a colher medidora ou o conta-gotas com a medicação na boca, bem atrás da língua ou embaixo dela.
- Administre lentamente para reduzir a possibilidade de engasgar ou aspirar.
- Permita que o lactente sugue a medicação contida na mamadeira, quando for o caso.

Lactente maior

- Ofereça o medicamento em um copo ou colher.
- Administre com seringa, colher medidora ou conta-gotas da mesma maneira que nos lactentes pequenos.

Não se deve forçar a criança que resiste a ingerir a medicação por risco de aspiração; esperar de 20 a 30 minutos e oferecer a medicação novamente.

Na primeira consulta farmacêutica, o profissional deve buscar realizar uma anamnese farmacêutica bem completa, contando com a colaboração do médico pediatra do paciente e dos pais ou responsáveis.

ANAMNESE FARMACÊUTICA EM PEDIATRIA

1. Qual a importância do sexo do paciente na interpretação dos sintomas em pediatria?

   O sexo do paciente comporta certas predisposições mórbidas, mesmo no lactente. Por exemplo, a estenose congênita do piloro e o megacolo agangliônico manifestam nítida predileção pelo sexo masculino. A infecção das vias urinárias apresenta, durante a fase neonatal, maior incidência no sexo masculino; após os primeiros meses, torna-se muito mais comum no sexo feminino.
2. Qual a importância da idade do paciente na interpretação dos sintomas em pediatria?

   A idade representa elemento de grande valor para a interpretação conveniente dos sintomas. A enurese noturna, por exemplo, só constitui um fenômeno patológico depois dos 3 anos. A diarreia, o vômito e a convulsão têm significados muito diferentes nas diversas fases da infância. Tratando-se de um lactente com vômitos de certo vulto, se a idade estiver entre 15 dias e 3 meses, pensa-se seriamente em estenose congênita do piloro.
3. Qual a importância da residência e procedência do paciente na interpretação dos sintomas em pediatria?

   Em certos casos, a residência facilita o diagnóstico de algumas doenças endêmicas em determinadas regiões (malária, necatorose, esquistossomose, leishmaniose, bócio endêmico, doença de Chagas, filariose, riquetsioses). Conhecendo-se a procedência do enfermo e a distribuição geográfica dessas doenças, obtém-se, muitas vezes, excelente pista para o diagnóstico.
4. Queixa principal (QP): como anotar? Nas palavras do paciente ou em termos mais técnicos?

   A queixa principal deve ser anotada nas palavras do paciente, ou seja, em termos não técnicos. Deve conter o motivo que o trouxe à consulta.
5. História da moléstia atual (HMA): como anotar? Nas palavras do paciente ou em termos mais técnicos?

   A HMA deve ser anotada em termos mais técnicos, contendo todos os dados colhidos, escritos de forma concisa.
6. O que perguntar na HMA?

   Para cada queixa, investigar: início (há quanto tempo), como começou e evolução até a consulta, medicamento usado (nome, dose, tempo de uso, resposta), como está no dia da consulta, consultas anteriores, contato com pessoas doentes, queixas relacionadas com outros aparelhos.

7. Que itens perguntar na história pessoal ou pregressa?
   Perguntar sobre concepção, gestação (saúde materna, grupo sanguíneo e fator Rh, uso de medicamentos, pré-natal, se foi planejada, como foi a aceitação), parto (idade gestacional, tipo de parto – normal, cesariana, hospitalar, domiciliar), condições de nascimento (Apgar ou equivalente, peso, estatura, perímetro craniano e torácico: verificar relatório do berçário), período neonatal (permanência em estufa, exsanguineotransfusão, icterícia, outras intercorrências, tratamentos e medicamentos), doenças anteriores, internações (onde, por quê, permanência etc.), alimentação pregressa e atual (tipo, concentração, volumes e tempo de uso), perguntar sobre o consumo de leite materno, vacinação (tipo, número de doses, verificar cartão de vacinação), desenvolvimento neuropsicomotor pregresso e atual, consultar folha própria. Indagar sobre o sono, lazer e vida escolar, aprovações e reprovações.
8. Que itens perguntar na história familiar (HF)?
   Deve-se perguntar idade, saúde e profissão do pai; idade, saúde, profissão, gestações, partos e abortos (GPA) da mãe; consanguinidade, sobre os irmãos e outros familiares, saber sexo, idade e saúde.
9. O que perguntar na história socioeconômica (HSE)?
   Profissão do pai, da mãe, renda familiar. Habitação: casa própria, alugada, favela, construção, alvenaria, madeira, número de cômodos, água encanada, cisterna, instalação de rede de esgoto, fossa, número de pessoas que habitam na casa.
10. Relacionar os itens da HF e da HSE com a interpretação dos sintomas.
    A história familiar ajudará na interpretação de sintomas associados a doenças genéticas, além da compreensão da família em que está inserido, como é sua presença e o papel que desempenha. A HSE ajudará a conhecer um pouco mais o ambiente em que esse paciente vive, suas condições de obtenção de alimentos e sua exposição a doenças.
11. Qual a importância de se conhecer as condições de saúde da mãe durante a gravidez?
    O conhecimento das condições de saúde da mãe durante a gravidez ajuda na compreensão de doenças ou distúrbios psicológicos da criança. Interessa conhecer os principais acontecimentos da gravidez: saúde e estado emocional, higiene, exercícios, repouso, trabalho, alimentação, suplementos de ferro e vitaminas, quaisquer anormalidades apresentadas (hipertensão arterial, hiperglicemia, proteinúria, ganho excessivo de peso, edema, convulsões), doenças infecciosas, medicamentos ingeridos, acidentes traumáticos, hemorragias, aplicação de radiografias, frequência

regular ao consultório pré-natal. Por exemplo, a rubéola, quando se manifesta no primeiro trimestre, com grande frequência acarreta graves malefícios para o produto da concepção, ocasionando várias malformações, especialmente no crânio, coração e olhos.

12. Qual a importância de conhecer as medidas do RN e a nota de Apgar? As medidas são importantes para avaliar a duração da gravidez, determinar se o nascimento se processou ou não a termo, verificar se houve ou não atraso do crescimento intrauterino. A nota de Apgar é importante para avaliar os cinco sinais (frequência cardíaca, movimentos respiratórios, tônus muscular, irritabilidade reflexa – resposta a estímulos na sola do pé – e cor da pele) um minuto após o nascimento completo da criança, sem levar em conta o cordão e a placenta. Dá-se a cada sinal a nota 0, 1 ou 2. A soma 10 indica que o recém-nascido está nas melhores condições possíveis.

O desenvolvimento de ações de atenção farmacêutica no paciente pediátrico engloba as atividades de saúde pública, como vigilância do crescimento e desenvolvimento da criança, acompanhamento de vacinação, quadros de desidratação, diarreia, vômito e mononucleose, além do seguimento de mães que amamentam e utilizam medicamentos, assim como a farmacoterapia em pediatria. Todos esses tópicos serão abordados neste capítulo.

VIGILÂNCIA DO CRESCIMENTO E DESENVOLVIMENTO

A vigilância do crescimento e desenvolvimento, reconhecida e recomendada como compromisso universal na Reunião de Cúpula em Favor da Infância (Nova York, 1990) e na Conferência Internacional de Nutrição (Roma, 1992), impõe-se como um direito da população e um dever do Estado.

Em consonância com essas determinações, desde 1984; o Ministério da Saúde do Brasil definiu o acompanhamento do crescimento e desenvolvimento como uma das cinco ações básicas da assistência à saúde da criança e eixo integrador dessa assistência. Para esse fim, normatizou seu acompanhamento, definindo indicadores, pontos de corte, padrão de referência, elaborando instrumentos (o Cartão da Criança com a Curva de Crescimento e Ficha de Acompanhamento do Desenvolvimento) e o Manual de Normas Técnicas. Organizaram-se cursos de crescimento e desenvolvimento para sensibilização e capacitação do profissional de saúde nos serviços.

Entende-se por crescimento e desenvolvimento o processo global, dinâmico e contínuo que ocorre em um indivíduo. Entretanto, eles não são sinônimos: enquanto o crescimento se define por uma mudança de tamanho, o desenvolvimento caracteriza-se por mudanças em complexidades e funções.

O acompanhamento e a avaliação contínua do crescimento e desenvolvimento da criança põem em evidência, precocemente, os transtornos que afetam sua saúde e, fundamentalmente, sua nutrição, sua capacidade mental e social. São capazes ainda de permitir a visão global da criança, inserida no contexto em que vive, individualizada na sua situação pregressa e evolutiva, humanizando o atendimento, na medida em que se conhece melhor suas relações no ambiente familiar. Além disso, dão mais eficiência às ações de saúde, seja pela ação preventiva em situações de risco, seja porque se parte da concepção de saúde como a qualidade de vida oferecida às crianças, e não só a ausência de doenças.

Muitos esforços governamentais e não governamentais vêm sendo despendidos em prol da população infantil. Apontamos, como resultado importante desses esforços, o aumento cada vez maior do contingente de crianças que vêm sobrevivendo em nosso país em decorrência da expressiva queda na taxa de mortalidade infantil (de 70,9 óbitos por 1.000 nascidos vivos em 1984 para 35,6/1.000 em 1999), o que torna imperiosa a elaboração e execução de políticas públicas que visem garantir e melhorar a qualidade de vida dessas crianças.

Apesar de todos os esforços, o último inquérito nacional de demografia e saúde realizado no Brasil (1996) mostrou que, embora a maioria das crianças tenha seu cartão e as mães as levem quando vão à consulta nos serviços de saúde, menos de 10% têm o peso da criança anotado e menor porcentagem ainda tem a curva de crescimento da criança desenhada no gráfico do cartão. Isso demonstra que os profissionais de saúde têm dado pouco valor ao crescimento da criança, pouco fazendo em favor de seu bom desenvolvimento.

Avanço mais significativo pode ser observado pela incorporação dessa tecnologia ao Programa de Saúde da Família e Agentes Comunitários de Saúde: os agentes de saúde pesam as crianças nas visitas domiciliares, registram o peso no cartão, desenham as curvas no gráfico, interpretam os resultados, orientam as mães e encaminham para os serviços de saúde os casos indicados.

PROGRAMAS DE VACINAÇÃO

Os profissionais de saúde têm um papel importante: mostrar à população a necessidade de tomar vacinas. O farmacêutico também tem um papel educacional, que todos precisam exercer, informando de forma rotineira e permanente, não somente quando há uma epidemia.

É necessário que se crie uma cultura de vacinação. Consultórios, hospitais e ambulatórios devem ser os principais agentes dessa transformação cultural. Com essa ajuda, quando o governo falhar nessa área, não haverá um retrocesso no processo de vacinação.

Deve-se impedir que o retrocesso continue. E isso só será possível com informação e ações de educação em saúde junto à população. É importante que a pessoa esteja imunizada contra algumas doenças a fim de evitar futuras epidemias. A vacinação começa a ser dada à criança logo após o nascimento, com o intuito de imunizá-la contra algumas doenças. Essas vacinas devem ser administradas, periodicamente, na data marcada, conforme a idade da criança, e anotadas na carteira de vacinação.

As vacinas têm o objetivo de manter alerta o sistema imunológico das pessoas contra determinadas doenças. São substâncias sintetizadas a partir de organismos vivos ou parte deles, que são administradas na forma injetável ou por via oral.

Deve-se realizar a vacinação de imunodeprimidos, isto é, pacientes que apresentam determinadas doenças que diminuem a resistência à infecção, que foram submetidos a uma cirurgia de retirada de baço, que sofreram transplante de órgãos, que estão sendo tratados com corticosteroides e outros medicamentos imunodepressores, assim como os portadores de anemia falciforme, cirrose hepática, aids e outras condições que reduzem as defesas orgânicas. No entanto, a orientação quanto às vacinas a serem aplicadas será dada pelo médico.

Qualquer pessoa que tenha predisposição a infecções, como asma, bronquite crônica, infecções respiratórias de repetição, enfisema pulmonar, insuficiência cardíaca etc., pode ser beneficiada por qualquer tipo de vacina.

Nomenclatura

- BCG: contra tuberculose.
- Sabin: contra paralisia infantil.
- DPT: contra poliomielite, difteria, tétano e coqueluche.
- MMR: contra sarampo, caxumba e rubéola.
- DP (dupla adulto): contra difteria e tétano.

Efeitos colaterais

- Febre: geralmente baixa e raramente chega a 39°C. Neste caso, deve-se procurar outras causas para o aparecimento da febre. Os medicamentos para baixar a febre devem ser indicados pelo médico.

- Irritabilidade: desaparece dentro de 1 a 3 dias.
- Dor no local da aplicação: em alguns casos (cerca de 10%) pode aparecer um pequeno "calombo", vermelhidão ou calor no local, desaparecendo em 72 horas. Compressas de água quente no local podem ajudar a aliviar a dor.
- Mal-estar e dor de cabeça: desaparecem em aproximadamente 48 horas.

Vacina anti-*Haemophilus influenzae* tipo B

Essa vacina é relativamente nova. Recebeu a aprovação da Food and Drug Administration (FDA) em 1993 e está incluída no calendário oficial de vacinação da Sociedade Brasileira de Pediatria desde 1996.

O *Haemophilus influenzae* tipo B é uma bactéria muito agressiva, que pode causar várias doenças infantis, como meningite, bronquiolite (infecção dos bronquíolos, doença muito grave e por vezes letal), pneumonia, osteomielite (infecção dos ossos, doença muito grave, que pode ter sequelas após a cura e ser letal quando generalizada), sepses (infecções generalizadas), pericardite (infecção do pericárdio – parte externa do coração), endocardite (infecção do endocárdio – parte interna do coração).

SITUAÇÕES CLÍNICAS DE IMPORTÂNCIA PARA O FARMACÊUTICO CLÍNICO PEDIATRA

Desidratação

A desidratação é uma situação comum que todos os anos acomete milhares de crianças, muitas vezes causando até a morte. Apesar de ser um estado grave, é de fácil tratamento e prevenção, desde que os sintomas sejam reconhecidos a tempo para que os devidos cuidados sejam tomados.

A desidratação é a perda excessiva de água do organismo acompanhada da perda de sais minerais e orgânicos, que ocorre quando a criança, ou até mesmo o adulto, tem diarreia, principalmente acompanhada de vômitos.

O corpo humano tem em média 60% do peso formado por água. Essa porcentagem pode variar para mais ou para menos, conforme a quantidade de gordura do organismo. As crianças têm 75% do seu peso formado por água, enquanto os idosos têm apenas 53% (homens) e 46% (mulheres), em média. Quanto maior a quantidade de gordura no corpo, menor a quantidade de água que afetará o peso e o metabolismo da pessoa.

Isso é importante porque qualquer perda de água do corpo da criança poderá afetar profundamente seu peso e metabolismo. É preciso estar sempre alerta, já que as crianças se desidratam facilmente. Muitas vezes elas não comunicam que estão com sede ou não conseguem ingerir líquidos, o que pode agravar o quadro.

Uma pessoa saudável perde, em média, 2,5 litros de água por dia, pela urina, fezes ou suor. Para haver equilíbrio das funções, é necessário haver uma reposição, bebendo-se o mesmo volume de líquidos todos os dias.

O paciente ou os pais da criança que apresentar desidratação devem ficar alertas. A criança deve tomar muito líquido, mesmo que não esteja se alimentando corretamente. Muitas vezes ela pode ter desidratação apesar de estar ingerindo líquidos.

Causas e sintomas da desidratação

O principal sintoma de uma criança desidratada é a sede. Além disso, ela apresenta mucosas secas, o que pode ser constatado pela boca sem saliva. Os olhos ficam ressecados e fundos. A pele se torna mais seca e forma pregas quando pinçada. Na criança pequena, que ainda tem a fontanela (moleira) aberta, ela se apresenta deprimida ou baixa.

A causa mais comum da desidratação é a diarreia. No verão, a incidência de doenças gastrintestinais é grande, não só pelo número de vírus causadores de diarreia, conhecida como diarreia de verão, mas também pela contaminação dos alimentos por bactérias.

Muitas vezes, as pessoas não se preocupam em colocar os alimentos na geladeira e, com isso, as bactérias encontram um meio propício para se proliferar, contaminando-os.

Uma vez que esses alimentos contaminados são ingeridos, ocorre uma alteração nos intestinos. Eles começam a trabalhar mais rapidamente para eliminar aquilo que está prejudicando o organismo, causando a diarreia. Se esse processo não for controlado, a criança começa a eliminar muita água junto com as fezes, podendo entrar em desidratação.

Para melhorar o quadro da criança, os pais devem alimentá-la com bastante líquido, como água, chá e sucos, e alimentos leves e sem gordura, como bolachas de água e sal, frutas, arroz cozido etc.

Nos casos leves, o ideal é dar para a criança o soro caseiro ou utilizar fórmulas industrializadas. Muitos postos de saúde oferecem soros reidratantes, de fácil preparo. Quando a desidratação se torna intensa, a critério do médico, é necessário dar o soro por via sanguínea e só suspender quando o grau de hidratação estiver estabilizado.

O vômito também pode levar à desidratação. Nesse caso, uma dieta leve e o soro reidratante ajudam bastante. Sempre que houver suspeita de desidratação, e para evitar que o quadro se agrave, é necessário procurar um médico para que ele possa avaliar o estado da criança e determinar a necessidade do uso de medicamentos e as condutas adequadas.

O aumento da sudorese também pode levar à desidratação, como nos casos de febre elevada, em que o aumento da temperatura do corpo amplia a eliminação de água pelo suor e pela respiração. A exposição prolongada ao sol ou a outra fonte de calor intenso aumenta o suor, também levando à desidratação.

É muito importante que no verão as pessoas tomem certos cuidados, como o uso de roupas leves, de preferência de algodão, que auxiliam na transpiração. Nos dias quentes, deve-se tomar bastante líquido para repor as perdas provocadas pelo calor. Um dado relevante: deve-se ter cuidado com a água que se bebe e sempre consumir água filtrada ou fervida e tratada com cloro, quando esta vier de poço.

Como fazer o soro caseiro

- Em um copo d'água filtrada e fervida, dilua uma pitada de sal e três pitadas de açúcar, misturando bem.
- Ofereça para a criança à vontade, a cada 20 minutos, e após cada evacuação líquida, se houver diarreia.

Para evitar desidratação

- Dar líquidos à criança várias vezes ao dia.
- Lavar as mãos depois de usar o banheiro.
- Lavar as mãos antes de preparar alimentos ou de lavar mamadeiras.
- Lavar bem as frutas e os vegetais.
- Esterilizar as mamadeiras e chupetas e todos os utensílios usados para preparar o alimento do bebê.
- Vestir a criança com roupas leves, de preferência de algodão. Evitar roupas com poliéster ou fibras sintéticas, que impeçam a transpiração normal.
- Manter as crianças em ambientes ventilados e evitar banhos de sol nos horários em que a radiação está mais forte (é recomendado após as 16h).
- Não compartilhar toalhas, esponjas ou roupas.

Vômito

A causa mais comum de vômito e diarreia é infecção viral. O vômito e a diarreia podem aparecer separadamente ou juntos. O vômito precede a diarreia, e pode haver febre durante esse estágio.

O vômito é a projeção para fora do organismo de uma grande porção do conteúdo do estômago através da boca. Esse mecanismo se deve a grandes contrações do estômago. Mas a regurgitação e o refluxo são normais em crianças com menos de 15 meses, e geralmente acontecem após a refeição.

A criança normalmente regurgita pequenas quantidades de leite após ou durante as mamadas enquanto arrota. A amamentação muito rápida e a deglutição de ar também podem ser a causa disso, o que pode ser resolvido com o uso de mamadeiras com chupetas mais firmes e buracos menores, além de a mãe auxiliar o bebê a arrotar mais facilmente. A regurgitação excessiva pode ser decorrente do excesso de alimentação, o que causa problemas futuros como a obesidade.

Entretanto, o vômito pode significar um problema sério. Os vômitos em jato repetidos podem indicar estenose pilórica ou refluxo gastroesofágico. A obstrução do intestino delgado alto por aderências duodenais causa o vômito bilioso.

Os distúrbios do metabolismo, como a síndrome adrenogenital e a galactosemia, podem apresentar o vômito como sintoma. Mas deve-se notar se o vômito não vem seguido de febre e letargia, que pode significar uma infecção mais séria, como a septicemia ou a meningite.

Quando há vômito, deve-se encaminhar o paciente pediátrico ao médico imediatamente se:

- A criança não urinar por mais de 8 horas.
- A criança chorar e não produzir lágrimas.
- Aparecer algum vestígio de sangue no vômito (mas não de sangramento do nariz).
- Houver alguma dor abdominal persistente por mais de 4 horas.
- A criança vomitar um fluido claro mais de três vezes.
- A criança estiver confusa e delirando.
- O pescoço estiver rígido.

Diarreia

A diarreia consiste em fezes mais líquidas e mais frequentes do que no estado normal, indicando sintoma de alguma moléstia. O melhor indicador da gravidade da diarreia é a sua frequência. Uma leve diarreia é passageira; a moderada significa uma perda significativa de água.

Isso não significa que uma infecção séria está presente. Mas o quadro será preocupante se a criança apresentar anorexia, vômitos, perda de peso e falha em ganhar peso. Os bebês em fase de amamentação tendem a evacuar frequentemente de forma espumosa, principalmente se não estiverem recebendo alimentos sólidos.

O aparecimento súbito da diarreia com vômito, fezes sanguinolentas, febre, anorexia ou apatia pode ser causado por uma infecção, devendo-se chamar um médico para controlar a situação.

A diarreia de pequena intensidade, que persiste por várias semanas ou meses, pode resultar de várias condições, como:

- Enteropatia por glúten (doença celíaca), que causa a má-absorção das gorduras provocada pelo glúten da proteína do trigo, resultando em má nutrição, anorexia e fezes volumosas, com mau cheiro. Isso pode ser revertido se o glúten, assim como seus derivados, for retirado da dieta da criança.
- Fibrose cística é a insuficiência pancreática, resultante do déficit de tripsina e lipase, que causa grandes perdas de proteínas e gorduras pelas fezes, com consequente desnutrição e retardo no crescimento.
- Má-absorção de açúcares.
- Gastroenteropatia alérgica causada pela proteína do leite, em razão da intolerância ao alimento, causando vômitos e diarreia. A eliminação do alimento e de seus derivados pode ajudar a melhorar a condição.

Um vírus intestinal pode causar diarreia, assim como algum alimento ao qual a criança seja sensível. A primeira precaução antes de adotar uma nova dieta é dar bastante líquido à criança, a fim de evitar desidratação, recuperando a água expelida.

Infelizmente, os remédios para conter a diarreia não resolvem muito; o mais eficiente é adotar uma nova dieta, a fim de controlar a situação. A melhor dieta vai depender da criança e do estágio em que ela se encontra.

Quando há diarreia, deve-se encaminhar o paciente pediátrico imediatamente ao médico se:

- A boca estiver mais seca que o normal.
- Aparecerem sinais de sangue nas fezes.
- Houver cólicas abdominais frequentes.
- A criança for mais de oito vezes ao banheiro nas últimas 8 horas.
- A diarreia for líquida (água) e o vômito produzir fluidos claros por mais de três vezes.
- Houver muco ou pus nas fezes.

- A criança estiver com alguma pessoa que apresentava diarreia viral ou bacteriana.
- Apresentar febre por mais de 72 horas.

Tratamento

Dar à criança bastante líquido, água e sucos nas primeiras 24 horas. Após esse período, deve-se acrescentar leite à dieta, mas não deve ser usado leite fervido, pois ele concentra proteína para ser acumulada no organismo.

Oferecer uma dieta leve, com frutas, arroz, torradas e sopas, evitando vegetais crus, comidas apimentadas e produtos industrializados.

Mononucleose infecciosa

A mononucleose infecciosa, conhecida popularmente como doença do beijo, vem sendo reconhecida já há algum tempo. Cientistas determinaram que 90% dos casos da doença são causados pelo vírus Epstein-Barr (EBV), um membro do grupo herpes. Outros casos de mononucleose são causados pelo citomegalovírus e pelo vírus da herpes.

Os cientistas acreditam que o maior conhecimento do funcionamento normal e anormal do sistema imunológico é o responsável pela compreensão do vírus EBV e da doença benigna que causa a mononucleose, das versões mais brandas até as mais fatais.

Os britânicos Michael Epstein e Yvonne Barr foram os cientistas que descobriram o vírus EBV. Eles encontraram evidências desse vírus nas células B dos linfócitos em pacientes com uma forma rara de câncer do sistema linfático. Esse câncer é conhecido como linfoma de Burkitt e ocorria principalmente na África.

A mononucleose é conhecida como doença do beijo porque se acredita que adolescentes e adultos jovens podem transmitir o vírus para outra pessoa por meio de um beijo prolongado na boca. Compartilhar copos e garrafas ou latas de bebidas também pode causar a transmissão do vírus.

A doença ocorre apenas em pessoas que não tinham anticorpos para o vírus. Mas em alguns adultos são encontrados os anticorpos para o EBV. Isso quer dizer que a pessoa, em alguma fase da vida, foi infectada pelo vírus. O corpo humano produz anticorpos para atacar e destruir o vírus, e esse anticorpo específico pode ser detectado por meio de exame de sangue nos pacientes que já foram infectados.

Qualquer um, em qualquer idade, pode estar sujeito à doença. Entretanto, os casos são mais frequentes em crianças e idosos, e 70 a 80% dos casos documentados envolvem pessoas na faixa etária dos 15 aos 30 anos de idade. Não há uma estação em que apareçam mais casos da doença, mas estudos sugerem que são mais comuns no começo da primavera.

O EBV, que causa a mononucleose, infecta dois tipos de células: as das glândulas salivares, onde se reproduz, e os leucócitos do sangue, nos linfócitos B. O vírus pode ser encontrado na saliva da maioria dos pacientes até 6 meses após a doença ter desaparecido.

O vírus está regularmente presente nas secreções da faringe durante a vida. O EBV é detectado por sua habilidade em transformar os linfócitos do sangue do cordão em linfoblastos de crescimento contínuo que abrigam DNA virótico EB e expressam o antígeno nuclear EBV. A atividade transformadora é uma propriedade biológica do vírus restrita aos linfócitos B.

Como é um vírus do grupo herpes, após o indivíduo ser infectado, o EBV permanece no corpo por toda a vida. Pessoas que já foram infectadas com o vírus são potenciais transmissores, servindo de reservatório para a transmissão da doença. Entretanto, a transmissão de pessoa para pessoa é difícil de ser rastreada. Não é possível saber por quanto tempo a pessoa está infectada. Entretanto, o período de comunicabilidade começa após os sintomas surgirem, e a doença é altamente contagiosa após seu surgimento.

Depois de um período de 2 a 7 semanas após a exposição ao vírus, há possibilidade de se desenvolverem os sintomas. Mas os pacientes não necessitam ficar isolados, e familiares não correm risco de pegar a doença. É difícil contrair mononucleose, já que é a doença transmitida por meio de contato direto da saliva que contenha o vírus.

Para evitar o contágio da doença, as pessoas devem evitar a troca de fluidos corporais, como saliva, com alguém que teve a doença recentemente. No momento, não há nenhuma vacina disponível para prevenir a mononucleose.

Como reconhecer a doença

Os sintomas da mononucleose podem levar dias ou meses para aparecer e se desenvolver, mas podem desaparecer em 1 a 3 semanas. Após o período de incubação do vírus, que leva de 4 a 7 semanas, surge um mal-estar vago, semelhante à gripe, além de fadiga, dor de cabeça e calafrios, seguidos de febre alta, dor de garganta e aumento dos gânglios linfáticos, em especial na parte de trás do pescoço e nos braços e virilha. Esses sinais e sintomas podem se confusos, uma vez que qualquer órgão pode ser afetado.

Em adolescentes e adultos jovens, a doença se desenvolve lentamente e os sintomas iniciais são vagos. A maior queixa é de a pessoa não estar se sentindo bem, com perda do apetite, dor de cabeça e cansaço. Mais tarde os outros sintomas costumam aparecer.

A febre alta dura aproximadamente 5 dias e, às vezes, continua intermitentemente por 1 a 3 semanas. Essa febre duradoura caracteriza a complicação bacteriana. O aumento dos gânglios linfáticos varia do tamanho de um feijão a um pequeno ovo, e esse inchaço desaparece em poucos dias. Também pode haver aumento do baço, enquanto o fígado pode aumentar 20%.

Na criança, a mononucleose pode produzir um quadro diferente. Ela pode ter uma leve dor de garganta ou amigdalite, ou até nenhum sintoma, de modo que a doença passa despercebida.

Quando os sintomas da mononucleose aparecem, o corpo reage de diferentes maneiras e a doença pode ser detectada por meio de exames de sangue. Os linfócitos aumentam em número, um processo chamado de linfocitose, em uma atividade atípica envolvendo a luta dos glóbulos brancos contra o vírus. O corpo produz anticorpos, ou proteínas específicas, para se proteger contra o EBV.

Para diagnosticar a doença, é importante verificar os sintomas, porque a enfermidade pode se mascarar e os sintomas podem ser confundidos com outras doenças, como sarampo ou rubéola; o aumento dos gânglios pode ser causada por um tipo de câncer e a dor no pescoço pode sugerir uma meningite.

Com o intuito de descartar qualquer uma dessas doenças, é necessário fazer um exame de sangue para verificar a existência do vírus ou de anticorpos contra ele, que poderá excluir qualquer possibilidade de outra doença.

O primeiro teste pode detectar um aumento dos linfócitos e um segundo teste pode confirmar a doença. Se esse segundo teste apresentar aumento dos anticorpos heterofílicos, pode-se confirmar a mononucleose. Esses testes podem detectar que o sistema imunológico do corpo está lutando contra o EBV.

Tratamento

A mononucleose infecciosa geralmente se resolve em 1 a 4 semanas, mas pode persistir por meses ou anos. As sequelas são incomuns, e os casos de morte, raros. Na realidade não há um tratamento específico para a mononucleose. Seu tratamento é sintomático, já que não há nenhum medicamento específico para combatê-la. Os antibióticos não têm valor, a menos que haja uma infecção bacteriana secundária.

O paciente deve ficar em repouso durante a fase aguda de febre alta e mal-estar, ou quando os casos envolvem problemas hepáticos. Deve-se evitar exercício extenuante enquanto o baço estiver aumentado. Dieta balanceada e muito líquido são recomendados.

Os analgésicos com salicilato, como ácido acetilsalicílico, devem ser evitados, e, para controlar dor de cabeça, febre e dor muscular, deve-se tomar outro tipo de analgésico, como o paracetamol.

Mais de 90% dos casos de mononucleose são benignos e não ocorrem complicações. Mesmo se a fadiga e a fraqueza continuarem por mais de 1 mês não há com o que se preocupar. A doença pode ser mais grave e duradoura em adultos com mais de 30 anos.

Os casos de morte são raros, como quando acontecem obstrução e complicações de vias aéreas superiores, ruptura do baço, inflamação do coração ou de tecidos que envolvem o órgão ou o sistema nervoso central. Os corticosteroides são usados para essas complicações. Se houver ruptura do baço, é necessária uma cirurgia para removê-lo.

Outra complicação que requer atenção especial é quando há uma pequena inflamação do fígado, aparecendo a hepatite. Essa forma da doença raramente é séria, mas requer cuidados.

BIBLIOGRAFIA

ASHP. ASHP–PPAG Guidelines for providing pediatric pharmacy services in hospitals and health systems [Internet] [citado 14 jan. 2025]. Disponível em: https://www.ashp.org/-/media/assets/policy-guidelines/docs/guidelines/providing-pediatric-pharmacy-services-in-hospitals-and-health-systems.ashx.

Dundee FD, Dundee DM, Noday DM. Pediatric counseling and medication management services: opportunities for community pharmacists. J Am Pharm Assoc (Wash). 2002;42(4):556-66; quiz 566-7.

Dutra A. Semiologia pediátrica. Rio de Janeiro: Rubio; 2010.

Echarri-Martinez L, Fernández-Llamazares CM, Manrique-Rodríguez S. Pharmaceutical care in paediatric intensive care unit: activities and interdisciplinary learning in a Spanish hospital. Eur J Hosp Pharm. 2011;19(4):416-22.

Goldberg LA. Introduction to paediatric pharmaceutical care. Hospital Pharmacy Europe. 2007 [citado 14 jan. 2025]. Disponível em: https://hospitalpharmacyeurope.com/news/editors-pick/introduction-to-paediatric-pharmaceutical-care/.

Karande S, Sankhe P, Kulkarni M. Patterns of prescription and drug dispensing. Indian J Pediatr. 2005;72(2):117-21.

Lal LS, Anassi EO, McCants E. Documentation of the first steps of pediatric pharmaceutical care in a county hospital. Hosp Pharm. 1995;30(12):1107-8, 1111-2.

Lawrence RM, Lawrence RA. Given the benefits of breastfeeding, what contraindications exist? Pediatr Clin North Am. 2001;48(1):235-51. Review.

Marostica PJC, Villetti MC, Ferrelli RS, Barros E. Pediatria: consulta rápida. 2.ed. São Paulo: Artmed; 2017.

Mukattash TL, Jarab AS, Abu-Farha RK, Alefishat E, McElnay JC. Pharmaceutical care in children. Sultan Qaboos Univ Med J. 2018;18(4):e468-e475.

Nilaward W, Mason HL, Newton GD. Community pharmacist-child medication communication: magnitude, influences, and content. J Am Pharm Assoc (Wash). 2005; 45(3):354-62.

Schvartsman C. Pediatria: pronto-socorro. 3.ed. Barueri: Manole; 2018.

Silva LR, Costa LF. Condutas pediátricas no pronto atendimento e na terapia intensiva. 2.ed. Barueri: Manole; 2020.

Wilson JT. Pediatric pharmacology: the path clears for a noble mission. J Clin Pharmacol. 1993;33(3):210-2.

27

Pacientes hebiátricos

INTRODUÇÃO

A hebiatria é a especialidade médica que acompanha a adolescência de um paciente, ou seja, o período entre a infância e a fase adulta. Esse período é comumente definido pelo rápido início do crescimento biológico e psicológico e pelo desenvolvimento prévio para a segunda década da vida.

Os jovens precisam lidar com uma ampla gama de questões à medida que passam da infância para a idade adulta. Eles podem ter que lidar com mudanças em seus corpos e sentimentos e podem estar pensando em ter seu primeiro relacionamento ou ter relações sexuais.

Os jovens também podem estar explorando suas identidades em termos de sexualidade ou identidade de gênero. Eles podem querer mais independência de suas famílias, e seus amigos podem desempenhar um papel mais importante em suas vidas. Alguns também podem querer experimentar álcool e outras drogas. Embora crescer possa ser uma época emocionante, também pode ser confusa e desafiadora. Pesquisas mostram que jovens confiantes, que se sentem apoiados por suas famílias e amigos, são mais propensos a negociar questões como essas com segurança. No entanto, é importante lembrar que a adolescência geralmente é uma época para experimentar comportamentos de risco, mesmo com bons pais e modelos de comportamento.

Fatores sociais e o meio ambiente influenciam o início, a duração e o término da adolescência. Nas próximas décadas, o número de adolescentes aumentará, e no grupo dos adolescentes haverá um número maior de etnias e minorias raciais do que na população em geral. O aumento substancial nessa faixa etária demandará um melhor serviço de assistência social. O grupo dos adolescentes provavelmente é o que tem a menor probabilidade no Brasil de possuir um seguro-saúde. Os farmacêuticos, em seu dia a dia de atenção farmacêutica, necessitam de um cuidadoso conhecimento das mudanças biológicas e sociais, associadas a mudanças do meio ambiente e à distribuição econômica e étnica, que afetam a previsão dos serviços de saúde para adolescentes.

Os jovens correm o risco de desenvolver uma imagem corporal negativa, passando a não gostar de sua aparência. Os problemas de saúde relacionados aos jovens podem incluir:

- Dieta radical e desnutrição.
- Transtornos alimentares, incluindo anorexia e bulimia nervosa.
- Obesidade.
- Uso de esteroides (para construir massa muscular).

Apesar das amplas campanhas na mídia, o tabagismo ainda é popular entre os jovens na Austrália, especialmente as mulheres, embora o número de jovens que fumam esteja diminuindo. Fumar tabaco aumenta o risco de:

- Cânceres de pulmão, garganta e boca.
- Função pulmonar reduzida.
- Asma e outros problemas respiratórios.
- Sentidos do olfato e paladar danificados.
- Doença cardíaca, ataque cardíaco e acidente vascular encefálico.

Para realizar um perfeito acompanhamento desse grupo de pacientes, em primeiro lugar é necessário solicitar autorização para o responsável legal para realizar o seguimento. Antes de realizar a anamnese farmacêutica, é preciso conhecer as peculiaridades desse tipo de paciente, conforme veremos nos tópicos a seguir.

PUBERDADE

A puberdade é definida como um processo sequencial biológico que conduz à reprodução. O início e o tempo de puberdade variam de acordo com o sexo, o grupo populacional e o indivíduo. Durante a puberdade, ocorrem alterações no sistema endócrino e nos sistemas nervoso central e adrenal, que causam mudanças no crescimento esquelético e na massa corporal, bem como a aquisição de características sexuais secundárias. O mecanismo responsável pela iniciação da puberdade se dá por meio da ativação do eixo gonadal pituitário-hipotalâmico. O início da puberdade decorre de um mecanismo central, marcado pelo aumento de estímulos excitatórios e concomitante redução dos aferentes inibitórios sobre a secreção pulsátil de GnRH hipotalâmico, sendo esse processo independente da inibição exercida pelos esteroides sexuais.

As taxas/proporção (SMR) da maturidade sexual de Marshall e Tanner são úteis na monitoração do desenvolvimento das características sexuais secundárias, que somam as manifestações das atividades adrenal e gonadal. Essa proporção correlaciona-se mais à idade óssea do que à idade real. As SMR para garotas são o desenvolvimento dos seios e pelos pubianos. As mudanças para garotos são o desenvolvimento dos órgãos genitais e pelos pubianos.

A idade média da menarca nos Estados Unidos é de 13,3 a 14,3 anos, enquanto a fase espermática ocorre entre 13,5 e 14,5 anos. A duração média da puberdade para garotas é de 4 anos, podendo variar de 1,5 até 8 anos, e para garotos é de 3 anos, podendo variar de 2 a 5 anos. No entanto, o tempo e a duração desses eventos variam em razão das ordens sequenciais de desenvolvimento e crescimento. A monitoração desses eventos, a história e os exames médicos são úteis na identificação das desordens que se manifestam na adolescência.

Crescimento esquelético

Durante esse período, as mulheres ganham 9,0 +/– 1,03 cm/ano e alcançam a altura adulta de 1,63 cm aos 16 anos; os homens ganham 10,3 +/– 1,54 cm/ano e alcançam a altura adulta de 1,77 cm aos 18 anos. A avaliação do crescimento esquelético no adolescente deve ser feita por meio de uma curva de velocidade da altura, considerando a taxa de maturidade sexual.

Mudanças na composição corporal

Durante o crescimento, o peso aumenta 40%. A massa magra muscular aumenta de 80 a 90% em garotos e diminui de 75 a 80% em garotas. Em garotos a gordura aumenta de 4,3 a 11,2% na puberdade tardia e é distribuída primariamente no tronco. Nas garotas, a gordura aumenta de 15,7 a 26,7% e é depositada na pelve, na parte superior das costas e nos braços. Após o crescimento completo, a massa muscular é maior em garotos que em garotas.

Mudanças cardiorrespiratórias

Na puberdade, as batidas, a produção cardíaca e a pressão sanguínea aumentam e a velocidade das batidas diminui. O pulmão aumenta de capacidade e tamanho. A laringe masculina, sob influência de androgênios, desenvolve um ângulo de 90° na cartilagem tireóidea anterior; as cordas vocais são três vezes mais compridas que as femininas. Essas mudanças tornam a voz mais grave.

Desenvolvimento psicológico

A adolescência é frequentemente vista como um período tumultuado. No entanto, muitos adolescentes passam pela puberdade sem nenhuma perturbação em suas vidas. De qualquer forma, o clínico precisa averiguar se o desenvolvimento psicossocial é normal. A adolescência envolve uma série de mudanças que, se controladas, permitem uma vida adulta normal. Essas mudanças incluem separação da família, maturidade da identidade sexual, planos para educação e carreira e desenvolvimento da intimidade. Adolescentes sempre passam por mudanças cognitivas de comportamento e sequelas sociais. A mudança cognitiva funcional não tem necessariamente relação com a maturidade psíquica. O adolescente prematuro (idade entre 10 e 13 anos) tende a focar as mudanças psíquicas no corpo, o que pode afetar seu processo de maturidade.

A adolescência média (idade entre 14 e 16 anos) é o período de rápido crescimento, quando emergem os pensamentos formais e operacionais. Adolescentes começam a entender conceitos abstratos e podem questionar o julgamento dos adultos. Substituem o mundo egocêntrico do adolescente prematuro por um mundo sociocêntrico e começam a modular comportamentos impulsivos.

A adolescência tardia (idade entre 17 e 21 anos) é o período de estabelecer identidade e relacionamentos, e o começo da assunção de seu papel na sociedade. Os adolescentes tardios podem ser altruístas e ter conflitos com a família e a sociedade.

As famílias podem facilitar a adolescência ao proverem um aumento de responsabilidade e independência. Adolescentes requerem individualidade e envolvimento com a família e a sociedade para facilitar o desenvolvimento da identidade e da competência. Clínicos deveriam auxiliar esses processos, encorajando-os a fazer suas próprias colocações, ajudando adolescentes e assumindo mais responsabilidades com sua saúde.

Mudanças psicológicas associadas com a puberdade

Mudanças comportamentais específicas estão associadas à puberdade e ao seu período, com o envolvimento de androgênios nesse processo.

Garotos com níveis aumentados de testosterona tendem a iniciar sua atividade sexual e ser mais impacientes, irritáveis e agressivos. Níveis elevados de andrógenos adrenais têm relação com atividade masturbatória aumentada e comportamento heterossocial em mulheres.

Momento de maturidade

A puberdade está associada a uma sequela psicossocial comportamental. A maturidade física precoce em mulheres pode desencadear crises de identidade e associar-se a uma insatisfação com seu corpo e menor autoestima em geral. A maturação física precoce em homens está associada à iniciação precoce da atividade sexual, enquanto a maturação tardia neles é associada com maior frequência a uma sequela psicológica negativa.

A maturidade tardia dos homens tende a prejudicar sua autoestima e levar a maior incidência de crise de identidade.

Mudanças ambientais

Mudanças no ambiente social podem afetar o estado de saúde. A família tende a exercer menor supervisão e permitir mais liberdade de escolha do tempo livre, algumas vezes promovendo ao adolescente a oportunidade de experimentar um comportamento de risco. O aumento da pobreza tem provocado efeitos negativos na saúde de crianças e adolescentes.

Ambiente legal

No Brasil, o Estatuto da Criança e do Adolescente garante o acesso destes aos serviços de saúde e, consequentemente, a uma atenção farmacêutica específica.

Morbidade e mortalidade

O conceito de que a adolescência é o período mais saudável da vida se baseia em medidas de morbidade e mortalidade que demonstram o estado funcional de saúde.

Mortalidade

As taxas de mortalidade são baixas, mas desde 1985 têm aumentado para adolescentes e adultos jovens. A maioria das mortes de adolescentes negros deve-se à violência, particularmente a acidentes com veículos automotores, homicídios e suicídios. Por outro lado, adolescentes brancos do sexo masculino apresentam altas taxas de morte por suicídio e acidentes automotores.

Acidentes não intencionais

Acidentes não intencionais ocasionaram mais da metade das mortes na faixa etária dos 10 aos 20 anos nos Estados Unidos.

Nos Estados Unidos, dirigir de forma arriscada responde por metade das colisões fatais, e motoristas adolescentes e adultos jovens (idade entre 15 e 24 anos) têm as maiores taxas de fatalidades por veículos automotores. O consumo de álcool está relacionado a acidentes fatais com bicicletas, barcos, *skates* e afogamentos. O suicídio é responsável por 13% das mortes nas idades entre 15 e 24 anos. Norte-americanos brancos do sexo masculino têm as maiores taxas de suicídio, enquanto adolescentes negros têm as menores. Entre as idades de 15 e 24 anos, os homicídios são responsáveis por 14% das mortes. Homicídio é a principal *causa mortis* de adolescentes e jovens adultos negros do sexo masculino, sendo responsável por 58 e 54% das mortes, respectivamente.

Adolescentes em áreas metropolitanas pobres têm maior probabilidade de serem vítimas de homicídios.

Doenças cardiovasculares são responsáveis por 1,4 a 4,1 mortes, enquanto doenças malignas causam 3,1 a 5,5 mortes por 100 mil habitantes com idade entre 10 e 24 anos.

Morbidade

A maior morbidade durante a adolescência decorre do uso descontrolado de substâncias entorpecentes (*substance abuse*), atividade sexual e acidentes. Causas adicionais incluem problemas mentais, esqueléticos e distúrbios reprodutivos.

Sistema esquelético

O rápido crescimento dos ossos longos e o fechamento das epífises ósseas estão associados a alguns problemas ortopédicos. Deslizamentos epifisários da cabeça do fêmur ocorrem primariamente no momento da explosão rápida do crescimento e são mais comuns em obesos. Doença de Osgood-Schlatter (osteocondrose da tuberosidade tibial) e escoliose idiopática são distúrbios da adolescência. Neoplasias ósseas têm seu pico durante a adolescência.

Fraturas por causa de acidentes são comuns durante a adolescência.

Problemas reprodutivos da mulher

Problemas reprodutivos são uma causa comum de morbidade em mulheres jovens.

Ciclos anovulatórios

Sangramento uterino disfuncional (DUB) é caracterizado por menstruações irregulares, com ou sem a presença de cólicas menstruais. DUB primários resultam de ciclo anovulatório em que ocorrem oscilações do nível de estrogênio. Sem progesterona, o endométrio torna-se frágil e afilado, resultando em uma descamação intermitente e irregular, frequentemente com sangramento menstrual excessivo.

O diagnóstico diferencial inclui gravidez, estresse, perda súbita de peso, doença crônica, uso de drogas, distúrbio de coagulação e desordens da vagina, cérvix, útero e ovário.

Dismenorreia

Dismenorreia (cólica menstrual) primária ou secundária é a queixa principal das adolescentes que menstruam, sendo a maior causa de faltas à escola. A dismenorreia primária é causada por contrações miometriais estimuladas por prostaglandina durante o ciclo ovulatório. A dismenorreia secundária está associada a infecções pélvicas, gravidez uterina e extrauterina, dispositivos intrauterinos e anormalidades congênitas.

A dismenorreia primária é tratada por supressão da produção de prostaglandina e/ou inibição da ovulação. Se não houver resposta aos contraceptivos orais e inibidores de prostaglandinas, é necessária uma avaliação posterior.

Infecções sexualmente transmissíveis

Adolescentes sexualmente ativos são a faixa etária com as maiores taxas de infecções sexualmente transmissíveis (IST) nos Estados Unidos.

As complicações incluem neoplasia cervical, intraepitelial, doença inflamatória pélvica, gravidez ectópica, infertilidade, câncer genital, infecção neonatal e aids. Em junho de 1995, 2.184 casos de IST foram diagnosticados em jovens com idade entre 13 e 19 anos e 17.745 casos com jovens entre 20 e 24 anos. Quando uma IST é diagnosticada, o médico deve rastrear outras e aconselhar o paciente sobre os riscos.

Massas testiculares e varicoceles podem se tornar evidentes durante a puberdade e normalmente são descobertas durante o exame físico de rotina. Correção cirúrgica pode ser indicada para aumentar a fertilidade e nas seguintes situações: desconforto genital, perda de volume testicular, análise do sêmen anormal ou teste anormal de liberação do hormônio luteinizante por estimulação hormonal.

Câncer testicular é raro em adolescentes, mas pode-se aumentar a identificação precoce de tumores ensinando homens jovens a se autoexaminar.

Uso de drogas

Grande parte dos dados epidemiológicos sobre o número de crianças afetadas por pais usuários de drogas ou álcool estão indisponíveis. O número de filhos menores que vivem em famílias nas quais pelo menos um dos pais tem problemas relacionados ao álcool ou drogas baseia-se, sobretudo, em estimativas e é altamente dependente da definição aplicada de uso problemático de álcool ou drogas. Na Europa, a proporção de crianças menores de 20 anos com pais que abusam de álcool varia de 5,7% na Dinamarca a 23% na Polônia, enquanto a proporção de crianças com pais usuários de drogas varia de 0,2% na Dinamarca e Alemanha até 2,4% no Reino Unido. Nos Estados Unidos, dados da Pesquisa Nacional sobre Uso de Drogas e Saúde (NSDUH) indicam que 11,9% das crianças menores de 18 anos vivem com pelo menos um dos pais com transtornos por uso de álcool ou drogas.

Esses filhos de pais com transtornos por uso de álcool ou drogas (Copad na sigla em inglês) enfrentam um risco maior de envolvimento com drogas, bem como problemas de saúde mental e comportamentais. Eles mostram uma magnitude aumentada dos próprios transtornos por uso de álcool ou drogas em comparação com controles não afetados em estudos familiares e longitudinais.

Transtornos alimentares

Existe uma associação entre qualidade da dieta e saúde mental na infância ou adolescência, com foco em transtornos internalizantes, incluindo depressão, mau humor e ansiedade. Observam-se associações transversais consistentes entre padrões alimentares pouco saudáveis e pior saúde mental na infância ou adolescência. Em contraste, encontram-se tendências inconsistentes para as relações entre padrões de dieta saudável ou qualidade e melhor saúde mental. Também foram encontradas tendências inconsistentes para qualidade da dieta não saudável e pior saúde mental.

Existem várias explicações potenciais para a relação entre dieta e saúde mental nos adolescentes. Pode ser que crianças e adolescentes com distúrbios ou sintomas de internalização comam pior como forma de automedicação. No entanto, é igualmente concebível que a influência dos hábitos alimentares precoces e da ingestão nutricional tenha um impacto importante sobre o afeto. Na verdade, existem inúmeras vias biológicas potenciais pelas quais a qualidade da dieta pode ter impacto na saúde mental de crianças e adolescentes. Em primeiro lugar, uma dieta de baixa qualidade, sem alimentos ricos em nutrientes, pode levar a deficiências de nutrientes que têm sido associadas a problemas de saúde mental. Por exemplo, a ingestão dietética de folato, zinco e magnésio está inversamente associada aos transtornos depressivos, enquanto os ácidos graxos ômega-3 de cadeia longa estão inversamente relacionados aos transtornos de ansiedade.

Gravidez na adolescência

Embora as taxas de gravidez na adolescência estejam em grande parte diminuindo em vários países, ter uma gravidez na adolescência, em comparação com a idade adulta, está relacionado a vários resultados, como pobreza, diminuição do desempenho educacional em mulheres jovens e aumento das taxas de mortalidade durante o parto. Crianças nascidas de pais adolescentes apresentam mais probabilidade de terem problemas de saúde do que aquelas nascidas de pais adultos. Até o momento, as mulheres têm sido o foco da pesquisa de prevenção da gravidez, em vez dos homens – a maioria dos quais precisa de planejamento familiar. A Organização Mundial da Saúde (OMS) recentemente destacou a necessidade de desenvolver esforços de prevenção da gravidez na adolescência com foco em homens e mulheres jovens.

É essencial que os profissionais de saúde entendam o papel dos homens jovens (com idades entre 14 e 25 anos) na prevenção da gravidez, a fim de atender adequadamente às necessidades de saúde sexual e reprodutiva desses pacientes. Neste capítulo, destaca-se o que se sabe sobre a visão, o conhecimento, a comunicação e o uso de anticoncepcionais dos homens jovens. Também se discute o papel dos profissionais de saúde na prevenção da gravidez na adolescência entre homens jovens e se revisam as recomendações atuais para o planejamento familiar com homens jovens.

PAPEL DO FARMACÊUTICO

As atividades de atenção farmacêutica com esse tipo de paciente em nenhum momento devem conflitar com o âmbito médico. Todo e qualquer diagnóstico patológico e psicológico deve ser realizado pelos devidos profissionais de saúde (médicos e psicólogos).

O maior trabalho do farmacêutico no acompanhamento desses pacientes deve ser baseado nas orientações de saúde pública e prevenção primária, utilizando as informações contidas neste capítulo e atualizadas frequentemente, seguindo diretrizes da OMS e da Organização Pan-Americana da Saúde (Opas).

Orientações sobre o risco de consumo de drogas e do sexo sem proteção devem fazer parte do processo de orientação farmacêutica.

Todas as abordagens feitas neste capítulo são importantes para o farmacêutico atuar com a população adolescente. Deve-se encará-los como pacientes com necessidades a serem atendidas, e eles devem confiar em seus farmacêuticos; ser empático aumenta a chance de sucesso nas abordagens. Em muitos países, a chamada "pílula do dia seguinte" é de prescrição farmacêutica (apesar de no Brasil ser considerada medicamento de prescrição médica), e o farmacêutico atua com mais proximidade do paciente, tentando entender o que levou àquela situação e aos riscos envolvidos com práticas sexuais inseguras, além de aproveitar a oportunidade para orientação e educação em saúde.

Os adolescentes consideram os profissionais de saúde uma fonte altamente confiável de informações sobre saúde sexual, com os jovens mencionando os profissionais de saúde como uma de suas principais fontes. No entanto, os homens jovens podem não ter a oportunidade de discutir tópicos de saúde sexual com seu provedor, pois durante os exames físicos anuais dos adolescentes uma média de 36 segundos é gasta no tema saúde sexual. Esse tempo é provavelmente ainda menor para homens jovens, pois os provedores têm metade da probabilidade de discutir saúde sexual com homens jovens do que com mulheres.

Se a saúde sexual é abordada em todos os homens jovens, o único foco dos provedores é, muitas vezes, o uso de preservativos. Métodos dependentes de mulheres (p. ex., anticoncepcionais orais) são discutidos ainda menos com homens jovens: estudos relatam uma variedade de discussões de 20 a 60% sobre métodos dependentes de mulheres e/ou contracepção de emergência. A grande maioria dos homens jovens e seus pares adultos mais velhos querem mais informações sobre os diferentes métodos, incluindo mais detalhes sobre o uso adequado do preservativo. No entanto, menos da metade desses homens está recebendo esses cuidados.

As baixas taxas de discussão sobre saúde sexual entre homens jovens e seus provedores são provavelmente exacerbadas pela ausência de diretrizes clínicas claras até recentemente. Estudos demonstraram o sucesso de um conjunto básico de seis tópicos durante uma visita anual de 15 minutos, que incluem: aconselhamento sobre redução do risco de IST/HIV, avaliação do crescimento/desenvolvimento puberal, avaliação do abuso de substâncias e saúde mental, avaliação de anomalias genitais não relacionadas a IST/HIV, avaliação do abuso físico/sexual e avaliação dos métodos de prevenção da gravidez masculina. Embora quase três quartos dos profissionais de saúde sintam que a prevenção da gravidez com foco no sexo masculino deve ser discutida em uma consulta anual de 15 minutos, apenas um quarto dos profissionais acredita que devem ser discutidos os métodos de prevenção da gravidez com foco no sexo feminino. Além disso, nenhum consenso foi alcançado para abordar a saúde sexual durante as consultas de emergência.

BIBLIOGRAFIA

Bell DL, Breland DJ, Ott MA. Adolescent and young adult male health: a review. Pediatrics. 2013;132:535-46.

Bethards B. Adolescent health care. American College of Obstetricians and Gynecologists. 2003. Brumberg JJ. Fasting girls: the history of anorexia nervosa. New York: Vintage; 2000.

Erooga M, Masson HC. Children and young people who sexually abuse others: challenges and responses. London: Routledge; 1999.

Jacka FN, Mykletun A, Berk M. Moving towards a population health approach to the primary prevention of common mental disorders. BMC Med. 2012;10(1):149.

McAnarney ER. Premature adolescent pregnancy and parenthood (monographs in neonatology). New York: Grune & Straton; 1983.

Merikangas KR, He JP, Burstein M, Benjet C, Georgiades K, Swendensen J. Lifetime prevalence of mental disorders in US adolescents: results from the National Comorbidity Survey Replication–Adolescent Supplement (NCS-A). J Am Acad Child Adolesc Psychiatry. 2010;49(10):980-9.

O'Neil A, Quirk SE, Housden S, Brennan SL, Williams LJ, Oasco JA, et al. Relationship between diet and mental health in children and adolescents: a systematic review. Am J Public Health. 2014;104(10):e31-e42.

Vargas G, Borus J, Charlton BM. Teenage pregnancy prevention: the role of young men. Curr Opin Pediatr. 2017;29(4):393-8.

Wlodarczyk O, Schwarze M, Rumpf HJ, Metzner F, Pawils S. Protective mental health factors in children of parents with alcohol and drug use disorders: a systematic review. PLoS One. 2017;12(6):e0179140.

SITE

https://www.scielo.br/j/abem/a/xKGppnB4BTSZsYbDPBmhxCH/#:~:text=O%20in%C3%ADcio%20da%20puberdade%20decorre,sexuais%20(%202%2D%205). Acesso em jan. 2025.

28

Pacientes geriátricos

CONSIDERAÇÕES NA PRESCRIÇÃO DE MEDICAMENTOS PARA PACIENTES IDOSOS

Para fins de definição em farmacoterapia, consideramos idosas as pessoas acima de 65 anos de idade. Estima-se que nos Estados Unidos esse grupo de pacientes receba uma quantidade desproporcional de medicamentos: cerca de um terço de todas as prescrições.

De acordo com a Organização das Nações Unidas (ONU), uma "pessoa idosa" tem 60 anos ou mais, e pessoas com mais de 80 anos são referidas como "idosos mais velhos". A população global está envelhecendo, e o número de pessoas com mais de 65 anos de idade deve atingir 71 milhões em 2030, em comparação com 35 milhões em 2000. Em 2050, a expectativa de vida média global deve ter aumentado em 10 anos em comparação com 2000; em 2080, a população com mais de 80 anos provavelmente dobrará. O número de idosos está aumentando rapidamente em todo o mundo, em países tanto desenvolvidos quanto em desenvolvimento, e nessa faixa etária vários distúrbios crônicos e degenerativos são altamente prevalentes. Os médicos estão gastando grandes proporções de seu tempo no gerenciamento de regimes de dosagem de medicamentos em adultos mais velhos, e o conhecimento de prescrição geriátrica, farmacologia clínica e farmácia clínica tornou-se essencial na prática clínica diária. No entanto, faltam especialistas em geriatria, farmácia clínica e, principalmente, farmacologia clínica.

É necessário garantir o uso de medicamentos de maneira eficaz e segura, mas com boa relação custo-benefício, e boa qualidade de vida para os idosos.

Estudos realizados nos Estados Unidos demonstraram que o uso de drogas abaixo do ideal e os erros de medicação têm um impacto importante na saúde e na economia nacional. No entanto, a falta de evidências semelhantes na Europa contribui para subestimar esse problema em muitos países europeus.

Ao aumentar a idade do paciente, verifica-se que se elevam os custos de internação, o tempo de hospitalização e o risco de reações adversas a medicamentos (RAM). Estima-se que o custo com reações adversas previsíveis nos Estados Unidos seja de US$ 79 bilhões.

A partir de agosto de 1998, nos Estados Unidos, a Food and Drug Administration (FDA) passou a exigir que os fabricantes de medicamentos incluam uma subseção na bula dos produtos com orientações sobre o uso em pacientes acima de 65 anos, com especial atenção a oito grupos de drogas: psicotrópicos, anti-inflamatórios não esteroidais, digoxina, antiarrítmicos, bloqueadores dos canais de cálcio, hipoglicemiantes orais, anticoagulantes e quinolonas.

A inclusão do farmacêutico clínico na equipe da área da saúde do idoso permite um melhor monitoramento da condição clínica dos pacientes por meio de prescrições racionais e mais seguras, além de contribuir para o cuidado prestado pela equipe médica.

A importância desse profissional, sobretudo no cuidado de pacientes idosos críticos, reside no acompanhamento e controle do uso de medicamentos de baixo índice terapêutico e medicamentos potencialmente inadequados; seguimento e fornecimento de recomendações para ajuste de dose em vista da função renal; e o uso adequado de drogas, contribuindo para reduzir o desconforto e alcançar a recuperação total. O número significativo de intervenções aceito pela equipe de saúde corrobora a relevância do farmacêutico clínico na equipe multiprofissional, especialmente no cuidado de idosos.

Prescrição de medicamentos para idosos

A população global de idosos multimórbidos está crescendo continuamente. A multimorbidade é a principal causa da polifarmácia complexa, que por sua vez é o principal fator de risco para prescrição inadequada, reações e eventos adversos a medicamentos. Aqueles que prescrevem para pessoas multimórbidas mais velhas e frágeis estão particularmente propensos a cometer erros de prescrição de vários tipos. As causas de erros de prescrição, nessa população de pacientes, são multifacetadas e complexas, incluindo falta de conhecimento dos prescritores sobre a fisiologia do envelhecimento, medicina geriátrica e farmacoterapia geriátrica, prescrição excessiva que frequentemente leva a polifarmácia importante, prescrição inadequada e omissão de medicamentos. Este capítulo examina as várias maneiras de minimizar os erros de prescrição em idosos multimórbidos.

O papel da educação em prescritores médicos e farmacêuticos clínicos, o uso de critérios de prescrição implícitos e explícitos, projetados para melhorar a adequação de medicamentos em pessoas idosas, e a aplicação de sistemas de tecnologia da informação e comunicação para minimizar erros são discutidos em detalhes. Embora a evidência para apoiar qualquer intervenção única a fim de prevenir erros de prescrição em idosos multimórbidos seja inconclusiva ou inexistente, os dados publicados apoiam a educação do prescritor em farmacoterapia geriátrica, aplicação de rotina de STOPP/START (ferramenta de triagem de prescrições para idosos/ferramenta de triagem para alertar tratamento correto), critérios para prescrição potencialmente inadequada, prescrição eletrônica e estreita ligação entre farmacêuticos clínicos e médicos em relação à revisão e reconciliação estruturada de medicamentos.

A realização de uma revisão estruturada de medicamentos com o objetivo de otimizar a farmacoterapia nessa população de pacientes vulneráveis apresenta um grande desafio. Outro desafio é projetar, construir, validar e testar, por meio de ensaios clínicos, motores de *software* adequadamente versáteis e eficientes que possam realizar análises complexas de medicamentos de maneira confiável e rápida em pessoas idosas multimórbidas. Os ensaios clínicos SENATOR e OPERAM, financiados pela União Europeia, iniciados em 2016, examinam o impacto dos motores de *software* personalizados na redução da morbidade relacionada à medicação, custo excessivo evitável e reinternação de pessoas multimórbidas mais velhas.

Critérios de Beers

A transição epidemiológica é um conceito que se refere à modificação de morbidade em longo prazo, padrões de mortalidade e deficiência que caracterizam uma população específica e geralmente coincidem com outras transformações demográficas, sociais e econômicas.

Estima-se que, em 2025, o Brasil terá a sexta maior população de idosos do mundo, com aproximadamente 35 milhões de indivíduos com 60 anos ou mais. Esse fato impõe desafios crescentes aos cuidados de saúde e serviços, em virtude do alcance dos cuidados especiais exigidos para esse estágio da vida.

Pacientes mais velhos, que têm problemas clínicos complexos e fazem vários tratamentos, são particularmente suscetíveis a erros de medicação. Eles podem, é claro, ter uma necessidade genuína de mais medicamentos; no entanto, muitas vezes são vítimas de uma "cascata de prescrição", têm riscos aumentados de interações entre drogas e, com frequência, fazem uso inadequado de medicamentos. Entre os métodos para identificar drogas perigosas em pacientes mais velhos, os critérios de Beers têm sido os mais comumente usados na prática clínica e na pesquisa na última década. Nos Estados Unidos, em 1991, Beers e colaboradores desenvolveram um conjunto de critérios explícitos para identificar medicamentos inadequados, definidos como medicamentos nos quais o risco do uso em idosos supera substancialmente o benefício.

Por muitos anos, os critérios de Beers foram considerados o padrão-ouro para avaliar a prescrição potencialmente inadequada em pacientes mais velhos. No entanto, existem várias limitações ao seu uso: por exemplo, não é dada atenção ao papel do paciente (incluindo a não adesão à terapia e a disposição dos pacientes em aceitar riscos de danos em troca de benefícios), e não é dada atenção sistemática a vários aspectos do processo de tratamento; por exemplo, a adequação de um medicamento pode variar com a razão para prescrevê-lo (como drogas neurolépticas em pacientes com psicoses em comparação a pacientes com demência), ou em pacientes individuais com diferentes fatores de suscetibilidade para reações adversas a medicamentos (incluindo pacientes que têm ou não polimorfismos genéticos específicos).

Alguns dos medicamentos nas listas que foram prescritos como inadequados pela aplicação dos critérios de Beers podem ter indicações aceitáveis em pessoas idosas. Por outro lado, as listas apresentam omissões – outras substâncias com propriedades potencialmente inadequadas semelhantes em idosos estão amplamente disponíveis na Europa (p. ex., flunitrazepam e medicamentos antipsicóticos atípicos em altas doses). Além disso, estão disponíveis medidas de processo mais complexas, explícitas e baseadas em critérios. É amplamente aceito que os critérios de Beers não devem ser aplicados de forma indiscriminada.

Os critérios de Beers da Sociedade Americana de Geriatria (AGS Beers Criteria®) para medicação potencialmente inapropriada (MPI) em idosos são amplamente utilizados por clínicos, educadores, pesquisadores, administradores de serviços de saúde e reguladores. Desde 2011, a AGS tem sido a administradora dos critérios e vem produzindo atualizações a cada 3 anos. A AGS Beers Criteria® é uma lista de MPI que são tipicamente evitadas nos idosos na maioria das circunstâncias ou em situações específicas, como em certas doenças ou condições. Para a atualização de 2019, um painel de especialistas interdisciplinares revisou as evidências publicadas desde a última atualização (2015), a fim de determinar se novos critérios deveriam ser adicionados ou se critérios existentes deveriam ser removidos ou sofrer mudanças para sua recomendação, justificativa, nível de evidência ou força de recomendação.

Os Critérios de Beers são classificados em cinco tipos de tabelas diferentes:

1. Medicamentos potencialmente inapropriados para a maioria dos idosos.
2. Medicamentos que normalmente devem ser evitados em idosos com certas condições.
3. Medicamentos para serem usados com cautela.
4. Interações medicamentosas.
5. Ajuste da dose de droga com base na função renal.

Polifarmácia

O uso de múltiplos medicamentos, comumente chamado de polifarmácia, é comum na população idosa com multimorbidade, pois um ou mais medicamentos podem ser usados para tratar cada condição. A polifarmácia está associada a resultados adversos, incluindo mortalidade, quedas, reações adversas a medicamentos, maior tempo de permanência no hospital e readmissão ao hospital logo após a alta. O risco de efeitos adversos e danos aumenta com o aumento do número de medicamentos. Podem ocorrer danos em razão de uma série de fatores, incluindo interações medicamentosas. Pacientes mais velhos correm um risco ainda maior de efeitos adversos em virtude da diminuição das funções renal e hepática, menor massa corporal magra, redução da audição, visão, cognição e mobilidade.

Embora em muitos casos o uso de múltiplos medicamentos ou polifarmácia possa ser clinicamente apropriado, é importante identificar os pacientes com polifarmácia inadequada, que pode colocá-los em maior risco de eventos adversos e maus resultados de saúde. Estudos têm sugerido uma mudança em direção à adoção do termo "polifarmácia apropriada" para diferenciar entre a prescrição de "muitos" medicamentos em vez de uma simples contagem numérica de medicamentos, que tem valor limitado na prática. Para fazer essa distinção entre polifarmácia apropriada e inadequada, o termo polifarmácia precisa ser claramente definido. Além disso, busca-se explorar se os artigos mencionando essa prática diferenciavam entre polifarmácia apropriada e inadequada e como essa distinção foi feita.

Embora o uso de vários medicamentos possa ser clinicamente apropriado para alguns pacientes, é importante identificar pacientes que podem estar em risco de resultados adversos para a saúde como resultado de polifarmácia inadequada. Apenas sete estudos reconheceram a distinção entre polifarmácia apropriada e inadequada. Isso é fundamental para facilitar a prescrição de medicamentos inadequados e o uso ideal de medicamentos apropriados. A consideração de comorbidades e outros medicamentos é necessária para tornar as definições clinicamente relevantes, para facilitar a avaliação e a racionalização do medicamento na prática diária.

Mudanças na composição do organismo do idoso e a ação de drogas

O tecido adiposo aumenta em termos percentuais com o decorrer do tempo. Entre 25 e 75 anos, o tecido adiposo aumenta em 14 a 30% do peso corporal total. Esse fato pode resultar em um aumento significativo do volume de distribuição de drogas lipofílicas, como o diazepam, e contribui para aumentar a meia-vida ou prolongar o acúmulo tecidual e atrasar a eliminação desses tipos de medicamentos.

O volume do fluido extracelular, o volume de plasma e a água total diminuem com a idade. Enquanto com 20 anos de idade a proporção de água total é de 55 a 60%, ela declina para 45 a 55% perto dos 80 anos. Esse fato pode resultar em uma diminuição significativa do volume de distribuição de drogas hidrofílicas, como o lítio, e contribuir para aumentar o pico sérico dessas substâncias e potencialmente sua toxicidade, exigindo o ajuste da dose por meio de monitorização terapêutica.

A diminuição do tamanho e do peso do fígado em 41% e do fluxo sanguíneo em 47% como efeitos da idade prejudicam a capacidade desse órgão de metabolizar drogas da circulação sistêmica. As reações metabolizadoras de fase I (hidroxilação, dealquilação, oxidação, redução, hidrólise) são reduzidas, levando à diminuição das dosagens de droga. Entretanto, as reações de fase II (conjugação e glucoronação) parecem não ser afetadas.

O rim é a principal via de excreção de muitos medicamentos, e o declínio na sua função com o decorrer da idade reduz sua capacidade de eliminar drogas com excreção primariamente renal. O número total de glomérulos diminui cerca de 30 a 40% aos 80 anos de idade. Isso se reflete em um declínio no *clearance* de creatinina (ClCR), que não é necessariamente acompanhado por um aumento na creatinina sérica. Esse fato exige que a maior parte das drogas tenha sua dose ajustada para o idoso, bem como o intervalo entre doses. O ajuste de doses pode ser desenvolvido com base nas tabelas e no raciocínio demonstrado no capítulo sobre farmacocinética clínica.

Mudanças na sensibilidade aos medicamentos

Mudanças na afinidade da ligação das drogas aos sítios receptores, eventos pós-receptores e mecanismos de controle homeostático podem resultar em diferenças na sensibilidade intrínseca a medicamentos entre os pacientes idosos.

Uma resposta atenuada aos beta-adrenérgicos tem sido observada em pacientes idosos. Esse fato pode contribuir para redução ou ausência de resposta taquicárdica às ações vasodilatadoras de medicamentos bloqueadores do canal de cálcio ou hidralazina. Os idosos apresentam um aumento na resposta aos anticoagulantes orais e requerem doses menores de varfarina em comparação com pacientes jovens para conseguir o mesmo grau de anticoagulação.

Muitos estudos têm demonstrado um grau maior de depressão do sistema nervoso central com os benzodiazepínicos entre os idosos, apesar de as concentrações plasmáticas serem similares às da população jovem.

Drogas que contribuem para prejuízos funcionais

Como a mensuração da qualidade de vida vem sendo incorporada à avaliação de resultados de atendimento à saúde com uma frequência cada vez maior, os prescritores devem se conscientizar das possíveis diminuições no *status* funcional de pacientes idosos, que podem estar relacionadas a certos medicamentos.

Mudanças na mobilidade e riscos de queda podem ser precipitados por medicamentos, como aqueles que causam hipotensão ortostática, depressão do sistema nervoso central (SNC) ou desordens dos movimentos.

Depressores do SNC ou drogas com atividade anticolinérgica central podem contribuir para um declínio das funções cognitivas.

Nos Quadros 1 e 2, é possível verificar vários exemplos de drogas que causam prejuízo funcional e devem ser evitadas.

QUADRO 1 Drogas que causam prejuízo funcional

Tipo de prejuízo funcional	Drogas
Artralgia, miopatias	Corticosteroides, lítio
Osteoporose, osteomalácia	Corticosteroides, fenitoína, heparina
Sintomas extrapiramidais, discinesia tardia	Neurolépticos, metildopa, metoclopramida

continua

QUADRO 1 Drogas que causam prejuízo funcional (*continuação*)

Tipo de prejuízo funcional	Drogas
Neurites, neuropatias	Metronidazol, fenitoína
Vertigem	Ácido acetilsalicílico, furosemida
Hipotensão	Betabloqueadores, bloqueadores dos canais de cálcio, diuréticos, neurolépticos, vasodilatadores, antidepressivos, levodopa, benzodiazepínicos, metoclopramida
Retardo psicomotor	Neurolépticos, tricíclicos, benzodiazepínicos, anti-histamínicos
Hiperglicemia ou hipoglicemia	Betabloqueadores, diuréticos, corticosteroides, sulfonilureias
Desequilíbrio eletrolítico	Diuréticos
Demência, perda de memória	Metildopa, propranolol, reserpina, benzodiazepínicos, neurolépticos, amantidina, opioides, anticonvulsivantes
Depressão	Metildopa, betabloqueadores, corticosteroides

QUADRO 2 Drogas que devem ser utilizadas com precauções em idosos

Drogas	Cuidados com a prescrição
Pentazocina	Efeitos sobre o SNC, incluindo confusão e alucinações
Flurazepam	Aumento da meia-vida nos idosos, produzindo sedação prolongada, aumentando o risco de quedas e fraturas
Amitriptilina	Ação anticolinérgica potente e propriedades sedativas
Meprobamato	Risco de dependência e sedação
Clordiazepóxido	Aumento da meia-vida nos idosos, produzindo sedação prolongada, aumentando o risco de quedas e fraturas
Metildopa	Pode causar bradicardia, exacerbação de depressão
Clorpropamida	Meia-vida prolongada, pode causar hipoglicemia prolongada séria
Diciclomina, hioscina, propantelina	Podem provocar efeitos tóxicos nos idosos

SNC: sistema nervoso central.

PRINCÍPIOS DE PRESCRIÇÃO DE DROGAS PARA IDOSOS

- Avaliar a necessidade da farmacoterapia. Sempre que possível, deve-se tentar lançar mão de terapias não medicamentosas.
- Traçar um histórico cuidadoso sobre hábitos e uso de medicamentos. Deve-se incluir drogas prescritas, não prescritas, fitoterápicos, álcool, cafeína e outras informações dietéticas e sobre alergias.
- Conhecer a farmacologia das drogas prescritas. Aprofundar-se nas drogas mais utilizadas pelo paciente idoso.
- Geralmente as doses prescritas devem ser menores, sobretudo para doenças crônicas, em que o objetivo é o controle, não a cura.
- Monitorar níveis plasmáticos das drogas e sua resposta farmacológica. Os pacientes devem ser continuamente questionados sobre o efeito das drogas em relação à eficácia e aos efeitos colaterais.
- Simplificar os regimes terapêuticos e encorajar a adesão ao tratamento. Pacientes idosos normalmente apresentam déficits de memória e, quanto mais simples forem os regimes posológicos, menor será o risco de esquecimento e troca de medicamentos.
- Revisar regularmente o plano terapêutico e descontinuar as drogas desnecessárias. Acompanhamento constante garante melhores resultados terapêuticos.
- Recordar as drogas que podem causar doenças. Efeitos adversos de drogas podem apresentar-se atipicamente nos idosos ou mimetizar doenças.

DOENÇA DE ALZHEIMER

O termo "demência" refere-se a uma série de sintomas geralmente encontrados em pessoas com doenças cerebrais e que resultam na destruição e perda de células cerebrais. Essa perda é um processo natural, mas em doenças que levam à demência isso ocorre em ritmo acelerado e impede que o cérebro da pessoa funcione normalmente.

Os sintomas da demência implicam, normalmente, uma deterioração gradual e lenta da capacidade mental do paciente, que nunca melhora. O dano cerebral afeta o funcionamento mental (memória, atenção, concentração, linguagem, pensamento etc.) e isso, por sua vez, repercute no comportamento. Mas a demência não se limita aos tipos degenerativos. Ela se refere a uma síndrome que nem sempre segue o mesmo curso de desenvolvimento. Em alguns casos, o estado da pessoa pode melhorar ou estabilizar por um determinado tempo.

Existe uma pequena porcentagem de casos de demência que podem ser tratados ou são potencialmente reversíveis, mas na grande maioria dos casos a demência leva à morte. A maior parte das pessoas morre em razão de "complicações" como pneumonia, mais do que por causa da demência propriamente dita. No entanto, quando a demência se manifesta em uma idade muito avançada, os efeitos tendem a ser menos graves.

Apesar de a doença de Alzheimer ser a forma mais comum de demência, existem diversos outros tipos.

De todas as pessoas com demência, entre 50 e 70% têm a doença de Alzheimer – uma doença degenerativa que destrói células do cérebro lenta e progressivamente. Seu nome vem de Aloïs Alzheimer, um psiquiatra e neuropatologista alemão que, em 1906, foi o primeiro a descrever os sintomas e os efeitos neuropatológicos da doença, como placas e entrançados no cérebro.

A doença afeta a memória e o funcionamento mental (p. ex., o pensamento e a fala), mas também pode causar outros problemas, como confusão, mudanças de humor e desorientação no tempo e no espaço.

Inicialmente, os sintomas, como dificuldades de memória e perda de capacidades intelectuais, podem ser tão sutis que passam despercebidos tanto pela pessoa como pela família e pelos amigos. No entanto, à medida que a doença progride, os sintomas tornam-se cada vez mais visíveis e começam a interferir no trabalho rotineiro e nas atividades sociais.

As dificuldades práticas com as tarefas cotidianas, como vestir-se, lavar-se e ir ao banheiro, tornam-se gradualmente tão graves que, com o tempo, a pessoa fica completamente dependente.

A doença de Alzheimer não é infecciosa nem contagiosa; é uma doença terminal que causa uma deterioração geral da saúde. Contudo, a causa de morte mais frequente é a pneumonia, pois, à medida que a doença progride o sistema imunológico se deteriora, o que acarreta perda de peso e consequente aumento do risco de infecções da faringe e dos pulmões.

No passado, costumava-se usar o termo doença de Alzheimer em referência a uma forma de demência pré-senil, oposta à demência senil. Contudo, hoje existe uma melhor compreensão de que a doença afeta pessoas tanto abaixo como acima dos 65 anos de idade. Consequentemente, agora se fala que a doença é uma demência pré-senil ou senil de tipo Alzheimer, dependendo da idade da pessoa.

Com base na comparação de grandes grupos de pessoas com a doença de Alzheimer e outras que não foram afetadas, os investigadores sugerem que existem vários fatores de risco. Isso significa que algumas pessoas são mais propensas a ter a doença do que outras. No entanto, é improvável que a doença tenha uma única causa. É mais provável que uma combinação de fatores conduza ao seu desencadeamento, com destaque para fatores particulares que diferem de pessoa para pessoa e que podem ser examinados a seguir.

Fator idade

Cerca de uma entre 20 pessoas acima dos 65 anos de idade e menos de uma entre cada mil pessoas com menos de 65 anos têm a doença de Alzheimer. No entanto, é importante notar que, apesar da tendência das pessoas a ficarem esquecidas com o passar do tempo, a maioria dos idosos com mais de 80 anos permanece mentalmente lúcida. Isso significa que, apesar de a probabilidade de ter doença de Alzheimer aumentar com a idade, não é a idade avançada em si que provoca a doença.

Contudo, provas recentes sugerem que problemas relacionados com a idade, como a arteriosclerose, podem ser contribuintes importantes. Dado que as pessoas também vivem mais tempo do que no passado, o número de pessoas com a doença de Alzheimer e outras formas de demência provavelmente vai aumentar.

Fator sexo

Alguns estudos têm sugerido que a doença afeta mais as mulheres do que os homens. No entanto, isso pode ser uma interpretação equivocada, porque elas vivem mais tempo do que eles. Isso significa que, se os homens vivessem tanto tempo quanto as mulheres e não morressem de outras doenças, o número afetado pela doença de Alzheimer poderia ser sensivelmente igual ao das mulheres.

FATORES GENÉTICOS/HEREDITARIEDADE

Para um número extremamente limitado de famílias, a doença de Alzheimer é uma disfunção genética. Os membros dessas famílias herdam de um dos pais a parte do DNA (a configuração genética) que provoca a doença.

Em média, metade dos filhos de um pai afetado vai desenvolver a doença. Para os membros das famílias que desenvolvem a doença de Alzheimer, a idade de incidência costuma ser relativamente baixa, normalmente entre os 35 e os 60 anos. A incidência é razoavelmente constante dentro da família.

Descobriu-se uma ligação entre o cromossomo 21 e a doença de Alzheimer. Uma vez que a síndrome de Down é causada por uma anomalia nesse cromossomo, muitas crianças com a síndrome de Down desenvolvem a doença de Alzheimer caso alcancem a idade média, apesar de não manifestarem todos os sintomas.

Traumatismos cranianos

Tem-se afirmado que uma pessoa que sofreu um traumatismo craniano grave corre um risco maior de desenvolver a doença de Alzheimer. O risco torna-se maior se, no momento da lesão, a pessoa tiver mais de 50 anos, um gene específico (apoE4) e tiver perdido os sentidos logo após o acidente.

Outros fatores

Não há dados conclusivos para afirmar que um determinado grupo de pessoas, em particular, é mais ou menos propenso à doença de Alzheimer. Raça, profissão, situações geográficas e socioeconômicas não determinam a doença. No entanto, há muitos dados que sugerem que pessoas com um nível elevado de educação têm um risco menor do que as que possuem um nível baixo de educação.

A doença de Alzheimer geralmente não é hereditária. Portanto, não se origina de genes transmitidos pelos pais de uma pessoa. Mesmo que no passado vários membros da família tenham sido diagnosticados com a doença de Alzheimer, isso não significa que outro membro da família venha necessariamente a desenvolvê-la. No entanto, uma vez que a doença é tão comum nos mais velhos, não é improvável que dois ou mais membros da família acima dos 65 anos a tenham.

Mesmo que haja ou não outros membros da família com a doença de Alzheimer, qualquer um corre o risco de vir a ter a doença em uma determinada fase. De qualquer forma, sabe-se que existe um gene que pode contribuir para esse risco.

Esse gene encontra-se no cromossomo 19 e é responsável pela produção de uma proteína denominada apolipoproteína E (ApoE). Existem três tipos principais dessa proteína, um dos quais (ApoE4), embora raro, propicia a ocorrência da doença de Alzheimer; contudo, ele não causa a doença, apenas aumenta a probabilidade de seu surgimento.

Por exemplo, uma pessoa de 50 anos teria uma chance de 2 em 10 mil de desenvolver a doença de Alzheimer, em vez de 1 em mil como é habitual, podendo de fato nunca vir a desenvolvê-la. Apenas metade das pessoas com a doença de Alzheimer tem ApoE4, e nem todas com ApoE4 têm a doença.

A doença de Alzheimer é uma forma de demência, mas não se origina necessariamente dos mesmos fatores das outras formas de demência. Mas, apesar da série considerável de investigações, a causa real da doença permanece desconhecida. Não existe um único teste que determina se alguém tem a doença de Alzheimer. Ela é diagnosticada preferencialmente por meio de um processo de eliminação, assim como de um exame minucioso do estado físico e mental da pessoa, em vez da detecção de uma prova da doença. Pode-se efetuar uma bateria de testes (p. ex., análises de sangue e urina), de forma a avaliar a possibilidade de existirem outras doenças que possam explicar a síndrome de Alzheimer ou agravar um caso já existente da doença.

Além disso, estão sendo desenvolvidos alguns métodos de visualização que produzem imagens do cérebro vivo, revelando assim possíveis diferenças entre os cérebros das pessoas com a doença de Alzheimer e os dos indivíduos não afetados. Esses testes oferecem um meio sem risco e indolor para examinar o cérebro de uma pessoa viva.

Apesar de não conduzirem a um diagnóstico exato da doença de Alzheimer, alguns médicos podem utilizar uma ou mais dessas técnicas para reforçar o diagnóstico.

Tratamento

Por enquanto não existe tratamento preventivo ou curativo para a doença de Alzheimer. Existe uma série de medicamentos que ajudam a aliviar alguns sintomas, como agitação, ansiedade, depressão, alucinações, confusão e insônia. Infelizmente, esses medicamentos são eficazes apenas para um número limitado de pacientes e por um breve período, além de poderem causar efeitos secundários indesejados. Por isso, geralmente se aconselha evitar a medicação, a menos que seja realmente necessária.

Descobriu-se que os pacientes portadores de Alzheimer têm níveis reduzidos de acetilcolina – um neurotransmissor (substância química responsável pela transmissão de mensagens de uma célula para outra) que intervém nos processos da memória.

Foram introduzidos em alguns países determinados medicamentos que inibem a acetilcolinesterase (tacrina, revastigmina, donepezil, metrifonato, galantamina), enzima responsável pela destruição da acetilcolina. Em alguns pacientes esses medicamentos melhoram a memória e a concentração. Além disso, existem indícios de que esses medicamentos têm a capacidade de abrandar temporariamente a progressão dos sintomas, mas não se pode garantir que interrompam ou revertam o processo de destruição das células.

Esses medicamentos tratam os sintomas, mas não curam a doença. Uma vez que os países europeus têm uma legislação amplamente diferenciada, recomenda-se que seja consultado um especialista em todos os casos.

Outros agentes sob estudo serão liberados para uso brevemente, mas são paliativos, como os anteriores, ainda que exerçam efeito visível. Essas substâncias são: vitamina E, selegilina, estrogênio e anti-inflamatórios não esteroidais. À medida que novas descobertas forem feitas a respeito do mecanismo do Alzheimer, provavelmente surgirão novas alternativas terapêuticas.

A terapia comportamental já demonstrou sua eficácia para o tratamento de transtornos afetivos, e essa técnica pode ser usada algumas vezes para tratar esses sintomas nos pacientes com Alzheimer. Da mesma forma, outras psicoterapias podem ajudar a controlar sintomas afetivos nesses pacientes. Psicoterapias direcionadas para o tratamento do déficit cognitivo no Alzheimer não apresentaram resultados.

BIBLIOGRAFIA

Allain H, Schück S, Mauduit N, Djemai M. Comparative effects of pharmacotherapy on the maintenance of cognitive function. Eur Psychiatry. 2001;16(Suppl 1):35s-41s.

American Geriatrics Society 2019 Updated AGS Beers Criteria® for potentially inappropriate medication use in older adults. J Am Geriatr Soc. 2019;67:674-94.

Bennett WM, Aronoff GR, Morrison G, Golper TA, Pulliam J, Wolfson M, et al. Drug prescribing in renal failure: dosing guidelines for adults. Am J Kidney Dis. 1983;3(3):155-93.

Beuscart JB, Pelayo S, Robert L, Thevelin S, Marien S, Dalleur O. Medication review and reconciliation in older adults. Eur Geriatr Med. 2021;12(3):499-507. Epub 2021 Feb 13. PMID: 33583002.

Classen DC, Pestotnik SL, Evans RS, Lloyd, JF, Burke JP. Adverse drug events in hospitalized patients. JAMA. 1997;277(4):301-6.

Conn DK. Cholinesterase inhibitors. Comparing the options for mild-to-moderate dementia. Geriatrics. 2001;56(9):56-7.

De Deyen PP, Wirshing WC. Scales to assess efficacy and safety of pharmacologic agents in the treatment of behavioral and psychological symptoms of dementia. J Clin Psychiatry. 2001;62(Suppl 21):19-22.

de Lyra Júnior DP, do Amaral RT, Veiga EV, Cárnio EC, Nogueira MS, Pelá IR. Pharmacotherapy in the elderly: a review about the multidisciplinary team approach in systemic arterial hypertension control. Rev Lat Am Enfermagem. 2006;14(3):435-41.

Duckett L. Alzheimer's dementia: morbidity and mortality. J Insur Med. 2001;33(3): 227-34.

Fazzbender K, Master C. Alzheimer's disease: molecular concepts and therapeutic targets. Naturwissenschaften. 2001;88(6):261-7.

Fialová D, Onder G. Medication errors in elderly people: contributing factors and future perspectives. Br J Clin Pharmacol. 2009;67(6):641-45.
Hall WJ. Update in geriatrics. Ann Intern Med. 1997;127:557-64.
Irrizary MC, Hyman BT. Alzheimer disease therapeutics. J Neuropathol Exp Neurol. 2001;60(10):923-8.
Johnson JA, Bootman JL. Drug-related morbidity and mortality: a cost of illness model. Arch Intern Med. 1997;157:2089-96.
Laroche ML, Charmes JP, Merle L. Potentially inappropriate medications in the elderly: a French consensus panel list. Eur J Clin Pharmacol. 2007;63:725-31.
Lavan AH, Gallagher PF, O'Mahony D. Methods to reduce prescribing errors in elderly patients with multimorbidity. Clin Interv Aging. 2016;11:857-66.
Locatelli J. Drug interactions in hospitalized elderly patients. Einstein (São Paulo). 2007;5(4):343-6.
Masnoon N, Shakib S, Kalisch-Ellett L, Caughey GE. What is polypharmacy? A systematic review of definitions. BMC Geriatr. 2017;17(1):230.
McCormack JP, Cooper J, Carleton B. Simple approach to dosage adjustments in patients with renal impairment. Am J Health-Syst Pharm. 1997;54:2505-9.
McLeod PJ, Huang AR, Tamblyn RM, Gayton DC. Defining inappropriate practices in prescribing for elderly people: a national consensus panel. CMAJ. 1997;156:385-91.
Ministério da Saúde. Dados do Datasus. Disponível em: http://www.saude.gov.br.
Nagle BA, Erwin WG. Geriatrics. In: DiPro JT, Talbert RL, Yee GC, Matzke G, Wells BG, Posey LM (eds). Pharmacotherapy: a pathophysiologic approach. 3.ed. Stanford, Connecticut: Appleton and Lange; 1997. p.87-100.
Owens NJ, Silliman RA, Fretwell MD. The relationship between comprehensive functional assessment and optimal pharmacotherapy in the older patient. DICP. 1989;23:847-54.
Viana SS, Arantes T, Ribeiro SC. Interventions of the clinical pharmacist in an Intermediate Care Unit for elderly patients. Einstein. 2017;15(3):283-8.
Willcox SM, Himmelstein DU, Woolhandler S. Inappropriate drug prescribing for the community-dwelling elderly. JAMA. 1994;272:292-6.

29

Uso racional de antimicrobianos

INTRODUÇÃO

A farmácia clínica em infectologia é uma das áreas de maior crescimento no campo da farmacêutica. O estímulo ao uso racional de antimicrobianos e o seguimento farmacoterapêutico dos pacientes são as principais atividades do farmacêutico clínico nessa área. Na área hospitalar, o farmacêutico vem atuando ativamente nos programas de *Antimicrobial Stewardship* e de elaboração de *bundles*, que têm por objetivo melhorar os resultados terapêuticos do uso de antimicrobianos.

Atualmente o grande desafio para o profissional farmacêutico é participar ativamente da antibioticoterapia, zelando pelo seu uso racional; porém, nem sempre esse profissional sente-se apto a discutir com o médico e opinar sobre a escolha correta do agente antimicrobiano ou alterar posologia, tempo de tratamento e plano terapêutico.

Pode-se dividir a utilização de antibióticos em duas grandes vertentes, que seriam o uso ambulatorial e o uso hospitalar (em infecções hospitalares).

Atualmente se utilizam os princípios de medicina baseada em evidências para a escolha da antibioticoterapia adequada para cada tipo de paciente e infecção. Por causa desse fato, o farmacêutico pode, por meio da busca de protocolos clínicos atualizados e confiáveis, encontrar a conduta mais adequada para aquele paciente, utilizando também as habilidades em seguimento de pacientes, farmacocinética clínica e gerenciamento de reações adversas, entre outras habilidades e conhecimentos.

Independentemente da origem do processo infeccioso (ambulatorial ou nosocomial), é importante discutir alguns aspectos relevantes, como agente etiológico, flora local, sensibilidade aos agentes, aspectos relacionados ao paciente, aspectos relacionados às drogas. E, para desenvolver essa abordagem, esses tópicos serão discutidos mais profundamente.

Considerando que os antibióticos interferem na microbiota do indivíduo e no ambiente, e que o uso inadequado exerce uma pressão relativa sobre o aparecimento de cepas altamente resistentes, é importante conhecer quais são os usos inadequados de antimicrobianos.

USO INADEQUADO DE ANTIMICROBIANOS

- Escolha incorreta.
- Dosagem inadequada.
- Tempo de utilização incorreto.
- Utilização como terapêutica de prova em pacientes febris sem diagnóstico definido.
- Via de administração inadequada.

Nos Estados Unidos, estima-se que o mau uso pode alcançar 50% das prescrições envolvendo antimicrobianos, e não podemos nos esquecer de que a incidência de efeitos colaterais desses agentes pode chegar a 20%. Esses fatos justificam a preocupação do farmacêutico em garantir o uso racional desses agentes.

PRINCÍPIOS GERAIS PARA O USO DE ANTIBIÓTICOS

- É necessário o conhecimento do espectro de ação, das doses e formas de administração adequada dos antibióticos disponíveis.
- É importante ter um diagnóstico bacteriológico antes de iniciar a antibioticoterapia.
- A terapêutica inicial deve ser dirigida aos patógenos que habitualmente causam aquele tipo de infecção. Por exemplo, os germes responsáveis pelas pneumonias adquiridas em ambiente hospitalar são mais frequentemente Gram-negativos, ao contrário do que ocorre com as pneumonias adquiridas na comunidade.
- Conhecer a sensibilidade dos germes aos antibióticos.
- A alergia a antibióticos deve ser questionada antes de seu uso.
- A terapêutica combinada deve ser reservada para as seguintes situações:

  - Infecções polimicrobianas.
  - Para evitar resistência bacteriana (*Mycobacterium tuberculosis*, *Pseudomonas*).
  - Tratamento orientado inicial (por alguns dito empírico) de infecções graves.
  - Necessidade de efeitos sinérgicos, p. ex., em pacientes imunocomprometidos e na endocardite infecciosa.
- Febre isolada, sem outras evidências de infecção, não é indicação para antibioticoterapia. Antibióticos não são antipiréticos.
- Devem-se considerar as seguintes possibilidades, caso o paciente não responda à antibioticoterapia em 72 horas:
  - O agente infeccioso não é aquele suspeito para o qual se iniciou a terapêutica empírica.
  - O agente infeccioso é resistente ao antibiótico utilizado.
  - Há alergia ao antibiótico.
  - Existem outros focos infecciosos (metastáticos ou por contiguidade).
  - Há penetração insuficiente dos antibióticos no foco infeccioso (p. ex., abscesso).
  - Há infecção relacionada a algum corpo estranho.
  - Existe algum déficit imunológico.
  - A etiologia da febre não é bacteriana (viroses, doenças imunológicas etc.).
- A antibioticoterapia não deve ser prolongada desnecessariamente. Em muitas situações o antibiótico pode ser suspenso 3 dias após a febre ter cedido.
- A adesão do paciente ao tratamento é fundamental. Para tanto, devem ser analisados aspectos econômicos e relativos ao intervalo de tomada dos medicamentos.
- A forma de administração do antibiótico deve ser selecionada e ajustada individualmente, de acordo com o estado geral e a idade do paciente, estado imune e nutricional, função renal e hepática, características metabólicas, possibilidade de usar ou não a via oral.
- Para pacientes ambulatoriais é mais lógica a utilização de remédios que possam ser tomados em intervalos maiores, preferivelmente por via oral.
- A profilaxia pré-operatória não deve ser excessivamente prolongada. Normalmente uma dose única pré-operatória é suficiente.
- Há necessidade de monitorização do nível sanguíneo de drogas nefrotóxicas em pacientes com insuficiência renal, como aminoglicosídeos e vancomicina.

- Interações com outras drogas devem ser levadas em conta.
- Antibióticos tópicos devem ser evitados, a não ser em infecções oculares e cutâneas.

ANTIBIOTICOTERAPIA

Nem sempre é possível esperar a identificação do agente etiológico e o consequente antibiograma, pois o quadro clínico do paciente pode ser grave e uma eventual espera pode colocar a vida do paciente em risco. Com base nessa premissa, a escolha do melhor antibiótico está condicionada à presunção do sítio infeccioso, dos prováveis agentes etiológicos, da flora microbiana predominante no local (região, cidade, país, hospital) e do perfil de sensibilidade e resistência dos microrganismos aos antibióticos.

O tratamento empírico de uma infecção não necessariamente precisa do antibiótico mais potente e que tenha o maior espectro de ação. Exames simples como os bacteriológicos, principalmente de fluidos estéreis (liquor, sangue, urina, líquido sinovial, fluido peritoneal), podem levar a pistas importantes para a melhor seleção dos antibióticos. A solicitação de cultura é imperativa em todos os casos.

No ambiente hospitalar, os dados fornecidos pelo laboratório de análises clínicas referentes aos agentes etiológicos mais identificados, relacionados com o local do foco infeccioso e o perfil de sensibilidade, permitem traçar um histórico e fornecer subsídios às Comissões de Controle de Infecções Hospitalares (CCIH) para que estas ditem recomendações e guias do uso profilático para a instituição. Em unidades de terapia intensiva (UTI), as infecções constituem a causa mais importante de óbitos.

O sucesso terapêutico depende da escolha apropriada dos antimicrobianos, lembrando que a microbiota e a sensibilidade às drogas podem variar de um hospital para outro.

Na década de 1970, havia uma prevalência de bacilos Gram-negativos nas infecções hospitalares, e atualmente se verifica a prevalência de *Candida* sp., enterococos, *Staphylococcus* coagulase-negativos e *Staphylococcus aureus* meticilino-resistentes.

Independentemente da causa da internação, o paciente apresenta de alguma forma um comprometimento em seus mecanismos de defesa, tornando-se mais suscetível às infecções.

O número crescente de infecções produzidas por bactérias Gram-positivas resistentes aos betalactâmicos e a morbidade secundária a essas infecções tornam necessário otimizar o uso da vancomicina. Em 2009, a American

Society of Health-System Pharmacists (ASHP), a Infectious Diseases Society of America (IDSA) e a Society of Infectious Disease Pharmacists publicaram diretrizes específicas sobre dosagem e monitoramento da vancomicina. As doses de vancomicina devem ser ajustadas de acordo com o peso corporal e os níveis plasmáticos mínimos do medicamento. A nefrotoxicidade foi associada a níveis mínimos de vancomicina-alvo acima de 15 mg/L. A infusão contínua é uma opção, especialmente para pacientes com alto risco de insuficiência renal ou depuração instável da vancomicina. Nesses casos, o nível de estado estacionário do plasma de vancomicina e o monitoramento da creatinina são fortemente indicados.

Um paciente politraumatizado e em coma necessitará de uma série de procedimentos invasivos, como a colocação de cateteres intravenosos, arteriais, vesicais e inúmeras punções intravenosas para a colheita de exames, que servem como fatores capazes de induzir ou favorecer o surgimento de infecções. Fatores dependentes do paciente também são importantes, como idade e processo mórbido.

Na UTI, as principais causas de infecções são:

- Politrauma.
- Atos operatórios.
- Manipulação de vasos sanguíneos.
- Cateterismo de vias urinárias.
- Instrumentação de vias respiratórias (por sonda de intubação, cânulas de traqueotomia, ventilação assistida).
- Bacteremia por foco indetectável.

A febre é o sinal mais frequente e indicativo da presença de infecção, porém também ocorre em diversos processos não infecciosos, como tromboembolismo, neoplasias, processos neurológicos, algumas doenças metabólicas e transfusões. Por outro lado, pacientes imunodeprimidos podem ter infecção sem apresentar febre elevada. Esses fatos ressaltam a importância de uma anamnese bem-feita e um diagnóstico médico ou odontológico preciso para descartar essas possibilidades.

Alguns medicamentos podem causar febre como reação adversa, entre eles barbitúricos, cimetidina, anti-histamínicos, metildopa, fenitoína, procainamida, propiltiouracil e antibióticos.

A revisão da história e um exame físico adequado do paciente são capazes de indicar a provável origem infecciosa. Podem ser utilizados os seguintes meios diagnósticos:

- Radiografia de tórax.
- Ecocardiograma.
- Ultrassonografia.
- Tomografia computadorizada (TC) e ressonância nuclear magnética (RNM).
- Hemoculturas, cultura de urina, secreção traqueal.
- Exames hematológicos e bioquímicos.
- Monitorização hemodinâmica (especialmente em pacientes imunodeprimidos, pois pode constituir a única maneira de diagnóstico).

Como fonte de consulta em antibioticoterapia empírica, pode-se utilizar o *Guia Sanford para terapia antimicrobiana*, editado regularmente nos Estados Unidos e atualizado anualmente.

Atualmente o tratamento com antibióticos se fundamenta em protocolos clínicos, com base nos princípios de medicina baseada em evidências, o que torna o trabalho das CCIH mais fácil e de mais credibilidade.

SEGUIMENTO DE PACIENTES EM ANTIBIOTICOTERAPIA

O trabalho do farmacêutico adquire um caráter extremamente importante para conseguir resultados satisfatórios quanto à eficácia do tratamento, segurança para o paciente e economia para a instituição com o uso racional.

O *Antimicrobial Stewardship* é um pacote de intervenções integradas empregadas para otimizar o uso de antimicrobianos em ambientes de cuidados de saúde. Embora os médicos treinados em doenças infecciosas, juntamente com os farmacêuticos clínicos, sejam considerados os principais líderes dos programas de manejo antimicrobiano, os microbiologistas clínicos podem desempenhar um papel fundamental nesses programas. Este capítulo tem como objetivo fornecer uma discussão abrangente sobre os diferentes componentes da administração antimicrobiana em que laboratórios de microbiologia e microbiologistas clínicos podem fazer contribuições significativas, incluindo relatórios de suscetibilidade antimicrobiana cumulativa, cultura aprimorada e relatórios de suscetibilidade, orientação na fase pré-analítica, disponibilidade de teste de diagnóstico rápido, educação do provedor e sistemas de alerta e vigilância. Ao revisar este material, enfatizamos como a rápida e especialmente recente evolução da microbiologia clínica reforçou a importância da colaboração dos microbiologistas clínicos com os programas de manejo antimicrobiano.

No entanto, existem ameaças a essas expectativas. O surgimento da resistência antimicrobiana, incluindo elementos genéticos prontamente transmissíveis nos principais patógenos bacterianos humanos que conferem resistência à maioria ou a todos os antimicrobianos disponíveis, prenunciou o possível retorno de infecções graves intratáveis. Muito disso é atribuível ao uso subótimo – geralmente excessivo – de antimicrobianos dentro e fora dos ambientes hospitalares, que se estima ocorrer em 30 a 50% de todas as prescrições. O uso subótimo de antimicrobianos muitas vezes decorre de interpretação inadequada ou uso de resultados de testes microbiológicos: falta de um diagnóstico confirmado microbiologicamente, erros de testes de laboratório, falha no envio de amostras adequadas para cultura, uso indevido de recursos de microbiologia e dependência geral excessiva de terapia antimicrobiana empírica com o devido desrespeito aos resultados microbiológicos.

Em primeiro lugar, a anamnese farmacêutica fornecerá as informações sobre o histórico de alergias, outras drogas utilizadas, as possíveis interações medicamentosas e as reações adversas dos antibióticos utilizados pelo paciente.

É sempre útil verificar a função renal e hepática do paciente e, se necessário, ajustar as dosagens e/ou o intervalo de doses. No caso das drogas hepatotóxicas e nefrotóxicas, a monitoração farmacocinética também é desejável. Em pacientes idosos frequentemente ocorrem falências orgânicas, o que leva à alteração de esquemas posológicos, além de esses pacientes serem mais suscetíveis a efeitos tóxicos e reações de hipersensibilidade.

A farmacocinética do antimicrobiano a ser utilizado deve ser levada em conta para o tratamento de infecções como do sistema nervoso central (SNC), de articulações e de peritônio, uma vez que a distribuição deles é variável entre os diversos agentes antimicrobianos. Para o antibiótico ser efetivo, uma concentração adequada deve chegar ao sítio infeccioso. Em pacientes graves, a via de administração preferível é a intravenosa (por não sofrer alterações de alimentos e pH). Em algumas situações, o antibiótico intravenoso pode ser substituído pela via oral, como no caso dos quinolônicos (ciprofloxacina), em que o perfil farmacocinético entre ambas as vias é extremante semelhante.

Muitas infecções podem ser tratadas com um único antibiótico, porém na maioria dos pacientes graves a melhor conduta é a associação, portanto conhecer as interações entre antibióticos é fundamental como princípio básico de terapêutica. A associação de antimicrobianos visa prevenir o aparecimento de cepas resistentes, combater infecções polimicrobianas, como terapêutica inicial em neutropênicos, diminuição da toxicidade pela redução de doses e alcançar sinergismos entre os diferentes agentes antibióticos.

A maior parte das associações é aditiva ou indiferente. As associações de betalactâmicos com aminoglicosídeos são frequentemente sinérgicas e o uso de dois betalactâmicos deve ser evitado, pois pode induzir a produção de enzimas betalactamases, que tornarão a cepa resistente ao antibiótico.

Na hora da escolha do antibiótico, deve-se procurar aquele que seja efetivo contra o agente etiológico, não seja tóxico, não altere a flora normal do paciente e tenha um custo compatível.

Quando se tratar de pacientes gestantes, deve-se verificar o grau de risco da Food and Drug Administration (FDA) para as drogas prescritas e, se for possível, utilizar somente aquelas que apresentam classificações A e B. No caso das drogas C, só utilizá-las quando o benefício for maior do que o risco de danos fetais.

Também se deve orientar o paciente sobre o risco de fotossensibilidade de alguns antibióticos e a necessidade da utilização de filtro solar durante o tratamento.

O farmacêutico deve confirmar se as prescrições médicas estão de acordo com os protocolos clínicos em relação à droga, à dosagem e ao tempo de tratamento e, sempre que possível, deve participar da elaboração do plano terapêutico. No caso de pacientes ambulatoriais, em que o farmacêutico não tem contato com o médico, deve-se entrar em contato com o prescritor após a anamnese se houver alguma dúvida. Os efeitos colaterais devem ser explicados ao paciente, bem como os melhores horários de administração, sempre consultando a monografia da droga para verificar se a presença de alimento interfere na absorção do medicamento após utilização via oral.

Nos casos em que o paciente não tiver condições financeiras para adquirir o medicamento, o farmacêutico deverá entrar em contato com o médico e avaliar possíveis mudanças no plano terapêutico, utilizando opções mais econômicas.

Se a febre não ceder após 48 horas, o médico deve ser consultado, pois o microrganismo pode ser resistente ou a escolha terapêutica empírica pode não ter sido adequada.

DADOS SOBRE INFECÇÕES RELACIONADAS À ASSISTÊNCIA À SAÚDE

Nos Estados Unidos, a infecção afeta 4% dos pacientes operados. Estima-se que, para cerca de 25 milhões de operações anuais, há 1 milhão de pacientes com infecção decorrente dos atos cirúrgicos.

Essa complicação prolonga a permanência hospitalar, acrescenta um gasto superior a 1,5 bilhão de dólares e ameaça a vida dos pacientes, podendo, como fonte nosocomial de infecção, envolver outras pessoas. Estima-se que 15% de todas as complicações adquiridas pelos pacientes internados sejam decorrentes da infecção hospitalar e que cerca de 18% deles fiquem até seis meses impossibilitados de retornar às suas atividades normais.

Recentemente, a nomenclatura infecção hospitalar teve uma alteração para infecções relacionadas à assistência à saúde (Iras). As Iras caracterizam-se como infecções adquiridas durante o processo de cuidado em um hospital ou outra unidade prestadora de assistência à saúde e que não estavam presentes no momento da admissão, podendo se manifestar durante a internação ou após a alta hospitalar.

Atualmente, existe uma infinidade de estratégias e medidas de prevenção desenvolvidas para diminuir o risco de Iras. Essas medidas são trazidas como conjunto de intervenções para a prática clínica, formando um grupo de cuidados específicos denominado *bundle* na língua inglesa. Trata-se de uma ferramenta que, quando implementada em conjunto, resulta em melhorias na assistência à saúde. Diferentemente dos protocolos convencionais, nos *bundles* nem todas as estratégias terapêuticas possíveis precisam estar inclusas, pois o objetivo desse modelo não é ser uma referência abrangente do arsenal terapêutico disponível, mas sim um conjunto pequeno e simples de práticas baseadas em evidências que, quando executadas coletivamente, melhoram os resultados para os pacientes. A escolha de quais intervenções incluir em um *bundle* deve considerar custo, facilidade de implementação e adesão a essas medidas.

O aumento das Iras, nos dias atuais, faz com que o uso de antibiótico na prática cirúrgica seja, sem nenhuma dúvida, um dos empregos mais comuns de antimicrobianos no ambiente hospitalar. A infecção como complicação do trauma ou da ferida cirúrgica sempre foi um desafio para o cirurgião, pois sua ocorrência, além de ter sido motivo de grandes mutilações, contribuiu para o óbito em 70 a 90% dos casos.

O reconhecimento do agente causal e do mecanismo do desenvolvimento da infecção motivou a criação de técnicas e meios físicos de barreiras para impedir o acesso e a proliferação do microrganismo na ferida operatória.

Técnicas de dissecação cirúrgica apurada, instrumental especializado e todo o aparato de antissepsia, antecedidos pelas modificações estruturais do ambiente hospitalar, foram surgindo após as descobertas de Pasteur e a dedicação inquiridora de Lister, von Bergmann e Schimmelbusch.

Antibioticoterapia em infecções relacionadas à assistência à saúde

A moderna terapêutica antimicrobiana iniciada no transcurso do segundo quarto do século XX veio aliar-se aos procedimentos mecânicos de limpeza e proteção contra a incidência de infecções.

O aparecimento dos antibióticos gerou um entusiasmo tão grande que na época os médicos passaram a considerar resolvido o problema da complicação infecciosa. No entanto, o uso inadequado da terapêutica antimicrobiana fez aumentar os problemas relacionados à infecção.

A incidência de infecção decorrente de operações cirúrgicas sobre o intestino grosso, maior reservatório humano de microrganismos, não era inferior a 50%, mesmo com a exigente limpeza mecânica, que já era rotineira, desde o século passado. As sulfas e derivados, a penicilina e a estreptomicina, a aureomicina e a cloromicetina, descobertas e produzidas pela indústria, foram sucessivamente sendo administradas por via oral, em regimes de uso prolongado, visando à impossível "esterilização" dos cólons.

Os novos quimioterápicos surgidos a partir de 1943, como a sulfassuxidina e a sulfatalidina – a mais potente das sulfonamidas –, usados em um regime de preparo que exigia 7 dias, conseguiam reduzir a população de coliformes de 107 para 103 bactérias por grama de fezes. No entanto, os enterococos e anaeróbios persistiam.

Em 1949, foi isolada a neomicina, cujas características físico-químicas favoreciam seu uso por via oral.

A alta prevalência da infecção hospitalar nos Estados Unidos, no decorrer dos anos 1960, e a epidemia das estafilococcias, em parte surgidas como contribuição do preparo intestinal, foram estímulos para a criação das CCIH, por recomendação da American Hospital Association.

Paralelamente, no final da década de 1960 e início dos anos 1970, o Conselho de Dirigentes do American College of Surgeons nomeou uma comissão para controle das infecções cirúrgicas, que estabeleceu como trabalhos iniciais vários simpósios dirigidos para áreas selecionadas e específicas das infecções pós-operatórias.

Os estudos que sucederam a implantação das CCIH permitiram a observação de que as três maiores fontes, representantes de 77% de todas as infecções hospitalares, estavam distribuídas entre o trato urinário (42%), a ferida cirúrgica (24%) e os pulmões (11%).

Além disso, dessas investigações pode-se depreender que mais de 30% das infecções, oriundas das fontes citadas, poderiam ser prevenidas apenas com programas de controle bem elaborados.

As primeiras metas foram atingidas com a definição das "áreas-problema", em que se coligiram os fatores genéricos de maior risco para a infecção hospitalar, e com a classificação da ferida cirúrgica quanto ao seu potencial para a infecção.

A Joint Commission estabeleceu critérios de desempenho para a administração de antimicrobianos em hospitais, hospitais de acesso crítico e centros de cuidados de enfermagem, que entraram em vigor em 2017. Em outros lugares, o Accreditation Canada e o Australian National Safety and Quality

Health Service têm requisitos organizacionais semelhantes desde 2013, e o National Institute for Health and Care Excellence (NICE) publicou padrões de qualidade em abril de 2016. Mais recentemente, a questão da resistência antimicrobiana foi o assunto de uma reunião sem precedentes das Nações Unidas, apenas a quarta questão de saúde a ter sua própria sessão da Assembleia Geral das Nações Unidas.

Classificação da cirurgia de acordo com o potencial de contaminação e infecção

Classe: limpa

- Características: não traumática, sem inflamação, sem infração técnica, sem penetração dos tratos respiratório, geniturinário e digestivo.
- Índice de infecção: 2%.

Classe: potencialmente contaminada

- Características: trato digestivo alto, exceto esôfago, vias biliares, intestino delgado, trato urinário alto, genitália interna, trato respiratório baixo.
- Índice de infecção: de 3 a 5%.

Classe: contaminada

- Características: intestino grosso, obstruções intestinais, genitália externa (vagina), vias urinárias baixas, obstruções urinárias.
- Índice de infecção: de 6 a 20%.

Classe: infectada

- Características: cirurgia da infecção, ferida traumática com tecido desvitalizado.
- Índice de infecção: > 20%.

Elementos que concorrem para aumentar o risco de infecção

- Período de hospitalização.
- Exposição a procedimentos invasivos.
- Ambiente físico hospitalar, como grande reservatório de bactérias.
- Pessoal médico e paramédico em contato direto com os pacientes; os próprios pacientes, como pessoas que fazem parte da população hospitalar, colaborando com a infecção cruzada ou se autoinfectando.
- Estado mórbido da população internada.

A suscetibilidade à infecção envolve:

- Elementos que são estritamente pessoais (como raça e sexo).
- Elementos genéricos.
- Obesidade.
- Má nutrição.
- Doenças crônicas debilitantes.
- Diabetes.
- Insuficiência renal.
- Doenças neoplásicas.
- Doenças pulmonares restritivas.
- Doenças intestinais inflamatórias.
- Imunossupressão medicamentosa.

ASPECTOS CLÍNICOS

O reconhecimento de todos esses fatores e o exercício adequado do controle sobre eles possibilitaram a menor incidência de infecção operatória, ainda mais quando as áreas "selecionadas e específicas das infecções cirúrgicas" também foram manipuladas de maneira conveniente.

A profilaxia das infecções cirúrgicas não dispensa as estratégias gerais de prevenção e de trato da infecção hospitalar e, além disso, exige os rigores especiais de técnica cirúrgica, assepsia e antissepsia.

Essas estratégias iniciais devem ser complementadas com os meios de preparação pré-operatória e de condutas disponíveis, aceitos e norteados pela classificação do ato de acordo com o risco potencial de contaminação e infecção.

A descoberta dos antibióticos e a oportunidade da luta contra os microrganismos ensejaram novas pesquisas.

Sem lapso histórico, as novas descobertas, não só a respeito do que se acrescentou ao arsenal farmacêutico, mas também de conhecimentos sobre a propriedade e o uso adequado de cada antibiótico, foram paulatinamente incorporadas aos nossos conhecimentos, com melhores resultados e indiscutíveis benefícios aos pacientes.

Meios de controle de uso de antibióticos em ambiente hospitalar

- Educação continuada de médicos, farmacêuticos e enfermeiros por meio da realização de cursos e palestras, divulgação de literatura científica e boletins internos.

- Restrição na padronização de medicamentos do hospital: selecionar um representante de cada grupo de antimicrobianos ou pelo espectro de ação.
- Dispensação somente mediante requisição ou justificativa para todos os antibióticos ou alguns (levando em questão o custo e o espectro).
- Limitação do tempo de uso.
- Utilização de protocolos clínicos e condutas de uso.
- Controle no laboratório de microbiologia, com a utilização somente de discos de antibiograma oficiais.
- Criação de comissões de auditoria de uso de antibióticos por meio das CCIH.

Prescrição de antibióticos que necessitam de auditoria

- Requisição de antibióticos na ausência de procedimentos diagnósticos mínimos (exame bacteriológico, cultura e antibiograma).
- Uso de mais de cinco antibióticos durante o período de hospitalização.
- Tratamento contínuo por mais de 21 dias.
- Uso de droga parenteral quando a prescrição oral puder ser utilizada.
- Antibiótico profilático em cirurgia por período maior do que 48 horas.
- Uso de antibióticos em pacientes afebris e sem cateteres centrais.
- Prescrição de drogas recentemente lançadas no mercado, de elevado custo e de amplo espectro.

BIBLIOGRAFIA

Álvarez R, Cortés LEL, Molina J, Cisneros JM, Pachón J. Optimizing the clinical use of vancomycin. Antimicrob Agents Chemother. 2016;60(5):2601-9.

Araújo FL, Manzo BFF, Costa ACL, Corrêa AR, Marcatto JO, Simão DAS. Adesão ao bundle de inserção de cateter venoso central em unidades neonatais e pediátricas. Rev Esc Enferm USP. 2017;51:e03269.

Beck DE, Fazio VW. Current pre-operative bowel cleansing methods: a survey of American Society of Colon and Rectal Surgeons members. Dis Colon Rectum. 1990;33:12-5.

Bonzanini C, Ubiali P, Invernizzi R. The use of piperacillin in the preoperative prophylaxis of colorectal surgery. Minerva Chir. 1993;48(23-24):1437-43.

Burke P, Mealy K, Gillen P, Joyce W, Traynor O, Hyland J. Requirement for bowel preparation in colorectal surgery. Br J Surg. 1994;81:907-10.

Campos JM, Vasconcelos FC, Mota CVA, et al. Antibioticoterapia profilática em cirurgia colorretal: estudo prospectivo randomizado. Rev Bras Colo-Proct. 1997;17(supl 1):48.

Centers for Disease Control. Increase in National Hospital Discharge Survey rates for septicemia – United States, 1979-1987. JAMA. 1990;263:937-8.

Chiarello LA, Valenti WM. Overview of hospital infection control. In: Reese RE, Betts RF, editors. A practical approach to infectious diseases. 3.ed. Boston: Little, Brown and Company; 1991. p.711-34.

Classen DC, Evans RS, Pestotnik SL, Horn SD, Menlove RL, Burke P, et al. The timing of prophylactic administration of antibiotics and the risk of surgical wound infection. New Eng J Med. 1992;326:281-6.

Cuthbertson AM, McLeish AR, Penfold JCB, Ross H. A comparison between single and double dose intravenous timentin for the prophylaxis of wound infection in elective colorectal surgery. Dis Colon Rectum. 1991;34:151-5.

Daschner F. Guia prático de antibioticoterapia. 9.ed. Porto Alegre: Revinter; 2002.

Dellamonica P, Bernard E. Antibiotic prophylaxis in colorectal surgery. Ann Fr Anesth Reanim. 1994;13(5 suppl):S145-53.

Dyar OJ, Huttner B, Schouten J, Pulcini C. What is antimicrobial stewardship. Clin Microbiol Infect. 2017;23(11):793-8.

Fillmann EEP, Fillmann HS, Fillmann SS. Cirurgia colorretal eletiva sem preparo. Rev Bras Colo-Proct. 1995;15:70-1.

Gilbert DN, Moellering RC, Sande MA. The Sanford Guide to antimicrobial therapy. 31.ed. Sperryville: Sanford Guide; 2001.

Leaper LL, Brennan TA, Laird N, Lawthers AG, Localio AR, Barnes BA, et al. The nature of adverse event in hospitalized patients: results of the Harvard Medical Practice Study II. N Engl J Med. 1991;324:377-84.

McArdle CS, Morran CG, Pettit L, Gemmell CG, Sleigh JD, Tillotson GS. Value of oral antibiotic prophylaxis in colorectal surgery. Br J Surg. 1995;82(8):1046-8.

Morency-Potvin P, Schwartz DN, Weinstein RA. Antimicrobial stewardship: how the microbiology laboratory can right the ship. Clin Microbiol Rev. 2017;30(1):381-407.

Nichols RL, Smith JW, Garcia RY, Waterman RS, Holmes JW. Current practices of pre-operative bowel preparation among North American colorectal surgeons. Clin Infect Dis. 1997;24:609-19.

Paladino JA, Rainstein MA, Serrianne DJ, Przylucki JE, Welage LS, Collura ML, et al. Ampicillin-sulbactam versus cefoxitin for prophylaxis in high-risk patients undergoing abdominal surgery. Pharmacotherapy. 1994;14(6):734-9.

Peiper C, Seelig M, Treutner KH, Schumpelick V. Low-dose, single-shot perioperative antibiotic prophylaxis in colorectal surgery. Chemotherapy. 1997;43(1):54-9.

Quendt J, Blank I, Seidel W. Peritoneal and subcutaneous administration of cefazolin as perioperative antibiotic prophylaxis in colorectal operations: prospective randomized comparative study of 200 patients. Langenbecks Arch Chir. 1996;381(6):318-22.

Rangabashyan N, Rathnasami A. Prophylaxis of infection following colorectal surgery. Infection. 1991;19:459-61.

Reese RE. Manual de antibióticos. 3.ed. Rio de Janeiro: Medsi; 2001.

Rutten HJ, Nijhuis PH. Prevention of wound infection in elective colorectal surgery by local application of a gentamicin-containing collagen sponge. Eur J Surg Suppl. 1997;578:31-5.

Salles R, Barros CP, Barreira RC, et al. Antibiótico profilático em cirurgia colorretal. Rev Bras Colo-Proct. 1997;17(supl 1):48.
Santos Jr JCM, Santos CCM. Cirurgia eletiva do intestino grosso sem preparo mecânico. Rev Bras Colo-Proct. 1997;17(supl 1):49.
Santos Jr JCM, Batista J, Sirimarco MT, Guimarães AS, Levy AE. Preventive randomized trial of mechanical bowel preparation in patients undergoing elective colorectal surgery. Br J Surg. 1994;81:1673-6.
Taylor EW, Lindsay G. Selective decontamination of the colon before elective colorectal surgery. West of Scotland Surgical Infection Study Group. World J Surg. 1994;18(6):926-31.
Vieira EMAN, Beretta ALRZ. A eficácia dos bundles nas medidas de controle de infecção relacionada à assistência à saúde: revisão de literatura. Revista Científica da FHO|Uniararas [Internet]. 2018 [citado 4 maio 2021];6(2):56-61. Disponível em: http://www.uniararas.br/revistacientifica/_documentos/art.037-2019.pdf.
Wenzel RP. Preoperative antibiotic prophylaxis. New Engl J Med. 1992;326:337-9.

30

Farmacoterapia da dor

INTRODUÇÃO

O reconhecimento da dor, como uma das situações clínicas que mais exigem a participação da equipe multiprofissional para seu controle, torna o farmacêutico clínico uma peça-chave no gerenciamento dessa situação.

O desconhecimento da fisiopatologia da dor musculoesquelética é uma das razões pelas quais vários métodos terapêuticos foram propostos para seu controle. Apesar do grande progresso ocorrido no campo da farmacoterapia nos últimos anos, os resultados do tratamento farmacológico da dor crônica de origem musculoesquelética nem sempre são satisfatórios, especialmente na ausência de acompanhamento concomitante por profissionais das áreas de medicina física e saúde mental.

Medicamentos analgésicos, miorrelaxantes, antidepressivos e neurolépticos são habitualmente prescritos para o tratamento dessas síndromes álgicas. O uso de morfínicos fracos ou fortes é de uso corrente, especialmente se houver limitação ao uso de anti-inflamatórios não esteroidais. Em algumas circunstâncias, utilizam-se procedimentos invasivos, como cateteres epidurais, sistemas implantáveis para infusão de analgésicos e rizotomia facetária, a fim de facilitar o processo de reabilitação.

A dor deve ser tratada segundo a escala ascendente de potência medicamentosa antes de se realizarem procedimentos neurocirúrgicos antiálgicos.

Os analgésicos anti-inflamatórios e os psicotrópicos associados ou não aos analgésicos morfínicos de baixa potência e, se necessário, aos analgésicos morfínicos de elevada potência, são as classes medicamentosas mais utilizadas para o tratamento da dor. Os miorrelaxantes apresentam algum papel antiálgico. Corticosteroides, bloqueadores da atividade osteoclástica e tranquilizantes menores são indicados em casos especiais.

A prescrição deve ser adequada às necessidades de cada caso, respeitando a farmacodinâmica de cada agente e as contraindicações peculiares a cada caso. A administração regular, e não apenas quando necessária, da medicação parece reduzir o sofrimento e a ansiedade dos pacientes. As medicações devem ser preferencialmente de baixo custo e fácil aquisição. O conhecimento dos efeitos colaterais e das vias mais convenientes de administração é fundamental para que o tratamento seja correto.

A via enteral, priorizando-se a oral, é mais natural e habitualmente menos dispendiosa e traumática que a parenteral. Alguns efeitos colaterais são dependentes da dose dos agentes, outros de sua natureza. Alguns desses efeitos podem ser minimizados com medidas medicamentosas ou físicas específicas, outros não. O tratamento antiálgico deve ser instituído imediatamente após as primeiras manifestações da condição dolorosa, pois não compreende o resultado da semiologia clínica ou armada. As medidas sintomáticas medicamentosas são a base do tratamento sintomático antiálgico. Os bloqueios anestésicos e os procedimentos neurocirúrgicos somente devem ser considerados em casos rebeldes ao tratamento farmacológico.

Apesar do aumento no uso indevido, abuso e desvio de opioides, bem como nas mortes por *overdose*, muitos ainda sofrem com o controle inadequado da dor aguda e crônica. Os pacientes podem consultar vários provedores de saúde e receber vários analgésicos, incluindo opioides e não opioides, o que pode complicar seu regime de medicação e aumentar o risco de erros de medicação durante as transições de tratamento. Os farmacêuticos desempenham um papel importante no gerenciamento da dor à medida que os pacientes fazem a transição de um ambiente de tratamento para outro, fornecendo serviços como reconciliação de medicamentos, serviços de internação, monitoramento e avaliação de medicamentos, educação do paciente e do profissional de saúde, aconselhamento de alta, acompanhamento e planejamento pós-alta.

A dor, tanto aguda quanto crônica, é um problema significativo de saúde pública, que afeta mais de 100 milhões de adultos nos Estados Unidos e custa ao sistema de saúde cerca de US$ 560 a 635 bilhões anualmente. O controle inadequado da dor pode resultar em internações mais longas e taxas aumentadas de readmissão, aumento das visitas ambulatoriais e diminuição da capacidade de retornar totalmente à função normal, levando à perda de renda e cobertura de seguro. A dor também representa um fardo emocional e financeiro para os pacientes e suas famílias.

Cada paciente tem uma experiência de dor subjetiva única que é altamente individualizada e requer cuidado centrado no paciente. O gerenciamento da dor tem sido uma medida central nas pontuações da pesquisa Hospital Consumer Assessment of Healthcare Providers and Systems; portanto, tornou-se uma prioridade para os prestadores de cuidados de saúde de pacientes internados gerir a dor dos pacientes de forma segura e adequada. É importante que os profissionais de saúde aliviem efetivamente a dor aguda para evitar a progressão para dor crônica, sem prescrever excessivamente ou dispensar mais analgésicos que o necessário para controlar a dor.

Nos últimos anos, muitas organizações, como a Society of Hospital Medicine, a Joint Commission (JC) e o Centers for Disease Control and Prevention (CDC), estiveram envolvidas em várias iniciativas para melhorar o gerenciamento da dor. Além disso, o treinamento para o gerenciamento da dor continua a desempenhar um papel central no desenvolvimento profissional dos prestadores de cuidados de saúde. Os pacientes podem exigir regimes de dor complexos, o que os torna vulneráveis a erros de medicação durante a transição de um ambiente de tratamento para outro. As instituições devem ter planos de cuidados coordenados para otimizar o controle da dor, bem como os resultados do paciente, e, para um atendimento perfeito, os profissionais de saúde devem capacitar os pacientes e/ou seus cuidadores para que tenham conhecimento e se envolvam na tomada de decisões.

PAPEL DO FARMACÊUTICO CLÍNICO NA DOR

Uma abordagem abrangente para a coordenação de cuidados que enfatiza a reconciliação de medicamentos em vários pontos de cuidados (p. ex., admissão, transferência de unidade, alta) é essencial para otimizar os resultados do paciente. Farmacêuticos, treinados como especialistas em medicamentos da equipe de saúde, podem liderar e defender esse processo.

Pacientes que têm condições complexas e/ou regimes de medicação que requerem serviços de vários médicos em diferentes ambientes têm um risco aumentado de erros de medicação, eventos adversos relacionados ao medicamento e desfechos clínicos ruins. Em uma revisão sistemática de estudos, descobriu-se que até 67% dos pacientes apresentavam erros no histórico de medicamentos prescritos na admissão hospitalar. Um estudo canadense conduzido por Forster et al. descobriu que 23% dos pacientes que receberam alta de um serviço de medicina interna experimentaram pelo menos um evento adverso; 72% deles foram eventos adversos a medicamentos.[1] A detecção, o manejo e a notificação de eventos adversos a medicamentos estão entre as muitas responsabilidades do farmacêutico e desempenham um papel importante na redução das reinternações.

Os farmacêuticos também devem estar cientes dos pacientes pós-cirúrgicos que recebem alta com dor mal controlada, pois utilizam mais recursos de saúde e apresentam maior risco de readmissão hospitalar. O estresse psicológico decorrente de dor mal controlada resulta em alterações nos níveis de citocinas que levam a cortisol elevado e função imunológica deprimida, o que pode impactar negativamente o processo de cura. Além disso, quando a dor é gerida de forma ineficaz, os pacientes apresentam maior risco de desenvolver dor crônica e/ou declínio funcional relacionado à dor.

É importante diferenciar entre dor aguda e crônica porque as recomendações de tratamento podem variar. A dor aguda normalmente dura de horas a semanas, dependendo da doença precipitante (p. ex., cirurgia, lesão, trabalho de parto etc.), tem um prognóstico previsível e é tratada principalmente com analgésicos. A dor aguda diminui rapidamente à medida que o estímulo que produz a dor é removido e/ou ocorre o processo de cicatrização. Por outro lado, a dor crônica pode não ter uma etiologia identificável, dura de meses a anos, tem um prognóstico imprevisível e é mais bem tratada com uma abordagem multimodal (p. ex., analgésicos [opioides e não opioides], exercícios terapêuticos, terapia cognitivo-comportamental etc.).

Os farmacêuticos clínicos devem colaborar com a equipe interdisciplinar nas rondas diárias e fornecer atendimento abrangente, baseado em evidências e centrado no paciente, identificando problemas relacionados à medicação, fazendo recomendações de terapia medicamentosa, respondendo a perguntas sobre medicamentos e identificando pacientes que requerem reconciliação de medicamentos ou educação do paciente. Uma abordagem multimodal que inclua terapias farmacológicas (ou seja, opioides e não opioides) e não farmacológicas (ou seja, físicas, psicológicas, psicossociais) deve ser implementada para ajudar os pacientes a controlar sua dor. Utilizar uma estratégia de polifarmácia racional de combinar opioides e analgésicos adjuvantes não opioides, como paracetamol e anti-inflamatórios não esteroides, permite o direcionamento a diferentes pontos ao longo da via da dor, proporcionando maior alívio, reduzindo as dosagens de opioides e diminuindo os efeitos adversos relacionados aos opioides. A ligação dos opioides aos receptores podem resultar em efeitos adversos, incluindo confusão, turvação mental, sedação, depressão respiratória, náuseas e vômitos, prurido e constipação.

ANALGÉSICOS ANTI-INFLAMATÓRIOS NÃO ESTEROIDAIS

Esta classe de medicamentos é muito útil para o tratamento da dor quando prescrita isoladamente ou em associação aos derivados da morfina. Os anti-inflamatórios não esteroidais (Aine) são inibidores de vários sistemas enzimáticos, especialmente da ciclo-oxigenase, que condicionam a síntese das prostaglandinas, envolvidas no processo inflamatório e na sensibilização do sistema nervoso central (SNC). Disso resultam os efeitos analgésicos, anti-inflamatórios e possivelmente antitumorais desses agentes. Várias são as classes e subclasses desses agentes que diferem entre si quanto a cinética química, potência anti-inflamatória e efeitos colaterais. Alguns são analgésicos puros (acetominofeno), outros exercem pouco efeito anti-inflamatório (dipirona, ácido mefenâmico) e outros são potentes anti-inflamatórios (indometacina).

Alguns são administrados uma vez ao dia (oxicanas), outros duas vezes (ácido propiônico) e outros de 4 a 6 vezes ao dia (ácido acético e salicilatos). As vias oral, retal, intramuscular, intravenosa, tópica e transdérmica por iontoforese são as mais utilizadas. As doses são padronizadas para cada um dos agentes, mas a resposta e a tolerância variam entre os pacientes. Recomenda-se iniciar com doses baixas e elevá-las de acordo com as necessidades até que o efeito analgésico se instale. A elevação da dose além da máxima recomendada não resulta em melhora adicional da sintomatologia. Medicamentos da mesma classe farmacológica parecem ter a mesma potência analgésica. Quando há pouca resposta analgésica com fármacos de um grupo, recomenda-se utilizar Aine de outros grupos farmacológicos.

Os Aine são metabolizados nos rins e no fígado. Não acarretam dependência psíquica. Entre os efeitos colaterais citam-se as lesões do trato digestivo (gastrite, úlceras, sangramento digestivo, náuseas, vômitos, hepatopatias tóxicas) e renais (insuficiência renal), alterações da coagulação sanguínea e da hematopoiese, retenção hídrica (agravamento ou geração de insuficiência cardíaca congestiva), anormalidades neurológicas (cefaleia, tonturas e disforia) e alteração do metabolismo dos carboidratos e das ligações proteicas. Recentemente foi lançado no mercado nacional o meloxicam, que atua apenas sobre a ciclo-oxigenase-2 (COX-2), que teoricamente intervém apenas na síntese das prostaglandinas em que há doença inflamatória, e não das prostaglandinas fundamentais para função das mucosas gástrica e renal. Recomendam-se avaliação mensal do hemograma, da creatinina sérica, dos eletrólitos e provas de função hepática.

Quando há risco de doença péptica, o acetominofeno e a dipirona são recomendados. O uso de antiácidos parece comprometer a absorção dos Aine e não evita, mas minimiza, seu efeito deletério sobre o trato digestivo, que se deve em parte à ação sistêmica desses agentes. Nos idosos, o metabolismo e a excreção são mais lentos e há necessidade de avaliações mais cuidadosas das funções renais e hepáticas e a preferência por fármacos de menor meia-vida em pacientes em faixas avançadas de idade. Neles e em pacientes com comprometimento das funções renal e hepática, a dose deve ser reduzida a um terço ou à metade.

Ácido acetilsalicílico (AAS), indometacina, dipirona, ibuprofeno, cetoprofeno, naproxeno e diclofenaco são os produtos mais utilizados em nosso meio.

ANALGÉSICOS OPIÁCEOS

São muito úteis para o tratamento da dor, especialmente quando os Aine não são eficazes e há contraindicações ou adversidades no seu uso. A associação dos agentes morfínicos com os Aine proporciona resultados mais satisfatórios que quando prescritos isoladamente. A potência analgésica, a farmacocinética e os efeitos colaterais variam de acordo com a droga.

Os analgésicos morfínicos apresentam efeito analgésico, euforizante e ansiolítico. Os efeitos dependem da natureza do receptor e da potência da ligação. Ligam-se a um ou mais receptores morfínicos (μ, |, ε, σ) do SNC (como posterior da substância cinzenta da medula espinal, formação reticular do tronco encefálico, núcleo caudado e amígdala) que modulam a atividade de morfina sensitiva, motora e psíquica e a receptores do sistema nervoso periférico (SNP) e de outros órgãos (musculatura lisa).

Alguns desses efeitos podem ser convenientes em algumas circunstâncias, como a ação béquica, útil em casos de tosse por irritação das vias aéreas superiores, assim como obstipante em casos de diarreia. Alguns efeitos são indesejáveis, como náuseas, vômitos, prurido, tonturas, síndrome de secreção inadequada de hormônios antidiuréticos, retenção urinária, xerostomia, depressão respiratória, sonolência, disforia, dependência e tolerância. Destes, a obstipação intestinal, as náuseas, os vômitos e a disforia são os mais comuns, podendo em muitos casos restringir seu emprego.

A obstipação intestinal é minimizada com a ingestão de dieta com resíduos e a prescrição de produtos contendo fibras, laxantes, osmóticos e de contato. Náuseas e vômitos devem ser controlados com antieméticos, como metoclopramida, hidroxizina, clopromazina, haloperidol, prometazina e dimenidrinato, com especial cuidado em idosos pelo risco de efeitos extrapiramidais. O empachamento gástrico deve ser tratado com metoclopramida.

O prurido pode ser controlado com anti-histamínicos. A retenção urinária é tratada com a redução das doses e a eliminação dos agentes adjuvantes que apresentam ação anticolinérgica.

A sonolência pode ser tratada pelo fracionamento da dose ou pelo uso concomitante de anfetaminas (metilfenidato). A depressão respiratória é minimizada quando a dose é elevada lentamente e tratada com naloxona. A tolerância é tratada pela elevação da dose e da frequência de administração.

A possibilidade de dependência física e psíquica varia de acordo com a droga e com o paciente. É prevenida pela redução lenta do agente. A dependência psíquica em pacientes com dor é consideravelmente menor que naqueles que utilizam tais fármacos para outras finalidades que não o tratamento da dor. Quando os efeitos adversos não são passíveis de controle, deve-se mudar o agente ou eleger outras modalidades terapêuticas.

Os agentes morfínicos podem ser empregados por vias oral, retal, sublingual, transdérmica, intramuscular, intravenosa, peridural e intratecal. O tratamento deve ser iniciado com doses baixas e adaptado a cada caso. As doses devem ser elevadas paulatinamente de acordo com as necessidades, especialmente em idosos e pacientes com insuficiência hepática e renal. Apesar de haver tolerância cruzada, a substituição de um agente por outro deve ser iniciada com menor dose (1/2 ou 2/3) que a equianalgésica.

Esses agentes devem ser administrados em intervalos fixos, sendo as doses de reforço adicionadas quando houver escape ao programa padrão. A dose noturna deve ser duplicada para evitar que o paciente acorde por causa da dor. Se houver necessidade de continuidade do tratamento após a instituição desse tratamento com agentes de curta duração, deve-se manter a analgesia basal com produtos de liberação lenta e reforços de dose realizados com esses agentes. Quando a droga de liberação lenta não é tolerada ou há impossibilidade de emprego da via enteral, agentes que primariamente apresentam duração de efeito prolongado, devem ser prescritas outras vias, como subcutânea, intravenosa, peridural, subaracnóidea ou transdérmica.

Opiáceos fracos

O fosfato de codeína, o dextropopoxifeno, o tramadol, a oxicodona, a hidrocodona e a pentazocina são os agentes incluídos neste grupo. Os três primeiros estão à disposição no mercado nacional. Exceção feita ao tramadol, os demais são comercializados no Brasil em associação com analgésicos anti-inflamatórios, como o AAS (propoxifeno) e o acetominofeno (codeína).

Opiáceos potentes

Quando não se obtém analgesia com os morfínicos fracos, inicia-se o uso de morfínicos potentes. O sulfato e o cloridrato de morfina são os agentes deste grupo mais utilizados por via oral. São apresentados em suspensões, supositórios e comprimidos e em ampolas para uso parenteral. Doses iniciais de 10 a 30 mg a cada 4 horas são satisfatórias na maioria dos casos. Não há teto de dose. O limite da dose é aquele que proporciona alívio da dor ou que causa efeitos colaterais.

Doses crescentes podem ser necessárias, havendo descrição de casos tratados com até 1.200 mg de morfina ao dia. Quando a dose do agente está estabelecida, os opiáceos de ação curta devem ser substituídos pelos de liberação prolongada e utilizados apenas para reforço de dose. A anfetamina parece potencializar o efeito analgésico da morfina.

Incluem-se entre os agonistas puros a morfina, a meperidina, a fentanila, a metadona, o levorfanol, a diacetilmorfina e a oximorfina; entre os agonistas parciais a buprenorfina e, entre os agonistas-antagonistas, a pentazocina, o butorfanol e a nalbufina. Estão disponíveis no mercado nacional o sulfato e o cloridrato de morfina, a meperidina, a fentanila, a metadona, a buprenorfina e a nalbufina. Há efeito aditivo em doses crescentes. A meperidina por via oral ou parenteral é muito utilizada em nosso meio para o tratamento da dor aguda, principalmente durante o período pós-operatório e após traumatismos.

Provavelmente de forma mais intensa que os demais morfínicos, eles causam, em doses elevadas ou após administração prolongada, acúmulo de metabólicos tóxicos (normeperidina) relacionados à ocorrência de tremores, mioclonais, prurido, agitação e convulsões, principalmente quando há insuficiência renal.

Apesar de haver tolerância cruzada, a substituição de um agente por outro deve ser iniciada com menor dose (1/2 ou 2/3) que a equianalgésica. A analgesia pode ser aumentada e prolongada pela adição de alfa-2 agonistas, como a epinefrina ou a clonidina. A associação com outros procedimentos analgésicos e Aine melhora a analgesia.

MEDICAMENTOS ADJUVANTES

São representados por fármacos originalmente desenvolvidos para outras finalidades que não o tratamento da dor. Atuam melhorando o rendimento do tratamento analgésico, o desempenho afetivo-motivacional, o apetite e sono dos pacientes. Incluem-se entre eles os antidepressivos, os neurolépticos, os tranquilizantes menores, os anticonvulsivantes, os corticosteroides e as anfetaminas. Estes três últimos têm uso reservado para as dores de origem musculoesquelética secundárias.

Antidepressivos

Apresentam efeito analgésico, normalizam o ritmo do sono, melhoram o apetite e estabilizam o humor. Os efeitos analgésicos dos antidepressivos independem da modificação do humor e são atribuídos, entre outros, ao bloqueio da recaptação de serotonina e noradrenalina pelas vias supressoras de dor, que do tronco encefálico se projetam nas células nociceptivas do corno posterior da substância cinzenta da medula espinal.

Os antidepressivos também elevam os níveis sinápticos de dopamina e alteram a atividade de neurotransmissores moduladores, como a substância P, o TRH e o ácido gama-aminobutírico. Há evidências de que apresentam ação anti-inflamatória e bloqueadora de canais de cálcio e de receptores de histamina e que inibem a degradação de encefalinas. O efeito analgésico manifesta-se geralmente entre o 4º e o 5º dia de uso e o efeito antidepressivo, após a 3ª semana. Devem ser, sempre que possível, administrados em adição aos analgésicos para potencializar seus efeitos. Em associações com os neurolépticos são muito eficazes para o tratamento das dores musculoesqueléticas. Os antidepressivos tricíclicos são os mais utilizados para esse fim.

Os inibidores de monoamina oxidase são pouco utilizados para o tratamento da dor. As doses dos antidepressivos variam de acordo com o caso. O tratamento é iniciado com doses baixas que são elevadas de acordo com as necessidades. Os efeitos colaterais relacionam-se com as ações anticolinérgica e adrenérgica periféricas e com sua ação no SNC. Sonolência, aumento do apetite, hipotensão postural, taquicardia, obstipação intestinal, redução da velocidade de esvaziamento gástrico, sialosquese e redução da atividade detrusora vesical com consequente retenção hídrica são possíveis adversidades desses agentes, geralmente relacionadas à dose utilizada. Não devem ser prescritos em cardiopatas com bloqueio de condução e em doentes com glaucoma de ângulo fechado. Seu uso deve ser cauteloso em pacientes com retenção urinária e quando há isquemia miocárdica. Em casos de intolerância aos tricíclicos, as aminas secundárias e os heterocíclicos devem ser empregados.

Neurolépticos

Apesar das controvérsias, as fenotiazinas e as butirofenonas são amplamente empregadas para o tratamento da dor, geralmente em associação com os analgésicos e antidepressivos. Apresentam efeito antipsicótico, sedativo, analgésico, ansiolítico e antiemético. Há evidências de que aumentam a biodisponibilidade dos antidepressivos. Em nosso meio, as fenotiazinas são preferíveis às butirofenonas por causa dos intensos efeitos antidopaminérgicos destas.

A clorpromazina, a levopromazina e a propericiazina são os mais utilizados. Apresentam efeitos sedativos, anticolinérgicos e antidopaminérgicos, que podem resultar em sonolência, confusão mental, hipotensão postural, retenção urinária e síndrome parkinsoniana, sendo empregados com cuidado especial na população mais idosa. Discinesias tardias são observadas em alguns casos em tratamentos prolongados. Em pacientes com doença de Parkinson, podem ser empregadas as benzamidas modificadas (tiaprida e sulpirida).

Miorrelaxantes

Na dependência da fisiopatologia da dor musculoesquelética, os miorrelaxantes apresentam maior ou menor efeito analgésico. Os miorrelaxantes como clormezanona e tizandina não apresentam efeito desejável no tratamento da dor musculoesquelética; já a ciclobenzaprina parece agir em casos de fibromialgia.

O baclofeno é uma medicação miorrelaxante com efeito antineurálgico. É utilizado para o tratamento de espasticidade, doença de Parkinson, neuralgia do trigêmeo, cefaleia e outras dores neuropáticas, incluindo a neuralgia pós-herpética, além de ter efeito miorrelaxante. Bloqueia a ação dos neurotransmissores excitatórios nos núcleos sensitivos e inibe os reflexos monopolissinápticos na medula espinal, atuando como neurotransmissor inibitório e hiperpolarizando os terminais dos aferentes primários. A forma levógera é mais eficaz do que a forma dextrolevógera. Pode ser utilizado por via oral ou intratecal. Sua excreção é renal.

O início da ação antiespática ocorre horas ou dias após a administração, e o momento do pico do efeito é muito variado. Em bolo, por via intratecal, o efeito antiespástico dura 4 horas e pode comprometer a atenção. A associação com carbamazepina, antidepressivos e difenil-hidantoína melhora o resultado do tratamento e potencializa o efeito depressor de álcool, barbituratos, narcóticos e anestésicos voláteis. A suspensão abrupta do baclofeno pode gerar alucinações, convulsões e aumento súbito da espasticidade. Sonolência, sensação de fraqueza, prostração, náuseas, vômitos, ataxia e aumento da desidrogenase láctica são comuns com seu uso. Em caso de intoxicação podem ocorrer taquicardia, palpitações, hipotensão arterial, angina, síncopes, dispneia, vertigens, tonturas, excitações, cefaleia, alucinações, euforia, disartria, convulsões, borramento visual, estrabismo, depressão respiratória, salivação, obstipação intestinal, diarreia, dor abdominal, mialgias, erupção cutânea, prurido etc. Nesses casos, são recomendadas a indução do vômito com ipeca, a lavagem gástrica e a administração de carvão ativado.

A flupirtina é um analgésico potente, com ação central e efeito miorrelaxante. Apresenta potência intermediária entre o paracetamol e a morfina. Seu mecanismo de ação não está estabelecido. Ela parece exercer efeito analgésico na medula encefálica e inibir as prostaglandinas nos tecidos. A analgesia é parcialmente resultante da modificação da atividade do sistema noradrenérgico. O efeito máximo é atingido em 30 minutos após a administração e mantém-se durante 3 a 5 horas. A meia-vida é de 10 horas. A dose-teto é de 600 mg. É metabolizada no fígado e excretada na urina e na bile. Seu uso pode provocar sonolência, cefaleia, vertigens, epigastralgia, diarreia, sialosquese, náuseas, vômitos, obstipação, sudorese, reações cutâneas e alterações visuais.

Deve ser evitada em pacientes que exercem tarefas que exijam atenção, em gestantes e em lactentes. Pode alterar a bilirrubinemia e a concentração de urobilinogênio e das proteínas na urina. Potencializa o efeito do álcool e dos psicofármacos e modifica a atividade dos anticoagulantes. Não deve ser associada ao acetaminofeno.

A ciclobenzaprina promove ação miorrelaxante por atuar em circuitos polissinápticos no tronco encefálico e na medula espinal. Apresenta efeito sedativo e indutor do sono por mecanismos e efeitos colaterais semelhantes aos da amitriptilina.

O carisoprodol também atua em circuitos multineuronais do tronco encefálico e na medula espinal. Apresenta efeito sedativo e miorrelaxante. Fraqueza, impotência funcional, tonturas, vertigem, insônia, depressão, taquicardia, síncopes, eritema, asma, náuseas, vômitos e soluços são adversidades observadas com seu uso.

A orfenadrina é um relaxante muscular que exerce atividades anticolinérgica muscarínica central e periférica, anti-histamínica, relaxante muscular, noradrenérgica e serotoninérgica central. Seu uso pode causar obstipação, sialosquese, retenção urinária, astenia, fadiga, sonolência, hipotensão arterial, taquicardia sinusal, borramento visual, alucinações e confusão mental. Deve ser empregada com cuidado em prostáticos e comatosos.

Anticonvulsivantes

Carbamazepina, difenil-hidantoína, clonazepam, valproato de sódio e baclofeno são indicados para o tratamento da dor paroxística que acompanha as neuropatias periféricas e centrais. Apresenta efeitos analgésicos limitados nas dores musculoesqueléticas.

Tranquilizantes menores

Apresentam efeito tranquilizante, anticonvulsivante e miorrelaxante. São eficazes para o tratamento de ansiedade aguda, fobia, espasmo muscular e convulsões mioclonais e para normalizar a indução do sono. Apenas o clonazepam apresenta efeito antineurálgico. Com finalidade miorrelaxante, o diazepam é o mais utilizado. Como indutor do sono, o lorazepam e o midazolam são os mais empregados. Como ansiolítico, o alprazolam é recomendado. Os benzodiazepínicos deprimem o SNC, causam dependência psíquica e somática, acentuam a hostilidade, pervertem o ritmo do sono, inibem a liberação da serotonina e aumentam a percepção da dor, razões pelas quais devem ser evitados em pacientes com dor crônica.

Corticosteroides

São pouco indicados nas dores musculoesqueléticas. Inibem a síntese de ácido araquidônico, precursor de prostaglandinas e leucotrienos. Além disso, apresentam efeito orexígeno e euforizante. Têm efeito lítico em alguns tumores. São muito eficazes para o controle da dor por lesão óssea e de partes moles, como invasão hepática, invasão de plexos nervosos, compressão da medula espinal e hipertensão intracraniana. Dexametasona, prednisolona, betametasona e succinato sódico de metilprednisona são os agentes mais utilizados em nosso meio. Na dor de origem musculoesquelética não se evidencia vantagem à infusão peridural.

Anfetaminas

A dextroanfetamina e a metanfetamina potencializam o efeito analgésico dos morfínicos, combatem seus efeitos sedativos e apresentam efeito antidepressivo. Tolerância e dependência manifestam-se rapidamente com essas drogas. O metilfenidato é muito utilizado para o tratamento de pacientes com sonolência por uso de morfínicos. Taquicardia, insônia, agitação e acidentes cardiocirculatórios são descritos com tais agentes. Deve-se ter cuidado especial em idosos e sempre avaliar a função tireoidiana anteriormente ao seu uso.

Viminol

Exerce efeito analgésico por mecanismos ainda não esclarecidos. É muito bem tolerado. Apresenta leve efeito sedativo. Eventualmente, pode acarretar sensação de empachamento epigástrico e náuseas. Potencializa o efeito hipnótico dos barbitúricos. Utiliza-se com frequência em dores musculoesqueléticas, com melhora da sintomatologia. O comprimido de 70 mg de hidróxido de benzonato corresponde a 50 mg de viminol, na dose de 50 a 100 mg, de 3 a 4 vezes ao dia.

OUTROS AGENTES FARMACOLÓGICOS

A cafeína parece atuar como coanalgésico em doses de 100 a 200 mg a cada 4 horas. A calcitonina, os bifosfonatos e a mitramicina parecem melhorar a dor decorrente de metástases ósseas, porém a primeira tem sido utilizada como adjuvante no tratamento de dores musculoesqueléticas. O efeito analgésico do L-triptofano precursor da serotonina necessita ser mais bem avaliado. Os canabinoides apresentam efeito euforizante, orexígeno, antiemético e analgésico. Sua eficácia para o tratamento da dor necessita de melhor avaliação.

Bloqueadores alfa-adrenérgicos (fenoxibenzamina), agonistas alfa-2 adrenérgicos (clonidina) e betabloqueadores parecem ser pouco eficientes para o tratamento da distrofia simpático-reflexa.

Muitas vezes, na ausência de resposta satisfatória ao tratamento farmacológico, procedimentos invasivos, como implantes de cateteres ou bombas para infusão de fármacos e rizotomia facetária, são indicados como adjuvantes a fim de propiciar adequação de técnicas de medicina física para se obter completa reabilitação funcional.

Pacientes com psicopatias obviamente necessitam de acompanhamento psiquiátrico. Psicoterapia de apoio individual ou em grupo, técnicas de relaxamento, *biofeedback*, hipnose e estratégias cognitivas, entre outros, são muito úteis para a normalização das alterações afetivas não passíveis de controle farmacológico ou por entrevistas com os membros da equipe de tratamento.

As técnicas de psicoterapia não devem ser regularmente prescritas para pacientes adequadamente controlados com fármacos, porque a adesão e a motivação são pequenas nessas eventualidades; também não são indicadas para pacientes com dor muito intensa em que a capacidade de participação é reduzida por causa das limitações funcionais.

Toda a equipe envolvida no tratamento do paciente com dor crônica deve adotar atitudes encorajadoras em relação aos pacientes e às pessoas com as quais convivem. As situações clínicas devem ser explicadas com clareza e polidez, evitando-se relatos de propostas e a apresentação de resultados de tratamentos contraditórios ou confusos e expressões grotescas. Descrições de situações deprimentes e linguagens não acessíveis ao padrão cultural e étnico de cada paciente também devem ser evitadas. O esclarecimento das situações reduz as incertezas e permite melhor adesão ao tratamento e maior confiança nas condutas propostas.

BIBLIOGRAFIA

Beaver WT. Combination analgesics. Am J Med. 1984;77:38.

Branco JC. The diagnosis and treatment of fibromyalgia. Acta Med. 1995;8(4):233-8.

Davis KD, Treede RD, Raja SN, Meyer RA, Campbell RN. Topical application of clonidine relieves hyperalgia in patients with sympathetically mantained pain. Pain. 1991;47:309-17.

Feinmann C. Pain relied by antidepressants: possible modes of action. Pain. 1985;23:1-8.

Foley KM. Analgesic drug therapy in cancer pain: principles and practice. Med Clin North Am. 1987;71:207.

Forster AJ, Clark HD, Menard A. Adverse events among medical patients after discharge from hospital. CMAJ. 2004;170:345-9.

Gelembert AJ. New perspectives on the use of tricyclic antidepressants. J Clin Psychiatry. 1989;50(sup 1):3.

Hertz A. Opiates opioids and their reception in the modulation of pain. Acta Neurochir. 1987;38(Sup.1):36-40.

Institute of Medicine Report from the Committee on Advancing Pain Research, Care, and Education. Relieving pain in America: a blueprint for transforming prevention, care, education, and research [Internet]. Washington, DC: National Academies Press; 2011 [citado 15 jan. 2025]. Disponível em: www.nap.edu/read/13172/chapter/2.

Neves ATA, Teixeira MJ. Dor musculoesquelética: princípios de tratamento. São Paulo: 1º Congresso Paulista de Geriatria e Gerontologia – GERP'98 – Consensos e Recomendações; 1998.

Omoigue S. The pain drugs handbook. St Louis: Mosby; 1995.

Sourial M, Lesé MD. The pharmacist's role in pain management during transitions of care. US Pharm. 2017;42(8):HS-17–HS-28.

Teixeira MJ. Controvérsias no uso de morfínicos no tratamento da dor não oncológica. In: Correa CFC, editor. Anais do III Simbidor – Simpósio Internacional de Dor. São Paulo: Simpósio Internacional de Dor; 1997. p.2-9.

Tonnessen TI. Pharmacology of drugs used in the treatment of fibromyalgia and myofascial pain. In: Vaeroy H, Merskey H, editors. Progress in fibromyalgia and myofascial pain. Amsterdam: Elsevier; 1993. p.173-88.

Trang J, Martinez A, Aslam S, Duong MT. Pharmacist advancement of transitions of care to home (PATCH) service. Hosp Pharm. 2015;50(11):994-1002.

World Health Organization. Cancer pain relief. Geneva: WHO; 1996.

World Health Organization. Palliative Care [Internet]. Geneva: WHO; 2020 [citado 15 jan. 2025]. Disponível em: https://www.who.int/health-topics/palliative-care.

SEÇÃO IV

Novas fronteiras da farmácia clínica

31

Farmácia clínica na vacinação e imunizações

INTRODUÇÃO

O papel e a relevância do farmacêutico na vacinação e na imunização vêm de longa data. Desde a participação nas pesquisas laboratoriais e clínicas até o envolvimento no desenvolvimento, na produção, no controle e na garantia da qualidade dos produtos, passando mais recentemente pelo processo de imunização propriamente dito, com a regulamentação pelo Conselho Federal de Farmácia (CFF) e a Agência Nacional de Vigilância Sanitária (Anvisa).

A Lei n. 13.021/2014, ao reconhecer o estabelecimento farmacêutico como um estabelecimento de saúde, almeja que os novos conhecimentos auxiliem, cotidianamente, o farmacêutico na prestação da devida assistência à população, consolidando, assim, a importância de suas práticas, inclusive no que tange ao escopo da atenção primária na saúde.

A vacinação é uma forma simples, segura e eficaz de proteger as pessoas contra doenças nocivas, antes que entrem em contato com elas. Ela usa as defesas naturais do paciente para construir resistência a infecções específicas e torna o sistema imunológico mais fortalecido. As vacinas treinam o sistema imunológico para criar anticorpos, assim como faz quando é exposto a uma doença. No entanto, como as vacinas contêm apenas formas mortas ou enfraquecidas de microrganismos, como vírus ou bactérias, elas não causam a doença nem colocam o paciente em risco de complicações. A maioria das vacinas é administrada por via parenteral, mas algumas são administradas por via oral (pela boca) ou pulverizadas no nariz.

As vacinas representam um dos melhores avanços na ciência e na medicina, ajudando as pessoas em todo o mundo a eliminar e prevenir a propagação de doenças infecciosas. Embora muitas vacinas humanas tenham sido desenvolvidas e estejam em uso, as doenças infecciosas ainda são ameaças à saúde das pessoas, especialmente durante surtos epidêmicos.

Durante os surtos de síndrome respiratória aguda grave (Sars) em 2003, na Ásia, houve mais de 8 mil casos e ocorreram mais de 800 mortes, e o impacto econômico da síndrome ultrapassou US$ 50 bilhões, de acordo com o relatório da Organização Mundial da Saúde (OMS).

Quando ocorreu o maior surto de ebola na África Ocidental em 2014-2015, mais de 28 mil casos foram relatados e houve mais de 11 mil mortes. Estima-se que Guiné, Libéria e Serra Leoa tenham sofrido perdas de mais de US$ 2 bilhões em crescimento econômico como resultado dos surtos da doença do vírus Ebola. Com base nas experiências de surtos de epidemia de ebola na África Ocidental, a OMS publicou uma lista priorizada de 11 patógenos que provavelmente causam situações de surto, incluindo os vírus Ebola, Lassa, Marburg, MRSA, Zika etc.

Algumas dessas vacinas contra doenças infecciosas epidêmicas estão atualmente em desenvolvimento. Conforme apontado pela OMS, será uma meta comum para todos os países fornecer acesso equitativo a vacinas e serviços de imunização de alta qualidade, seguros e acessíveis ao longo da vida.

Hoje existem vacinas disponíveis para proteger contra pelo menos 20 doenças, como difteria, tétano, coqueluche, gripe e sarampo. Juntas, essas vacinas salvam a vida de até 3 milhões de pessoas todos os anos. Quando somos vacinados, não estamos apenas protegendo a nós mesmos, mas também aqueles ao nosso redor. Algumas pessoas, como aquelas gravemente doentes, são aconselhadas a não tomar certas vacinas – portanto, elas dependem que sejamos vacinados e ajudemos a reduzir a propagação da doença.

O desenvolvimento de vacinas envolve muitas partes interessadas e várias disciplinas, incluindo ciências, medicina, saúde pública, agências regulatórias, fabricantes, profissionais de saúde, profissionais de segurança de vacinas e consumidores.

Em muitos países, as agências governamentais desempenham papéis importantes na inovação, no desenvolvimento e na comercialização de vacinas. Por exemplo, nos Estados Unidos, o National Institutes of Health (NIH) conduz e apoia a pesquisa básica, a pesquisa translacional e a avaliação clínica para identificar novos alvos de vacinas e promover novos candidatos a vacinas por meio de canais de desenvolvimento de produtos.

A agência reguladora dos Estados Unidos, Food and Drug Administration (FDA), está envolvida na revisão e no licenciamento de vacinas, ciências regulatórias, inspeção de fabricação e monitoramento de segurança pós-licenciamento. O Centers for Disease Control and Prevention (CDC) do mesmo país identifica, controla e previne doenças infecciosas por meio de vigilância, detecção e resposta, recomendações de uso de vacinas, compra e prestação de serviços de vacinas, comunicações de saúde e monitoramento de segurança e eficácia de vacinas pós-comercialização. As vacinas são produtos altamente regulamentados e requerem monitoramento de segurança extensivo.

Durante a pandemia de Covid-19, a vacinação foi extremamente importante. A pandemia causou um declínio no número de crianças que recebem imunizações de rotina, o que pode levar a um aumento de doenças e morte por doenças evitáveis. A OMS exortou os países a garantirem que a imunização essencial e os serviços de saúde a continuarem, apesar dos desafios impostos pela pandemia.

A Covid-19 é causada por um vírus conhecido como síndrome respiratória aguda grave coronavírus 2 (SARS-CoV-2), associado a vários casos fatais em todo o mundo. A rápida disseminação desse patógeno e o número crescente de casos destacam o desenvolvimento urgente de vacinas. Dentre as tecnologias disponíveis, a vacinação com DNA é uma alternativa promissora aos imunizantes convencionais. Desde sua descoberta, na década de 1990, tem sido de grande interesse por causa de sua capacidade de induzir respostas imunes humorais e celulares ao mesmo tempo que mostra vantagens relevantes em relação a produtibilidade, estabilidade e armazenamento.

As vacinas funcionam treinando e preparando as defesas naturais do corpo – o sistema imunológico – para reconhecer e combater vírus e bactérias. Se o corpo for exposto a esses patógenos causadores de doenças mais tarde, estará pronto para destruí-los rapidamente – o que evita doenças.

Quando uma pessoa é vacinada contra uma doença, o risco de infecção também é reduzido – portanto, é menos provável que ela transmita o vírus ou a bactéria a outras pessoas. À medida que mais indivíduos em uma comunidade são vacinados, menos pessoas permanecem vulneráveis e há menos possibilidade de alguém infectado transmitir o patógeno a outra pessoa. Reduzir a possibilidade de um patógeno circular na comunidade protege aqueles que não podem ser vacinados (em virtude de problemas de saúde, como alergias ou idade) da doença visada pela vacina.

"Imunidade de rebanho", também conhecida como "imunidade populacional", é a proteção indireta contra uma doença infecciosa que ocorre quando a imunidade se desenvolve em uma população por meio de vacinação ou infecção prévia. A imunidade de rebanho não significa que os indivíduos não vacinados ou que não foram previamente infectados sejam eles próprios imunes. Em vez disso, a imunidade de rebanho existe quando os indivíduos que não estão imunes, mas vivem em uma comunidade com alta proporção de imunidade, têm um risco reduzido de doença em comparação com indivíduos não imunes que vivem em uma comunidade com uma pequena proporção de imunidade.

Em comunidades com alta imunidade, as pessoas não imunes têm um risco menor de doença do que teriam, mas seu risco reduzido resulta da imunidade das pessoas na comunidade em que vivem (ou seja, imunidade de rebanho), não porque sejam pessoalmente imunes. Mesmo depois que a imunidade de rebanho é alcançada pela primeira vez e é observado um risco reduzido de doença entre pessoas não imunizadas, esse risco continuará caindo se a cobertura de vacinação continuar a aumentar. Quando a cobertura da vacina é muito alta, o risco de doença entre aqueles que não estão imunes pode se tornar semelhante ao daqueles que são verdadeiramente imunes.

A OMS apoia a obtenção da "imunidade de rebanho" por meio da vacinação, não permitindo que uma doença se espalhe pela população, pois isso resultaria em casos e mortes desnecessários. Para a Covid-19, doença que causou uma pandemia global, muitas vacinas foram desenvolvidas, tendo demonstrado segurança e eficácia contra a doença. A proporção da população que deve ser vacinada contra a Covid-19 para começar a induzir imunidade coletiva não é conhecida. Essa é uma importante área de pesquisa e varia de acordo com a comunidade, a vacina, as populações priorizadas para vacinação e outros fatores.

A imunidade de rebanho é um atributo importante das vacinas contra poliomielite, rotavírus, pneumococo, *Haemophilus influenzae* tipo B, febre amarela, meningococo e várias outras doenças evitáveis com vacinação. No entanto, é uma abordagem que só funciona com um elemento de disseminação de pessoa para pessoa. Por exemplo, o tétano é contraído por bactérias no meio ambiente, não por outras pessoas, então aqueles que não estão imunizados não estão protegidos da doença, mesmo que a maior parte do restante da comunidade seja vacinada.

Sem as vacinas, corre-se o risco de contrair doenças graves e desenvolver incapacidades em virtude de doenças como sarampo, meningite, pneumonia, tétano e poliomielite. Muitas dessas doenças podem ser fatais. A OMS estima que as vacinas salvam entre 2 e 3 milhões de vidas todos os anos.

Embora algumas doenças possam ter se tornado incomuns, os microrganismos que as causam continuam a circular em algumas ou em todas as partes do mundo. No mundo de hoje, as doenças infecciosas podem facilmente cruzar fronteiras e infectar qualquer pessoa que não esteja protegida.

Duas razões principais para ser vacinado são: proteger-se e proteger aqueles que nos rodeiam. Como nem todos podem ser vacinados – incluindo bebês muito novos, aqueles que estão gravemente doentes ou têm certas alergias –, os impedidos dependem de outras pessoas serem vacinadas para garantir que também estejam protegidos contra doenças evitáveis por vacinação.

As vacinas protegem contra muitas doenças diferentes, incluindo: câncer cervical, cólera, Covid-19, difteria, hepatite B, gripe, encefalite japonesa, sarampo, meningite, caxumba, coqueluche, pneumonia, poliomielite, raiva, rotavírus, rubéola, tétano, tifoide, varicela e febre amarela.

Algumas outras vacinas atualmente estão em desenvolvimento ou sendo testadas, incluindo aquelas que protegem contra ebola ou malária, mas ainda não estão amplamente disponíveis em todo o mundo. Nem todas essas vacinas podem ser necessárias em todos os países. Algumas podem ser dadas apenas antes da viagem, em áreas de risco ou para pessoas em ocupações de alto risco. É importante a avaliação do farmacêutico para descobrir quais vacinas são necessárias para seu paciente e a família dele.

Quase todos podem ser vacinados. No entanto, em virtude de algumas condições médicas, algumas pessoas não devem tomar certas vacinas ou devem esperar antes de tomá-las. Essas condições podem incluir:

- Doenças ou tratamentos crônicos (como quimioterapia) que afetam o sistema imunológico.
- Alergias graves aos ingredientes da vacina, com risco à vida, que são muito raras.
- Presença de doença grave ou de febre alta no dia da vacinação.

Esses fatores geralmente variam para cada vacina. É extremamente importante o farmacêutico avaliar caso a caso se o paciente pode ou não tomar a vacina, incluindo a avaliação das recomendações do fabricante.

EXPERIÊNCIAS DE VACINAÇÃO POR FARMACÊUTICOS

As vacinas previnem cerca de 2,5 milhões de mortes em todo o mundo a cada ano e estão entre as medidas preventivas mais econômicas contra doenças infecciosas. Apesar da eficácia e disponibilidade das vacinas em muitas partes do mundo, as taxas de vacinação e a utilização do serviço permanecem abaixo do ideal, tanto entre os profissionais de saúde quanto entre o público.

Os farmacêuticos, como defensores estabelecidos, educadores, bem como fornecedores qualificados de vacinas, têm um papel significativo a desempenhar na promoção e no apoio à aplicação da vacinação.

Desafios e barreiras para a vacinação farmacêutica são multifatoriais e demandam estratégias eficazes para enfrentá-los. A superação dessas barreiras aumentará o papel dos farmacêuticos como vacinadores, o que, em última análise, aumentará o acesso do público à vacinação e a informações precisas e confiáveis sobre as vacinas.

Na Austrália, a disponibilidade de serviços de vacinação farmacêutica, bem como os achados de estudos internacionais, facilitaram o acesso a consumidores rurais. Uma área que deve ser explorada é a prestação de serviços de vacinação farmacêutica a grupos carentes específicos. Um estudo dos Estados Unidos sobre serviços de vacinação farmacêuticos fornecidos a comunidades carentes mostrou um impacto significativo no aumento das taxas de imunização de adultos nessas comunidades. No entanto, a exigência de dois farmacêuticos pode limitar a prestação de serviços nessas áreas, e alguns entrevistados comentaram que era difícil ter dois farmacêuticos presentes em farmácias rurais/regionais. Esse requisito deve ser reconsiderado pelas autoridades legislativas, uma vez que tais restrições não são exigidas em um procedimento de baixo risco.

Além da vacinação contra influenza, outras vacinas que os participantes indicaram que poderiam ser administradas por farmacêuticos incluíram coqueluche, tétano, sarampo, caxumba e rubéola, hepatites A e B, pneumocócica, febre tifoide e vacinas de viagem em geral. Várias dessas vacinas já são administradas por farmacêuticos nos Estados Unidos, Reino Unido e Nova Zelândia. Deve-se considerar a ampliação dos tipos de vacinas disponíveis, em particular daquelas com taxas consistentemente baixas de aceitação pela comunidade, como o HPV, e em áreas de baixa vacinação, como nas comunidades.

A prestação de serviços de vacinação farmacêutica criou oportunidades para estabelecer relações terapêuticas. Isso facilitou o atendimento holístico centrado no paciente, que se encaixa na abordagem do governo em relação ao financiamento para a prestação de serviços profissionais. Os farmacêuticos estão bem posicionados para garantir uma boa comunicação entre os prestadores de cuidados de saúde e manter uma boa vigilância e qualidade do registro de imunização. No entanto, os participantes da referida entrevista comentaram que o financiamento apropriado deve ser considerado, um achado semelhante à pesquisa recentemente publicada nos Estados Unidos, que identificou o reembolso inconsistente como um desafio para os farmacêuticos e que precisa ser enfrentado. Da perspectiva da alocação de recursos de saúde na Austrália, as vacinas entregues se refletem em economia para o governo, pois os farmacêuticos não recebem taxa de consulta por intermédio do Medicare, como é o caso de outros profissionais de saúde, ou seja, os médicos clínicos gerais. No entanto, para que o serviço seja sustentável, o financiamento do governo aos farmacêuticos precisa ser considerado.

A influenza sazonal é uma das principais causas do excesso de mortes no inverno e do aumento das internações hospitalares. Há um alto nível de carga econômica associada à infecção. Embora as metas de vacinação tenham sido definidas para lidar com essa questão internacional, muitos países lutam para alcançar essas metas de cobertura para suas populações em risco usando métodos tradicionais de aplicação.

Os provedores tradicionais incluem médicos de família e enfermeiras; no entanto, a vacinação contra influenza liderada por farmacêuticos tornou-se uma ajuda comumente utilizada para apoiar as metas de vacinação. As farmácias comunitárias são convenientes e amplamente acessíveis, e as avaliações demonstram de modo consistente que os pacientes estão satisfeitos com as vacinas administradas por farmacêuticos.

Permitir que farmacêuticos comunitários administrem a vacinação contra influenza como uma opção alternativa de entrega ajuda a aumentar a taxa de cobertura da vacinação. Além disso, o recrutamento de farmacêuticos comunitários para fornecer esse serviço demonstrou contribuir para atingir as metas para aqueles em risco. Os serviços de vacinação contra a gripe conduzidos por farmacêuticos podem gerar valor para os pagadores e reduzir a pressão sobre os sistemas de saúde.

VACINAÇÃO EM FARMÁCIAS NO BRASIL

Em 26 de dezembro de 2017, foi publicada a RDC n. 197, que dispõe sobre os requisitos mínimos para o funcionamento dos serviços de vacinação humana. Essa normativa também se aplica aos estabelecimentos farmacêuticos (farmácias e drogarias) que tenham interesse em implementar tal serviço, uma vez que a Lei n. 13.021/2014, em seu artigo 7º, autoriza as farmácias a dispor de vacinas e soros para atendimento à população.

Requisitos para o funcionamento do serviço de vacinação:

- Possuir licença para a prestação do serviço de vacinação, emitida pela autoridade sanitária municipal competente.

- O estabelecimento deve estar inscrito e manter seus dados atualizados no Cadastro Nacional de Estabelecimentos de Saúde – CNES (http://cnes.datasus.gov.br/pages/acesso-rapido/obterCnes.jsp). O CNES é um documento público e um sistema de informação oficial de cadastramento de informações acerca de todos os estabelecimentos de saúde do país, independentemente de sua natureza jurídica ou integração com o Sistema Único de Saúde (SUS). Para que uma farmácia possa oferecer o serviço de vacinação, é necessário ter um código CNES específico, conforme determina a Portaria MS n. 1.646/2015. Tipo de estabelecimento: "43 farmácia". Mais informações sobre o CNES podem ser obtidas em: http://www.crfsp.org.br/images/arquivos/CNES.pdf.
- Afixar, em local visível ao usuário, o Calendário Nacional de Vacinação do SUS, com a indicação das vacinas disponibilizadas nesse calendário.*
- O estabelecimento deverá possuir farmacêutico responsável técnico e contar com farmacêutico presente para desenvolver as atividades de vacinação durante todo o período em que o serviço for oferecido.

CRITÉRIOS PARA QUE O FARMACÊUTICO POSSA ATUAR NO SERVIÇO DE VACINAÇÃO

Os critérios para que o farmacêutico possa atuar no serviço de vacinação constam na Resolução CFF n. 654/2018. Há três possibilidades para que o farmacêutico seja considerado apto pelo CRF:

- Ser aprovado em curso de formação complementar que atenda aos referenciais mínimos estabelecidos, credenciado pelo CFF ou ministrado por instituição de ensino superior reconhecida pelo Ministério da Educação ou, ainda, ofertado pelo Programa Nacional de Imunizações (PNI). Conforme a Portaria CFF n. 49/2018, os cursos de formação complementar em serviços de vacinação deverão cumprir uma carga horária total mínima de 40 horas, sendo, no mínimo, 20 horas exclusivamente presenciais.
- Comprovar a realização de curso de pós-graduação cujo conteúdo preencha os requisitos mínimos previstos no Anexo da Resolução CFF n. 654/2018.

---

* Fonte: http://portalarquivos.saude.gov.br/campanhas/pni/ e https://sbim.org.br/calendarios-de-vacinacao.

- Possuir experiência de, no mínimo, 12 meses de atuação na área, devidamente comprovados junto ao Conselho Regional de Farmácia (CRF) da sua jurisdição até a data de publicação da Resolução CFF n. 654/2018 (27 de fevereiro de 2018).

O farmacêutico deverá afixar no local de prestação do serviço de vacinação declaração emitida pelo CRF da sua jurisdição que ateste sua identificação e aptidão.

1. Os profissionais envolvidos nos processos de vacinação devem ser periodicamente capacitados.

A capacitação deve ocorrer em relação aos seguintes temas relacionados à vacina:

A. Conceitos básicos de vacinação.
B. Conservação, armazenamento e transporte.
C. Preparo e administração segura.
D. Gerenciamento de resíduos.
E. Registros relacionados à vacinação.
F. Processo para investigação e notificação de eventos adversos pós-vacinação e erros de vacinação.
G. Calendário Nacional de Vacinação do SUS vigente.
H. Higienização das mãos.
I. Conduta a ser adotada em face das possíveis intercorrências relacionadas à vacinação.

As capacitações devem ser registradas contendo data, horário, carga horária, conteúdo ministrado, nome e formação ou capacitação profissional do instrutor e dos profissionais envolvidos nos processos de vacinação.

2. O estabelecimento deve possuir instalações físicas adequadas conforme normatizado pela RDC n. 50/2002 e itens obrigatórios preconizados pela RDC n. 197/2017.

A infraestrutura deve contar com, no mínimo:

I. Área de recepção dimensionada de acordo com a demanda e separada da sala de vacinação.

II. Sanitário.
III. Sala de vacinação, que deve conter, no mínimo:
   A. Pia de lavagem.
   B. Bancada.
   C. Mesa.
   D. Cadeira.
   E. Caixa térmica de fácil higienização.
   F. Equipamento de refrigeração exclusivo para guarda e conservação de vacinas, com termômetro de momento com máxima e mínima. O equipamento de refrigeração deve estar regularizado perante a Anvisa (registrado como produto para a saúde).
   G. Local para a guarda dos materiais utilizados na administração das vacinas.
   H. Recipientes para descarte de materiais perfurocortantes e de resíduos biológicos.
   I. Maca.
   J. Termômetro de momento, com máxima e mínima, com cabos extensores para as caixas térmicas.

Em situações de urgência, emergência e em caso de necessidade, a aplicação de vacinas pode ser realizada no ponto de assistência ao paciente. Ressalta-se que o serviço de vacinação deve adotar procedimentos para preservar a qualidade e a integridade das vacinas quando houver necessidade de transportá-las.

Conforme a RDC n. 50/2002, a sala de imunização deve ter dimensão mínima de 6 m^2.

3. O serviço de vacinação deve realizar o gerenciamento de suas tecnologias e processos conforme as atividades desenvolvidas.

De acordo com o item II do artigo 4º da RDC n. 63/2011, que dispõe sobre os requisitos de Boas Práticas para o Funcionamento de Serviços de Saúde, o gerenciamento de tecnologias é definido como procedimentos de gestão, planejados e implementados a partir de bases científicas e técnicas, normativas e legais, com o objetivo de garantir rastreabilidade, qualidade, eficácia, efetividade, segurança e, em alguns casos, o desempenho das tecnologias utilizadas na prestação de serviços de saúde, abrangendo cada etapa do gerenciamento, desde o planejamento e entrada das tecnologias no estabelecimento até seu descarte, visando à proteção dos trabalhadores, preservação da saúde pública e do meio ambiente e segurança do paciente.

Conforme a RDC n. 197/2017, o gerenciamento de tecnologias e dos processos deve contemplar, minimamente:

I. Meios eficazes para o armazenamento das vacinas, garantindo sua conservação, eficácia e segurança, mesmo diante de falha no fornecimento de energia elétrica.
II. Registro diário das temperaturas máxima e mínima dos equipamentos destinados à conservação das vacinas, utilizando-se de instrumentos devidamente calibrados que possibilitem monitoramento contínuo da temperatura.
III. Utilização somente de vacinas registradas ou autorizadas pela Anvisa.
IV. Demais requisitos da gestão de tecnologias e processos conforme normas sanitárias aplicáveis aos serviços de saúde.

A RDC n. 63/2011, na Seção VIII, descreve os critérios para a gestão de tecnologias e processos, conforme segue:

> Art. 51. O serviço de saúde deve dispor de normas, procedimentos e rotinas técnicas escritas e atualizadas, de todos os seus processos de trabalho em local de fácil acesso a toda a equipe.
> Art. 52. O serviço de saúde deve manter os ambientes limpos, livres de resíduos e odores incompatíveis com a atividade, devendo atender aos critérios de criticidade das áreas.
> Art. 53. O serviço de saúde deve garantir a disponibilidade dos equipamentos, materiais, insumos e medicamentos de acordo com a complexidade do serviço e necessários ao atendimento da demanda.
> Art. 54. O serviço de saúde deve realizar o gerenciamento de suas tecnologias de forma a atender as necessidades do serviço, mantendo as condições de seleção, aquisição, armazenamento, instalação, funcionamento, distribuição, descarte e rastreabilidade.
> Art. 55. O serviço de saúde deve garantir que os materiais e equipamentos sejam utilizados exclusivamente para os fins a que se destinam.
> Art. 56. O serviço de saúde deve garantir que os colchões, colchonetes e demais mobiliários almofadados sejam revestidos de material lavável e impermeável, não apresentando furos, rasgos, sulcos e reentrâncias.
> Art. 57. O serviço de saúde deve garantir a qualidade dos processos de desinfecção e esterilização de equipamentos e materiais.
> Art. 58. O serviço de saúde deve garantir que todos os usuários recebam suporte imediato à vida quando necessário.

Art. 59. O serviço de saúde deve disponibilizar os insumos, produtos e equipamentos necessários para as práticas de higienização de mãos dos trabalhadores, pacientes, acompanhantes e visitantes.
Art. 60. O serviço de saúde que preste assistência nutricional ou forneça refeições deve garantir a qualidade nutricional e a segurança dos alimentos.
Art. 61. O serviço de saúde deve informar aos órgãos competentes sobre a suspeita de doença de notificação compulsória conforme o estabelecido em legislação e regulamentos vigentes.
Art. 62. O serviço de saúde deve calcular e manter o registro referente aos indicadores previstos nas legislações vigentes.

O serviço de vacinação deve adotar procedimentos para preservar a qualidade e a integridade das vacinas quando houver necessidade de transportá-las. As vacinas deverão ser transportadas em caixas térmicas que mantenham as condições de conservação indicadas pelo fabricante, e a temperatura ao longo de todo o transporte deve ser monitorada com o registro das temperaturas mínima e máxima.

4. Os serviços de vacinação devem garantir atendimento imediato às possíveis intercorrências relacionadas à vacinação. Deve haver a garantia de encaminhamento a um serviço de saúde de maior complexidade para a continuidade da atenção, caso necessário.

5. O estabelecimento deve registrar as informações referentes às vacinas aplicadas e realizar notificações que envolvam a vacinação. As vacinações realizadas pelas farmácias e drogarias serão consideradas válidas para fins legais em todo o território nacional.

Compete aos serviços de vacinação:

I. Registrar as informações referentes às vacinas aplicadas no cartão de vacinação e no sistema de informação definido pelo Ministério da Saúde.
II. Manter prontuário individual, com registro de todas as vacinas aplicadas, acessível aos usuários e às autoridades sanitárias.
III. Manter no serviço, acessíveis à autoridade sanitária, documentos que comprovem a origem das vacinas utilizadas.
IV. Notificar a ocorrência de eventos adversos pós-vacinação (EAPV), conforme determinações do Ministério da Saúde.

V. Notificar a ocorrência de erros de vacinação no sistema de notificação da Anvisa.
VI. Investigar incidentes e falhas em seus processos que podem ter contribuído para a ocorrência de erros de vacinação.**

No cartão de vacinação deverão constar, de forma legível, no mínimo as seguintes informações:

I. Dados do vacinado (nome completo, documento de identificação e data de nascimento).
II. Nome da vacina.
III. Dose aplicada.
IV. Data da vacinação.
V. Número do lote da vacina.
VI. Nome do fabricante.
VII. Identificação do estabelecimento.
VIII. Identificação do vacinador.
IX. Data da próxima dose, quando aplicável.

A administração de vacinas em estabelecimentos privados e que não estejam contempladas no Calendário Nacional de Vacinação do SUS somente será realizada mediante prescrição médica.

A dispensação deve necessariamente estar vinculada à administração da vacina.

As farmácias e drogarias licenciadas para realizar o serviço de vacinação podem realizar vacinação extramuros (atividade vinculada a um serviço de vacinação licenciado, que ocorre de forma esporádica, isto é, por meio de sazonalidade ou programa de saúde ocupacional, praticada fora do estabelecimento, destinada a uma população específica em um ambiente determinado) mediante autorização da autoridade sanitária competente. Tal atividade deve observar todas as diretrizes descritas para o serviço de vacinação.

O Certificado Internacional de Vacinação ou Profilaxia (CIVP) poderá ser emitido pela farmácia ou drogaria licenciada para realizar serviço de vacinação e credenciada pela Anvisa, uma vez que a emissão do CIVP deverá seguir os padrões definidos pela referida agência. O CIVP deverá ser emitido de forma gratuita e registrado em sistema de informação estabelecido pela Anvisa.

** Fonte: https://sbim.org.br/calendarios-de-vacinacao.

O serviço de vacinação deve ser prestado exclusivamente por farmacêutico devidamente apto, nos termos da Resolução CFF n. 654/2018.

Atribuições do farmacêutico conforme a Resolução CFF n. 654/2018:

I. Elaborar Procedimentos Operacionais Padrão (POP) relacionados à prestação do serviço de vacinação.
II. Notificar ao sistema de notificações da Anvisa, ou a outro que venha a substituí-lo, a ocorrência de incidentes, EAPV e queixas técnicas (QT) relacionadas à utilização de vacinas, investigando eventuais falhas relacionadas em seu gerenciamento de tecnologias e processos.
III. Fornecer ao paciente/usuário a declaração do serviço prestado, nos termos da legislação vigente, contendo, ainda, as seguintes informações:
   A. Nome da vacina.
   B. Informações complementares, como nome do fabricante, número de lote e prazo de validade da vacina administrada.
   C. Orientação farmacêutica, quando couber.
   D. Data, assinatura e identificação do farmacêutico responsável pelo serviço prestado, incluindo número de inscrição no CRF da sua jurisdição.
   E. Data da próxima dose, quando couber.
IV. Registrar as informações referentes às vacinas aplicadas no cartão de vacinação, no sistema de informação definido pelo Ministério da Saúde e no prontuário individual do paciente/usuário.
V. Enviar à Secretaria Municipal de Saúde, mensalmente, as doses administradas segundo modelos padronizados no Sistema de Informação do Programa Nacional de Imunização (SIPNI) ou outro que venha a substituí-lo.
VI. Utilizar, preferencialmente, um sistema informatizado como o Registre, do CFF, ou outro que venha a substituí-lo.
VII. Elaborar Plano de Gerenciamento de Resíduos de Serviços de Saúde (PGRSS) relacionado à prestação do serviço de vacinação.

BIBLIOGRAFIA

Anderson C, Thornley T. It's easier in pharmacy: why some patients prefer to pay for flu jabs rather than use the National Health Service. BMC Health Serv Res. 2014;14:35.

Australian Government Department of Health. Australian Influenza Surveillance Report and Activity Updates 2015.

Bach AT, Goad JA. The role of community pharmacy-based vaccinations in the USA: current practice and future directions. Int Pharm Res Prac. 2015;4:67-77.

Brasil. Conselho Regional de Farmácia do Estado de São Paulo. Informe Técnico sobre Orientações para o farmacêutico que atua em farmácias e drogarias e tem interesse de prestar o serviço de vacinação [Internet] [citado 16 jan. 2025]. Disponível em: http://www.crfsp.org.br/orienta%C3%A7%C3%A3o-farmac%-C3%AAutica/641--fiscalizacao-parceira/farm%C3%A1cia/10025-fiscaliza%C3%A7%C3%A3o-orientativa-4.html.

Brewer NT, Chung JK, Baker HM, Rothholz MC, Smith JS. Pharmacist authority to provide HPV vaccine: novel partners in cervical cancer prevention. Gynecol Oncol. 2014;132(Suppl 1):S3-8. Francis M, Hinchliffe A. Vaccination services through community pharmacy. Public Health Wales NHS Trust. Wales: NHS Wales; 2010.

Karafilakis E, Larson HJ. The benefit of the doubt or doubts over benefits? A systematic literature review of perceived risks of vaccines in European populations. Vaccine. 2017;35(37):4840-50.

Kirkdale CL, Nebout G, Megerlin F, Thornley T. Benefits of pharmacist-led flu vaccination services in community pharmacy. Ann Pharm Fr. 2017;75(1):3-8.

Marra F, Kaczorowski J, Gastonguay L, Marra CA, Lynd LD, Kendall P. Pharmacy-based immunization in rural communities strategy (PhICS). Can Pharm J (Ott). 2014; 147:33-44.

Ministry of Health. Immunisation handbook. Wellington, New Zealand: Ministry of Health; 2014.

Poudel A, Lau ETL, Deldot M, Campbell C, Waite NM, Nissen LM. Pharmacist role in vaccination: evidence and challenges. Vaccine. 2019;37(40): 5939-45.

Silva AC, Moreira JN, Lobo JMS, Almeida H. Advances in vaccines. Current Applications of Pharmaceutical Biotechnology. 2020;171:155-88.

Silveira MM, Moreira GMSG, Mendonça M. DNA vaccines against COVID-19: perspectives and challenges. Life Sci. 2021;267:118919.

Sokos DR. Pharmacists' role in increasing pneumococcal and influenza vaccination. Am J Health Syst Pharm. 2005;62:367-77.

Taitel M, Cohen E, Duncan I, Pegus C. Pharmacists as providers: targeting pneumococcal vaccinations to high risk population. Vaccine. 2011;19:8073-6.

Tregoning JS, Brown ES, Cheeseman HM, Flight KE, Higham SL, Lemm N-M, et al. Vaccines for COVID-19. Clin Exp Immunol. 2020 Nov;202(2):162-92.

Vetter V, Denizer G, Friedland LR, Krishnan J, Shapiro M. Understanding modern-day vaccines: what you need to know. Ann Med. 2018;50(2):110-20.

WHO. Vaccines and immunization [Internet] [citado 16 jan. 2025]. Disponível em: https://www.who.int/health-topics/vaccines-and-immunization#tab=tab_1

32

Radiofarmácia

INTRODUÇÃO

Os radiofármacos são usados para dois fins. O mais importante e mais comum é como ferramenta de diagnóstico em medicina clínica. Na forma de um composto traçado, os radiofármacos são administrados a um paciente para observar alterações fisiológicas ou distribuição anormal no corpo. Servem a um propósito de pesquisa, tanto clínica quanto não clínica, em que são usados como traçadores para observar ou quantificar processos bioquímicos ou fisiológicos.

Trata-se de formulações medicinais únicas que contêm radioisótopos usados nas principais áreas clínicas para diagnóstico e/ou terapia. As instalações e os procedimentos para produção, uso e armazenamento dos radiofármacos estão sujeitos a licenciamento pelas autoridades nacionais e/ou regionais. Esse licenciamento inclui a conformidade com os regulamentos que regem os produtos farmacêuticos e com aqueles que regem os materiais radioativos.

A primeira grande expansão na medicina nuclear ocorreu por volta de 1970, com a introdução do gerador $^{99}Mo/^{99m}Tc$ e de preparações de *kit*, permitindo a produção conveniente de radiofármacos no local.

No início, a radiofarmácia hospitalar geralmente ficava sob a alçada da física médica, e a regulamentação era um tanto informal. O *Medicines Act*, no Reino Unido, em 1968, foi a primeira legislação a classificar os radiofármacos como medicamentos. No início da década de 1970, a Medicines Control Agency (MCA, posteriormente Medicines and Healthcare products Regulatory Agency, MHRA) se interessou em melhorar os padrões para a prática da radiofarmácia, mas nesse ponto seu papel era apenas consultivo. Uma orientação inicial sobre a preparação de radiofármacos em hospitais foi publicada pelo British Institute of Radiology em 1975. Com a perda da imunidade da coroa em 1991, a radiofarmácia ficou sob o escrutínio completo da MHRA e os padrões têm sido continuamente apertados desde então. Na verdade, o Reino Unido liderou o mundo nesse processo.

Na farmácia, a radiofarmácia tem sofrido por ser classificada como serviço técnico quando na realidade está entre as mais clínicas das especialidades. A radiofarmácia costuma ser incorporada a um departamento de medicina nuclear clínica, em que é impossível evitar os pacientes, mesmo que se queira. Onde mais alguém pode ver a gama completa, de matérias-primas a produtos injetáveis e resultados clínicos, tudo em questão de minutos a horas? A farmácia é apenas um caminho para a radiofarmácia, e a falta de um plano de carreira definido criou problemas para o recrutamento e o planejamento da sucessão. Finalmente, em 2013, a Health Education England criou um programa de treinamento de cientistas em Ciências Farmacêuticas Clínicas que levaria ao registro estadual no Health and Caring Professions Council (HCPC). Finalmente, houve o reconhecimento formal da radiofarmácia.

Em resumo, a prática da radiofarmácia hospitalar tornou-se muito mais controlada nos últimos 50 anos. Garantir altos padrões tem sido caro em termos de custos operacionais e de capital. Ironicamente, isso protegeu as radiofarmácias do NHS (sistema nacional de saúde britânico), tornando o Reino Unido pouco atraente para as radiofarmácias comerciais. Mas o controle também retardou a implementação de novos procedimentos que são virtualmente rotineiros em outros lugares; um exemplo é a disponibilidade limitada de peptídeos marcados com ^{68}Ga no Reino Unido. O desvio de recursos humanos para questões regulatórias praticamente matou a pesquisa e o desenvolvimento de radiofármacos em hospitais no Reino Unido. Apesar disso, membros da comunidade britânica continuam a desempenhar um papel importante nacional e internacionalmente no avanço da prática da radiofarmácia hospitalar.

O projeto de um radiofármaco requer decisões iniciais com relação à combinação de uma molécula de vetor adequada com um radionuclídeo apropriado, considerando o tipo e a localização do alvo molecular, a aplicação desejada e as restrições de tempo impostas pela meia-vida relativamente curta dos radionuclídeos. Experimentos *in vitro* e *in vivo* bem planejados permitem a validação não clínica de radiotraçadores. Em última análise, em combinação com um pacote de toxicologia limitado, o radiotraçador torna-se um radiofármaco para avaliação clínica, produzido em conformidade com os requisitos regulamentares de medicamentos para injeção intravenosa (IV).

Regulamentos adicionais podem ser aplicados para questões como transporte ou dispensação de radiofármacos. Cada produtor ou usuário deve estar totalmente ciente dos requisitos nacionais relativos aos artigos em questão. Regulamentos relativos a preparações farmacêuticas incluem a aplicação das Boas Práticas de Fabricação (BPF) atuais.

Nuclídeos são definidos como um átomo único caracterizado pelo número atômico (quantidade de prótons no núcleo) e pelo número de massa atômica (total de nêutrons e prótons no núcleo) e que tem estabilidade tal que seu tempo de vida seja mensurável. Todos os átomos que têm o mesmo número atômico são o mesmo elemento. Os átomos do mesmo elemento com diferentes números de massa atômica são chamados de isótopos. Radioatividade, por sua vez, é a propriedade de certos nuclídeos de emitir radiação pela transformação espontânea de seus núcleos nos de outros nuclídeos. O termo "desintegração" é amplamente utilizado como alternativa para o termo "transformação". Esta é preferida porque inclui, sem dificuldades semânticas, aqueles processos em que nenhuma partícula é emitida do núcleo.

O decaimento radioativo é a propriedade de nuclídeos instáveis durante o qual eles sofrem uma reação espontânea de transformação dentro do núcleo. Essa mudança resulta na emissão de partículas de energia ou de energia eletromagnética dos átomos e na produção de um núcleo.

As unidades de radioatividade podem ser consideradas como a atividade de uma quantidade de material radioativo que é expressa em termos do número de transformações nucleares espontâneas que ocorrem em uma unidade de tempo. A unidade SI de atividade é o becquerel (Bq), um nome especial para o segundo recíproco (s-1). Portanto, a expressão de atividade em termos de becquerel indica o número de transformações por segundo. A unidade histórica de atividade é o curie (Ci), equivalente a 3,7 × 1.010 Bq. Os fatores de conversão entre becquerel e curie e seus submúltiplos são dados em tabelas disponíveis em https://www.gov.br/cnen/pt-br/acesso-rapido/centro-de-informacoes-nucleares/material-didatico-1/radioprotecao-e--dosimetria-fundamentos.pdf.

Apesar das peculiaridades relacionadas à produção e ao controle de qualidade de radiofármacos de acordo com a presença do elemento radioativo em sua composição, na maioria das vezes esses medicamentos são administrados de forma intravenosa. Devem, portanto, ser produzidos de acordo com as BPF e ter sua qualidade avaliada por meio da realização de testes de controle de qualidade; nas radiofarmácias hospitalares, apenas em 2008, com a publicação da Resolução da Diretoria Colegiada (RDC) n. 38/2008, a realização do controle de qualidade dos eluatos e radiofármacos de ^{99m}Tc antes da administração no paciente se tornou obrigatória.

A resolução relacionada às BPF de radiofármacos (RDC n. 63/2009), em sua primeira versão, foi publicada no *Diário Oficial da União* em 23 de dezembro de 2009, e suas exigências destinaram-se a suplementar aquelas estabelecidas pela RDC n. 17/2010, que dispunha sobre as BPF de medicamentos. Essas resoluções foram revogadas em 21 de agosto de 2019 e substituídas pela RDC n. 301/2019. As unidades que produzem radiofármacos devem cumprir as diretrizes gerais de BPF de medicamentos.

O local de produção deve estar sob a supervisão de um farmacêutico com experiência em radiofarmácia e radioproteção, e o pessoal que realiza o manuseio dos radiofármacos ou executa tarefas em áreas limpas ou assépticas deve ser cuidadosamente selecionado para que os princípios de BPF sejam assegurados. Um Sistema da Qualidade Farmacêutica deve ser estritamente implementado e cumprido, já que os radiofármacos são, em geral, utilizados antes da obtenção dos resultados dos ensaios de controle de qualidade, por exemplo, o teste de esterilidade. A seguir, serão apresentados alguns conceitos e temas importantes da radiofarmácia.

PRAZO DE VALIDADE (*SHELF LIFE*)

O prazo de validade (*shelf life*) de uma preparação radiofarmacêutica depende principalmente da meia-vida física do radioisótopo, da estabilidade radioquímica e do teor de impurezas radionuclídicas de vida mais longa na preparação em consideração. Muitas preparações radiofarmacêuticas contêm radioisótopos com meias-vidas muito curtas e, portanto, vidas úteis muito curtas. Elas requerem uma indicação de data e hora de validade. Por exemplo, preparações à base de tecnécio e preparações de tomografia por emissão de pósitrons (PET) são normalmente destinadas ao uso em menos de 12 horas (algumas preparações, por orientação do laboratório produtor, devem ser utilizadas em alguns minutos).

No final do período de expiração, a radioatividade terá diminuído na medida em que permanece insuficiente para servir ao propósito pretendido ou em que a dose de ingrediente ativo deve ser tão aumentada que respostas fisiológicas indesejáveis podem ocorrer. Além disso, a decomposição química ou de radiação pode ter reduzido a pureza radioquímica em uma extensão inaceitável. O teor de impurezas radionuclídicas pode ser tão alto que seria entregue ao paciente uma dose de radiação inaceitável.

O prazo de validade de uma preparação radiofarmacêutica multidose, após a retirada asséptica da primeira dose, também dependerá de considerações microbiológicas. Para preparações de radiofármacos contendo radioisótopos com meia-vida longa, considerações microbiológicas podem ter precedência sobre aquelas baseadas na meia-vida física do radioisótopo. Por exemplo, uma vez que a primeira dose foi retirada assepticamente de um recipiente multidose de uma injeção contendo iodo, o recipiente deve ser armazenado a uma temperatura entre 2 e 8°C, e o conteúdo deve ser usado em 7 dias.

PREPARAÇÃO RADIOFARMACÊUTICA

Uma preparação radiofarmacêutica é um produto medicamentoso em forma pronta e adequada para uso humano que contém um radionuclídeo. Este é parte integrante da aplicação medicinal da preparação, tornando-o apropriado para uma ou mais aplicações diagnósticas ou terapêuticas.

GERADOR DE RADIONUCLÍDEO

Trata-se de um sistema em que um radionuclídeo filho (meia-vida curta) é separado por eluição ou por outros meios de um radionuclídeo parental (meia-vida longa) e posteriormente usado para a produção de uma preparação radiofarmacêutica.

PRECURSOR RADIOFARMACÊUTICO

É um radionuclídeo produzido para o processo de radiomarcação com uma preparação radiofarmacêutica resultante.

KIT PARA PREPARAÇÃO RADIOFARMACÊUTICA

Em geral, trata-se de um frasco contendo os componentes não radionuclídeos de uma preparação radiofarmacêutica, geralmente na forma de um produto esterilizado e validado ao qual o radionuclídeo apropriado é adicionado ou no qual o radionuclídeo apropriado é diluído antes do uso médico. Na maioria dos casos, o *kit* é um frasco multidose e a produção da preparação radiofarmacêutica pode exigir etapas adicionais, como fervura, aquecimento, filtração e tamponamento. Preparações derivadas de *kits* são normalmente destinadas para uso dentro de 12 horas após a preparação.

FABRICAÇÃO DE RADIOFÁRMACOS

O processo de fabricação de preparações radiofarmacêuticas deve atender aos requisitos das BPF. O fabricante é responsável por garantir a qualidade de seus produtos, e principalmente por examinar preparações de radionuclídeos de vida curta para impurezas de longa duração após um período adequado de decadência. Dessa forma, o fabricante garante que na fabricação os processos empregados produzem materiais de qualidade apropriada. Em particular, a composição de radionuclídeos de certas preparações é determinada pela constituição química e isotópica do material-alvo (ver a seguir), e as preparações de teste são aconselháveis quando novos lotes de material-alvo são empregados.

PRODUÇÃO DOS RADIONUCLÍDEOS

De maneira geral, a fabricação de radionuclídeos para uso em preparações radiofarmacêuticas abrange:

A. Nuclídeos de fissão nuclear: aqueles com alto número atômico. São fissionáveis, e uma reação comum é a fissão do urânio-235 por nêutrons em um reator nuclear. Por exemplo, iodo-131, molibdênio-99 e xenônio-133 podem ser produzidos dessa maneira. Os radionuclídeos de tal processo devem ser cuidadosamente controlados a fim de minimizar as impurezas radionuclídicas.
B. Radionuclídeos de bombardeio de partículas carregadas: podem ser produzidos por bombardeio de materiais-alvo com partículas carregadas em aceleradores de partículas, como cíclotrons. Radionuclídeos de bombardeio de nêutrons podem ser produzidos bombardeando os materiais-alvo com nêutrons em reatores nucleares. A reação nuclear desejada será influenciada pela energia da partícula incidente, pela composição isotópica e pela pureza do material-alvo.
C. Sistemas geradores de radionuclídeos: radionuclídeos de meia-vida curta podem ser produzidos por meio de um sistema gerador de radionuclídeos envolvendo a separação química ou física entre a filha radionuclídea e um pai com vida longa.

Materiais de partida (incluindo excipientes)

Na fabricação de preparações de radiofármacos, são tomadas medidas para garantir que todos os ingredientes tenham qualidade adequada, incluindo aqueles materiais de partida, como precursores para síntese, que são produzidos em pequena escala e fornecidos por produtores ou laboratórios especializados para uso na indústria radiofarmacêutica. A quantidade real de material radioativo em comparação com as quantidades de excipientes normalmente é muito pequena, portanto esses materiais podem influenciar muito a qualidade da preparação radiofarmacêutica.

MATERIAIS-ALVO (*TARGET MATERIALS*)

A composição e a pureza do material-alvo e a natureza e energia da partícula incidente determinarão as porcentagens relativas do radionuclídeo principal e de outros radionuclídeos potenciais (impurezas radionuclídicas) e, portanto, em última análise, a pureza radionuclídica.

Para radionuclídeos de vida muito curta, incluindo os presentes na maioria dos traçadores de tomografia por emissão de pósitrons (PET), a determinação do estado químico e da pureza do radionuclídeo antes do uso pelo paciente é difícil. Portanto, antes do uso clínico desses radionuclídeos, são essenciais validações extensas e condições operacionais estritas.

O controle estrito da faixa de quantidade e qualidade especificadas também é essencial. Qualquer mudança subsequente nas condições operacionais deve ser revalidada.

Cada lote de material-alvo deve ser testado e validado em execuções de produção especiais antes de seu uso na produção de radionuclídeos de rotina e fabricação da preparação, para garantir que, sob condições especificadas, o alvo produza um radionuclídeo na quantidade e na qualidade desejadas.

CARREADORES (*CARRIERS*)

Um carreador, na forma de material inativo, isotópico com o radionuclídeo, ou não isotópico, mas quimicamente semelhante ao radionuclídeo, pode ser adicionado durante o processamento e a distribuição de uma preparação radiofarmacêutica para permitir pronto manuseio. Em algumas situações, será necessário adicionar um carreador (ou transportador) para melhorar as propriedades químicas, físicas ou biológicas do radiofármaco da preparação. A quantidade de carreador adicionada deve ser suficientemente pequena para não causar efeitos fisiológicos indesejáveis. A massa de um elemento formado em uma estrutura nuclear a partir de uma reação pode ser excedida pela do isótopo inativo presente no material-alvo ou nos reagentes usados nos procedimentos de separação.

PREPARAÇÕES RADIOATIVAS SEM CARREADOR (*CARRIER-FREE*)

As preparações às quais nenhum carreador é adicionado intencionalmente durante o fabrico ou processamento podem ser referidas como "sem carreador". A designação *carrier-free* às vezes é usada para indicar que não ocorreu nenhuma diluição de atividade específica por projeto, embora a molécula carreadora (ou transportadora) possa estar presente em virtude da presença natural de um elemento ou composto não radioativo acumulado durante a produção do radionuclídeo ou a preparação do composto em questão. A atividade específica de materiais radioativos que não são isentos de carreadores pode ser determinada medindo a radioatividade e a quantidade total do elemento ou composto de interesse. A determinação precisa, em que um material tem uma alta atividade específica, pode ser difícil em razão das limitações na obtenção da quantidade exata de substância presente por análise física ou química padrão.

Produção de preparações radiofarmacêuticas

As preparações radiofarmacêuticas podem conter os tipos de excipientes permitidos pela monografia geral para a respectiva forma de dosagem. A seguir, serão comentados elementos importantes no processo de produção.

- Esterilização: preparações radiofarmacêuticas para administração parenteral são esterilizadas por um método adequado. Sempre que possível, a esterilização terminal é recomendada, embora para muitas preparações radiofarmacêuticas a natureza da preparação seja tal que a filtragem é o método de escolha. Todos os processos de esterilização são validados. Quando o tamanho do lote de um radiofármaco é limitado a uma ou poucas amostras (p. ex., preparações radiofarmacêuticas terapêuticas ou de vida muito curta), a liberação paramétrica do produto fabricado por um processo totalmente validado é o método de escolha. Quando a meia-vida é muito curta (p. ex., menos de 20 minutos), a administração do radiofármaco ao paciente geralmente é feita *on-line* com um sistema de produção validado.
- Adição de preservativos antimicrobianos: as injeções de radiofármacos são fornecidas em recipientes multidose. A exigência da monografia para preparações parenterais é de que tais injeções devem conter um conservante antimicrobiano adequado em uma concentração apropriada, o que não necessariamente se aplica a preparações radiofarmacêuticas. A natureza do

antimicrobiano conservante, se presente, é declarada no rótulo ou, quando aplicável, declara-se que não está presente conservante antimicrobiano. Injeções de radiofármacos para as quais o prazo de validade é superior a um dia, e que não contenham conservante antimicrobiano, devem ser fornecidas em embalagens de dose única. Se, no entanto, tal preparação for fornecida em um recipiente multidose, deve ser usada dentro de 24 horas após a retirada asséptica da primeira dose. Injeções de radiofármacos para as quais o prazo de validade é superior a 1 dia, e que contêm um conservante antimicrobiano, podem ser fornecidas em recipientes multidose. Depois da retirada asséptica da primeira dose, o recipiente deve ser armazenado a uma temperatura entre 2 e 8°C e o conteúdo deve ser usado dentro de 7 dias.

- Alertas e precauções: uma blindagem adequada deve ser usada para proteger o pessoal do laboratório da radiação ionizante. Os instrumentos devem ser adequadamente protegidos da radiação de fundo.
- Testes de identidade: os testes de identidade do radionuclídeo estão incluídos nas monografias individuais para preparações radiofarmacêuticas. O radionuclídeo é geralmente identificado por sua meia-vida ou pela natureza e energia de sua irradiação, ou por ambas, conforme declarado na monografia.
- Medida de meia-vida: a preparação deve ser testada após a diluição para evitar perdas de tempo morto usando uma câmara de ionização, um contador Geiger-Müller, um contador de cintilação ou um detector de semicondutor. A atividade deve ser suficientemente alta para permitir a detecção durante várias meias-vidas estimadas. A meia-vida medida não deve se desviar em mais de 5% da meia-vida declarada na monografia individual.
- Pureza radionuclídica: os requisitos de pureza radionuclídica são especificados de duas maneiras:
  - Pela expressão de um nível mínimo de pureza radionuclídica. Salvo indicação em contrário na monografia individual, o espectro de raios gama não deve ser significativamente diferente daquele de uma solução padronizada do radionuclídeo antes de expirar a data.
  - Pela expressão de níveis máximos de impurezas específicas de radionuclídeos nas monografias individuais. Em geral, essas impurezas são aquelas conhecidas por terem provável surgimento durante a produção do material - por exemplo, tálio-202 ($t1/2 = 12,23$ d) na preparação de tálio-201 ($t1/2 = 73,5$ h).
- Pureza radioquímica: a pureza radioquímica é avaliada por uma variedade de técnicas analíticas, como cromatografia líquida, cromatografia em papel, cromatografia em camada delgada e eletroforese. Após ou durante

a separação, a distribuição de radioatividade no cromatograma é determinada. Diferentes técnicas de medição são usadas, dependendo da natureza da radiação e da técnica cromatográfica. A quantidade de substância aplicada ao suporte cromatográfico (papel, placa ou coluna) muitas vezes é extremamente pequena (por causa da alta sensibilidade de detecção da radioatividade), e um cuidado especial deve ser tomado na interpretação no que diz respeito à formação de artefatos. A adição de transportadores (ou seja, os compostos não radioativos correspondentes) pode ser útil para o próprio radiofármaco. Há, no entanto, o risco de que, quando um portador do radiofármaco é adicionado, ele possa interagir com a impureza radioquímica, levando à subestimação desta. Em casos nos quais os métodos cromatográficos simples falham em caracterizar satisfatoriamente o composto rotulado, a cromatografia líquida de alto desempenho pode ser útil. Em alguns casos, é necessário determinar a distribuição biológica do radiofármaco em um animal de teste adequado.

- pH: quando necessário, deve-se medir o pH de soluções não radioativas conforme descrito nos manuais de determinação do pH. Para soluções radioativas, esse valor pode ser medido usando papel pH em tiras indicadoras, desde que estas tenham sido validadas usando uma gama apropriada de *buffers* (tampões) não radioativos.

ROTULAGEM DE RADIOFÁRMACOS

Cada preparação radiofarmacêutica deve cumprir os requisitos de rotulagem estabelecidos sob as BPF.

O rótulo da embalagem primária deve incluir:

- Uma declaração de que o produto é radioativo ou o símbolo internacional para radioatividade.
- O nome da preparação radiofarmacêutica.
- Quando apropriado, se a preparação é para uso diagnóstico ou terapêutico.
- A via de administração.
- A radioatividade total presente em uma data determinada e, se necessário, a hora; para soluções, uma declaração da radioatividade em um volume adequado (p. ex., em MBq por mL da solução) pode ser dada em vez disso.
- A data de validade e, se necessário, a hora.
- O número do lote atribuído pelo fabricante.
- Para soluções, o volume total.

O rótulo da embalagem externa (secundária) deve incluir:

- Uma declaração de que o produto é radioativo ou o símbolo internacional para radioatividade.
- O nome da preparação radiofarmacêutica.
- Quando apropriado, se a preparação é para uso diagnóstico ou terapêutico.
- A via de administração.
- A radioatividade total presente em uma data determinada e, se necessário, a hora; para soluções, uma declaração da radioatividade em um volume adequado (p. ex., em MBq por mL da solução) pode ser dada em vez disso.
- A data de validade e, se necessário, a hora.
- O número do lote atribuído pelo fabricante.
- Para soluções, o volume total.
- Quaisquer requisitos especiais de armazenamento em relação a temperatura e luz.
- Quando aplicável, o nome e a concentração de qualquer micróbio adicionado.
- Conservantes ou, quando necessário, a afirmação de que nenhum conservante antimicrobiano foi adicionado.

ARMAZENAGEM DE RADIOFÁRMACOS

Os radiofármacos devem ser mantidos em recipientes bem fechados e armazenados em uma área atribuída para o efeito. As condições de armazenamento devem ser tais que a taxa máxima de dose de radiação à qual as pessoas podem ser expostas é reduzida a um nível aceitável.

Deve-se ter cuidado para cumprir os regulamentos nacionais de proteção contra radiação ionizante.

As preparações radiofarmacêuticas destinadas ao uso parenteral devem ser mantidas em um frasco de vidro, ampola ou seringa que sejam suficientemente transparentes para permitir a inspeção visual do conteúdo. Recipientes de vidro podem escurecer sob o efeito da radiação.

EFEITOS ADVERSOS GERAIS E REAÇÕES ADVERSAS

Os radiofármacos têm um bom histórico de segurança. A prevalência de reações adversas é aproximadamente mil vezes menor do que a que ocorre com meios de contraste iodados e medicamentos. A Society of Nuclear Medicine and Molecular Imaging mantém um registro de reações adversas a radiofármacos que ocorrem nos Estados Unidos desde 1976. A frequência das reações parece estar diminuindo em virtude do melhor controle de qualidade dos radiofármacos. Muitas das reações adversas anteriores foram atribuídas a formulações contendo ferro, formulações estabilizadas com gelatina, materiais como albumina contaminada com pirogênios e outros produtos que não estão mais em uso. A incidência geral de reações foi estimada em 1 a 6 por 100 mil exames. A fim de determinar a prevalência de reações adversas a radiofármacos, um estudo prospectivo de 5 anos foi realizado em 18 instituições nos Estados Unidos.

A taxa de incidência relatada foi de 0,0023%. Nenhuma reação adversa exigiu hospitalização ou resultou em sequelas significativas. Outro estudo foi realizado para determinar a prevalência de reações adversas a radiofármacos emissores de pósitrons por meio de um estudo prospectivo de 4 anos em 22 instituições. Os radiofármacos PET têm um excelente histórico de segurança porque nenhuma reação adversa foi relatada em mais de 80 mil doses administradas nesse estudo. Em um levantamento prospectivo europeu durante os anos 1990, houve uma prevalência de 11 eventos por 105 administrações de radiofármacos. Nenhum evento sério ou com risco à vida foi relatado.

INTERAÇÕES MEDICAMENTOSAS EM RADIOFARMÁCIA

As interações fármaco-radiofármaco podem surgir como resultado de uma variedade de fatores, incluindo a ação farmacológica do fármaco, as interações físico-químicas entre os fármacos e os radiofármacos e a competição por sítios de ligação, por exemplo. Doenças induzidas por medicamentos, que podem ser potencializadas por um radiofármaco, também seriam consideradas um evento adverso.

BIBLIOGRAFIA

Aronson, JK. Meyler's side effects of drugs. Amsterdam: Elsevier; 2016.

Ballinger JR. Hospital radiopharmacy in the UK. In: McCready R, Gnanasegaran G, Bomanji JB, editors. A history of radionuclide studies in the UK: 50th anniversary of the British Nuclear Medicine Society. Cham (CH): Springer; 2016.

Brasil. Agência Nacional de Vigilância Sanitária (Anvisa). RDC n. 26, de 16 de junho de 2011. Dispõe sobre a suspensão do prazo para adequação às regras de rotulagem de medicamentos estabelecidas pela RDC n. 71, de 22 de dezembro de 2009.

Brasil. Agência Nacional de Vigilância Sanitária (Anvisa). RDC n. 38, de 4 de junho de 2008. Dispõe sobre a instalação e o funcionamento de Serviços de Medicina Nuclear *in vivo*.

Brasil. Agência Nacional de Vigilância Sanitária (Anvisa). RDC n. 47, de 8 de setembro de 2009. Estabelece regras para elaboração, harmonização, atualização, publicação e disponibilização de bulas de medicamentos para pacientes e para profissionais de saúde.

Brasil. Agência Nacional de Vigilância Sanitária (Anvisa). RDC n. 64, de 18 de dezembro de 2009. Estabelece os requisitos mínimos para o registro de radiofármacos no país visando garantir a qualidade, segurança e eficácia destes medicamentos.

Brasil. Agência Nacional de Vigilância Sanitária (Anvisa). RDC n. 66, de 9 de dezembro de 2011. Prorroga o prazo para adequação às Resoluções da Diretoria Colegiada n. 63, de 18 de dezembro de 2009 e n. 64 de 18 de dezembro de 2009.

Brasil. Agência Nacional de Vigilância Sanitária (Anvisa). RDC n. 67, de 8 de outubro de 2007. Dispõe sobre Boas Práticas de Manipulação de Preparações Magistrais e Oficinais para Uso Humano em farmácias.

Brasil. Agência Nacional de Vigilância Sanitária (Anvisa). RDC n. 70, de 22 de dezembro de 2014. Dispõe sobre a suspensão do prazo para adequação do registro de radiofármacos estabelecido no art. 2º da Resolução de Diretoria Colegiada - RDC n. 66, de 9 de dezembro de 2011 e dá outras providências.

Brasil. Agência Nacional de Vigilância Sanitária (Anvisa). RDC n. 71, de 22 de dezembro de 2009. Estabelece regras para a rotulagem de medicamentos.

Brasil. Agência Nacional de Vigilância Sanitária (Anvisa). RDC n. 263, de 4 de fevereiro de 2019. Dispõe sobre o registro de medicamentos radiofármacos de uso consagrado fabricados em território nacional e sobre a alteração da Resolução da Diretoria Colegiada - RDC n. 64, de 18 de dezembro de 2009, que dispõe sobre o registro de Radiofármacos.

Brasil. Comissão Nacional de Energia Nuclear (CNEN). Norma CNEN-NN-3.01. Estabelece os requisitos básicos de proteção radiológica das pessoas em relação à exposição à radiação ionizante.

Brasil. Comissão Nacional de Energia Nuclear (CNEN). Norma CNEN-NE-3.02. Estabelece os requisitos relativos à implantação e ao funcionamento de Serviços de Radioproteção.

Brasil. Comissão Nacional de Energia Nuclear (CNEN). Norma CNEN-NN-3.05. Dispõe sobre os requisitos de segurança e proteção radiológica em Serviços de Medicina Nuclear *in vivo*.

Brasil. Comissão Nacional de Energia Nuclear (CNEN). Norma CNEN-NN-6.01. Regula o processo de registro de profissionais de nível superior habilitados para o preparo, o uso e o manuseio de fontes radioativas.

Brasil. Comissão Nacional de Energia Nuclear (CNEN). Norma CNEN-NN-8.01. Estabelece os critérios gerais e requisitos básicos de segurança e proteção radiológica relativos à gerência de rejeitos radioativos de baixo e médio níveis de radiação, bem como de rejeitos radioativos de meia-vida muito curta.

Brasil. Conselho Federal de Farmácia (CFF). Resolução CFF n. 486, de 23 de setembro de 2008. Dispõe sobre as atribuições do farmacêutico na área de radiofarmácia e dá outras providências.

Brasil. Conselho Federal de Farmácia (CFF). Resolução CFF n. 656, de 24 de maio de 2018. Dispõe nova redação aos artigos 1º, 2º e 3º da Resolução CFF n. 486/2008, estabelecendo critérios para a atuação do farmacêutico em radiofarmácia.

Brasil. Conselho Regional de Farmácia do Estado de São Paulo (CRF-SP). Cartilha de radiofarmácia [Internet]. 2019 [citado 16 jan. 2025]. Disponível em: http://www.crfsp.org.br/images/cartilhas/radiofarmacia.pdf.

Brasil. Ministério da Saúde. Portaria MS/GM n. 4.283, de 30 de dezembro de 2010. Aprova as diretrizes e estratégias para organização, fortalecimento e aprimoramento das ações e serviços de farmácia no âmbito dos hospitais.

Santos-Oliveira R, Smith SW, Carneiro-Leão AMA. Radiopharmaceuticals drug interactions: a critical review. An Acad Bras Cienc. 2008;80(4):665-75.

Vermeulen K, Vandamme M, Bormans G, Cleeren F. Design and challenges of radiopharmaceuticals. Semin Nucl Med. 2019;49(5):339-56.

WHO. Radiopharmaceuticals. Final text for addition to The International Pharmacopoeia [Internet]. 2008 [citado 16 jan. 2025]. Disponível em: https://dl.icdst.org/pdfs/files3/365381f10804f6e599670a6f49aff471.pdf.

33

Nutracêutica clínica e suplementação alimentar

INTRODUÇÃO

Com o aumento do rigor regulatório no registro de novos medicamentos e a elevação dos custos de pesquisa, registro, industrialização e comercialização, além de um crescente apelo para o uso de produtos naturais, os nutracêuticos começaram a ganhar força na década de 1990.

Em outubro de 1994, nos Estados Unidos, o Dietary Supplement Health and Education Act foi aprovado pelo Congresso. Ele estabelece o que pode e o que não pode ser dito sobre suplementos nutricionais sem uma revisão prévia da Food and Drug Administration (FDA), mostrando o impacto dessa indústria.

O termo "nutracêutica" foi cunhado em 1989 pela Foundation for Innovation in Medicine (Nova York, EUA), a fim de fornecer um nome para essa área em rápido crescimento integrado da pesquisa médica, farmacêutica e nutricional. O nutracêutico foi definido como qualquer substância que pode ser considerada um alimento ou parte de um alimento e que fornece benefícios médicos ou de saúde, incluindo a prevenção e o tratamento de doenças.

Os nutracêuticos podem variar de nutrientes isolados, suplementos dietéticos e dietas a alimentos "projetados" geneticamente modificados, produtos fitoterápicos e processados, como cereais, sopas e bebidas. Sem dúvida, muitos desses produtos possuem funções fisiológicas pertinentes e atividades biológicas valiosas.

A pesquisa em andamento levará a uma nova geração de alimentos, o que certamente fará com que a interface entre alimentos e medicamentos se torne cada vez mais permeável. O presente conhecimento acumulado sobre nutracêuticos representa, sem dúvida, um grande desafio para farmacêuticos, nutricionistas, médicos, tecnólogos e engenheiros de alimentos. As autoridades de saúde pública consideram a prevenção e o tratamento com produtos nutracêuticos um poderoso instrumento para manter a saúde e agir contra doenças agudas e crônicas nutricionalmente induzidas, promovendo, assim, saúde, longevidade e qualidade de vida ideais.

Entre os anos 2000 e 2010, o mercado dos nutracêuticos multiplicou-se exponencialmente, chegando a movimentar cifras bilionárias em todo o mundo. Nutricionistas, médicos e farmacêuticos se voltaram novamente aos primórdios de suas profissões a fim de buscar na natureza alternativas eficientes, seguras, econômicas e principalmente sustentáveis para tratar seus pacientes.

Em 2018, no Brasil, estabeleceu-se um novo marco regulatório para esses produtos por meio das Resoluções da Diretoria Colegiada (RDC) da Agência Nacional de Vigilância Sanitária (Anvisa) n. 239, 240, 241, 242, 243 e da Instrução Normativa (IN) n. 28. Além disso, no mesmo ano, o Conselho Federal de Farmácia (CFF) regulamentou a área para os farmacêuticos, por meio da Resolução CFF n. 661, que estabelece os requisitos necessários à dispensação e prescrição das categorias de alimentos com venda permitida em drogarias, farmácias magistrais e estabelecimentos comerciais de alimentos pelo farmacêutico, que incluem suplementos alimentares, alimentos para fins especiais, chás, produtos apícolas, alimentos com alegações de propriedade funcional ou de saúde e as preparações magistrais.

A partir da regulamentação, os produtos que se encontram no mercado tiveram o prazo de cinco anos para se adequar às novas regras, ou seja, até julho de 2023, tendo em vista que se trata de produtos seguros e já autorizados pela Agência. Já os novos produtos tiveram que se adequar imediatamente às novas regras. Tais resoluções precisam de um tempo para adequação, razão pela qual a Anvisa deu 60 meses de prazo.

Todos os produtos apresentados em formas farmacêuticas e destinados a suplementar a alimentação de pessoas saudáveis com nutrientes, substâncias bioativas, enzimas ou probióticos deverão ser enquadrados como suplementos alimentares e atender a regras específicas de composição e rotulagem.

Foram criadas listas positivas que contemplam 383 ingredientes fontes de nutrientes, substâncias bioativas ou enzimas, 249 aditivos alimentares e 70 coadjuvantes de tecnologia autorizados como suplementos. Além disso, a Diretoria Colegiada estabeleceu que essas listas serão atualizadas de forma periódica, desde que sejam demonstradas a segurança e a eficácia dos constituintes. Também foram adotados limites mínimos e máximos para as quantidades de nutrientes, substâncias bioativas e enzimas para diferentes grupos populacionais, de forma a garantir que os suplementos forneçam quantidades significativas de constituintes sem oferecer risco à saúde dos consumidores. Os benefícios à saúde, que podem ser veiculados na rotulagem desses produtos, foram definidos em lista positiva, também sujeita a atualização periódica. Até meados de 2020, 189 alegações haviam sido autorizadas.

NUTRACÊUTICOS

O conceito de nutracêutico como alimento farmacêutico (*pharma-food* em inglês) vem de longe. Esse termo, composto a partir das palavras "nutriente" e "farmacêutico", foi cunhado por Stephen DeFelice e é definido como "um alimento ou parte de um alimento que fornece benefícios médicos ou de saúde, incluindo a prevenção e/ou tratamento de uma doença".

A definição leva a uma sobreposição parcial com a definição de um suplemento alimentar. De fato, ambos reivindicam efeitos benéficos para a saúde; no entanto, enquanto os nutracêuticos são feitos a partir de alimentos ou de parte de um alimento, os suplementos alimentares são substâncias isoladas usadas sozinhas ou em misturas com o escopo de adicionar micronutrientes quando o corpo necessita deles. O aspecto delineado por DeFelice, em particular o aspecto preventivo, e o tratamento de uma doença estão ausentes na definição e no escopo dos suplementos alimentares, que podem ser uma ajuda para o corpo, mas não são obrigados a ter eficácia clínica comprovada em uma condição de saúde.

Em 2017, Santini e Novellino, da Universidade de Nápoles/Itália, lançaram um artigo no qual esse conceito é repensado. De acordo com esses autores e com base nessas considerações, parece de extrema importância desenvolver uma nova definição de nutracêuticos, prevendo seu uso "além da dieta, antes das drogas (ou de modo concomitante com elas)", como ferramentas que podem ser capazes de prevenir ou retardar o aparecimento de algumas condições patológicas assintomáticas de longo prazo (p. ex., hipercolesterolemia, hipertrigliceridemia etc.). As etapas envolvidas em uma nova formulação nutracêutica devem começar com a identificação da condição patológica alvo, de forma semelhante ao que acontece com as drogas.

É de extrema importância a identificação do alvo clínico e da matriz alimentar apropriada a ser usada. A segurança e os testes *in vitro* e *in vivo* são fundamentais. As diferenças entre nutracêuticos e suplementos alimentares (p. ex., suplementos alimentares minerais ou proteicos) também são delineadas, enfatizando a necessidade de evidências clínicas que substanciem a eficácia de saúde para nutracêuticos com base na segurança, eficácia e no mecanismo de ação conhecido.

Uma vez identificada uma condição patológica de saúde, a formulação pode ser preparada a partir de matrizes vegetais ou animais, e testada *in vitro* e *in vivo*, tendo em mente que a segurança e a eficácia devem ser substanciadas por testes clínicos.

Os nutracêuticos extraídos de fontes vegetais (fitocomplexos) ou que são o complexo metabólito ativo (se de origem animal) devem ser entendidos como um conjunto de substâncias farmacologicamente ativas com propriedades terapêuticas inerentes em virtude dos seus princípios ativos naturais de eficácia reconhecida. Devem ser administrados na forma farmacêutica apropriada (p. ex., cápsulas, comprimidos, soluções, xaropes etc.).

A propósito, essas formas de administração coincidem com as usadas tanto para medicamentos como para suplementos alimentares. A avaliação das condições ótimas de uso dos nutracêuticos deve ser complementar a informações de segurança, biodisponibilidade e bioacessibilidade, para que possam oferecer um poderoso conjunto de ferramentas, capaz de prevenir e curar algumas condições patológicas em indivíduos que, por exemplo, não são elegíveis para a terapia farmacológica convencional. Por essa razão, e em decorrência de sua origem natural, existe uma demanda crescente por nutracêuticos, que sombreiam a fronteira existente entre produtos farmacêuticos e alimentos, e isso tem ajudado os produtores a diversificar sua agricultura e a promover pesquisa e inovação.

As diferentes regulamentações específicas do país, a segurança e a comprovação de alegações de saúde são os principais desafios enfrentados pelos nutracêuticos. O principal deles é a ausência de uma regulamentação supranacional compartilhada, que reconhecesse o potencial dos nutracêuticos e seu possível papel como ferramenta terapêutica em algumas condições patológicas com base em segurança avaliada, mecanismo de ação conhecido, eficácia clinicamente comprovada na redução do risco de início da doença e aumento do bem-estar geral.

A rotulagem de produtos comercializados é outra fonte de confusão, o que frequentemente se deve à desinformação, podendo induzir falsas expectativas em relação ao efeito benéfico para a saúde e não atingir o objetivo de eficácia de um produto, conforme alegado. O que pode ser considerado um alimento funcional sob determinado conjunto de circunstâncias pode ser considerado um suplemento dietético, um alimento médico, um alimento para uso dietético especial, um nutracêutico ou um medicamento sob diferentes circunstâncias, dependendo de seus ingredientes e das alegações relatadas no rótulo.

Embora a definição de suplemento alimentar seja bastante clara e compreensível, a definição de nutracêutico ainda está entre alimento, suplemento alimentar e medicamento, e a avaliação legítima de seu potencial na medicina ainda é contraditória, longe de ser compartilhada e aceita mundialmente. Os suplementos alimentares devem ser, de acordo com o conteúdo de micronutrientes, orientados para melhorar a saúde se forem adequadamente direcionados aos necessitados. No entanto, boa parte das alegações de saúde atualmente associadas a suplementos alimentares, pró e prebióticos, bem como produtos fitoterápicos e alimentos funcionais, muitas vezes não é devidamente fundamentada por dados *in vivo* sobre segurança, eficácia e efeito sobre a saúde e/ou em condições patológicas. Isso se deve principalmente à falta de estudos *in vivo* e de mecanismos de ação que confirmem o alegado efeito benéfico à saúde. Muitos dados da literatura referem-se a estudos *in vitro* e se concentram em constituintes alimentares únicos (micronutrientes). Qualquer efeito benéfico para a saúde está relacionado ao fato de que os nutracêuticos derivam de alimentos ou de parte de alimentos e, por consequência, podem ser considerados seguros ou geralmente reconhecidos como seguros (da sigla em inglês GRAS – *generally recognized as safe*).

A segurança é de extrema importância, uma vez que possíveis contaminantes de origem inorgânica e orgânica podem contaminar esses produtos e causar problemas de saúde. Parece necessário reestruturar toda a estrutura regulatória dos suplementos alimentares e incluir os nutracêuticos como uma nova categoria, dando crédito a seu papel na prevenção e cura de algumas condições patológicas. O sistema de aprovação pré-comercialização deve, sob qualquer circunstância, ser comprovado por dados clínicos *in vivo* para determinar e avaliar sua segurança e eficácia. Essa abordagem poderia ser semelhante à usada para produtos farmacêuticos, que inclui testes clínicos para testes *in vitro* e de segurança.

Infelizmente, a probabilidade de isso acontecer em um futuro previsível é muito baixa, mas parece razoável supor que as autoridades nacionais competentes poderiam pedir aos fabricantes que fornecessem dados que comprovassem a segurança, eficácia e o mecanismo de ação de quaisquer alegações atribuídas a suplementos alimentares e nutracêuticos, evitando possíveis fontes de confusão.

É importante mencionar que, no marco regulatório brasileiro de 2018, o termo "nutracêutico" não foi contemplado, mas em uma próxima revisão deve ser incluído, até mesmo por ser uma tendência mundial e pelo fato de não poder simplesmente ser chamado de suplemento alimentar, como será visto nos conceitos a seguir.

SUPLEMENTO ALIMENTAR

Pelo conceito oficial americano (de 1994), pode ser definido como um produto (exceto o tabaco) em forma farmacêutica (p. ex. cápsula, pó etc.) destinado a suplementar a dieta para melhorar a saúde e que contém um ou mais dos seguintes ingredientes dietéticos: uma vitamina, um mineral, aminoácido ou outra substância botânica ou dietética. De acordo com a Anvisa (2018), é um produto para ingestão oral, apresentado em formas farmacêuticas, destinado a suplementar a alimentação de indivíduos saudáveis com nutrientes, substâncias bioativas, enzimas ou probióticos, isolados ou combinados. Ao analisar os dois conceitos, o americano e o brasileiro, verifica-se que são muito parecidos e, possivelmente, podem englobar os nutracêuticos. Porém, como mencionado no conceito de nutracêuticos, existe grande diferença entre eles.

DISPENSAÇÃO DE NUTRACÊUTICOS E SUPLEMENTOS ALIMENTARES

O farmacêutico, no ato da dispensação de suplementos alimentares e demais categorias de alimentos, como etapa do cuidado, deve avaliar a prescrição e informar, por escrito ou verbalmente, ao paciente e/ou a seu cuidador, sobre sua utilização racional, quer sejam industrializados, quer sejam manipulados.

O farmacêutico deverá avaliar a necessidade de uso do suplemento alimentar e demais categorias de alimentos, com base nas características do indivíduo, em evidências científicas quanto aos possíveis efeitos benéficos e/ou danosos à saúde, conveniência do uso e custo.

No processo da avaliação, seja do receituário, seja para fins de autocuidado, o farmacêutico deverá considerar:

- Reações adversas potenciais.
- Interações potenciais com alimentos, suplementos, medicamentos, exames complementares e doenças.
- Toxicidade (aguda, subcrônica e crônica).
- Precauções, advertências no uso e contraindicações.
- Modo de uso relacionado à indicação/alegação de uso.
- Características do indivíduo (biológicas, socioeconômicas, culturais, psicológicas e valores).

PRESCRIÇÃO DE NUTRACÊUTICOS E SUPLEMENTOS ALIMENTARES

A prescrição farmacêutica de suplementos alimentares é parte do processo do cuidado à saúde relativo ao paciente, com base nas Resoluções CFF n. 585/2013 e n. 586/2013, segundo as quais o farmacêutico deve selecionar e documentar terapias com suplementos alimentares, em farmácias, consultórios ou estabelecimentos comerciais de alimentos.

O farmacêutico poderá prescrever suplementos alimentares, alimentos para fins especiais, chás, produtos apícolas, alimentos com alegações de propriedade funcional ou de saúde, medicamentos isentos de prescrição e preparações magistrais formuladas com nutrientes, compostos bioativos isolados de alimentos, probióticos e enzimas, nos seguintes contextos:

- Para prevenção de doenças e de outros problemas de saúde.
- Para recuperação da saúde, sempre que no processo de rastreamento houver identificação de riscos.
- Na otimização do desempenho físico e mental, associado ou não ao exercício físico.
- Na complementação da farmacoterapia, como forma de potencializar resultados clínicos de medicamentos, bem como prevenir ou reduzir reações adversas a medicamentos.
- Na manutenção ou melhora da qualidade de vida.

Caberá ao farmacêutico levar em conta as necessidades relativas ao paciente, as evidências científicas de eficácia e segurança e a conveniência, bem como a relação do custo com essas variáveis, não podendo prescrever doses ou apresentações não configuradas como isentas de prescrição pela legislação sanitária vigente.

O farmacêutico deverá considerar a importância do trabalho interdisciplinar com outros profissionais de saúde, sempre que julgar necessário, realizando o encaminhamento do indivíduo a outros profissionais para atendimento de demandas de maior complexidade ou especificidade.

O farmacêutico poderá desenvolver, em colaboração com os demais membros da equipe de saúde, por meio do uso de suplementos alimentares e demais categorias de alimentos, ações para a promoção, proteção e recuperação da saúde, bem como a prevenção de doenças e de outros problemas de saúde.

Consultório farmacêutico focado na nutracêutica clínica e suplementação alimentar

Considerando que o CFF já havia regulamentado as atividades clínicas e a prescrição farmacêutica, por meio, respectivamente, das Resoluções n. 585 e 586, de 2013, e considerando que esses produtos não precisam de prescrição médica (salvo exceções), configurou-se a possibilidade de atuação clínica focada no uso de nutracêuticos, suplementos e fitoterápicos.

Em 2020, este autor lançou um livro chamado *Nutracêutica clínica, estética, esportiva e prescrição de fitoterápicos*, no qual são abordadas as situações clínicas e os produtos que podem ser utilizados nas doenças mais comuns.

Entre várias áreas nutracêuticas, podem-se citar as relacionadas às doenças metabólicas, como diabetes, dislipidemia e obesidade; cardiovasculares; doenças articulares e reumatológicas; distúrbios neurológicos e psiquiátricos; geriatria e longevidade; distúrbios sexuais e libido; saúde intestinal e outras áreas, como a estética e a esportiva, que serão abordadas em outros capítulos do livro.

O plano de cuidado, assim como as etapas de anamnese, são semelhantes aos de outras atividades clínicas abordadas nos capítulos iniciais deste livro.

NUTRIVIGILÂNCIA

O farmacêutico deverá, no exercício de suas atividades:

- Notificar os profissionais de saúde e os órgãos sanitários competentes, bem como o laboratório industrial, dos efeitos colaterais, das reações adversas, das intoxicações, voluntárias ou não, observados e registrados na prática da nutrivigilância.
- Estabelecer protocolos de nutrivigilância, visando assegurar seu uso racionalizado, sua segurança e sua eficácia terapêutica.
- Prestar orientação farmacêutica, com vistas a esclarecer ao paciente a relação benefício e risco, a conservação e a utilização de suplementos alimentares e demais categorias de alimentos, bem como suas interações (fármaco-nutriente, nutriente-nutriente) e a importância do seu correto manuseio.

BIBLIOGRAFIA

Andlauer W, Fürst P. Nutraceuticals: a piece of history, present status and outlook. Food Res Int. 2002;35(2-3):171-6.

Bisson MP. Nutracêutica clínica, estética, esportiva e prescrição de fitoterápicos. Barueri: Manole; 2020.

Brasil. Ministério da Saúde. Agência Nacional de Vigilância Sanitária (Anvisa). Resolução da Diretoria Colegiada - RDC n. 239, de 26 de julho de 2018. Estabelece os aditivos alimentares e coadjuvantes de tecnologia autorizados para uso em suplementos alimentares.

Brasil. Ministério da Saúde. Agência Nacional de Vigilância Sanitária (Anvisa). Resolução da Diretoria Colegiada - RDC n. 240, de 26 de julho de 2018. Altera a Resolução - RDC n. 27, de 6 de agosto de 2010, que dispõe sobre as categorias de alimentos e embalagens isentos e com obrigatoriedade de registro sanitário.

Brasil. Ministério da Saúde. Agência Nacional de Vigilância Sanitária (Anvisa). Resolução da Diretoria Colegiada - RDC n. 241, de 26 de julho de 2018. Dispõe sobre os requisitos para comprovação da segurança e dos benefícios à saúde dos probióticos para uso em alimentos.

Brasil. Ministério da Saúde. Agência Nacional de Vigilância Sanitária (Anvisa). Resolução da Diretoria Colegiada - RDC n. 242, de 26 de julho de 2018. Altera a Resolução - RDC n. 24, de 14 de junho de 2011, a Resolução - RDC n. 107, de 5 de setembro de 2016, a Instrução Normativa - IN n. 11, de 29 de setembro de 2016 e a Resolução - RDC n. 71, de 22 de dezembro de 2009 e regulamenta o registro de vitaminas, minerais, aminoácidos e proteínas de uso oral, classificados como medicamentos específicos.

Brasil. Ministério da Saúde. Agência Nacional de Vigilância Sanitária (Anvisa). Resolução da Diretoria Colegiada - RDC n. 243, de 26 de julho de 2018. Dispõe sobre os requisitos sanitários dos suplementos alimentares.

Brasil. Ministério da Saúde. Agência Nacional de Vigilância Sanitária (Anvisa). Resolução da diretoria colegiada - RDC n. 244, de 17 de agosto de 2018. Dispõe sobre os aditivos alimentares e os coadjuvantes de tecnologia autorizados para uso em leite em pó.

Brasil. Conselho Federal de Farmácia (CFF). Resolução n. 585, de 29 de agosto de 2013. Regulamenta as atribuições clínicas do farmacêutico e dá outras providências.

Brasil. Conselho Federal de Farmácia (CFF). Resolução n. 586, de 29 de agosto de 2013. Regula a prescrição farmacêutica e dá outras providências.

Brasil. Conselho Federal de Farmácia (CFF). Resolução n. 661, de 25 de outubro de 2018. Dispõe sobre o cuidado farmacêutico relacionado a suplementos alimentares e demais categorias de alimentos na farmácia comunitária, consultório farmacêutico e estabelecimentos comerciais de alimentos e dá outras providências.

Nascimento C. Nova era no mercado de suplementos alimentares. Revista do Farmacêutico do CRF-SP [Internet]. 2020 [citado 17 jan. 2025]. Disponível em: http://www.crfsp.org.br/images/stories/revista/rf139/rf139.pdf.

34

Saúde estética e cosmetologia avançada

INTRODUÇÃO

A área de estética faz parte do leque de opções clínicas do farmacêutico, em especial dos profissionais que buscam boas oportunidades e altos salários. Isso porque é um dos setores que mais crescem no Brasil e raramente é afetado por crises econômicas. De acordo com um levantamento feito pelo Serviço Brasileiro de Apoio às Micro e Pequenas Empresas (Sebrae), entre os anos 2000 e 2005 houve um aumento de 567% no número de centros estéticos e salões de beleza. Ainda segundo a instituição, o mercado de beleza cresce a uma taxa aproximada de 14% ao ano.

O crescimento também abriu portas para uma expansão das áreas de atuação de seus profissionais, que podem trabalhar em clínicas, academias, consultorias e diversos outros locais.

A área de estética é bastante diversa. Engana-se quem pensa que as clínicas são a única opção. Os profissionais dessa área são capacitados para trabalhar com saúde e bem-estar; portanto, todas as áreas que dialogam com isso necessitam de especialistas na área. Esse crescimento acontece pela mudança de estilo de vida que vem acontecendo, focada principalmente em efeitos mais naturais e duradouros. Assim, muitas pessoas têm preferido modificar a alimentação em vez de recorrer a procedimentos imediatos e de efeito breve.

O profissional especializado em saúde estética tem um grande diferencial competitivo no mercado. Algumas possibilidades de atuação:

- Centros estéticos.
- Salões de beleza.
- Hotéis e *spas*.

- Academias.
- Atendimento em domicílio.
- Consultoria de cosméticos.
- Consultórios médicos (pré e pós-cirúrgicos).
- Consultórios farmacêuticos.
- Terapia capilar.
- Clínicas de nutrição.
- Clínicas de dermatologia.
- Clínicas de fisioterapia.

ATRIBUIÇÕES DO FARMACÊUTICO EM SAÚDE ESTÉTICA

A Resolução do Conselho Federal de Farmácia (CFF) n. 573, de 22 de maio de 2013, que dispõe sobre as atribuições do farmacêutico no exercício da saúde estética e a responsabilidade técnica por estabelecimentos que executam atividades afins, estabelece em seu artigo 3º que:

> Art. 3º. Caberá ao farmacêutico, quando no exercício da responsabilidade técnica em estabelecimentos de saúde estética:
> I. atuar em consonância com o Código de Ética da Profissão Farmacêutica;
> II. apresentar aos órgãos competentes a documentação necessária à regularização da empresa, quanto à licença e autorização de funcionamento;
> III. ter conhecimento atualizado das normas sanitárias vigentes que regem o funcionamento dos estabelecimentos de saúde estética;
> IV. estar capacitado técnica, científica e profissionalmente para utilizar-se das técnicas de natureza estética e dos recursos terapêuticos especificados no âmbito desta resolução;
> V. elaborar Procedimentos Operacionais Padrão (POP) relativos às técnicas de natureza estética e recursos terapêuticos desenvolvidos, visando a garantir a qualidade dos serviços prestados, bem como proteger e preservar a segurança dos profissionais e dos usuários;
> VI. responsabilizar-se pela elaboração do plano de gerenciamento de resíduos de serviços de saúde, de forma a atender aos requisitos ambientais e de saúde coletiva;
> VII. manter atualizados os registros de calibração dos equipamentos utilizados nas técnicas de natureza estética e recursos terapêuticos;
> VIII. garantir que sejam usados equipamentos de proteção individual durante a utilização das técnicas de natureza estética e recursos terapêuticos, em conformidade com as normas de biossegurança vigentes;

IX. cumprir com suas obrigações perante o estabelecimento em que atua, informando ou notificando o Conselho Regional de Farmácia e o SNVS sobre os fatos relevantes e irregularidades dos quais tomar conhecimento.

Vale ressaltar ainda que a Resolução CFF n. 616, de 25 de novembro de 2015, que define os requisitos técnicos para o exercício do farmacêutico no âmbito da saúde estética, ampliando o rol das técnicas de natureza estética e recursos terapêuticos utilizados pelo farmacêutico em estabelecimentos de saúde estética, prevê que:

> Art. 1º. É atribuição do farmacêutico a atuação, nos estabelecimentos de saúde estética, nas técnicas de natureza estética e recursos terapêuticos, especificados nos anexos desta resolução, desde que para fins estritamente estéticos, vedando-se qualquer outro ato, separado ou em conjunto, que seja considerado pela legislação ou literatura especializada como invasivo cirúrgico.
>
> Art. 2º. O farmacêutico é capacitado para exercer a saúde estética desde que preencha um dos seguintes requisitos: I. ser egresso de programa de pós-graduação *lato sensu* reconhecido pelo Ministério da Educação, na área de saúde estética; II. ser egresso de curso livre na área de estética, reconhecido pelo Conselho Federal de Farmácia; III. comprovar experiência por, pelo menos, 2 (dois) anos, contínuos ou intermitentes, sobre a qual deverá apresentar os documentos a seguir identificados, comprovando a experiência profissional na área de saúde estética:
>
> a. No caso do farmacêutico com vínculo empregatício, constitui documento obrigatório a declaração do empregador (pessoa jurídica), em que deverá constar a identificação do empregador, com número do CNPJ e endereço completo expedido pelo setor administrativo da empresa, bem como a função exercida, com a descrição das atividades e a indicação do período em que foram realizadas pelo requerente.
> b. No caso do farmacêutico como proprietário do estabelecimento de saúde estética, constitui documento obrigatório o contrato social da empresa e o alvará de funcionamento, além da função exercida, com a descrição das atividades e a indicação do período em que foram realizadas pelo requerente.
>
> Art. 3º. Em função de sua qualificação para o exercício da saúde estética, o farmacêutico, nos estabelecimentos de saúde estética sob sua responsabilidade, é o responsável pela aquisição das substâncias e dos equipamentos necessários ao desenvolvimento das técnicas de natureza estética e recursos terapêuticos.

ESTABELECIMENTOS DE SAÚDE ESTÉTICA

A saúde estética é uma área da saúde voltada à promoção, proteção, manutenção e recuperação estética do indivíduo, de forma a selecionar e aplicar procedimentos e recursos estéticos, utilizando-se para isso produtos, substâncias, técnicas e equipamentos específicos, de acordo com as características e necessidades do paciente.

O farmacêutico que deseja constituir uma empresa para a prestação de serviços de saúde poderá buscar orientações em entidades especializadas, por exemplo, o Sebrae, além de procurar auxílio de um contabilista, pois o processo de abertura de empresa é complexo por exigir análise e registro por parte de vários órgãos públicos.

Vale ressaltar ao farmacêutico que pretende assumir responsabilidade técnica por estabelecimento de saúde estética que deverá declarar essa responsabilidade técnica ao órgão sanitário e ao Conselho Regional de Farmácia (CRF), assim como certificar-se de que o estabelecimento se encontra regular perante tais órgãos.

Nesse contexto, o farmacêutico que atuará na área de saúde estética deverá verificar se o estabelecimento segue as determinações do Decreto n. 12.342/1978, que aprova o Regulamento a que se refere o artigo 22 do Decreto-lei n. 22/1970, que dispõe sobre normas de promoção, preservação e recuperação da saúde no campo de competência da Secretaria de Estado da Saúde, bem como o preconizado na Resolução da Diretoria Colegiada (RDC) da Agência Nacional de Vigilância Sanitária (Anvisa) n. 50/2002, que aprova o Regulamento Técnico destinado ao planejamento e a programação, elaboração, avaliação e aprovação de projetos físicos de estabelecimentos assistenciais de saúde.

Tendo em vista que em estabelecimentos de saúde estética haverá a geração de resíduos, é importante que o farmacêutico também observe o disposto na RDC n. 306/2004, que dispõe sobre o Regulamento Técnico para o gerenciamento de resíduos de serviços de saúde.

Conforme preconizado nas Resoluções do CFF n. 573/2013 e n. 616/2015, nos estabelecimentos de saúde estética é permitido ao farmacêutico realizar as técnicas de natureza estética e recursos terapêuticos a seguir:

- Avaliação, definição dos procedimentos e estratégias, acompanhamento e evolução estética.
- Cosmetoterapia.
- *Peelings* químicos e mecânicos.

- Sonoforese (ultrassom estético).
- Eletroterapia.
- Iontoforese.
- Radiofrequência estética.
- Criolipólise.
- Luz intensa pulsada.
- Laserterapia.
- Carboxiterapia.
- Agulhamento e microagulhamento estéticos.
- Toxina botulínica.
- Preenchimentos dérmicos.
- Intradermoterapia/mesoterapia.

Exigências para que um farmacêutico atue na saúde estética

Para que um farmacêutico realize procedimentos estéticos ele precisa, obrigatoriamente, possuir título de pós-graduação na área, em curso reconhecido pelo Ministério da Educação, e ser registrado/inscrito no CRF de sua jurisdição, como especialista em estética. Isso significa que o farmacêutico esteta precisa estudar no mínimo 4 mil horas para concluir a graduação e pelo menos mais 360 horas para se pós-graduar.

Segundo a Resolução do CFF n. 645/2017, o farmacêutico é capacitado para exercer a saúde estética desde que apresente ao CRF da sua jurisdição comprovante de conclusão de curso de pós-graduação *lato sensu* reconhecido pelo Ministério da Educação na área de estética. Dessa forma, o CRF correspondente orienta os farmacêuticos sobre a impossibilidade de atuação na área sem a devida conclusão do curso de pós-graduação e deferimento do registro do título de especialista pelo CRF, uma vez que somente estar cursando a pós-graduação não habilita à atuação na área de saúde estética.

Ressalta-se que o farmacêutico capacitado conforme o critério descrito poderá realizar os procedimentos preconizados nas Resoluções do CFF n. 616/2015 e n. 645/2017, ambas vigentes. As Resoluções do CFF n. 573/2013 e n. 669/2018 encontram-se suspensas temporariamente, e os procedimentos estéticos nelas previstos, como cosmetoterapia, eletroterapia, iontoterapia, laserterapia, luz intensa pulsada, *peelings* químicos e mecânicos, radiofrequência estética e sonoforese não podem ser realizados até que sobrevenha decisão judicial em sentido contrário.

No entanto, a suspensão judicial das referidas normas não impede que o farmacêutico habilitado em saúde estética atue na área e assuma responsabilidade técnica por estabelecimentos de saúde estética (conforme CNAE 9602-5/02, previsto pela Portaria CVS n. 1/2019), tendo em vista as demais resoluções vigentes do âmbito profissional (Resolução CFF n. 616/2015 e Resolução CFF n. 645/2017).

Sendo assim, além da comprovação ao CRF de que o profissional é capacitado em saúde estética, há necessidade de que este verifique se o local onde atuará é regular perante o órgão de vigilância sanitária (mediante emissão de licença sanitária) e registrado perante o órgão profissional (com a devida emissão de Certidão de Regularidade Técnica). Em caso negativo, cabe ao farmacêutico providenciar a devida regularização para evitar problemas futuros perante a fiscalização sanitária ou profissional.

Vale enfatizar que o Código de Ética Farmacêutica determina que o farmacêutico é obrigado a informar por escrito ao CRF da sua jurisdição todos os seus vínculos, mantendo atualizados os horários de responsabilidade técnica ou de substituição, bem como qualquer outra atividade profissional que exerça, com seus respectivos horários e atribuições. Dessa forma, mesmo que o farmacêutico atue em um estabelecimento que tenha outro profissional como responsável técnico, deverá informar ao CRF sua atuação profissional. Esse procedimento pode ser realizado de forma eletrônica pelos serviços *on-line* do CRF da sua jurisdição (se essa modalidade de atendimento estiver disponível).

Adesão dos farmacêuticos à área de estética

De acordo com o CFF, no final de 2020 o Brasil contava com 220 mil farmacêuticos, dos quais 2.096 atuavam na área estética, conforme dados da Sociedade Brasileira de Farmácia Estética. Isso se deve ao fato de que a especialidade é bastante recente, tendo sido regulamentada em 2013.

Atuação dos conselhos para a qualidade dos serviços prestados pelos farmacêuticos na saúde estética

A prática profissional do farmacêutico esteta é fiscalizada pelos 27 Conselhos Regionais de Farmácia (um conselho por unidade federativa). Os conselhos regionais têm autonomia administrativa. O CFF, que funciona como tribunal para julgamento de processos em grau de recurso, garante o direito da população no atendimento ao cuidado estético com qualidade e eficiência.

O cenário de embates judiciais e decisões desfavoráveis sobre a atuação de farmacêuticos na área da estética

Os embates judiciais não são novidade nas discussões de âmbito profissional e, no caso da estética, afetam várias profissões. No caso específico da farmácia, tivemos embates históricos em outras áreas de atuação que servem bem como exemplo para demonstrar isso. Na citologia clínica, a discussão com os médicos durou 20 anos. Os patologistas entraram na justiça e, inclusive, levavam para a comissão de ética os médicos que aceitassem laudos de farmacêuticos. Hoje ainda há discussões sobre o tema, mas temos essa área definitiva para a farmácia, incluindo postos de trabalho no âmbito público. Traço esse paralelo com a estética porque é um campo relativamente novo para o farmacêutico. Então, teremos, sim, muitos embates. Atualmente existem uma resolução sobrestada e duas ações judiciais em andamento. Temos muitos argumentos para referendar a estética para o farmacêutico, e o CFF está lutando por isso.

BIBLIOGRAFIA

Anvisa. Agência Nacional de Vigilância Sanitária (Anvisa). Resolução da Diretoria Colegiada - RDC n. 60, de 10 de novembro de 2011. Aprova o Formulário de Fitoterápicos da Farmacopeia Brasileira, primeira edição, e dá outras providências.

Anvisa. Agência Nacional de Vigilância Sanitária (Anvisa). Resolução da Diretoria Colegiada - RDC n. 67, de 8 de outubro de 2007. Dispõe sobre Boas Práticas de Manipulação de Preparações Magistrais e Oficinais para Uso Humano em farmácias.

Anvisa. Agência Nacional de Vigilância Sanitária (Anvisa). Resolução da Diretoria Colegiada - RDC n. 138, de 29 de maio de 2003. Dispõe sobre os medicamentos cujos grupos terapêuticos e indicações terapêuticas estão descritos no Anexo: Lista de Grupos e Indicações Terapêuticas Especificadas (GITE), respeitadas as restrições textuais e de outras normas legais e regulamentares pertinentes, são de venda sem prescrição médica, à exceção daqueles administrados por via parenteral que são de venda sob prescrição médica.

Anvisa. Ministério da Saúde. Agência Nacional de Vigilância Sanitária (Anvisa). Resolução da Diretoria Colegiada - RDC n. 44, de 17 de agosto de 2009. Dispõe sobre Boas Práticas Farmacêuticas para o controle sanitário do funcionamento, da dispensação e da comercialização de produtos e da prestação de serviços farmacêuticos em farmácias e drogarias e dá outras providências.

Borges FS. Modalidades terapêuticas nas disfunções estéticas. 2.ed. São Paulo: Phorte; 2010.

Brasil. Ministério da Saúde. Agência Nacional de Vigilância Sanitária (Anvisa). Referência técnica para o funcionamento dos serviços de estética e embelezamento sem responsabilidade médica [Internet]. Brasília, dez. 2009 [citado 1 maio 2016]. Disponível em:

http://portal.anvisa.gov.br/wps/wcm/connect/527126804745890192e5d-3fbc4c6735/Servicos+de+Estetica+e+Con generes.pdf?MOD=AJPERES.

CFF. Conselho Federal de Farmácia. Coordenadora do GT de Saúde Estética do CFF esclarece dúvidas sobre atuação do farmacêutico na área [Internet]. 2020 [citado 17 jan. 2025]. Disponível em: https://crf-rj.org.br/noticias/4328-coordenadora-do-gt--de-saude-estetica-do-cff-esclarece-duvidas-sobre-atuacao-do-farmaceutico-na-area.html#:~:text=Not%C3%ADcias-,Coordenadora%20do%20GT%20de%20Sa%C3%BAde%20Est%C3%A9tica%20do%20CFF%20esclarece,atua%C3%A7%C3%A3o%20do%20farmac%C3%AAutico%20na%20%C3%A1rea&text=Na%20semana%20passada%20foi%20republicada,do%20farmac%C3%AAutico%20na%20%C3%A1rea%20est%C3%A9tica.

CFF. Conselho Federal de Farmácia (CFF). Resolução CFF n. 585, de 29 de agosto de 2013. Regulamenta as atribuições clínicas do farmacêutico e dá outras providências.

CFF. Conselho Federal de Farmácia (CFF). Resolução CFF n. 586, de 29 de agosto de 2013. Regula a prescrição farmacêutica e dá outras providências.

Conselho Regional de Farmácia do Estado de São Paulo CRF-SP. Cartilha de Farmácia Estética. 2016 [citado 17 jan. 2025]. Disponível em: http://www.crfsp.org.br/images/cartilhas/estetica.pdf.

Costa A. Tratado Internacional de Cosmecêuticos. Rio de Janeiro: Guanabara Koogan; 2012.

Kurebayashi AK, Leonardi GR, Bedin V. Cabelos. In: Leonardi GR. Cosmetologia aplicada. São Paulo: Pharmabooks; 2008. p.33-45.

Legrand J, Bartoletti C, Pinto R. Manual práctico de medicina estética. Buenos Aires: Camaronês; 1999.

Romanelli C, Cruz F. Alterações capilares. In: Costa A. Tratado internacional de cosmecêuticos. Rio de Janeiro: Guanabara Koogan; 2012. p.566-75.

Secretaria Nacional de Vigilância Sanitária (SNVS). Portaria SNVS n. 344, de 12 de maio de 1998. Aprova o Regulamento Técnico sobre substâncias e medicamentos sujeitos a controle especial. Consultas em sites dos Conselhos Regionais de Farmácias – matérias sobre "Prescrição Farmacêutica".

Souza AA, M Junior C, Bedin V. Preparações cosméticas para cabelos. In: Leonardi GR, Spers VRE. Cosmetologia e empreendedorismo: perspectivas para a criação de novos negócios. São Paulo: Pharmabooks; 2015. p.33-66.

35

Atuação clínica na indústria farmacêutica e atividades de *medical science liaison*

INTRODUÇÃO

A indústria oferece aos farmacêuticos muitas oportunidades de usar suas habilidades especializadas em uma variedade de funções, desde pesquisa e desenvolvimento de medicamentos até vendas e marketing. No entanto, alguns farmacêuticos acreditam que não conseguirão garantir uma posição em uma empresa farmacêutica sem experiência prévia na indústria ou em pesquisa. Além disso, especialistas do setor dizem que os farmacêuticos nem sempre estão cientes da variedade de empregos disponíveis no setor. Até pouco tempo atrás, acreditava-se que as funções clínicas para um farmacêutico na indústria estavam restritas à pesquisa clínica, mas felizmente essa realidade está mudando muito.

Um dos benefícios de trabalhar na indústria em comparação com a atuação na comunidade é que seus colegas são tão ou mais qualificados que você em suas áreas. Aqueles que desejam trabalhar para uma empresa farmacêutica também devem estar cientes de que seu papel pode envolver viagens ao exterior, pois, como essa indústria opera em escala global, a função envolve muitas viagens, inclusive fora do horário comercial, para permitir conexões com colegas na Europa, Ásia, América do Norte, América Latina; portanto, ser flexível e gostar de viajar também é importante.

A falta de contato com o paciente pode ser considerada uma desvantagem para alguns desses profissionais. O farmacêutico perde a oportunidade de ter uma conversa com um paciente; no entanto, quando está trabalhando com um medicamento na indústria, tem potencial para trazer benefícios para toda uma população de pacientes.

Há muito alinhamento entre o que uma empresa farmacêutica está tentando fazer - desenvolver, fabricar e comercializar medicamentos inovadores que trazem benefícios reais aos pacientes - e o fundamento da farmácia, que é trazer benefícios aos pacientes com os medicamentos.

Os farmacêuticos são valorizados na indústria por causa de sua compreensão dos pacientes e de como estes usam seus medicamentos, e o primeiro passo seria considerar que tipo de função o profissional gostaria de desempenhar na indústria, o que isso envolve e o conhecimento necessário. O farmacêutico deve considerar quais habilidades transferíveis podem ser aplicadas de sua função atual para uma nova função e pensar sobre os diferentes *insights* que pode oferecer para a empresa. Esses profissionais costumam afastar a opção de uma função industrial, por acreditarem que as vagas são limitadas ou que não têm experiência direta. É possível encontrar maneiras de se destacar enxergando em si habilidades que poderiam ser de grande valor em uma função da indústria.

Os anúncios de emprego não listam necessariamente uma qualificação de farmacêutico como requisito, por isso é importante não ter a mente estreita ao procurar empregos na indústria. É importante entrar em contato com farmacêuticos que já trabalham no setor industrial porque eles costumam ser de grande ajuda na sugestão de funções em suas empresas individuais.

Para farmacêuticos que trabalham em grandes hospitais, recomenda-se procurar um grupo de ensaios clínicos para falar com as pessoas envolvidas e descobrir quais ensaios estão em andamento. Nesse caso o farmacêutico pode ser capaz de segui-los para obter algum entendimento, e isso pode colocá-lo em uma posição melhor ao se candidatar a um emprego na indústria.

Aqueles com experiência em farmácia comunitária podem ser adequados para uma função de informação médica em virtude de sua capacidade para comunicar mensagens médicas e serviços de atendimento ao paciente (no caso do Brasil, Serviços de Atendimento ao Cliente). Outro exemplo: um farmacêutico que atualmente trabalha na comunidade ou em um hospital pode não ter tanta dificuldade para se mudar para uma empresa que, na verdade, fornece medicamentos específicos para uso em *home care*.

A consolidação dos genéricos no mercado brasileiro e o aporte de novas tecnologias que visam atender às necessidades da população que faz uso de medicamentos no país fizeram surgir novas profissões no setor farmacêutico, que, se não privativas, têm no profissional de farmácia o perfil desejável pelo fato de possuir conhecimentos em farmacologia, o que lhe permite abordar com detalhes aspectos sobre o perfil técnico de determinado fármaco, e não meramente comercial.

Uma dessas atividades é o *medical science liaison*, ou MSL, cuja atuação pode ser descrita como uma ponte entre diferentes ramos industriais (farmacêuticos, biotecnológicos e de equipamentos), médicos e demais profissionais da saúde, assim como entre farmacêuticos que atuam em outras áreas, mas todos eles sendo considerados "formadores de opinião".

O objetivo é estabelecer uma linha de contato com esses formadores de opinião da saúde a fim de informá-los sobre os estudos realizados antes que o medicamento seja lançado no mercado. A abordagem relacionada aos fármacos tem caráter técnico e não comercial. Durante as visitas, não há menção a produtos nem a suas respectivas marcas.

PERFIL DO PROFISSIONAL ATUANTE EM *MEDICAL SCIENCE LIAISON*

- Ter iniciativa própria.
- Facilidade para trabalhar de maneira independente.
- Habilidade de comunicação.
- *Expertise* na área terapêutica.
- Habilidade para ensinar e fazer apresentações.
- Orientação para negócios.
- Facilidade para relacionamento.
- Disponibilidade para viagens.

Esse é o perfil desejável, lembrando que as atividades principais de um MSL são trocas de informações científicas; portanto, a participação em congressos e suporte médico-científico é imprescindível.

A possibilidade de concorrência com outros profissionais de saúde, entre eles fisioterapeutas, biomédicos, biólogos, dentistas e médicos, que até então dominavam o setor, faz com o que o candidato a MSL necessite fundamentalmente de um título de mestrado ou doutorado, já que a função exige alto grau de qualificação acadêmica pelo fato de esse profissional ser considerado consultor científico.

A formação acadêmica é essencial, pois oferece experiência, domínio teórico e prático para apresentação de aulas, discussão de estudos clínicos com pesquisadores e treino para leitura e interpretação de artigos científicos.

O MSL tem o trabalho voltado para profissionais de saúde identificados como peças-chave no país na área de anticoagulação, como professores, pesquisadores, chefes de serviço ou pessoas ligadas a sociedades médicas e científicas. O MSL leva informações publicadas em artigos recentes aos profissionais de saúde e coleta a percepção deles a respeito dessas publicações, identificando, por exemplo, lacunas no conhecimento sobre o fármaco a ser trabalhado ou resultados importantes a serem compartilhados e disseminados com maior foco.

A partir de informações coletadas por meio do seu trabalho, sempre surgem oportunidades para a empresa organizar ou coordenar eventos científicos e de educação médica continuada para que maior número de profissionais tenha acesso a essas informações científicas e possa se manter atualizado.

O MSL não estará mais voltado para a pesquisa científica individual, mas sim para um trabalho mais colaborativo e interfuncional, em que o relacionamento com seus pares é tão importante quanto o relacionamento com os *key opinion leaders* (KOL), com os quais é necessário se envolver para discutir tópicos e obter importantes informações para a empresa.

A rede social LinkedIn é uma ferramenta excelente de *networking* e pode auxiliar a realizar conexões capazes de mostrar mais sobre o dia a dia de quem atua como MSL, além de dar visibilidade para o mercado. Dentro dessa rede social existem diversos grupos nacionais e internacionais com foco específico na carreira do MSL.

Dessa forma, a área de *medical science liaison* atrai profissionais com alto grau de qualificação acadêmica, perfil colaborativo e habilidade em comunicação. Outra área clínica da indústria farmacêutica que oferece oportunidades é a segurança de medicamentos ou o que se chama de farmacovigilância. Esta é uma área que valoriza o farmacêutico por sua aptidão para analisar dados, tentando observar tendências em termos de eventos adversos e interações medicamentosas. Com base nesses dados, podem-se descobrir lacunas e necessidades quando se trata de novos estudos que precisam ser analisados ou desenvolvidos para abordar questões que podem ter impactos na comunidade médica.

Outra área é a comunicação médica e científica, que também inclui o planejamento de publicações. Essa área envolve a compreensão e o planejamento estratégico de longo prazo para publicações de determinado produto ou dispositivo etc. Há ainda oportunidades em áreas não tão específicas, por exemplo, empresas de educação médica, empresas de tecnologia médica promocionais ou agências de publicidade que atendem à indústria farmacêutica.

Assim, se houver dificuldade para entrar em uma empresa farmacêutica, é interessante considerar olhar as agências fornecedoras de soluções para essa indústria. Muitas dessas empresas buscam pessoas com experiência clínica para cargos de diretor científico ou diretor médico. Frequentemente se inicia na carreira em um nível de associado. Também há várias oportunidades para redator de medicina.

Algumas indústrias agrupam suas atividades clínicas em uma grande área chamada *medical affairs*, um dos três principais pilares estratégicos de uma empresa farmacêutica (além das áreas comercial e de pesquisa e desenvolvimento). Essa área é uma parceira fundamental para garantir o sucesso dos medicamentos da empresa, incluindo lançamentos de produtos de sucesso com base na excelência científica. Os assuntos médicos também atuam como a voz e a consciência reconhecidas do paciente dentro da empresa. As funções dos "assuntos médicos" têm sido tradicionalmente ocupadas por médicos, mas nos últimos anos uma nova tendência está surgindo com a inclusão de farmacêuticos nessas posições profissionais altamente especializadas. Exemplos de possíveis funções interessantes para farmacêuticos dentro da estrutura de assuntos médicos de uma empresa farmacêutica incluem consultor médico, especialista em informação médica, contato em ciências médicas, especialista em educação médica, operações de assuntos médicos e especialista em conformidade.

O papel de "consultor médico", por exemplo, envolve ser o especialista científico no uso clínico de um medicamento e trabalhar em estreita colaboração com colegas da área comercial em comunicações científicas com profissionais de saúde. A função também envolve gestão de estudos clínicos pós-autorização e formação científica da força de vendas. Os consultores médicos também mantêm contatos ponto a ponto com os principais líderes de opinião.

O especialista em conformidade (*compliance specialist*) é outra atividade clínica em que o farmacêutico verifica a conformidade de todos os processos de determinada empresa ou organização com relação aos requisitos e padrões regulatórios. Essa função requer um conhecimento profundo da legislação farmacêutica e de orientações regulatórias. A auditoria interna também pode ser uma atividade fundamental a ser realizada, juntamente com a identificação de estratégias para a resolução de eventuais problemas de *compliance* e o acompanhamento da legislação pertinente. Essa função também está ligada à função de signatário nomeado, uma vez que tem de confirmar a conformidade de todos os materiais promocionais e de marketing com os requisitos regulamentares. Pode ser uma boa função de transição para um farmacêutico que deseja se tornar responsável técnico pelo medicamento (válido principalmente em alguns países, como o Reino Unido, onde recebe o nome de *nominated signatory*).

Depois que os farmacêuticos ingressam no setor industrial, há muito espaço para avançar, para "cima" ou para os "lados". Muitos indivíduos começam em funções baseadas em laboratório e depois progridem rapidamente para outros departamentos, incluindo garantia de qualidade. Para trabalhar com pesquisa, outras qualificações são essenciais para comprovar as credenciais do profissional, mas para a maioria das funções não é necessário ter um diploma de pesquisa avançada. No entanto, outras funções proporcionam oportunidades de estudar enquanto se trabalha, e espera-se um desenvolvimento profissional adequado. Se alguém se dedica a assuntos regulatórios, o que é ótimo para farmacêuticos, espera-se que estude para garantir uma qualificação relevante.

As empresas farmacêuticas tendem a oferecer planos de carreira e caminhos bem definidos que consideram o desempenho, as habilidades e a experiência necessários para cada função e nível. É possível progredir para posições de crescente responsabilidade e prestação de contas em cada função. Além disso, é comum que os colegas mudem de área e trabalhem em departamentos diferentes para desenvolver e ampliar ainda mais seus conhecimentos e experiência.

BIBLIOGRAFIA

Gonçalez R. MSL é um consultor científico por vocação. Revista do Farmacêutico do CRF-SP [Internet]. 2020 [citado 17 jan. 2025];140:24. Disponível em: http://www.crfsp.org.br/images/stories/revista/rf140/rf140.pdf.

Maglierini G. Pharmacists in medical affairs. Pharma World [Internet]. 2019 [20 abr. 2021]. Disponível em: https://www.pharmaworldmagazine.com/many-roles-open-to-pharmacists-in-the-pharmaceutical-industry-in-the-uk/.

Page E. How pharmacists can start a career in the pharmaceutical industry. Pharm J. 2015;9.

Soliman W. Seizing new opportunities in the pharmacy industry. Pharmacy Times. 2019.

36

Farmácia clínica esportiva

INTRODUÇÃO

A farmácia clínica esportiva é uma área de atuação do farmacêutico que, de maneira colaborativa, integra conhecimentos mútuos e os pontos fortes do esporte, *antidoping* e farmacêuticos. O *doping* no esporte tem impacto direto no avanço da sociedade e do próprio esporte. Pode-se dizer que os dois são reflexos um do outro.

Outro ponto importante nessa área de atuação é a prescrição de nutracêuticos e suplementos alimentares que melhorem a *performance* esportiva, sem obviamente recorrer ao *doping*, além da prevenção de danos causados pelos esportes.

Os farmacêuticos esportivos trabalham com os atletas como pacientes individuais, dentro de uma organização esportiva, *antidoping* ou como parte de equipes clínicas e operacionais de eventos esportivos. São especialistas em drogas na equipe de medicina esportiva e com frequência auxiliam nas equipes médicas dos atletas, direta ou indiretamente. Muitas vezes esses profissionais se tornam autodidatas pela falta de programas de treinamento formalizados, como extensão de sua profissão.

Em todo o mundo, o nível de participação de farmacêuticos em esportes ou com atletas varia significativamente. O treinamento e a educação formal também diferem amplamente. O Japão tem muitos farmacêuticos esportivos treinados, e o Catar oferece um dos poucos programas de residência em farmácia esportiva, por exemplo, enquanto a maioria dos outros países tem aspirantes a farmacêuticos atuando como pioneiros em esportes e *antidoping*. Várias escolas de farmácia são pioneiras em novos programas de farmácia esportiva.

O papel do farmacêutico continua a evoluir e a se desenvolver. Vacinação e programas de prescrição são exemplos de como o escopo da prática farmacêutica está se expandindo em todo o mundo. Em menor grau, as funções dos farmacêuticos em vários aspectos da cultura esportiva e a concorrência têm uma descrição limitada na literatura e vão desde o fornecimento de conselhos para condicionamento físico não competitivo/individual e esportes de clube locais até o aconselhamento para atletas de elite que competem nos Jogos Olímpicos ou em outras competições internacionais. Os papéis foram descritos no *doping* e no *antidoping*, gerenciamento e prevenção de lesões e primeiros socorros. Embora vários autores tenham produzido diretrizes para farmacêuticos sobre o manejo de lesões esportivas comuns e o fornecimento de aconselhamento para atletas, as diretrizes não se baseiam em pesquisas originais, e não há uma revisão sistemática anterior sobre farmácia esportiva.

Esse campo emergente oferece novas oportunidades para farmacêuticos, mas, sem suporte adequado, a responsabilidade adicional pode se tornar um fardo.

Em 2005, a declaração de padrões profissionais *The role of the pharmacist in the fight against doping in sport* foi adotada pela International Pharmaceutical Federation (FIP) e transformada em diretrizes da FIP em 2014. As diretrizes referem-se à World Anti-Doping Agency (Wada), ao Código Mundial Antidopagem e fornecem recomendações sobre o controle de dopagem relevantes para farmacêuticos, governos e associações farmacêuticas.

As recomendações para farmacêuticos incluem:

- Manter-se atualizado com o conteúdo do Código da Wada.
- Auxiliar os atletas a reconhecerem se o uso de uma substância pode ser proibido ou restrito em seu esporte.
- Fornecer informações para atletas sobre os riscos e benefícios dos suplementos nutricionais; muitos suplementos contêm substâncias proibidas de acordo com o Código da WADA ou órgãos reguladores de esportes específicos.

Farmacêuticos com experiência em medicina esportiva devem estar atualizados com as recomendações novas e mutáveis sobre o uso de produtos apropriados, e este capítulo analisa as oportunidades educacionais para farmacêuticos em farmácia esportiva.

A prestação de serviços de informação e educação sobre drogas para atletas, treinadores e apoiadores também pode se enquadrar no âmbito de "farmácia desportiva". Um farmacêutico com experiência em farmácia esportiva pode auxiliar na identificação, gestão e no monitoramento de atletas que buscam melhorar o desempenho de suplementos e dos que podem, de outra forma, experimentar efeitos adversos. Além disso, o auxílio na gestão de condições médicas, por exemplo, asma induzida por exercícios, é outra área em que os farmacêuticos podem utilizar sua experiência para apoiar os atletas.

PAPEL DO FARMACÊUTICO NO *DOPING* E NO *ANTIDOPING*

A prevenção e o controle de *doping* englobam o uso de drogas para fins terapêuticos e de desempenho, o aprimoramento e o envolvimento do farmacêutico. Isso requer conhecimento e interpretação das listas de substâncias proibidas, o aconselhamento sobre suplementos dietéticos, medicamentos sem receita (OTC, da sigla em inglês para *over the counter*) e medicamentos prescritos, além de produtos, o desenvolvimento de formulário sob medida, o controle de estoque e a manutenção de registros.

Os farmacêuticos também estão envolvidos na coleta de amostras para testes de drogas. O *doping* no esporte pode ser visto ainda como uma questão de saúde pública. Como a sociedade e o esporte estão se tornando mais diversificados e complexos, esse tipo de estratégia inovadora e abrangente promove o movimento antidopagem e ajuda a criar uma sociedade melhor.

A atividade *antidoping* não se limita ao esporte. Seu objetivo é garantir que os atletas "limpos" possam ter um desempenho completo, à altura de seu potencial, bem como proteger e desenvolver os valores e o espírito do esporte como um bem compartilhado na sociedade.

Trata-se de uma questão social no interesse da saúde pública. Em alguns casos, as drogas que estão sendo abusadas ainda não estão no mercado e muitas vezes nem chegaram ao estágio de pesquisa, portanto ainda não foram verificadas quanto a sua segurança e eficácia. Em outros casos, o uso inadequado de medicamentos pode ser identificado, portanto a salvaguarda da saúde das pessoas ou o tratamento de uma doença ou lesão podem levar a riscos graves para a saúde. Além disso, cada vez mais se verificam casos em que o *doping* se espalha até mesmo para o desporto escolar e atinge o nível na comunidade.

Atualmente é reconhecido como um problema social comum no mundo, independentemente do nível de desempenho no esporte. No Japão, foi estabelecida uma iniciativa que integra experiência em diferentes campos profissionais, reconhecendo e partilhando conhecimentos especializados e a respectiva missão. Essa estratégia abrangente visa promover o movimento antidopagem.

Nosso objetivo é transmitir a ideia de que cada pessoa tem a capacidade de se tornar um verdadeiro campeão e ajudar a desenvolver uma sociedade melhor.

Os farmacêuticos esportivos no Japão são profissionais certificados pela Jada (Japan Anti Doping Agency). O principal objetivo dessa área é aconselhar sobre o uso adequado de substâncias e fornecer educação em saúde, principalmente sobre o uso apropriado de medicamentos.

ATUAÇÃO DO FARMACÊUTICO NA PREVENÇÃO E CONDUTAS FARMACÊUTICAS EM LESÕES NOS ESPORTES

Lesões esportivas comuns, como entorses e distensões, podem causar dor em longo prazo e deficiência de funções. Enquanto a entorse é definida como um ligamento distendido ou rompido, a distensão se refere ao estiramento excessivo ou à ruptura de um músculo ou tendão. Embora sejam lesões fundamentalmente diferentes, ambas provocam uma resposta inflamatória, e os princípios gerais do tratamento são os mesmos.

Entorses e distensões foram o tipo mais comum de lesão musculoesquelética tratada por clínicos gerais australianos entre abril de 2000 e março de 2015. Cerca de 37 lesões musculoesqueléticas foram tratadas para cada mil consultas, e cerca de 40% dessas lesões foram entorses ou distensões.

Para nosso conhecimento, não há dados disponíveis descrevendo a frequência de apresentação de lesões de tecidos moles que apresentem as farmácias comunitárias como ambiente de atenção primária. No entanto, os farmacêuticos podem desempenhar um importante papel no aconselhamento sobre o tratamento, a prevenção e o encaminhamento no caso de entorses e distensões, em especial diante da crença de que esse tipo de lesão geralmente é leve e autotratável.

As evidências também sugerem que os pacientes frequentemente tomam medicamentos isentos de prescrição (MIP) ou OTC de forma inadequada, em virtude da percepção de segurança desses agentes.

Há um crescente corpo de evidências indicando que o uso de drogas anti-inflamatórias no quadro agudo da fase inflamatória (durante as primeiras 24-48 horas pós-lesão) pode ser prejudicial.

A intervenção farmacêutica pode reduzir o risco de danos adicionais ao tecido, conduzindo uma avaliação precoce e fornecendo recomendações de tratamento adequadas.

A consulta farmacêutica clínica esportiva permite que os atletas tomem a decisão certa, bem como assegurem a automedicação adequada, consultando especialistas para garantia. Os atletas também podem verificar informações de qualidade técnico-científica a qualquer momento para confirmar se uma substância proibida está contida e podem verificar os resultados da pesquisa com farmacêuticos esportivos a qualquer momento.

NUTRACÊUTICA ESPORTIVA E SUPLEMENTAÇÃO

A demanda por nutracêuticos esportivos está aumentando cada vez mais em decorrência da maior conscientização do consumidor e do aumento da aceitação de suplementos nutracêuticos no mercado. Essa crescente demanda dos consumidores por suplementos voltados para a nutrição esportiva continuará a crescer nos próximos anos. De acordo com a BCC Research, o mercado global de produtos de nutrição esportiva deve crescer a uma taxa de 24,1% ao ano e já alcançou quase US$ 92 bilhões no ano de 2016.

Como existem milhares de formulações disponíveis no mercado mundial, é imperativo que os prescritores atentem para as evidências científicas disponíveis e só prescrevam realmente com base em dados científicos robustos e experiência de uso positiva.

Os nutracêuticos podem ser desenvolvidos para o benefício da comunidade esportiva. Eles podem ser usados para influenciar o desempenho do atleta direta ou indiretamente, pois não são considerados medicamentos (normalmente), são naturais e comprometem de forma positiva a saúde dos atletas. Além disso, o uso de nutracêuticos também não é proibido pela comissão de atletas do Comitê Olímpico Internacional (COI). Não há dilema ético e legal. Portanto, tal forma de terapia nutracêutica não pode ser negada aos atletas.

No entanto, pode haver alguns problemas com o uso de nutracêuticos pelos atletas. Como os nutracêuticos podem induzir testes positivos de drogas, isso pode resultar em desqualificação. Em um trabalho científico, Gurley et al. relataram que 11 de 20 suplementos à base de efedra (ou efedrina) que afirmavam conter a quantidade exata do princípio ativo (fitoquímico ativo), como rotulado na embalagem, ou falharam no teste de qualidade ou tiveram mais de 20% de diferença a partir do valor real.[1]

REGULAMENTAÇÃO PELO CONSELHO FEDERAL DE FARMÁCIA

Em 5 de dezembro de 2024, essa área de atuação foi regulamentada pelo CFF por meio da Resolução CFF n. 18/2024. Esta resolução estabelece as atribuições do farmacêutico no segmento esportivo para a realização de serviços clínicos no âmbito do cuidado farmacêutico e de serviços de apoio diagnóstico voltados a atletas e praticantes de atividades físicas e exercícios físicos.

O farmacêutico poderá promover serviços clínicos e de apoio diagnóstico a atletas e praticantes de atividades físicas, com o objetivo da promoção do uso racional de medicamentos e suplementos alimentares, controle antidopagem e suporte ao desempenho esportivo.

O farmacêutico poderá realizar os seguintes serviços, de forma independente ou em equipes multidisciplinares:

- Avaliar composição corporal, utilizando técnicas e ferramentas necessárias para o acompanhamento da evolução física e fisiológica, individual ou coletiva.
- Propor medidas de prevenção à dopagem, bem como avaliar possíveis infrações relacionadas, delimitadas por agências e órgãos esportivos nacionais e internacionais, em empresas de exames laboratoriais e de controle de dopagem.
- Solicitar, realizar e interpretar exames laboratoriais que possam auxiliar a avaliação dos atletas e praticantes de atividades físicas, respeitando a legislação sanitária e profissional vigentes.
- Realizar a prescrição farmacêutica, que visa selecionar e documentar terapias farmacológicas (medicamentos isentos de prescrição, fitoterápicos, suplementos alimentares e preparações magistrais) e não farmacológicas, e outras intervenções relativas ao cuidado à saúde do paciente, com foco na otimização do desempenho físico e na melhora da qualidade de vida, respeitando a legislação vigente.
- Planejar, coordenar e participar de programas de capacitação, de educação continuada e permanente em saúde, além de cursos de pós-graduação e/ou de formação complementar, que tenham como objetivo promover a formação direcionada ao esporte e ao atendimento de atletas e praticantes de atividades físicas e exercícios físicos.

Os serviços clínicos e serviços de apoio diagnóstico voltados a atletas e praticantes de atividades físicas e de exercício físico poderão ser realizados em consultórios, academias, clubes esportivos e em atendimento domiciliar, dentre outros estabelecimentos autorizados conforme a legislação sanitária vigente, em condições adequadas para preservação do sigilo e privacidade do indivíduo.

O farmacêutico deverá considerar a importância do trabalho multidisciplinar sempre que julgar necessário, encaminhando o indivíduo a outros profissionais de saúde, para atendimento de demandas de maior complexidade ou especificidade. Esse profissional deverá tomar suas decisões sempre pautado nas melhores evidências científicas, em princípios ético-profissionais e em conformidade com as políticas de saúde e legislação sanitária e esportiva vigentes.

O farmacêutico deverá, obrigatoriamente, manter o sigilo e a confidencialidade das informações relacionadas à atuação profissional, de acordo com os princípios éticos e morais, bem como em observância à Lei Geral de Proteção de Dados Pessoais (LGPD).

REFERÊNCIA BIBLIOGRÁFICA

1. Gurley BJ, Gardner SF, Hubbard MA. Content versus label claims in ephedra-containing dietary supplements. Am J Health Syst Pharm. 2000;57:963-9.

BIBLIOGRAFIA

Ambrose PJ. Drug use in sports: a veritable arena for pharmacists. J Am Pharm Assoc. 2004;44:501-14.

Bisson MP. Nutracêutica clínica, estética, esportiva e prescrição de fitoterápicos. Barueri: Manole; 2020.

Conselho Federal de Farmácia (CFF). Resolução n. 18, de 24 de outubro de 2024. Dispõe sobre atribuições do farmacêutico no âmbito da farmácia esportiva.

Davis S. Managing common sport injuries in the pharmacy. SA Pharm J. 2017;84:35-7.

Derry S, Moore RA, Gaskell H, McIntyre M, Wiffen PJ. Topical NSAIDs for acute pain in adults. Cochrane Database Syst Rev 2015;6:CD007402.

Hooper AD, Cooper JM, Schneider J, Kairuz T. Current and potential roles in sports pharmacy: a systematic review. Pharmacy. 2019;7(1):29.

International Pharmaceutical Federation (FIP). Guidelines: the role of the pharmacist in the fight against doping in sport [Internet] [citado 17 jan. 2025]. Disponível em: https://www.fip.org/file/1513.

Ivanović D, Stojanović BJ. Sports pharmacy: pharmacists role in doping in sport. Arhiv za Farmaciju. 2013;63(6):528-40.

Oltmann C. Sports pharmacy in South Africa – need or nonsense? SA Pharm J. 2018;85:50.

Stuart M, Mottram D, Erskine D, Simbler S, Thomas T. Development and delivery of pharmacy services for the London 2012 Olympic and Paralympic Games. Eur J Hosp Pharm. 2013;20:42-5.

Stuart M, Skouroliakou M. Pharmacy at the 2004 Olympic games. Pharm J. 2004;273:319.

Thomas T, Mottram D, Waldock C. Advising patients on prevention and management of sporting injuries. Pharm J. 2016;297:102-5.

37

Farmácia militar

INTRODUÇÃO

O direito à saúde no Brasil é uma das vertentes da seguridade social, expressa na Constituição Federal de 1988. Quanto aos militares das Forças Armadas e seus dependentes, esse direito é regulado por diversas legislações infraconstitucionais, entre elas:

- O Decreto n. 92.512, de 2 de abril de 1986, que estabelece normas, condições de atendimento e indenizações para a assistência médico-hospitalar ao militar e seus dependentes e dá outras providências.
- A Lei n. 6.880, de 9 de dezembro de 1980, que dispõe sobre o Estatuto dos Militares.
- A Medida Provisória n. 2.215-10, de 31 de agosto de 2001, que dispõe sobre a reestruturação da remuneração dos militares das Forças Armadas, altera as Leis n. 3.765, de 4 de maio de 1960, e 6.880, de 9 de dezembro de 1980, e dá outras providências.
- A Lei n. 5.292, de 8 de junho de 1967, que dispõe sobre a prestação do Serviço Militar pelos estudantes de Medicina, Farmácia, Odontologia e Veterinária e pelos Médicos, Farmacêuticos, Dentistas e Veterinários em decorrência de dispositivos da Lei n. 4.375, de 17 de agosto de 1964.

Os militares da Marinha, do Exército, da Aeronáutica, e seus dependentes, têm direito à assistência médico-hospitalar, sob a forma ambulatorial ou hospitalar, conforme as condições estabelecidas no Decreto n. 92.512 e nas regulamentações específicas das Forças Singulares. A assistência médico-hospitalar a ser prestada ao militar e seus dependentes será proporcionada por meio das organizações de saúde:

- Dos Comandos Militares.
- Do Hospital das Forças Armadas.
- De Assistência Social dos Comandos Militares, quando existentes.
- Do meio civil, especializadas ou não, oficiais ou particulares, mediante convênio ou contrato.
- Do exterior, especializadas ou não.

A assistência médico-hospitalar é mantida por diversos recursos, e as organizações de saúde militares (que, além de proporcionar perícias médicas para os militares que prestarão o serviço militar obrigatório, também proporcionam ao ex-combatente assistência médica e hospitalar gratuita, extensiva aos dependentes) são os locais onde os médicos, dentistas, farmacêuticos e veterinários prestarão normalmente o serviço militar, conforme descrito a seguir:

> Os brasileiros natos, Médicos, Farmacêuticos, Dentistas e Veterinários (MFDV), diplomados por Instituto de Ensin, oficial ou reconhecido, prestarão o Serviço Militar normalmente nos Serviços de Saúde ou Veterinária das Forças Armadas. A prestação do Serviço Militar será realizada, em princípio, por meio de Estágios de Adaptação e Serviço (EAS) e de Instrução e Serviço (EIS) e terão duração normal de 12 (doze) meses, salvo algumas exceções definidas em legislação específica.

SISTEMAS DE SAÚDE DAS FORÇAS ARMADAS

Exército

O Sistema de Atendimento Médico-hospitalar aos Militares do Exército, Pensionistas Militares e seus Dependentes (Sammed) atende cerca de 750 mil beneficiários em todo o território nacional, por intermédio de uma rede formada por 28 hospitais militares, 4 policlínicas e 24 postos médicos.

Entre os atendidos pelo Sammed, 570 mil também são beneficiários do Fundo de Saúde do Exército (FuSEx), uma fonte de recursos que se destina a complementar a assistência médico-hospitalar. Tal fundo é gerido por 169 unidades gestoras, que atendem a família militar, ampliando o atendimento prestado pelo Sammed por intermédio de uma rede composta por aproximadamente 3.325 organizações civis de saúde e 2.285 profissionais de saúde autônomos, contratados, conveniados ou credenciados.

Esse sistema possui as seguintes características, que o diferenciam dos planos de saúde existentes no mercado:

- Inexistência de carência; não possui prazo-limite para internações hospitalares.
- Não possui prazo-limite para internações em unidade de terapia intensiva (UTI).
- Possui ampla cobertura de procedimentos.
- Não restringe novas tecnologias, desde que necessárias e aprovadas pela Associação Médica Brasileira (AMB).
- Proporciona atendimento odontológico.
- Fornece órteses, próteses não odontológicas e artigos correlatos; em muitos casos, fornece medicamentos de alto custo.
- Tem baixo valor de contribuição em comparação com os planos de saúde, principalmente para os menores graus hierárquicos.
- Perdoa a dívida de titulares falecidos ou a que extrapole a capacidade de pagamento do beneficiário.
- Possibilita atendimento no exterior, em casos específicos; proporciona evacuação terrestre e aeromédica.
- Não onera o usuário com aumentos das contribuições decorrentes das mudanças de faixa etária.

Marinha

O Sistema de Saúde da Marinha (SSM), para realizar a tarefa de prover assistência médico-hospitalar (AMH) aos usuários, obedece a um modelo de autogestão e conta com uma rede nacional de organizações militares hospitalares (OMH) e com organizações militares com facilidades médicas (OMFM).

Os hospitais da Marinha são os responsáveis pela execução da AMH nos Distritos Navais onde estão localizados. Onde não houver um hospital naval, haverá uma OMFM para administrar a assistência de saúde em sua área de abrangência e realizar o encaminhamento do usuário aos locais de atendimento médico-odontológico próprios da Marinha do Brasil (MB) ou à rede credenciada.

O SSM também se vale da estrutura de saúde da Aeronáutica e do Exército, de acordo com a necessidade e o interesse da instituição e dos usuários, em um tratado de reciprocidade entre as Forças. A rede credenciada disponibiliza hospitais, clínicas, laboratórios, médicos e outras entidades de saúde para uso quando a estrutura de saúde própria ou das outras Forças não propicia resposta efetiva às necessidades dos usuários, seja pela localização geográfica, seja pela indisponibilidade de procedimentos e especialidades.

A lista da rede nacional de OMH e OMFM encontra-se na página da Diretoria de Saúde da Marinha (DSM) na internet, com respectivos endereços, telefones e áreas de abrangência. Em trânsito ou se houver necessidade de informações sobre assistência médica ou odontológica, o usuário deve se comunicar com a OMH ou OMFM responsável pelo atendimento na área. Em caso de emergência, deve procurar a OMH ou qualquer hospital do Exército ou da Aeronáutica da região. Caso não existam, deve se dirigir a hospitais públicos ou particulares e contatar imediatamente a OMH ou OMFM de referência da área. Na área do Comando do 1º Distrito Naval (Com1ºDN), o Hospital Naval Marcílio Dias (HNMD) é a OMH de referência. Nas áreas dos Comandos do 2º, 3º, 4º, 6º e 7º DN, os Hospitais Navais de Salvador (HNSa), Natal (HNNa), Recife (HNRe), Belém (HNBe), Ladário (HNLa) e Brasília (HNBr), respectivamente, são as OMH de referência. Nas áreas dos Comandos do 5º e 8º DN, os Departamentos de Saúde são equiparados à OMFM. A Policlínica Naval de Manaus (PNMa) é a OMFM no Comando do 9º DN.

Aeronáutica

O Sistema de Saúde da Aeronáutica (Sisau) atende aos militares e seus dependentes em todo o território nacional e obedece a um modelo de autogestão. Possui rede própria, composta de Hospitais de Força Aérea, Hospitais de Área, Hospitais de Base, Esquadrões de Saúde, Esquadrilhas de Saúde, Odontoclínicas, uma Casa Gerontológica e um Laboratório Químico e Farmacêutico.

O Sisau também se vale da estrutura de apoio à saúde da Marinha e do Exército, de acordo com a necessidade e o interesse da instituição e dos usuários, em um tratado de reciprocidade entre as Forças. Onde essa estrutura não propicia resposta efetiva às necessidades dos usuários, seja pela localização geográfica, seja pela indisponibilidade de procedimentos e especialidades, o Sisau disponibiliza uma rede complementar contratada, com hospitais, clínicas, laboratórios, médicos e outras entidades de saúde.

Os recursos para o financiamento da assistência à saúde dos militares da Aeronáutica e seus dependentes são provenientes de duas fontes bem definidas. A primeira parte se refere à obrigação legal do Estado e é proveniente dos cofres da União Federal. Assim, indiretamente, via tributos, todos os habitantes do país são partícipes. A outra parte é composta pela sua contribuição mensal obrigatória (militares e pensionistas) e é denominada complementar, ou seja, tem por finalidade atender às necessidades não contempladas pelos recursos advindos da União. Essa parcela constitui o Fundo de Saúde da Aeronáutica (Funsa), que obedece ao sistema mutualista.

Em um sistema mutualista, para a sobrevivência do sistema é necessária a participação de todo o grupo. A contribuição é direta (descontada em contracheque) e os benefícios só se dão diante de necessidades específicas e se dirigem única e exclusivamente àqueles que contribuem. O Funsa é administrado pela Diretoria de Saúde, por intermédio da Subdiretoria de Aplicação dos Recursos para Assistência Médico-Hospitalar (Saram), que determina as características dos atendimentos que podem ser cobertos com os recursos financeiros disponíveis, sempre observando os ditames da lei.

Nesse sentido, cabe à Saram estabelecer normas e delimitar uma rede complementar necessária para atender a todos os seus beneficiários. O Sisau difere substancialmente de um plano de assistência privado por não ser comercializável e por ter administração pública, além de não considerar faixas etárias no estabelecimento de seus valores. O valor da contribuição é vinculado ao soldo do contribuinte responsável. Nessa parcela também é computada a coparticipação.

Coparticipação é aquele pagamento que é feito quando do atendimento nas unidades. Em linhas gerais, o custo do atendimento é financiado pelo Funsa (80%) e pelo usuário (20%), com base em tabelas preestabelecidas.

FORMAS DE INGRESSO COMO FARMACÊUTICO DAS FORÇAS ARMADAS

A seguir, serão descritas as formas de ingresso, ressaltando que as informações citadas referem-se a consulta efetuada no ano de 2021 e podem sofrer alterações ano a ano, devendo ser consultadas nos referidos *sites* de cada uma das Forças.

Ingresso como farmacêutico do Exército (como oficial temporário)

O serviço militar temporário consiste no exercício de atividades específicas, definidas como de interesse das Forças Armadas, cujo ingresso se dá voluntária ou obrigatoriamente, por meio de processo seletivo simplificado. Para conhecer as áreas de interesse, no âmbito do Exército Brasileiro, deve-se acessar a Portaria n. 171-DGP, de 8 de julho de 2009.

O processo seletivo simplificado (PSS) é conduzido, no Exército Brasileiro, pelas diversas Regiões Militares (RM), que estabelecem, em aviso de convocação (equivalente ao edital), os detalhes de inscrição, critérios de seleção, prazos e vagas para cada qualificação e área de atuação.

Os contratos para o serviço militar voluntário são periódicos, com duração de 12 meses, podendo ser prorrogados por igual período e de acordo com o interesse de ambas as partes, não podendo exceder o tempo total de 96 meses (8 anos) de efetivo serviço, contínuos ou intercalados, incluindo o tempo de serviço como militar, em qualquer Força Armada. Os profissionais contratados são incorporados ao serviço ativo do Exército Brasileiro nas graduações de cabo ou terceiro-sargento e nos postos como major ou aspirante a oficial.

O serviço militar voluntário não se destina ao ingresso na carreira militar, prevista no § 2º do art. 3º da Lei n. 6.880, de 9 de dezembro de 1980.

Os principais requisitos globais para o serviço militar voluntário são os seguintes:

- Ser voluntário.
- Ser brasileiro nato, para o ingresso como oficial, e brasileiro nato ou naturalizado, para o ingresso como praça.
- Ser aprovado em exame intelectual, constituído por provas ou por provas e títulos, compatíveis com o nível de escolaridade exigido.
- Ser aprovado em inspeção de saúde.
- Ser aprovado em exame de aptidão física.
- Estar em dia com as obrigações do serviço militar e da Justiça Eleitoral.
- Ter altura mínima de 1,60 m para homens e de 1,55 m para mulheres.
- Limite de permanência de até 96 meses (8 anos).

Pré-requisitos para oficial farmacêutico temporário do Exército:

- Curso superior, reconhecido pelo Ministério da Educação, nas instituições de ensino destinadas a formação, residência médica ou pós-graduação de médicos, farmacêuticos, dentistas ou veterinários (MFDV), nos termos da Lei n. 5.292, de 8 de junho de 1967.

Requisitos adicionais:

- Caráter obrigatório ou voluntário, conforme a situação prevista na Lei n. 5.292, de 8 de junho de 1967.

- Os brasileiros que venham a ser diplomados por Institutos de Ensino (IE) congêneres de país estrangeiro podem participar do PSS, desde que os diplomas sejam revalidados e reconhecidos pelo governo brasileiro.
- As mulheres diplomadas pelos IE citados são isentas do serviço militar em tempo de paz, sendo possível o ingresso por voluntariado.
- Idade-limite de 38 anos completados em 31 de dezembro do ano da convocação.
- Qualquer sexo.

Ingresso como farmacêutico do Exército (como oficial de carreira)

A Escola de Saúde do Exército (EsSEx) é um estabelecimento de ensino de formação de grau superior, da linha de ensino militar de saúde, diretamente subordinada à Diretoria de Educação Superior Militar (DESMil), e tem como missão:

- Formar oficiais do quadro de médicos, farmacêuticos e dentistas do Serviço de Saúde, e oficiais enfermeiros e veterinários do Quadro Complementar de Oficiais (QCO) para o serviço ativo do Exército.
- Coordenar os cursos de pós-graduação dos oficiais do serviço de saúde, QCO de enfermagem, veterinário, psicologia da saúde, subtenentes e sargentos de saúde (Programa de Capacitação e Atualização dos Militares de Saúde - Procap-Sau).
- Contribuir para o desenvolvimento da doutrina militar na área de sua competência.
- Realizar pesquisas na área de sua competência, inclusive com a participação de instituições congêneres, se necessário.
- Ministrar estágios sobre assuntos peculiares à EsSEx.
- Realizar concursos para ingresso na linha de ensino militar de saúde.

A seleção é feita anualmente, por meio de um concurso de admissão de âmbito nacional, no qual são oferecidas cerca de 130 vagas para ambos os sexos.

Algumas condições para a inscrição:

- Ser brasileiro nato, de ambos os sexos.
- A idade máxima será de 32 anos para médicos sem especialidade, farmacêuticos e dentistas, e de 34 anos para médicos especialistas, completados até 31 de dezembro do ano da matrícula.
- Possuir carteira de identidade civil ou militar.
- Possuir comprovante de inscrição no Cadastro de Pessoas Físicas (CPF).

As inscrições para o processo seletivo acontecem anualmente, em geral nos meses de junho ou julho, e são feitas pela internet por intermédio do *site* www.essex.eb.mil.br.

O processo seletivo é composto por exame intelectual, inspeção de saúde, exame de aptidão física, avaliação psicológica e comprovação de requisitos biográficos.

As provas do exame intelectual geralmente ocorrem em setembro ou outubro, e os candidatos aprovados no exame intelectual são convocados para se apresentar nas Organizações Militares Sedes de Exame, em data prevista no calendário anual do concurso de admissão, a fim de se submeterem à inspeção de saúde e ao exame de aptidão física.

O candidato apto em inspeção de saúde e exame de aptidão física será convocado, em data prevista no calendário anual do concurso de admissão, para realizar o exame psicológico, a cargo do Centro de Psicologia Aplicada do Exército (CPAEx), e para a comprovação dos requisitos biográficos, na EsSEx.

Em caso de aprovação em todas as etapas da seleção, o candidato é matriculado e passa a ser militar da ativa do Exército Brasileiro, na condição de primeiro-tenente-aluno da EsSEx. Se concluir o curso com aproveitamento, será nomeado oficial do Exército Brasileiro, no posto de primeiro-tenente do serviço de saúde.

Ingresso como oficial farmacêutico temporário da Marinha

Podem se inscrever candidatos de ambos os sexos, com curso de nível superior na área de Farmácia. Os voluntários deverão ter mais de 18 anos e no máximo 40 anos de idade, até 31 de dezembro do ano de sua incorporação. Os candidatos ao serviço militar voluntário (SMV), como oficiais da reserva de 2ª classe da Marinha (RM2), nas habilitações a seguir, visam ao preenchimento de vagas em unidades da Marinha do Brasil, na área de jurisdição do Comando Naval correspondente. As inscrições serão realizadas unicamente via internet, no *site* do Comando do Distrito Naval, ou em outra modalidade previamente indicada conforme edital. Informações adicionais: Portaria n. 383/CM/2008. Após aprovação no processo seletivo, o candidato deve fazer um estágio de adaptação e serviço com duração de três meses.

Ingresso como oficial farmacêutico da Marinha (cargo efetivo)

O Corpo de Saúde da Marinha (CSM) destina-se a suprir essa Força Armada com oficiais para o exercício de cargos técnicos relativos às atividades necessárias à manutenção da higidez do pessoal militar da Marinha. Requisitos:

- Ser brasileiro nato.
- Ambos os sexos.
- Ter menos de 36 anos de idade no dia 1º de janeiro do ano do curso.
- Ter graduação completa na área a que concorre.
- Possuir bons antecedentes de conduta.
- Estar em dia com as obrigações do serviço militar e da Justiça Eleitoral.

Etapas do concurso:

1. Prova objetiva de conhecimentos profissionais e redação (eliminatórias e classificatórias).
2. Eventos complementares:
   A. Verificação de dados biográficos (VDB).
   B. Inspeção de saúde (IS).
   C. Teste de aptidão física (TAF) – natação e corrida.
   D. Avaliação psicológica (AP).
   E. Verificação de documentos (VD).
   F. Prova de títulos (PT).
3. Curso de formação de oficiais (CFO):
   A. Período de adaptação (eliminatório).
   B. Curso de formação propriamente dito (eliminatório e classificatório).

Provas a serem realizadas:

- Prova específica da área de acordo com o programa de bibliografia do edital.
- Redação.
- Prova de títulos (mestrado, doutorado, residência multiprofissional em área da saúde, especialista na área para a qual concorre, exercício da atividade, artigo publicado e certificado/diploma de exames de proficiência nos idiomas inglês, espanhol, francês ou alemão, a partir do nível intermediário).

O candidato aprovado e classificado dentro do número de vagas realizará o CFO no Centro de Instrução Almirante Wandenkolk (Ciaw), que tem como objetivo preparar o candidato para o exercício de funções em organizações militares da Marinha, localizadas em qualquer Unidade da Federação, de acordo com suas qualificações e atendendo à conveniência do serviço, por meio da necessária instrução militar-naval. O curso tem a duração de 39 semanas e inicia-se com o período de adaptação de, aproximadamente, três semanas. Durante esse curso, o candidato será nomeado guarda-marinha

(GM) e receberá o soldo de R$ 6.993,00, além de alimentação, uniforme, assistência médico-odontológica, psicológica, social e religiosa. Além disso, fará um estágio de aplicação (EA) com duração de até seis semanas, em organizações militares (OM), sob a supervisão do Ciaw. Após a aprovação no curso de formação, os GM serão nomeados oficiais da Marinha do Brasil, no posto de primeiro-tenente, com vencimentos mensais de cerca de R$ 11 mil, já contando com adicionais.

Plano de carreira

Enquanto o aluno estiver no CFO, ocupará o posto de guarda-marinha e, ao se formar, passará a ocupar o posto de primeiro-tenente. A carreira do quadro de apoio à saúde compreende os seguintes postos: primeiro-tenente, capitão-tenente, capitão de corveta, capitão de fragata e capitão de mar e guerra. Benefícios da carreira naval:

- Perspectiva de crescimento profissional ao longo da carreira.
- Bom ambiente de trabalho.
- Plano de carreira bem definido, com possibilidade de ascensão contínua com aumentos de salários proporcionais.
- Estabilidade após 5 anos de serviço.
- Ingresso sem exigência de experiência anterior.
- Salário inicial compatível com o mercado.
- Salários indiretos e benefícios, como: transferências remuneradas; possibilidade de moradia quando fora da cidade do Rio de Janeiro; assistência médico-hospitalar para si e para seus dependentes em instalações exclusivas da Marinha; instalações sociorrecreativas para si e seus dependentes, mediante pequena mensalidade; ajuda para aquisição de uniformes; alimentação; proventos semelhantes aos da ativa quando estiver na reserva.

Ingresso como oficial farmacêutico temporário da Aeronáutica

Para participar dos exames de admissão de médicos, dentistas, engenheiros e farmacêuticos, os candidatos não podem completar 36 anos até o final do ano do concurso. Os processos seletivos são compostos de provas escritas (língua portuguesa, conhecimentos especializados e redação), verificação de dados biográficos e profissionais, inspeção de saúde, exame de aptidão psicológica, teste de avaliação do condicionamento físico, prova prático-oral (somente para médicos, dentistas e farmacêuticos), procedimento de heteroidentificação complementar e validação documental.

Ingresso como oficial farmacêutico da Aeronáutica (cargo efetivo)

A seleção é destinada a cidadãos brasileiros natos, de ambos os sexos, com aptidão física e mental para assumirem as diversas funções inerentes à carreira militar, já plenamente habilitados nas respectivas especialidades, voluntários e interessados em ingressar no Quadro de Oficiais de Apoio (QOAp) da Aeronáutica. É importante citar que só poderão concorrer candidatos com idade inferior a 36 anos.

As etapas seletivas serão:

1. Provas escritas (língua portuguesa, conhecimentos especializados e redação).
2. Atribuições de grau.
3. Verificação de dados biográficos e profissionais.
4. Parecer da Comissão de Promoções de Oficiais, para candidatos militares da Aeronáutica.
5. Inspeção de saúde.
6. Exame de aptidão psicológica.
7. Teste de avaliação do condicionamento físico.
8. Procedimento de heteroidentificação complementar.
9. Validação documental.

O concurso de admissão é destinado a cidadãos brasileiros natos, de ambos os sexos, com aptidão física e mental para assumirem as diversas funções inerentes à carreira militar, já plenamente habilitados nas respectivas especialidades/linhas de atuação de farmácia, voluntários e interessados em ingressar no Quadro de Oficiais Farmacêuticos (QOFarm) da Aeronáutica, desde que também atendam aos pré-requisitos, às condições e às normas estabelecidas nessas instruções específicas, para serem habilitados à matrícula no Curso de Adaptação de Farmacêuticos da Aeronáutica.

O QOFarm é um quadro de carreira previsto pelo Decreto-lei n. 3.872, de 2 de dezembro de 1941, e normatizado pela Instrução Reguladora dos quadros de oficiais médicos, dentistas e farmacêuticos (ICA 36-11). O QOFarm destina-se a suprir as necessidades de oficiais farmacêuticos de carreira, para o preenchimento de cargos e para o exercício de funções afetas aos profissionais de farmácia, nas OM do Comaer.

Os militares do QOFarm devem ter em mente que, além de realizar suas tarefas peculiares, também serão oficiais das Forças Armadas e frequentemente estarão à frente dos trabalhos em grupo, o que requer iniciativa, responsabilidade, liderança e espírito de equipe. Constantemente enfrentarão obstáculos, situações e desafios nunca experimentados, que exigirão do oficial conhecimento, raciocínio, estabilidade emocional e flexibilidade. Além de exercerem suas atividades durante o expediente, os militares concorrerão aos serviços de escala, sobreaviso e membros de comissões regulamentados em suas OM, conforme suas especialidades/linhas de atuação e graus hierárquicos.

Os integrantes do QOFarm são militares 24 horas por dia, sendo, por vezes, necessário avançar muito além do expediente para atender a demandas diversas, conforme estabelecido no Estatuto dos Militares (Lei n. 6.880/80).

SISTEMAS DE SAÚDE DAS POLÍCIAS E BOMBEIROS MILITARES

As polícias e os bombeiros militares são instituições estaduais, com regramento e organização própria, e com suas missões estabelecidas na Constituição Federal conforme segue:

> Art. 144. A segurança pública, dever do Estado, direito e responsabilidade de todos, é exercida para a preservação da ordem pública e da incolumidade das pessoas e do patrimônio, através dos seguintes órgãos:
> I. Polícia federal.
> II. Polícia rodoviária federal.
> III. Polícia ferroviária federal.
> IV. Polícias civis.
> V. Polícias militares e corpos de bombeiros militares. [...]
> § 5º Às polícias militares cabem a polícia ostensiva e a preservação da ordem pública; aos corpos de bombeiros militares, além das atribuições definidas em lei, incumbe a execução de atividades de defesa civil.
> § 6º As polícias militares e corpos de bombeiros militares, forças auxiliares e reserva do Exército, subordinam-se, juntamente com as polícias civis, aos governadores dos estados, do Distrito Federal e dos territórios.
> § 7º A lei disciplinará a organização e o funcionamento dos órgãos responsáveis pela segurança pública, de maneira a garantir a eficiência de suas atividades.

Em alguns estados o Corpo de Bombeiros é agregado à Polícia Militar, caso do estado de São Paulo, e em outros é independente, caso do estado do Rio de Janeiro.

Como Forças Militares, à semelhança das Forças Armadas, possuem (em sua maioria) quadros de saúde com a finalidade de atender os militares estaduais e seus familiares (conforme disciplinado na legislação estadual pertinente).

Papel do farmacêutico na Polícia Militar e do bombeiro militar

No caso do estado de São Paulo, compete aos oficiais farmacêuticos o exercício das atividades na Divisão de Farmácia do Centro Médico da Polícia Militar, sendo responsáveis pelo desenvolvimento de diversos serviços salutares à manutenção da saúde dos policiais militares, dentre os quais se podem destacar: gestão de farmácia hospitalar, atividades de análises clínicas, manipulação de medicamentos magistrais, manipulação de quimioterápicos e de nutrições parenterais, desinfecção ambiental, gerenciamento de gases medicinais e análises de materiais de intendência, bem como a realização de exames toxicológicos.

Requisitos para ingresso

Os requisitos para ingresso, conforme dispõe a Lei Complementar n. 1.291, de 22 de julho de 2016, são:

- Ser brasileiro.
- Ter idade mínima de 17 anos.
- Ter idade máxima de 35 anos, exceto para quem já é policial militar.
- É permitido o uso de tatuagens, desde que sua simbologia não seja conflitante com os valores policial-militares e não faça alusão a condutas ilícitas.
- Estar quite com as obrigações militares e eleitorais.
- Possuir boa saúde, higidez física, mental e perfil psicológico compatível com o cargo.
- Ter concluído o curso de nível superior de graduação ou habilitação legal correspondente.

Evolução na carreira

A carreira do oficial de saúde da Polícia Militar se inicia no cargo de segundo-tenente PM estagiário, com frequência a curso específico, realizado na Academia de Polícia Militar do Barro Branco (APMBB).

Ao término do curso e concluído o estágio probatório, o oficial de saúde é promovido ao posto de primeiro-tenente PM da respectiva área de saúde (médico, dentista, veterinário e farmacêutico).

As promoções ocorrerão ao longo da carreira, de acordo com o tempo de serviço, por meio de abertura de vagas, podendo os oficiais alcançar os respectivos postos máximos: coronel médico PM, tenente-coronel dentista PM, major farmacêutico PM e major veterinário PM.

Vantagens e benefícios

O policial militar dispõe de um regime próprio de previdência e conta com assistência médica e odontológica, além de assistência psicológica. O policial recebe, ainda, fardamento e acessórios, podendo também usufruir de alojamentos.

Regime de trabalho

A jornada de trabalho dos oficiais do Quadro de Oficiais de Saúde (QOS) é de 30 (trinta) horas semanais, conforme o previsto no art. 4º do Decreto n. 52.054, de 14 de agosto de 2007. Os oficiais do QOS podem, ainda, em determinadas circunstâncias, cumprir a jornada em regime de escala, de acordo com as peculiaridades da função e do local de atuação.

BIBLIOGRAFIA

Âmbito Jurídico. Assistência médico-hospitalar nas Forças Armadas [Internet]. 2017 [citado 18 jan. 2025]. Disponível em: https://ambitojuridico.com.br/cadernos/direito-previdenciario/assistencia-medico-hospitalar-nas-forcas-armadas/.

Brasil. Ministério da Defesa. Comando da Aeronáutica. Instruções específicas para o exame de admissão ao curso de adaptação de farmacêuticos da Aeronáutica do ano de 2022 [Internet] [citado 18 jan. 2025]. Disponível em: https://www2.fab.mil.br/ciaar/images/ingresso/CAFAR2022/IE_EA_CAFAR_2022.pdf.

Brasil. Presidência da República. Casa Civil. Subchefia para Assuntos Jurídicos. Constituição da República Federativa do Brasil de 1988.

Brasil. Presidência da República. Casa Civil. Subchefia para Assuntos Jurídicos. Decreto n. 92.512, de 2 de abril de 1986. Estabelece normas, condições de atendimento e indenizações para a assistência médico-hospitalar ao militar e seus dependentes, e dá outras providências.

Brasil. Presidência da República. Casa Civil. Subchefia para Assuntos Jurídicos. Lei n. 3.765, de 4 de maio de 1960. Dispõe sobre as pensões militares.

Brasil. Presidência da República. Casa Civil. Subchefia para Assuntos Jurídicos. Lei n. 5.292, de 8 de junho de 1967. Dispõe sobre a prestação do Serviço Militar pelos estudantes de Medicina, Farmácia, Odontologia e Veterinária e pelos Médicos, Farmacêuticos, Dentistas e Veterinários em decorrência de dispositivos da Lei n. 4.375, de 17 de agosto de 1964.

Brasil. Presidência da República. Casa Civil. Subchefia para Assuntos Jurídicos. Lei n. 6.880, de 9 de dezembro de 1980. Dispõe sobre o Estatuto dos Militares.

Exército Brasileiro. Diretoria de Serviço Militar. Serviço militar temporário [Internet] [citado 18 jan. 2025]. Disponível em: http://dsm.dgp.eb.mil.br/index.php/pt/sobre.

Exército Brasileiro. Forma de Ingresso na Escola de Saúde e Formação Complementar do Exército. [Internet]. 2020 [citado 18 jan. 2025]. Disponível em: https://esfcex.eb.mil.br/index.php/concursos-esfcex/como-ingressar.

Força Aérea Brasileira. Força Aérea divulga editais para seleção de oficiais temporários [Internet]. 2020 [citado 18 jan. 2025]. Disponível em: https://www.fab.mil.br/noticias/mostra/35281/INGRESSO%20-%20For%C3%A7a%20A%C3%A9rea%20divulga%20editais%20para%20sele%C3%A7%C3%A3o%20de%20Oficiais%20tempor%C3%A1rios.

Marinha do Brasil. Comando do 2º Distrito Naval. Processo seletivo serviço militar voluntário (SMV) de oficiais – RM2/2021 [Internet] [citado 18 jan. 2025]. Disponível em: https://www.marinha.mil.br/com2dn/srd/servico-militar/processo-seletivo-servico-militar-voluntario-smv-de-oficiais-rm22021.

Marinha do Brasil. Serviço de seleção do pessoal da Marinha. Corpo de Saúde – Quadro de apoio à saúde [Internet] [citado 18 jan. 2025]. Disponível em: https://www.marinha.mil.br/sspm/?q=csm/quadro-apoio-a-saude_princ.

Polícia Militar do Estado de São Paulo (PMESP). Quadro de oficiais de saúde (QOS) [Internet] [citado 18 jan. 2025]. Disponível em: https://www.concursos.policiamilitar.sp.gov.br/ingresso-como-oficial-de-saude/.

38

Farmácia clínica na saúde pública

INTRODUÇÃO

O farmacêutico que trabalha na saúde pública deve ser versátil, pois atua diretamente em todas as fases do ciclo da assistência farmacêutica. Deve manter um bom relacionamento interpessoal, já que lida com uma grande diversidade de interesses e precisa articular a integração com os demais profissionais da área, participar de comissões técnicas, promover o uso racional de medicamentos e implementar ações educativas para prescritores, gestores e outros profissionais de saúde. Em sua essência, as práticas clínicas na saúde pública são as mesmas de outras áreas de atuação e abordadas nas partes iniciais deste livro, porém adaptadas a peculiaridades de sua organização e gestão. Nesse contexto, este capítulo tem o objetivo de expor peculiaridades, conceitos e práticas específicas dessa área de atuação farmacêutica. É importante apresentar um breve histórico do Sistema Único de Saúde (SUS), assistência farmacêutica, níveis de complexidade da assistência farmacêutica e, por fim, os órgãos colegiados do SUS.

No Brasil, a partir da reforma constitucional de 1988 foi criado o SUS, por meio da Lei n. 8.080/1990, regido por três princípios ético-doutrinários:

- Universalidade – garantia de saúde a todo e qualquer cidadão.
- Equidade – tratamento diferenciado visando a reduzir a desigualdade.
- Integralidade – atenção integral na oferta de serviços ao cidadão.

Com base em um "modelo assistencial integrado", o SUS implica, na prática, mudanças organizacionais – descentralização, hierarquização e regionalização –, em uma nova compreensão do processo saúde-doença e na redefinição do vínculo entre os serviços e os usuários. A saúde passa a ser vista não mais pela sua definição negativa, de ausência de doença, mas de forma positiva, como qualidade de vida.

O modelo também considera a importância das intervenções sobre o meio ambiente, na tentativa de agir sobre fatores determinantes da situação sanitária do país. No contexto político-organizacional, o SUS reforçou nos estados e municípios o poder político, administrativo e financeiro ao descentralizar as ações e serviços de saúde e municipalizar as gestões, delegando a cada esfera de governo o comando integral das atribuições ligadas ao Sistema.

Em virtude da crescente demanda da população, por meio das Conferências Nacionais de Saúde, e das recomendações da Organização Mundial da Saúde (OMS) aos Estados-membros para a formulação de políticas visando à inclusão das Práticas Integrativas e Complementares (PIC) nos sistemas oficiais de saúde, além da necessidade de normatização das experiências vivenciadas no SUS, o Ministério da Saúde (MS) publicou, por meio da Portaria MS/GM n. 971/2006, a Política Nacional de Práticas Integrativas e Complementares (PNPIC) no SUS, contemplando as áreas de homeopatia, plantas medicinais e fitoterapia, medicina tradicional chinesa/acupuntura, medicina antroposófica e termalismo social/crenoterapia.

Na continuidade do Pacto de Gestão, em 2008 foi criado o Núcleo Ampliado de Saúde da Família e Atenção Básica (Nasf-AB), com o objetivo de ampliar o escopo das ações da atenção básica e sua resolubilidade, apoiando a inserção da Estratégia Saúde da Família na rede de serviços que surge do processo de regionalização da atenção básica.

Em 2013 foi publicada a Portaria MS/GM n. 1.554, que definiu as novas regras de financiamento e execução do Componente Especializado da Assistência Farmacêutica (Ceaf), alterada pela Portaria MS/GM n. 1.996/2013. O Ceaf é uma estratégia de acesso a medicamentos no âmbito do SUS, caracterizado pela busca da garantia de integralidade do tratamento medicamentoso, em nível ambulatorial, cujas linhas de cuidado estão definidas em protocolos clínicos e diretrizes terapêuticas publicadas pelo MS.

A Lei n. 13.021/2014, que trata do exercício e da fiscalização das atividades farmacêuticas, reitera a obrigatoriedade da presença permanente do farmacêutico nas farmácias de qualquer natureza, inclusive nas públicas.

ASSISTÊNCIA FARMACÊUTICA

A assistência farmacêutica integra as diretrizes da Política Nacional de Medicamentos (Portaria MS/GM n. 3.916/1998), devendo ser considerada uma das atividades prioritárias da assistência à saúde. De acordo com a Resolução MS/CNS n. 338/2004, é definida como:

> Conjunto de ações voltadas à promoção, proteção e recuperação da saúde, tanto individual como coletiva, tendo o medicamento como insumo essencial e visando o acesso e ao seu uso racional. Este conjunto envolve a pesquisa, o desenvolvimento e a produção de medicamentos e insumos, bem como a sua seleção, programação, aquisição, distribuição, dispensação, garantia da qualidade dos produtos e serviços, acompanhamento e avaliação de sua utilização, na perspectiva da obtenção de resultados concretos e da melhoria da qualidade de vida da população.

Gestão da assistência farmacêutica

A gestão da assistência farmacêutica engloba as atividades de coordenação, articulação, negociação, planejamento, acompanhamento, controle, avaliação e auditoria dos serviços prestados à população, promoção do acesso e uso racional dos medicamentos.

Ciclo da assistência farmacêutica

O ciclo da assistência farmacêutica compreende um sistema integrado de sequências lógicas cujos componentes apresentam naturezas técnicas, científicas e operacionais que representam as estratégias e o conjunto de ações necessárias para a implementação da assistência farmacêutica:

- Seleção de medicamentos: processo de escolha de medicamentos eficazes e seguros, fundamentada em critérios epidemiológicos, técnicos e econômicos para garantir uma terapêutica medicamentosa de qualidade nos diversos níveis de atenção à saúde. É um processo dinâmico e participativo, que precisa ser bem articulado e envolver os profissionais da saúde integrantes da Comissão de Farmácia e Terapêutica do município.
- Programação de medicamentos: estima a quantidade dos medicamentos que serão adquiridos para atender a uma determinada demanda de serviços, em um período definido, influenciando diretamente no abastecimento

e no acesso ao medicamento. É necessário o conhecimento de dados consistentes sobre o consumo de medicamentos, o perfil epidemiológico, a oferta e a demanda de serviços de saúde, além de recursos humanos capacitados e disponibilidade financeira.

- Aquisição de medicamentos: conjunto de procedimentos para compra dos medicamentos programados para suprir as Unidades de Saúde com a quantidade ideal, qualidade e menor custo, visando à regularidade do sistema de abastecimento.
- Armazenamento: conjunto de procedimentos técnicos e administrativos que envolvem as atividades de recebimento, estocagem, conservação e controle de estoque de medicamentos, de forma a assegurar as condições adequadas de conservação dos produtos.
- Distribuição: atividade que busca fornecer medicamentos às Unidades de Saúde na quantidade, qualidade e tempo adequados para posterior dispensação à população. A distribuição de medicamentos deve garantir agilidade e segurança na entrega e eficiência no controle.
- Dispensação: proporciona um ou mais medicamentos ao paciente, mediante apresentação da prescrição. Nesse ato, o farmacêutico analisa tecnicamente a prescrição e orienta o paciente sobre o uso adequado do medicamento. São elementos importantes da orientação, entre outros, a ênfase no cumprimento da dosagem, possíveis interações com outros medicamentos e/ou alimentos, o reconhecimento de reações adversas, as condições de conservação dos medicamentos e a farmacovigilância.
- Cuidado farmacêutico: interação direta do farmacêutico com o paciente para oferecer uma farmacoterapia racional e com resultados definidos e mensuráveis, compreendendo atitudes, valores éticos, comportamentos, habilidades, compromissos e corresponsabilidades na prevenção de doenças, promoção e recuperação da saúde, de forma integrada à equipe de saúde.

ASSISTÊNCIA FARMACÊUTICA BÁSICA

A assistência farmacêutica básica, mantida pelo SUS, compreende um conjunto de atividades relacionadas ao acesso e ao uso racional de medicamentos destinados a complementar e apoiar as ações da atenção básica à saúde; ela tem como referência a Relação Nacional de Medicamentos Essenciais (Rename).

De acordo com os novos atos normativos do SUS, trazidos pelo Pacto pela Saúde de 2006, o Programa de Assistência Farmacêutica Básica passou a ser denominado Componente Básico da Assistência Farmacêutica, integrando, assim, o Bloco de Financiamento da Assistência Farmacêutica.

Esse componente é a parte fixa, cujo financiamento tripartite se dá pela transferência de recursos financeiros do Governo Federal para as outras instâncias gestoras, além das contrapartidas estaduais e municipais; a parte variável, financiada exclusivamente pelo Governo Federal, consiste em valores *per capita* destinados à aquisição de medicamentos e de insumos farmacêuticos dos programas de hipertensão e diabetes, asma e rinite, saúde mental, saúde da mulher, alimentação e nutrição e combate ao tabagismo.

Os recursos da parte variável, destinados aos programas de hipertensão e diabetes, asma e rinite, já foram descentralizados para a maioria dos municípios brasileiros, enquanto os recursos destinados aos demais programas continuam sob gestão do MS, responsável pelo suprimento direto dos medicamentos preconizados pelas áreas técnicas dos respectivos programas.

ASSISTÊNCIA FARMACÊUTICA DE MÉDIA E ALTA COMPLEXIDADE

Componente estratégico da assistência farmacêutica

O MS considera estratégicos todos os medicamentos utilizados para tratamento das doenças de perfil endêmico que tenham impacto socioeconômico e cuja estratégia de controle se concentre no tratamento de seus portadores, utilizando-se de protocolos clínicos e normas específicas. Esses medicamentos são adquiridos pelo MS e repassados aos estados, que os armazenam e distribuem aos municípios.

Entre os programas estratégicos, podem-se citar: tuberculose, hanseníase, endemias focais, IST/aids, sangue e hemoderivados, imunológicos e combate ao tabagismo, alimentação e nutrição. Merece destaque o Programa de IST/aids, que inclui ações de prevenção, diagnóstico e tratamento.

O farmacêutico é o responsável pelo cadastramento dos pacientes no Sistema de Controle Logístico de Medicamentos (Siclom), o que lhes assegura o recebimento gratuito dos antirretrovirais disponibilizados pelo MS. A participação do farmacêutico nesse programa é de suma importância, não apenas pelo fato de gerenciar os estoques dos antirretrovirais, mas também pelo trabalho de adesão realizado junto aos pacientes atendidos. Ao melhorar a adesão ao tratamento, é possível melhorar a qualidade de vida dos portadores do vírus e diminuir a transmissão vertical da doença (transmissão da gestante portadora para o feto).

PROGRAMA DE MEDICAMENTOS DE ALTO CUSTO (COMPONENTE ESPECIALIZADO)

Criado em 1993 com a denominação de Programa de Medicamentos de Dispensação Excepcional, representa a consolidação de várias ações políticas iniciadas a partir de 1971.

O programa foi concebido com a prerrogativa de garantir o acesso da população a medicamentos importados para o tratamento de doenças de rara incidência. Historicamente, seus marcos regulatórios eram as Portarias MS/SAS n. 409/1999, MS/GM n. 1.481/1999, MS/GM n. 1.318/2002, MS/SAS n. 921/2002, MS/SAS n. 203/2005, MS/GM n. 445/2006 e MS/GM n. 562/2006, além das portarias de publicação dos Protocolos Clínicos e Diretrizes Terapêuticas (PCDT).

O programa está em consonância com as diretrizes estabelecidas pela Política Nacional de Medicamentos, a Política Nacional de Assistência Farmacêutica e o Pacto pela Saúde; considera também a pactuação da reunião Comissão Intergestores Tripartite (CIT), de 5 de outubro de 2006, que estabeleceu um novo marco com a publicação, em 30 de outubro de 2006, da Portaria MS/GM n. 2.577.

Esse instrumento regulamentou o Componente de Medicamentos de Dispensação Excepcional (CMDE) e revogou todas as portarias vigentes, exceto as que publicaram os PCDT.

A Portaria MS/GM n. 2.577/2006 caracterizou-se como uma estratégia da Política de Assistência Farmacêutica, que teve por objetivo disponibilizar medicamentos no âmbito do SUS para tratamento dos agravos inseridos nos seguintes critérios:

- Doença rara ou de baixa prevalência, com indicação de uso de medicamento de alto valor unitário ou que, em caso de uso crônico ou prolongado, seja um tratamento de custo elevado.
- Doença prevalente, com uso de medicamento de alto custo unitário ou que, em caso de uso crônico ou prolongado, seja um tratamento também de custo elevado, desde que haja tratamento previsto para o agravo no nível da atenção básica, ao qual o paciente apresentou necessariamente intolerância, refratariedade ou evolução para quadro clínico de maior gravidade, ou, ainda, se o diagnóstico ou estabelecimento de conduta terapêutica para o agravo estiverem inseridos na atenção especializada.

A Portaria MS/GM n. 1.554/2013, que dispõe sobre as regras de financiamento e execução do Componente Especializado da Assistência Farmacêutica no âmbito do SUS, é atualmente a norma que regulamenta o programa de medicamentos de alto custo.

LOCAIS DE ASSISTÊNCIA FARMACÊUTICA NO SERVIÇO PÚBLICO

Unidades da atenção básica

Compõem a estrutura física básica de atendimento aos usuários do SUS. Devem ser prioridade na gestão do sistema porque, quando funcionam adequadamente, a comunidade consegue resolver, com qualidade, a maioria dos seus problemas de saúde. A prática comprova que a atenção básica deve ser sempre prioritária, pois também possibilita melhor organização e funcionamento dos serviços de média e alta complexidade.

Estando bem estruturada, ela reduzirá as filas nos prontos-socorros e hospitais, o consumo abusivo de medicamentos e o uso indiscriminado de equipamentos de alta tecnologia. Isso porque os problemas de saúde mais comuns passam a ser resolvidos nas Unidades Básicas de Saúde (UBS), deixando os ambulatórios de especialidades e hospitais cumprirem seus verdadeiros papéis, o que resulta em maior satisfação dos usuários e na utilização mais racional dos recursos existentes.

As UBS podem variar em sua formatação, adequando-se às necessidades de cada região. Podem ser:

- Unidade de Saúde da Família: unidade pública específica para prestação de assistência em atenção contínua programada nas especialidades básicas e com equipe multidisciplinar para desenvolver as atividades que atendam às diretrizes da Estratégia Saúde da Família do MS. Quando a equipe funcionar em unidade não específica, deverá ser informado o serviço/classificação.
- Posto de saúde: unidade destinada à prestação de assistência a uma determinada população, de forma programada ou não, por profissional de nível médio, com a presença intermitente ou não do médico.
- Centro de saúde/Unidade Básica de Saúde: unidade para realização de atendimentos de atenção básica e integral a uma população, de forma programada ou não, nas especialidades básicas, podendo oferecer assistência odontológica e de outros profissionais de nível superior. A assistência deve ser permanente e prestada por médico generalista ou por especialistas

nessas áreas. Pode ou não oferecer serviços auxiliares de diagnóstico e terapia (SADT), realizados por unidades vinculadas ao SUS e pronto atendimento 24 horas.

- Unidade móvel fluvial: barco/navio equipado como unidade de saúde, contendo no mínimo um consultório médico e uma sala de curativos, podendo ter consultório odontológico.
- Unidade terrestre móvel para atendimento médico/odontológico: veículo automotor equipado especificamente para prestação de atendimento ao paciente.
- Unidade mista: unidade de saúde básica destinada à prestação de atendimento em atenção básica e integral à saúde, de forma programada ou não, nas especialidades básicas, podendo oferecer assistência odontológica e de outros profissionais, com unidade de internação, sob administração única. A assistência médica deve ser permanente e prestada por médico especialista ou generalista.
- Ambulatório de unidade hospitalar geral: o município deve garantir em seu orçamento recursos para construção, ampliação e reforma de suas unidades. O MS destina, anualmente, via convênios (Fundo Nacional de Saúde), recursos que podem ser utilizados para esse fim.

Centros de atenção psicossocial

São serviços de saúde mental de base territorial e comunitária do SUS, referenciais no tratamento das pessoas que sofrem com transtornos mentais (psicoses, neuroses graves e demais quadros) cuja severidade e/ou persistência justifiquem sua permanência em um dispositivo de cuidado intensivo, comunitário, personalizado e promotor de vida.

O objetivo dos Centros de Atenção Psicossocial (Caps) é oferecer atendimento à população de sua área de abrangência, realizando o acompanhamento clínico e a reinserção social dos usuários pelo acesso ao trabalho, lazer, exercício dos direitos civis e fortalecimento dos laços familiares e comunitários. É um serviço de atendimento de saúde mental criado para ser substitutivo das internações em hospitais psiquiátricos, equipamento estratégico da atenção extra-hospitalar em saúde mental.

Existem diferentes tipos de Caps, segundo seu porte e clientela:

- Caps I – serviço aberto para atendimento diário de adultos com transtornos mentais severos e persistentes: equipamento importante para municípios com população entre 20 mil e 70 mil habitantes.

- Caps II – serviço aberto para atendimento diário de adultos com transtornos mentais severos e persistentes: equipamento importante para municípios com população com mais de 70 mil habitantes.
- Caps III – serviço aberto para atendimento diário e noturno, sete dias por semana, de adultos com transtornos mentais severos e persistentes: equipamento importante em grandes cidades.
- Caps infantil – voltado para a infância e adolescência, para atendimento diário a crianças e adolescentes com transtornos mentais.
- Caps adulto – voltado para usuários de álcool e outras drogas, para atendimento diário à população com transtornos decorrentes do uso dessas substâncias.

Centrais de abastecimento farmacêutico

Locais onde são feitas a estocagem e a distribuição para hospitais, ambulatórios e postos de saúde. A legislação sanitária determina que os gestores municipais e estaduais de saúde têm como responsabilidade investir na infraestrutura das centrais de abastecimento farmacêutico, objetivando garantir a qualidade dos produtos até sua distribuição.

ÓRGÃOS COLEGIADOS DO SISTEMA ÚNICO DE SAÚDE

Conselhos de Saúde

Órgãos colegiados deliberativos e permanentes do SUS, existentes em cada esfera de governo e integrantes da estrutura básica do MS, das Secretarias de Saúde dos estados e dos municípios, com composição, organização e competência fixadas pela Lei n. 8.142/1990.

Atuam na formulação e proposição de estratégias e no controle da execução das políticas de saúde, inclusive em seus aspectos econômicos e financeiros. Suas decisões devem ser homologadas pelo chefe do poder legalmente constituído, em cada esfera de governo.

As regras para a composição dos conselhos de saúde são, também, estabelecidas no texto legal, devendo incluir representantes do governo, prestadores de serviços de saúde, trabalhadores de saúde e representantes de movimentos representativos de usuários.

Na composição recomendada pelo Conselho Nacional de Saúde, os usuários devem compor 50% dos membros, os trabalhadores 25% e os gestores e prestadores de serviço, os 25% restantes. Desde a edição das Leis Orgânicas da Saúde (Leis n. 8.080/1990 e n. 8.142/1990), a existência e o funcionamento dos conselhos de saúde são requisitos exigidos para a habilitação e o recebimento dos recursos federais repassados "fundo a fundo" aos municípios.

Conselho Municipal de Saúde

É um órgão colegiado de caráter permanente, deliberativo, normativo e fiscalizador das ações e dos serviços de saúde no âmbito do SUS no município. Atua na formulação e proposição de estratégias e no controle da execução das políticas de saúde, inclusive em seus aspectos econômicos e financeiros. São constituídos por participação paritária de usuários (50%), trabalhadores de saúde (25%), representantes do governo e prestadores de serviço (25%), cujas decisões devem ser homologadas pelo chefe do poder legalmente constituído. Para que um conselho funcione de forma adequada, é necessário que seja representativo e tenha legitimidade, além das condições previstas pela lei.

Os usuários são escolhidos por membros de seu segmento, com direito a voz e voto. A participação é voluntária e não remunerada. As reuniões dos Conselhos Municipais de Saúde (CMS) são mensais e abertas para toda a população, que tem direito de se manifestar.

Conselho Nacional das Secretarias Municipais de Saúde

Entidade não governamental, sem fins lucrativos, criada com o objetivo de representar as Secretarias Municipais de Saúde. Promove e consolida um novo modelo de gestão pública de saúde, alicerçado em conceitos de descentralização e municipalização, assumindo o desafio de romper com a estrutura centralista das decisões ao propor uma fórmula de gestão democrática para a saúde e fazendo jus aos preceitos constitucionais de formulação do SUS.

Os municípios assumiram o papel de formuladores de políticas públicas, criando estratégias voltadas ao aperfeiçoamento de seus respectivos sistemas de saúde, primando pelo intercâmbio de informações e pela cooperação técnica. O Conselho Nacional das Secretarias Municipais de Saúde (Conasems) participa do Conselho Nacional de Saúde (CNS), órgão deliberativo do SUS, e da CIT, que reúne a representação dos três entes federados: o MS, o Conselho Nacional de Secretários de Saúde (Conass) e o Conasems.

Conselho Nacional de Secretários de Saúde

Entidade de direito privado, sem fins lucrativos, que congrega os secretários de saúde dos estados e do Distrito Federal, além de seus substitutos legais.

Tem a missão de promover a articulação e a representação política da gestão estadual do SUS, proporcionando apoio técnico às Secretarias Estaduais de Saúde, coletiva e individualmente, de acordo com suas necessidades, por meio da disseminação das informações, produção e difusão de conhecimento, inovação e incentivo à troca de experiências e de boas práticas.

Tem como meta ser referência perante as instâncias do sistema de saúde e da sociedade; dispor de sustentabilidade econômica, estrutura física adequada e recursos humanos para responder com efetividade às demandas coletivas e individuais das Secretarias Estaduais de Saúde; e ser reconhecido nacional e internacionalmente por sua capacidade de inovação, produção e disseminação de conhecimento na área das políticas públicas de saúde.

Realiza diligências para que as Secretarias de Saúde dos estados e do Distrito Federal participem da formulação e tomada de decisões que digam respeito ao desenvolvimento dos sistemas de saúde nas unidades federadas, em conjunto com o MS. Assegura às Secretarias Municipais de Saúde ou órgãos municipais equivalentes, por meio da direção do Conselho ou Associação de Secretários Municipais de Saúde de cada unidade federada, a participação em todas as decisões que digam respeito ao desenvolvimento dos sistemas municipais ou intermunicipais de saúde. Sua diretoria é eleita em assembleias anuais.

BIBLIOGRAFIA

Brasil. Presidência da República. Casa Civil. Subchefia para Assuntos Jurídicos. Constituição Federal de 1988.

Brasil. Presidência da República. Casa Civil. Subchefia para Assuntos Jurídicos. Lei n. 8.080, de 19 de setembro de 1990. Dispõe sobre as condições para a promoção, proteção e recuperação da saúde, a organização e o funcionamento dos serviços correspondentes e dá outras providências.

Brasil. Presidência da República. Casa Civil. Subchefia para Assuntos Jurídicos. Lei n. 8.142, de 28 de dezembro de 1990. Dispõe sobre a participação da comunidade na gestão do Sistema Único de Saúde (SUS) e sobre as transferências intergovernamentais de recursos financeiros na área da saúde e dá outras providências.

Brasil. Ministério da Saúde. Gabinete do Ministro. Portaria MS/GM n. 1.555, de 30 de julho de 2013. Dispõe sobre as normas de financiamento e de execução do Componente Básico da Assistência Farmacêutica no âmbito do Sistema Único de Saúde (SUS).

Conselho Federal de Farmácia (CFF). Resolução CFF n. 578, de 26 de julho de 2013, que regulamenta as atribuições técnico-gerenciais do farmacêutico na gestão da assistência farmacêutica no âmbito do Sistema Único de Saúde (SUS).

Conselho Regional de Farmácia do Estado de São Paulo (CRF-SP). Farmácia [Internet]. 3.ed. 2019 [citado 18 jan. 2025]. Disponível em: http://www.crfsp.org.br/images/cartilhas/saudepublica.pdf.

39

Farmácia clínica no gerenciamento de anticoagulantes

INTRODUÇÃO

De acordo com o Centers for Disease Control and Prevention (CDC), 18,9% da mortalidade decorrente de doenças cardíacas na população asiática durante 2018 e 2020 ocorreu entre pacientes tratados com anticoagulantes em algum momento do atendimento. Os anticoagulantes são substâncias que previnem a coagulação e a impedem de crescer no sangue ou nos vasos sanguíneos. A varfarina é um anticoagulante antigo, introduzido na década de 1950, e que se tornou o anticoagulante oral mais comumente usado. Embora muitos anticoagulantes tenham sido aprovados nos últimos anos, a varfarina ainda é considerada o medicamento de escolha para anticoagulação de longo prazo ou estendida no atendimento ao paciente.

A varfarina é aprovada pela Food and Drug Administration (FDA) dos Estados Unidos para a prevenção e o tratamento de tromboembolismo venoso, prevenção de complicações tromboembólicas em pacientes com infarto do miocárdio, fibrilação atrial e substituição da válvula cardíaca. Apesar de sua eficácia, seu índice terapêutico é estreito, o que exige ajustes frequentes de dose e monitoramento cuidadoso do paciente. Em muitas condições de doença, a eficácia e a segurança da varfarina dependem principalmente do nível da razão normalizada internacional (RNI) dos pacientes. Níveis supraterapêuticos de varfarina podem levar a um aumento da RNI, aumentando assim o risco de complicações hemorrágicas. Da mesma forma, níveis subterapêuticos diminuirão a RNI e, consequentemente, aumentarão o risco de complicações tromboembólicas. As reações adversas aos anticoagulantes têm sido associadas a muitos fatores, como a complexidade da dosagem e do monitoramento, a adesão do paciente e inúmeras interações medicamentosas e alimentares.

Os serviços de gerenciamento de anticoagulação (AMS, do inglês *anticoagulation management services*) foram estabelecidos para monitorar e gerenciar anticoagulantes orais e parenterais que diminuem a formação de coágulos sanguíneos. Muitos estudos foram conduzidos para comparar o gerenciamento convencional da terapia de anticoagulação por médicos de atenção primária e o serviço especializado de anticoagulação prestado por farmacêuticos clínicos em colaboração com médicos. Com base nos estudos, é evidente que os pacientes tratados por serviços especializados em anticoagulação obtiveram melhor controle da anticoagulação em termos de tempo para obtenção e controle na faixa terapêutica, reduzindo as taxas de complicações em até 50 a 90% em relação aos tratados pela prática convencional. Além disso, em uma pesquisa conduzida para avaliar as percepções dos pacientes sobre o envolvimento do farmacêutico com os serviços de anticoagulação, verificou-se que a maioria dos pacientes se sentia confortável com os serviços dos farmacêuticos no gerenciamento da anticoagulação, como o monitoramento da terapia com varfarina e seus ajustes de dosagem.

O gerenciamento de anticoagulação é um componente fundamental da assistência médica, particularmente para pacientes em risco de eventos tromboembólicos, como acidente vascular cerebral, trombose venosa profunda e embolia pulmonar. Essas condições geralmente exigem o uso de anticoagulantes para evitar a formação de coágulos prejudiciais. O gerenciamento da terapia de anticoagulação é complexo, exigindo monitoramento cuidadoso e ajuste para equilibrar o risco de coagulação com o risco de sangramento.

Os farmacêuticos desempenham um papel fundamental na assistência médica, particularmente no gerenciamento de terapias medicamentosas. Sua experiência em farmacologia e atendimento ao paciente os posiciona de forma única para gerenciar a terapia de anticoagulação de modo eficaz. Esses profissionais estão cada vez mais envolvidos no atendimento direto ao paciente, fornecendo serviços que vão além das funções tradicionais de dispensação. Este capítulo discorre sobre o papel dos farmacêuticos nos AMS, examinando seu impacto nos resultados dos pacientes, sua implementação em ambientes comunitários e as direções futuras para esses serviços.

Foi comprovado que o papel do farmacêutico no gerenciamento da anticoagulação é multifatorial e pode incluir, mas não está limitado a, monitoramento, dosagem, fornecimento de informações sobre medicamentos, educação do paciente, triagem de interação medicamentosa e pesquisa. Uma avaliação do serviço de anticoagulação demonstrou que o serviço fornecido pelo farmacêutico alcançou um controle de RNI significativamente melhor em comparação ao tratamento usual.

SERVIÇOS DE GERENCIAMENTO DE ANTICOAGULAÇÃO

Os AMS são serviços de saúde especializados com foco na gestão de medicamentos anticoagulantes. Esses serviços são projetados para otimizar os resultados terapêuticos para pacientes que necessitam de terapia de anticoagulação. Os serviços normalmente envolvem o monitoramento dos níveis de RNI dos pacientes, ajustando dosagens de medicamentos e fornecendo educação sobre modificações no estilo de vida e adesão aos medicamentos.

Os AMS com equipe de especialistas em terapia de anticoagulação têm um papel bem reconhecido no gerenciamento de varfarina. No entanto, a necessidade de monitoramento rigoroso durante a terapia com esse medicamento decorre de um índice terapêutico estreito, da necessidade de monitoramento laboratorial de rotina e de inúmeras interações alimentares e medicamentosas.

Como será visto adiante, dadas as vantagens da terapia com anticoagulantes orais diretos (DOAC, do inglês *direct oral anticoagulants*), não fica claro qual seria o papel de um AMS dedicado ao gerenciamento de DOAC. Um estudo no sistema de saúde do Veterans Affairs (VA) mostrou que as intervenções do farmacêutico melhoraram a adesão à terapia com DOAC, mas essas intervenções não faziam parte de um AMS dedicado ao tratamento de pacientes com DOAC e os resultados clínicos de tromboembolia ou sangramento não foram examinados. Outros estudos em ambiente hospitalar avaliaram o efeito de programas de administração de DOAC liderados por farmacêuticos e documentou intervenções em 36% dos pacientes. As intervenções incluíram interrupção da terapia antiplaquetária concomitante, ajustes de dose e monitoramento laboratorial da resposta anticoagulante.

TIPOS DE ANTICOAGULANTES E SEUS USOS

Os anticoagulantes são classificados em várias categorias, cada uma com indicações e mecanismos de ação específicos. Os anticoagulantes mais comumente usados incluem:

- **Antagonistas da vitamina K (AVK):** a varfarina é o AVK mais conhecido, usado para anticoagulação de longo prazo em condições como fibrilação atrial e uso de válvulas cardíacas mecânicas.

- **Anticoagulantes orais diretos (DOAC):** incluem dabigatrana, rivaroxabana, apixabana e edoxabana. Os DOAC são cada vez mais preferidos por sua farmacocinética previsível e menor necessidade de monitoramento em comparação aos AVK.
- **Heparinas:** a heparina não fracionada e as heparinas de baixo peso molecular (p. ex., enoxaparina) são usadas para anticoagulação aguda, particularmente em ambientes hospitalares.

USO DE ANTICOAGULANTES ORAIS DIRETOS

O uso de DOAC está aumentando. Suas principais vantagens em relação à terapia com varfarina são menor risco de hemorragia intracraniana, nenhuma necessidade de monitoramento laboratorial de rotina e menos interações medicamentosas e dietéticas. No entanto, existem vários fatores que afetam o uso de DOAC:

- Necessidade de ajustes de dose ou troca para anticoagulantes alternativos em insuficiência renal ou hepática.
- Gerenciamento menos certo da interação medicamentosa pela falta de testes padronizados para monitorar o efeito anticoagulante.
- Diferentes esquemas de dosagem e frequência com base na indicação terapêutica e no DOAC específico usado.
- Perfis variados de efeitos colaterais além de sangramento.
- Interrupção da terapia para procedimentos invasivos.
- Custos significativos em comparação à varfarina.

Como resultado, a prescrição de DOAC *off-label* é comum, indicando uma necessidade potencial de educação abrangente do paciente e do provedor e acompanhamento frequente do paciente para mitigar o risco de danos durante a terapia com esses anticoagulantes.

SERVIÇOS DE ANTICOAGULAÇÃO GERENCIADOS POR FARMACÊUTICOS

Perspectiva histórica

O envolvimento dos farmacêuticos no gerenciamento de anticoagulação evoluiu significativamente nas últimas décadas. Inicialmente, as funções desses profissionais eram limitadas à dispensação de medicamentos e ao fornecimento de aconselhamento básico. No entanto, à medida que a complexidade da terapia de anticoagulação se tornou mais evidente, os farmacêuticos começaram a assumir papéis mais ativos no gerenciamento de pacientes.

Modelos e práticas atuais

Hoje, os serviços de anticoagulação gerenciados por farmacêuticos estão bem estabelecidos em muitos ambientes de saúde. Esses serviços geralmente operam como clínicas dedicadas, onde os farmacêuticos têm autoridade para gerenciar a terapia de anticoagulação, incluindo ajustes de dose e solicitação de exames laboratoriais. Os farmacêuticos trabalham em colaboração com médicos e outros profissionais de saúde para garantir o melhor atendimento ao paciente.

Benefícios do envolvimento do farmacêutico

O envolvimento do farmacêutico no gerenciamento de anticoagulação demonstrou melhorar significativamente os resultados dos pacientes. Estudos demonstraram que os AMS conduzidos por farmacêuticos podem levar a um melhor controle da anticoagulação, taxas reduzidas de sangramento e eventos tromboembólicos e diminuição da utilização de serviços de saúde, incluindo idas ao departamento de emergência e hospitalizações.

IMPLEMENTAÇÃO DOS AMS EM FARMÁCIAS COMUNITÁRIAS

Viabilidade e desafios

A implementação dos AMS em farmácias comunitárias apresenta oportunidades e desafios. Farmácias comunitárias são centros de saúde acessíveis, o que as torna locais ideais para os AMS. No entanto, os desafios incluem a necessidade de treinamento especializado, a integração dos AMS em fluxos de trabalho de farmácias existentes e o reembolso de serviços.

Estudos de caso e exemplos

Há vários modelos bem-sucedidos de AMS baseados em farmácias comunitárias. Por exemplo, o Community Pharmacy Anticoagulation Management Service (CPAMS) da Nova Zelândia demonstrou a viabilidade e eficácia do gerenciamento de anticoagulação liderado por farmacêuticos em ambientes comunitários. Esses serviços foram associados à melhoria da satisfação do paciente e dos resultados clínicos.

RESULTADOS CLÍNICOS E SEGURANÇA DO PACIENTE

Impacto nos resultados do paciente

Foi demonstrado que os AMS gerenciados por farmacêuticos melhoram os resultados clínicos para pacientes em terapia de anticoagulação. Esses serviços melhoram a qualidade do controle da anticoagulação, conforme evidenciado pelo maior tempo na faixa terapêutica (TTR) para pacientes em uso de AVK e dosagem apropriada para pacientes em uso de DOAC.

Redução em idas à emergência e hospitalizações

Ao fornecer gerenciamento e monitoramento abrangentes, os AMS liderados por farmacêuticos podem reduzir a incidência de eventos adversos, como sangramento e tromboembolismo, diminuindo assim a necessidade de idas ao departamento de emergência e hospitalizações. Isso não apenas melhora a segurança do paciente, mas também reduz os custos de saúde.

EDUCAÇÃO E TREINAMENTO PARA FARMACÊUTICOS

Habilidades e conhecimentos necessários

Farmacêuticos envolvidos em AMS exigem conhecimento e habilidades especializadas em terapia de anticoagulação. Isso inclui entender a farmacocinética e a farmacodinâmica dos anticoagulantes, interpretar resultados laboratoriais e gerenciar potenciais interações medicamentosas e efeitos adversos.

Educação continuada e certificação

Programas de educação continuada e certificação são essenciais para que farmacêuticos mantenham e aprimorem suas competências no gerenciamento de anticoagulação. Programas como o Board Certified Pharmacotherapy Specialist (BCPS) e cursos de certificação em gestão de anticoagulação fornecem aos farmacêuticos as credenciais necessárias para fornecer AMS de alta qualidade.

DIREÇÕES E INOVAÇÕES FUTURAS

Telefarmácia e saúde digital

A integração de tecnologias de telefarmácia e saúde digital em AMS representa uma oportunidade significativa para inovação. A telefarmácia permite que os farmacêuticos forneçam consultas e monitoramento remotos, aumentando o acesso aos AMS para pacientes em áreas rurais ou carentes. Ferramentas de saúde digital, como aplicativos móveis e dispositivos vestíveis, podem facilitar o monitoramento em tempo real e o envolvimento do paciente.

Integração com sistemas de saúde mais amplos

Os modelos futuros de AMS provavelmente envolverão maior integração com sistemas de saúde mais amplos. Isso inclui a colaboração com provedores de cuidados primários, especialistas e outros profissionais de saúde para fornecer cuidados coordenados e abrangentes. Essa integração pode melhorar a continuidade do atendimento e os resultados do paciente.

CONCLUSÃO

Os serviços de gestão de anticoagulação gerenciados por farmacêuticos são um componente valioso na atualidade. Esses serviços melhoram os resultados do paciente, aumentam a segurança e reduzem a utilização da assistência médica. À medida que o cenário da saúde continua a evoluir, os farmacêuticos desempenharão um papel cada vez mais importante no gerenciamento de anticoagulação, alavancando sua *expertise* e adotando inovações como telefarmácia e saúde digital. O futuro dos AMS é promissor, com o potencial de melhorar ainda mais a qualidade e a acessibilidade do atendimento para pacientes que necessitam de terapia de anticoagulação.

BIBLIOGRAFIA

Alshaiban A, Alavudeen SS, Alshahrani I, Kardam AM, Alhasan IM, Alasiri SA, et al. Impact of clinical pharmacist running anticoagulation clinic in Saudi Arabia. J Clin Med. 2023;12(12):3887.

Barnes GD, Lucas E, Alexander GC, Goldberger ZD. National trends in ambulatory oral anticoagulant use. Am J Med. 2015;128(12):1300-5 e1302.

Brigham and Women's Hospital. Anticoagulation Management Service (AMS) [Internet] [citado 19 jan. 2025]. Disponível em: https://www.brighamandwomens.org.

Chiquette E, Amato MG, Bussey HI. Comparison of an anticoagulation clinic with usual medical care: anticoagulation control, patient outcomes, and health care costs. Arch Intern Med. 1998;158(15):1641-7.

Damaske DL, Baird RW. Development and implementation of a pharmacist-managed inpatient warfarin protocol. Bayl Univ Med Cent Proc. 2005;18:397-400.

Jones AE, King JB, Kim K, Witt DM. The role of clinical pharmacy anticoagulation services in direct oral anticoagulant monitoring. J Thromb Thrombolysis. 2020;50(3):739-45.

Kaiser Permanente. Anticoagulation Management Services [Internet] [citado 19 jan. 2025]. Disponível em: https://wa-provider.kaiserpermanente.org/patient-services/anticoagulation.

Mayo Clinic Health System. Anticoagulation [Internet] [citado 19 jan. 2025]. Disponível em: https://www.mayoclinichealthsystem.org/services-and-treatments/anticoagulation.

Mohammad I, Korkis B, Garwood CL. Incorporating comprehensive management of direct oral anticoagulants into anticoagulation clinics. Pharmacotherapy. 2017;37(10): 1284-97.

Pharmaceutical Society of New Zealand. Community Pharmacy Anticoagulation Management Service (CPAMS). Disponívem em: https://www.psnz.org.nz/education/accreditedcourses/cpams.

Shields LBE, Fowler P, Siemens DM, Lorenz DJ, Wilson KC, Hester ST, Honaker JT. Standardized warfarin monitoring decreases adverse drug reactions. BMC Fam Pract. 2019;20:151.

Tsao CW, Aday AW, Almarzooq ZI, Alonso A, Beaton AZ, Bittencourt MS, et al. Heart disease and stroke statistics-2022 update: a report from the American Heart Association. Circulation. 2022;145:e153-e639.

Witt DM, Sadler MA, Shanahan RL, Mazzoli G, Tillman DJ. Effect of a centralized clinical pharmacy anticoagulation service on the outcomes of anticoagulation therapy. Chest. 2005;127(5):1515-22.

Young S, Bishop L, Twells L, Dillon C, Hawboldt J, O'Shea P. Comparison of pharmacist managed anticoagulation with usual medical care in a family medicine clinic. BMC Fam. Pract. 2011;12:88.

40

Saúde digital e inteligência artificial

INTRODUÇÃO

Definição de saúde digital

A saúde digital se refere ao uso de tecnologias digitais para melhorar a prestação de cuidados de saúde e os resultados dos pacientes, além de agilizar os processos de saúde. Ela abrange uma ampla gama de aplicações, incluindo saúde móvel (mHealth), tecnologia da informação (TI) em saúde, dispositivos vestíveis, telessaúde e telemedicina, bem como medicina personalizada. O objetivo da saúde digital é capacitar os pacientes, melhorar o acesso aos serviços de saúde e aumentar a eficiência dos sistemas de saúde.

VISÃO GERAL DA INTELIGÊNCIA ARTIFICIAL NA SAÚDE

A inteligência artificial (IA) na saúde envolve o uso de algoritmos e *software* para aproximar a cognição humana na análise de dados médicos complexos. As tecnologias de IA, como aprendizado de máquina, processamento de linguagem natural e análise preditiva, estão transformando a saúde ao fornecer assistência diagnóstica, otimizar planos de tratamento e melhorar o gerenciamento dos pacientes. A capacidade da IA de processar grandes quantidades de dados de forma rápida e precisa a torna uma ferramenta valiosa no setor de saúde.

IMPORTÂNCIA DA INTERSEÇÃO DA SAÚDE DIGITAL E DA INTELIGÊNCIA ARTIFICIAL

A interseção da saúde digital e da IA representa um avanço significativo na prestação de cuidados de saúde. Ao integrar a IA em aplicativos de saúde digital, os provedores de saúde podem aprimorar o atendimento ao paciente, melhorar a eficiência operacional e reduzir custos. Soluções de saúde digital orientadas por IA podem levar a intervenções médicas mais personalizadas e precisas, melhor gerenciamento de doenças e melhores resultados para os pacientes. Essa sinergia é essencial para atender às crescentes demandas nos sistemas de saúde em todo o mundo.

O PAPEL DA INTELIGÊNCIA ARTIFICIAL NA SAÚDE DIGITAL

Inteligência artificial na gestão de pacientes

As tecnologias de IA estão revolucionando o gerenciamento de pacientes ao permitir planos de cuidados personalizados, prever resultados para os pacientes e automatizar tarefas de rotina. Os algoritmos de IA podem analisar dados do paciente para identificar padrões e tendências, permitindo que os provedores de saúde tomem decisões informadas sobre opções de tratamento. *Chatbots* e assistentes virtuais com IA também podem fornecer informações e suporte oportunos aos pacientes, melhorando seu envolvimento e sua satisfação.

Inteligência artificial em operações da cadeia de suprimentos

Nas operações da cadeia de suprimentos de saúde, a IA pode otimizar o gerenciamento de estoque, reduzir o desperdício e garantir a entrega oportuna de suprimentos médicos. Os algoritmos de IA podem prever a demanda por produtos médicos, agilizar os processos de aquisição e aprimorar o planejamento logístico. Ao melhorar a eficiência da cadeia de suprimentos, a IA ajuda as organizações de saúde a reduzir custos e melhorar a prestação de serviços.

Inteligência artificial na capacitação

A IA desempenha um papel-chave na capacitação ao aprimorar as habilidades e o conhecimento dos profissionais de saúde. Programas de treinamento e simulações orientados por IA podem fornecer experiência prática e *feedback* em tempo real. Além disso, a IA pode dar suporte aos processos de tomada de decisão ao fornecer recomendações e *insights* baseados em evidências, permitindo que os provedores de saúde ofereçam cuidados de alta qualidade.

APLICAÇÕES DA INTELIGÊNCIA ARTIFICIAL NA SAÚDE DIGITAL

Prontuários eletrônicos de saúde

As tecnologias de IA estão transformando os prontuários eletrônicos de saúde (EHR) ao automatizar a entrada de dados, melhorar a precisão deles e facilitar sua análise. Os sistemas de EHR com tecnologia de IA podem extrair informações relevantes de dados não estruturados, identificar riscos potenciais à saúde e fornecer suporte à decisão clínica. Isso aumenta a eficiência dos provedores de saúde e melhora o atendimento ao paciente.

Assistência médica remota e telemedicina

A IA é um facilitador essencial da assistência médica remota e da telemedicina, fornecendo acesso a serviços médicos independentemente de sua localização. As plataformas de telemedicina orientadas por IA podem diagnosticar condições, recomendar tratamentos e monitorar o progresso do paciente remotamente. Isso reduz a necessidade de visitas presenciais, aumenta o acesso a serviços de saúde e melhora os resultados dos pacientes.

Análise preditiva e diagnósticos

Os recursos de análise preditiva da IA estão transformando os diagnósticos ao permitir a detecção precoce de doenças e planos de tratamento personalizados. Os algoritmos de IA podem analisar imagens médicas, dados genéticos e históricos de pacientes para identificar problemas de saúde potenciais e recomendar intervenções. Isso aumenta a precisão do diagnóstico, reduz o risco de diagnósticos incorretos e aprimora os resultados dos pacientes.

DESAFIOS E CONSIDERAÇÕES ÉTICAS

Privacidade e segurança de dados

A integração da IA na saúde digital levanta preocupações sobre privacidade e segurança de dados. Proteger o paciente contra acesso não autorizado e garantir a conformidade com os regulamentos de proteção de dados são grandes desafios. As organizações de saúde devem implementar medidas de segurança e estabelecer políticas claras de governança de dados para proteger as informações do paciente.

Preocupações éticas na implementação da inteligência artificial

A implementação da IA na saúde levanta preocupações éticas, como o potencial viés em seus algoritmos, a transparência em seus processos de tomada de decisão e a responsabilização de seus sistemas. Abordar essas questões requer o desenvolvimento de diretrizes éticas, o envolvimento de diversas partes interessadas e a avaliação contínua dos sistemas de IA.

Abordando o viés nos algoritmos de inteligência artificial

O viés nos algoritmos pode levar a disparidades nos resultados da saúde. Garantir justiça e equidade na saúde orientada por IA requer o uso de conjuntos de dados diversos e representativos, a implementação de técnicas de detecção e mitigação de vieses e o monitoramento contínuo dos sistemas de IA. Isso é essencial para fornecer serviços de saúde equitativos a todos os pacientes.

ESTUDOS DE CASO E EXEMPLOS

Inteligência artificial no gerenciamento de doenças cardiovasculares

As tecnologias de IA estão melhorando o gerenciamento de doenças cardiovasculares ao permitir detecção precoce, planos de tratamento personalizados e monitoramento remoto. Os algoritmos de IA podem analisar dados do paciente para identificar fatores de risco, prever a progressão da doença e recomendar intervenções. Isso melhora os resultados do paciente e reduz a pressão sobre os sistemas de saúde.

Inteligência artificial na saúde ocular global

A IA está transformando a saúde ocular global ao fornecer assistência diagnóstica, melhorar o acesso ao atendimento e aprimorar os resultados do tratamento. Ferramentas com tecnologia de IA podem analisar imagens da retina, detectar doenças oculares e fornecer opções de tratamento. Isso melhora a precisão dos diagnósticos, reduz a necessidade de consultas especializadas e aumenta o acesso aos serviços de cuidados oftalmológicos.

Inteligência artificial em aplicações de saúde mental

As tecnologias de IA estão sendo usadas em aplicações de saúde mental para fornecer suporte personalizado, monitorar o progresso do paciente e melhorar os resultados do tratamento. *Chatbots* e assistentes virtuais orientados por IA podem fornecer recursos de saúde mental, dar suporte a sessões de terapia e monitorar o bem-estar do paciente. Isso aumenta o envolvimento do paciente e melhora os resultados de saúde mental.

APLICAÇÕES ATUAIS DA INTELIGÊNCIA ARTIFICIAL NA FARMÁCIA

Descoberta e desenvolvimento de medicamentos

A IA acelera a descoberta de medicamentos analisando grandes conjuntos de dados para identificar potenciais candidatos a medicamentos, prever sua eficácia e otimizar suas estruturas químicas. Isso reduz o tempo e o custo associados à introdução de novos medicamentos no mercado.

Gestão de medicamentos e cuidados ao paciente

Os sistemas orientados por IA auxiliam os farmacêuticos a gerenciar regimes de medicamentos, garantindo a adesão e prevenindo interações medicamentosas adversas. Esses sistemas analisam dados do paciente para fornecer recomendações personalizadas, melhorando seus resultados.

Sistemas de suporte à decisão clínica orientados por inteligência artificial

Os sistemas de suporte à decisão clínica (CDSS) alimentados por IA fornecem aos farmacêuticos *insights* em tempo real sobre o atendimento ao paciente. Esses sistemas analisam dados do paciente para sugerir planos de tratamento ideais, reduzindo o risco de erro humano e aprimorando a tomada de decisão clínica.

TECNOLOGIAS DE SAÚDE DIGITAL EM FARMÁCIAS

Telefarmácia e monitoramento remoto de pacientes

A telefarmácia permite que os farmacêuticos forneçam serviços remotamente, expandindo o acesso ao atendimento em áreas carentes. As tecnologias de monitoramento remoto permitem o rastreamento contínuo das métricas de saúde do paciente, facilitando intervenções oportunas.

Terapêutica digital e aplicativos de saúde móvel

A terapêutica digital usa *software* para fornecer intervenções terapêuticas baseadas em evidências, geralmente em conjunto com medicamentos. Os aplicativos de saúde móvel capacitam os pacientes a gerenciar sua saúde, fornecendo ferramentas para lembretes de medicamentos, rastreamento e comunicação com provedores de saúde.

BENEFÍCIOS DA INTELIGÊNCIA ARTIFICIAL E DA SAÚDE DIGITAL NA FARMÁCIA

Melhores resultados para os pacientes

A IA e as tecnologias de saúde digital melhoram os resultados para os pacientes ao fornecer cuidados personalizados, melhorar a adesão à medicação e reduzir a probabilidade de eventos adversos.

Eficiência e precisão aprimoradas

Essas tecnologias simplificam as operações da farmácia, reduzindo o tempo gasto em tarefas administrativas e aumentando a precisão da dispensação e do gerenciamento de medicamentos.

Custo-efetividade

Ao otimizar a descoberta de medicamentos, melhorar o gerenciamento de medicamentos e reduzir as readmissões hospitalares, a IA e as tecnologias de saúde digital contribuem para a economia de custos na área da saúde.

DIREÇÕES E OPORTUNIDADES FUTURAS

Inovações em inteligência artificial e saúde digital

O futuro da IA e da saúde digital será marcado pela inovação contínua e pelo desenvolvimento de novas tecnologias. Aplicações emergentes de IA, como medicina de precisão, genômica e assistência médica personalizada, têm o potencial de revolucionar a assistência médica. Essas inovações permitirão diagnósticos mais precisos, tratamentos direcionados e melhores resultados para os pacientes.

Potencial da inteligência artificial para transformar a assistência médica

A IA tem o potencial de transformar a assistência médica melhorando a eficiência, reduzindo custos e aprimorando o atendimento ao paciente. Soluções orientadas por IA podem agilizar processos administrativos, otimizar a alocação de recursos e permitir a tomada de decisões orientada por dados. Isso levará a sistemas de assistência médica mais eficientes e melhores resultados para os pacientes.

Planos estratégicos e roteiros para inteligência artificial na saúde

Desenvolver planos estratégicos e roteiros para IA na saúde é essencial para orientar a integração de tecnologias de IA em sistemas de assistência médica. Esses planos devem delinear metas, prioridades e ações necessárias para aproveitar o potencial da IA no setor. A colaboração entre provedores de assistência médica, formuladores de políticas e desenvolvedores de tecnologia é essencial para a implementação bem-sucedida de soluções de assistência médica orientadas por IA.

O futuro da inteligência artificial na saúde digital

O futuro da IA na saúde digital é promissor, com inovações e avanços contínuos. As soluções orientadas por IA têm o potencial de revolucionar a prestação de cuidados de saúde, aprimorar os resultados dos pacientes e criar sistemas de saúde mais eficientes.

CONTEXTUALIZAÇÃO DA SAÚDE DIGITAL NO BRASIL

Nos últimos anos, a saúde digital tem se consolidado como uma área emergente e essencial no cenário global, e o Brasil não é exceção. A transformação digital na saúde abrange desde a telemedicina até o uso de IA para diagnósticos e tratamentos. Essa evolução tecnológica visa melhorar a eficiência dos serviços de saúde, ampliar o acesso e personalizar o atendimento. No entanto, a rápida adoção dessas tecnologias também levanta questões sobre regulamentação, segurança e ética, tornando-se fundamental a intervenção de órgãos reguladores.

IMPORTÂNCIA DA REGULAMENTAÇÃO PELO CONSELHO FEDERAL DE FARMÁCIA

O Conselho Federal de Farmácia (CFF) desempenha um papel vital na regulamentação das práticas farmacêuticas no Brasil. Com o advento da saúde digital, o CFF tem a responsabilidade de garantir que as novas tecnologias sejam integradas de forma segura e eficaz na prática farmacêutica. A regulamentação não só protege os pacientes, mas também assegura que os farmacêuticos estejam preparados e capacitados para atuar nesse novo ambiente digital.

Resolução CFF n. 10/2024

A Resolução CFF n. 10/2024 foi criada para regulamentar as atribuições dos farmacêuticos no contexto da saúde digital e da IA. Seu principal objetivo é oficializar e promover a integração dos farmacêuticos nesses domínios tecnológicos, assegurando que eles possam contribuir de maneira significativa para o desenvolvimento e a implementação de soluções digitais na saúde. A resolução estabelece diretrizes claras para a atuação dos farmacêuticos, incluindo a participação no desenvolvimento de produtos e serviços digitais, a utilização de IA em práticas farmacêuticas e a garantia de que todas as atividades sejam realizadas em conformidade com as normas éticas e legais vigentes. Além disso, a resolução enfatiza a necessidade de formação contínua dos profissionais para que possam acompanhar as inovações tecnológicas.

A IA oferece inúmeras oportunidades para a prática farmacêutica, como a análise de grandes volumes de dados para identificar padrões de saúde, prever interações medicamentosas e personalizar tratamentos. A Resolução CFF n. 10/2024 encoraja os farmacêuticos a utilizarem essas ferramentas, desde que respeitem as diretrizes éticas e de privacidade.

Antes da Resolução CFF n. 10/2024, outras normas já haviam abordado aspectos da saúde digital, como a Resolução CFF n. 727/2022, que regulamentou a teleconsulta farmacêutica. A nova resolução amplia o escopo e detalha as atribuições dos farmacêuticos no contexto digital, refletindo as rápidas mudanças tecnológicas. Em comparação com normas internacionais, a Resolução CFF n. 10/2024 alinha-se com as melhores práticas globais, promovendo a integração segura e eficaz da tecnologia na saúde. Os Estados Unidos e o Reino Unido já possuem regulamentações avançadas nesse campo, e o Brasil busca seguir esse exemplo, adaptando as normas às suas especificidades locais.

CONSIDERAÇÕES FINAIS SOBRE A INTEGRAÇÃO DA INTELIGÊNCIA ARTIFICIAL NA SAÚDE

A integração da IA na saúde requer consideração cuidadosa das implicações éticas, legais e sociais. Garantir o uso responsável das tecnologias de IA, abordar preconceitos e proteger os dados dos pacientes são atitudes essenciais para fornecer serviços de saúde equitativos e eficazes. Ao adotar soluções de saúde digital orientadas por IA, os provedores de saúde podem aprimorar o atendimento ao paciente e melhorar seus resultados.

BIBLIOGRAFIA

Alowais SA, Alghamdi SS, Alsuhebany N, Alqahtani T, Alshaya AI, Almohareb SN, et al. Revolutionizing healthcare: the role of artificial intelligence in clinical practice. BMC Med Educ. 2023;23:689.

Davenport T, Kalakota R. The potential for artificial intelligence in healthcare. Future Healthc J. 2019;6(2):94-8.

FutureBridge. Trends in respiratory care – digital innovations for the future of health [Internet]. 2024 [citado 20 jan. 2025]. Disponível em: https://www.futurebridge.com/whitepaper/trends-in-respiratory-care-digital-innovations-shaping-the-future-of-respiratory-health/.

Hussain R, Zainal H, Mohamed Noor DA, Shakeel S. Digital health and pharmacy: evidence synthesis and applications. In: Babar Z, editor. Encyclopedia of evidence in pharmaceutical public health and health services research in pharmacy. Cham: Springer; 2023.

Ibikunle O, Usuemerai P, Abass L, Alemede V, Nwankwo E, Mbata A. AI and digital health innovation in pharmaceutical development. Comp Sci IT Res J. 2024;5:2301-40.

Lu ZK. Role of artificial intelligence in pharmaceutical health care. J Am Pharm Assoc. 2024;64(1):3-4.

National Academies of Sciences, Engineering, and Medicine; Health and Medicine Division; Board on Global Health; Global Forum on Innovation in Health Professional

Education; Forstag EH, Cuff PA, editors. Artificial Intelligence in Health Professions Education: proceedings of a workshop. Washington (DC): National Academies Press (US); 2023.

Raza MA, Aziz S, Noreen M, Saeed A, Anjum I, Ahmed M, Raza SM. Artificial intelligence (AI) in pharmacy: an overview of innovations. Innov Pharm. 2022;13(2):10.24926/iip.v13i2.4839.

Sivarajah U, Wang Y, Olya H, Mathew S. Responsible artificial intelligence (AI) for digital health and medical analytics. Inf Syst Front. 2023;25:2117-22.

Tan TF, Thirunavukarasu AJ, Jin L, Lim J, Poh S, Teo ZL, et al. Artificial intelligence and digital health in global eye health: opportunities and challenges. Lancet Glob Health. 2023;11(9):e1432-e1443.

Templin T, Perez MW, Sylvia S, Leek J, Sinnott-Armstrong N. Addressing 6 challenges in generative AI for digital health. PLOS Digit Health. 2024 ;3(5):e0000503.

Trenfield SJ, Awad A, McCoubrey LE, Elbadawi M, Goyanes A, Gaisford S, Basit AW. Advancing pharmacy and healthcare with virtual digital technologies. Adv Drug Deliv Rev. 2022;182:114098.

World Health Organization (WHO). (2024). Harnessing artificial intelligence for health [Internet]. 2024 [citado 20 jan. 2025]. Disponível em: https://www.undp.org/stories/harnessing-artificial-intelligence-health.

41

Telefarmácia

INTRODUÇÃO

A evolução tecnológica tem sido o motor na evolução da profissão de farmacêutico, pelo que importa conhecer as tecnologias que já estão desenvolvidas e seu papel no desenvolvimento do farmacêutico. Diante do desenvolvimento de novas tecnologias, o papel do farmacêutico como dispensador de medicamentos está mudando. Com o surgimento de novos sistemas tecnológicos que ajudam a gerir o processo de distribuição e fornecimento de medicamentos, como a venda de medicamentos pela internet e em dispensadores automáticos, que já estão sendo implementados hoje, o farmacêutico terá mais tempo disponível para dedicar a outras atividades.

Além da evolução das tecnologias de informação e automação, outra das evoluções tecnológicas que poderá ter algum impacto no futuro do farmacêutico comunitário é a farmacogenômica, não sendo por enquanto muito claro se terá impacto na prática profissional já nesta década ou se será uma alternativa para futuros mais distantes. A farmacogenômica aplica a informação proveniente da farmacogenética para assim produzir medicamentos adaptados ao perfil genético de cada indivíduo.

Atualmente novos sistemas com base nas tecnologias de informação estão sendo desenvolvidos e em breve estarão disponíveis para auxiliar o farmacêutico na sua atividade, como registros eletrônicos de pacientes, *software* de apoio à tomada de decisão clínica, programas de educação para a saúde adaptados, portais eletrônicos de sistemas de saúde e aplicações avançadas de telemedicina. Esta será uma área em expansão, em que o conhecimento do farmacêutico também será requisitado. No entanto, essas novas tecnologias atualmente apresentam algumas limitações e barreiras que terão de ser ultrapassadas, entre elas a falta de remuneração para os serviços prestados online e a pouca experiência na utilização dessas ferramentas de comunicação.

DEFINIÇÃO E ESCOPO

A telefarmácia é o fornecimento de assistência farmacêutica por meio de telecomunicações e tecnologias da informação para pacientes a distância. É um subconjunto da telemedicina, com foco específico na prestação de serviços farmacêuticos. A telefarmácia permite que os farmacêuticos forneçam gerenciamento de medicamentos, aconselhamento ao paciente e verificação de prescrição remotamente, expandindo assim o acesso à assistência farmacêutica, especialmente em áreas carentes.

Entende-se a telefarmácia como o exercício da farmácia clínica mediado por tecnologias da informação e comunicação (TIC), de forma remota, em tempo real (síncrona) ou assíncrona, para fins de promoção, proteção, monitoramento, recuperação da saúde, prevenção de doenças e de outros problemas de saúde, bem como para a resolução de problemas da farmacoterapia, para o uso racional de medicamentos e de outras tecnologias em saúde (redação da Resolução CFF n. 727/2022).

E-PRESCRIBING E TELEFARMÁCIA

O conceito de telefarmácia surgiu como resposta aos desafios enfrentados por comunidades rurais e remotas no acesso a serviços farmacêuticos. O início dos anos 2000 viu as primeiras implementações significativas, por exemplo, na Dakota do Norte (EUA), onde a telefarmácia foi usada para lidar com o fechamento de farmácias rurais. Desde então, os avanços na tecnologia e a crescente demanda por serviços de saúde impulsionaram o crescimento da telefarmácia, tornando-a parte integrante dos sistemas de saúde modernos.

Durante séculos, a prescrição escrita à mão foi o método escolhido para os médicos comunicarem suas decisões terapêuticas ao farmacêutico e este poder efetuar a dispensação da medicação. Simultaneamente, constituía a fonte de informação para o paciente saber como utilizar os medicamentos de forma a melhorar os resultados. Com o passar dos anos, regulamentos cada vez mais restritos proporcionaram um crescente controle por parte das autoridades no processo de dispensação de medicação. Contudo, a prescrição escrita à mão tem um conjunto de "fraquezas" já reconhecidas, nomeadamente: variação da interpretação e legibilidade da escrita do médico, risco de falsificações, comunicação unidirecional desprovida de *feedback* e ausência de informação facilmente acessível para o paciente. Atualmente, o processo de prescrição encontra-se em fase de transição e de adaptação do processo tradicional para as tecnologias eletrônicas, proporcionando um conjunto de desafios e oportunidades para os intervenientes nesse processo.

A prescrição eletrônica refere-se à utilização de TIC como suporte para o processo de prescrição e gestão de medicamentos. Atualmente, em Portugal, já se iniciou o processo de implementação da prescrição eletrônica, abrindo caminho para uma possível evolução no sentido da transferência eletrônica de prescrições (TEP).

A introdução da TEP, ou *e-prescription*, nos cuidados de saúde em ambulatório já demonstrou um impacto positivo tanto no processo de prescrição como no processo de dispensação, o que poderá melhorar a segurança, qualidade, eficiência e custo-efetividade da terapêutica.

A TEP foi utilizada pela primeira vez em 1983 na Suécia, em uma colaboração entre um consultório médico e uma farmácia, e desde então tem sofrido evoluções, tanto em termos de *software* como da plataforma em que está integrado, no momento sendo integrado em maior escala nos cuidados de saúde. Recentemente, em países como Suécia, Dinamarca, Reino Unido e Estados Unidos, há tentativas de implementar a TEP em larga escala. Em Portugal, em 2005 iniciou-se uma experiência-piloto no distrito de Portalegre com um modelo de receita eletrônica, que se esperava ver rapidamente disseminada. No entanto, ainda não ocorreu a implementação em nível nacional; espera-se que essa situação se retifique com a nova receita eletrônica, contribuindo para que Portugal continue a liderar o *ranking* europeu na utilização de tecnologias de informação na saúde.

A Suécia será um bom exemplo a seguir neste caso, uma vez que, já no final de 2007, com a estratégia de implementação da TEP, 68% das prescrições foram efetuadas por essa via. Atualmente, cerca de 81% das prescrições naquele país são eletrônicas.

As vantagens apontadas pelos pacientes em um estudo elaborado em Estocolmo foram a maior flexibilidade e o maior número de serviços relacionados com a dispensação, como aconselhamento 24 horas por *call center* e entregas em domicílio. As vantagens para o próprio sistema de saúde também são significativas, em razão das melhorias da integração da informação para a gestão e da legibilidade da prescrição, da diminuição do tempo gasto com a prescrição, da redução do risco de fraude e falsificações e da redução da duplicação de prescrições. Contudo, a introdução dessas tecnologias não está isenta de erros, tanto no momento da prescrição como da dispensação, não sendo prescindível a monitorização contínua do sistema com vista à melhoria de sua qualidade.

O surgimento da telefarmácia poderá ser o passo seguinte mais lógico, com o crescente envelhecimento da população, dificuldades de transporte e custos elevados com os cuidados de saúde tradicionais. Esse conceito inovador, ainda incipiente no Brasil, abre portas a um novo tipo de relação entre os farmacêuticos comunitários e magistrais e os cidadãos.

Originário dos Estados Unidos, onde o mercado farmacêutico é regulado em um contexto de prestadores privados, o conceito de *e-pharmacy* ou telefarmácia (farmácias que usam a internet para a prestação de serviço além da dispensação) desenvolveu-se ao mesmo tempo que as farmácias tradicionais também foram evoluindo. A telefarmácia é uma aplicação da telemedicina que envolve prestação de cuidados farmacêuticos, gestão do medicamento, disponibilização de medicamentos e gestão da informação a distância, tendo já demonstrado que aumenta o acesso aos cuidados por parte dos pacientes, especialmente em zonas rurais, e melhora os cuidados continuados.

A telefarmácia implica a integração de sistemas de telecomunicação, *software* da farmácia e tecnologia de controle remoto da dispensação, de modo a suportar um modelo de farmácias em que a farmácia central está ligada a consultórios médicos, clínicas locais ou mais remotas, centros de saúde, unidades de cuidados continuados e outras entidades. Alguns dos serviços que podem ser assim prestados incluem gestão de bases de dados de pacientes, verificação da adesão à terapêutica, controle de inventários e processamento de reclamações. Em clínicas de gestão de doença, os farmacêuticos monitorizam os resultados laboratoriais, ajustam medicação e providenciam informação ao médico por essa via. A utilização desse conceito sob a forma de quiosques eletrônicos, com videoconferência entre o paciente e os profissionais, também é uma das alternativas.

Uma aplicação com maior nível de integração entre serviços que tem ganhado alguma força é o conceito de *e-clinic*, em que um paciente pode consultar um médico que tem a possibilidade de prescrever medicamentos, os quais podem ser adquiridos online.

A monitorização de parâmetros bioquímicos e fisiológicos, assim como da adesão à terapêutica recorrendo à tecnologia *wireless*, tem sido uma área de grande desenvolvimento e que continuará a passar por grandes evoluções no futuro, impulsionada pelo envelhecimento da população. Um exemplo dessas tecnologias é a inclusão de *chips* RFID (*Radio-Frequency IDentification* ou identificação por radiofrequência) nos medicamentos. Trata-se de um método de identificação automática através de sinais de rádio. A inclusão das denominadas etiquetas RFID nos medicamentos é uma área em expansão, sendo já utilizadas em ensaios clínicos para monitorização da adesão à terapêutica. As etiquetas são inseridas nos blísteres da embalagem primária do medicamento, que, quando abertos, gravam um sinal em um microprocessador, que mais tarde será disponibilizado ao farmacêutico ou ao médico para que este possa fazer os ajustes necessários para melhorar ou reforçar a adesão à terapêutica. Com o surgimento de *chips* RFID digeríveis, que podem ser incluídos em cada comprimido individualmente, será possível monitorizar ainda mais rigorosamente a adesão à terapêutica, uma tecnologia que será de especial importância para as terapêuticas mais dispendiosas.

Prevê-se que as diversas utilizações possíveis com as novas tecnologias de informação venham a ter grande impacto, apesar de algumas das possibilidades carecerem de alterações legislativas. Atualmente assistimos a maior utilização da internet nos países mais desenvolvidos, em razão da crescente procura de informações sobre condições médicas alimentada pelos crescentes gastos em saúde, pelo consumismo e pelas tecnologias de informação cada vez mais desenvolvidas.

Relativamente à utilização de tecnologias de informação, pode-se afirmar que os farmacêuticos comunitários portugueses souberam se adaptar aos novos métodos de trabalho. Em Portugal, quase todas as farmácias estão equipadas com *software* de suporte à dispensação de medicamentos e de alguns serviços, e cerca de 92% das farmácias partilham o mesmo programa, principalmente para gestão de estoques e suporte ao serviço de dispensação de medicamentos.

TIPOS DE TELEFARMÁCIA

Telefarmácia para pacientes internados

A telefarmácia para pacientes internados envolve serviços remotos de entrada de pedidos para hospitais. Farmacêuticos localizados fora do local revisam e verificam os pedidos de medicamentos, garantindo precisão e segurança. Esse modelo é particularmente benéfico para hospitais que não têm serviços de farmácia 24 horas por dia, 7 dias por semana, permitindo que mantenham cuidados farmacêuticos contínuos.

Dispensação remota de medicamentos

A dispensação remota de medicamentos utiliza sistemas automatizados para dispensar medicamentos em locais onde os farmacêuticos não estão fisicamente presentes. Esses sistemas são frequentemente usados em clínicas rurais ou casas de repouso, onde são supervisionados por farmacêuticos por meio de tecnologias de telecomunicação. Essa abordagem garante que os pacientes recebam acesso oportuno aos medicamentos sem a necessidade de um farmacêutico no local em tempo integral.

Telefarmácia em ambientes comunitários

A telefarmácia comunitária estende os serviços de farmácia aos pacientes em suas casas ou clínicas locais. Por meio de consultas por vídeo e prescrições eletrônicas, os farmacêuticos podem fornecer aconselhamento sobre medicamentos, gerenciar doenças crônicas e garantir a adesão aos medicamentos. Esse modelo é particularmente eficaz para melhorar o acesso à saúde em áreas carentes, sejam urbanas, sejam rurais.

BENEFÍCIOS DA TELEFARMÁCIA

Acesso a áreas carentes

A telefarmácia melhora significativamente o acesso ao atendimento farmacêutico em áreas com recursos de saúde limitados. Ao alavancar a tecnologia, os farmacêuticos podem atender pacientes em locais remotos, reduzindo a necessidade de viagens e garantindo que todos os indivíduos tenham acesso a medicamentos essenciais e orientação profissional.

Custo-efetividade

A telefarmácia reduz os custos operacionais para instalações de saúde, minimizando a necessidade de infraestrutura física e equipe no local. Ela permite a alocação eficiente de recursos, permitindo que os farmacêuticos atendam a vários locais a partir de um local central. Essa custo-efetividade é particularmente vantajosa para pequenas clínicas e hospitais rurais.

Melhoria na adesão à medicação

A telefarmácia melhora a adesão à medicação, fornecendo aos pacientes acesso conveniente a farmacêuticos para aconselhamento e suporte. Acompanhamentos regulares e planos de cuidados personalizados podem ser facilmente gerenciados por meio de telecomunicação, levando a melhores resultados de saúde e à redução de readmissões hospitalares.

DESAFIOS E BARREIRAS

Limitações tecnológicas

A implementação da telefarmácia é frequentemente dificultada por limitações tecnológicas, como conectividade inadequada à internet e falta de acesso ao *hardware* e *software* necessários. Esses desafios são mais pronunciados em áreas rurais e de baixa renda, nas quais o desenvolvimento da infraestrutura está atrasado.

Questões regulatórias

Barreiras regulatórias são desafios significativos para a adoção generalizada da telefarmácia. Diferentes estados e países têm regulamentações variadas sobre a prática, o que pode complicar a prestação de serviços transfronteiriços e limitar o alcance potencial dos serviços.

Resistência à mudança

A resistência à mudança entre provedores de saúde e pacientes pode impedir a adoção da telefarmácia. Preocupações sobre a qualidade do atendimento, segurança de dados e perda de interação pessoal podem levar à relutância em adotar soluções de telefarmácia.

ESTRATÉGIAS DE IMPLEMENTAÇÃO

Treinamento e educação

A implementação eficaz da telefarmácia requer treinamento e educação abrangentes para os farmacêuticos e a equipe de saúde. Isso inclui familiarizá-los com tecnologias de telecomunicações, gerenciamento de pacientes em um ambiente virtual e adesão a padrões regulatórios.

Colaboração interprofissional

Programas de telefarmácia bem-sucedidos dependem da colaboração entre farmacêuticos, médicos, enfermeiros e outros profissionais de saúde. Estabelecer canais de comunicação claros e fluxos de trabalho colaborativos garante que os serviços de telefarmácia sejam perfeitamente integrados ao sistema de saúde mais amplo.

Infraestrutura tecnológica

Investir em infraestrutura tecnológica adequada é crucial para o sucesso da telefarmácia. Isso inclui internet de alta velocidade, plataformas de comunicação seguras e *software* de telessaúde confiável. Garantir a segurança dos dados e a privacidade do paciente também é fundamental para construir confiança e conformidade com os serviços de telefarmácia.

REGULAMENTAÇÃO DA TELEFARMÁCIA NO BRASIL

Contextualização da telefarmácia no Brasil

A telefarmácia é uma prática emergente que integra as TIC ao serviço farmacêutico, permitindo que farmacêuticos ofereçam cuidados clínicos a distância. No Brasil, a necessidade de regulamentação dessa prática tornou-se evidente com o avanço das tecnologias digitais e a crescente demanda por serviços de saúde acessíveis e eficientes.

Importância da regulamentação

A regulamentação da telefarmácia é crucial para garantir segurança e eficácia dos serviços prestados, assegurando que os farmacêuticos atuem dentro de um marco legal claro. Além disso, a regulamentação visa proteger os direitos dos pacientes e garantir a qualidade dos cuidados farmacêuticos, promovendo a confiança no uso dessas tecnologias.

Impacto da pandemia de Covid-19

A pandemia de Covid-19 acelerou a adoção da telefarmácia no Brasil, à medida que as restrições de mobilidade e a necessidade de distanciamento social impulsionaram a busca por alternativas remotas de atendimento.

Durante esse período, a telefarmácia demonstrou ser uma ferramenta valiosa para manter a continuidade dos cuidados farmacêuticos, especialmente para pacientes com doenças crônicas.

Resolução CFF n. 727/2022

A Resolução n. 727/2022, publicada pelo Conselho Federal de Farmácia (CFF), estabelece diretrizes para a prática da telefarmácia em todo o território nacional. A resolução define a telefarmácia como o exercício da farmácia clínica mediado por TIC, abrangendo todos os níveis de atenção à saúde. Os principais objetivos da resolução incluem garantir a qualidade e a segurança dos serviços de telefarmácia, promover a acessibilidade aos cuidados farmacêuticos e assegurar que os farmacêuticos atuem de acordo com padrões éticos e profissionais. A resolução abrange tanto as práticas de orientação e consulta farmacêutica quanto a dispensação de medicamentos a distância.

De acordo com essa resolução, a telefarmácia pode ser executada nas seguintes modalidades de atendimento:

I. Teleconsulta farmacêutica.
II. Teleinterconsulta.
III. Telemonitoramento ou televigilância.
IV. Teleconsultoria.

A teleconsulta farmacêutica, a teleinterconsulta e o telemonitoramento ou televigilância devem ser registrados no prontuário do paciente e, no mínimo, incluir as seguintes informações:

I. Dados de identificação do farmacêutico (nome completo, assinatura e número de registro no Conselho Regional de Farmácia);
II. Dados de identificação do paciente e do seu responsável legal, se houver (nome, contato, data de nascimento, localização no momento do atendimento, entre outros);
III. Confirmação do consentimento informado do paciente ou do seu responsável legal;
IV. História clínica e farmacoterapêutica;
V. Identificação e avaliação das necessidades de saúde;
VI. Seleção de conduta e plano de cuidado;
VII. Data e hora do início e do encerramento do atendimento, de acordo com o fuso horário da localidade em que se encontra o farmacêutico.

BIBLIOGRAFIA

Baldoni S, Amenta F, Ricci G. Telepharmacy services: present status and future perspectives: a review. Medicina (Kaunas). 2019;55(7):327.

Cigolle C, Phillips K. Telepharmacy model of care. Clin Ther. 2023;45(10):935-40.

Conselho Federal de Farmácia (CFF). Resolução CFF n. 727/2022. Dispõe sobre a regulamentação da Telefarmácia [Internet] [citado 20 jan. 2025]. Disponível em: https://www.legisweb.com.br/legislacao/?id=434209.

De Guzman KR, Gavanescu D, Smith AC, Snoswell CL. Economic evaluations of telepharmacy services in non-cancer settings: a systematic review. Res Social Adm Pharm. 2024;20(3):246-54.

Iftinan GN, Elamin KM, Rahayu SA, Lestari K, Wathoni N. Application, benefits, and limitations of telepharmacy for patients with diabetes in the outpatient setting. J Multidiscip Healthc. 2023;16:451-9.

Le T, Toscani M, Colaizzi J. Telepharmacy: a new paradigm for our profession. J Pharm Pract. 2020;33(2):176-82.

Monte-Boquet E, Hermenegildo-Caudevilla M, Vicente-Escrig E, Áreas-Del Águila V, Barbadillo-Villanueva S, Gimeno-Gracia M, et al. The telepharmacy patient prioritisation model of the Spanish Society of Hospital Pharmacy. Farm Hosp. 2022;46(7):106-114.

Nwachuya CA, Umeh AU, Ogwurumba JC, Chinedu-Eze IN, Azubuike CC, Isah A. Effectiveness of telepharmacy in rural communities in Africa: a scoping review. J Pharm Technol. 2023;39(5):241-6.

Omboni S, Tenti M. Telepharmacy for the management of cardiovascular patients in the community. Trends Cardiovasc Med. 2019;29(2):109-17.

Ryan M, Poke T, Ward EC, Carrington C, Snoswell CL. A systematic review of synchronous telepharmacy service models for adult outpatients with cancer. Res Social Adm Pharm. 2024;20(6):25-33.

Saeed H, Martini ND, Scahill S. Exploring telepharmacy: a bibliometric analysis of past research and future directions. Res Social Adm Pharm. 2024;20(9):805-19.

Unni EJ, Patel K, Beazer IR, Hung M. Telepharmacy during Covid-19: a scoping review. Pharmacy (Basel). 2021;9(4):183.

Viegas R, Dineen-Griffin S, Söderlund LÅ, Acosta-Gómez J, Maria Guiu J. Telepharmacy and pharmaceutical care: a narrative review by International Pharmaceutical Federation. Farm Hosp. 2022 30;46(7):86-91.

42

Exames laboratoriais em farmácias e consultórios autônomos

INTRODUÇÃO

Nos últimos anos, a realização de exames laboratoriais em farmácias e consultórios autônomos tem ganhado destaque no cenário da saúde no Brasil. Essa prática, regulamentada recentemente pela Agência Nacional de Vigilância Sanitária (Anvisa), representa uma mudança significativa na forma como os serviços de saúde são oferecidos à população. A possibilidade de realizar exames em locais de fácil acesso, como farmácias, amplia o alcance dos serviços de saúde, facilitando o diagnóstico precoce e o monitoramento de algumas condições médicas. Este capítulo explora a regulamentação, o impacto no setor de saúde, as tecnologias envolvidas e as considerações éticas e de segurança relacionadas a essa prática.

O interesse no emprego de teste no ponto de atendimento (PoCT, do inglês *Point-of-Care Testing*) em diferentes cenários de assistência médica está aumentando e espera-se que cresça significativamente nos próximos anos. Em 2016, o Community Pharmacy Forward View foi publicado como uma resposta do setor farmacêutico ao então NHS Five Year Forward View e sugeriu que diagnósticos e PoCT deveriam ser disponibilizados rotineiramente em cenários de farmácia.

Dada a pressão atual sobre os serviços de saúde primários, o fornecimento de PoCT se tornou mais comum nas farmácias comunitárias do Reino Unido, com ênfase particular no potencial dos PoCT para auxiliar tanto no diagnóstico de condições agudas quanto no gerenciamento de condições de longo prazo. Em 2016, o National Health Service (NHS) da Inglaterra aprovou um serviço de "testar e tratar" em uma grande rede de farmácias para pacientes com dor de garganta, em uma tentativa de conter prescrições inadequadas de antibióticos e reduzir a carga sobre a prática geral.

Os resultados da revisão feita por Albasri et al. em 2020[1] sugerem que o PoCT baseado nas farmácias pode ser útil para orientar prescrição antimalárica apropriada, particularmente em cenários de poucos recursos. O uso posterior do PoCT, como no controle de lipídios, pareceu promissor. Além disso, a utilização de PoCT sozinho melhorou o tempo de razão normalizada internacional (RNI) na faixa terapêutica no uso de anticoagulantes, bem como a monitoração de níveis de hemoglobina glicada (HbA1c) no cenário da farmácia comunitária.

O uso de PoCT em cuidados ambulatoriais tem o potencial de reduzir a incerteza e o atraso no diagnóstico, e os médicos relatam que gostariam de usar mais esses testes, principalmente para auxiliar no diagnóstico de condições agudas. Espera-se que o PoCT facilite os processos de saúde, como a velocidade da alta, levando a um melhor uso dos recursos de saúde, ou permita diagnóstico e encaminhamento mais rápidos de pacientes com doenças graves, o que pode levar a melhores resultados. Os testes de painel são especialmente interessantes nesse grupo de pacientes, pois testam vários parâmetros simultaneamente a partir da mesma picada de sangue no dedo usando a mesma plataforma, cobrindo uma variedade de condições frequentemente encontradas como causadoras de apresentações agudas para cuidados ambulatoriais.

Outra revisão, publicada por Buss et al. em 2019,[2] encontrou 11 estudos com foco em glicemia, colesterol, creatinina, ácido úrico, enzimas hepáticas, RNI para terapia anticoagulante, densidade mineral óssea para osteoporose, volume expiratório forçado para doença pulmonar obstrutiva crônica (DPOC) e infecção pelo vírus da imunodeficiência humana (HIV). Os estudos incluídos mostraram que os testes de ponto de atendimento conduzidos e analisados em farmácias comunitárias tiveram qualidade analítica satisfatória e as intervenções que aplicaram esses testes foram eficazes no geral.

As evidências demonstram que os farmacêuticos, em colaboração com outros profissionais de saúde, podem alavancar seu conhecimento e sua acessibilidade para fornecer serviços em casos de doenças infecciosas. Os testes para influenza podem aumentar os esforços de vigilância dos departamentos de saúde, ajudar a promover o uso racional de antivirais e evitar terapia antimicrobiana desnecessária. Os serviços para infecção pelo HIV aumentam a conscientização sobre o estado da infecção, aumentam o acesso aos cuidados de saúde e facilitam a vinculação aos cuidados apropriados. Os testes para faringite estreptocócica do grupo A podem coibir a prescrição inadequada de antibióticos ambulatoriais.

REGULAMENTAÇÃO E NORMAS

A Resolução da Diretoria Colegiada (RDC) n. 786/2023, aprovada pela Anvisa, estabelece os requisitos técnico-sanitários para a realização de exames de análises clínicas em farmácias e consultórios autônomos. Essa normativa entrou em vigor em 1º de agosto de 2023 e substitui a RDC n. 302/2005. A nova resolução categoriza os serviços em três tipos: tipo I (farmácias e consultórios isolados), tipo II (postos de coleta) e tipo III (laboratórios clínicos e de anatomia patológica).

TIPOS DE EXAMES PERMITIDOS

A regulamentação permite que farmácias e consultórios realizem exames de análises clínicas em caráter de triagem. Entre os exames permitidos estão testes rápidos para glicemia, colesterol, triglicerídeos e hemoglobina glicada, entre outros. Esses exames são realizados com o objetivo de rastreamento em saúde e não possuem finalidade diagnóstica definitiva, devendo ser complementados por consultas médicas.

LIMITAÇÕES E RESPONSABILIDADES

A realização de exames em farmácias e consultórios autônomos está sujeita a rigorosos critérios sanitários. As farmácias não podem atuar como postos de coleta laboratorial, e os resultados dos exames não devem ser utilizados isoladamente para decisões médicas. A responsabilidade pela interpretação dos resultados e pelo acompanhamento do paciente continua sendo do profissional de saúde habilitado.

IMPACTO NO SETOR DE SAÚDE

Vantagens para o sistema de saúde

A autorização para a realização de exames em farmácias e consultórios autônomos traz diversas vantagens para o sistema de saúde. Primeiro, aumenta o acesso da população a exames laboratoriais, especialmente em áreas remotas ou com escassez de serviços de saúde. Além disso, facilita o monitoramento de condições crônicas, como diabetes e hipertensão, contribuindo para a prevenção de complicações e a redução de internações hospitalares.

Desafios enfrentados por farmácias e consultórios

Apesar das vantagens, a implementação dessa prática enfrenta desafios significativos. As farmácias e os consultórios precisam investir em infraestrutura adequada, treinamento de pessoal e sistemas de gestão de qualidade para garantir segurança e precisão dos exames. Além disso, é necessário estabelecer parcerias com laboratórios para a análise de exames mais complexos.

Expectativas do setor

O setor farmacêutico vê com otimismo a possibilidade de expandir seus serviços e aumentar a receita com a realização de exames laboratoriais. No entanto, há uma expectativa de que a regulamentação seja continuamente revisada e aprimorada para acompanhar as inovações tecnológicas e as necessidades da população.

TECNOLOGIAS ENVOLVIDAS

Uso de teste no ponto de atendimento

A tecnologia PoCT é fundamental para exames laboratoriais em farmácias e consultórios. Esses dispositivos permitem a realização de testes rápidos e precisos no local de atendimento, sem a necessidade de enviar amostras para laboratórios centrais. O PoCT é especialmente útil para exames de triagem, como glicemia e colesterol, proporcionando resultados em poucos minutos. Os testes no local de atendimento precisam de apenas algumas gotas de sangue e são coletados durante uma consulta, fornecendo resultados em 3 a 20 minutos. Isso significa que as amostras de sangue não precisam ser transportadas para um laboratório e os resultados podem ser usados imediatamente para opções de tratamento durante uma consulta ao médico. Existem PoCT que podem detectar no sangue diferentes substâncias que o corpo produz em resposta à inflamação. Essas substâncias são chamadas de biomarcadores.

Inovações tecnológicas e suas aplicações

As inovações tecnológicas têm desempenhado um papel-chave na viabilização de exames laboratoriais em farmácias. Equipamentos portáteis e de fácil manuseio, aliados a sistemas de gestão de dados, permitem que os resultados dos exames sejam integrados aos prontuários eletrônicos dos pacientes, facilitando o acompanhamento médico. Além disso, a telemedicina pode ser utilizada para a interpretação dos resultados por profissionais de saúde a distância.

EXEMPLOS DE USOS NA PRÁTICA

Processos inflamatórios

A inflamação é uma reação em resposta a lesões, como infecções bacterianas ou virais. Em resposta à inflamação, o corpo produz naturalmente substâncias que podem ser detectadas no sangue, conhecidas como biomarcadores. PoCT que detectam biomarcadores são frequentemente usados quando os pacientes apresentam sinais de infecção das vias aéreas. Os resultados dos testes podem informar aos médicos quando não suspeitar de uma infecção bacteriana grave que requeira tratamento com antibióticos para prevenir doenças graves e possivelmente a morte. Atualmente, há três tipos de biomarcadores disponíveis como PoCT: proteína C reativa, procalcitonina e leucócitos.

Quando um paciente apresenta sintomas de infecção das vias aéreas no consultório médico, o uso de testes de proteína C reativa durante a consulta provavelmente reduz o número de pacientes que recebem prescrição de antibióticos, sem afetar a recuperação do paciente. Não sabemos se os testes de procalcitonina têm efeito no uso de antibióticos ou na recuperação do paciente. Estudos futuros devem se concentrar em crianças, pessoas com doenças do sistema imunológico e pessoas com 80 anos ou mais com comorbidades. São recomendados estudos avaliando procalcitonina e novos biomarcadores para orientar a prescrição de antibióticos.

Infecções urinárias

As infecções do trato urinário são diagnosticadas por clínicos gerais com base nos sintomas, testes de fita reagente em alguns casos e cultura de urina laboratorial. Os pacientes podem receber antibióticos inapropriados. Os PoCT podem diagnosticar infecção do trato urinário em ambientes próximos ao paciente mais rapidamente do que a cultura padrão. Alguns podem identificar o patógeno causador ou a sensibilidade antimicrobiana. Os PoCT para infecção do trato urinário podem ser clinicamente eficazes e econômicos para o NHS no Reino Unido, permitindo que as farmácias desafoguem as unidades médicas ao realizar o primeiro atendimento e a triagem dos pacientes.

Quadros febris

A febre em crianças é uma das causas mais comuns de avaliação médica no departamento de emergência (DE) ou em clínicas de atenção primária e uma das possíveis complicações em crianças hospitalizadas por outros motivos. O reconhecimento precoce de infecções graves em crianças gravemente doentes é fundamental para melhorar seus resultados. Para evitar o risco de complicações infecciosas graves, muitos médicos prescrevem antibióticos, especialmente os de amplo espectro, para crianças com febre enquanto aguardam exames de sangue e resultados microbiológicos. No entanto, foi demonstrado que até 50% das prescrições de antibióticos são desnecessárias ou inapropriadas, e muitas crianças recebem antibióticos de amplo espectro para infecções virais. Esse uso desnecessário leva ao aumento da resistência aos antibióticos e aos custos de saúde. Por essas razões, é essencial discriminar entre infecções virais e bacterianas.

Os testes rápidos são projetados para dar uma resposta diagnóstica com um tempo de resposta mais curto do que a análise padrão (cultura de amostra, sorologia etc.). Além disso, os PoCT têm como objetivo fornecer uma resposta mais rápida à beira do leito. De fato, testes rápidos e PoCT podem reduzir prescrições inadequadas de antibióticos e o tempo de internação, melhorar os resultados dos pacientes e até mesmo permitir economia de custos por decisões médicas apropriadas mais precoces. Muitos estudos foram publicados sobre a usabilidade de testes rápidos e PoCT para implementar o diagnóstico em muitos cenários diferentes, especialmente em populações adultas. Em pacientes internados, quando foram utilizados testes rápidos, os estudos demonstraram que o tempo de internação foi reduzido.

HIV

O teste de carga viral (CV) em pessoas vivendo com HIV ajuda a monitorar a terapia antirretroviral (TARV). A CV ainda é amplamente testada usando plataformas centrais baseadas em laboratórios, que têm longos tempos de resposta de teste e envolvem equipamentos sofisticados. Os testes de CV com plataformas de ponto de atendimento (PoC) capazes de serem usadas perto do paciente são potencialmente fáceis de usar, dão resultados rápidos, são econômicos e podem substituir plataformas centrais ou de referência de teste de CV.

Por que é importante melhorar o diagnóstico da infecção por HIV com alta carga viral? Porque ajuda a monitorar os níveis do vírus em pessoas vivendo com HIV que estão recebendo TARV. Altos níveis de vírus indicam que os medicamentos não estão conseguindo suprimir o vírus, uma condição conhecida como falha de TARV, o que pode levar a doença grave e morte. Testes de diagnóstico rápido que detectam altos níveis do vírus HIV rapidamente perto do paciente podem aumentar o acesso a mudanças precoces na TARV.

O teste rápido do vírus da imunodeficiência humana (HIV) no local de atendimento tem o potencial de aprimorar estratégias para prevenir a transmissão da infecção pelo HIV de mãe para filho (MTCT). Os testes rápidos precisam de infraestrutura laboratorial mínima e podem ser realizados por profissionais de saúde com treinamento mínimo. No geral, o teste rápido de HIV foi altamente preciso em comparação com os testes convencionais e oferece a vantagem clara de permitir a implementação de intervenções oportunas para reduzir a MTCT do HIV.

SARS-CoV-2

A pandemia do novo coronavírus no Brasil e no mundo demonstrou a necessidade da realização de testes em massa para detecção da doença e conhecimento do verdadeiro número de infectados. O diagnóstico preciso e correto é fundamental para propor quaisquer medidas relacionadas à prevenção e ao prognóstico da infecção. A técnica padrão-ouro, considerada mais acurada para o diagnóstico, é a RT-PCR (do inglês *reverse transcription polymerase chain reaction* ou transcrição reversa seguida de reação em cadeia da polimerase). Consiste na detecção de sequências do RNA viral. O teste tem a desvantagem de necessitar de alguns dias para ser processado e o laudo ser emitido pelo laboratório. Já os testes sorológicos detectam a presença de imunoglobulinas das classes M (IgM) e G (IgG), produzidas pelo organismo em resposta à infecção pelo vírus. A IgM é a principal imunoglobulina a ser formada após a infecção, e começa a ser detectada entre os dias 3 e 5 pós-contágio, com pico de detecção após o sétimo dia. Com o decorrer da infecção, os níveis de IgM diminuem e, em contrapartida, os níveis de IgG aumentam rapidamente, com pico de detecção após o 14º dia de contágio.

O teste rápido pode ser realizado com amostras de sangue total, soro ou plasma, e seu resultado sai em aproximadamente 15 minutos. No entanto, a possibilidade de infecção não pode ser descartada por um resultado negativo. Isso porque a produção de anticorpos, no início da doença, pode não ter sido detectada por essa modalidade de teste, ocasionando o falso negativo. Em casos assim, sugere-se a repetição do teste, para a confirmação ou não da ausência da infecção. Além disso, os testes rápidos podem identificar se a pessoa foi previamente infectada, mesmo sem nunca ter apresentado sintomas.

Os testes rápidos desempenham um papel importante no entendimento da dinâmica de transmissão do vírus e identificação de grupos com alto risco de infecção. Eles podem também determinar a proporção da população que foi infectada, ajudando a identificar quais comunidades tiveram uma alta taxa de infecção.

Anemia

A anemia é uma das principais causas de mortalidade e transfusão em crianças em países de baixa e média renda, no entanto os diagnósticos atuais são lentos, caros e frequentemente indisponíveis. Os testes de hemoglobina no ponto de atendimento podem melhorar os resultados dos pacientes e o uso de recursos, fornecendo resultados rápidos e acessíveis.

REFERÊNCIAS

1. Albasri A, Van den Bruel A, Hayward G, McManus RJ, Sheppard JP, Verbakel JYJ. Impact of point-of-care tests in community pharmacies: a systematic review and meta-analysis. BMJ Open. 2020;10(5):e034298.
2. Buss VH, Deeks LS, Shield A, Kosari S, Naunton M. Analytical quality and effectiveness of point-of-care testing in community pharmacies: a systematic literature review. Res Social Adm Pharm. 2019;15(5):483-95.

BIBLIOGRAFIA

Brehm R, South A, George EC. Use of point-of-care haemoglobin tests to diagnose childhood anaemia in low- and middle-income countries: a systematic review. Trop Med Int Health. 2024;29(2):73-87.

Brigadoi G, Gastaldi A, Moi M, Barbieri E, Rossin S, Biffi A, et al. Point-of-care and rapid tests for the etiological diagnosis of respiratory tract infections in children: a systematic review and meta-analysis. Antibiotics (Basel). 2022;11(9):1192.

Fragkou PC, Moschopoulos CD, Dimopoulou D, Ong DSY, Dimopoulou K, Nelson PP, et al.; European Society of Clinical Microbiology and Infection Study Group for Respiratory Viruses. Performance of point-of care molecular and antigen-based tests for SARS-CoV-2: a living systematic review and meta-analysis. Clin Microbiol Infect. 2023;29(3):291-301.

Goyder C, Tan PS, Verbakel J, Ananthakumar T, Lee JJ, Hayward G, et al. Impact of point--of-care panel tests in ambulatory care: a systematic review and meta-analysis. BMJ Open. 2020;10(2):e032132.

Gubbins PO, Klepser ME, Adams AJ, Jacobs DM, Percival KM, Tallman GB. Potential for pharmacy-public health collaborations using pharmacy-based point-of-care testing services for infectious diseases. J Public Health Manag Pract. 2017;23(6):593-600.

Ochodo EA, Olwanda EE, Deeks JJ, Mallett S. Point-of-care viral load tests to detect high HIV viral load in people living with HIV/aids attending health facilities. Cochrane Database Syst Rev. 2022;3(3):CD013208.

Pai NP, Tulsky JP, Cohan D, Colford JM Jr, Reingold AL. Rapid point-of-care HIV testing in pregnant women: a systematic review and meta-analysis. Trop Med Int Health. 2007;12(2):162-73.

Smedemark SA, Aabenhus R, Llor C, Fournaise A, Olsen O, Jørgensen KJ. Biomarkers as point-of-care tests to guide prescription of antibiotics in people with acute respiratory infections in primary care. Cochrane Database Syst Rev. 2022;10(10):CD010130.

Steltenpohl EA, Barry BK, Coley KC, McGivney MS, Olenak JL, Berenbrok LA. Point-of-care testing in community pharmacies: keys to success from Pennsylvania pharmacists. J Pharm Pract. 2018;31(6):629-35.

Tomlinson E, Ward M, Cooper C, James R, Stokes C, Begum S, et al. Point-of-care tests for urinary tract infections to reduce antimicrobial resistance: a systematic review and conceptual economic model. Health Technol Assess. 2024;28(77):1-109.

Webster KE, Parkhouse T, Dawson S, Jones HE, Brown EL, Hay AD, et al. Diagnostic accuracy of point-of-care tests for acute respiratory infection: a systematic review of reviews. Health Technol Assess. 2024:1-75.

Índice remissivo